城乡环境污染控制规划

席北斗 张淑英 任子荣 高如泰 等 著

科学出版社

北 京

内 容 简 介

　　本书主要是针对工农业生产、交通运输、城市生活等人类活动对环境造成的污染而规定的防治目标和措施,介绍了城乡污染控制规划的概念和主要内容,提出了基于调查评价、趋势预测、功能区划分、目标制定、方案优化、可行性分析和文本编写等系统的城乡污染控制编制的程序和方法。并按环境要素分析城乡环境规划的内容和实施要点,阐述了基于大气环境容量分析和环境功能区划开展大气污染防治规划方案和综合整治措施;城市水资源的开发利用及城市水源的规划及保护;城乡水污染控制系统、城乡水污染控制规划及水污染综合防治规划;固体废物收集和运转规划、固体废物处理处置规划;城市环境噪声控制规划,城市建设规划与噪声功能区域划分、道路交通噪声控制;城市生态规划的基础理论和主要技术及方法;城市环境质量评价的技术方法及城市大、中型建设项目环境影响评价的内容和方法等。本书的目的在于调控城市中人类自身活动,减少污染,防止资源破坏,使经济和社会发展与城市环境保护达到统一。

　　本书可供城乡环境规划管理人员,以及城市生态、环境规划等领域工程技术人员及科研人员使用,也可供高校相关专业师生作为教学参考用书。

图书在版编目(CIP)数据

城乡环境污染控制规划/席北斗等著. —北京:科学出版社,2015.9
ISBN 978-7-03-045396-9

Ⅰ.①城… Ⅱ.①席… Ⅲ.①环境污染-污染控制-城乡规划-研究
Ⅳ.①X506

中国版本图书馆 CIP 数据核字(2015)第 193633 号

责任编辑:杨 震 刘 冉 张 星/责任校对:赵桂芬
责任印制:赵 博/封面设计:铭轩堂

科 学 出 版 社 出版
北京东黄城根北街 16 号
邮政编码:100717
http://www.sciencep.com
三河市骏杰印刷有限公司印刷
科学出版社发行　各地新华书店经销
*
2015 年 9 月第 一 版　开本:720×1000　1/16
2015 年 9 月第一次印刷　印张:32 3/4
字数:650 000
定价:138.00 元
(如有印装质量问题,我社负责调换)

前　　言

　　良好的城乡生态环境是保障居民身体健康、促进经济社会可持续发展的重要保证。在我国城市化发展过程中,存在产业结构和布局不合理、城市基础设施建设落后于城市化的发展、城乡环境污染严重等问题,这些问题严重制约了城市化的健康发展。城乡环境污染控制规划从城乡居民的健康出发,以保持或创建清洁、优美、安静、舒适的有利于城市居民生活和工作的城市环境为主要目标,以期获得城市经济、社会和环境的协调发展,保护城市居民健康,促进社会生产力持续发展及资源和环境的永久利用。本书针对目前城乡发展和规划中所存在的环境问题,从大气、水资源、污水、固体废物、噪声和城市生态等角度,综合优化产业结构、合理布局、功能区划分、污染物总量控制、城市基础设施建设和重大工程项目等方面内容,详细介绍了城乡污染控制规划编制的程序和方法。

　　本书由下列人员编写:第一章由张淑英、马永生负责撰写,主要介绍了城乡污染控制规划的概念、范围等基本情况及规划的主要内容、编制程序与方法;第二章由赵昕慰、席北斗负责撰写,主要介绍了大气环境规划的一般概念和实施要点;第三章由任子荣、赵卫平负责撰写,主要介绍了城市水资源的基本特征、种类及特点,以及饮用水保护区的环境管理及防治监管管理;第四章由高素霞负责撰写,主要介绍了城乡水污染控制系统规划的过程与步骤、技术方法及水污染综合防治规划等内容;第五章由席北斗、何小松、高如泰负责撰写,主要介绍了固体废物管理规划目标和指标体系的设置、固体废物处理处置规划、固体废物管理优化模型;第六章由曹鑫、马昌喜负责撰写,主要介绍了环境噪声的相关概念,城市噪声的测量方法、环境噪声影响评价及噪声功能区划等内容;第七章由谭磊负责撰写,主要介绍了城市生态系统的相关概念,生态规划研究进展、规划的主要内容及步骤;第八章由洪雷负责撰写,主要介绍了城市环境质量评价的原则与程序,介绍了城市环境质量评价中各因素权重分配问题,以及综合评价方法。以上各章节的内容从多个环境要素分析了城乡环境规划的内容和实施要点,将污染物指标体系、控制技术方法和规划方案编写相结合,突出了环境规划编制的程序和方法,对于城乡环境污染控制规划工作有重要的参考价值。

　　高如泰、梁琼和张慧做了本书的统稿、校正工作。感谢科学出版社杨震和刘冉编辑的支持和指导。

席北斗

2015 年 6 月

目　　录

第一章 绪 论

第一节 污染控制规划

一、城乡污染控制规划的概念

城乡污染控制规划又称城乡污染综合防治规划。主要是针对工农业生产、交通运输、城市生活等人类活动对环境造成的污染而规定的防治目标和措施。城乡环境质量目标的判定,污染控制及规划的内容、方法,均应根据城市环境质量的现状、发展的要求、污染的特点来确定,是城乡当局为使环境与经济社会协调发展而对自身活动和环境所做的时间和空间的合理安排。

城乡污染控制规划的目的在于基于承载力调控城市中人类自身活动,减少污染,防止资源破坏,从而保护城市居民生活和工作、经济和社会持续稳定发展所依赖的基础——城乡环境。人类的经济和社会活动必须既遵循经济规律,又遵循生态规律,否则终将受到大自然的惩罚。城乡污染控制规划就是人类为协调人与自然的关系,使城市居民与自然达到和谐,使经济和社会发展与城市环境保护达到统一而采取的主动行为。

二、城乡污染控制规划的范围

城乡污染控制规划要在宏观规划初步确定的目标和策略指导下提出详细的规划方案,根据各环境要素的特点和不同功能区环境要求,提出环境综合整治详细优化方案,将总体规划提出的目标及各项措施具体落实。

(1)水资源保护和污水处理规划,规定饮用水源保护区及其保护措施,规定污水排放标准,确定下水道与污水处理厂的建设规划。

(2)垃圾处理规划,规定垃圾的收集、处理和利用的指标、方式以及系统优化方案,以资源化促进无害化和减量化,实现垃圾的综合利用。

(3)生态规划,确定生态功能指标、划定生态保护重点区等。

(4)大气质量控制规划,分析比较经济增长水平、大气环境目标、工业污染源发展限度、煤炭含硫量等,提出投资、排污量及方案分布。

(5)噪声控制规划,规定社会生活噪声、交通噪声、生产噪声和建筑施工噪声的控制规划。

(6)环境质量评价,对污染源、环境质量和环境效应三部分的评价,并在此基础上作出环境质量综合评价,提出环境污染综合防治方案。

三、城乡污染控制规划与城乡总体规划的关系

城乡污染控制规划既是城乡总体规划的重要组成部分,又是城市规划中一个独立的专门规划。它是在城乡总体规划中城乡的性质、规模和发展方向的基础上,依据对城市环境质量现状的调查分析所制定的以保护人类的生存环境、减少污染、节约资源为目标的规划体系;它与城乡总体规划互为参照,其目标应是总体规划目标中的一部分,并参与城乡总体规划目标的综合平衡并纳入其中。

城乡污染控制规划与城乡总体规划的差异性在于:城乡污染控制规划主要从保护生产力的第一要素——人的健康出发,以保持或创建清洁、优美、安静、舒适的有利于城乡居民生活和工作的环境为主要目标,是一种更深、更高层次上的经济和社会发展规划,并含有城乡总体规划所不包括的污染源控制及污染治理设施建设和运行等内容。

四、城乡污染控制规划的指导思想与基本原则

城乡污染控制规划的指导思想是谋求城乡经济、社会和环境的协调发展,保护居民健康,促进社会生产力持续发展,并保障资源和环境的安全,建设一个优美、安静、舒适的现代文明城市。

城乡污染控制规划应遵循以下基本原则:

(1)保护城乡特色,满足功能需求。完善功能区划,明确目标,注重提高生活功能区环境质量,保护好自然与人文景观。

(2)全面规划,突出重点。抓住主要环境问题,突出重点环节和重点污染源,实行全过程分析与控制。

(3)扬长避短,合理优化。发挥地区优势,充分利用综合与系统分析技术,合理安排有限的资金,使之产生最佳的环境效益。

(4)实事求是,量力而行。特别注意分析规划目标的可行性、规划措施的可操作性。在资金与技术水平约束下坚持循序渐进、持续发展的方针。

(5)坚持依靠科技进步。大力发展清洁生产和推广"三废"综合利用,大力开展环保领域的科学研究,尽快地把科技成果转化成生产力。

(6)强化城乡环境监管,运用法律、行政和经济的手段,使规划充分体现具有中国特色的城乡环境管理思想、制度和措施。

第二节　城乡污染控制规划的主要内容

环境问题涉及经济、人口、资源等多方面,城乡总体规划中的环境保护规划,是

一个综合决策问题,要将环境作为一个重要因素,在城乡总体规划的指导思想、优化产业结构、合理布局、功能区划分、污染物总量控制、城市基础设施建设和重大工程项目等方面,实行综合规划。

一、实施可持续发展战略是编制城乡总体规划的重要指导方针

自 1992 年联合国环境与发展会议之后,可持续发展已被世界各国所采纳。我国政府率先编制并发布了《中国 21 世纪议程》,明确宣布:走可持续发展之路是中国在未来和 21 世纪发展的自身需要和必然选择,并将可持续发展战略作为我国发展的基本战略,这一理念在《国民经济和社会发展第十一个五年规划纲要》中得以充分体现,指导着我国的经济建设、城乡建设和环境建设。

在城市建设中,实施可持续发展战略,建设可持续发展城市已成为国际城市建设的大趋势。在我国城乡总体规划中,贯彻可持续发展战略尤为重要。回顾我国的城市化历程,有相当长的一段历史时期,城市发展受"限制农村人口向城市和非农业转移"、"城市建设要先生产后生活"、"变消费城市为生产城市"等政策、思想的影响和计划经济的束缚,不少城市的功能定位不适应于市场经济和改革开放的要求、产业结构和布局不合理、城市基础设施建设落后于城镇化的发展、城乡环境污染严重,制约了城镇化的健康发展。当前,我国正在实施城镇化战略,特别是大力发展小城镇和西部大开发战略的推进,城乡总体规划要将全面、认真地贯彻可持续发展战略放在重要位置,作为编制城乡总体规划特别是城乡污染控制规划的重要指导方针。

二、环境保护目标遵循的原则

按照可持续发展的要求,环境保护目标是城乡建设和发展目标不可缺少的一部分,是对城乡环境保护任务的综合反映,是编制详细环境保护规划的依据。环境保护目标包括对城乡环境质量的总体要求、主要的污染控制和环境建设指标。环境保护目标的确定要遵循以下原则:

(1) 与经济、社会发展相协调;

(2) 与城乡功能相适应,高功能、高标准,低功能、低标准;

(3) 与自然生态条件相适应,遵循生态规律;

(4) 与综合实力相适应,实事求是、量力而行;

(5) 与"以人为本"的原则相适应,保证公众环境安全与舒适。

城乡污染控制规划是为实现环境保护目标而制定的,所以其遵循的原则与环境保护目标一致。

三、环境保护与优化产业结构

当前我国正处于产业结构战略性调整时期,城市产业结构(含工业结构)对城

市经济发展有着深远的影响,对城市环境保护也至关重要。环境保护与产业结构的关系是一种双向关系。经济发展必然对环境造成一定的压力,不同产业结构的环境压力有很大的差异。第二产业的发展,特别是能源、化工、原材料等重污染行业的发展,对环境的潜在压力大,第三产业和高新技术产业以及清洁生产对环境的潜在压力要小得多,产业结构决定了环境污染负荷和环境保护的难易程度。环境保护的要求是优化产业结构的重要因素,尤其是在环境问题成为城市发展的主要矛盾或制约因素时,环境因素将成为产业结构调整的主要因素。因此,城乡污染控制规划要开展产业结构的环境影响专项评价,从环境保护的角度论证产业结构的合理性,提出产业结构的调整方案,促进经济与环境协调发展。

四、合理布局与环境功能区划

环境问题的地域特征十分鲜明,与城市布局的关系密切。环境有一定的自净能力,或环境容量,不同区域的环境容量不同。同时,环境质量标准是根据功能来制定的。不同的区域功能对环境质量的要求不同。例如,旅游区、集中的生活区和饮用水源保护区对环境质量要求高,一般的工业区对环境质量要求低。因此,合理布局、合理利用环境容量十分重要。规划要避免将对环境影响大的活动布置在对高功能区有影响的地方,而应将之布置在环境容量大,对高功能区无影响或影响小的区域。例如,水污染严重的工厂禁止建在饮用水源地的上游,火电厂应建在城市的下风向等。在城市组团的配置上,更要考虑相互之间的环境影响。环境容量也是资源,布局合理可以达到事半功倍的效果;布局不合理,治理起来难度较大,会带来严重的后果,甚至是无法挽救的损失,最后只能搬迁,重新调整布局。因此,将环境因素纳入布局配置,开展布局对环境的影响评价,从环境的角度论证布局的合理性,特别是重点污染源布局的合理性,从而提出合理布局的建议和重点污染源的搬迁方案是环境保护规划编制的重要内容。

环境功能区划是城市布局在环境方面的表述,体现了城市布局在环境方面的要求。环境功能区划,从环境特征或环境容量与经济、社会活动相和谐出发,划分城市环境功能区,协调环境与经济、人口的关系。按照高功能区高标准严保护、低功能区一般性保护的原则,环境功能区划为确定不同功能的环境目标、制定详细环境规划和实施环境管理提供依据。对于功能要求比较严格的区域,要建立专门的保护区,以便加强管理。例如,城市重要的饮用水源地的上游,划定饮用水源保护区,在这个地区内禁止建设对水环境有污染的企业,已存在的污染企业要勒令限期搬迁。其他常见的保护区有自然保护区、风景旅游保护区等。

五、污染物总量控制

污染物总量控制以环境质量为目标,根据污染物达标排放要求和污染物排放的"输入-响应关系"(污染物环境容量模型)控制污染物的排放,将污染负荷分配到源,由此规划相应污染源(工业污染源和生活污染源以及面源)污染负荷的削减方式,论证污染控制方案的可行性、合理性。污染物总量控制是环境污染控制规划的核心和主线,它与规划的其他内容都有密切的联系,环境规划中的许多内容,如工业结构和布局重整、工业污染源的治理、城市环境基础设施的建设都是污染物总量控制的具体体现。

污染物总量控制要将污染物总量—环境质量—项目—投资四个环节有机地联系起来,具体来讲,是以空气和水环境的质量为目标,控制各类污染源的污染物排放总量,将治理措施落实到具体的项目上,具体的项目还要进行技术经济核算,列出经费需求和规划的筹资渠道,进行可行性分析。

六、城市环境基础设施建设

城市基础设施是城市赖以生存和发展的基础。一个现代化的城市没有现代化的城市基础设施,一日都无法运营。城市环境基础设施,是指与环境保护密切相关的基础设施,是城市保护环境的重要手段,如城市供气系统、集中供热、集中城市污水处理厂及污水截留管网,垃圾收集、运输及无害化处理设施,绿化等。

多年来,我国环境污染控制工作经历了由分散控制向集中控制和分散控制相结合的转变。同时,随着工业污染源的逐步控制,生活排污量占全部排污量的比例逐渐提高。日前已有一些城市生活污水排放量超过工业废水排污量,生活废气排放成为影响城市空气质量的主要贡献者,城市生活垃圾成为固废污染的元凶,集中控制占有越来越重要的地位。然而,目前我国城市环境基础设施建设落后于城市化速度,也落后于道路交通、邮电通信、住房建筑等基础设施的建设,成为造成城市环境污染的重要原因。因而,城市建设应把城市环境基础设施建设摆在重要位置,重点规划,加快建设。

七、城市生态规划

城市生态规划也是城市环境保护规划的重要内容。城市建设要遵循开发利用与保护恢复并重的原则,防止水土流失、保护城市生态。城市绿地(包括林地、草地、湿地)是城市生态系统实现良性循环和美化环境的重要因素。绿地具有涵养水分、防止水土流失、吸收尘埃、降低噪声以及生产氧气的功能,是城市组团之间的理想隔离带,对改善城市环境质量起着重要作用,也是城市居民休闲、旅游的好去处,是城市用地中不可缺少的一部分。因而城市绿化在城市总体规划中占据重要地位。城市绿地又与环境保护关系密切,环境保护规划应该从生态规划角度对绿地建设提出建设性意见。由于草地建设见效快、成本低,当前绿地建设中存在着重草地、轻林地的倾向,其实林地的生态功能远大于草地,并且还有遮阴功能,所以绿地建设格局要改单一草地的平面建设为林草结合的立体建设。

　　另外,城市建设也要注意城乡结合部的环境功能和环境问题。随着工业和城市生活污染治理程度的提高,禽畜集中养殖场的水污染和农业面源污染逐步成为重要的污染源,要将禽畜集中养殖场和农业面源污染作为城市环境规划的重要内容。

八、绿色工程项目

　　城市环境保护目标的实现,一要靠管理;二要靠项目建设。环境保护规划中的重点项目计划(也称绿色工程项目)是实施环境保护规划的落脚点,应作为城市环境保护规划编制的重点。绿色工程项目计划应包括项目清单、选址、建设时间安排和经费计划。项目类别应包括环境基础设施工程项目,河流、湖泊的区域环境整治工程和重点污染源的治理工程项目;时间安排应有中长期安排和近期计划。

第三节　城乡污染控制规划编制的程序与方法

　　城乡污染控制规划编制程序一般分为调查评价、污染趋势预测、功能区划、制定目标、拟订方案和优化方案、可行性分析、编写规划文本七个步骤,如图 1-1 所示。

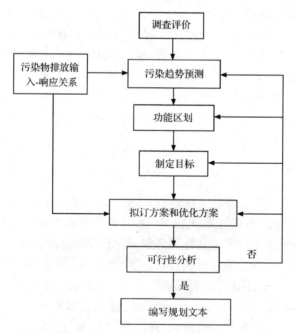

图 1-1　环境规划的编制程序

一、调查评价

任何一项规划都是从问题出发的,任何一个科学的规划都是对问题有了清楚、深刻的了解和认识之后,才可能作出。所以环境规划首先要通过调查评价,弄清环境问题,找出其主要环境问题和产生的原因,为确定目标、制定对策提供依据。

（一）城市自然与社会环境基本资料调查内容

（1）城市自然环境资料调查。例如,地形、地貌、气象、植被、自然灾害（如地震、断层、洪泛等）。

（2）城市土地利用现状及规划。城市按功能划分的土地利用结构分析、历史沿革、变化趋势和土地利用规划方案。

（3）社会与经济基本状况调查与分析。例如,动态人口和静态人口分布,白天人口密度,产业布局及产值产量分布,能耗密度分布等。

（二）城市主要污染源的调查

污染源是指产生（或排放）污染物的场所或装置。按类型可分为天然污染源和人为污染源。主要调查的人为污染源为三类:

（1）工业污染源调查。主要调查分析企业基本概况、企业发展规划,生产工艺过程和原材料,污染物排放及治理情况（各类污染物产生的位置、种类、排放浓度和排放量、主要载体排放情况、治理方法、项目、工艺、投资、成本费用、效率和效益、存在问题等）。

（2）生活污染源调查。包括居住小区基本情况调查（地理位置、功能区划、人口、用地、用能、用水、绿化面积、建筑密度及质量等）,各类生活污染物排放情况调查（居住小区能源构成、耗量及主要大气污染物排放、用水及废水排放、主要水污染物排放、生活垃圾产生量）,居住小区规划、人口变化、生活水平变化对污染物排放的影响调查等。

（3）城市交通污染源调查。包括城市主要干道的平均日行车量调查,主要街道上大气污染物浓度调查,主要干道上噪声分贝量调查等。

污染调查后进行分类汇总与评价,确定重点污染源,然后编制图表或建立污染源信息库,以便整理和评价。

（三）环境质量评价

环境质量评价工作要注意解决好以下三个重要环节,即完善的指标体系、必要的信息来源、科学的评价方法。环境质量评价和污染源评价是环境评价的重点。

环境质量评价通常应用污染指数法,表述某种污染物的超标程度,弄清城市环境污染的主要问题和污染程度。污染源评价通常应用单因子污染物的排放总量,表述造成污染的主要污染物,再通过单个污染源和行业污染物排放量的排序找出主要污染源和主要污染行业。

二、污染趋势预测

环境问题随着经济、社会的发展、环境保护活动的推进,在不断地变化着,环境规划是面向未来的,因而环境规划对环境问题的了解和认识,也应该是动态的、前瞻性的,不仅要弄清当前的环境问题,而且要预测规划期内环境问题的发展趋势。在此基础上才可能确定合理的目标,制定有的放矢的对策。污染趋势预测要将环境问题置于环境、经济、社会大系统中,把握经济、社会发展对环境影响(污染物产生和排放总量以及相应的环境质量)的规律;预测要注意科学技术进步对环境的影响,尤其是在制定长期规划和战略研究时,往往由于科学技术的进步,环境与经济协调发展将会产生革命性的变化,应作为预测的重点,把握住环境问题发展的大方向。

环境污染预测的方法很多,许多通用的预测方法都适合于环境污染预测。例如,趋势外推法、投入产出法、弹性系数法、排污系数法等。应用最多和比较简便的方法是排污系数法和弹性系数法。

三、功能区划

正如前面所叙述的那样,环境功能区划是环境保护规划的重要内容,一般可以分为两个层次,即综合环境区划和单要素环境区划。

(一)综合环境区划

综合环境区划主要以城市中人群的活动方式以及对环境的要求为分类准则,充分考虑土地利用现状和城市发展、旧城区改造的需要,服从城乡总体规划,满足城市功能需求。综合环境区划一般划分为重点环境保护区、一般环境保护区、污染控制区和重点污染治理区、新建设经济开发区等。

综合环境区划也可按照城乡总体规划中土地利用功能分类,即居住区、工业区、自然保护区、集中公共设施区和经济技术开发区等。

综合环境区划要依据城市环境特征,以服从城乡总体规划、满足城市功能需求为原则。划分方法主要采用专家咨询法,也可采用数学计算分析法作为辅助方法,如生态适宜度分析、主因子分析、聚类分析、可能-满意度分析等方法按网络综合分级。

（二）单要素环境区划

单要素环境区划要以综合环境区划为基础,结合每个要素自身的特点加以划分。主要有城市大气环境区划、城市水环境功能区划和城市噪声环境区划。分项环境区划的目的是确定每个区划内具体的环境目标、相应目标下的污染物控制总量及相应的环境规划方案。

四、制定目标

制定目标是编制规划的中心任务。环境问题具有复杂性,涉及面广泛,因此环境规划是一个多目标决策问题,目标的确定是健康要求、经济发展对环境功能的需求、科学技术水平、国力水平等综合协调的结果,是一个相当复杂的问题。通常要根据环境现状与发展趋势及多方面的综合考虑,先确定一个初步目标,在此基础上,进一步研究实现这些目标的各种措施及财政人力等方面的支持条件,进行测算和可行性研究,根据可行性研究结果,反馈修改或最终确定环境目标。

五、拟订方案和优化方案

拟订方案是环境目标初步确定后,根据环境保护的技术政策和技术路线,拟订实现环境目标的具体途径和措施。一个目标(或目标集)可以通过多种途经来实现,但是只有在正确的技术政策和技术路线指导下,拟订的方案才能符合"三效益统一"的评价准则。20多年来,我国已初步形成了一整套污染防治的技术政策和技术路线,在拟订环境规划方案时,要认真加以贯彻。

为了使规划方案更好地符合"三效益统一",通常采用"情景分析"的方法,拟订多个方案,通过模拟方案实施后可取得的效果来比较,从中筛选或通过数学模型优化出最佳方案。提出的方案要包括"总量—质量—项目—投资"四个相互联系的内容。

六、可行性分析

方案的比较和优化,往往都是在一定前提条件下,或者是在某一个子系统中进行的。然而,环境规划问题是一个十分复杂的多层次、多因子、多目标的动态开放的大系统,有许多因素难以用数学模型来描述,在决策问题的分类中属于非确定性或半确定性问题。在筛选或优化出最佳方案以后,还要进行涉及面更广、层次更高的可行性分析。例如,进行方案的灵敏度分析、风险性分析,研究外界条件发生变化时,方案的效果会有多大影响;进行投资来源渠道分析,分析方案在财政方面是否有可能;进行投资比例分析,研究用于环境保护的投资占国民生产总值的比例,以判断国力是否有可能支撑;进行环境费用效益分析,对最佳方案的费用和效益

（包括经济效益、社会效益、环境效益）进行比较和分析，以判断方案是否可行；等等。通过方案的可行性分析最终确定规划方案。

七、编写规划文本

城乡环境规划要纳入城乡总体规划，同时作为一个专项规划要单独经政府有关部门批准赋予法律效力，加以实施。因此环境规划文本通常需要编写两种文本，一是规划详细文本，这是一种技术性文件，除了表述规划目标和要求以外，还要说明规划的技术依据和可行性分析；二是规划的法律文本，该文本要简明、准确地表明规划的目标和要求，供政府批准。

八、污染物排放"输入-响应关系"

城乡环境规划要以环境质量为核心。在方案模拟中，关键问题是建立污染物容量总量控制的"输入-响应关系"，即污染物排放对环境质量的定量影响关系，运用大气或水环境容量模型，将污染物排放与环境质量联系起来。一个城市的大气或水环境容量模型是这个城市大气或水环境污染物排放规律的科学描述，因而污染物排放的"输入-响应关系"是城乡环境规划和环境管理的技术基础。污染趋势预测、污染治理方案的模拟和可行性分析都需要应用"输入-响应关系"，必须认真做好。

第二章 大气环境规划

第一节 大气环境规划的一般概念

一、概述

　　大气环境是人类赖以生存的基本要素之一。大气环境质量直接关系到人体健康、城市生态系统稳定和社会经济的持续发展。虽然在隔绝空气的情况下,人的生命只能维持几分钟,但大气污染除剧毒性污染物造成急性危害外,更多的是长期污染所造成的慢性损害,对此人们因缺乏污染与损害之间联系的直接证据,往往对大气污染不如对水污染那么关注。但事实上如伦敦烟雾事件、洛杉矶光化学烟雾事件、日本四日市哮喘事件、印度博帕尔市毒气泄漏事件、前苏联切尔诺贝利核电站事故、南亚棕色烟雾等重大污染公害事件都是由大气污染或经大气扩散造成的。近几十年来,酸雨、温室气体、臭氧空洞等环境问题逐渐引起人们对环境空气的关注。我国各大城市空气污染指数的报告就是这种关注的体现。2003 年重庆开县井喷、2004 年葫芦岛天然气泄漏事件、2013 年青岛市黄岛区黄维输油管线破裂事故等一系列事件都因有污染物通过大气扩散造成灾难性后果,形成了巨大的潜在危险而备受关注。2010 年以来围绕 $PM_{2.5}$ 的话题,华北乃至全国大部分区域冬季严重雾霾更是将全国上下对空气质量的关注提升到前所未有的高度。

　　浙江省海宁市中医院肿瘤研究所、海宁市环境保护监测站、浙江大学医学院等单位,应用大气环境监测资料和长期积累的肿瘤登记肺癌发病资料,进行了大气质量与肺癌发病率关系的分析研究。研究表明,从工业废气排放量分析,市区面积仅占全市总面积的 1.5％,而 SO_2、工业粉尘、烟尘、氟化氢废气排放量,分别占全市总量的 31.86％、32.41％、24.56％、14.43％。各类大气污染物排放量远高于全市平均水平,而海宁市肺癌的地理分布特征是市区明显高于乡镇(在"八五"期间,研究人员曾对海宁市自然人群吸烟情况进行过抽样调查,城市居民 30 岁以上人群吸烟率为 28.21％,农村居民为 42.37％,农村略高于城市,这就排除了因吸烟率不同对城乡肺癌发病率差异的影响,从而进一步说明城乡大气质量差异与肺癌发病的相关性)。该次研究相关分析显示,大气中 SO_2、工业粉尘、烟尘、氟化氢等污染物,与肺癌发病率均呈正相关,其中以工业粉尘相关较为密切。另外,尽管乡镇大气质量相对好于市区,但 20 世纪 80 年代以来,由于乡镇企业的崛起,排放到大气中的污染物大量增加,空气质量明显变差。据海宁市肿瘤监测资料统计,1989～2000

年比 1977~1988 年市区肺癌发病率增加 31.12%,而同期农村增幅达 59.71%。事实上,肺癌发病率的城乡差别及农村肺癌发病率的快速上升显示,随着工业文明的发展,大气污染确实已开始对社会人群生活及健康产生巨大的影响。

有效改善、保证空气环境质量是保证社会经济发展和保障人们身体健康的需要,而有效改善、保证空气环境质量的重要措施之一就是大气环境规划。

环境规划指一定时期内为达到环境保护目标,使环境与社会经济协调,遵循"社会-经济-环境"复合系统的发展规律对人类活动和环境所作的计划性规定。制定规划应遵循的基本原则包括:①环境保护的基本国策和可持续发展战略;②经济建设、城乡建设、环境建设同步规划、同步实施、同步发展的原则;③污染防治与生态保护并重的原则;④预防为主,保护优先的原则;⑤改善环境质量,保障环境安全的原则;⑥实事求是,因地制宜的原则。

环境规划理论的基础是协调发展论、可持续发展论和生态理论。环境规划的基本特征包括:整体性、综合性、区域性、动态性、政策性、信息密集性。

大气环境规划是环境规划的一个专项,指对大气污染及治理相关问题所作的比较全面的、长远的发展计划。大气环境规划是协调发展与环境保护之间关系的重要手段。大气环境规划和其他专项规划一样遵循环境规划的一般规律,如原则、方法等,但大气环境规划又因具有与自然条件、气象条件密切相关,长距离传输影响范围广等特点而具有一定的特殊性。

大气环境规划的主要任务,一是综合研究区域经济发展将给大气环境带来的影响和环境质量变化的趋势,提出区域经济可持续发展和区域环境质量不断提升的最佳规划方案;二是对于已经造成的大气环境问题,在经济、社会与环境保护协调发展的基础上,提出对改善环境质量和控制环境污染具有指令性的最佳实施方案。做好城市和工业区的大气环境规划设计工作,采取区域性综合防治措施,是控制环境污染,不断改善环境质量的一个重要途径。

大气环境规划的主要内容包括:在污染源及环境质量现状的分析基础上,根据污染气象特征、国家大气环境质量标准的要求和区域发展规划,将大气环境划分为不同的功能区域,确定环境规划目标和指标;通过对污染源变化和环境影响预测,选择规划方法和相应的参数,制定大气污染综合整治规划即大气污染总量控制、污染控制规划。以上工作可以简单地表述如下:由现有污染源排放、自然条件、气象条件、扩散模式、环境监测等因素、方法确定规划区域当前实际污染浓度,从而科学分析环境质量现状;基于不同功能分区和目标推断规划区域目标浓度值;统筹污染源强变化和污染扩散模型预测确定规划区域未来浓度值,通过三个浓度值的比较制定初步调整方案,经过多次比较、反馈、调整优化污染治理、控制方案,包括综合整治措施、削减方案等。各环节间的关系可参见图 2-1 大气环境规划技术流程图。

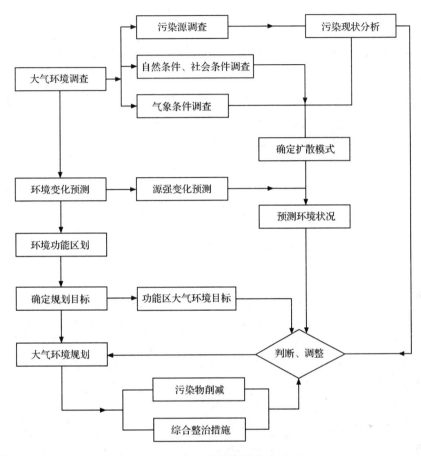

图 2-1　大气环境规划技术流程图

　　污染治理措施可归结为：采用清洁生产理念从工艺或源头入手减少最终污染物生成量，如采用水煤浆、低氮燃烧技术；采用治理设备或措施减少污染物排放量；采用高架排放、科学排放等措施利用大气扩散减小污染物浓度以合理利用大气环境容量；利用环境经济手段、法律手段加强管理控制等。实际上上述工作涉及气象条件变化的处理，扩散模式的选择，污染物筛选、等标化，环境容量的合理利用，预测模型确定，优化方法选择等一系列复杂问题。本章第二节"大气环境规划实施要点"将按大气污染治理规划的一般程序（图 2-1）详细介绍有关内容。

二、大气污染有关基本概念

　　因大气污染与气象和地理条件等因素密切相关，以下对影响大气污染的因素进行简要介绍。

（一）影响大气污染的主要因素

大气是地球表面占据空间最大的一种物质,约占总质量 98％的大气分布在从地面到 30 km 高度范围内的空间,在人类和生态受影响的范围内,大气无处不在,而且由于太阳辐射、地球自转等因素的影响,可产生从几千米到几百万米的流动和小尺度的湍流扩散,大气的流动和湍流扩散以及其他方面的物理化学作用可使大气污染物发生迁移和稀释扩散。大气污染物的传播与气象条件、地理条件等影响大气扩散的因素密切相关。随着风向、风速、大气湍流、气温垂直分布、大气稳定度等因素的变化,进入并随大气流动的污染物在大气中的扩散稀释情况也不同,造成的污染也不同,因此气象因素对掌握污染物扩散规律具有重要意义。同时,充分利用大气对污染物的扩散和稀释能力,也是大气治理规划的重要内容。

1. 气象因素

气候通常是指多年观测所得的与太阳辐射有关的温度、湿度、降水和风向等气象要素的综合,其特征是由太阳辐射、大气环流和下垫面的性质所决定的。

除环境污染事故排放的大量剧毒污染物外,从各种污染源排放到大气中的污染物,一般来说不会对人、动物和植物造成急性的恶劣影响,这是由于大气的扩散能力使这些污染物得到稀释。大气的扩散能力主要受两个因素的影响,即气象的动力因子和气象的热力因子。

1.1 气象的动力因子

气象的动力因子主要指风和湍流。风和湍流对污染物在大气中的扩散和稀释起决定性作用。

（1）风的影响。风对空气污染的影响包括风向和风速两个方面。风向影响着污染物的扩散方向。风速决定着污染物的扩散和稀释状况。通常污染物在大气中的浓度与平均风速成反比,若风速增大一倍,污染物的浓度将减少一半。

因为地面对风有摩擦阻力作用,所以风速随距地面高度的增加而加大,反映平均风速随高度变化的风速廓线模式在中性层结条件下为对数律模式,即

$$\bar{u} = \frac{u^*}{k} \ln \frac{Z}{Z_0} \tag{2-1}$$

式中,$\bar{u}$ 为高度 Z 处平均风速(m/s);u^* 为摩擦速度(m/s);Z_0 为地面粗糙度(m);k 为卡门常数,常取 0.4。

在非中性层结条件下可用指数律描述:

$$\bar{u} = \bar{u}_1 \left(\frac{Z}{Z_1}\right)^m \tag{2-2}$$

式中，$\bar{u}$ 为高度 Z_1 处平均风速(m/s)；m 为稳定度参数($0<m<1$)，m 取决于温度层结和地面粗糙度，在高度 500 m 以下，可按《制定地方大气污染物排放标准的技术方法》(GB/T 13201—91)选取。

(2) 大气湍流。风的方向和速度常常变化，在主导方向的上下左右无规则摆动。这种无规则的阵发性摆动即大气湍流。湍流对大气污染物扩散、稀释起着决定性的作用。假若没有湍流的存在，则污染物在大气中只能沿风向移动，污染物的扩散只靠布朗运动。湍流尺度与污染物的扩散、稀释有很大的关系。当湍流尺度比烟团的尺度小时，烟团向下风向移动，并进行缓慢的扩散，如图 2-2(a)所示。当湍流尺度比烟团的尺度大时，烟团被大尺度的大气湍流夹带，其本身截面尺度变化不大，如图 2-2(b)所示。当湍流的尺度和烟团相同时，烟团容易被湍流拉开、撕裂，使烟团很快扩散。当湍流的尺度有大有小时，因为烟团同时受到多种尺度的湍流作用，烟团能很快扩散，如图 2-2(c)所示。

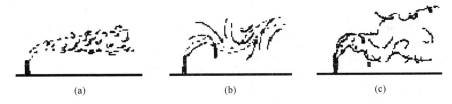

(a)　　　　　　　　　(b)　　　　　　　　　(c)

图 2-2　湍流尺度与大气扩散关系图

1.2　气象的热力因子

气象的热力因子主要指大气的温度层结及大气稳定度等。

(1) 温度层结与逆温。温度层结是指地球表面上方大气在垂直于地表方向上的温度分布。温度层结决定着大气的稳定度，而大气的稳定度又影响着湍流的强度，因而温度层结与大气污染有十分密切的联系。

地面吸收太阳辐射能比大气显著，故地表是大气的主要增温热源，从而导致对流层内气温随高度的增加而逐渐降低(图 2-3)。

气温随高度变化通常以气温垂直递减率 γ 表示，它表示在垂直于地表方向上，每升高 100 m 气温的变化值。对于标准大气来说，整个对流层平均值为 0.65 ℃。实际上，由于气象条件不同，有可能出现气温不随高度而变化，即 $\gamma=0$(称为等温层)，也可能出现气温随高度的增加而增加，即 $\gamma<0$。这种与标准大气情况下分布相反的现象称为温度递增，简称逆温。出现逆温的大气层称为逆温层。逆温层的下限称为逆温高度。上下限的温度差为逆温强度。根据逆温层出现的高度不同，分为接地逆温层和上层逆温层，如图 2-4 所示。

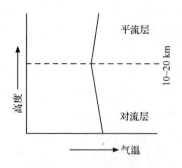

图 2-3　气象垂直分布图　　　　　图 2-4　典型温度层结情况

导致逆温发生的原因很多,根据不同的原因可分为以下几种逆温。

辐射性逆温:在晴朗无风的夜间,地表的降温较大气的降温快,因而出现逆温。

沉降性逆温:是由接近地表上方有大规模下降的高压气团向周围低气压区流动形成的。

湍流性逆温:由朝山坡方向吹去的大气沿山坡上升,在气流上升处比周围气体温度高而形成。

锋面逆温:这是由冷热两种气团相遇时,暖气团位于冷气团之上而形成的。

地形逆温:这种情况多发生在坡地、盆地。由于山坡散热较快,使坡面上的大气比谷中大气温度低,冷空气则沿山坡下移,热空气上移而形成。

（2）气温的干绝热递减率。在物理学上,若一系统在与周围物体没有热量交换而进行状态变化时,称为绝热变化,这个过程称为绝热过程。在绝热过程中,系统的状态变化及对外做功靠系统内能变化来达到。系统在某状态时的内能与绝对温度成正比,一定状态下的内能可由温度来度量。若取大气中一气块做垂直运动,气块因上升或下降而引起膨胀、压缩,由此而引起温度变化。这种温度变化比和外界热交换所引起的温度变化大,对一个干燥或未饱和的湿空气块,在大气中绝热上升 100 m 要降温 0.98℃,如下降 100 m 则要升温 0.98℃,通常可近似取 1℃,而这个数与周围温度无关。气块绝热上升 100 m 降温 1℃称为气温干绝热递减率,用 γ_d(1℃/100 m)表示。

（3）大气的稳定度。大气的稳定度与气温垂直递减率 γ 和干绝热递减率 γ_d 有密切的关系。大气垂直运动的强弱,即大气的稳定度取决于 γ 与 γ_d 之比。下面简单介绍 γ 与 γ_d 在不同值下的大气稳定度。

当 $\gamma < \gamma_d$ 时,如已知距地面 100 m 处气温为 12.5℃,200 m 为 12℃,300 m 为 11.5℃,即 $\gamma = 0.5$℃/100 m(小于 γ_d)。此时由于某种气象因素作用,把在 200 m 处的绝热气块举到 300 m 处,气块内部温度为 11℃,而气块外部的温度为 11.5℃,此时气块的内部密度大于外部密度,于是气块的重力大于浮力,气块将自动上升到原来的

位置。从上述可以看出,当 $\gamma<\gamma_d$ 时,大气总是力争保持原来的状态,垂直方向上的运动很弱,所以认为此时的大气处于稳定状态。

当 $\gamma>\gamma_d$ 时,如果气块被举向高处时,气块内部的温度高于外部温度,则浮力大于重力,气块将继续上升;反之,气块受外力作用向下压时,也将继续下降。从而可以看出,当 $\gamma>\gamma_d$ 时,气块总有远离原来位置的趋势,所以认为此时的大气处于不稳定状态。

当 $\gamma=\gamma_d$ 时,不管气块受外力作用上升或下降,它内部的温度与外部温度始终一样,所以此时气块推到哪里就停在哪里,此时的大气处于中性状态。

当大气处于稳定状态时,湍流受到抑制,大气对污染物的扩散、稀释能力弱;当大气处于不稳定状态时,湍流得到充分发展,扩散、稀释能力增强。

大气的污染状况与大气的稳定有密切的关系,现举例说明(图 2-5)。

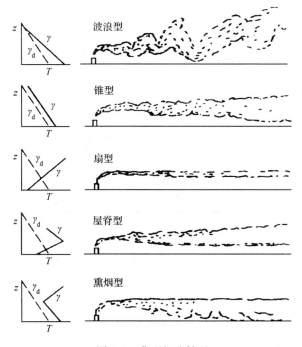

图 2-5　典型烟流情况

波浪型:这种情况出现于大气不稳定状态时,温度随高度的增加而减少,即 $\gamma>0$,而且 $\gamma>\gamma_d$,此时上下层混合强烈,风速较大,烟团翻卷剧烈,扩散十分迅速,所以一般不会造成烟雾事件。此情况多发生在晴朗的中午。

锥型:这种情况出现于大气中性状态或稳定状态时,即 $\gamma=\gamma_d$,因此气温随高度的变化不大,此时烟气沿主导风向扩散,污染物输送得较远,扩散速度仅次于波浪型,所以一般不会造成烟雾事件。此情况多出现于多云天、阴天、强风夜晚或冬夜。

扇型:这种情况出现于大气稳定状态时,即 $\gamma < \gamma_d$,而且此时出现逆温层,即 $\gamma < 0$,几乎无湍流发生,烟气在垂直方向的扩散很小,在水平方向上有缓慢的扩散,烟气沿下风向输送很远,但遇到山丘或高大建筑阻挡时,污染物不易扩散。此情况多出现于冬春季微风的晴天从午夜至清晨。

屋脊型:这种情况出现于大气上层不稳定而下层稳定状态时,即上层 $\gamma > 0$,$\gamma > \gamma_d$,下层 $\gamma < 0$,$\gamma < \gamma_d$,此时上层有微风或湍流,下层无风无湍流,烟气不向下扩散只向上扩散,对地面污染较小。此情况多出现在傍晚前后。

熏烟型:这种情况出现于大气上层稳定下层不稳定的情况,即上层 $\gamma < 0$,$\gamma < \gamma_d$,下层 $\gamma > 0$,$\gamma > \gamma_d$,烟气扩散情况与屋脊型相反,由于污染物向下扩散很快,使地面的浓度很高,所以多数烟雾事件是在这种情况发生的。此情况一般出现在日出后。

2. 地理因素

污染物从污染源排出后,因地理环境不同,受地形地貌的影响,危害的程度也不同。例如,高层建筑、体形大的建筑物背风区风速下降,在局部地区产生涡流,如图 2-6 所示,这样就阻碍了污染物的迅速扩散,而停滞在某一地区内,加剧污染。

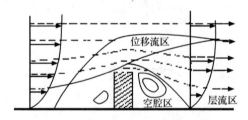

图 2-6　建筑对气流的影响

地形和地貌的差异,造成地表热力性质的不匀性,近地层大气的增热和冷却速度不同,往往形成局部空气环流,其水平范围一般为 $10 \sim 12$ km,局部环流对当地的大气污染起显著作用,典型的局部空气环流有海陆风、山谷风、城市热岛效应等。

(1)海陆风。海陆风是海洋或湖泊沿岸常见的现象。由于白天地表受太阳辐射后,陆地增温比海面快,陆地上的气温高于海面上的气温,出现了由陆地指向海面的水平温度梯度,因而形成热力环流,下层风由海面吹向陆地,称为海风,上层则有相反气流,由大陆流向海洋。到了夜间,地表散热冷却,陆地冷却比海面快使陆地上气温低于海面,形成和白天相反的热力环流,下层风由陆地吹向海面,称为陆风,如图 2-7 所示。海陆风是以 24 h 为周期的一种大气局部环流。

当海风吹到陆上时,造成冷的海洋空气在下,暖的陆地空气在上面,形成逆温,则会形成沿海排放污染物向下游冲去形成短时间的污染。海陆风对大气污染的另一作用是循环污染。特别是海风和陆风的转变时,原来被陆风带去的污染物会被海风带回原地形成重复污染。

（2）山谷风。在系统性大气演变不剧烈的山区，由于热力的原因，白天山坡吸收太阳辐射比山谷快，故风经常从谷地吹向山坡，称为谷风；晚上山坡比谷地冷却快，故风经常从山顶吹向谷地，称为山风（图 2-8）。在不受大气影响的情况下，山风和谷风在一定时间内进行转换，这样就在山谷构成闭合的环流，污染物往返积累，往往会达到很高的浓度。

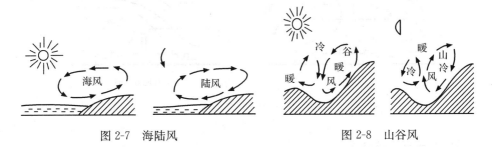

图 2-7　海陆风　　　　　　　　　　　　图 2-8　山谷风

山谷风的污染根据地形条件及时间可出现以下几种情况：①山风和谷风转换期的污染；②山谷中热力环流引起漫烟；③侧向封闭山谷引起的高浓度污染；④下坡风气层中的污染。另外，在山风迎风面和背风面所受的污染也不相同，污染源在山前上风侧时，对迎风坡会造成高浓度的污染。在山后能出现以下几种情况：①污染源在山后的上风侧，并有一段距离，则烟流可能随风越过山头被下沉气流带到地面，而造成严重污染；②污染源在山后，正好处在过山气流的下沉气流中，烟流抬升不高，很快落到地面造成污染；③污染源在山后的回流区，烟流不能扩散出去而污染。

凹地中的污染。处于四周高，中间低的地区，如果周围没有明显的出口，则在静风而有逆温时，很容易造成高浓度的污染，如图 2-9 所示。

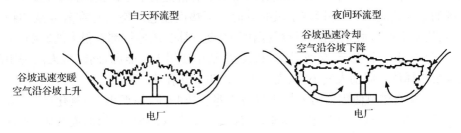

白天环流型　　　　　　　　　　　　夜间环流型

谷坡迅速冷却
空气沿谷坡下降

谷坡迅速变暖
空气沿谷坡上升

电厂　　　　　　　　　　　　电厂

图 2-9　盆地谷风环流

（3）城市热岛效应。工业的发展，人口的集中，以及城市建筑热力特性、布局使城市热源和地面覆盖物与郊区形成显著的差异，从而导致城市比周围地区热的现象称为城市热岛效应。由于城市温度经常比农村高（特别是夜间），气压低，在晴朗平稳的天气下可以形成一种从周围农村吹向城市的特殊局部风,称为城市风(图2-10)。这种风在市区内辐合产生上升气流,周围地区的风则向市中心汇合,这使城市工业区的污染物在夜晚向城市中心输送,特别当上空逆温层阻挡时,污染更为严重。

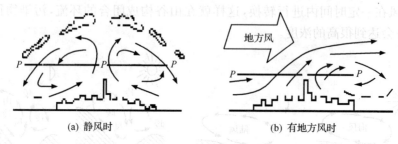

(a) 静风时　　　　　　　　　　　(b) 有地方风时

图 2-10　热岛效应

(二) 城市气候特点

城市建筑屋顶以下至地面称为城市覆盖层。城市覆盖层气候变化受城市的布局,建筑物密度、高度、几何形状,街道宽度,建筑材料,空气污染物,人为热与人为水汽,绿化覆盖率等因素综合影响。由建筑屋顶至积云中部高度为城市边界层。这一层气候变化受大气质量和参差不齐的屋顶的热力和动力的影响,与城市覆盖层进行能流、物流的交换,并受区域气候的影响。在城市下风向还有一个市尾烟气层,这一层空气中的云、雾、降水、气温、污染物等均受城市的影响。

1. 城市人工环境对城市气候的主要影响

城市人工环境对城市气候具有主要影响的原因在于以下几点:

(1) 城市具有特殊的下垫面,是城市气候形成的重要因素。城市中由道路、广场、建筑物等不同的几何形体组成的凹凸不平的粗糙的下垫面使地面风速减小,使城区的空气湍流增加,并影响了风的方向。下垫面使它与空气存在着复杂的物质交换、热量交换与水分交换,对空气温度、湿度、风向、风速等都有很大的影响。

(2) 城市工业生产、交通运输和居民生活中使用大量能源,同时将无法利用的大量余热释放于周围大气中,从而对大气产生加热作用。

(3) 化石燃料使用后向大气中排放大量污染物质,如烟尘、一氧化碳、二氧化碳、二氧化硫、一氧化氮等化学物质,不仅改变了大气的成分,如形成酸雨,而且为城市的云、雾、降水的形成提供了大量的凝结核。

上述因素使城市具有如下特点:

(1) 具有热岛效应,热岛效应是城市气候最明显的特征之一。

(2) 城市多雾。城区比郊区的雾多,能见度低。当城市近地面空气相对湿度接近或达到饱和时,水汽在凝结核上凝结而形成小水滴,半径在 $1\sim60~\mu m$,一般为

$7\sim15~\mu m$。这些小水滴与城市的烟尘悬浮在城市低空,形成雾障。一般在城市有雾时,能见度仅在 1000 m 左右。城市多雾的原因包括:①人为活动产生的大气污染颗粒物质为雾的形成提供了丰富的凝结核;②城市中心鳞次栉比的建筑群,增加了下垫面的粗糙度,降低了风速,为雾的形成提供了合适的风速条件;③城市热岛环流,使郊区农村带来的水汽,在低空辐合上升凝结成雾的概率增大。城市的大雾阻滞了空气中污染物的稀释与扩散,加重了大气污染。另外,城市的雾还减弱了太阳辐射,不利于人类与其他生物的生活。

2. 城市风

在近地面层中,大气的运动既有规则的水平的平均运动,也有不规则的紊乱的湍流运动。城市热岛效应,可形成城市热岛环流;城市特殊的下垫面,使空气经过城市要比经过开阔平坦的农村更易产生湍流。但一般情况下,城市鳞次栉比的建筑物,纵横交错的街道,使城市下垫面摩擦系数增大,使城市风速一般都低于郊区农村,且风向不定。城市街道的走向、宽窄及绿化状况,建筑物的高矮及布局形式,对城市的风流产生明显的影响。

3. 城市湿度与降水

城市人工排水系统发达,降水容易排泄,铺装地面比较干燥,又由于缺乏植被、蒸发量小,城市热岛效应气温又高,所以城市年平均相对湿度比郊区低。

城市白天的绝对湿度比郊区低,形成“干岛”,而在夜间城市中的绝对湿度反而比郊区大,形成“湿岛”。这种情况在夏季晴天比较明显,但大城市的年平均绝对湿度都比郊区小,且随着城市化的发展,城市的年平均绝对湿度有越来越小的趋势。

城市下垫面粗糙,有热岛效应气流容易扰动上升,而且城市尘粒多,水汽容易凝结,城市工厂区又有一定量的人为水汽排空,因此城市云量比郊区多,降水也比郊区多。

三、大气环境标准

环境标准是对环境保护工作中需要统一的各项技术规范和技术要求所作的规定。环境标准属于技术性法规,具有强制性,环境标准是国家环境保护法规的重要组成,是环境保护行政主管部门依法行政的依据,也是环境保护规划的体现和工作基础。

环境标准按内容和性质可分为环境质量标准、污染物排放标准、方法标准、标准样品和基础标准。

常用大气环境标准主要有:

(1)《环境空气质量标准》GB 3095—2012;

(2)《保护农作物的大气污染物最高允许浓度》GB 9137—88;

（3）《室内空气质量标准》GB/T 18883—2002；

（4）《大气污染物综合排放标准》GB 16297—1996；

（5）《锅炉大气污染物排放标准》GB 13271—2001；

（6）《工业窑炉大气污染物排放标准》GB 9078—1996；

（7）《炼焦炉大气污染物排放标准》GB 16171—1996；

（8）《火电厂大气污染物排放标准》GB 13223—2011；

（9）《水泥工业大气污染物排放标准》GB 4915—2013；

（10）《饮食业油烟排放标准》GB 18483—2001；

（11）《恶臭污染物排放标准》GB 145543—93。

《环境空气质量标准》（GB 3095—2012）于 2012 年 2 月 29 日发布，2016 年 1 月 1 日实施。自实施之日起，《环境空气质量标准》（GB 3095—1996）、《〈环境空气质量标准〉（GB 3095—1996）修改单》（环发[2000]1 号）、《保护农作物的大气污染物最高允许浓度》（GB 9137—88）基本污染物浓度限值见表 2-1。

表 2-1　基本污染物浓度限值（2012 年标准）　　　　单位：mg/m³

污染物	取值时间	浓度限值		
		一级标准	二级标准	三级标准
二氧化硫	年平均	0.02	0.06	0.10
	日平均	0.05	0.15	0.25
	1h平均	0.15	0.50	0.70
总悬浮颗粒物	年平均	0.08	0.20	0.30
	日平均	0.12	0.30	0.50
可吸入颗粒物	年平均	0.04	0.10	0.15
	日平均	0.05	0.15	0.25
二氧化氮	年平均	0.04	0.08	
	日平均	0.08	0.12	
	1h平均	0.12	0.24	
一氧化碳	日平均	4.00	4.00	6.00
	1h平均	10.00	10.00	20.00
臭氧	1h平均	0.16	0.20	

第二节　大气环境规划实施要点

一、环境现状调查与评价

环境现状调查与评价是确定环境现状、环境容量，做出环境预测的基础。环境现状调查包括自然环境特征调查、社会环境特征调查、污染源调查、污染气象调查等。调查内容、要点分述如下。

（一）自然环境特征调查

自然环境特征调查中与大气污染源密切相关的项目包括规划区的地形地貌、地理地质状况、土地使用情况、植被、气象等。

山区、丘陵、平原、海岸、岩溶等不同地形的起伏特征和地貌类型不仅直接影响人们的生产、生活，对污染物扩散也有直接的影响。在一定的地域内，气流沿着山脉、河谷流动，山脉、河流、沟谷的走向，对主导风向具有较大的影响。地面是一个凹凸不平的粗糙曲面，当气流沿地表通过时，必然要同各种地形地貌发生摩擦作用，使风向风速同时发生变化，其影响程度与各障碍物的体量、形状、高低有密切关系，所以空气流动总是受下垫面的影响，即与地形、海陆位置、城镇分布等地理因素有密切关系。这些因素在小范围内可以引起空气温度、气压、风向、风速、湍流的变化，从而对大气污染物的扩散产生间接的影响。污染物质从污染源排放后，因其所处地理环境不同，危害程度也就有差异。城市高层建筑、体形大的建筑物和构筑物，都能造成气流在小范围内产生涡流，阻碍污染物迅速排走扩散，而停滞在某一地段内，加剧污染。城市单幢建筑物及建筑群，对风向、风速都有一定的影响。一般情况是建筑物背风区风速下降，在局部地区产生涡流，不利于污染物扩散。城市中污染源较多，类型各异、分布杂乱、高度不一，再加上城市中地表粗糙、干、热，下垫面特殊，使得城市气候和污染问题更加复杂。

土地使用情况包括土地利用结构及布局。土地利用状况直接影响下垫面的条件，从而改变大气污染物的扩散条件。土地利用结构指规划系统内部各种土地利用方式的比例关系，城镇建设用地及工业用地比例过大，则不利于大气污染物的扩散。对布局的调查要以城镇建设布局、工业区布局和林区布局为重点。绿地系统调查要掌握林业用地、城镇绿化用地所占的比例，森林覆盖率及其分布，林种、树种的组合是否科学合理，以及城镇绿化系统的完善程度等，这些内容对大气环境容量和大气污染物扩散条件都有显著影响。

气候气象主要描述一定地区的大气环境特征，气候气象与污染物的扩散、稀释的密切联系是大气环境污染所具有的重要特征，因此也是调查的重点之一。调查内容包括常规气象资料（气温、降水量、风速、风向等）经验数据的收集、分析，污染气候特征调查（混合层，大气稳定度，逆温层、大气边界层平均场观测，湍流扩散参数等），灾害性天气特征等内容。调查方法见"（六）污染气象调查与分析"。

（二）社会环境特征调查

社会环境特征调查包括人口情况（人口数量、组成、密度和分布），工业与能源

（产业结构、布局，产品种类、产量，能源构成、来源、成分），农牧渔业情况，建筑密度，公共设施，交通运输等内容。

（三）污染源调查

污染源是指对环境产生污染或影响的污染物的来源。在开发建设和生产过程中，凡以不适当的浓度、数量、速率、形态进入环境系统而产生污染和降低环境质量的物质和能量，称为环境污染物，简称污染物。

大气污染物主要有：颗粒污染物、硫氧化物、氮氧化物、碳氢化合物、光化学烟雾以及汞、铅等。

根据污染物的来源、特征、污染源结构、形态和调查研究目的的不同，污染源可分为不同的类型。按来源分为自然污染源和人为污染源。自然污染源包括生物污染源和非生物污染源。人为污染源可分为生产污染源和生活污染源。按环境要素可分为大气污染源、水体污染源、土壤污染源和噪声污染源。按几何形状可分为点源、线源和面源。按运动特征可分为固定源和移动源。大气污染源排放的污染物的种类、数量以及排放方式、污染源位置，直接关系到其影响对象、范围和影响程度。污染源调查、评价就是要了解、掌握这些情况。通过污染源调查，找出建设项目和所在区内现有的污染源和污染物，作为下一步工作的基础。

一般污染源调查可分为三个阶段：准备阶段、调查阶段、总结阶段。准备阶段包括明确调查目的，制定调查计划，做好调查准备。调查阶段包括生产管理状况调查、污染物治理工艺和设施调查、污染物排放情况调查（种类、排放量、排放时间、方式和规律）、污染物危害调查、生产发展调查等。总结阶段包括数据处理，建立档案，作出分析评价文字报告、污染源分布图。

1. 调查内容

大气污染源按来源主要分为三类：工业污染源、生活污染源和交通污染源。主要特点和调查内容如下。

1.1 工业污染源

工业污染源一般情况复杂、种类繁多、排放量所占比例大，是调查重点。调查包括以下内容：企业和项目概况，工艺调查，能源、原材料情况，生产布局调查，污染物治理调查，污染物排放情况调查（种类、排放量、排污分担率、排放时间、排放规律、排放方式），污染危害调查，管理调查，发展规划调查。工作要点如下：

（1）按生产工艺流程或车间绘制污染流程图。

（2）按车间统计各排放源和无组织排放源的主要污染物排放量。

（3）对扩建项目的主要污染物排放量应给出现有排放量、改扩建工程排放量、改建后现有工程排放量，从上述三个量计算最终排放量。

（4）对毒性较大的物质还应估计其非正常排放量。

（5）将污染源按点源和面源进行统计。高的、独立的烟囱一般作点源处理,面源包括无组织排放源和数量多且源强、源高都不大的点源。对于范围比较大的城区和工业区,一般是把源高低于 30 m、源强小于 0.04 t/h 的污染源列为面源。根据污染源源强和源高的具体分布,确定点源的最低源高和源强。

（6）点源调查内容包括烟囱位置坐标及分布平面图,烟囱高度和内径,烟囱出口处烟气温度,烟气出口速度,排放工况,毒性较大物质的非正常排放量。

（7）统计评价区内的面源时,首先进行网格化,网格大小可据规划区大小取为 1000 m×1000 m 或 500 m×500 m,然后按网格统计面源的下述参数:主要污染物排放量、面源排放高度（当排放高度不等时,可按排放量加权平均取平均排放高度）。

（8）对排放颗粒物的重点点源,还应调查其颗粒物的密度及粒径分布,原料、燃料及固体废弃物等堆放场所,有风时易产生扬尘。这类问题可按风面源处理。

（9）画出规划区域范围内的大气污染源分布图,标明污染源位置、污染排放方式,并列表给出各所需参数。为方便工作和防止遗漏有关问题,可将大气污染源调查相关内容做成表格,参照表格开展调查工作。表格可参照表 2-2 的形式。

表 2-2　大气污染源调查表

点源

序号	单位	位置	烟囱高度	出口内径	出口速度	烟气温度	污染物	源强	排放时间	备注

面源

序号	单位	位置	平均高度	排放温度	排放速度	污染物	源强	备注

1.2　生活污染源

生活污染源一般较简单,主要是燃煤烟气。以居住小区或网格为基本单位,调查人口、能源构成,能源来源、成分、燃烧消耗情况。其主要污染因子为二氧化硫、颗粒物,其排放量可按全年平均燃料使用量估算。对于有明显采暖期和非采暖期的地区,应分别按采暖期和非采暖期统计。

1.3　交通污染源

城市中机动车尾气的污染也是不容忽视的。机动车尾气已是我国一些大城市大气污染的主要来源,如广州机动车污染分担率 CO 为 89%,NO_x 为 79%。对交通污染源可将繁忙的公路、铁路、机场跑道作线源处理。分析统计既有各交通源的流量,根据排放因子折合出大气各污染物的排放量。

2.　排污量计算

大气污染物主要调查计算粉尘、SO_2、NO_x、CO 等,也可选取其中几种主要污染物。如该地区还有污染严重的其他大气污染物,即该地区的特征污染物,则也要进行调查和计算。

计算污染物排放量一般有以下三种方法。

2.1　现场实测

对于有组织排放的大气污染物,如由烟囱排放的 SO_2、NO_x 或颗粒物等,可根据实测的废气流量和污染物浓度,按下式计算:

$$Q_i = Q_n \times C_i \qquad (2-3)$$

式中,Q_i——废气中 i 污染物的源强(kg/h);

$\quad\quad Q_n$——废气体积(标准状态)流量(m^3/h);

$\quad\quad C_i$——废气中 i 污染物的实测浓度值(kg/m^3)。

2.2　物料衡算法

物料衡算法是对生产过程中所使用的物料情况进行定量分析的一种科学方法。对一些无法实测的污染源,可采用此法计算污染物的源强,其公式如下:

$$\sum G_i = \sum G_0 + \sum G_m \qquad (2-4)$$

式中,G_i——投入物料量总和;

$\quad\quad G_0$——所得产品量总和;

$\quad\quad G_m$——物料和产品流失量总和。

式(2-4)既适用于整个生产过程的总物料衡算,也适用于生产过程中任何一个步骤或某一生产设备的局部衡量,不论进入系统的物料是否发生化学反应,或化学反应是否反应完全。

2.3　经验估算法

对于某些特征污染物排放量,可依据一些经验公式,或一些经验的单位产品的排污系数来计算。

工业污染源的排污系数一般有三种类型,即燃烧 1 t 煤的排污量,单位 kg/t 或 t/t;吨产品排污量,单位 kg/t 产品或 t/t 产品;万元工业产值排污量,单位 kg/万元或 t/万元。排污系数,对于排污总量的预测有重要作用。对于大气污染而言,主要是燃煤的排污系数。通过调查大量锅炉燃煤量及排污量,并取平均值,作为一个地区的排污系数。河北省环保部门确定,燃煤排放的 SO_2、烟尘、NO_x,其排污系数分别为 0.024 t/t、0.0465 t/t、0.00908 t/t。

SO_2、烟尘还可按下列经验式估算:

$$Q_s = 1.6 \times B \times S\% \qquad (2-5)$$

$$Q_{烟} = B \times A(\%) \times b(\%) \times (1 - \eta) \qquad (2-6)$$

式中,Q_s、$Q_{烟}$——燃煤排放的 SO_2 及烟尘量(万 t/a);

$\quad\quad B$——耗煤量(万 t/a);

S——煤的含硫量；

A——灰分含量；

b——飞灰量（自然通风炉 $15\% \sim 20\%$，风动炉 $30\% \sim 40\%$，沸腾炉 $60\% \sim 80\%$）；

η——平均除尘效率(%)。

查清本区域的供煤来源，根据硫及灰分含量即可估算 SO_2、烟尘的排放量。

常用排污系数见表 2-3～表 2-6。

表 2-3　燃烧 1 t 煤排放的污染物量　　　　　　单位:kg/t

污染物	炉型		
	工业锅炉	电站锅炉	采暖及家用炉
一氧化碳	1.36	0.23	22.7
碳氢化合物	0.45	0.091	4.50
氮氧化物	9.08	9.08	3.62
二氧化硫(S指含硫量)	16.0S	16.0S	16.0S

表 2-4　燃烧 1 m³ 油排放的污染物量　　　　　　单位:g/m³

污染物	炉型		
	工业锅炉	电站锅炉	采暖及家用炉
一氧化碳	0.238	0.005	0.238
碳氢化合物	0.238	0.381	0.357
氮氧化物(以 NO_2 计)	8.57	12.47	8.57
二氧化硫(S指含硫量)	20S	20S	20S
烟尘	渣油 2.73　蒸馏油 1.80	1.20	0.952

表 2-5　燃烧 10 m³ 燃气排放的污染物量　　　　　　单位:mg

污染物	炉型		
	工业锅炉	电站锅炉	采暖及家用炉
一氧化碳	6.3	—	6.3
碳氢化合物	—	—	—
氮氧化物	3400.5	6200	1843.2
二氧化硫(S指含硫量)	630.0	630.0	630.0
烟尘	286.2	238.5	302.0

表 2-6　几种常见生产过程中气体污染物的排放系数

产品	单位	污染物种类	污染物产生量	污染物排放量	生产方式	备注
铝电解	m³/t	废气	2000~5000	2000~5000	电解法	
	kg/t	粉尘	50~200	30~50		
	kg/t	SO_2	5~15	5~15		
	kg/t	氟化物	18	10~13		
尿素	m³/t	废气	4000~5000	4000~5000	合成法	
	kg/t	NH_3	5~15	2~10		
水泥	m³/t	废气	4000~5900	4000~5900	干法回转窑	
	kg/t	粉尘	50~120	1~24		
	kg/t	SO_2	0.2~3.7	0.2~3.7		
硅铁	m³/t	废气	1000~2000	1000~2000		
	kg/t	粉尘	140~200	5~200		

对机动车污染气体排放量可用行驶单位里程所排放的污染物质量计算,即用排放因子计算。排放因子取决于车辆类型、驾驶工况、尾气控制技术等多种因素。可查有关资料确定。

3. 大气污染源评价

对污染源进行评价的目的是确定规划区主要污染源与主要污染物。

3.1 标化评价法

污染源所排放的污染物对环境和人体健康的危害受很多因素的影响。

(1)位置。如污染源是否处在居民稠密区,处在盛行风向的上风向还是下风向,在水系的上游还是下游;在附近地区只有一个污染源,还是有诸多污染源集中在一起等。污染源所处位置不同,尽管排出相同数量的污染物,但其危害程度可能却不尽相同。

(2)排放特征。污染源排污规律不同,如是连续还是间歇,均匀还是不均匀,夜间排放还是白天排放等都会对扩散和污染时间、效果产生不同影响,因而造成的危害也就不同。

(3)排放高度。对于废气及其所含污染物来说,排放高度是重要影响因素。

(4)污染物特征。污染物的物理、化学及生物特征不同,即使排放量相等,对环境的影响或危害也不相同。例如,对比 1952 年和 1962 年两次伦敦烟雾事件的情况,两者发生的时间一致,气象条件基本相同。1962 年飘尘浓度比 1952 年降低近 1/2,但 1962 年的二氧化硫浓度比 1952 年稍高,而 1962 年的死亡人数反而减少80%以上。由此可见,造成伦敦烟雾事件的"主犯"是飘尘,"帮凶"是二氧化硫,即是两者协同作用的结果。二氧化硫是水溶性化学物质,因而对水有浸润性。这样,当二氧化硫进入呼吸道时,大部分为气管以上的部分腔壁所吸收不会进入肺腔,也不会对肺部造成损害,但当存在飘尘的情况下,二氧化硫就会吸附在飘尘上,随呼吸道进入肺腔深部,对肺泡造成损害,刺激支气管产生窄缩反应(痉挛),甚至使人窒息而死。它还能使慢性心肺疾病的患者症状恶化或死亡。

因为不同的污染物对环境的危害不同,允许浓度、危害浓度不同,因此不能简单地用排放数量的多少来衡量。在实际工作中,通常采用标化评价法评价污染源及污染物的潜在危害,经分析比较确定出主要污染物和主要污染源。各种不同的污染物质只有标化后才能彼此进行比较。

标化评价法因所选的评价系数不同而各异。

1) 等标污染负荷法

(1) j 污染源 i 污染物的等标污染负荷(P_{ji})定义为

$$P_{ji} = \frac{m_{ji}}{^*C_{0i}}\qquad(2-7)$$

式中, m_{ji}——j 污染源 i 污染物年(或日)排放量(t 或 kg);

$^*C_{0i}$——i 污染物的排放标准数值(无量纲);

P_{ji}——等标污染负荷,t(标)或 kg(标)。

(2) j 污染源的等标污染负荷(P_n)是其所排各种污染物等标污染负荷之和。

$$P_n = \sum_{i=1}^{n} P_{ji}\qquad(2-8)$$

(3) 本城市整个市区的 i 污染物等标污染负荷(P_i)。

$$P_i = \frac{m_i}{C_{0i}}\qquad(2-9)$$

式中, m_i——全市区 i 污染物排放总量。

2) 排毒系数法

作为与前一种方法的比较,只列出全市区污染物的排毒系数。

i 污染物的排毒系数(F_i)定义为

$$F_i = \frac{m_i}{d_i}\qquad(2-10)$$

式中, m_i——i 污染物排放量;

d_i——能够导致一个人出现毒作用反应的污染物最小摄入量(阈值),是根据毒理学试验所得出的毒作用阈剂量计算求得的。

废气中污染物 d_i 值的计算方法为

d_i＝污染物毒作用阈剂量(mg/m³)×人体每日呼吸的空气量(10 m³)

F_i值的意义是很明显的。它表示当污染物充分、长期作用于人体时,能够引起中毒反应的人数。F_i值完全是一个反映污染物排放水平的系数,它不反映任何外环境的影响,因此可以作为污染源评价的一个客观指标。

应用标化评价法应注意两个问题:一是标化系数的选择是关键。大气污染物、水污染物等不同类型和形态的污染物,可根据各自的特点和实际情况选择恰当的标化系数。但同一类型和形态的污染物所选标化系数必须属于同一系列。二是大气污染物(如 SO_2、NO_x 等)的等标污染负荷(或是水污染物等标污染负荷)自身可以直接相加;但是大气污染物的等标污染负荷与水污染物的等标污染负荷,两者不能直接相加,需要分别加权后才能相加。

3.2 确定大气主要污染物及主要污染源

1)确定大气主要污染物

主要方法如下:

(1)根据国家确定的量大面广的大气污染物,如 SO_2、烟尘、工业粉尘、NO_x、CO 等,以及在本区域污染源调查中发现的排放量大的大气污染物(如氟化物),或是排放量虽不大但危害严重的污染物(如铅、苯并[a]芘等),作为初步选定的主要污染物。

(2)逐个计算这些污染物的等标污染负荷,比较其潜在危害。

(3)按等标污染负荷的大小排序,一般截取排在前 5 位或前 6 位的 5~6 个大气污染物作为主要污染物。

2)确定主要污染源

确定主要污染源的方法是:①计算本规划区域各污染源的等标污染负荷(逐个计算);②将等标污染负荷由大到小排序;③按国家规定确定截取线,第一道截取线所截取的工业污染源,其等标污染负荷之和占全区域工业污染源总等标污染负荷的 65%左右;第二道截取线所截取的工业污染源,其等标污染负荷之和约占总等标污染负荷的 75%;第三道截取线所截取的工业污染源,其等标污染负荷之和约占总等标污染负荷的 85%。一般用第二道截取线来确定主要工业污染源。

3.3 源解析

大气污染物来源解析是当前国际、国内的热门话题,目的在于分析确定各类污染源对大气环境污染的贡献值,以便有针对性地采取污染综合防治措施。造成污染的大气颗粒物来源一般有下列几方面:扬尘、燃煤飞灰、燃油飞灰、风沙、交通运输尘、工业粉尘、原煤尘及海洋气溶胶等。如果各类源的贡献值(污染分担率)搞不清楚,就难以抓住主要矛盾,采取有效的治理措施。

目前大气颗粒污染物来源解析的方法主要有三类:源清单法,以排放量为基础的扩散模式,通过分析受体和污染源采集的颗粒物样品推断污染物来源的受体模式。源清单法主要通过对不同源清单的调查和统计来确定不同源的贡献率;扩散模式则是在源排放量调查和统计的基础上,结合气象数据来推测计算各源对受体的贡献;而受体模式则主要是依据对源和受体的实测数据分析比较来确定不同源对受体的贡献率。与受体模式相比,扩散模式具有以下几个方面的局限性:

（1）扩散模式对源贡献率的解析主要依据源清单的调查，而源清单的调查存在较大的局限性，所以单独依据源清单和扩散模式分析得到的源贡献率具有一定的局限性。

（2）扩散模式所依据的源清单调查在估计开放源型排放的尘和其他面源时，准确性差，对二次气溶胶的贡献率估计也存在较大的局限性。

（3）扩散模式的运用受到地形和气象因素的限制。一般源清单调查多基于一年的数据，因而用于小时和日变化的计算时也存在较大的问题。

（4）在悬浮颗粒物的构成中，有相当一部分来自土壤和海盐等天然源，而要定量地勘定天然源排放量非常困难，因此扩散模型难以在颗粒物来源解析中应用。

受体模型在确定大气颗粒物不同源所占的比例方面具有较明显的优势。其结果直接由实测数据得来，较为客观和难确，易被理解和接受。在一些高度工业化国家，受体模型在传统污染物控制中曾产生很好的作用，在污染物来源解析方面具有巨大的优势和广泛的应用前景。

受体模型是随着元素分析方法的改进而发展起来的。20 世纪 60 年代，X 射线荧光法、中子活化法以及原子吸收光谱法的广泛应用使人们可以准确分析颗粒物样品的元素组成。为了使用这些数据来解释大气的污染特征，人们发展了一些方法，这些方法的前提就是假设所测大气组分是一些独立源排放贡献的线性加和。

受体模型的数学模式如下：

$$X_{ij} = \sum a_{ik} f_{kj} \qquad (2\text{-}11)$$

式中，X_{ij}——第 j 个样品中第 i 种元素的质量；

a_{ik}——第 k 个源排放物中第 i 种元素的含量；

f_{kj}——第 k 个源对用 j 个样品所贡献的质量浓度。受体模型利用测量的源和受体的气体与粒子的化学和物理特征来确定源及其对受体的贡献。受体模型的基本假设包括以下内容。

（1）物质在污染源与接受地点之间质量守恒，既没有去除也没有生成。这个假设用颗粒物中各源的分配可以表示为

$$M_t = \sum_{j=t}^{p} S_{j,t} + \varepsilon_{M,t} \qquad (2\text{-}12)$$

式中，M_t——样品 t 中所测得的颗粒物的质量浓度，若当地共有 p 个污染排放源，各源的浓度贡献为 S_j，则 M_t 是 S_j 的线性加和；

$\varepsilon_{M,t}$——测量中的随机误差项。

（2）不同源排放的物质含量不同（即各污染源排放的颗粒物中化学成分间的比例不同）。

（3）各源的排放保持相对稳定。污染源的排放不随时间以及外界条件的变化而发生较大的变化。

采用不同的数学方法对式(2-12)进行解析,形成了不同的受体模型,包括化学质量平衡法、因子分析法和多元线性回归法等。主要模型结构如图 2-11 所示。

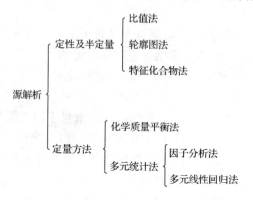

图 2-11　受体模型

最早出现的受体模型是因子分析,20 世纪六七十年代开始用来分析空气质量、解析污染源。受体模型经过近几十年的改进和发展,已经成为一种较为成熟的技术方法,并在我国及许多其他国家得到运用。目前能进行定量分析的模式方法主要有三类:化学质量平衡法(CMB)、目标转移因子分析法(TTFA)和正矩阵因子模型(PMF)。

这几种方法的主要原理如下:

1) 化学质量平衡法

CMB 模型的主要假设包括:

(1) 源排放物的组成在环境和源采样用时保持稳定。

(2) 化学物种相互间不反应,并且线性加和。

(3) 所有对受体贡献较大的源都包含在内,并具有它们各自的排放特点。

(4) 源成分相互间线性独立。

(5) 源或源分类数应小于或等于化学物种数。

(6) 测定不确定性是随机的、不相关的和正态分布的。

CMB 的六个假设在实际中很少能完全满足。然而 CMB 模型允许对这些假设有适当的偏移,但这些偏移将增加源贡献估计的不确定性。模式计算所要求的数据主要是颗粒物中各种化学物种的环境浓度 C_i 和它们在每个源贡献浓度中的份额(源成分谱)F_{ij}。

化学质量平衡法的数学表达式为

$$C_{ik} = \sum_{j=1}^{j} a_{ij} S_{jk} \quad (i = 1, 2, \cdots, m) \tag{2-13}$$

式中,C_{ik}——颗粒物样品 k 中第 i 种化学成分的浓度(mg/m³);

a_{ij}——源 j 所排放的颗粒物中化学成分 i 所占分数（源成分谱）；

S_{jk}——源 j 所排放的颗粒物浓度（mg/m^3）。

CMB 方程的解法，主要有示踪法、线性规划法、普通加权二乘法、波峰回归加权最小二乘法和有效方差加权最小二乘法等。

加权最小二乘法在理论上具有可提供更可靠的 CMB 解的能力，并与模型的假设相符。该方法能利用所有可获得的化学测定数据，而不仅仅是示踪元素，同时也能对源贡献的不确定性进行分析和估计。加权最小二乘法比示踪法和线性规划法更为可靠和优越。

CMB 有明显的物理意义，求解也比较简单，不需要大量的样品数据。其缺点是解析结果的准确性依赖于源成分谱数据的可靠性。在有全面准确的源成分数据的情况下，其结果是准确和可靠的。目前大多数研究人员在进行气溶胶源解析研究时使用由美国环境保护局提供的 CMB7 软件。

CMB 模型一般用来解析一次气溶胶粒子，当样品数量足够多时，限制性假设较少的回归法可用来同时解析一次和二次物质。在回归方法中，二次物质是因变量，而某一源的示踪物是自变量。这一方法的关键性假设是该源必须是示踪物的唯一排放源。

在 CMB 模型的应用中，除了必须服从质量守恒这一基本假设之外，源的数目的确定是关键。所有含有化学元素 i 的重要源必须包括在分析之中，如果有一个元素 i 的排放源没有包括在源中，则其他源对样品中元素 i 的贡献将作过量估计以填充总和中的"空隙"。共线问题也是受体模式的一个制约。共线问题在现实中就是某一种源与任何其他源的成分谱性质非常类似，甚至相关。在应用中对这一问题的处理一般是将共线的源归为一类源。目前常用的 CMB7 模型可以将一次源和二次无机气溶胶对受体的贡献分开，但不能确定每一类源中具体排放源的贡献以及有机和无机二次化合物前体物的具体排放源。

2）多元因子分析受体模式

在受体模型 CMB 的计算中要求知道所有的贡献源的组成。然而，在许多情况下，排放源采样的困难以及同一类源所组成的源类成分存在着巨大的差异，使准确可靠的源成分谱方面的数据难以得到。同时，在 CMB 模型的应用过程中有时还会遇到实际测量样品的物种与原有的源成分清单存在差异，源成分谱不可能包括样品中测定的所有物种，因而限制了 CMB 模型的应用。

因子分析法与化学质量平衡法一样属受体模型。该模式不仅可以用于估计源的贡献，也可用于估计源成分谱。其计算方法是对测量的物种间的相互关系进行统计分析。方法的依据是来自同一类源物种间的相关性，并且这些相互关系可用于估计源的组成。因子分析的数学模型如下：

$$x_{ij} = \sum a_{ik} \cdot f_{kj} + d_i u_i \tag{2-14}$$

式中, x_{ij}——元素 i 在 j 样品中的浓度;

　　　a_{ik}——第 k 个源排放物中第 i 种元素的含量,称为因子载荷;

　　　f_{kj}——第 k 个源对第 j 个样品所贡献的质量浓度,它对所有的 i 种元素(变量)都有贡献,称为公共因子;

　　　u_i——第 i 种元素唯一因子;

　　　d_i——第 i 种元素唯一因子载荷。

对式(2-14)的不同处理产生不同形式的因子分析。常见的有主因子分析(PFA)、目标转换因子分析(TTFA)、目标识别因子分析(TRFA)及 SAFER 模型。

A. 主因子分析(PFA)

主因子模型规定原始变量、公因子和单因子各自的数学期望值为 0,方差为 1,因此,Z 是经过标准化处理后的原始变量。其数学表达式为

$$Z = AF + DU \tag{2-15}$$

式中,Z——标准化数据矩阵;

　　　A——因子载荷矩阵;

　　　F——因子得分矩阵;

　　　U——唯一因子矩阵;

　　　D——唯一因子载荷矩阵。

主因子分析是根据已标准化的数据,从其相关矩阵和约相关矩阵出发,通过求解特征方程以确定其特征值和相应的特征向量,进而确定主因子数 m,提取初因子,最后经过对矩阵 A 实行正交旋转,将初因子解转化成具有简单结构的公因子,将变量表示为公因子和唯一因子的线性组合。结合有关源的特征元素的知识,以鉴别源的性质。

B. 目标转换因子分析和目标识别因子分析

目标转换因子分析同主因子分析的原理基本相似。主因子分析只是对偏离平均值的部分进行解析,因而它不能定量地描述污染源的组成。目标转换因子分析法综合了主因子分析法和化学质量平衡法的优点,对变量进行了处理,能够得到源的组成和对颗粒物的贡献。在气溶胶研究中,目标转换因子分析法中的因子代表污染源,并将因子载荷矩阵与特殊源的浓度廓线联系起来。

目标转换因子分析法忽略了误差项,认为它反映在较小的特征值上。同时也忽略了唯一因子 u,从而简化了因子模型。设原始数组矩阵为 X_{mn},m 为变量数,n 为样品数。首先对原始数组矩阵 X 作单值分解:

$$X = AF \tag{2-16}$$

因为同一种元素可能来自几个不同的源,因此目标变换因子分析法采用了另一种旋转变换方式:利用实际的源浓度廓线(即检验矢量)来调整因子 A 的因子轴,检验矢量由已知的资料或实例得到,这种变换方式称为目标变换。

它允许研究者利用对体系的理解,来确定源的组成。

TTFA 法经验性强,工作量大,寻找合理的目标向量不容易,要事先对当地的各种排放源的成分有所了解,因此在应用上受到很大限制。在当地采集到的大量样品是当地各排放源所提供的,原始数组矩阵中应该包含有当地各排放源的信息,TTFA 没有充分利用这些信息。TRFA 就是从 TTFA 中发展起来的一种新的求解方法。

TRFA 的第一步对原始数组矩阵 X 的单值分解与 TTFA 中的方法完全一样,但在求旋转矩阵 R 时,目标向量不从源成分谱库中找,而是选择单一向量作为源成分谱的目标。

因子分析法的主要优点包括:

a. 不需要事先设想污染源的结构和数目。这样一来,它就有可能处理二次颗粒物。二次颗粒物是污染源排放的气体在大气中反应生成的颗粒物。

b. 不需要关于由一个源所排放出来的所有元素在它们到达采样点之前一直保持等同相关的假定。

c. 不仅包括浓度参数,还可以包括非浓度参数,如粒径的大小,气象条件(相对湿度、温度、风向和混合层高度等)等。

因子分析法是把许多相关的因子经过处理和简化,减少了因子个数。集中化简后,由少数几个独立的因子尽可能多地综合反映出原来因子所反映的信息。具有压缩数据、提取隐含的统计变量的功能。

主成分因子分析和多元线性回归法虽然不能清楚地区分众多独立的污染源,但它可以提供主要的源类型,从而为详细区分源的种类提供基础。

C. SAFER 模型

在传统因子分析法中,对原始数组矩阵进行单位分解后的变换方法(如正交变换、斜交变换)不是建立在事实基础上的,因此不能保证其结果一定有物理意义。多元受体模型 SAFER(source apportionment by factors with explicit restriction)是建立在主成分因子分析(PCA)和自模拟曲线分解技术(self-modeling curve resolution,SMCR)基础上的,与其他因子分析法的不同之处是在估计源成分时加上了清楚的物理限制,用一系列线性规划法来估计源的组成。这一模型可以利用少量已知的源组成信息,从大气数据得到源的组成和各源的贡献率。SAFER 是一种在已知信息很少的情况下估计源组成的有力工具,并将在未来的源成分谱研究中得到广泛的应用。

3) 正矩阵因子分解模型

在应用于气溶胶源解析的受体模型中,正矩阵因子分解模型(PMF)是一种相对较新的模型。PMF 的特征是用数据的实际误差估计来衡量数据,并在因子计算的过程中加入了非负的限制。正矩阵因子分解模型分为二维和三维模型。二维模

型 PMF2 的数学表达式是

$$\boldsymbol{X} = \boldsymbol{GF} \tag{2-17}$$

$$X_{ij} = \sum_{h=1}^{p} g_{ih} f_{ih} + e_{ij} \tag{2-18}$$

其中 $\boldsymbol{X}$ 是已知的数据矩阵，$\boldsymbol{G}$ 和 $\boldsymbol{F}$ 是未知矩阵。模型中有 p 个因子，$\boldsymbol{G}$ 和 $\boldsymbol{F}$ 分别与传统因子分析的因子得分和因子载荷相对应。PMF2 的目的就是通过非负限制的加权最小二乘法使剩余平方和 Q 值达到最小。

$$Q = \sum_{i=1}^{n} \sum_{j=1}^{m} \left(e_{ij}/s_{ij} \right)^2 \tag{2-19}$$

三维模型的表达式为

$$x_{ijk} = \sum_{h=1}^{p} a_{ih} b_{jh} c_{kh} + e_{ijk} \tag{2-20}$$

模型中同样有 p 个因子，但每个因子由 a，b，c 三项组成，解法与 PMF2 相同。

PMF 模型的应用要求合理地估计数据的误差。根据检测限和化学分析误差得到的误差矩阵可以用于 PMF 分析，但是有时研究过程本身存在的误差比测量误差更大，在这种情况下实验误差不能充分反映数据的真实误差。

PMF 的优势在于它在数据处理的过程中加入了非负的限制，使其结果的物理意义更加明确。同时 PMF 可以处理不完整的数据。对于丢失的数据或低于检测限和扣除空白后出现的负值，可以用平均值或检测限的一半来代替，并给异常数据较小的权重。PMF 的另一个特征是可以通过函数调整来控制模型旋转的方向。与传统因子模型相比，PMF 的优势在于：它能更有效地利用数据信息；对源的分解更准确；其正的因子载荷和因子得分更易用于 CMB 模型。PMF 的缺点是：因子的排列不系统且分析和计算所需要的时间较长。

受体模型从 20 世纪 60 年代提出，经过三十多年的发展改进，到 90 年代模型的整体构建已基本完成，成为一种成熟的技术方法被广泛应用。目前由美国环境保护局发展的 CMB7 模型应用非常广泛。在缺少源成分谱数据时，PFA 和 TTFA 法的应用较多，同时相对较新的 SAFER 和 PMF 模型也被采用并有广泛的应用前景。出于只用一种模型很难证明其结果的可靠性，因此几种模型常常被同时使用以确定其结果的可靠性。

受体模型只给出受体能感到的各种排放源的情况，结果多表示统计平均意义，适用于战略性决策的依据。在受体模型 CMB 的计算中要求知道源的成分谱。然而，在许多情况下，由于排放源采样困难以及同一类源所组成的源类成分存在巨大的变异性，某些源成分谱的数据难以得到。同时在使用 CMB 过程中还会遇到实际测量样品的物种与已知的源成分谱存在差异。已知的源成分谱不可能包括样品中测定的所有物种，如一些挥发性有机物、痕量元素和有毒物种。而因子分析的数学推导是严格的,但在基本假设上是有缺陷的,即各源之间不是互相独立互不相关。因为对源成分谱的求解来源于样品原始数据,所以要求样品多一些以保证有足够的信息量,这对该地区源类型比较少的情况较为有利。

近年来我国在大气颗粒物源解析方面也开展了一些工作。

例如,由北京市环境保护科学研究院、北京市劳动保护科学研究所、中国环境科学研究院、北京市环境信息中心、北京大学承担的北京市大气污染控制对策研究项目专项研究之"北京市大气污染物源排放研究"在评估国内外源排放特征和排放系数资料的基础上,收集、分析和监测北京市固定源(工业污染源和固体、气体及液体燃料)、流动源(液体、气体燃料)、无组织排放源(工艺过程、扬尘、自然尘等)和天然源(NO_x、SO_2、CO、VOCs、TSP、PM_{10}、$PM_{2.5}$)的排放特征和排放系数,定量分析各类源 PM_{10}、$PM_{2.5}$ 和 VOCs 的排放量和化学组分,确定特征化学示踪物质。详细调查各类源的地理分布,编制各类源的排放清单;系统评价北京市采取紧急措施前后对排放的影响,特别是锅炉燃烧低硫煤、轻柴油、天然气和汽车使用液化石油气与双燃料后排放特性变化。

又如,"成都市大气环境质量现状调查与污染控制对策研究"科研课题通过开展全市能源结构现状分析,在对工业锅炉、生活炉灶、机动车尾气,以及道路与建筑扬尘等多种大气污染源,进行历时一年半的核查研究基础上,不仅通过大量源和受体样品的采集分析,建立了详细的大气颗粒物源和受体成分谱,而且运用 CMB 受体模型进行颗粒物来源解析,首次形成了该市大气环境污染源排放清单,建立了以 GIS 为平台的大气污染源数据库。还结合该市区域气象特征,开发并运用 ISC3 模型进行空气质量模拟及大气污染来源分析,研究了成都市大气污染物的输送扩散途径、基本规律,以及气象条件与大气污染的关系,确定了大气环境污染的时空分布特征和变化趋势,有针对性地提出了一系列切实可行的控制对策与建议。

(四) 大气环境质量现状监测与评价

大气环境质量现状评价的目的是,正确认识规划区的环境质量现状、环境质量的地区差异和环境质量的变化趋势。这些内容是确定环境规划目标、大气污染综合整治方案及投资比例的基础。

1. 大气环境质量现状监测

如果规划区内已设有常规大气监测站点,应尽可能收集和充分利用这些站点的例行监测资料。一般收集所在地区近 1~5 年的环境监测资料,分析污染物的主要来源、大气首要污染物、空气质量达标情况及变化趋势,为规划项目提供大气环境影响的背景资料。例行监测资料的价值在于能从长期和宏观的角度,反映出该地区大气质量的总体水平和变化规律。

如果没有例行监测资料,则需专门进行大气质量现状监测。布设环境空气监测点位时应考虑环境功能特征和主导风向特点,并给出监测布点图。

1.1　监测点布设

大气环境监测中,采样点位置和数量的确定是一个关键的问题,它对所测数据的代表性和实用性具有决定性的作用。

1) 监测点设置数量

监测点设置的数量应根据该区域大气污染状况、工作等级和发展趋势,功能布局、重点保护目标和敏感受体的分布,结合地形、污染气象等自然因素综合考虑确定,一般可以布设 2～10 个点位。

2) 监测点位置的设置原则

监测点的位置应具有较好的代表性,设点的测量值能反映一定地区范围大气环境污染的水平和规律。

设点时应考虑自然地理环境、交通和工作条件,使测点尽可能分布比较均匀,同时又便于工作。监测点周围应开阔,采样口水平线与周围建筑物高度的夹角应不大于 30°。测点周围应没有局地污染源,并应避开树木和吸附能力较强的建筑物。原则上应在 20 m 以内没有局地污染源,在 15～20 m 以内避开绿色乔、灌木,在建筑物高度的 2.5 倍距离内避开建筑物。

3) 监测点位置的布设方法

监测点位置的布设方法大致有如下几种:

(1) 网格布点法。这种布点法适用于待监测的污染源分布非常分散(面源为主)的情况。具体布点方法是:把监测区域网格化,根据人力、设备等条件确定布点密度。如果条件允许,可以在每个网格中心设一个监测点。否则,可适当降低布点的空间密度。

(2) 同心圆多方位布点法。该布点法适用于孤立源及其所在地区风向多变的情况。具体布点方法是:以排放源为圆心,画出 16 个或 8 个方位的射线和若干个不同半径的同心圆。同心圆圆周与射线的交点即为监测点。在实际工作中,根据客观条件和需要,往往是在主导风的下风方位布点密一些,其他方位疏一些。确定同心圆半径的原则是:在预计的高浓度区、高浓度与低浓度交接区应密一些,其他区疏一些。

(3) 扇形布点法。该布点法适用于规划区域内风向变化不大的情况。具体步点方法是:沿主导风向轴线,从污染源向两侧分别扩出 45°、22.5°或更小的夹角(视风向脉动情况而定)的射线。两条射线构成的扇形区即是监测布点区。再在扇形区内作出若干条射线和若干个同心圆弧。圆弧与射线的交点即为待定的监测点。

(4) 功能分区布点法。该方法适用于了解污染物对不同功能区的影响。通常的做法是按工业区、居民稠密区、交通频繁区、清洁区等分别设若干个监测点。

(5) 通常应在关心点、敏感点(如居民集中区、风景区、文物点、医院、院校等)

及下风向距离最近的村庄布置取样点。往往还需要在上风向(即最小风向)适当位置设置对照点。

1.2 监测时间和频率

在确定监测时间和频率时,主要应考虑当地的气象条件和人们的生活、工作规律。我国大部分地区处于季风气候区,冬、夏季风有明显不同的特征,由于日照和风速的变化,边界层温度层结也有较大的差别。在北方地区,冬季采暖的能耗量大,扩散条件差,大气污染比较严重。而在夏季,气象条件对扩散条件有利,又是作物的主要生长季节。所以必须根据该区域大气污染程度,选取两期(夏季、冬季)或一期不利季节监测。

由于气候存在着周期性的变化,每个小周期平均为 7 天左右。在一天之中,风向、风速、大气稳定度都存在着日变化,同时人们的生产和生活活动也有一定的规律。为了使监测数据具有代表性,每期监测时间,至少应取得有季节代表性的 7 天有效数据,每天不少于 6 次(北京时间 02 时、07 时、10 时、14 时、16 时、19 时,其中 10 时、16 时两次可按季节不同作适当调整)。对于污染源少、大气环境质量较好地区,也可只监测 5 天,每天至少 4 次(北京时间 02 时、07 时、14 时、19 时,少数监测点 02 时实施监测,确有困难的可酌情取消)。

现状监测应与污染气象观测同步进行。对于不需要进行气象观测的规划,应收集其附近有代表性的气象台(站)各监测时间的地面风速、风向、气温、气压等资料。

采样及分析方法按《环境空气质量监测技术规范(试行)》(国家环境保护总局公告 2007 年第 4 号)和《环境空气质量自动监测技术规范》(HJ/T 193—2005)、《环境空气质量手工监测技术规范》(HJ/T 194—2005)等技术规范要求进行。

1.3 监测结果统计与评价

监测结果说明规划区内大气污染物监测浓度的变化范围、平均值、超标率等。同时,还能进行浓度时空分布特征分析和浓度变化与污染气象条件的相关分析。

1) 监测数据的有效性检验

样品经分析后,首先应根据《数据的统计处理和解释、正态样本异常值的判断和处理》(GB 4883—85)的规定,剔除失控数据,对于未检出值,取该分析方法最小检出限的一半代之。对统计结果影响大的极值应进行核实,并剔除异常值。

2) 监测数据的统计

在现状监测数据统计中,通常需要计算数据的集中趋势和离散指标;一般包括浓度变化范围,日均浓度及波动范围,监测期的日均浓度值,一次及日均值的超标率,最大污染的时日等。

3) 监测数据的分析

监测数据的分析应包括以下几方面:

(1) 污染物浓度时空分布特征分析。某地污染物浓度值是随时间变化的,这种变化主要取决于周围污染源的源强随时间的变化,其次取决于气象条件随时间的变化。这种变化有无规律的随机变化部分,也有有规律的如周期变化部分。污染物浓度值随时间的变化往往是这两部分变化的叠加。一般在分析污染物浓度随时间变化时,常常寻找其随时间的周期性变化规律。这种变化有一昼夜的周期性变化,也有一年的周期性变化等。分析时需绘制污染物浓度随时间变化曲线,由曲线特征,分析污染物浓度随时间变化规律。

由于污染源分布不均匀,气象条件的不均一,污染物浓度值的空间分布是不均匀的。污染物浓度值空间分布的特征,可反映该地区污染源、气象条件、地理条件以及人为活动与浓度之间的关系。在做浓度空间分布分析时,通常将同一时刻各监测点浓度值点在一张地形图上,然后做浓度的等值线分析,由图可一目了然地看出本地区污染物浓度分布特征。

(2)污染物浓度与气象条件的相关分析。污染物浓度值除与污染源有关外,还与当时气象条件有密切的关系。在污染物浓度监测与气象条件同步观测后,就可分析污染物浓度与大气温度层结、大气稳定度、风向、风速等气象因素的相关关系。由于问题的复杂性,这种关系也显得较复杂。一般风速大时,浓度偏小;在污染源的下风侧,浓度偏大;大气稳定时,浓度偏高。

2. 大气环境质量现状评价

人类向大气排放的污染物种类繁多,带有普遍性的主要污染有总悬浮微粒(TSP)、飘尘、二氧化硫、氮氧化物、一氧化碳、光化学氧化剂等。在进行大气环境质量评价时,要因地制宜,从实际出发,首先根据本城市(或地区)的环境特征和污染现状选择评价参数。选择对本城市(或地区)的大气污染有重要影响的污染物作为评价参数。

我国城市大气污染普遍是煤烟型污染,为说明大气污染状况(严重程度)而进行大气环境质量评价,则可选择 TSP、PM_{10} 及 SO_2 等评价参数。如果某城市机动车较多,燃煤低空排放的污染源也较多,则考虑选用 TSP、SO_2、NO_x、CO、O_3 等评价参数。

确定规划区域的污染程度、污染分布,并分析造成污染的主要原因,画出污染分布图。污染分布图有几种画法:一种是分别画出单项污染物(如 TSP、SO_2、NO_x)的环境浓度分布图,画网格图或等值线图;另一种是画出大气环境质量指数分布图。

大气环境质量现状评价方法有综合指数评价法和单项指数评价法。综合指数是以大气环境内各评价因子的分指数为基础,经过数学关系式运算而得。由单项指数得到综合指数取决于采用的模型,应需根据情况选择,分指数表达式为

$$I_i = \frac{C_i}{C_s} \tag{2-21}$$

式中,C_i——环境污染物 i 的实测浓度(mg/Nm³);

C_s——污染物 i 的环境空气质量标准(mg/Nm³)。

$I_i \geqslant 1$ 时超标，否则为不超标，其物理意义是某种污染物超过环境质量标准的倍数。

综合指数评价法有叠加法、均值法、指数法[美国橡树岭大气质量指数（ORAQI）]等方法，我国目前常用的空气污染指数（API）法把监测的几种空气污染物浓度值简化为单一的概念性指数形式，并分级表征空气污染程度和空气质量状况。

目前计入空气污染指数的项目定为：可吸入颗粒物（PM_{10}）、二氧化硫（SO_2）、二氧化氮（NO_2）、一氧化碳（CO）和臭氧（O_3）。空气污染指数分级的浓度限值见表2-7，空气污染指数的范围为0～500，其中50、100、200分别对应于我国《环境空气质量标准》（GB 3095—1996）中的一、二、三级标准的污染物平均浓度限值，500则对应于对人体健康产生明显危害的污染水平。其结果简明直观，使用方便，适合于表示短期空气质量状况和变化趋势。现行使用的空气污染指数分级数值及相应的污染物浓度限值是根据《环境空气质量标准》和各项污染物的生态环境效应及其对人体健康的影响来确定的。相应的空气质量级别及对人体健康的影响见表2-8。

表 2-7 空气污染指数分级浓度限值

空气污染指数（API）	污染物浓度/(mg/Nm³)				
	PM_{10}（日均值）	SO_2（日均值）	NO_2（日均值）	CO（小时均值）	O_3（小时均值）
50	0.050	0.050	0.080	5	0.120
100	0.150	0.150	0.120	10	0.200
200	0.350	0.800	0.280	60	0.400
300	0.420	1.600	0.565	90	0.800
400	0.500	2.100	0.750	120	1.000
500	0.600	2.620	0.940	150	1.200

表 2-8 空气污染指数范围及相应的空气质量级别

空气污染指数(API)	空气质量级别	空气质量描述	表征颜色	对健康的影响	对应空气质量的适用范围
0～50	I	优秀	蓝色	可正常活动	自然保护区、风景名胜区和其他需要特殊保护的地区
51～100	II	良好	绿色	可正常活动	为城镇规划中确定的居住区、商业交通居民混合区、文化区、一般工业区和农村地区

空气污染指数（API）	空气质量级别	空气质量描述	表征颜色	对健康的影响	对应空气质量的适用范围
101～200	Ⅲ	轻度污染	黄色	长期接触，易感人群症状有轻度加剧，健康人群出现刺激症状	特定工业区
201～300	Ⅳ	中度污染	橘黄色	一定时间接触后，心脏病和肺病患者症状显著加剧，运动耐受力降低，健康人群中普遍出现症状	
≥300	Ⅴ	重度污染	红色	健康人明显强烈症状，降低运动耐受力，提前出现某些疾病	

空气污染指数的计算方法如下：

污染物的分指数 I_k，可由其实测浓度值 C_k，按照分段线性方程计算。对于第 k 种污染物的第 j 个转折点 $(C_{k,j}, I_{k,j})$ 的分指数值 $I_{k,j}$ 和相应浓度值 $C_{k,j}$，可由表 2-7 确定。

当第 k 种污染物浓度 $C_{k,j} \leqslant C_k \leqslant C_{k,j+1}$ 时，则其分指数

$$I_k = \frac{C_k - C_{k,j}}{C_{k,j+1} - C_{k,j}}(I_{k,j+1} - I_{k,j}) + I_{k,j} \qquad (2\text{-}22)$$

式中，I_k——第 k 种污染物的污染分指数；

C_k——第 k 种污染物平均浓度的监测值（mg/Nm³）；

$I_{k,j}$——第 k 种污染物 j 转折点的污染分指数值；

$I_{k,j+1}$——第 k 种污染物 $j+1$ 转折点的污染分指数值；

$C_{k,j}$——j 转折点上第 k 种污染物的浓度限值（对应于 $I_{k,j}$）（mg/Nm³）；

$C_{k,j+1}$——$j+1$ 转折点上第 k 种污染物的浓度限值（对应于 $I_{k,j+1}$）（mg/Nm³）。

污染指数的计算结果只保留整数，小数点后的数值全部进位。

各种污染物的污染分指数都计算出以后，取最大者为该区域或城市的空气污染指数（API），则该种污染物即为该区域或城市空气中的首要污染物。API＜50 时，则不报告首要污染物。

（五）环境效应调查

在大气环境污染现状调查评价的基础上，对大气污染的环境效应进行调查。主要包括：人体效应、经济效应与生态效应。将环境效应调查与大气污染现状和大

气污染分布进行对比分析,即可了解其相关性。人体健康效应包括通过有关疾病的现状体检,儿童生长发育及生理功能,死因回顾等调查,了解、发现污染物的急性中毒、慢性中毒和致癌、致突变、致畸作用的远期危害的作用规律。大气污染造成的经济损失的估算则包括居民损害、城市公用事业损害、工业损害、农牧业损害等。通过调查揭示大气环境与人体健康、经济发展的关系,为制定达到经济与环境协调发展的规划提供依据。

(六) 污染气象调查与分析

污染气象要素是指与大气污染或大气自然净化有关的气象要素。大气是通过平流输送、湍流扩散和清除机制三种机制达到自然净化的,地面大气污染物浓度是由污染物排放量及污染气象条件共同决定的,相同的污染源排放的大气污染物,在不同的气象条件下能产生完全不同的污染物浓度分布。污染气象条件的好坏反映了当地大气自净能力的高低,污染气象条件评述是大气环境污染预测不可缺少的重要内容。对于大多数规划项目,主要是调查与平流输送、湍流扩散两种自然净化机制有关的污染气象要素,即地面和大气边界层平均场气象要素及湍流扩散参数。通常利用地面和高空主要气象要素资料对污染气象条件进行分析。

1. 规划区域附近气象台(站)现有资料的应用

1.1　地面气象资料

地面气象资料调查内容取决于项目复杂程度,可按照等标污染负荷确定的评价等级确定。一级评价项目应至少包括以下各项:①年、季(期)地面温度,露点温度及降雨量;②年、季(期)风玫瑰图;③月平均风速随月份的变化(曲线图);④季(期)小时平均风速的日变化(曲线图);⑤年、季(期)的各风向、各风速段、各类大气稳定度的联合出现频率;风速段可分为 5 档,即<1.5 m/s,1.5~3.0 m/s,3.1~5.0 m/s,5.1~7.0 m/s,>7.0 m/s 五档。段数可适当增减,稳定度可按修订帕斯奎尔分类法或其他符合项目实际并与扩散参数配套的方法划分。二、三级评价项目至少应进行上述②和⑤两项的调查。

对于一、二级和复杂地形地区的三级评价项目,如果气象台(站)在评价区域内,且和该建设项目所在地的地理条件基本一致,则其大气稳定度和可能有的探空资料可直接使用,其他地面气象要素可作为该点的资料使用。对于不符合上述条件的气象台(站)资料,必须在与现场临时地面气象台(站)观测资料进行相关分析后方可考虑其使用价值。相关分析可采用分量回归法。由于气温、气压等要素水平变化不大,而风向、风速水平差异明显,因此,一般选用地面风作为相关分析因子,将两地的同一时间风矢量投影在 x(取 E-W 向)和 y(取 N-S 向)轴上,然后分别计算其 x、y 方向速度分量的相关。所用资料的样本数不得少于有关规定要求的观测周期所获取的数量。对于符合上述条件的资料,可根据求得的线性回归系数 a、b 值,对气象台(站)的长期资料进行订正。一级评价项目,相关系数不宜小于 0.45,二级和复杂地形地区的三级评价项目不得小于 0.35。对于平原地区的三级评价项目,可直接使用建设项目所在地距离最近的气象台(站)的资料。也可将两地同步观测期间的风速、风向分别建立相关分析序列,用相关分析方法作风速的相关分析,用类似方法作风向的相似分析。一般相关系数若通过 0.001 信度水平检验,则可作为相关台(站)引用资料。

设在某同一时刻临时气象台(站)和邻近气象台(站)风向的夹角为 θ,则其风向类似度为

$$R = \cos\left(\frac{1}{n}\sum_{i=1}^{n}|\theta_i|\right) \qquad (2\text{-}23)$$

临时气象台(站)及测风点所获取的资料只能反映规划区局地、短时的污染气象状况。为了反映规划区长期的气候背景,特别是地面风场平均状况,还必须引用规划区所在气象台(站)或邻近相关气象台(站)的常规观测资料。根据该区域污染和地形复杂程度,收集最近 1~3 年的观测资料。收集的内容包括每日定时气温、露点温度、风向、风速、总云量、低云量以及年、季(月)降水量、气压、年最高最低气温等。有时所选用的相关台(站)或规划区所在的台(站)是一般气候站,每天只有 08 时、14 时、20 时三次观测资料,此时 02 时的资料可这样处理,云量以相邻最近的基本气象台(站)资料代替,其他资料以本台(站)的自记值代替。

1.2 高空气象资料

如果符合规定的气象台(站)有高空探空资料,对于一、二级评价项目可酌情调查下述距该气象台(站)地面 1500 m 高度以下的风和气温资料:①规定时间的风向、风速随高度的变化;②年、季(期)规定时间的逆温层(包括从地面算起第一层和其他各层逆温)出现频率,平均高度范围和强度;③规定时间各级稳定度的混合层高度;④日混合层最大高度及对应的大气稳定度。

目前我国只有少数大、中城市的气象台作高空观测,另有飞机场气象台开展探空观测,一般大中型建设项目大气环境影响评价也进行探空试验。若规划区周围附近已进行过探空试验,可根据相隔距离和地理条件等确定是直接引用原有资料还是进行新的探空试验。

2. 大气边界层平均场参数的观测

大气边界层平均场参数的观测主要针对复杂地形地区的一、二级评价项目。复杂地形地区的三级评价项目可适当减少本条所规定的工作量。

2.1 观测站点的选择

(1) 应设置一个临时性的气象中心站和若干个气象观测点,以便观测地面气

象要素和低空风、温的时空变化规律。选用正态模式预测时,其气象输入参数主要采用气象中心站的观测数据。

（2）气象中心站应设在主排放源附近、不受建筑物或树木影响的空旷地区。临时气象台(站)应选在规划区域中心附近,四周必须空旷平坦,与孤立障碍物的距离至少是该障碍物高度的 3 倍以上,距成排障碍物至少是该障碍物高度的 10 倍以上,距较大水体的最高水位线,水平距离至少在 100 m 以上。山区、丘陵等地,由于受客观环境的限制,可参照上述要求灵活掌握。如果规划区域较大、地形条件较复杂,还应在区内选择对平均流场有较好代表性的地点增设 1～5 个测风点,以获取完整的地面流场资料。

（3）除气象中心站外,应在评价区内对反映平均流场有代表性的地点增设 1～5 个观测点。复杂地形地区的三级项目取下限,一级取上限。对于地形十分复杂、评价区边长超过 20 km 的一级项目,观测点数目还可适当增多。

2.2　观测期间

观测周期为一年。一、二级评价项目至少应有冬、夏两个季节代表月份,每日观测次数,除北京时间 02 时、07 时、14 时、19 时 4 次外,应在黎明前后,上午和傍晚增加观测 2～8 次,以便了解辐射逆温层的状况和混合层的生消规律。

2.3　地面观测内容和要求

①地面大气温度、湿度、气压;②总云和低云量;③距地面 10 m 高的风向、风速。增设的各点主要观测以上 3 项。中心站和各观测点的上述同步资料,将作为分析地面流场变化规律的依据。

2.4　低空探测要求

至少应设置一个低空探空点(一般应设在气象中心站);根据地形的复杂程度,还应适当地增设探空点。探测内容与要求如下。

（1）测出距地面 1.5 km 高度以下的风速、风向随高度的变化关系,并按大气稳定度分类,给出其数学表达式。根据混合长理论和室内、外实验结果,距地面 200 m 高度以下可用幂律表示,即

$$u_2 = u_1 (z_2/z_1)^p \quad z_2 \leqslant 200 \text{ m} \qquad (2\text{-}24\text{a})$$

$$u_2 = u_1 (200/z_1)^p \quad z_2 > 200 \text{ m} \qquad (2\text{-}24\text{b})$$

式中, u_2、u_1——距地面 z_2(m)、z_1(m)高度 10 min 平均风速(m/s);

p——风速高度指数,依赖于大气稳定度和地面粗糙度,应根据观测结果,利用统计学方法求出。

根据具体的观测数据,也可采用风速随高度变化的对数律或其他半经验公式。对三级评价项目风速高度指数 p 可按表 2-9 选取。

表 2-9　各稳定度等级的 p 值

稳定度等级	A	B	C	D	E、F
城市	0.1	0.15	0.2	0.25	0.3
乡村	0.07	0.07	0.10	0.15	0.25

（2）求出各级大气稳定度的混合层高度并分析其各季的日变化规律，分析逆温的变化规律（逆温出现的频率、层次，各层顶部和底部的高度及平均厚度，各层的强度以及生消时间等）。

2.5　观测方法与要求

（1）地面观测及低空探测中需测风经纬仪的观测方法，应按我国国家气象局编订的《地面气象观测规范》及《高空气象探测规范》有关章节中的规定执行。

（2）有条件时，地面观测还可采用其他更有效的仪器观测，如大气稳定度仪、起动风速低于 1.5 m/s 的风速计或风温仪等。

（3）低空探测可采用低空探测仪、系留气艇、气象塔、测温声雷达、多普勒声雷达等手段。

（4）使用上述各种仪器装置时，都应按其经过鉴定的各项性能在试验前进行校准，并按其操作规范进行试验或观测。

（5）如使用未经鉴定的上述装置或临时性设备（如系留气球、非气象专业塔等），应将该装置或设备的可行性论证材料附在该项目评价报告中同时接受审议。

低空探空一般只对边界层 1500 m 内各气层的风向、风速和气温进行探测。如果该区域点源的有效源高不是很高，可只对 1000 m 高度内各层进行探测。

一般使用最多的是利用经纬仪小球测风法对低空风场进行探测，利用 GW 型或 TK 型低空探空仪对低空温度场进行探测。实际工作中经纬仪和探空仪配合使用，可同时测量不同高度的风向、风速及温度的垂直分布，该方法经济实用。步骤如下。

（1）选择好经纬仪观测点。一般采用双经纬仪观测，除非不得已情况采用单经纬仪。观测点应选在地势高、视野开阔的地方，两测点之间应能互相直视，测点之间的距离即基线长度应足够长，并且使基线尽量与主导风向正交。测点选定后不应挪动。

（2）经纬仪调整。包括水平调整、方位角调整。

（3）探空仪安装。包括接收机、记录仪安装和天线安装。一般将天线安装在双经纬仪测点的主点平台上。

（4）热敏电阻调整。根据观测时的气候特征选用相应的热敏电阻，选用合适的量程，调整热敏电阻并焊接到探空板接线上。

（5）查算气球净举力。净举力查算之前应称出气球皮（一般选用 20 号探空球）及附加物（包括探空板、工作电池及夜间照明用的灯烛等）质量，按拟采用的升速（一般取升速 100 m/min），用当时的气压、气温查相应的标准密度升速值表，查出标准密度升速值 W_0，根据 W_0、球皮及附加物质量，在相应的净举力表中查出净举力。

（6）气球充灌。一般在施放前 15 min 左右开始充灌氢气。根据查算的净举力，将灌球专用的测风平衡锤系于球嘴，在测风平衡锤上加好砝码，砝码与平衡锤质量之和应等于净举力、球皮及附加物的质量，将气充灌至球的升力与平衡锤和砝码相平衡时为止，扎紧球嘴，取下平衡锤和砝码，挂上探空板及其他附加物，在室外静置一段时间，以确定气球是否漏气，确定测温记录仪基点，确认完毕之后可准备放球。

（7）气球释放。释放点最好在基线中央，有时为工作方便一般在主点附近，但距离不宜太近，主、副点经纬仪同时瞄准气球，经纬仪观测员及探空接收机操作员准备好以后，用对讲机发出放球指令，同时迅速按下秒表计时。

（8）读数，记录。经纬仪每间隔 20s 读一次气球在空中的仰角、方位角并做好记录，记录仪每隔 30s 作一次时间标记，直到气球大约升至 1500 m 高度（约 46 项记录）为止。同时在经纬仪读数记录纸上记录放球时间、风向、风速、总云量、低云量、升速、放球次数、测点名称及观测前后的目标物读数。

（9）资料处理。观测完毕后应对观测资料进行初审，对少数变幅较大的读数应进行处理，观测前后目标物读数相差较大时，还应进行方位角订正。

（10）资料计算。利用水平投影法、垂直投影法或矢量法计算各量得风层的风向、风速，利用探空曲线可读取各层气温。矢量法精度高，且能给出误差指标，故实际工作中多采用矢量法。

3. 湍流扩散试验

湍流扩散试验的主要目的是给出预测时需要的大气扩散参数或其他的有关湍流参数。有的湍流扩散试验还可用于验证大气扩散模式（示踪剂法），或用于模拟气流轨迹（平移球法或放烟照相法）。

大气扩散参数是指一般正态模式中的 σ_x、σ_y、σ_z（下标 x、y、z 分别是直角坐标系的三个方向，）；有关的其他湍流参数主要指湍流（脉动）速度标准差 σ_u、σ_v、σ_w 和 Lagrangian 时间尺度 T_{lx}、T_{ly}、T_{lz}，它们用于数值模式或新一代的法规大气扩散模式。

对于热释放率较大的污染源，还可酌情进行烟气抬升高度（ΔH）的测量。

平原地区的大气扩散参数已比较成熟，一般不需要再做扩散试验。因此，湍流扩散试验主要用于少数复杂地形条件下的一、二级评价项目。

　　扩散参数的测量高度大致在估算的主排气筒有效高度附近,其他湍流参数的测量高度范围由所选用的仪器设备性能而定。试验场地应选择在评价项目的主排气筒附近,并能覆盖评价区域内关心的部分。

　　测量周期,一般可只做一期,有效天数约 20 天,以在不同大气稳定度(不稳定、中性和稳定)条件下,能获取足够的统计样本数为原则。

　　常用的测量方法有:示踪剂法(如 SF_6)、平移球法(等容球或平衡球)、放烟照相法(平面或立体照相)、固定点测量法(脉动风速仪或风温仪)、其他遥感方法(如激光测烟雷达)及室内模拟试验(环境风洞)等。

3.1　示踪剂法

　　示踪剂法的做法大致如下:首先在大气中释放一定数量的示踪物质,然后测量示踪物质在空间的浓度分布,最后利用正态模式或标准差的定义反推出扩散参数。示踪剂法是一种公认的较好的测量大气扩散参数的方法。通常也用这种方法验证预测模式。用示踪剂法测量横向扩散参数 σ_y 比较容易;测量垂直(即铅垂)方向扩散参数 σ_z 时,因需要空中采样,难度稍大,也影响所得结果的准确性。

　　示踪剂法的试验要点如下:

　　(1)试验设计。做好试验前的方案设计,按预计的风向、风速,利用正态模式和现有扩散参数以及示踪剂性质、样品分析仪器的检出限等条件估算出各种稳定度的扩散角、最大落地浓度距离、下风方不同距离处(各条弧线)地面点开始和截止采样时间、铅直采样的高度范围和采样器间隔,以及最小释放率等。

　　(2)示踪剂。应选择本底值低、物理化学性质稳定、对环境基本上无污染、便于释放和采样、易实现高精度分析且价格便宜的气态、气溶胶或放射性物质。

　　(3)释放高度。示踪剂的释放高度应尽可能利用各种手段(气象塔、非专业性塔、高架平台、烟囱、系留气艇或气球等),设置在待评价的烟囱出口至自地面两倍烟囱几何高度范围内。

　　采用系留气艇、气球等一类手段时,应估计出其初始脉动量,以便对测量结果进行修正,采用非专业性塔或高架平台等一类装置时,应尽可能选择不受该装置局地绕流影响的位置或释放方式(如设置在平台的来流前缘或在平台上设置临时性简易气象塔、风杆,以及释放气艇、气球等方式)。

　　每次试验连续释放的速率应保持稳定,脉动量应小于 $\pm 1.5\%$。连续释放的时间在气象条件稳定的前提下不宜少于 1 h。

　　(4)水平采样。设置在以释放点为圆心下风方不同距离处的水平采样弧线一般不应少于 5 条,每条弧线的采样点一般应为 7～15 个,在预计的最大地面浓度点附近的弧线和弧线上的采样点应适当加密。

　　(5)垂直采样。采样点的设置应根据可能具备的条件而定,尽可能在预计的最大地面浓度点弧线上及其上下风方各弧线的平均风轴附近,设置 3~5 个点;在设计的高度范围内,每个采样点的采样器不应少于 5 个;释放高度处的风速较大时不宜采用系留气艇或系留气球等非固定性装置采样,利用这一类装置采样时,系留绳的脉动角一般不宜大于±15°。

(6) 采样操作及样品分析应严格遵守测量要求及各类分析仪器的操作规程,必须保证采样及分析结果的准确度和精密度。

(7) 数据的分析和处理。根据释放率和各测点的示踪剂浓度以及同步观测的气象参数(风速、稳定度等),按正态模式或标准差的统计定义对水平和垂直扩散参数进行估算。在估算中应注意以下几点:

a. 检查试验条件(气象、释放率等)是否稳定,试验条件明显不稳定时(如平均风速、风向或大气稳定度发生明显变化)应将实验数据进行分别处理,注意舍去某些因操作失误或仪器失灵所造成的异常数据。

b. 对采样点的高度进行修正。

c. 如果下风方每条弧线上各测点的水平或垂直浓度值服从或近似地服从正态分布,可采用下述任一公式估算水平或垂直扩散参数 σ。

$$\sigma = L_1 / 2.35 \tag{2-25a}$$

$$\sigma = L_2 / 4.3 \tag{2-25b}$$

式中,L_1、L_2——正态分布图中浓度为峰值一半和峰值的 1/10 处的宽度。

将每条弧线的 σ 值按下风距离 x 的幂函数 $\sigma_y = \gamma_1 x^{\alpha_1}$,$\sigma_z = \gamma_2 x^{\alpha_2}$ 回归,最后求得 x 幂函数中的系数 γ 和指数 α。也可采用下述方法直接解出 α 和 γ。把 $\sigma_y = \gamma_1 x^{\alpha_1}$,$\sigma_z = \gamma_2 x^{\alpha_2}$ 代入 $C(x,y,0) = Q (\pi u \sigma_y \sigma_z)^{-1} \exp[-y^2/(2\sigma_y^2) - H_e^2/(2\sigma_z^2)]$,设定 γ、α 的初值后,其他参数按试验条件代入,可得任一测点 i 的浓度计算值 C_i,再计算各点的 C_i 与该点相应的实测值 C_{mi} 之差的平方和 S。

$$S = \sum g_i [C_i - C_{mi}]^2 \tag{2-26}$$

式中,g_i——每个取样点的权重因子,$g_i = C_{mi} / C_{m,\max}$;

$C_{m,\max}$——本次示踪实验中所有取样点的最大浓度测量值。

根据 S 为最小的条件,迭代求出最终的值 γ 和 α。

当测得的浓度分布基本上不服从正态规律时,应按标准差的统计定义估算。

d. 在不具备或不完全具备垂直采样的条件下,利用正态模式由水平采样结果推算出的垂直扩散参数,只能作为参考数据。

3.2　平移球法

平移球法是用轻于空气的气体注入气球使该气体与气球的平均密度与某一高度上空气的密度相等,以便模拟单个空气粒子(气块)随时间改变在空中的运动规律。这种方法可直接研究流体运动的 Lagrangian 特性,测出空气粒子的运动轨迹和湍流扩散参数。平移球有两种:一种是平衡气球;另一种是等容气球。平衡气球原则上可随大气做水平运动和垂直运动。等容气球可保持在预定的大气等密度面上飞行,主要用于研究某一高度上的湍流特性。

采用平移球法测量大气扩散参数的试验要点如下:

(1) 选定放球方案。对于近距离问题,可利用单个平移气球的轨迹估算扩散参数,如果有条件,也可由非同时释放的若干对平移气球之间的平均距离估算扩散参数。对于距离大于 15 km 的扩散问题,可采用相继释放若干个平移气球的方法。

(2) 等容球(常制成四面体形)的球皮应采用弹性变形小的聚酯或涤纶薄膜;平衡球的球皮可以采用弹性变形大的橡胶一类材料。日间试验时,球皮应采用白色材料。充气后,四面体球高不宜大于 1.5 m,圆球直径不宜大于 1m。

(3) 不论球内充入何种气体(氢、氦、氢和二氧化碳或者氦和空气的混合气体等),都应掌握气球漏气量随时间和等容球的容积随超压的变化关系,根据理论计算或经验调好初举力,并在必要时采取适当的漏气补偿措施,以保证在试验时间内气球能在预定的高度上飞行。

(4) 可采用双经纬仪或者雷达跟踪,为便于观测,观测场地应开阔,由观测点到其四周障碍物顶端的仰角不宜大于 5°。双经纬仪的基线长度可根据预计观测的最大距离选定,一般为 500~1000 m。

(5) 数据的分析和处理。利用单个平移球轨迹估算扩散参数时,必须按离散化的泰勒公式及其前提条件处理数据。可参照下述步骤执行:

a. 利用矢量法(双经纬仪数据)或投影法求出平移球的空间轨迹和每相邻测点间的风矢量。

b. 对上述结果进行筛选和预处理:①检查平移球是否基本保持在一个等高面上,舍去单调上升或下降且高差较大的数据,最大高差一般不宜大于平均高度的 40%,可舍去初始和结尾部分,以保证中间段符合要求;②对个别测量误差较大或异常数据,可根据相邻数据用线性内插法修正,但修正值不宜超过 2 个;③对于一些因气象或地面条件改变,平均风速有明显升降的数据应进行分段处理;④对于因局地环流或大涡现象引起的弯曲趋势应对数据进行预处理,去掉趋势项;⑤某些因平均风速过小无法处理的数据,可暂时舍去。

c. 将筛选后的数据(风矢量)旋转到以平均风向为 x 轴的新坐标系。

d. 横向扩散系数 σ_y 可按下式计算:

$$\sigma_y^2 = \left[T^2 / (n-j+1) \right] \sum_{l=1}^{n-j+1} \left[\sum_{i=l}^{l+j-1} (v_i'/j) \right]^2 \qquad (2\text{-}27)$$

式中，v_i'——各测点在新坐标系的横向脉动速度，下标 i 为时间序列号；

　　　　n——总观测点数（$n\Delta t$ 为取样时间，Δt 为观测平移球轨迹的时间间隔）；

　　　　T——扩散时间（$T=j\Delta t, j=1,2,\cdots,m, m\leqslant 0.2n$）。

　　e. 将上述可用结果按稳定度分类，每类不宜少于 5 次试验，然后按不同的 T 值对 σ_y 求算术平均，并以 $\sigma_y=\gamma_1 x^{\alpha_1}$ 的形式（或其他的函数关系）对 σ_y 进行回归。

　　f. σ_z 的估算可参照上述计算 σ_y 的方法进行。但其结果只能作为参考，需与现有的经验数据或采用其他方法测量的结果进行比较和校正后方可使用。

3.3　放烟照相法

　　放烟照相法是利用照相技术拍下所释放的烟羽或烟团的轮廓随下风距离或扩散时间的变化图像，然后用正态模式反推出扩散参数 σ_x、σ_y、σ_z。放烟照相法比较简单易行，适于对小风条件下的烟团照相，但可测的距离较近，不适于夜间或能见度差的天气条件，在垂直方向平面照相较困难。

　　放烟照相法的依据是 Robert 不透明原理，假定烟羽或烟团的可见边缘线（即阈值轮廓线）是沿视线方向的积分浓度等值线。对于烟羽，由正态模式可得

$$\sigma_z^2 = z_e^2 \left[\ln(ez_m^2/\sigma_z^2)\right]^{-1} \qquad (2\text{-}28a)$$

$$\sigma_y^2 = y_e^2 \left[\ln(ey_m^2/\sigma_y^2)\right]^{-1} \qquad (2\text{-}28b)$$

式中，z_e、y_e——下风距离 x 处烟羽阈值轮廓线上的 z、y 坐标；

　　　　z_m、y_m——烟羽阈值轮廓线上 z_e、y_e 的最大值；

　　　　e——自然对数。

　　z_e、z_m 和 y_e、y_m 是分别从侧面和垂直方向照相得到的。

　　如果研究小风条件下的扩散参数，由正态烟团模式可得

$$\ln P = aP \qquad (2\text{-}29)$$

$$P = z_e^2/(2\sigma_z^2 a) \qquad (2\text{-}30)$$

$$a = (x_e z_e)/(ex_m z_m) \qquad (2\text{-}31)$$

式中，x_e、z_e——任一时刻烟团阈值轮廓线上 x 和 z 的最大值（以烟团中心为原点）；

　　　　x_m、z_m——出现最大烟团时的 x 和 z 的最大值。

　　可利用 $\sigma_x z_e = \sigma_z x_e$ 的关系式，确定 σ_x。在上述过程中以 y 代 z，可得关于 σ_y 的类似公式。σ 是时间 t 的函数。

　　采用平面照相法测量大气扩散参数的试验要点如下：

　　（1）平面照相法不宜在平均风向变化较大，或能见度低的条件下进行，试验时必须对风向、风速、大气稳定度进行同步观测。本法主要用于测定垂直扩散参数。有条件时（如具备气艇或直升机）也可测定水平扩散参数，当烟羽阈值轮廓线过长时（强稳定条件）可采用分段照相的办法。

　　（2）基线长度（相机距烟源的距离）的选择以保证相机能拍下完整的烟羽阈值轮廓线为原则，一般为 500 m 左右。观测点应尽量选择在烟轴的同一水平面上，

并尽可能使相机镜头光轴与平均风向垂直,否则应测出其相对的仰角和方位角,以便对测定结果进行订正。

(3) 发烟源可利用现有的烟囱或专门的发烟罐。试验期间的发烟率应保持稳定,烟羽高度应力求与待评价的烟羽高度一致。

(4) 应尽可能缩短两张画面的间隔,以保证每次试验能获得足够的照片(10~20 张),每次试验所采用的底片及显影剂的性能以及操作条件应一致。

(5) 数据处理:①对原始数据进行筛选;②描绘每张底片上的烟羽阈值轮廓线,再将每次连续拍摄且不少于 5 张的底片重叠后画出其包络线;③应按相同取样时间(绘制包络线的第一张底片至最后一张底片的时间间隔)用正态模式估算 σ_z;④将上述结果按稳定度分类,每类稳定度不宜少于 5 次试验,最后对 σ_z 进行回归。

利用瞬时发烟装置,采用类似于上述烟羽照相方法,拍出一系列烟团的阈值轮廓线,然后按正态烟团模式估算出小风或静风条件下的相对扩散参数。

3.4　固定点测量法

固定点测量法是指利用设置在固定点的瞬时风速仪测量的脉动风速资料,确定大气扩散参数或其他湍流参数的方法。前面介绍的三种方法所模拟的过程,同实际的扩散过程基本上是一致的,属于拉格朗日轨迹型系统(Lagrangian 系统),即研究质点在空间随时间的运动轨迹。从直观也可看出,固定点测量法所测量的过程和实际的扩散过程是不同的,它属于欧拉(Eulerian)系统,即以流体通过空间某点时的运动特性作为研究的出发点。假定两个系统的湍流相关系数随时间的衰减规律相同,不同的只是时间尺度。从而,湍流扩散参数可以利用时间尺度的变换,根据固定点测量法求得。和前面介绍的三种方法相比,固定点测量法最节省人力、方便易行、测量结果比较准确,是今后值得发展的一种方法。

对于应用于正态模式的扩散参数,可只设置一个测量点,测量高度应尽可能在主排气筒几何高度附近,其扩散参数可根据经过预处理的单点实验数据,用式(2-24)计算,但式中的扩散时间 T 应乘以 Lagrangian-Eulerian 时间尺度比 β。

$$\beta = 0.6u/\sigma_i \qquad (2\text{-}32)$$

式中, u——平均风速;

　　σ_i——各速度分量标准差,i 代表 x、y、z 各方向的湍流速度分量 u'、v' 或 w'。

　　　　对于应用于数值模式或第二代法规大气扩散模式的湍流参数,测量要点请参阅《环境影响评价技术导则》HJ/T 2.2—93A4。

3.5　特殊气象场观测

特殊气象场主要指复杂地形条件下引起的局地环流和某些其他不利于污染物扩散的气象场。常见的有:山谷风、城市热岛环流、背风涡和下洗、熏烟、海岸线熏烟以及海陆风环流等。在这些特殊气象场内的污染物浓度最大值可高出一般条件时的几倍,可见,这是评价时一个值得考虑的问题。对于一些目前尚难以用数学方法模拟或可以模拟但需要提供某些参数的特殊气象场,必要时不得不采用现场观测或室内模拟的手段分析、确定各有关参数。

4. 资料统计分析

4.1　气候背景分析资料统计

气温、降水、日照、风是反映一地基本气候特征的主要气候要素,因此气候背景分析资料主要统计气温、降水、日照和风四要素,必要时可增加气压和湿度的统计。

(1) 气温:统计历年各月、季、年平均气温,累年月、季、年平均气温,累年极端最高、最低气温。

(2) 降水:统计累年各月、季、年平均降水量,年降雨日数及日降水量>10 mm、>25 mm、>50 mm、>100 mm 的降水日数。

(3) 日照:统计累年各月、季及年平均日照时数。

(4) 风:统计历年各月、季、年平均风速,累年各月、季、年平均风速,各风向平均风速及频率,静风频率,静风平均持续时间,四季(或代表月)及年风向频率玫瑰图及污染系数玫瑰图。

4.2　临时气象站及流场观测点资料统计

统计平均气温,最高、最低气温,各风向平均风速及频率,静风频率,静风平均持续时间及最长持续时间,各测点平均风速,主导风向、次主导风向及静风频率,各风向平均风速及频率,在给定的风速等级下(可取日平均风速 1.0 m/s、1.5 m/s、2.0 m/s、2.5 m/s 和 3.0 m/s 五个级别)各测点逐时风向。

4.3　低空风场资料统计

统计各时次各高度平均风速,各稳定度下各高度平均风速,绘制各稳定度下风廓线,拟合出各稳定度下的风廓线方程,以估算的主排气筒有效源高为界线(以 50 m 为舍入单位取整数),界线值以下每间隔 50 m,界线值以上每间隔 100 m,统计各高度各风向频率及平均风速,选出几个有代表意义的高度层,绘制各代表层风玫瑰图。

4.4　低空温度场资料统计

统计各时次各高度平均气温,各稳定度下各高度平均气温,绘制低空温度剖面图,统计各稳定度下气温垂直递减率,统计逆温出现的频次、层次,各层逆温顶高、底高及平均厚度、强度,统计逆温生消时间及其与主要气象要素的关系。

4.5　大气稳定度统计

统计季、年各稳定度频率,各时次各稳定度频率。

大气稳定度的划分可采用帕斯奎尔-特纳尔分类法、温度(或位温)梯度分类法、风向变率或垂直风速梯度分类法、理查森数和莫宁-奥布霍夫长度等分类法。我国应用最广的是修订的帕斯奎尔(Pasqual)稳定度分类法(简记 P.S)。其方法是首先根据云量及太阳高度角由表 2-10 查出太阳辐射等级,再由辐射等级和地面风速按表 2-11 查出稳定度等级。

表 2-10　太阳辐射等级

云量,1/10	太阳辐射等级数				
总云量/低云量	夜间	$h_0 \leqslant 15\,℃$	$15\,℃ < h_0 \leqslant 35\,℃$	$35\,℃ < h_0 \leqslant 65\,℃$	$h_0 > 65\,℃$
$\leqslant 4/\leqslant 4$	-2	-1	$+1$	$+2$	$+3$
$5 \sim 7/\leqslant 4$	-1	0	$+1$	$+2$	$+3$
$\geqslant 8/\leqslant 4$	-1	0	0	$+1$	$+1$
$\geqslant 5/5 \sim 7$	0	0	0	0	$+1$
$\geqslant 8/\geqslant 8$	0	0	0	0	0

注:云量全天空十分制。

表 2-11　大气稳定度等级

地面风速 /(m/s)	太阳辐射等级					
	$+3$	$+2$	$+1$	0	-1	-2
$\leqslant 1.9$	A	A~B	B	D	E	F
$2 \sim 2.9$	A~B	B	C	D	E	F
$3 \sim 4.9$	B	B~C	C	D	D	E
$5 \sim 5.9$	C	C~D	D	D	D	D
	D	D	D	D	D	D

注:地面风速是指距地面 10 m 高度处 10 min 平均风速。

太阳高度角 h_0 可按下式计算。

$$h_0 = \arcsin[\sin\varphi\sin\sigma + \cos\varphi\cos\sigma\cos(15t + \lambda - 300)] \tag{2-33}$$

式中,h_0——太阳高度角(°);

φ——当地纬度(°);

λ——当地经度(°);

t——进行观测时的北京时间;

σ——太阳倾角(°),可按下式计算。

$$\sigma = [0.006918 - 0.39912\cos\theta_0 + 0.070257\sin\theta_0 -$$
$$0.006758\cos2\theta_0 + 0.000907\sin2\theta_0 \tag{2-34}$$
$$- 0.002697\cos3\theta_0 + 0.001480\sin3\theta_0]180/\pi$$

式中,θ_0——$365d_n/365°$,$d_n = 0,1,2,\cdots,364$,为 1 年中日期序数。

4.6　混合层高度的统计

大气边界层是指对流层内贴近地表面 $1 \sim 1.5$ km 厚的一层。大气边界层的上面是自由大气层。大气边界层受地表面的影响最大,在它上边缘的风速为地转风速,进入大气边界层之后,风向、风速都发生切变。在地表面由于黏性附着作用,速度梯度最大,直至风速为零;风向的切变是由于空气运动伴随着地转(科里奥利力)所引起。大气边界层的高度(或厚度)和结构与大气边界层内的温度分布或大气稳定度密切相关。中性和不稳定时,由于动力或热力湍流的作用,边界层内上下层之间产生强烈的动量或热量交换。通常把出现这一现象的层称为混合层。混合层向上发展时,常受到位于边界层上边缘的逆温层底部的限制。与此同时也限制了混合层内污染物的再向上扩散。观测表明,这一逆温层底(即混合层顶)上下两侧的污染物浓度可相差 5～10 倍;混合层厚度越小,这一差值就越大。通常认为:中性和不稳定时的混合层高度和大气边界层高度是一致的。

混合层高度可按下述方法确定。把高空探空资料中各层的气温和高度按纵横坐标在直角平面坐标纸上绘图(标准层可直接使用探空数据,特性层应利用气压、气温和绝对温度等参数换算出高度和气温的关系),再与以干绝热递减率 γ_d 为斜率的直线比较。当探空曲线斜率 $\gamma < \gamma_d$ 时,大气为稳定状态,$\gamma > \gamma_d$ 和 $\gamma = \gamma_d$ 时,大气分别为不稳定和中性状态。混合层高度指不稳定和中性状态时,从地面算起至第一层逆温层底的高度。混合层厚度的计算有公式法和曲线法两种。其中,公式法有行业标准《环境影响评价技术导则 大气环境》(HJ/T 2.2—93)推荐式和 Nozaki 公式。行业标准推荐式如下:

当大气稳定度为 A、B、C 和 D 时,

$$h = a_s u_{10}/f \tag{2-35}$$

当大气稳定度为 E 和 F 时,

$$h = b_s \sqrt{u_{10}/f} \tag{2-36}$$

$$f = 2\Omega\sin\varphi \tag{2-37}$$

式中,h——混合层厚度(E、F 时指近地层厚度)(m);

u_{10}——10 m 高度处平均风速(m/s);大于 6 m/s 时取为 6 m/s;

a_s,b_s——混合层系数,见表 2-12;

f——地转参数;

Ω——地转角速度,取 7.29×10^{-5} r/s;

φ——地理纬度(°)。

表 2-12 我国各地区 a_s 和 b_s 值

地区	a_s				b_s	
	A	B	C	D	E	F
新疆、西藏、青海	0.090	0.067	0.041	0.031	1.66	0.70
黑龙江、吉林、辽宁、内蒙古、北京、天津、河北、河南、山东、山西、宁夏、陕西(秦岭以北)、甘肃(渭河以北)	0.073	0.060	0.041	0.019	1.66	0.70
上海、广东、广西、湖南、湖北、江苏、浙江、安徽、海南、台湾、福建、江西	0.056	0.029	0.020	0.012	1.66	0.70
云南、贵州、甘肃(渭河以南)、陕西(秦岭以南)	0.073	0.048	0.031	0.022	1.66	0.70

注:静风区各类稳定度的 a_s 和 b_s 可取表中的最大值。

曲线法作法为:任一时间的地面温度和 γ_d 绘制的直线与北京时间 07 时探空曲线的交点(或切点)可作为该时间的混合层高度。日最高地面温度和 γ_d 绘制的直线与北京时间 07 时探空曲线的交点(或切点)即日混合层最大高度。计算时可取 $\gamma_d = 0.0098\ ℃/m$。

统计季、年平均混合层高度、各定时混合层高度、各稳定度下平均混合层高度、最大混合层高度及对应的大气稳定度等。

4.7　联合风频的统计

统计累年各季、年的各风向、各风速等级、各稳定度下的联合频率,风速等级一般可分为 $<1.5\ m/s$,$1.5\sim3.0\ m/s$,$3.1\sim5.0\ m/s$,$5.1\sim7.0\ m/s$,$>7.0\ m/s$ 五档,根据实际需要可适当增减档数。大气稳定度一般分 A~F 六级,也可适当归并,一般可归并为 A~B、C、D、E~F 四级。

4.8　污染气象条件分析

根据主要气候要素资料统计结果,概要说明规划区的气候背景特征,并作单要素评述;根据临时气象站观测资料,分析规划区局地气候特征,分析规划区域相关气象台(站)所在地区气候异同;根据流场观测资料,结合其他观测结果,分析规划区局地流场特征;利用可代表规划区气象条件的气象台(站)最近 1~5 年的气象资料,分析大气稳定度分布特征和混合层高度变化特征,给出季、年风向风速、稳定度联合频率表,分析联合频率特征。

根据现场低空风观测资料,分析规划区低空风的时空变化规律,给出不同稳定度下风廓线方程及有关参数,给出几个有代表意义的高度层风玫瑰图;根据低空温度场探测资料,分析规划区低空温度场时空变化规律,各稳定度下低空温度场特征,逆温出现频率、各层逆温底高、顶高特征及生消规律,逆温与气象要素的关系。

如果规划区地形比较复杂,还应重点分析水陆风、山谷风、城郊风等局地流场特征,山区应重点分析过山气流、下洗效应等。

二、大气环境影响预测

为改善大气环境质量,做出科学、合理的规划,需要对能源消耗、结构以及污染物排放等进行详细预测;然后根据预测的源强,利用数学模型进行大气污染预测。大气污染预测主要包括两个部分:一是源强变化预测;二是大气环境污染物浓度预测。

(一)源强变化预测

大气污染,是由于人的各种活动向大气排放各种污染物质,使得大气的组成发生了改变,并对人体健康和动植物生长产生危害,甚至破坏了生态系统的良性循环。随着国民经济的发展、城镇人口的增加和城乡产业结构的变化,排入大气中的各种污染物也在发生变化。大气中的污染物主要来自燃煤产生的烟尘排放、工业生产工艺废气排放以及机动车辆尾气排放。其中,工业生产产生的污染物排放量大、种类多、污染危害严重。工业污染物来源有三条途径:一是工业生产要消耗大量的动力,通过燃料的燃烧向大气中排放各种污染物;二是工业生产过程中各种化学反应向大气中排放各种污染物;三是生产过程中产生的各种工业粉尘。随着城市的发展,机动车大量增加,许多城市的大气污染由煤烟型向煤烟和汽车尾气混合型转化,其中以北京、上海、广州、济南等大城市较为突出。所以对交通污染的预测也是必要的。

大气源强变化预测,即污染物排放量增长预测,首先需要预测因燃烧煤等化石燃料所排放的污染物。

1. 能耗量增长预测

1.1　工业耗煤量增长预测

根据前 5～10 年的工业产值年平均增长率,进行预测。

工业产值年平均增长率:

$$M = M_0 (1 + \beta)^{t - t_0} \tag{2-38}$$

式中,M——t 年工业总产值(万元/a);

M_0——t_0 年工业总产值(万元/a);

t——预测年;

t_0——起始(基准)年。

工业耗煤增长预测通常采用弹性系数法:

$$C_B = \frac{\alpha}{\beta} \tag{2-39}$$

式中,C_B——能耗弹性系数,常按经验判断确定,小城镇可取为 0.6～0.7;

α——工业能耗年平均增长率;

β——工业产值年平均增长率。

t 年耗煤量:

$$E = E_0 \times (1 + \alpha)^{t - t_0} \tag{2-40}$$

式中,E——t 年耗煤量(t/a);

E_0——t_0 年耗煤量(t/a)。

1.2　取暖耗煤量预测

$$E_暖 = A_s \times S \times 10^{-3} \tag{2-41}$$

式中,$E_暖$——预测年采暖煤耗(t/a);

S——预测年采暖面积(m^2);

A_s——采暖煤耗系数(kg/m^2)。

1.3　居民生活耗煤量预测

根据人口总数预测耗煤量。

$$E_生 = A_N \times N_t \tag{2-42}$$

式中，$E_生$——预测年居民生活耗煤量(t/a)；

    A_N——人均年耗煤量$[t/(人 \cdot a)]$；

    N_t——预测年区域人口总数。

1.4 根据城镇人口总数预测耗煤量

耗煤量＝每户年耗煤量×城镇居民总户数

北方地区还应对采暖期、非采暖期分别计算后再求和。

各功能区耗煤预测方法基本同上，通过类似计算可以得到：①人均耗煤量$[t/(a \cdot 人)]$；②单位面积耗煤量(t/km^2)；③万元产值耗煤量($t/万元$)；④单位面积、单位时间耗煤量$[t/(km^2 \cdot a)]$。

燃料燃烧量还可根据区域供热负荷来确定，通常可按锅炉生产每吨蒸汽耗煤150 kg 标准煤，或 165～180 kg 原煤。

1.5 耗油量预测

可根据城市最近各年度实际耗油量(汽油、柴油)的平均增长率及预测年各种车辆总台数，预测汽油和柴油的消耗量(t/a)。

各工厂企业燃油可单独预测，然后求其燃油总量。

2. 污染物排放量预测

污染物排放量预测主要包括燃料燃烧向大气排放的各种污染物，工艺生产过程中向大气排放的各种污染物，以及交通污染物，这几部分之和就是排放污染物总量。

2.1 烟尘排放量预测

$$G_烟 = Ad_{fh}B \quad （无措施） \tag{2-43}$$

$$G_烟 = Ad_{fh}B(1-\eta) \quad （有措施） \tag{2-44}$$

式中，$G_烟$——预测年烟尘排放量(t/a)；

    A——煤的灰分(%)；

    d_{fh}——烟气中烟尘占灰分的百分数(%)；

    B——燃煤量(t/a)；

    η——除尘效率(%)。

2.2 SO_2 排放量预测

$$G_{SO_2} = 2BS（按无脱硫措施预测） \tag{2-45}$$

式中，G_{SO_2}——预测年 SO_2 排放量(t/a)；

    B——煤量(t/a)；

    S——煤中的全硫分含量(%)。

注意：煤中含有 10%～20% 不可燃的无机硫，所以在预测时要把这部分考虑进去，根据用煤情况乘以 0.8 或 0.9 的修正系数。

2.3　NO$_x$、CO 排放量预测

根据表 2-13 给出的参数进行预测。

表 2-13　燃烧 1t 煤排污量

污染物	炉型			污染物	炉型		
	电站炉	工业锅炉	家用炉		电站炉	工业锅炉	家用炉
CO	0.23	1.36	22.7	NO$_x$	9.08	9.08	3.62

2.4　燃油排放的各种污染物预测

采用有关统计参数进行预测。表 2-14 为 1995 年北京市环境保护局编制的《北京环境总体规划研究》给出的燃油、燃气锅炉排放系数,可供参考。

表 2-14　燃油、燃气锅炉大气污染物排放系数

燃料种类	单位	SO$_2$	烟尘	NO$_x$	CO	THC
油	kg/t	4.57	0.81	2.94	1.73	1.70
液化石油气	kg/t	0.18		2.10	0.42	0.34
焦炉煤气(标态)	kg/m³	0.08		0.8	0.16	
天然气(标态)	kg/m³	0.18		1.76	0.35	

2.5　生产工艺排放的粉尘、SO$_2$、NO$_x$

按产品产量递增率进行预测,在排放源不多的情况下可逐个源预测,然后求出总量。

$$G = KM（无措施） \tag{2-46}$$

式中,G——预测年生产工艺排放某种污染物总量(t/a);

$\quad\quad M$——某产品产量(t 或 m³);

$\quad\quad K$——某产品产量排放系数(kg/t 或 kg/m³),可通过历史资料调查或由文献资料确定。

2.6　机动车尾气污染排放量估计

机动车尾气污染排放量可根据排放因子及车流量确定,车流量可按规划车位、工业产值、人员规模和结构等方法估算,如工业产值法可按下式计算。

$$N = \frac{P_v \times C}{m \times t} \times (1 + \eta) \times A \times B \tag{2-47}$$

式中,N——高峰小时货车流量(辆/h);

$\quad\quad P_v$——年产值(万元);

$\quad\quad C$——万元产值运输量(万元);

$\quad\quad m$——每量货车货运量;

$\quad\quad t$——年运输时数;

η——空车率；

A——高峰小时系数；

B——高峰小时不均匀系数。

因为尾气排放量取决于车型、车况、燃料成分、路况、负载、驾驶方式（加速、减速、匀速、怠速）等诸多因素，通常采用综合（平均）排放因子（表 2-15）计算污染物排放量，计算公式为

$$Q = \sum_{i=1}^{n} \frac{N_i E_i}{3600000} \tag{2-48}$$

式中，Q——道路汽车尾气污染源源强$[g/(m \cdot s)]$；

n——道路汽车类型数目；

N_i——i 类型汽车车流量（辆/h）

E_i——i 类型汽车尾气污染物的平均排放因子（g/km）。

表 2-15　机动车辆污染排放量

污染物	以汽油为燃料/(g/L)	以柴油为燃料/(g/L)	
	小汽车	载重汽车	机车
铅化合物	2.1	1.56	3.0
二氧化硫	0.295	3.24	7.8
一氧化碳	169.0	27.0	8.4
氮氧化物	21.1	44.4	9.0
烃类	33.3	4.44	6.0

排放因子的选取通常用实验室内测得的各种类型汽车排放量作为平均排放因子。表 2-16 为日本大阪小汽车尾气排放因子。北京市环境保护科学研究院给出的北京低速行驶小型汽车排放因子为：CO 25.04 g/km，NO_x 1.35 g/km。美国的 MOBILE 汽车尾气源流估算模式则使用根据实测数据建立的数学模型来计算，该模型的计算考虑了汽车的使用年限、行驶速度、操作状况、环境温度等多种因素的影响。

表 2-16　日本大阪小汽车尾气排放因子

行驶速度/(km/h)	污染物排放系数/(g/km)			行驶速度/(km/h)	污染物排放系数/(g/km)		
	CO	碳氢化合物	NO_x		CO	碳氢化合物	NO_x
10	15.40	1.78	0.60	40	4.19	0.98	1.79
20	11.06	1.53	1.06	60	3.64	0.82	2.40

将以上各同类污染物相加就得到预测年的各该项污染物排放总量，可采用表 2-17 进行汇总。

表 2-17　污染物排放量汇总

年份	污染物	工业燃煤排污量	采暖燃煤排污量	生活燃煤排污量	交通排污量	其他	排污总量
	烟尘						
	SO_2						
	NO_x						
	CO						

根据能耗量增长预测、原有污染源及污染源变化预测、污染排放总量控制原则,可设计高、中、低等多个污染排放方案,作为环境影响预测模拟计算的源强。

（二）大气环境污染物浓度预测

大气环境污染物浓度预测是通过预测未来环境中污染物浓度,从而得到未来环境污染状况,进而检验未来发展能否达到环境要求。通过预测发现可能的环境问题,从而进一步采取相应措施。环境规划中的预测与建设项目环境评价中的预测的不同在于,规划中的预测是在对未来污染源强和排放量预测的基础上做的。具体污染源的分布及源强具有相当的未确定性,只能根据城市发展规划等文件先做一定的假设。也就是要对将来大气污染状况,根据上述污染物预测的排放量和当地政府的经济发展规划和布局等信息,假设出多种污染分布情况,然后利用一定的模型对规划区域假设的高、中、低情景方案进行模拟预测计算;根据地面浓度预测值,给出浓度等值线分布图等有关信息。

预测是检验调整规划方案使之达标、经济合理并最优化的依据。

预测的实质是确定源强与目标浓度的关系,根据要求可预测区域长期平均浓度、日均浓度、最不利条件下最大浓度等。这些关系可用于污染源布局评价、污染源贡献评价、控制方案评价、技术经济优化模型的环境约束方程等方面。预测的主要方法是用相关的空气质量模式进行,常用的预测模型见表 2-18。

表 2-18　常见大气污染预测模型

模型	特点
风洞模型	适用于含有气体脱体现象的扩散预测
扩散微分模型	适用无气体脱体现象的扩散预测
烟流模型	用于因场产生的浓度随源距离和时间的变化预测
烟团模型	非定常场的扩散预测
箱式模型	非定常场的浓度预测,不能考虑空间各点的浓度变化
相关分析预测	浓度与气象因素的相关分析预测,不能反映污染源状态的变化
回归模型	以各变量之间存在线性关系的假定为基础

利用大气模型预测外来污染物浓度分布需要确定污染源分布及源强,这恰恰是规划预测的难点所在,所以一般采用的方法是根据现有情况及城市有关规划对污染源的分布和源强做一定的假设,在此基础上应用相应大气扩散模型求各种气象条件下污染物浓度。

三、空气质量模式

(一)空气质量模式分类、特点

城市的特点是人口集中、建筑物林立;有工业、商业和住宅区;交通繁忙;常有较严重的空气污染问题。从污染气象角度来看,城市地面粗糙度大,有城市热岛效应。由于人们在早晨和夜晚的活动,以及工作日和周末的差别,造成每日早晚两次污染程度较重和工作日污染甚于周末的情况。从污染源类型来看,除工业源和生活源外,一些大城市的道路交通造成的污染正在日益受到重视。

煤是我国的主要能源,因此我国大部分城市仍然以煤烟型污染为主。北京、上海和广州等大城市,随着经济和社会的高速发展,机动车辆的迅速增加,与道路交通相关的空气污染问题近年来变得日益严重。

我国城市空气质量管理也在不断发展。为对城市空气质量有一个整体评价,国家要求环保部门提供空气污染物的长期平均浓度。此外,在进行城市规划和决定环境政策时,需要选择代表性气象条件进行模拟计算。针对严重的大气污染问题,国家推行酸雨和 SO_2 “两控区”的政策。为实施这项政策,国家要求各地进行大气污染总量控制。首先进行管理目标总量控制,然后进行质量目标总量控制。管理目标总量控制主要是针对已经存在的大气污染问题,按照“两控区”的要求,制定实施污染源排放削减计划。质量目标总量控制则要求进一步控制污染源排放,以达到所及区域的大气环境质量目标。

对于城市未来环境状况的预测,主要需要利用空气质量模式进行。空气质量模式主要指利用数学模式进行计算或模拟,即在具备输入资料的条件下,可以用来计算污染物的浓度及其随时空的变化的数学工具。根据污染物、数学方法、流体力学方法、湍流扩散比拟、污染源、时间和空间尺度等的不同,空气质量模式可以分成不同类型。空气质量模式是污染预测的重要工具和手段。

对于数学方法,主要分为统计模式、解析模式和数值模式。统计模式指在具有大量观测数据的基础上,应用统计方法建立的计算模式,常见的有时间序列分析、多元回归和人工神经网络模式等。统计模式结构简单,主要要求有足够数量和充分代表性的监测数据,以便建立泛性好的计算模式。统计模式计算本身简单、快速,适用于计算条件较差,但又具有长期气象和环境监测数据的情况。统计模式可应用于城市空气污染指数(API)的预测预报,但通常不能进行污染物浓度的空间分布计算。

解析模式指在一定的假设条件下,空气污染物浓度分布可以以简单的数学公式表示,以解析形式得到计算结果(如箱式模型)。数值模式是根据科学原理,针对污染物的排放、输送扩散、化学转化和沉降等过程,进行数学抽象后建立的。数值模式复杂,要求污染源、气象、地形等大量输入数据,需要解微分方程,计算工作量大。但数值模式可以计算浓度的时空分布,确定污染源和接受体之间的定量关系。近年来随着计算机技术的高速发展,数值模式在城市空气质量评价和规划中得到广泛应用。

从流体力学方法角度,数值模式常分为拉格朗日轨迹型和欧拉网格型。轨迹模式以常微分方程为主,网格模式则主要应用偏微分方程。数值模式通常分为气象和输送扩散两个部分。对气象部分,最基本的是风场模拟,有诊断型和动力学型两类。诊断型风场计算以实测风数据为基础,进行内插,再应用质量守恒原理进行调整(客观分析),是比较简单的一种方法。动力学型风场计算则从流体力学方程组出发,考虑空气运动的动力学和热力学过程,包括十分复杂的计算工作。

轨迹模式着眼于设定的空气团:假设空气团在输送过程中不破碎或合并,因此可以根据风场首先计算空气团的轨迹,然后沿轨迹再进行扩散、转换和沉降的计算。轨迹模式又可以分为前向轨迹型和后向轨迹型。前向轨迹模式从污染源出发计算轨迹,然后沿轨迹从污染源出发模拟该污染源排放的污染物通过输送扩散过程对计算区域内空气污染的影响,再把多个污染源计算的结果进行叠加。由于各个污染源造成的污染浓度分布是分别计算后再叠加的,因此容易用来计算各个污染源关于选定位置空气污染浓度的贡献比例,应用于制定削减计划。但也因为污染源是分别计算的,一些非线性过程便难以模拟了,所以湿沉降、云雨过程及化学转化等只能通过参数化的形式来表示。后向轨迹模式以选定位置(接受点)为基点,首先计算气团到达该位置的轨迹,然后考察沿轨迹气团一路上经过哪些污染源,以此确定气团受到的影响及经历的各种物理化学过程,直到到达该选定位置。后向轨迹模式可以包括复杂的化学反应,也能较清晰地说明各个污染源和受体之间的关系,但不能模拟扩散过程。

网格模式则着眼于空间点,其基础是湍流扩散的梯度输送理论:预先根据问题条件把计算空间划分为固定的网格,把各个梯度输送方程和边界初始条件离散化,再进行数值计算。风场由诊断型或动力学型气象模块提供,如果需要考虑云雨过程,还需要一个单独的模块。扩散输送方程的数值计算需要注意数值计算本身引起的误差(虚假扩散或数值扩散问题),数值方法的收敛性和计算速度是需要考虑的重要问题。网格模式原则上可以包括各种复杂的物理化学过程,因此光化学烟雾等常用网格模式。此外,要确定各个网格上的参数相当困难,必须引进许多项假设,如应用混合长度模式参数化各网格的湍流扩散系数。

交通繁忙是现代城市的一个重要特征,交通工具引起的空气污染问题常用线源模式,多在点源高斯模式基础上发展而成。另有一种街道峡谷模式,以计算流体力学(CFD)的方法为基础。这种模式的基础是流体力学方程组,计算工作量十分庞大,在小尺度的空气质量模式中有重要作用。目前,这类小尺度模式已经达到可以包括十个左右的建筑物。但对城市而言,街道峡谷模式主要是对城市内数量有限的,对交通污染最敏感的小范围进行代表性的应用计算,如隧道、立交桥、公交终点以及两侧高楼林立、交通繁忙而不宽敞的街道等。

根据问题的需要,空气质量模式可以有各种不同的时空尺度,可能采用不同的形式。对于空间尺度:微尺度指几百米以内,小尺度是 $1\sim10$ km 甚至到几万米的范围,中尺度为几十万米,大尺度则达到上百万米甚至更大的范围。城市范围一般属于小尺度,但因为空气污染物有化学转化和输送过程,根据具体问题,城市空气质量模式可能涉及中尺度甚至更大尺度的模拟过程。对于时间尺度,常分为短期模式和长期模式。短期模式少至几小时,多至 $3\sim5$ 天,多模拟事件性的空气污染问题。长期模式以月平均、季平均、年平均气象条件为基础,或以代表性的气象条件为基础,进行模拟计算,目的是确定污染物在相应时段内的平均浓度分布。

值得注意的是对于污染物,在小尺度问题中,污染物输送扩散的时间较短,常可以不考虑化学变化过程,如城市尺度的 NO_x、SO_2、TSP 和 PM_{10} 的模拟等。但是有的空气污染问题,如 O_3、NO_x、VOC 和 PAN 的混合物的光化学烟雾,以及和某些气态物质的氧化过程有关的 $PM_{2.5}$ 的扩散、传输都和化学变化密切相关,就必须考虑化学转化过程。

应用空气质量模式可以解决以下问题:

(1)进行标志性空气污染物浓度分布的模拟计算,包括日平均、季平均和年平均浓度分布计算。

(2)选择代表性气象条件,针对城市规划、交通、能源和工业结构变化,或污染源削减计划的实际情况或不同方案,模拟计算标志性空气污染物浓度分布的变化。

(3)对于选定污染物进行模拟计算,求得不同气象条件下的浓度分布时空变化及高浓度出现的时间地域,并求得各污染源(不同地域、行业、类型,或重大工业企业)的贡献率。

(4)在每日气象预报的基础上,进行标志性空气污染物的模拟计算,进行空气污染指数预报。

(5)某个企业、某个功能区污染源结构发生变化时,模拟空气污染物浓度的相应变化,进行大气环境影响评价。

(6)应用空气质量模式,针对可能的突发性污染事件进行模拟计算。

由于地理地形和污染源情况的差别,不同城市需要应用空气质量模式模拟不同污染物。例如,北方城市较干旱,还存在冬季取暖问题,煤烟常常是主要污染来源,模式将侧重 SO_2 和颗粒物。南方用煤多、含硫量高、污染气象条件又较差的城市,则可能以 SO_2 的模拟为重点。经济发达城市则还重视 NO_x 和光化学问题等。

因此,城市空气质量模式有以下主要类型:

（1）城市多源模式,以高斯模式为基础,如 EPA 推荐的 ISC3 模式。

（2）城市光化学模式,属于网格模式。如 EPA 推荐的 UAM 模式和我国北京大学环境科学中心开发的模式。

（3）线源模式虽然不局限于城市,但由于城市道路交通造成的空气污染问题受到重视,因此线源模式在城市应用中受到重视。

（4）污染气象传输矩阵,实际上是一种模式计算结果。拉格朗日轨迹模式常可认为是线性的,某个污染源在代表性气象条件下关于各接受点的浓度值可认为和其源强成正比。在每一个网格设置单位强度污染源,应用轨迹模式分别计算污染浓度分布,即形成污染气象传输矩阵。

空气质量模式的基本结构可以用图 2-12 来表示。

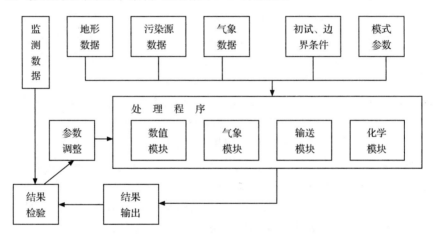

图 2-12　空气质量模式结构图

研究建立和应用一个空气质量模式,一般要经过以下步骤:

（1）确定模式类型。根据工作目的、对象、时空范围、污染源、地理地形条件及计算机能力等。

（2）选定模式包含的主要大气过程,设计和调试有关程序。根据工作目的、时空范围、污染物特性、污染气象特性和可能利用的数据等。

（3）选用主要大气过程所需要的参数。根据尽可能收集到的国内外资料,进行必要的野外试验或室内模拟试验。

（4）汇集地形、气象、污染源及环境监测资料;选择数值计算方法,设计和调试有关部门的预处理程序。

（5）如果是新建模式,需对各大气过程的代表性参数进行灵敏度检验,比较各个参数的相对重要性。

（6）实际计算。需根据工作目的、输入数据、计算机能力等选定时间和空间步长。进行适当的误差分析，避免可能因计算中的截断误差引起的虚假扩散问题。

（7）应用环境检测数据进行可靠性检验。

为了更好地应用各种空气质量模式，现将主要的空气质量模式介绍如下。

（二）箱式模型（黑箱模型）

根据模型建立的方式可以分为白箱模型、黑箱模型和灰箱模型三大类。

白箱模型在控制论中不仅反映输入-输出关系，而且也反映过程的状态。建立这类模型的前提是必须对所表述的要素或过程的规律有清楚的认识，对于各有关因素也有深刻的了解。但由于问题的复杂性，迄今为止，对于各要素和过程的研究都远远不够，因此，还没有见到可以实际用于环境预测工作的白箱模型。

黑箱模型是环境预测工作中应用较多的一类模型，它是根据输入-输出关系建立起来的，反映了有关因素间的一种笼统的直接因果关系。用于环境预测的黑箱模型，只涉及开发活动的性质、强度与其环境后果之间的因果关系。如果未来的变化超出一定的范围，用这类模型的可靠性明显下降。黑箱模型本身不能表述过程。若能得到较多符合实际要求的实测数据时，应用黑箱模型进行环境预测还是适合的，特别是涉及开发活动对环境中化学过程、生物过程、社会经济过程等的影响时。

灰箱模型在环境预测工作中属应用最多、发展最快的一类模型。这类模型是介于白箱与黑箱之间的模型。目前多用于开发活动对物理过程影响的预测。这类模型表示了大气或水中污染物的扩散和稀释降解过程及其影响因素之间的关系。但是模型中的系数，必须是凭经验假设或对实测及试验数据进行统计处理求得。

在实际应用中，可以根据具体情况来确定和估计预测模型的精度。一般来说，精度较高的预测模型，对数据等条件要求也较高，使用起来比较困难。但有时使用比较简单的模型，用手计算往往也能获得十分满意的结果。

单箱模式假设覆盖整个城市的空气包可以看成是一个矩形箱体，长 L，宽 W，高 H；箱体侧面顺风向，箱底和箱顶分别是城市的下垫面和混合层顶，因此没有污染物在箱体侧面和顶部进出；假设大气湍流足够强烈，因此污染物几乎立即在垂直方向均匀分布；又假定在一个箱体内，污染源可近似看成面源且强度为常数，而且风向风速并不变化。如果上风向污染物的本底浓度为 C，则在平衡状态下，时间 Δt 内从上风向随风输入箱体的污染物量 $CuWH\Delta t$，加上箱体内表面源排放量 $qWL\Delta t$，等于下风向从箱体输出的污染物量 $C_A uWH\Delta t$。由此可得

$$C_A = qL/uH + C_0' \tag{2-49a}$$

式（2-49a）也可表示为如下形式：

$$C_A = P/LHu + C_0' \tag{2-49b}$$

式中，C_A——预测年污染物浓度（g/m^3）；

　　L——箱边长(m)；

　　H——混合层高度(m)；

　　u——平均风速(箱体内)(m/s)；

　　P——源强(排放量)(t/a 或 g/s)；

　　q—源强$[g/(m^2 s)]$；

　　C_0'—箱体本底浓度(g/m^3)。

　　混合层高度(H)可从当地气象部门得到；若没有，可利用有关气象资料直接求得。如冬季利用探空资料，求 12 月份温度廓线。利用当地月平均地面最高温度引于绝热线与之相交，求出 P_h 值，再利用等面积图解法求出混合层内平均温度 t，根据 $h = 29.28 \times (273.15 + t) \cdot \ln(P_0/P_h)$ 求出历年混合层最大顶高(日平均)，利用白天典型的混合层增长百分比曲线求混合层厚度值。

　　混合层高度实质上是表征大气污染物在垂直方向被热力湍流(或对流)稀释的范围，它是计算污染物浓度的重要参数之一。其他见大气扩散部分。

　　在使用箱式模型时，若地区或城市自然条件等差异较大，可将地区或城市不同地域划几个箱分别进行预测，然后多个箱并列起来，最后计算出污染物平均浓度。

　　我国实施大气污染物排放总量控制政策推荐的 A 值法的基础也是箱式模型。

　　箱式模型的目的是预测和推算地区或城市空间的平均浓度，所以常用于排出源分布较为均匀或系统内部扩散物信息难以得到的场合。在应用这一模型时，系统中的现象是作为一个"黑箱"处理的，因此对应于箱容积内的粗略的平均风速数据和大气稳定度等数据都较容易得到。若箱子取得很大，则箱式模型可以用于排出源分布均匀的城市预测总量和控制规划等方面。若系统中的某处存在较大的偏置源，此模型就不适用了。使用箱式模型虽然难以求出箱内各坐标点的污染物浓度分布，但是它可以追踪污染物浓度随时间的变化情况，用它可以作为进行大气污染紧急控制的实际时间的模型，也可以用于小烟群较多的城市大气污染预测。

　　使用箱式模型还应注意烟在"箱"内滞留时间较长，必须考虑烟向地面(或水面)的沉降和基地面(或水面)对烟的吸附，合理地给出由此产生的浓度减少的比例。单纯的箱式模型，因为不能描述"箱"内污染物浓度的空间分布等细节，所以从本质上说，它只是一种广域的污染状态模型。箱式模型主要用于计算水平不高的早期研究或排放源参数缺乏的场合。

　　(三)　法规模式

　　大气污染中最常用的是法规(regulation)大气扩散模式，即由政府部门颁布实施、在工程上普遍应用的大气扩散模式。这种模式通常是用初等数学形式表达，其中需要给定的输入参数，可由常规气象参数、物理常数或经验数据求出。例如，我国已颁布的大气排放标准及大气环境影响评价导则中推荐的模式以及美国 EPA

推荐的一系列关于大气扩散方面的模式都属于法规大气扩散模式。作为第一代的现有法规大气扩散模式基本上都属于正态模式类型,正态扩散模式的前提是假定污染物在空间的概率密度是正态分布,概率密度的标准差亦即扩散参数,通常用"统计理论"方法或其他经验方法确定。

正态扩散模式之所以一直被应用,主要是因为它有以下优点:①物理上比较直观,其最基本的数学表达式可从普通的概率统计教科书或常用的数学手册中查到;②模式直接以初等数学形式表达,便于分析各物理量之间的关系和数学推演(易于掌握和计算);③对于平原地区、下风距离在 10 km 以内的低架源,预测结果和实测值比较一致;④对于其他复杂问题(如高架源、复杂地形、沉积、化学反应等问题),对模式进行适当修正后,许多结果仍可应用。但是在应用时应当注意,常用的正态烟羽扩散模式实质上已假定;流场是定常的,不随时间变化;同时在空间是均匀的。均匀意味着平均风速、扩散参数随下风距离的变化关系到处都一样,在空间是常值。这一条件加上正态分布的前提,也限制了正态扩散模式的发展。

大气扩散模式是对大气污染物散布过程的模拟。按污染源的几何特征,分为点源扩散模式、线源扩散模式、面源扩散模式;按污染源的排放特性,分为正常(工况)排放模式和非正常排放模式;按假设条件不同,分为烟流扩散模式和烟团扩散模式;按模式适用范围不同,分为短距离扩散模式和中长距离输送模式等。由于描述的对象不同,大气扩散模式具有多样性。环境规划时应根据当地地形、气候等环境要素以及污染源情况正确选取大气扩散模式并适当进行修正,不宜盲目照搬。

下面将进一步介绍常用的正态模式。

1. 点源高斯扩散模式

用像源法,假想地平线为一镜面,在其下方有一与真实源完全对称的虚源,则这两个源叠加后的效果和真实源考虑到地面反射的结果是等价的。以烟囱地面位置的中心点为坐标原点,在考虑到地面反射后,污染源下风方任一点小于 24 h 取样时间的污染物浓度 $C(x,y,z)$ 由下式给出:

$$C(x,y,z) = Q(2\pi u\sigma_y\sigma_z)^{-1}\exp[-y^2/(2\sigma_y^2)]\{\exp[-(z-H_e)^2/(2\sigma_z^2)]+\exp[-(z+H_e)^2/(2\sigma_z^2)]\}$$

$$(2\text{-}50)$$

式中, x,y,z——预测点的空间坐标;

$\qquad Q$——单位时间的排放量(即排放率或源强);

$\qquad u$——平均风速,一般取烟囱出口处的平均风速,如无实测值,可按式(2-24)计算;

$\qquad H_e$——烟囱有效高度, $H_e = H + \Delta H$, H 和 ΔH 分别是烟囱的几何高度和抬升高度(ΔH 的计算见本节"16. 烟气抬升公式");

$\qquad \sigma_x,\sigma_y,\sigma_z$—— x,y,z 方向的标准差(扩散参数)。

通常主要预测 $z=0$ 时的地面浓度 $c(x,y,0)$，此时，式(2-50)可简化为

$$C(x,y,0) = Q\,(\pi u\sigma_y\sigma_z)^{-1}\exp[-y^2/(2\sigma_y^2) - H_e^2/(2\sigma_z^2)] \qquad (2\text{-}51)$$

下风方 x 轴线上($y=0$)的地面浓度 $C(x,0,0)$ 由下式给出：

$$C(x,0,0) = Q\,(\pi u\sigma_y\sigma_z)^{-1}\exp[-H_e^2/(2\sigma_z^2)] \qquad (2\text{-}52)$$

对于较低的排放源(如 $H_e<50$ m)具体限值由地面粗糙度、混合层高度等因素决定，一般可直接应用式(2-51)或式(2-52)计算。

对于高架源，当超过一定的下风距离时，需对烟羽在混合层顶的反射进行修正。同考虑地面反射类似，用像源法修正后，污染源下风向任一点小于 24 h 取样时间的污染物地面浓度 $C(x,y,0)$ 可表示为

$$C(x,y,0) = Q\,(2\pi u\sigma_y\sigma_z)^{-1}\exp[-y^2/(2\sigma_y^2)]\cdot F \qquad (2\text{-}53)$$

$$F = \sum_{n=-k}^{k}\{\exp[-(2nh-H_e)^2/(2\sigma_z)] + \exp[-(2nh+H_e)^2/(2\sigma_z)]\}$$
$$(2\text{-}54)$$

式中，h——混合层高度；

k——反射次数，一、二级项目取 $k=4$ 已足够。

扩散参数可由下述回归式表示：

$$\sigma_y = \gamma_1 x^{\alpha_1} \qquad \sigma_z = \gamma_2 x^{\alpha_2} \qquad (2\text{-}55)$$

式中，回归系数 γ_1、γ_2 及回归指数 α_1、α_2 的取值参阅本节"17. 扩散参数经验公式"。

计算点中最大落地浓度是重点关注内容，因此最大落地浓度公式是最常用的公式之一。排放标准中的允许排放量和环境评价中需要预测的 1 h 浓度，通常都是利用最大落地浓度公式计算的。

将轴线浓度公式(2-52)对 x 求导数，令其等于零，可得 1 h 取样时间的最大落地浓度 C_m 及其下风距离 x_m 如下。

$$C_m = 2Q/(e\pi u H_e^2 P_1) \qquad (2\text{-}56)$$

$$x_m = \left(\frac{H_e}{\gamma_2}\right)^{1/\alpha_2}\left(1+\frac{\alpha_1}{\alpha_2}\right)^{-[1/(2\alpha_2)]} \qquad (2\text{-}57)$$

$$P_1 = \frac{2\gamma_1\cdot\gamma_2^{-\frac{\alpha_1}{\alpha_2}}}{\left(1+\frac{\alpha_1}{\alpha_2}\right)^{\frac{1}{2}\left(1+\frac{\alpha_1}{\alpha_2}\right)}\cdot H_e^{\left(1-\frac{\alpha_1}{\alpha_2}\right)}\cdot e^{\frac{1}{2}\left(1-\frac{\alpha_1}{\alpha_2}\right)}} \qquad (2\text{-}58)$$

一般主要计算不稳定条件下的最大落地浓度，此时的混合层都比较厚，且下风距离较近，因此对式(2-58)无需作混合层顶反射修正。

2. 小风和静风扩散模式

当风速较小时($u_{10}<1.5$ m/s)，则用到小风和静风扩散模式的解析解。污染物地面浓度 $C_L(x,y,0)$ 可表示为

$$C_L(x,y,0) = 2Q\,(2\pi)^{-3/2}\gamma_{02}^{-1}\eta^{-2}\cdot G \qquad (2\text{-}59)$$

式中，

$$\eta^2 = x^2 + y^2 + \gamma_{01}^2 \gamma_{02}^{-2} H_e^2 \tag{2-60}$$

$$G = \mathrm{e}^{-u^2/2\gamma_{01}^2} \cdot \left[1 + \sqrt{2\pi} \cdot s \mathrm{e}^{s^2/2} \cdot \Phi(s) \right] \tag{2-61}$$

$$\Phi(s) = \frac{1}{\sqrt{2\pi}} \int_{-\infty}^{s} \mathrm{e}^{-t^2/2} \mathrm{d}t \tag{2-62}$$

$s = ux/(\gamma_{01}\eta)$，$\Phi(s)$ 是正态分布函数（图 2-13），可根据 s 由数学手册查得。

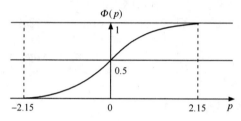

$\Phi(p) = [1/\sqrt{(2\pi)}] \int_{-\infty}^{s} \exp(-t^2/2)\mathrm{d}t$
$p = \infty,\ \Phi(p) = 1$
$p = 2.15,\ \Phi(p) = 0.9842 \approx 1$

图 2-13　正态分布函数

实验结果表明：小风和静风时的扩散参数基本上符合上述随扩散时间 T 一次方的变化关系。小风、静风的划分是：小风，$1.5\ \mathrm{m/s} > u_{10} > 0.5\ \mathrm{m/s}$；静风，$u_{10} < 0.5\ \mathrm{m/s}$。静风时，令 $u=0$，式（2-59）中的 $G=1$。

3. 熏烟模式

3.1　熏烟的含义

当夜间产生贴地逆温时，日出后，将逐渐自下而上地消失，形成一个不断增厚的混合层。原来在逆温层中处于稳定状态的烟羽进入混合层之后，由于其本身的下沉和垂直方向的强扩散作用，污染物浓度在这一方向将接近于均匀分布，出现熏烟现象。熏烟属于常见的不利气象条件之一，虽然其持续时间为 30 min～1 h，但其最大浓度可高达一般最大地面浓度的几倍。

3.2　熏烟浓度最大值

熏烟条件下的地面浓度 C_f 为

$$C_f = Q(2\pi)^{-1/2} (uh_f\sigma_{yf})^{-1} \exp(-0.5y^2/\sigma_{yf}^2)\Phi(p) \tag{2-63}$$

$$p = (h_f - H_e)/\sigma_z \tag{2-64}$$

$$\sigma_{yf} = \sigma_y + H_e/8 \tag{2-65}$$

式中，Q——单位时间排放量；

　　　u——烟囱出口处平均风速；

　　　h_f——逐渐增厚的混合层高度；

　　　σ_y, σ_z——烟羽进入混合层之前处于稳定状态的横向和垂直向扩散参数，它

们是 x 的函数;

H_e——烟囱的有效高度;

x,y——接受点坐标;

$\Phi(p)$——其定义同式(2-62),在此反映原稳定状态下的烟羽进入混合层中的份额。通常认为 $p=-2.15$ 时为烟羽的下边界,$\Phi=0$ 烟羽未进入混合层;$p=2.15$ 时为烟羽的上边界,$\Phi=1$ 烟羽全部进入混合层。

设混合层高度 h_f 升至烟囱出口处的瞬时为时间原点$[t=0,$图 2-14(a)$]$,则 $t=t_f$ 时,原处于稳定条件下的烟羽已向下风方平流扩散,其起始点已从 $x=0$ 平流至 x_f[图 2-14(b)~图 2-14(c)]。$0<x<x_f$ 一段的烟羽是 $t>0$ 之后在混合层中排出的,其扩散过程不属于熏烟问题。在 $x\geqslant x_f$ 处,原处于稳定条件下的部分烟羽进入混合层,由于卷夹和下沉作用,迅速在混合层内扩散呈均匀分布状态。随着 $\Phi(p)$ 的增加,混合层高度 h_f 将增高,同时,σ_{yf} 在多数情况下也增大。因此,从式(2-63)可见,C_f 在时间序列上,必有一最大值 C_{fm}[图 2-14(d)]。C_{fm} 不但是时间序列上的最大值,也是这一时刻空间分布的最大值。

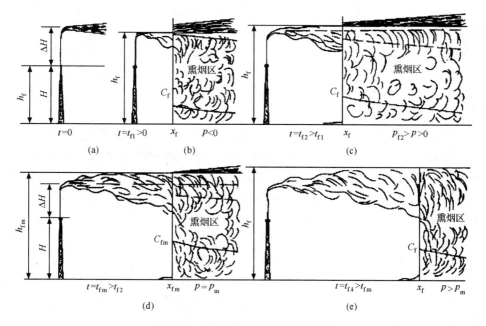

图 2-14 熏烟随时间变化过程示意

设 u 为常值,则 t 时刻,原稳定状态下的烟羽起始点从 $x=0$ 平流至 x_f,

$$x_f = ut \tag{2-66}$$

用 Δh_f 表示混合层自烟囱出口处向上的净增加高度,则由式(2-64)可得

$$\Delta h_{\mathrm{f}} = \Delta H + p\sigma_z \tag{2-67}$$

如无实测值，Δh_{f} 和时间 t 的函数关系可由下式给出：

$$x_{\mathrm{f}} = A(\Delta h_{\mathrm{f}}^2 + 2H\Delta h_{\mathrm{f}}) \tag{2-68}$$

$$A = \rho_{\mathrm{a}} c_p u / (4K_c) \tag{2-69}$$

$$K_c = 4.186\exp[-99(\mathrm{d}\theta/\mathrm{d}z) + 3.22] \times 10^3 \quad [\mathrm{J/(m \cdot s \cdot K)}] \tag{2-70}$$

式中，ρ_{a}——大气密度$(\mathrm{g/m^3})$；

c_p——大气比定压热容$[\mathrm{J/(g \cdot K)}]$；

$\mathrm{d}\theta/\mathrm{d}z$——位温梯度$(\mathrm{K/m})$，$\mathrm{d}\theta/\mathrm{d}z \approx \mathrm{d}T_{\mathrm{a}}/\mathrm{d}z + 0.0098$，$T_{\mathrm{a}}$ 为大气温度，如无实测值，$\mathrm{d}\theta/\mathrm{d}z$ 可在 $0.005 \sim 0.015$ K/m 范围内选取，弱稳定(D～E)取下限，稳定 (F)取上限。

由以上分析可见，p 和 x_{f} 相互不是独立的，不能任意设定。时间 t 是 p 的函数，给定了 p 值相当于给定时间 t。当 p 值给定且已知 $\sigma_z(x)$ 的函数形式后，x_{f} 应由式(2-68)确定。

C_{f} 的具体计算步骤：①设定 p 的初值，$p_0 = 2.15$；②由式(2-64)和式(2-68)确定 x_{f}；③按式(2-68)和式(2-69)，根据已知的 $\sigma_z(x)$ 和 $\sigma_y(x)$ 的函数式，分别计算 h_{f} 和 $\sigma_{y\mathrm{f}}$；④由设定的 p 值按式(2-62)确定 $\Phi(p)$；⑤按式(2-63)计算 C_{f0}；⑥根据要求的计算精度，设定 p 的计算步长 Δp，取 $p_1 = p_0 - \Delta p$；再按①～⑤各步骤计算 C_{f1}，如果 $C_{\mathrm{f0}} > C_{\mathrm{f1}}$，则 $C_{\mathrm{fm}} = C_0$，否则再以 $p_2 = p_0 - 2\Delta p$ 按同样方法计算 C_{f2}，直至 $C_{\mathrm{fn-1}} < C_{\mathrm{fn}} > C_{\mathrm{fn+1}}$ 时，则可得 $C_{\mathrm{fm}} = C_{\mathrm{fn}}$。如发现设定的 p_0，x_{f} 无解，应依次计算 p_1，$p_2 \cdots$ 时的 x_{f}，直至有解为止。

3.3　熏烟浓度分布

通常所关心的是 $t = t_{\mathrm{m}}$ 时刻出现最大值 C_{fm} 时，$x \geqslant x_{\mathrm{fm}}$ 区间的空间分布(以下用下标 m 表示对应于 C_{fm} 的有关值)。对于 $0 < x < x_{\mathrm{f}}$ 一段的烟羽，可按不稳定条件的一般方法计算，其地面浓度和熏烟浓度相比要小得多。计算 $x > x_{\mathrm{f}}$ 一段的熏烟浓度分布时，应把 t 固定在 t_{m}。此时，h_{f}(或 Δh_{f})为常值，等于 h_{fm}(或 Δh_{fm})，如将扩散参数表示成幂指数形式，则

$$p = p_{\mathrm{m}} (x_{\mathrm{fm}}/x)^a \tag{2-71}$$

式中，a——稳定状态时 σ_z 的回归指数。

熏烟浓度分布的计算步骤：①给定 x 值；②分别由式(2-71)、式(2-62)和式(2-65)计算 p、$\Phi(p)$ 及 $\sigma_{y\mathrm{f}}$；③取 $h_{\mathrm{f}} = h_{\mathrm{fm}}$；④按式(2-63)计算 C_{f}。

4. 海岸线熏烟模式

4.1　海岸线熏烟的含义

在沿海或沿大型湖泊等水体附近，当出现向岸气流时，由于水陆间的温差和粗糙度不同，原处于稳定层结的海上空气流向陆地时，将发生较强烈的变性，从而形成一个自岸边伸向内陆在铅垂方向逐渐增厚的热力内边界层(TIBL)。海岸熏烟

示意见图 2-15。TIBL 是一种上边界受逆温抑制的对流边界层。如果在沿岸一带设置有高于当地 TIBL 的污染源,其烟羽开始在稳定空气中沿下风方平流扩散;随后,将与逐渐增厚的 TIBL 上边界相交,并进行强烈地向下混合,出现海岸线熏烟状态。这种熏烟状态下的最大地面浓度(C_{fm})有可能比通常不稳定状态下的最大地面浓度(C_m)高 2～3 倍。海岸线熏烟出现的频率较高,且持续时间较长。在温带气候区,只要出现向岸气流,特别是在春、夏季的白天,就可能形成 TIBL,发生海岸线熏烟。这种熏烟在出现期间,可以视为定常的。因此,除预测其 1 h 最大地面浓度外,还应按其出现频率,计入其对长期平均浓度的贡献。

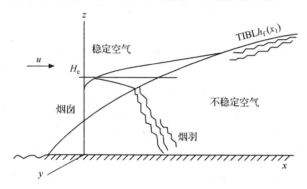

图 2-15　海岸熏烟示意图

4.2　扩散模式

通常的做法是将进入 TIBL 之前的烟羽按正态分布计算;烟羽进入 TIBL 之后,其横向(y)按正态分布,垂直方向(z)则按均匀分布处理。关键是如何确定烟羽进入对 TIBL 之后的横向扩散参数(σ_{yf})。

TIBL 内任一接受点(x, y)的浓度 $C_f(x, y)$ 为

$$C_f(x, y) = \frac{Q\exp\{-y^2/[2\sigma_{yf}^2(x, x_1)]\}}{\sqrt{2\pi}h_f(x)u_f(x_1)\sigma_{yf}(x, x_1)}\Phi(p) \tag{2-72}$$

式中,u_f——TIBL 内的平均风速;

$0 < x_1 < x$;

$\Phi(p)$ 定义见式(2-62);

x_1——接受点上风方 TIBL 上边界坐标。

$$p(x) = [h_f(x) - H_e]/\sigma_{zs}(x) \tag{2-73}$$

$$p(x_1) = 0.4p(x_0 - 0.89)[0.17p^2(x) - 0.25p(x) + 0.22]^{0.5} - 0.26 \tag{2-74}$$

$$h_f(x) = 2.3dx^{0.5} \tag{2-75}$$

式中,d——粗糙度参数。

当 $z_0 \leqslant 0.5$ m 时,式中 $d = 1$;当 $z_0 > 0.5$ m 时,根据 Hanna 推荐的 u^* 和 z_0 的

参数关系,可得 $z_0 = 1$ m 时,$d = 2$;z_0 在 $0.5 \sim 1$ m 之间或大于 1 m 时,可用其线性内插或外延确定。

$$\sigma_{yf}(x, x_1) = \gamma_{1f} \left[x - x_1 + (\gamma_{1s} x_1^{a_{1s}} / \gamma_{1f})^{1/a_{1f}} \right]^{a_{1f}} \tag{2-76}$$

4.3　海岸线熏烟浓度预测

在计算海岸线熏烟浓度之前,首先判断 $x = 0$ 时 H_e 是否大于该处 TIBL 高度;否则,可取 $\Phi = 1$,可直接按不稳定条件计算。当 H_e 在 $x = 0$ 处大于 时,C_f 的最大值 C_{fm} 可在 $-1 \leqslant p \leqslant 1$ 范围内用迭代法求出。具体作法如下:

① 取 $p(x)$ 的初始值 $p_0 = 0$,由式(2-73)和式(2-75)求出 x 和 $h_f(x)$ 的初始值,并由式(2-74)求出 $p(x_1)$ 的初始值;②用 $p(x_1)$ 的初始值,由式(2-73)和式(2-75)求出 x_1,再由式(2-76)求出 $\sigma_{yf}(x, x_1)$;③将求得的 $h_f(f)$、$\sigma_{yf}(x, x_1)$ 及 p_0 代入式(2-72),令 $y = 0$,求出 C_f 的初始值 C_{f0};④根据要求的计算精度,设定 p 的计算步长 Δp(如 0.05),取 $p_1 = p_0 + \Delta p$,重复①~③各步骤,如果所得到的 $C_{f1} > C_{f0}$,继续取 $p_2 = p_0 + 2\Delta p$,直至 $C_{fn-1} < C_{fn} > C_{fn+1}$ 时,可得 $C_{fm} = C_{fn}$;⑤如果在上一步中,$C_{f1} < C_{f0}$,则应取 $p_2 = p_0 - \Delta p$,向 $p < 0$ 的方向计算,直至求得 C_{fm} 为止。预测 C_f 分布时,可从 $p = -2.15$ 开始按上述步骤向增加 p 的方向计算。$p < -2.15$ 时,按烟羽未进入 TIBL 处理,用式(2-53)计算地面浓度,此时的地面浓度一般都很小,可忽略不计。图 2-16 是粗糙度 $Z_0 = 0.5$ m,$H_e = 200$ m,$L_c = 6.5$ km,TIBL 内为 B 类稳定度,其上边界为 F 类等计算条件下的计算结果。图中标记 △ 处为按正常点源 B 类条件下最大落地浓度。可见熏烟模式下最大落地浓度相比正常条件有很大的增加。因此在海岸线或大型水域附近,对于烟囱的设置位置,应当格外慎重。首先应尽可能将高烟囱设置在向岸气流下风方远离岸边处;如果远离岸边一带有城市或其他环境保护敏感区,则尽量设置在岸边;应避免设置在烟囱有效高度相当于当地 TIBL 高度一带。

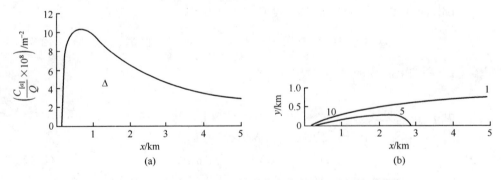

图 2-16　(a)海岸熏烟地面轴向浓度分布;(b)地面浓度分布

5. 长期平均浓度计算公式

5.1　孤立源长期平均浓度公式

当平均时间超过 1 h 之后,由于风向的摆动,任一风方位内的污染物浓度在横向都将趋于均匀分布。为此,可将式(2-53)对 y 积分,并除以接受点所在位置的风方位宽度(或弧线长度)。

对于孤立排放源,以烟囱地面位置为原点,在某一稳定度(序号为 j)和平均风速(序号为 k)时,任意风向方位 i 的下风方 x 处的长期平均浓度(季、期或年均值) $C_{ijk}(x)$ $(\mathrm{mg/m^3})$ 为

$$C_{ijk}(x) = Q\left[(2\pi)^{3/2}u\sigma_z x/n\right]^{-1} \cdot F \tag{2-77}$$

式中, n——风向方位数,一般取 16;

其他符号同前。

在可能出现的稳定度和平均风速条件下,任意风向方位 i 的下风方 x 处的长期平均浓度 $C_i(x)$ $(\mathrm{mg/m^3})$ 为

$$C_i(x) = \sum_j \left(\sum_k C_{ijk}f_{ijk} + \sum_k C_{\mathrm{L}ijk}f_{\mathrm{L}ijk}\right) \tag{2-78}$$

式中, f_{ijk} ——有风时风向方位、稳定度、风速联合频率;

C_{ijk} ——对应于该联合频率在下风方 x 处有风时的浓度值,由式(2-77)给出;

$f_{\mathrm{L}ijk}$ ——静风或小风时,不同风方位和稳定度的出现频率(下标 k 只含有静风和小风两个风速段);

$C_{\mathrm{L}ijk}$ ——对应于 $f_{\mathrm{L}ijk}$ 的静风或小风时的地面浓度。

因为静风或小风时的风脉动角本来就比较大, $C_{\mathrm{L}ijk}$ 可直接按式(2-59)计算,如果 H_e 较大(>200 m)且得自常规地面气象资料的 $f_{\mathrm{L}ijk}$ <20%时, $f_{\mathrm{L}ijk}$ 可以不单独统计,此时,式(2-78)的右侧括号内只包括前一项。

式(2-78)中的 j 和 k 的加和总数取决于所划分的稳定度和风速段数目, j 的总数不宜少于 3(稳定、中性、不稳定);有风时 k 的总数一般也不宜少于 3。

在估算每个风速段的平均风速时,由于平均风速出现在公式的分母中,因而平均风速应等于单次风速倒数的平均值倒数。其表达式为

$$u = \left[(1/N)\sum_i (1/u_i)\right]^{-1} \tag{2-79}$$

式中, u_i——第 i 个风速值;

N——总个数。

5.2　多源长期平均浓度公式

如果评价区的烟囱多于一个,则任一接受点 (x, y) 的长期平均浓度为

$$C(x, y) = \sum_i \sum_j \sum_k \left(\sum_r C_{rijk}f_{ijk} + \sum_r C_{\mathrm{L}rijk}f_{\mathrm{L}ijk}\right) \tag{2-80}$$

式中, C_{rijk}、$C_{\mathrm{L}rijk}$——在接受点上风方对应于 f_{ijk} 和 $f_{\mathrm{L}ijk}$ 联合频率的第 r 个源对接收点的浓度贡献。

C_{rijk}、$C_{\mathrm{L}rijk}$ 的公式形式分别和 C_{ijk}、$C_{\mathrm{L}ijk}$ 相同,但应注意坐标变换,将坐标转换到以接受点为原点, i 风方位为正 k 轴的新坐标系后,再应用 C_{ijk} 或 $C_{\mathrm{L}ijk}$ 公式。

6. 日均浓度计算公式

6.1　保证率法

保证率法在国际上比较通用。其计算步骤如下：①对任一关心点,根据一年的逐时气象资料,计算逐时的地面浓度,再按日取平均值;②将一年 365 天的日均浓度值,按大小次序排列,确定某一累积频率。例如,95％或 98％,则对应于这一频率的日均浓度值即该关心点的日均浓度。如果累积频率定为 98％,就意味着一年之中,该关心点保证 357 天多(365 ×0.98)可以达标。保证率法源于"最佳可行技术"(经济最佳、技术可行),对于极少数几天,可采取临时措施,减少污染物排放,以确保不超标。这一方法要求具备一年的逐时气象资料,还应尽可能考虑到一些不利气象条件,对于某些地区,可能有一定的难度。

6.2　典型日法

选择可能出现的高浓度污染日 3～5 天,对任一关心点,按每日的气象条件逐时预测其地面浓度,并按日取平均。取其中最大的一个(也有取这几日的平均值)作为该关心点的日平均浓度。典型日即指选择的这几天高浓度污染日。如果有典型日的监测资料,则应按上述作法用监测数据确定。利用这种方法时,应注意选择有代表性的污染气象条件,如风向、风速、稳定度以及当地可能出现的熏烟、海岸线熏烟、山谷风、城市热岛等不利气象条件。

6.3　换算法

换算法是指用长期平均浓度(年或季)预测值按一定比例换算为日平均浓度的一种方法。预测值和实测值的误差随着平均时间的增加而减小,作为基准的长期平均浓度应该是比较准确的。因此,即使所采用的比例有误差,也可由此得到一定的补偿。

如果有条件,可以同时用上述三种方法预测,然后选用其中最大者。

7. 线源模式

线源模式主要用于预测流动源以及其他线状污染源对大气环境质量的影响。流动源主要指驰过公路或街道的机动车。

7.1　线源扩散模式

1) 直线型线源扩散模式

假设平行于 y 轴的线源是由无穷多个点源排列而成,可得风向与线源垂直时无限长线源任一接受点 (x, z) 的浓度为

$$C(x, z) = Q_L \left[\sqrt{2\pi} u \sigma_z \right]^{-1} \{ \exp[-(z+H_e)^2/(2\sigma_z^2)] + \exp[-(z-H_e)^2/(2\sigma_z^2)] \} \tag{2-81}$$

风向与线源垂直时,对于端点为 y_2、y_1 $(y_2 > y_1)$ 的有限长线源(FLS):

$$C(x, z) = Q_L \left[\sqrt{2\pi} u \sigma_z \right] - 1 \{ \exp[-(z+H_e)^2/(2\sigma_z^2)] + \exp[-(z-H_e)^2/(2\sigma_z^2)] \} [\Phi(y_2/\sigma_y) - \Phi(y_1/\sigma_y)] \tag{2-82}$$

式中，Q_L——线源源强$[mg/(s \cdot m)]$；

$\Phi(y/\sigma_y)$的定义同式(2-62)。

当线源与风向平行时，则无限长线源及长度为$2x_0$的有限长线源的地面浓度分别为(注意只有上风方的线源才对接受点的浓度有贡献)

$$C(x, y, 0) = \{Q_L/[\sqrt{2\pi}u\sigma_z(r_1)]\} \tag{2-83}$$

$$C(x, y, 0) = \{Q_L/[\sqrt{2\pi}u\sigma_z(r_1)]\} \times \\ 2\{\Phi[r_1/\sigma_y(x-x_0)] - \Phi[r_1/\sigma_y(x+x_0)]\} \tag{2-84}$$

如假设线源与风向从平行变到垂直的过程，浓度是单调变化的，当线源与风向成任意角度时，地面浓度可用内差法求得。设交角为$\theta(\theta \leqslant 90°)$，则

$$C(x, y, 0) = \sin^2\theta(C_{//}) + \cos^2\theta(C_\perp) \tag{2-85}$$

式中，$(C_{//})$、$(C_\perp)$——用式(2-82)($z=0$)和式(2-84)求得的浓度值。

除风向与线源垂直情况外，其他条件最好采用下述的线源分段求和模式。

2) 线源分段求和模式

线源分段求和模式 CALINE4 是由美国加利福尼亚州交通局开发，EPA推荐采用的。CALINE 适于模拟公路紧邻区域 10 km 以内区域受车辆排放物的影响。该模式将道路划分成一系列线源单元(以下简称线元)，分别计算各线元排放的污染物对接受点浓度的贡献，然后再求和计算整条道路流动源在接受点产生的污染物浓度。接受点与道路的距离是指该点到道路中心线的垂直距离(图 2-17)。第一个线元的长度与道路宽度相等，是一边长等于路宽的正方形，它的位置由道路与风向的

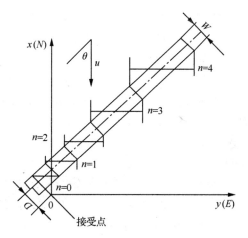

图 2-17　CALINE 线源划分

夹角(θ)决定。当$\theta > 45°$时，第一个线元位于接受点的上风向；$\theta < 45°$时，按$\theta = 45°$确定第一个线元的位置。其余线元的长度和位置由下面公式确定。

$$L_a = W \cdot L_r^n \tag{2-86}$$

式中，L_a——线元长度；

W——道路宽度；

n——线元编号，$n = 0, 2, 3\cdots$；

L_r——线元长度增长因子，$L_r = 1.1 + \theta^3/(2.5 \times 10^5)$，$\theta$以度(°)为单位。

上述线元划分法，主要是为了在保证计算精确度的前提下减少计算量。

把划分后的每一个线元看作一个通过线元中心、方向与风向垂直、长度为该线元在 y 方向投影的有限线源(图 2-17)。以接受点为坐标原点,上风向为正 x 轴,则整条街道上的流动源在接受点产生的浓度 C 可由下式表示:

$$C = \sum C_n \tag{2-87}$$

式中,C_n——第 n 个线元对接受点的浓度贡献,可按式(2-82)计算。

3) 混合区

用初始混合区模拟车流运动对汽车尾气扩散的影响。初始混合区宽度(W_1)等于机动车路宽再在两侧各加 3 m,用于代表尾气的初始横向扩散。初始混合区高度 σ_{z0}(单位为 m)取决于汽车尾气在初始混合区滞留的时间 T(单位为 s)。

$$\sigma_{z0} = 1.6 + 0.1T \tag{2-88}$$

$$T = W_1/(2u \times \sin\theta), \quad \theta \geqslant 45°$$

$$T = W_1/(2u \times \sin 45°), \quad \theta < 45° \tag{2-89}$$

式中,u——地面风速。

距道路中心线 500 m 外的扩散参数选取原则和式(2-84)相同;自初始混合区至 500 m,可用线性内差法确定。

7.2　街谷模式

如果街道两旁的建筑物较高且比较密集,则常称这种街道为街谷。当风向和街谷的夹角 $\theta = 90°$ 时,整个街谷相当于背风涡区,此时,将形成一个较稳定的环形涡;$0 < \theta < 90°$ 时,常形成一螺旋形涡;$\theta = 0$ 时,通常这两种涡都将消失。环形涡或螺旋形涡(统称原生涡)带来的主要后果是增大街谷内的污染物浓度,特别是背风侧的污染物浓度可能更高。

令街谷内的污染物浓度 $C = C_b + \Delta C$,C_b 为背景浓度,ΔC 为该街谷内因排放汽车尾气所产生的浓度。以下介绍几种计算 ΔC 的街谷模式。

1) San Jose 市街谷汽车尾气经验扩散模式

$$\Delta C = KQ_L/\{(u+0.5)[(x^2+z^2)^{1/2}+2]\} \quad 背风侧 \tag{2-90a}$$

$$\Delta C = KQ_L/[W(u+0.5)] \quad 迎风侧 \tag{2-90b}$$

式中,K——取决于街谷尺度的经验常数,San Jose 市取 $K=7$;

　　　u——楼顶风速;

　　　x,z——接受点距车道中心线的距离和距地面的高度;

　　　W——街谷宽度。

当楼顶风向与街谷平行时,ΔC 可用式(2-90a)和式(2-90b)的平均值计算。San Jose 市街谷模式曾被广泛应用。其主要问题是 K 值需依据具体条件确定。

2) 芝加哥市街谷汽车尾气扩散模式

不论背风侧或迎风侧一律采用式(2-90b),取 $K=6.25$。

3) 广州市街谷汽车尾气扩散模式

根据测量结果,对于尺度较小的街谷,覃有均等建议不论背风侧或迎风侧一律采用式(2-90a),取 $K=6.0$。对于尺度较大的街谷,他们建议采用风向与街谷平行时无限长线源正态模式式(2-83),式中 $\sigma_z(r_1)=0.48r_1$。

4) 北京市街谷汽车尾气扩散模式

基于北京市前三门流动源示踪试验结果,利用现代湍流理论把街谷中的原生涡从湍流量中分离出来,给出背风侧路面和楼面的 ΔC 为

$$\Delta C = \{[\sqrt{2/\pi}Q_L]/[\sigma_z(u\sin\theta+0.5)]\}\exp[-\rho^2/2\sigma_z^2] \tag{2-91}$$

式中, σ_z ——S 的函数, $S=0.46Wr^{0.94}$, $r^2=X^2+Z^2$, $X=2x/W$, $Z=2z/H$, x,z 分别是接受点至车道中心线的垂直距离和距地面高度, W、H 分别是街宽和楼高;

$\qquad u$ ——楼顶风速;

$$\rho^2 = 37.15\{\sin^2[(\pi/2)(X+Z)]\}1.4+62.8z^{0.975} \tag{2-92}$$

迎风侧的 ΔC 为

$$\Delta C = 0.235Q_L/[W(u\sin\theta+0.5)r^{0.68}] \tag{2-93}$$

8. 多源、面源模式

8.1　多源模式

如果需要评价的点源多于一个。计算浓度时,应将各个源对接受点浓度的贡献进行叠加。

在评价区内选一原点,以平均风的上风方为正 S 轴,各个源(坐标为 $x_r,y_r,0$)对评价区内任一地面点 (x,y) 的浓度总贡献 C_n 可按下式计算。

$$C_n(x,y,0) = \sum C_r(x-x_r,y-y_r) \tag{2-94}$$

式中, C_r ——第 r 个点源对 $(x,y,0)$ 点的浓度贡献,其计算公式可根据不同条件选用本章给出的有关点源模式,但应注意坐标变换。

8.2　面源模式

面源模式主要用于预测源强较小、排出口较低,但数量多、分布比较均匀的污染源。常用的面源模式有两种:一种是采用对点源实行空间积分的方法(简称点源积分法);另一种则采用对点源修正的方法。现分别介绍如下。

1) 点源积分法

点源积分法在数学上和线源类似,设想把本来的离散问题化为连续问题处理。首先将评价区网格化;令接受点位于某一网格的中心(或网格边线的中心),以接受点为坐标原点;x 轴指向上风方,假定 x 轴与网格轴线平行。对于接受点上风方每个可能影响到接受点的网格,按式(2-51)分别对 x、y 从网格一侧积到另一侧,其结果则为各个网格面源对接受点的浓度贡献。这些浓度贡献的总和,即该接受点的

预测浓度值。当 x 轴与网格轴线不平行时,可参照图 2-18(b)、图 2-18(c) 确定上风方的网格。

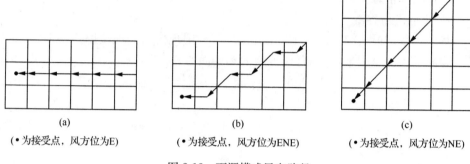

(a)	(b)	(c)
(• 为接受点,风方位为E)	(• 为接受点,风方位为ENE)	(• 为接受点,风方位为NE)

图 2-18   面源模式风向路径

在工程应用上,通常对上述方法还进行进一步简化,即对 y 从 $-\infty$ 到 $+\infty$ 积分,其他作法不变。从对线源的讨论中可以理解,这一作法的含义是:面源在 y 方向的范围要比较大,且分布较均匀;或者,网格单元足够大(如 1 km²),但风的脉动角较小(烟羽横向较窄)。因为后一个条件,这种作法常称为"窄烟云假设"。进一步对 x 积分时,由于 σ_z 通常是 x 的非线性函数,仍旧难以得到解析解。

《大气环境影响评价技术导则》(HJ/T 2.2—93)推荐的 $\Gamma2$ 模式在窄烟云假设的前提下,未再做进一步简化,保留了面源源高,把对 x 积分变换为对 τ 积分($\tau = H^2/2\sigma_z^2$),积分后得到以不完全 Γ 函数表示的解析解。

令 C_s 为接受点来自面源贡献的浓度,则 $\Gamma2$ 模式由下式给出。

$$C_s = (2\pi)^{-1/2} \sum_j Q_j \beta_j \tag{2-95}$$

$$\beta_j = \left[2^\eta / (u_j H_j^2 \eta \gamma^{1/a} a) \right] \left[\Gamma_j(\eta, \tau_j) - \Gamma_{j-1}(\eta, \tau_{j-1}) \right] \tag{2-96}$$

式中, Q_j、H_j、u_j——分别是接受点上风方第 j 个网格的单位面积单位时间排放量、平均排放高度和 H_j 处的平均风速;

α、γ——垂直扩散参数的回归指数和回归系数,$\sigma_z = \gamma x^a$,α、γ 即式(2-55)中 α_2、γ_2,x 轴指向上风方,坐标原点在接受点。

$$\eta = (a-1)/2\alpha \tag{2-97}$$

$$\tau_j = H_j^2 / (2\gamma^2 x_j^{2a}) \tag{2-98}$$

$$\tau_{j-1} = H_{j-1}^2 / (2\gamma^2 x_{j-1}^{2a}) \tag{2-99}$$

不完全伽马函数,可由下述公式确定:

$$\Gamma(\eta, \tau) = a\tau^{-1} \cdot (b + 1/\tau)^{-c} \tag{2-100}$$

$$\begin{cases} a = 2.32\alpha + 0.28 \\ b = 10.00 - 5.00\eta \\ c = 0.88 + 0.82\eta \end{cases} \tag{2-101}$$

如果面源范围较大,且分布较均匀,$u_{10} < 1.5$ m/s 时也可按式(2-95)~式(2-101)各式计算,但当平均风速 $u < 1$ m/s 时,一律取 $u = 1$ m/s。

计算时,应注意坐标变换,将坐标变换到以接受点为原点,上风方为正 x 轴后,再应用式(2-95)~式(2-101)各式。有风时 16 个风方位的风向路径如图 2-18 所示。风速小于 1.5 m/s 时,因风向脉动角较大,影响接受点的上风方网格数应适当增加;确定 Q_j 时,可按图 2-19 所示,沿上风方按步长取粗实线内各网格 Q_j 的面积加权平均值。图 2-18 和图 2-19 都是按评价区坐标系给出的,图中只给出 3 个风方位,其余 13 个方位可利用其对 x 或 y 轴的对称关系导出。

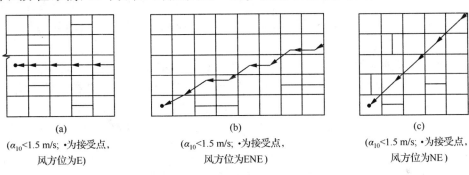

(a)	(b)	(c)
($\alpha_{10} < 1.5$ m/s; •为接受点,风方位为E)	($\alpha_{10} < 1.5$ m/s; •为接受点,风方位为ENE)	($\alpha_{10} < 1.5$ m/s; •为接受点,风方位为NE)

图 2-19　小风面源模式风向路径

将公式(2-80)中的 C_{rijk} 代以 C_{sijk},可得到面源季(期)或年长期平均浓度。

如需将面源按高度分为 2~3 类,C_s 可表示为

$$C_s = (2\pi)^{-1/2} \sum_m \sum_j Q_{mj}\beta_{mj} \tag{2-102}$$

式中,m——面源类别序号。

如果只计算任一孤立面源内的平均浓度,C_s 可按下式计算:

$$C_s = Q(2\pi)^{-1/2}\beta_j(\eta, \tau) \tag{2-103}$$

式中,$\tau = H^2/(2\gamma^2 x^{2a})$,$x$ 为沿平均风向面源边长的 1/2,根据具体情况也可取 $x = (S/\pi)^{1/2}$,S 为面源面积。当 $S \leqslant 1$ km^2 时,可按下述点源修正法计算。

2) 点源修正法

(1)直接修正法。如果面源的面积较小($S \leqslant 1$ km^2),面源外的 C_s 可按点源扩散模式计算,只是应附加一个初始扰动。这一初始扰动使烟羽在 $x = 0$ 处就有一个和面源横向宽度相等的横向尺度,以及和面源高度相等的垂直向尺度。注意到烟羽的半宽度等于 $2.15\sigma_y$ 或 $2.15\sigma_z$,则修正后的 σ_y 和 σ_z 分别为

$$\sigma_y = \gamma_1 x^{a_1} + a_y/4.3 \tag{2-104a}$$

$$\sigma_z = \gamma_2 x^{a_2} + H/2.15 \qquad (2\text{-}104\mathrm{b})$$

式中，x——自接受点至面源中心点的距离；

　　　a_y——面源在 y 方向的长度；

　　　H——面源的平均排放高度。

（2）虚点源法。虚点源法也称点源后退法。和直接修正法类似，也是把面源看作点源，地面浓度 C_s 按点源扩散模式计算。不同的是这一假想的点源位于面源上风方某处（$-x_0$），条件是当其烟羽扩散到面源中心时，烟羽的宽度和高度分别为 $a_y/4.3$ 和 $H/2.15$，亦即此时的 $\sigma_y = a_y/4.3, \sigma_z = H/2.15$。根据已知的 σ_y、σ_z 关系式[式(2-55)]很容易反推出 x_0。具体计算时，只需将 σ_y、σ_z 的自变量 x 代以 $x + x_0$ 即可（相当于将坐标原点由面源中心平移至 $-x_0$）。

9．非正常排放模式

非正常排放是指建设项目生产运行阶段的开车、停车、检修、一般性事故和发生漏泄等情况时的污染物的不正常排放。非正常排放常发生在有限时间（T）内。

9.1　有风（$u_{10} \geqslant 1.5$ m/s）条件

以排气筒地面位置为原点，有效源高为 H_e(m)，平均风向轴为 x 轴，源强为 Q（mg/s），非正常排放时间为 T(s)，则 t 时刻地面任一点 $(x, y, 0)$ 的浓度 C_a 应按下式计算。

$$C_a(x, y, 0) = Q(\pi u \sigma_y \sigma_z)^{-1} \exp[-y^2/(2\sigma_y^2) - H_e^2/(2\sigma_z^2)] \cdot G_1 \quad (2\text{-}105)$$

$$G_1 = \begin{cases} \Phi[(ut-x)/\sigma_x] + \Phi(x/\sigma_x) - 1, & t \leqslant T \\ \Phi[(ut-x)/\sigma_x] - \Phi[(ut-uT-x)/\sigma_x], & t > T \end{cases} \quad (2\text{-}106)$$

Φ 的定义同式(2-62)；扩散参数 $\sigma_x = \sigma_y$，σ_y、σ_z 的表达式及定值同式(2-55)；其他同式(2-51)。

9.2　小风（1.5 m/s$> u_{10} \geqslant 0.5$ m/s）和静风（$u_{10} < 0.5$ m/s）条件

小风和静风条件下 t 时刻地面任一点 $(x, y, 0)$ 的浓度 C_a 应按下式计算：

$$C_a(x, y, 0) = QA_3(2\pi)^{-3/2}\gamma_{01}^{-2}\gamma_{02}^{-1} \cdot G_2 \qquad (2\text{-}107)$$

$$G_2 = \begin{cases} A_1^{-1}\exp[-A_1(1/t - A_2)^2] + 2\sqrt{\pi}A_2 A_1^{-1/2} \times \\ \{1 - \Phi[\sqrt{2A_1}(1/t - A_2)]\}, \quad t \leqslant T \\ A_1^{-1}\{\exp[-A_1(1/t - A_2)^2] - \exp[-A_1(1/(t-T) - A_2)^2]\} + \\ 2\sqrt{\pi}A_2 A_1^{-1/2}\{\Phi[\sqrt{2A_1}(1/(t-T) - A_2)]\} - \\ \Phi\{\sqrt{2A_1}[1/(t - A_2)]\}, \quad t > T \end{cases}$$

$$(2\text{-}108)$$

$$A_1 = 0.5\gamma_{01}^{-2}[x^2 + y^2 + (\gamma_{01}H_e/\gamma_{02})^2]$$

$$A_2 = (ux + vy)/[x^2 + y^2 + (\gamma_{01}H_e/\gamma_{02})^2]$$

$$A_3 = \exp\{-0.5[(uy - vx)^2\gamma_{01}^{-2} + (v^2 + u^2)H_e^2\gamma_{02}^{-2}]/[x^2 + y^2 + (\gamma_{01}H_e/\gamma_{02})^2]\}$$

式中，u, v——x, y 方向的风速；

γ_{01}，γ_{02}——扩散参数的回归系数，$\sigma_x = \sigma_y = \gamma_{01}(t-t')$，$\sigma_z = \gamma_{02}(t-t')$，$\gamma_{01}$，$\gamma_{02}$
　　　　　的选取同式(2-59)，t' 为初始烟团排放(即开始非正常排放)时的
　　　　　时间。

　　如果非正常排放源为面源，可采用经过修正的点源模式。

　　当风速 $u_{10} \geqslant 1.5$ m/s 时，面源或体源修正后的扩散系数可分别按式(2-104)。
由于污染物比空气密度大而产生的下沉可按下式用负抬升计算。

$$H_e = H - \Delta H \tag{2-109}$$

式中，ΔH——下沉高度，其计算公式与烟气抬升公式相同。

　　10. 丘陵、山区扩散模式

　　10.1　狭长山谷扩散模式

　　如果盛行风和狭长山谷走向的交角小于 45°，谷内的风向常同山谷走向一致。
此时，当谷内排出的烟羽边缘接近两侧山体时，其横向扩散将受到两侧谷壁的限
制。解决这一问题的方法和处理混合层反射问题相似。

　　暂不考虑混合层反射，用像源法修正后，可得地面浓度

$$C(x,y,0) = [Q/(\pi u \sigma_y \sigma_z)]\exp[-H^2/(2\sigma_z^2)] \cdot$$

$$\sum_m \{\exp[-(y-B+2mW)^2/(2\sigma_y^2)] + \exp[-(y+B+2mW)^2/(2\sigma_y^2)]\}$$

$$\tag{2-110}$$

式中，W——山谷平均宽度；

　　　　B——污染源至一侧谷壁的距离；

　　　　m——烟羽在两侧谷壁之间来回反射次数的序号，一般取 m 从 -4 到 $+4$ 已
　　　　　　足够；

　　　　其他符号同前。

　　经过一定距离后，横向浓度趋向均匀分布，此时

$$C(x,y,0) = (2/\pi)^{1/2}[Q/(uW\sigma_z)]\exp[-H^2/(2\sigma_z^2)] \tag{2-111}$$

从污染物自排出口排出到烟羽边缘接触到谷壁时的距离 x_w，可由下式反算。

$$\sigma_y(x_w) = W/4.3 \tag{2-112}$$

　　等号右侧的数字 4.3 是基于默认烟羽一侧的宽度为 $2.15\sigma_y$。

　　10.2　烟轴高度修正方法

　　HJ/T 2.2—93 中推荐的修正地形对烟羽路径的影响方法基本上和 PSDM 模
式一致，都是来源于 Egan 模式。Egan 模式是在对山区平均流场和湍流研究的基
础上得到的。Egan 认为：假定烟羽路径始终与起伏的地形保持平行，或者假设烟
羽轴线保持固定的海拔高度，并与高于烟羽的地形相交，都是不正确的，实际情况
应该是介于上述二者之间。具体的修正方法如下。

　　1) 中性和不稳定天气条件

　　令：h_T 为凸出的地形高度；H_e 为烟轴高度(即有效高度)；T 为烟轴高度修正系

数(或地形系数)，修正后的烟囱有效高度应该是 TH_e。T 则应按下式取值。

$$T = 1/2, \quad H_e \leqslant h_T \tag{2-113a}$$

$$T = (H_e - h_T/2)/H_e, \quad H_e > h_T \tag{2-113b}$$

2) 稳定天气条件

在稳定天气条件下，当烟羽逼近孤立山体时，烟羽以临界高度 H_c 为界分成两部分，临界高度以上的烟羽有足够的动能爬越山体，而临界高度以下的烟羽，只能被迫绕着山体过去。临界高度 H_c 可由下式确定。

$$u^2/2 = g \int_{H_c}^{H_m} [(H_m - z)/\theta](\mathrm{d}\theta/\mathrm{d}z)\mathrm{d}z \tag{2-114}$$

式中，H_m——孤立山体高度(m)；

　　H_c——临界高度(m)；

　　θ——z 高度处大气位温(K)；

　　$\mathrm{d}\theta/\mathrm{d}z$——$z$ 高度处位温梯度(K/m)；

　　u——平均风速(m/s)；

　　g——重力加速度(m/s^2)。

假定在烟羽高度范围内，$\theta =$ 常值，$\mathrm{d}\theta/\mathrm{d}z =$ 常值，积分式(2-114)，可得

$$H_e = H_m - u[\theta/(g\mathrm{d}\theta/\mathrm{d}z)]^{1/2} \tag{2-115}$$

10.3　稳定度提级法

稳定度提级法是长期以来最通用的一种简单方法。预测时仍采用一般的正态模式，只是将应选择的扩张参数，按复杂地形的不同类型。

11. 对高架源热浮力烟羽的修正

11.1　混合层顶穿透问题

高架源热浮力对混合层顶并非只有"完全穿透"和"完全不穿透"两种情况，还须考虑到"部分穿透"问题。图 2-20 为混合层顶穿透示意图。

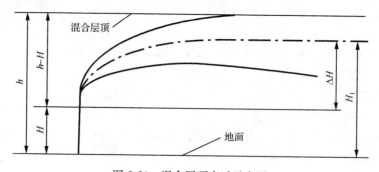

图 2-20　混合层顶穿透示意图

定义 P 为穿透系数，

$$P = 1.5 - (h - H)/\Delta H \tag{2-116}$$

$$\begin{cases} \Delta H_1 = (2/3 + P/3)(h - H), Q_1 = Q(1 - P), & 0 < P < 1 \\ \Delta H_1 = h - H, Q_1 = 0, & P > 1 \\ \Delta H_1 = \min[\Delta H, 2(h - H)/3], Q_1 = Q, & P \leqslant 0 \end{cases} \quad (2\text{-}117)$$

式中，Q_1、ΔH_1——修正后的源强和抬升高度；

　　　h——混合层高度；

　　　其他符号同前。

11.2　风向切变和热浮力问题

高浮力烟羽在 z 方向受风向切变及热浮力的影响可按下式对 σ_y 及 σ_z 进行修正。

$$\sigma_{yc}^2 = \sigma_y^2 + (\Delta H/3.5)^2 + (0.03\Delta\alpha^2 x^2) \quad (2\text{-}118a)$$

$$\sigma_{zc}^2 = \sigma_z^2 + (\Delta H/3.5)^2 \quad (2\text{-}118b)$$

式中，σ_{yc}、σ_{zc}——修正后 y、z 方向的扩散参数；

　　　$(\Delta H/3.5)^2$——热浮力修正项；

　　　$0.03\Delta\alpha^2 x^2$——风向切变修正项。

$\Delta\alpha$ 按表 2-19 确定。

表 2-19　风向切变修正参数

稳定度	A	B	C	D	E	F
$\Delta\alpha/\Delta z$	0.005	0.01	0.015	0.020	0.025	0.035

12. 干沉积(颗粒物)模式

12.1　干沉积的含义

在重力、湍流扩散、分子扩散、静电引力以及其他生物学、化学和物理学等因素的作用下，大气中的颗粒物或某些气体随时会被地表(土壤、植物、水体)滞留或吸收，使这些物质连续不断地从大气向地表作质量转移，从而减少其在空气中的浓度。通常，把这一与降水作用无关的质量转移过程，称为干沉积。在对中距离大气污染物输送的研究中发现，差不多一半以上的质量转移是由沉积过程引起的。为此，对于一些物理、化学特性和空气相差较大的大气污染物(如颗粒物)，或者输送距离可能比较远的高架源的浓度预测，都应当考虑其干沉积影响。下面将介绍两种常用的干沉积扩散模式。

12.2　源亏损模式

源亏损模式主要用于粒径小于 $10~\mu m$，易产生沉积的颗粒物或气体。假定因各种机理造成的大气污染物向地面的沉积通量 $W[\mathrm{mg/(s \cdot m^2)}]$ 由下式表示：

$$W = V_d C \quad (2\text{-}119)$$

式中，V_d——沉积速度(m/s)；

　　　C——大气污染物地面浓度，常取自距地面 1 m 高度处。

大气污染物自烟囱出口排出后,其初始源强 $Q(0)$ 因沉积作用将随下风距离逐渐减弱(亏损)。将 W[式(2-119)]从 $-\infty$ 到 $+\infty$ 对 y 积分恰是 $-\mathrm{d}Q(x)/\mathrm{d}x$,再对 x 积分则可得亏损后的源强 $Q(x)$。

$$Q(x) = Q(0)\exp\{-(2/\pi)^{1/2}(V_d/u)\int_0^x \sigma_z^{-1}\exp[-H_e^2/(2\sigma_z^2)]\mathrm{d}\xi\} \qquad (2\text{-}120)$$

由式(2-120)可见,问题的关键是给出沉积速度 V_d。对于 SO_2,Hanna 曾推荐如下 V_d(cm/s)的野外实验值:高约 1 m 的庄稼地、城市、水面为 0.7;高 0.1 m 的草地为 0.5;酸性土壤为 0.4(干)或 0.6(湿);石灰质土壤为 0.8;干积雪为 0.1。在模式化方面,通常是把沉积速度和电流类比,假定沉积速度与各种阻力的总和成反比。

12.3　部分反射(斜 2 烟羽)模式

部分反射模式主要用于粒径大于 10 μm 的气载颗粒物。其地面浓度为

$$C = (1+\alpha)Q(2\pi u\sigma_y\sigma_z)^{-1}\exp[-0.5y^2/\sigma_y^2 - 0.5(V_gx/u - H_e)^2/\sigma_z^2]$$
$$(2\text{-}121)$$

$$V_g = d^2\rho g(18\mu)^{-1} \qquad (2\text{-}122)$$

式中,α——颗粒物的地面反射系数(表 2-20);

　　　V_g——颗粒物沉降速度;

　　　d、ρ——颗粒物的直径和密度;

　　　g——重力加速度;

　　　μ——空气黏性系数。

表 2-20　地面反射系数 α

粒径范围/μm	15~30	31~47	48~75	76~100
反射系数 α	0.8	0.5	0.3	0

13. 湿沉积及化学迁移的修正

13.1　湿沉积

湿沉积是指大气污染物因降水而减少其在空气中浓度的过程。在工程应用中,常把湿沉积云中和云下两种清除机制合起来考虑。假设大气污染物的初始源强 $Q(0)$ 因降水随下风距离 x 呈指数衰减,则

$$Q(x) = Q(0)\exp(-\Lambda x/u) \qquad (2\text{-}123)$$

式中,x——接受点的下风距离;

　　　u——烟囱出口处的风速;

　　　Λ——清除系数,%。

令 J 为降水强度(mm/h),根据实验室测量结果,对于 SO_2,

$$\Lambda = 1.7\times10^{-4}J^{0.6} \qquad (2\text{-}124)$$

13.2　化学迁移

化学迁移的修正,在工程应用上与湿沉积类似,可令修正后的源强 $Q(x)$ 等于初始源强 $Q(0)$ 乘以修正因子 f_c。

$$f_c = \exp[-x/(uT_c)] \tag{2-125}$$

式中,T_c——大气污染物的时间常数;

其他符号同前。

如果定义 $f_c = 1/2$ 所对应的时间为该大气污染物的半衰期 t_d,将其代入式(2-125),可得

$$f_c = \exp[-0.693x/(ut_d)] \tag{2-126}$$

对于城市尺度,SO_2 的 $t_d \approx 4$ h;长距离输送 SO_2 的 t_d 典型值为 4 天。

14. 工业源复合模式

ISC(industrial source complex model)是 EPA 推荐的工业源复合模式,目前是第 3 版,称为 ISC3。ISC 为工业源复合模式,分短期扩散模式和长期扩散模式两个部分。模式核心是稳定态高斯烟流模式,可处理工业区内的多种污染源。该模式包括以下过程:颗粒物的重力沉降和干沉积,烟流下洗,点源、面源、线源和体源,烟流抬升是下风向距离的函数,点源分离以及有限度的地形修正。

ISC 短期模式的基础是直线、稳态高斯烟流模式,经过适当修改后可以模拟烟囱点源的排放扩散,包括邻近建筑物污染源的气体动力学"下洗"影响,单个和多个通风口、堆场、传送带等的敞开源排放扩散过程。对应 4 种污染源:点源、体源、面源和敞开源。高斯烟流扩散方程为

$$C(x,y,z,H_e) = \frac{KQVD}{2\pi u\sigma_y\sigma_z}\exp\left(-\frac{y^2}{2\sigma_y^2}\right) \tag{2-127}$$

式中,K——单位转换系数;

V——浓度的垂直分布部分(含地面反射、干湿沉降的影响);

D——适用于有化学或放射性物质的衰减因子。

垂直项 V 包括以下因素的影响:污染源高度、烟流抬升、接受点高度、垂直方向混合的限制、颗粒态污染物的重力沉降和于沉积等。一般情况下,可以忽略气态污染物和细小颗粒物($< 0.1~\mu m$)的重力沉降和干沉积。垂直项包括了地面和混合层顶之间的多次反射的影响。但如果有效高度 H_e 超出了混合层顶,模式将假设烟流可穿透上面的逆温层,因此其地面浓度将设定为 0。

模式中采用 Holzworth 的方法计算混合层顶高度,即以当日地面最高温度为起点,以干绝热递减率 γ_d 为斜率向温度探空曲线作直线,交点高度取作 z_i。探空曲线是 2 次/d,因此有两次混合层顶高度,其他时间通过内插得到。同时,ISC 假设稳定条件下污染物可以在垂直方向无限制扩散,不考虑混合层顶的反射。此外,在一定下风向距离上,当 $\sigma_z/z_i \geqslant 1.6$ 时,ISC 假设浓度在垂直方向已经充分混合,

因此 $V=1/z_i$。

该模式可以选择是否存在于沉积过程。

ISC 应用布里格斯(Briggs)烟流抬升方程。烟囱口和建筑物背风面引起的烟流"下洗"也在 ISC 中考虑。

ISC 对各个污染源在某个接受点造成的浓度是分别进行计算,然后再叠加。接受点个数和位置由用户输入,ISC 能根据每个污染源、接受点位置和计算风向进行坐标变换,因此得到接受点分别关于各个污染源的下风向距离和横风向距。ISC 模式允许用户选择直角坐标或极坐标系统,并允许在同一次计算中采用多个坐标系统。然而,不论使用何种坐标系统,各个污染源的位置都必须事先由用户以直角坐标网的形式定义。

ISC 应用虚拟点源的方式处理体源和面源。根据体源或面源大小,按常规经验假设一个尺度,即假设有在上风向更远处的虚拟点源经过输送扩散到达的烟流尺度(横向和垂向扩散参数)与体源或面源尺度相当。根据大气稳定度反演虚拟点源的上风向距离,此后的浓度场分布就以虚拟点源的输送扩散进行计算。

ISC 长期模式应用经过统计处理的气象数据为由风速级、风向方位角和稳定度级组成的污染气象矩阵,根据需要,统计时段可以是月、季或年。应用 ISC 长期模式时按污染气象矩阵的各个元素对应的气象条件进行计算,然后乘以相应的发生权重进行叠加。

气象部门习惯上从正北开始将空间等分 16 个方位,每个风向角占 22.5°,再加静风,因此污染气象矩阵有关风向有 17 个选择。

ISC 长期模式的基础是在风向方位角扇形内平均的高斯烟流模式,即假设全部污染物集中在一个 1/16 圆周的扇形内进行平均。由于人为地假设同一扇形弧线上浓度处处相等,而相邻扇形对应的风向频率又不相等,因此在扇形边界处会发生浓度值不连续的问题,应用内插的方法进行光滑。

15. 光化学模式

光化学模式的特点是含有复杂的化学反应,常用网格模式,梯度输送理论是其控制方程的基础。

$$\frac{\partial C}{\partial t}+u\frac{\partial C}{\partial x}+v\frac{\partial C}{\partial y}+w\frac{\partial C}{\partial z}=\frac{\partial}{\partial x}K_x\frac{\partial C}{\partial y}+$$

$$\frac{\partial}{\partial y}K_y\frac{\partial C}{\partial y}+\frac{\partial}{\partial z}K_z\frac{\partial C}{\partial z}+R+S \tag{2-128}$$

风场是时间和位置的函数,可用诊断型风场模式或动力学气象模式模拟。诊断型风场模式的原理是对内插得到的风的观测数据应用变分法进行调整,使之满足质量守恒的要求。时间上用简单的线性内插的方法或时间序列分析方法。

湍流扩散系数取值通常应用大气边界层研究成果和湍流的混合长度理论,可以通过风切变和位温梯度等计算垂直扩散系数 K_z。水平方向扩散系数通常取为 $K_x \approx K_y \approx 10K_z$。

在方程中记为 R 的化学反应能通过产生或减少污染物,起"源"或"汇"的作用。因为化学反应过程的特殊性,常用单独模块来模拟,需根据不同反应的反应速率常数,选取恰当的计算方法和时间步长。

右边的 S 项是指污染源。对于光化学模式,指排放 NO_x、CO、VOCs 等污染源,包括人为源和自然源,有时间变化和空间分布。

反映污染物被地面吸收或吸附过程的干沉积是光化学模式中主要的其他过程,以式(2-128)的边界条件表现,不出现在控制方程中。涉及酸雨时,则必须考虑湿沉降和云雨过程。湿沉降是在空间发生的,将另有专项出现在式(2-128)中。云雨过程则更加复杂,需要专门设计一个模块来处理云雨的微观和宏观过程,形式上也将是出现在式(2-128)右方的一个专项。

光化学过程和太阳辐射密切相关,昼夜变化强烈,属于三维时变网格模式。其偏微分方程涉及多个化学组分和气象要素,计算工作量繁重。在保证适当计算精度的同时,需要保证其收敛性和稳定性。对光化学模式涉及的中远距离的输送过程,网格尺寸可从城市常用的 1 km 尺度扩大到 10 km,对小区域受体可在区域粗网格上局部嵌套精细网格。

城区空气包模式(urban airshed model,UAM)是 EPA 从 20 世纪 70 年代开始推荐的光化学空气质量。最新版本 UAM-V 是一个三维时变多尺度的网格模式,通过大气物理和化学过程的模拟,计算出污染物浓度分布。UAM 的基础是以数学形式描述污染物的排放、输送、扩散、化学反应和清除过程中的质量守恒的大气扩散方程。UAM 可以模拟污染物浓度的时空变化,区分污染源排放的不同影响,因此可以用来对不同的污染控制情景进行模拟,也可以根据不同的控制方案进行污染预测。能模拟城市光化学烟雾污染,是 UAM 模式的重要特色。

UAM 可以模拟多重嵌套网格上的污染浓度,可以进行网格内烟流处理,可以进行相应物理化学过程关于选定网格点浓度影响的定量过程分析。UAM 含干沉积过程,沉积速度是边界层厚度和地面阻力的函数。可以选用湿沉降过程,应用每小时降水强度计算气溶胶和可溶性气体的湿清除。UAM-V 还可以在无化学反应的条件下运行,如模拟 CO 的浓度分布等。

气象数据包括每小时三维风场、温度场、气压场、水汽场数据和垂直湍流交换系数数据。要求输入的二维数据有每小时的土地利用数据、混浊度数据和辐射数据。还要求等压面的高度数据。云量、液态水浓度以及降雨强度是可选输入数据。水平风的三维分布由气象模块提供,风的垂直分量则在水平风的基础上应用质量守恒的原理进行计算。UAM 可以设计嵌套网格,以提高部分区域的分辨率。高架点源先应用高斯模式计算,其扩散尺度达到网格适当大小时转用网格模式计算。

　　UAM 要求输入 O_3 的前体物（VOCs、NO_x 和 CO）的污染源、初始和边界浓度数据。要求输入初始空气质量数据和边界上的污染物浓度数据。污染源数据包括所有的人为源和自然源。为了进行化学反应计算，必须输入各个反应的速率。UAM 输出的是污染物浓度的三维分布。记录小时平均浓度分布和由用户选定的时间间隔上的瞬时浓度分布。模式同时记录所有输入数据，模拟过程和每个时间步长上的诊断结果。

　　16. 烟气抬升公式

　　烟气抬升高度有适用于中性条件的霍兰德公式，有适用于不稳定和中性条件的布里格斯公式，下面重点介绍《制定地方大气污染物排放标准的技术方法》（GB/T 13201—91）中的计算方法。

　　16.1　有风时，中性和不稳定条件

　　（1）当烟气热释放率 Q_h 大于或等于 2100 kJ/s，且烟气温度与环境温度的差值 ΔT 大于或等于 35 K 时，ΔH 采用下式计算。

$$\Delta H = n_0 Q_h^{n_1} H^{n_2} u^{-1} \qquad (2\text{-}129)$$

$$Q_h = 0.35 P_a Q_v \Delta T / T_s \qquad (2\text{-}130)$$

式中，n_0——烟气热状况及地表状况系数（表 2-21）；

　　　　n_1——烟气热释放率指数（表 2-21）；

　　　　n_2——烟囱高度指数（表 2-21）；

　　　　Q_h——烟气热释放率（kJ/s）；

　　　　H——烟囱距地面几何高度（m），超过 240 m 时，取 $H=240$ m；

　　　　P_a——大气压力，如无实测值，可取邻近气象台（站）的季或年平均值；

　　　　Q_v——实际排烟率（m^3/s）；

　　　　ΔT——烟气出口温度与环境温度差，$\Delta T = T_s - T_a$；

　　　　T_s——烟气出口温度（K）；

　　　　T_a——环境大气温度（K），如无实测值，可取邻近气象台（站）的季或年平均值；

　　　　u——烟囱出口处平均风速（m/s）。

表 2-21　n_0、n_1、n_2 取值

$Q_h/(kJ/s)$	地表状况	n_0	n_1	n_2
$Q_h \geqslant 21000$	农村或城市远郊	1.427	1/3	2/3
	城市及近郊	1.303	1/3	2/3
$2100 \leqslant Q_h < 21000$ 且 $\Delta T \geqslant 35$ K	农村或城市远郊	0.332	3/5	2/5
	城市及近郊	0.292	3/5	2/5

(2) 当 1700 kJ/s<Q_h<2100 kJ/s 时，

$$\Delta H = \Delta H_1 + (\Delta H_2 - \Delta H_1)(Q_h - 1700)/400 \qquad (2\text{-}131)$$

$$\Delta H_1 = 2(1.5V_sD + 0.01Q_h)/u - 0.048(Q_h - 1700)/u \qquad (2\text{-}132)$$

式中，V_s——烟囱出口处烟气排出速度(m/s)；

　　D——烟囱出口直径(m)；

　　ΔH_2——(2-129)计算的烟气抬升高度(m)；

　　Q_h、u 的定义同前。

(3) 当 $Q_h \leqslant 1700$ kJ/s 或者 $\Delta T < 35$ K 时，

$$\Delta H = 2(1.5V_sD + 0.01Q_h)/u \qquad (2\text{-}133)$$

16.2　有风时,稳定条件

建议按下式计算烟气抬升高度 ΔH(m)。

$$\Delta H = Q_h^{1/3}(dT_a/dz + 0.0098)^{-1/3}u^{-1/3} \qquad (2\text{-}134)$$

式中，dT_a/dz——烟囱几何高度以上的大气温度梯度(K/m)；

　　其他符号同前。

16.3　静风和小风($u_{10}<1.5$ m/s)时

建议按下式计算烟气抬升高度 ΔH(m)：

$$\Delta H = 5.50Q_h^{1/4}(dT_a/dz + 0.0098)^{-3/8} \qquad (2\text{-}135)$$

式中符号同上,但 dT_a/dz 取值不宜小于 0.01 K/m。当 -0.0098 k/m<(dT_a/dz)<0.01 K/m 时,取$(dT_a/dz) \leqslant 0.01$ K/m；当 $dT_a/dz \leqslant -0.0098$ K/m 时,ΔH 按式(2-129)计算,但公式中计算风速 u 所用的 u_0 一律取 1.5 m/s。

17. 扩散参数经验公式

17.1　P-G扩散参数

由 Gifford 给出的按 P.S 分类的横向和垂直向扩散参数 σ_y、σ_z 随下风距离的变化曲线(简称 P-G 扩散参数)一直被广泛应用着。此曲线主要适用于较平坦的地形(粗糙度 $Z_0 \leqslant 1$ cm)和低架源；否则,需经修正后方可应用。下面介绍《环境影响评价技术导则》HJ/T 2.2—93 中推荐的拟合公式(表 2-22、表 2-23)及其修正方法。

1) 0.5h 取样时间

(1) 平原地区的农村及城市远郊区的扩散参数选取方法如下；A、B、C 级稳定度直接由表查算,D、E、F 级稳定度则需向不稳定方向提半级后由表 2-22 和表 2-23 查算。

(2) 工业区或城区中的点源,其扩散参数选取方法如下：A、B 级不提级,C 级提到 B 级,D、E、F 级向不稳定方向提一级,再按表 2-22 和表 2-23 查算。

(3) 丘陵山区的农村或城市,其扩散参数选取方法同工业区。

表 2-22　横向扩散参数幂函数表达式数据(取样时间 0.5h)

扩散参数	稳定度等级(P. S)	α_1	γ_1	下风距离/m
$\sigma_y = \gamma_1 x^{\alpha_1}$	A	0.901074	0.425809	0~1000
		0.850934	0.602052	>1000
	B	0.914370	0.281846	0~1000
		0.865014	0.396353	>1000
	B~C	0.919325	0.229500	0~1000
		0.875086	0.314238	>1000
	C	0.924279	0.177154	0~1000
		0.885157	0.232132	>1000
	C~D	0.926849	0.143940	0~1000
		0.886940	0.189396	>1000
	D	0.929418	0.110726	0~1000
		0.888723	0.146669	>1000
	D~E	0.925118	0.0985631	0~1000
		0.892784	0.124308	>1000
	E	0.920818	0.0864001	0~1000
		0.896864	0.101947	>1000
	F	0.929418	0.0553634	0~1000
		0.888723	0.0733348	>1000

表 2-23　垂直扩散参数幂函数表达式数据(取样时间 0.5h)

扩散参数	稳定度等级(P. S)	α_2	γ_2	下风距离/m
$\sigma_z = \gamma_2 x^{\alpha_2}$	A	1.12154	0.0799904	0~300
		1.52360	0.00854771	300~500
		2.10881	0.000211545	>500
	B	0.964435	0.127190	0~500
		1.09356	0.0570251	>500
	B~C	0.941015	0.114682	0~500
		1.00770	0.0757182	>500
	C	0.917595	0.106803	0
	C~D	0.838628	0.126152	0~2000
		0.756410	0.235667	2000~10000
		0.815575	0.136659	>10000

续表

扩散参数	稳定度等级(P. S)	α_2	γ_2	下风距离/m
		0.826212	0.104634	1～1000
	D	0.632023	0.400167	1000～10000
		0.555360	0.810763	＞10000
		0.776864	0.111771	0～2000
	D～E	0.572347	0.528992	2000～10000
		0.499149	1.03810	＞10000
$\sigma_z = \gamma_2 x^{a_2}$		0.788370	0.0927529	0～1000
	E	0.565188	0.433384	1000～10000
		0.414743	1.73241	＞10000
		0.784400	0.0620765	0～1000
	F	0.525969	0.370015	1000～10000
		0.322659	2.40691	＞10000

2）大于 0.5h 取样时间

垂直方向扩散参数不变,横向扩散参数及稀释系数满足下式:

$$\sigma_{y\tau_2} = \sigma_{y\tau_1} \left(\frac{\tau_2}{\tau_1} \right)^q \tag{2-136}$$

或 σ_y 的回归指数 α_1 不变,回归系数 γ_1 满足下式:

$$\gamma_{1r_2} = \gamma_{1r_1} \left(\frac{\tau_2}{\tau_1} \right)^q \tag{2-137}$$

式中,$\sigma_{y\tau_2}$、$\sigma_{y\tau_1}$——对应取样时间为 τ_2、τ_1 时的横向扩散系数(m);

　　　q——时间稀释指数,由表 2-24 确定;

　　　γ_{1r_2}、γ_{1r_1}——对应取样时间为 τ_2、τ_1 时的横向扩散参数回归系数。

表 2-24　时间稀释系数 q

适用时间范围	q
$1 \leqslant \tau < 100$	0.3
$0.5 \leqslant \tau < 1$	0.3

在应用表计算≥0.5h 的 $\sigma_{y\tau_2}$ 或 γ_{1r_2} 时,应先根据 0.5 h 取样时间值计算时间为 0.5 h 的 σ_y 或 γ_1,再以其作为 $\sigma_{y\tau_1}$ 或 γ_{1r_1};计算 $\sigma_{y\tau_2}$ 或 γ_{1r_2}。

17.2　Briggs 公式

Briggs 根据几种扩散曲线,给出一组适用于高架源的公式(表 2-25)。

表 2-25　Briggs 公式

帕斯奎尔类别	σ_y/m	σ_z/m
开阔乡间条件		
A	$0.22\times(1+0.0001x)^{-1/2}$	$0.20x$
B	$0.16\times(1+0.0001x)^{-1/2}$	$0.12x$
C	$0.11\times(1+0.0001x)^{-1/2}$	$0.08\times(1+0.0002x)^{-1/2}$
D	$0.08\times(1+0.0001x)^{-1/2}$	$0.06\times(1+0.0015x)^{-1/2}$
E	$0.06\times(1+0.0001x)^{-1/2}$	$0.03\times(1+0.003x)^{-1}$
F	$0.04\times(1+0.0001x)^{-1/2}$	$0.016\times(1+0.0003x)^{-1}$
城市条件		
$A\sim B$	$0.32\times(1+0.0004x)^{-1/2}$	$0.14\times(1+0.001x)^{1/2}$
C	$0.22\times(1+0.0001x)^{-1/2}$	$0.20x$
D	$0.16\times(1+0.0001x)^{-1/2}$	$0.14\times(1+0.0003x)^{-1/2}$
$E\sim F$	$0.11\times(1+0.0001x)^{-1/2}$	$0.08\times(1+0.00015x)^{-1/2}$

17.3　小风扩散系数

小风和静风$(1.5\text{ m/s}>u_{10}\geqslant0.5\text{ m/s})0.5\text{ h}$取样时间的扩散系数可按表 2-26选取，大于 0.5 h，可参照式(2-136)或式(2-137)换算。

表 2-26　小风和静风扩散参数的系数$(\sigma_x=\sigma_y=\gamma_{01}T,\sigma_z=\gamma_{02}T)$

稳定度(P.S)	γ_{01}		γ_{02}	
	$u_{10}<0.5\text{ m/s}$	$1.5\text{ m/s}>u_{10}\geqslant0.5\text{ m/s}$	$u_{10}<0.5\text{ m/s}$	$1.5\text{ m/s}>u_{10}\geqslant0.5\text{ m/s}$
A	0.93	0.76	1.57	1.57
B	0.76	0.56	0.47	0.47
C	0.55	0.35	0.21	0.21
D	0.47	0.27	0.12	0.12
E	0.44	0.24	0.07	0.07
F	0.44	0.24	0.05	0.05

（四）2008 导则模式

科技的发展使得计算水平飞速提高，基于计算机应用的各种空气质量模型也已得到广泛应用。《环境影响评价技术导则　大气环境》(HJ 2.2—2008)中给出了 AERMOD、ADMS、CALLPUFF 等预测模式。

AERMOD 是一个稳态烟羽扩散模式，可基于大气边界层数据特征模拟点源、面源、体源等排放出的污染物在短期(小时平均、日平均)、长期(年平均)的浓度分布,适用于农村或城市地区、简单或复杂地形。AERMOD 考虑了建筑物尾流的影响,即烟羽下洗。模式使用每小时连续预处理气象数据模拟大于或等于 1 小时平均时间的浓度分布。

ADMS 可模拟点源、面源、线源和体源等排放出的污染物在短期(小时平均、日平均)、长期(年平均)的浓度分布,还包括一个街道窄谷模型,适用于农村或城市地区、简单或复杂地形。模式考虑了建筑物下洗、湿沉降、重力沉降和干沉降以及化学反应等功能。化学反应模块包括计算一氧化氮、二氧化氮和臭氧等之间的反应。ADMS 有气象预处理程序,可以用地面的常规观测资料、地表状况以及太阳辐射等参数模拟基本气象参数的廓线值。在简单地形条件下,使用该模型模拟计算时,可以不调查探空观测资料。

CALPUFF 是一个烟团扩散模型系统,可模拟三维流场随时间和空间发生变化时污染物的输送、转化和清除过程。CALPUFF 适用于从 50 km 到几十万米的模拟范围,包括次层网格尺度的地形处理,如复杂地形的影响;还包括长距离模拟的计算功能,如污染物的干、湿沉降、化学转化,以及颗粒物浓度对能见度的影响。

下面以石家庄环安科技有限公司的大气预测软件 AermodSystem 为例,介绍 AERMOD 模式的特点和工作程序。

AermodSystem 是根据新版大气导则推荐的 EPA 的 AERMOD 程序开发的界面化软件。程序以 AERMOD 为核心,提供一个良好的用户界面,以提高用户预测的方便性。同时,软件提供了功能较强的数据分析和图形处理功能。软件将 EPA 的 AERMOD、AERMET、AERMAP 及建筑物下洗模型(BPIPRIME)有机地结合在一起,对其主要功能进行了封装,并根据国内环评特点进行了外部的扩展。因此,本软件绝不仅仅是一款 AERMOD 的界面化软件,而是一款基于 AERMOD 核心的新一代大气预测软件。"方便、快捷、功能强大"是开发这款软件的理念,其主要特点如下:

(1) 软件对 AERMOD、AERMET、AERMAP 及建筑物下洗模型(BPIPRIME)进行了高度的封装,用户既可以一步运行,也可以分步运行。

(2)同时对多种污染物进行预测。AERMOD 程序本身只能一次运行一个污染物,本软件对其进行封装后可同时对多个污染物进行处理。除常规的污染物外,软件还可以手动添加多种污染物。

(3)支持位图、CAD 和 SHP 文件的导入作为背景图,导入的 CAD 和 SHP 图形还可以转化为软件中的模型对象。

(4)方便的输入、输出界面。软件采用表格、对话框和鼠标的方式进行数据的输入,采用表格和图形的方式对结果进行输出。用户可以通过鼠标灵活地进行添加、移动、复制、删除等常见操作。

（5）强大的地形预处理功能。用户只需要输入相对坐标对应的经纬度坐标，软件即可实现全球范围内的地形数据自动下载，并根据项目范围对地形数据进行处理，对参数自动设置，使之符合 AERMAP 运行的要求。

（6）软件支持国内外多种标准地面和高空数据格式的导入和转换。对地面气象数据提供了风向、风速等统计功能，可绘制风玫瑰图。

（7）对计算结果提供了各点高值、所有点最大值、逐步值、占标率、超标率、超标次数、最大持续超标时间和超标区域的分析结果，并可绘制出相应的等值线图。还支持对多个环境空气质量功能区分别进行分析。

图 2-21 为软件界面，AERMOD 模型由气象预处理模块（AERMET）、地形预处理模块（AERMAP）、建筑物下洗预处理模块（BPIPRIME）和核心计算模块（AERMOD）共四个部分组成，图 2-22 是 AERMOD 全部模块和主要运行关系，最基本的运行需包括色块填充框内的部分。

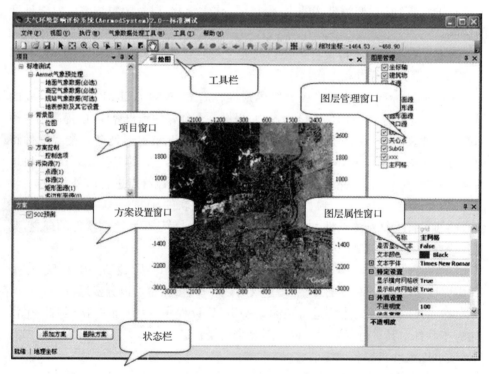

图 2-21　AermodSystem 软件界面

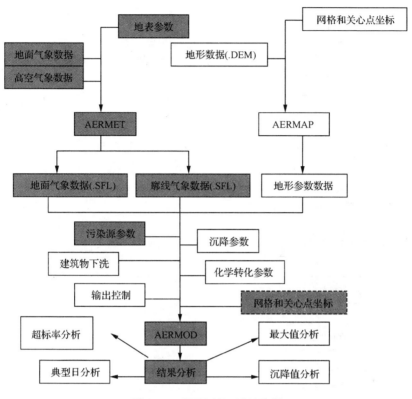

图 2-22　AERMOD 运行流程

软件采用顺序结构解析上述模块,在使用时按图 2-23 流程进行。

四、大气环境功能区划

大气环境功能区是对不同社会功能区域环境保护要求各异的地区。大气环境功能分区主要是以城市环境功能分区为依据,根据自然环境概况和土地利用规划、规划区域气象特征和国家大气环境质量的要求,将规划区域大气环境划分成不同的功能区域。大气环境功能区划是对大气污染物实行总量控制和进行大气环境管理的依据。功能区划分见表 2-27。

大气环境功能区划,是在宏观区域环境规划的综合环境功能区划的基础上进行的,程序和方法如下。

1. 调查区域现行的功能区划

在进行大气环境功能区划以前,要先对大气环境功能区的现状进行调查。

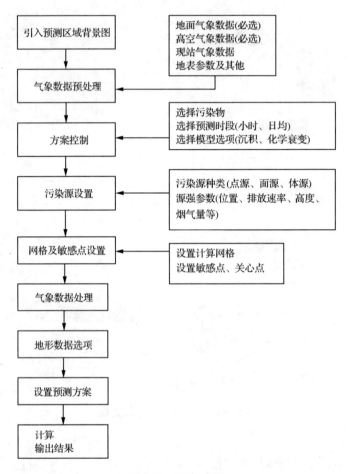

图 2-23　运行流程

表 2-27　大气环境功能区划分

功能区	范围	执行大气质量标准
一类	自然保护区、名胜风景区和其他需要特殊保护的地区	一级
二类	规划居民区、商业交通居民混合区、文化区、一般工业区、农村地区	二级
三类	特定工业区	三级
备注	凡位于二类区内的工业企业,应执行二级标准;凡位于三类区内的非规划居民区可执行三级标准(应设置隔离带)。《环境空气质量标准》(GB 3095—2012)已取消三级区分类	

2. 提出大气环境功能区划方案

(1) 提出方案的依据。根据《环境空气质量标准》(GB 3095—1996)、当地的气象特征,以及城乡建设总体规划的功能区,将区域大气环境划分为 3 类功能区,并注明应执行的环境空气质量标准。

(2)大气环境功能区划宜粗不宜细。大气环境由流动的空气构成,大气流场相互影响,难以人为的隔开,因而大气环境功能区不宜划小、划细。

(3)征求各部门意见。将初步方案必要的说明送交有关部门征求意见,并汇总各部门的意见要求,进行补充、修改。

(4)绘制大气环境功能区划图。在规划区域的地图上(1∶10000 或 1∶50000的行政区划图),画出各类大气功能区的边界及范围,并附必要的说明。

五、环境规划指标及环境目标

(一)大气环境规划指标

指令性规划指标是指按照国家环境质量标准以及有关政策和法规要求,在规划期内必须完成和执行的指令,包括总量控制规划指标、治理规划指标、环境质量控制指标和技术水平指标。大气环境管理指标主要有:贯彻执行环保计划、实行环境保护目标管理责任制、严格执行"三同时"的规定、环境影响预测评价等。

大气环境规划指标的确定可参考重点城市"环境综合整治定量考核"中各项大气指标的内容。同时可采用专家咨询法,或组织环保研究人员、管理人员及其他有关部门参加座谈会,讨论指标的筛选问题。

(二)大气环境目标

大气污染综合防治的环境目标,是指制定专项环境规划的具体环境目标,其方法步骤如下。

1. 确定指标体系

提出大气污染综合防治环境目标,首先要确定恰当的指标体系。

1)设计指标体系框架

大气污染综合防治的指标体系框架主要包括以下四部分。

(1)环境质量指标。如 TSP 年日均值、SO_2 年日均值、酸雨频率等。

(2)污染控制指标。主要有:大气污染物排放总量控制指标;工艺尾气达标率,汽车尾气达标率等达标率指标;以及城市烟尘控制区覆盖率,万元 GDP 综合能耗递减率等指标。

(3)环境建设指标。如城镇绿化覆盖率、人均公共绿地、森林覆盖率等。

(4)环境管理指标。如环境保护投资比、环保法律、法规执行率等。

2)参数筛选(分指标的确定)

按照指标体系框架的四个方面,参照国家提出的有关大气污染防治的指标;结合本地区的实际情况,提出供筛选的多个参数(分指标);通过专家咨询或邀请有关部门负责人及专家开专题讨论会,筛选参数确定分指标。数目不宜多,一般为20~25个,并要符合下列原则:①各项分指标既有联系又有相对独立性,不能重叠;②每项指标都要有代表性、科学性;③各项分指标能组成一个完整的指标体系;④便于管理和实施。

3) 分指标权值的确定

分指标的权值表明了分指标在整个指标体系中的重要程度。大气污染综合防治规划的指标体系,确定了污染防治的组成和范围,分指标的权值确定了污染防治的重点。也就是说,要对大气环境质量影响大的分指标给予比较大的权值。可以在参数筛选的同时,通过专家咨询或专题讨论,确定分指标的权值。

4) 分指标的综合,综合指标的确定

经过专家咨询或专题讨论会确定分指标及其权值后,一般采用百分制分项评分,相加求和计算出综合分值,代表区域(市域、省域、城镇等)的大气环境质量和污染控制的综合水平。但当前尚没有一致公认的综合指标来表达。

2. 确定环境目标

大气环境规划指标建立以后,也就确定了城镇大气环境保护的控制重点。同时,还应确定大气环境保护的控制水平,这就是大气环境目标。城镇居民生存发展的基本环境质量要求是制定环境保护目标的最低要求,基于这一点,各城镇的环境目标第一步必须在保障居民生产生活活动要求的前提下,首先控制住污染,并在重点区域有所改善。其次,还应随着人民生活水平的提高和经济社会的发展,再提高目标,力争达到居民生活的环境质量适宜或基本适宜的程度。

1) 以目标的高低划分

以目标的高低划分可以划分为三个层次,即低目标、中目标和高目标。低目标是对环境保护工作的最低要求,是必须要达到的目标。中目标是对环境保护工作的一般要求,是城镇的经济社会活动,包括居民对环境的要求达到基本舒适的目标。中目标应该是城镇通过一定的手段,经过努力能够实现的目标。高目标是对环境保护工作的严要求,是城镇的经济社会活动、居民生活活动对环境的要求达到舒适的目标。

2) 从时间上划分

环境目标从时间上可划分为短期目标、中期目标、长期目标;也可分为年度目标、五年目标、十年目标、十五年目标。短期目标要求目标准确、具体,不能模棱两可,要定量。中期目标一般包括内容具体的定量指标,还包括一些定性的宏观要求。长期目标是对环境保护工作在一个历史时期的总的宏观要求或设想,是制定短期目标和中期目标的依据。

3）从空间上划分

环境目标从空间上可划分为国家环境目标,省（市、自治区）环境目标,地（市、县）环境目标以及大经济区、流域、海域环境目标。若从城镇来划分,可分为城镇总的环境目标和城镇各功能区的环境目标。

确定环境目标的原则和方法:根据国家的要求和本规划区域（省域、市域、城镇等）的性质功能,从实际出发,既不能超出本规划区域的经济技术发展水平,又要满足人民生活和生产所必需的大气环境质量。可采用费用效益分析等方法确定最佳控制水平。

（三）环境目标的可达性分析

初步确定环境目标之后,要从客观上,从发展与环境的协调关系出发,论述目标是否可达。只有从整体上认为目标可达之后,才能将目标分解,落实到具体污染源、具体区域、具体环境工程项目和措施。因此,从总体上定性或半定量论述目标可达性是非常重要的。客观上论述目标可达性,一般从以下三个方面考虑。

（1）从投资分析环境目标的可达性。环境目标确定以后,污染物的总量削减指标以及环境污染控制和环境建设的指标就确定了。根据完成这些指标的总投资,可以计算出总的环境保护投资,然后与同时期的国民生产总值进行比较。根据我国的国情,环境保护投资应占同时期国民生产总值的 1%,对污染严重的城市,应高于 1%。如果计算得到的环境保护投资超过国民生产总值的 2% 以上,则可认为目标定得高了一些,应适当调整;如果目标定得确实不高,则应从发展方式的重新选择、发展速度的调整出发,控制污染;如果达到目标的环境保护投资占同期国民生产总值的 0.5% 以下,说明目标定得低了一些,或者发展速度太慢,可以提高环境目标或增大发展速度。

在根据环境保护投资占同期国民生产总值的比例论述目标可达性时,一定要结合具体的工业结构而言,因为不同工业结构,环境保护投资比例相同时,环境效益会出现明显的差异。

（2）从环境管理水平和污染防治技术的提高论述目标的可达性。根据我国的基本国情,尤其是"六五"以来,环境管理的经验和教训,我国环境管理将以全面推行五项新制度为核心,使我国的环境管理上新台阶。五项新制度的实施,标志着我国环境管理发展到了一个新的水平,也标志着我国环境管理发展到了由定性转向定量,由点源治理转向区域综合防治的新阶段。环境管理水平的提高必将进一步促进强化环境管理,为环境目标的实施提供保证。

随着科学技术的发展,许多污染治理技术也在发展,生产的工艺技术在不断更新,不远的将来将会逐渐淘汰一大批高消耗、低效益的生产设备。一些新技术的普及必将为环境目标的实现提供技术保证。

（3）从污染负荷削减的可行性论述环境目标的可达性。在分析总量削减的可行性时，可以先调查目前本市污染物削减的平均水平，在此基础上，分析目前削减的潜力及挖掘潜力的可能性，然后粗略地分析今后一定时期内可能增加的污染负荷的削减能力。综合以上分析，即可比较污染物总量负荷削减能力和目标要求的削减能力。如果总量削减能力大于目标削减量，一方面说明目标可能定得太低，另一方面说明目标可达。如果总量削减能力小于目标削减量，一方面说明目标可能定得太高，另一方面说明在不重新增加污染负荷削减能力的条件下，目标难以实现。

六、大气环境容量分析

大气环境容量是指对于一定地区，根据其自然净化能力，在特定的污染源布局和结构条件下，为达到环境目标值，所允许的大气污染物最大排放量。

区域容纳的污染物未超过其容量时，通过环境自净，区域环境可以维持现有水平或逐渐改善；区域容纳的污染物超过其容量时，通过自净降解污染物的速率已小于污染物的积累，除非采取紧急措施，否则环境将不断进一步恶化，造成严重后果。所以大气环境容量是总量控制的基础，研究大气环境容量的意义还在于：①通过总量控制的措施，对已建成区污染源采取合理的控制和削减措施；②可利用大气环境容量合理布局新开发区。大气环境容量分析的方法是选取适用的模型和方法，计算环境单元（大气环境功能区）在保持规定的环境质量标准的前提下，所能允许的某种污染物的最大排放总量。

大气环境容量和环境目标值虽都是控制的指标，但大气环境容量并不像环境目标值那样明确，它随着许多因素在变化。它不但取决于该地区的气象、地理等自然条件，而且还取决于污染源的布局和结构、土地的开发利用等人为因素，需要对其进行认真的评价之后才能给出。

常用大气环境容量确定方法如下。

1. 某一环境单元中大气环境容量模型

某一环境单元中大气环境容量的计算，可根据该单元的地方性大气环境标准与清洁对照区的环境本底值之差，并加上大气的净化能力求得，可用下式表示：

$$A_v = V(S_a - B_a) + C_a \tag{2-138}$$

式中，A_v——某环境单元中大气的环境容量；

V——某环境单元大气体积；

S_a——某大气污染物国家规定的环境质量标准或地方标准；

B_a——大气中某污染物的本底值；

C_a——大气的净化能力。

2. 运用大气污染预测模型进行反推

运用大气污染预测模型进行反推的过程和用模型预测的过程相反,如箱式模型进行预测的公式为

$$C_A = \frac{P}{LHU} + C_0' \tag{2-139}$$

则容量可用下式求得。

$$P = (C_A - C_0')LHU \tag{2-140}$$

对高斯模式的高架点源,在气象条件一定等条件下,可简化为

$$c = KP \tag{2-141}$$

式中,K——高架点源转化系数。
则有高架点源允许排放量为

$$P = c/K \tag{2-142}$$

实际工作中要注意的是,在同一环境单元,进行大气污染预测和用反推法进行大环境容量分析(计算某种污染物最大排放总量),前后所用的模型应是同一种模型。

3. A 值法

A 值法属于地区系数法,其基础也是箱式模型。其基本原理如下:对于某一面积设为 S 的选定区域,设 1 年内平均风速为 $\bar{u}$,区域等效直径为

$$\Delta x = 2\sqrt{\frac{S}{\pi}} \tag{2-143}$$

记平均浓度为 $\bar{C}$,平均混合层厚度 H,忽略污染物背景浓度和干、湿沉降等转化,则有

$$\bar{C} = \frac{q\Delta x}{H\bar{u}} \tag{2-144}$$

所以,

$$q = \bar{u}H\bar{C}/\Delta x = \sqrt{\pi}\bar{u}H\bar{C}/(2\sqrt{S}) \tag{2-145}$$

如果用该区域要求的污染物浓度 C_s,即空气质量标准,代替式(2-144)中平均浓度,则该区域 1 年内(T)不超过空气质量标准所允许的污染物排放总量为

$$Q_a = qST = \frac{\sqrt{\pi}}{2}\bar{u}HTC_s\sqrt{S} = AC_s\sqrt{S} \tag{2-146}$$

《制定地方大气污染物排放技术标准的技术方法》(GB/T 13201—91)推荐的 A 值就相当于 $\sqrt{\pi}\bar{u}HT/2$。

根据当地总量控制系数 A 值及控制区总面积和各功能分区的面积,就可求出该面积上的总允许排放量。

1) 燃料燃烧产生的气态污染物排放标准的制定方法

（1）总量控制区内气态污染物排放总量限值的计算方法。总量控制区内气态污染物排放总量限值按如下公式计算。

$$Q_{ak} = \sum_{i=1}^{n} Q_{aki} \qquad (2-147)$$

$$Q_{aki} = A_{ki} \frac{S_i}{\sqrt{S}} \qquad (2-148)$$

$$S = \sum_{i=1}^{n} S_i \qquad (2-149)$$

$$A_{ki} = AC_{ki} \qquad (2-150)$$

式中，Q_{ak}——总量控制区第 k 种污染物年允许排放总量限值（10^4 t/a）；

Q_{aki}——第 i 功能区第 k 种污染物年允许排放总量限值（10^4 t/a）；

S——总量控制区总面积（km^2）；

S_i——第 i 功能区面积（km^2）；

A_{ki}——第 i 功能区第 k 种污染物排放总量控制系数[10^4 t/(a·km)]；

A——地理区域性总量控制系数（10^4 km²/a），可参照表 2-28 所列数据选取；

C_{ki}——《环境空气质量标准》（GB 3095—1996）规定的第 i 功能区第 k 种污染物的年平均浓度限值（mg/m$_N^3$）。

表 2-28　我国各地区总量控制系数 A、低源分担率 α、点源控制系数 P 值

地区序号	地区	A	α	P	
				总量控制区	非总量控制区
1	新疆、西藏、青海	7.0～8.4	0.15	100～150	100～200
2	黑龙江、吉林、辽宁、内蒙古（阴山以北）	5.6～7.0	0.25	120～180	120～240
3	北京、天津、河北、河南、山东	4.2～5.6	0.15	100～180	120～240
4	内蒙古（阴山以南）、山西、陕西（秦岭以北）、宁夏、甘肃（渭河以北）	3.5～4.9	0.20	100～150	100～200
5	上海、广东、广西、湖南、湖北、江苏、浙江、安徽、海南、台湾、福建、江西	3.5～4.9	0.25	50～100	50～150
6	云南、贵州、四川、甘肃（渭河以南）、陕西（秦岭以南）	2.8～4.2	0.15	50～75	50～100
7	静风区（年平均风速小于 1m/s）	1.4～2.8	0.25	40～80	40～90

总量控制区内低架源（几何高度<30 m 的排气筒排放或无组织排放源）气态污染物年排放总量限值按下列公式计算。

$$Q_{bk} = \sum_{i=1}^{n} Q_{bki} \tag{2-151}$$

$$Q_{bki} = \alpha Q_{aki} \tag{2-152}$$

式中，Q_{bk}——总量控制区内低架源第 k 种污染物年允许排放总量限值(10^4 t/a)；

　　　　Q_{bki}——第 i 功能区低架源第 k 种污染物年允许排放总量限值(10^4 t/a)；

　　　　α——低架源排放分担率，见表 2-28。

总量控制区内点源(几何高度≥30 m 的排气筒)气态污染物排放率限值按下列公式计算：

$$Q_{pki} = P_{ki} H^2 \times 10^{-6} \tag{2-153}$$

$$P_{ki} = \beta_{ki} \beta_k P C_{ki} \tag{2-154}$$

$$\beta_{ki} = \frac{Q_{aki} - Q_{bki}}{Q_{mki}} \tag{2-155}$$

$$\beta_k = \frac{Q_{ak} - Q_{bk}}{Q_{mk} - Q_{ek}} \tag{2-156}$$

式中，Q_{pki}——第 i 功能区第 k 种污染物点源允许排放率限值(t/h)；

　　　　P_{ki}——第 i 功能区第 k 种污染物点源排放控制系数[t/(h·m²)]；

　　　　H——排气筒有效高度(m)；

　　　　β_{ki}——第 i 功能区第 k 种污染物的点源调整系数；

　　　　β_k——总量控制区内第 k 种污染物的点源调整系数，若 $\beta_k > 1$，则取 $\beta_k = 1$；

　　　　P——地理区域性点源排放控制系数，见表 2-28；

　　　　C_{ki}——《环境空气质量标准》(GB 3095—1996)规定的 i 功能区第 k 种污染物的日平均浓度限值(mg/m³ₙ)；

　　　　Q_{mki}——第 i 功能区第 k 种污染物所有中架点源(几何高度≥30 m、<100 m 的排气筒)年允许排放总量(10^4 t/a)；

　　　　Q_{mk}——总量控制区内第 k 种污染物所有中架点源年允许排放总量(10^4 t/a)；

　　　　Q_{ek}——总量控制区内第 k 种污染物所有高架点源(几何高度≥100 m 的排气筒)年允许排放总量(10^4 t/a)。

(2) 总量控制区二氧化硫排放标准制定方法。

二氧化硫排放率超过 14 kg/h 时，排气筒高度必须高于 30 m。二氧化硫年允许排放总量按式(2-147)～式(2-149)计算，其中 C_{ki} 按 GB 3095—1996 相应的日平均浓度标准限值作实施值，取相应等级的年平均浓度标准限值作目标值。二氧化硫点源排放量限值按式(2-152)～式(2-155)计算。采暖期二氧化硫排放总量限值和低架源二氧化硫排放总量限值分别按下列公式计算：

$$Q_{wai} = \alpha_s \frac{M}{12} Q_{ai} \tag{2-157}$$

$$Q_{wbi} = \alpha_b \frac{M}{12} Q_{bi} \qquad (2\text{-}158)$$

式中，Q_{wai}——第 i 功能区采暖期二氧化硫年允许排放总量（10^4 t/a）；

　　　　α_s——二氧化硫总量季节调整系数，$0.6 \leqslant \alpha_s \leqslant 1.5$，取 $\alpha_s = 0.6$ 作为目标值；

　　　　M——采暖月数；

　　　　Q_{ai}——第 i 功能区二氧化硫年允许排放总量（10^4 t/a）；

　　　　Q_{wbi}——第 i 功能区采暖期低架源二氧化硫年允许排放总量（10^4 t/a）；

　　　　α_b——二氧化硫低架源季节调节系数，$0.6 \leqslant \alpha_b \leqslant 1.5$，取 $\alpha_b = 0.6$ 作为目标值；

　　　　Q_{bi}——第 i 功能区低架源二氧化硫年允许排放总量（10^4 t/a）。

　　其他污染物，如氮氧化物、一氧化碳，生产过程中产生的气态污染物的排放标准制定方法，也有明确的计算方法，不再详细介绍。

　　2）烟尘排放标准的制定方法

　　烟尘是指火电厂烟尘、锅炉烟尘和生产性粉尘等。点源烟尘允许排放率计算式如下：

$$Q_e = P_e H^2 \times 10^{-6} \qquad (2\text{-}159)$$

式中，Q_e——烟尘允许排放率（t/h）；

　　　　P_e——烟尘排放控制系数[t/(h·m²)]，按所在行政区及功能区查表 2-29；

　　　　H——排气筒有效高度（m）。

表 2-29　点源烟尘 P_e 值表

地区序号	一类功能区	二类功能区	三类功能区
1	5	15～20	25～50
2	6	18～25	30～50
3	6	15～25	30～50
4	5	15～20	25～50
5	2.5	7.5～15	12.5～38
6	2.5	7.5～10	12.5～25
7	2	6～9	10～23

注：地区序号同表 2-28。

七、大气污染防治规划方案

　　治理方案是规划的最终结果，上面几项工作通过本节治理方案的制订相互联系。总量控制已是目前环境规划的标准方法，综合措施是全过程、系统性管理的体现和保证。

（一）大气环境容量与总量控制基本原理

控制和调整一个地区的大气污染源排出的污染物总量,使其不超过该地区的环境容量,这一约束该地区总排放量的办法,称为总量控制法。因为环境容量是有限的,即使各污染源都能达标排放,随着污染源数量的增加,数量巨大的污染物仍然会对环境产生危害,总量控制法以大气污染源排出的污染物总量为控制指标,无疑比单纯的浓度控制更具合理性和科学性,因此从 20 世纪 70 年代首次提出就受到广泛关注,得到迅速发展,目前已是国际上公认的控制大气污染,进行环境管理的最有效的一种方法。

总量控制对于既有区域污染控制的作用在于,通过制定污染物排放和削减方案达到在充分利用环境容量的基础上控制、减缓、改善污染状况的目的。对于新建区域,总量控制指标则是制定、分配污染源和排放量的主要依据,是达到经济、环境协调发展的保证。

（二）工作步骤及要点

尽管实施大气污染物总量控制的具体作法各有不同,但其工作步骤基本上是相似的,大致如下所述:

（1）准备工作。按通常调查城市空气质量的方法准备下述资料:①确定所控制的污染物、环境标准(或环境目标值)及基准年;②将城市控制区网格化,按排放高度、排放源的密集程度等项将基准年内既有污染源划分为点、面等类源,并按网络添入;③调查基准年的气象条件,给出污染严重季节的风向速度稳定度联合频率或典型日的相应资料,确定湍流扩散参数,本项内容视当地地形复杂程度和所选用的扩散模式而定;④选择扩散模式;⑤给出有关控制点的监测资料;⑥调查当地污染防治的可行措施以及有关的规划、政策、制度等。

（2）模式校验和预测。根据所选模式和有关数据,计算各控制点的浓度,利用监测数据对模式进行校验和调整,最后预测控制区浓度分布并分析超标情况。

（3）初步削减。主要是按排放标准对点源以及可以执行排放标准的其他类源进行初步削减。然后,按削减后的排放量进行下一步的有关计算。在大气环境预测中是将排放量分点源和面源分别预测,然后叠加求总浓度。因此,污染物削减量的计算中也应该按源的性质分别对待。

对于面源,可采用下式计算:

$$削减量＝预测排放量－最大允许排放量$$

一般小城市,尤其是小城镇,在没有大的高架源(排污量大、影响大的污染源)的情况下,面源污染负荷的影响就更为突出。从综合防治措施来看,面源已有很多有效的防治措施,如集中供热、煤气化、普及型煤等,治理效果好、潜力大,而且面源削减对环境目标的贡献更大,因此,小城市和小城镇大气污染物的削减中,常把面源作为一个重点考虑。当然,高架源也不可忽视,尤其是影响面大的高架源(如城镇中的"黑龙"、"黄龙"等),必须重点考虑。

(4) 模式计算。这一步视所采用的具体削减方法而定:平权削减法需预测各个污染源在各控制点的污染贡献分担率;反演法可以越过上述第(3)步,直接利用模式给出各个污染源的允许排放量和超标量;逐级削减法则需计算环境容量。

(5) 削减。按所采用的削减方法对超标污染源进行削减。

(6) 给出最佳方案。以最小削减率方案为基础,进一步结合经济技术因素给出最佳削减方案和总量控制优化方案。必要时,这一步骤需通过重复上述削减过程,计算并分析比较后得到。最后给出各类源及全地区的排放量。

(7) 制定常规监控制度。利用削减模式控制超标污染源的排放。

其中需要注意的是,分配的点源的削减量无论是应用经验判断法,还是用数学规划法,都只是一个初步的方案,必须进行进一步的调整。本着区域防治费用最少,整体优化的原则,由环境规划部门和污染企业商定,不搞平均主义,具体问题具体处理。处理时应注意以下一些问题:

(1) 要充分考虑企业的经济技术条件和已有的环境保护处理设施。

(2) 制定相应的政策,做到方案公平。

在优化分配削减量方案时,往往会出现各污染源削减量分配不均的现象,这种现象表面上看起来是不公平的,有可能出现有的源需要大幅度削减污染物,而有的则基本上不用削减的情况,出现这种现象主要是区域总体优化的结果。在这种情况下,应制定保证公平的政策,如污染权的有偿转让政策等。

(3) 保证总体削减目标,区域内部污染源可互相协调。

(4) 面源削减量的分配问题。

和点源(高架源)相比,面源比较复杂,既包括排放高度小于 30 m 的一般工业排放源(多数均在 20～30 m),又包括一般的生活排放源(如工矿企业的食堂、民用取暖小锅炉等)。在面源的总削减量分配中,应该根据排放源的性质进行细分。和高架源相比,面源一般对城市环境质量的影响更大。所以,面源削减量的分配是否能够落实,直接关系到环境目标能否实现。在面源削减量的分配中,应该对下列两种情况区别对待。

(1) 一般工业生产排放源。

对这类性质的污染源,其削减量应该分配到具体的污染源。其分配原则和方法可以参照点源的情况处理。

(2) 生活排放源。

生活排放源量大面广,其削减量只能分配到区域,不可能分配到具体源。而且,对于削减量的完成,污染源往往是被动的,只能由城镇统一制定方案,如集中供热、普及型煤、煤气化等。

一般生活源削减量分配建议采取下列步骤：

（1）先落实点源和面源中的一般生产排放源的削减量，然后计算面源中生活源的削减量。同其他削减量一样，生活源削减量也是按区域分别确定的。

（2）根据各区域城镇规划中有关公共设施建设计划，如集中供热、普及型煤、煤气化等计划，以及目前污染源的排放情况和预测结果，计算公用设施建设计划实施后，所能实现的削减量。

（3）对比根据环境目标要求计算的削减量和城镇公用设施建设所能实现的削减量，结合城镇环境功能区划分结果，经综合分析得到各区域非生产性面源的削减量。

（三）常用方法

以下介绍一些常用方法。

1. A-P 值法

A 值法可以确定总量，却无法确定单个源允许排放量，P 值法可对单个源控制排放量，但无法限制区域排放总量，两者结合的 A-P 值法是用 A 值法计算控制区域内允许排放总量，再用修正的 P 值法将总量分配到每个污染源的方法。

2. 平权削减法

把按排放标准 GB 13201—91 计算的容许排放率限值输入已经调整好的大气污染多源模式，计算出第 i 个污染源对第 j 个控制点的贡献浓度 C_{0ij}，并对所有源求和，得到各污染源在控制点的贡献总浓度值。

$$C_{0j} = \sum_{i=1}^{N} C_{0ij} \tag{2-160}$$

假设大气环境质量目标值为 C_0，$C_{0j} > C_0$ 时为超标污染，需要对各污染源排放量进行削减，使 $C_{0j} - C_0 = \Delta C_{0j}$ 趋向于零，ΔC_{0j} 即为各污染源对 j 控制点贡献浓度的总超标量，也即应削减的浓度。

源 i 在 j 控制点的浓度贡献分担率按下式计算：

$$P_{ij} = \frac{C_{0ij}^2}{\sum\limits_{i=1}^{N} C_{0ij}^2} \tag{2-161}$$

所以源 i 在 j 控制点应削减的浓度为

$$\Delta C_{0ij} = \Delta C_{0j} P_{ij} \tag{2-162}$$

源 i 在 j 控制点的浓度贡献减去源 i 在该控制点应削减的浓度，即为源 i 在该点的削减后的浓度：

$$C'_{ij} = C_{0ij} - \Delta C_{0ij} \tag{2-163}$$

那么所有污染源在 j 控制点削减后的浓度贡献为

$$C_j = \sum_{i=j}^{m} C'_{ij} \qquad (2\text{-}164)$$

根据一般大气扩散模式,污染源源强与其地面浓度之间呈线性或近线性关系。所以源 i 在 j 控制点的削减率为

$$\Delta Q_{pij} = (C_{0ij} - C'_{ij})/C_{0ij} \qquad (2\text{-}165)$$

对同一个源,在不同控制点 j 的削减量是不一定相同的。为了保证每个控制点都满足当地目标值,就应该取 ΔQ_{pij} 的 j 序列中最大值为 i 源的削减量,即

$$\Delta Q_{pi} = \max_j [\Delta Q_{pij}] \qquad (2\text{-}166)$$

这就是第 i 源相对于基础削减量的第二步削减量。

若用 ΔQ_i 表示 i 源最终削减量,那么

$$\Delta Q_i = \Delta Q_{pi} + Q_{0i} \qquad (2\text{-}167)$$

ΔQ_i 就是 i 源的平权削减量,也称应该削减量;Q_{0i} 为按排放标准进行的初步削减量。

3. 反演法

1) 反演(接受点)模式

设某控制区第 i 个控制点(或接受点)的浓度为 C_i,则

$$C_i = \sum_j \phi^i_j Q_j \quad (i = 1, 2, \cdots, n; j = 1, 2, \cdots, m) \qquad (2\text{-}168)$$

式中,Q_j——单位时间排放量;

$\quad i, n$——控制点序号和总数;

$\quad j, m$——污染源序号和总数;

$\quad \phi^i_j$——第 j 个污染源对第 i 个控制点的转换因子。

令 $C_i = C_{0i}$,C_{0i} 为第 i 个控制点规定的大气环境质量标准,如果所选取的控制点总数 n 等于污染源总数 m,则控制区内任一污染源的单位时间允许排放量 Q_j,可通过对式(2-167)的反演得到,其解的矩阵形式为

$$Q = \Phi^{-1} C \qquad (2\text{-}169)$$

式中,Φ 是 Φ^i_j 的矩阵,Φ^{-1} 是 Φ 的逆矩阵。Φ^i_j 中所包含的气象参数按选定的基准年确定,除 Q_j 以外的其他源参数按设计值考虑。各污染源单位时间允许排放量的总和 $\sum_j Q_j$,就是该控制区的单位时间总允许排放量,也是该控制区在相应污染源布局和结构条件下的环境容量。

反演法的优越之处在于可得出各源对各控制点的贡献率,从而得到合理的削减方案。

2) 削减方程

现代化程度较高的控制区(如新开发区),实现上述 $m = n$ 条件比较容易。对于一些旧城区或老工业区,由于点、面源混杂以及无组织或低矮源较多等,实现

$m=n$ 条件就比较困难。此时,应采用下述削减方程。

$$\begin{pmatrix} \phi_1^1 Q_1 \cdots \phi_m^1 Q_m \\ \vdots \quad\quad \vdots \\ \phi_1^n Q_1 \cdots \phi_m^n Q_m \end{pmatrix} \begin{pmatrix} R_1 \\ \vdots \\ R_m \end{pmatrix} = \begin{pmatrix} \Delta C_1 \\ \vdots \\ \Delta C_2 \end{pmatrix} \tag{2-170}$$

附加条件

$$\sum_j R_j = \min \tag{2-171}$$

$$\left. \begin{matrix} \begin{pmatrix} 1 & \cdots & 0 \\ \vdots & & \vdots \\ 0 & \cdots & 1 \end{pmatrix} \begin{pmatrix} R_1 \\ \vdots \\ R_m \end{pmatrix} \leqslant \begin{pmatrix} R_1 & \text{上限} \\ \vdots \\ R_m & \text{上限} \end{pmatrix} \\ \begin{pmatrix} 1 & \cdots & 0 \\ \vdots & & \vdots \\ 0 & \cdots & 1 \end{pmatrix} \begin{pmatrix} R_1 \\ \vdots \\ R_m \end{pmatrix} \geqslant \begin{pmatrix} R_1 & \text{下限} \\ \vdots \\ R_m & \text{下限} \end{pmatrix} \end{matrix} \right\} \tag{2-172}$$

式中, Q_j ——实际排放率;

　　 ΔC_i ——控制点实测浓度和质量标准的差值。

$$R_j = (Q_j - Q_{j0})/Q_j$$
$$R = (\sum_j Q_j - \sum_j Q_{j0})/\sum_j Q_j \tag{2-173}$$

式中, R_j 、 R ——第 j 个源的削减率和总削减率;

　　 Q_{j0} ——允许排放率。

附加条件式(2-170)实际上是一种经济技术条件。

式(2-169)是不封闭的。为了求解,常需事先给定各类源分担的质量标准份额(标准分担率),然后对一系列给定的各种分担方案,利用式(2-169)计算,并用式(2-170)判断,最后找出符合总削减率为最小条件的解。利用这种方法得到的结果不一定确保总削减率为最小,一般只能得到总削减率相对较小的解。下面介绍的逐级削减法主要是针对这一点做了改进。

4. 逐级削减法

逐级削减法主要适用于低矮源较多的旧城区或老工业区。处理这类问题时,通常除将少数较高的污染源列为点源外,大量较低(如 30 m 以下)的源都视为面源,并按高度将其分成 2~3 类。随后,首先根据当地的污染现状、经济发展和污染防治规划等因素给定点源和全部面源应分担的质量标准份额。令点、面源的标准分担率分别为 b_{pi} 和 b_{ai} , $b_{pi} + b_{ai} = 1$ 。假设每一类面源都享有全部面源应分担的质量标准份额,其允许排放量或环境容量 Q_j ,可由式(2-168)将 C_{0i} 代以 $b_{ai} C_{0i}$ 后求得,即

$$\begin{bmatrix} Q_1 \\ Q_2 \\ \vdots \\ Q_m \end{bmatrix} = \boldsymbol{\Phi}^{-1} \begin{bmatrix} b_{a1}C_{01} \\ b_{a2}C_{02} \\ \vdots \\ b_{an}C_{0n} \end{bmatrix} \tag{2-174}$$

为了区别于各类面源并存时每一类面源的环境容量,以下称式(2-173)所给出的环境容量为面源的全部环境容量。

假设面源按高度分为三类,其实际排放量分别为 Q_j^1、Q_j^2、Q_j^3,当任一类面源的质量标准都为 $b_{ai}C_{0i}$ 时,按式(2-173)求得的允许排放量(面源的全部环境容量)分别为 Q_{0j}^1,Q_{0j}^2,Q_{0j}^3。上标为类别序号,按 1,2,3 次序,排放高度依次减小,下标 j 为网格编号。

令 ΔQ_j^1、ΔQ_j^2、ΔQ_j^3,R_j^1、R_j^2、R_j^3 和 P_j^1、P_j^2、P_j^3 分别表示各类面源在各网格中的削减量、削减率和容量分担率。容量分担率是指当各种平均高度的面源同时存在时,其允许排放量占该高度面源全部环境容量的百分数,则有

$$\Delta Q_j^1 = \begin{cases} Q_j^1 - Q_{0j}^1, & Q_j^1/Q_{0j}^1 \geqslant 1 \\ 0, & Q_j^1/Q_{0j}^1 < 1 \end{cases} \tag{2-175}$$

$$\Delta Q_j^2 = \begin{cases} Q_j^2, & Q_j^1/Q_{0j}^1 \geqslant 1 \\ Q_j^2 - P_j^2 Q_{0j}^2, & Q_j^1/Q_{0j}^1 < 1, Q_j^2/P_j^2 Q_{0j}^2 \geqslant 1 \\ 0, & Q_j^1/Q_{0j}^1 < 1, Q_j^2/P_j^2 Q_{0j}^2 < 1 \end{cases} \tag{2-176}$$

$$\Delta Q_j^3 = \begin{cases} Q_j^3, & (Q_j^1/Q_{0j}^1 + Q_j^2/Q_{0j}^2) \geqslant 1 \\ Q_j^3 - P_j^3 Q_{0j}^3, & (Q_j^1/Q_{0j}^1 + Q_j^2/Q_{0j}^2) < 1, Q_j^3/P_j^3 Q_{0j}^3 \geqslant 1 \\ 0, & (Q_j^1/Q_{0j}^1 + Q_j^2/Q_{0j}^2) < 1, Q_j^3/P_j^3 Q_{0j}^3 < 1 \end{cases} \tag{2-177}$$

当 $Q_j^1/Q_{0j}^1 \geqslant 1$ 时,$P_j^1 = 1, P_j^2 = P_j^3 = 0$,此时

$$\Delta Q_j^2 = Q_j^3, \quad \Delta Q_j^3 = Q_j^3 \tag{2-178}$$

$$\begin{cases} Q_j^1/Q_{0j}^1 < 1, \text{且} Q_j^2/P_j^2 Q_{0j}^2 \geqslant 1, & P_j^1 = Q_j^1/Q_{0j}^1, \\ P_j^2 = (1 - P_j^1), & P_j^3 = 0 \\ Q_j^1/Q_{0j}^1 < 1, \text{且} Q_j^2/Q_{0j}^2 < (1 - P_j^1), & P_j^1 = Q_j^1/Q_{0j}^1, P_j^2 = Q_j^2/Q_{0j}^2 \end{cases} \tag{2-179}$$

$$\begin{cases} (Q_j^1/Q_{0j}^1 + Q_j^2/Q_{0j}^2) \geqslant 1 & P_j^3 = 0 \\ (Q_j^1/Q_0^1 + Q_j^2/Q_{0j}^2) < 1, \text{且} Q_j^3/P_j^3 Q_{0j}^3 \geqslant 1, & P_j^3 = [1 - (P_j^1 + P_j^2)] \\ (Q_j^1/Q_0^1 + Q_j^2/Q_{0j}^2) < 1, \text{且} Q_j^3/P_j^3 Q_{0j}^3 < 1, & P_j^3 = Q_j^3/Q_{0j}^3 \end{cases} \tag{2-180}$$

此时将有剩余环境容量,其容量分担率到 $P_j^0 = 1 - (P_j^1 + P_j^2 + P_j^3)$。

按削减率 R 的定义,由上述各式可得到各高度类别的 R_i 和 R。

一般面源高度类别都在三个左右,如类别增加,可按同样的原理导出,其实质

是首先满足大环境容量的高排放源,当其有剩余容量(相当于削减量为负值,标准分担率小于 1)时,再依次作为下一高度的标准份额。因为在其他条件相同的情况下,环境容量的大小只依赖于排放高度,随着高度的增高而增大,所以逐级削减所得的总削减量或削减率 R_i 和 $\sum_i R_i$ 必然为最小。

从许多城市已经形成的污染源布局现状来看,较高排放源的环境余量($P_j^1 < 1$ 和 $P_j^2 < 1$)都具有一定的数量,不充分考虑这些余量,也势必增加削减率。

这种利用容量分担率的削减方法比较直接和简单。容量分担率可严格满足削减方程,标准分担率的关系可由式(2-173)导出。

令上标 k, l 分别表示最高和下一高度的面源参数,并令 $m = n$,由式(2-174)可导出 l 类的环境容量方程:

$$
\begin{bmatrix} C_{01} - C_1^k \\ \vdots \\ C_{0n} - C_n^k \end{bmatrix} = \begin{bmatrix} \Phi_1^{1l} Q_{01}^l \cdots \Phi_n^{1l} Q_{0n}^l \\ \vdots \quad \vdots \\ \Phi_1^{nl} Q_{01}^l \cdots \Phi_n^{nl} Q_{01}^l \end{bmatrix} \begin{bmatrix} \dfrac{Q_{01}^k - Q_1^k}{Q_{01}^k} \\ \vdots \\ \dfrac{Q_{0n}^k - Q_n^k}{Q_{0n}^k} \end{bmatrix} \tag{2-181}
$$

式中,C_i^k ——k 类源对地面浓度的贡献;

$(C_{0i} - C_i^k)/C_{0i}$ ——i 类源的标准分担率;

$(Q_{0j}^k - Q_j^k)/Q_{0j}^k$ ——容量分担率 P_j^l。

以上所给出的是 $\sum_i R_i$ 为最小的理想结果,这一结果是进一步确定可实施的最佳削减方案的基础。结合治理措施,从经济上合理和技术上可行出发,首先研究上述 $\sum_i R_i$ 为最小的方案能否操作,例如,低排放源 $P_j^3 = 0$ 的削减应采取何种改造方法等,治理措施可给出几种方案,然后逐一按上述过程进行削减计算,最后可利用有关的数学方法或直接分析给出最佳削减方案。

所得到的任一种削减方案,都可以根据其削减后各类源的源强利用扩散模式计算浓度分布,以验证其是否达标。

有实例表明:按通常设定一系列标准分担率的做法算的最小削减率为 75%,而按逐级削减法仅为 65%。

5. 数学规划法优化分配方案

因为污染治理费用与治理效果之间的非线性关系,不是治理费用越多,效果必然越好,如何使有限的治理费发挥最大的作用,或希望得到在达到控制要求的前提下的处理费用最小的方案,则要对削减量分配方案运用数学规划法进行优化分配。

规划优化常用环境系统分析方法,即对由环境污染及环境目标、费用、效益等控制有关的要素组成的环境系统建立系统模型,模拟、优化得出系统目的最佳方案。

5.1　线性规划法

线性规划是数学规划中理论完整、方法成熟、应用广泛的一个分支。它可以用来解决科学研究、活动安排、经济规划、环境规划、经营管理等许多方面提出的大量问题。线性规划模型是一种最优化的模型。它可以用于求解非常大的问题，甚至模型中可以包含上千个变量和约束。这个特性为解决一些复杂的环境管理决策提供了重要的方法和手段。标准线性规划数学模型包括目标函数、约束条件和非负条件。

1) 白色线性规划

白色线性规划指规划模型中的全部参数（包括各种系数和常量）都是确知的优化方法。其标准模型为

目标函数：

$$\max(\min)Z = \sum_{j=1}^{n} C_j X_j \tag{2-182}$$

约束条件：

$$\sum_{j=1}^{n} A_{ij} X_j \leqslant (=, \geqslant) B_i (i=1,2,\cdots,m) \tag{2-183}$$

$$X_j \geqslant 0 (j=1,2,\cdots,n) \tag{2-184}$$

线性规划的数学模型在大气环境规划中的物理意义如下。

(1) 当 Z 为排放量（mg/s）最大时，

式中，X_j——第 j 个源的排放强度（mg）；

C_j——第 j 个源的排放权重系数；

A_{ij}——第 j 个单位源在第 i 个控制点上的浓度值，即输入响应系数（s/m³）；

B_i——第 i 个控制点的环境目标值（mg/m³），约束条件左式应小于等于 B_i。

(2) 当 Z 为最小削减量（mg/s）时，

$$X_j = X_j^0 - X_j^1 \quad B_i = B_i^0 - B_i^1 \tag{2-185}$$

式中，X_j^1——优化后第 j 个源的排放量（mg/s）；

X_j^0——原第 j 个源的排放量（mg/s）；

C_j——第 j 个源削减量的权重系数；

A_{ij}——第 j 个单位源在第 i 个控制点上的浓度值，即输入响应系数，s/m³；

B_i^1——第 i 个控制点的环境目标值，mg/m³；

B_i^0——第 i 个控制点的原浓度值（mg/m³），约束条件左式应小于等于 B_i。

(3) 当 Z 为最小削减率时，

$$B_i = B_i^0 - B_i^1$$

式中，X_j——第 j 个源的削减率；

　　C_j——第 j 个源削减率的权重系数；

　　A_{ij}——第 j 个源在第 i 个控制点上的浓度值（mg/m³），即输入响应系数；

　　B_i^1——第 i 个控制点的环境目标值（mg/m³）；

　　B_i^0——第 i 个控制点的原浓度值（mg/m³），约束条件左式应小于等于 B_i。

（4）当 Z 为最小费用（万元）时，

$$B_i = B_i^0 - B_i^1$$

式中，X_j——第 j 个源的削减量（mg/m³）；

　　C_j——第 j 个源的每单位削减量费用［万元/(mg/m³)］；

　　A_{ij}——第 j 个单位源在第 E 个控制点上的浓度值，即输入响应系数（s/m³）；

　　B_i^1——第 Z 个控制点的环境目标值（mg/m³）；

　　B_i^0——第 i 个控制点的原浓度值（mg/m³），约束条件左式应大于等于 B_i。

　　解线性规划最常用的方法是单纯形法。单纯形法算法简便，理论上成熟，且有标准的计算程序可供使用，但是无法求解大型问题。

　　2）灰色线性规划

　　白色线性规划要求所有"参数白化"，才能求解得到满意的优化方案。在环境规划中，某些参数难以精确地描述，设计条件和污染源等有关数据资料不能百分之百地反映实际情况。灰色线性规划的出现弥补了白色线性规划的这种局限性。灰色线性规划不同于白色线性规划，主要表现在：①约束条件的约束值可以随着时间变化，不像白色线性规划的约束值只有一个特定值，不能反映实际情况的变化，这种规划称预测型规划；②模型系数，有的是上限白化值，有的是下限白化值，也有区间白化值，还可以在一定范围内漂移，这种规划为漂移型规划；③目标函数不一定是数学上的极值，也可以是相对优化值，或者是一个灰色间值，这种规划称为灰靶型规划。

　　基于以上几点，可以说灰色线性规划和白色线性规划相比，具有更大的科学性、先进性和实用性。

　　灰色线性规划模型为

目标函数：

$$\max(\min)Z = \sum_{j=1}^{n} \otimes C_j X_j \tag{2-186}$$

约束条件：

$$\sum_{j=1}^{n} \otimes A_{ij} X_j \leqslant (=, \geqslant) \otimes B_i, (i=1,2,\cdots,m) \tag{2-187}$$

$$X_i \geqslant 0, (i=1,2,\cdots,n) \tag{2-188}$$

式中，$\otimes$ 表示灰色参数，当 $\otimes = 1$ 时，其余变量和系数的含义均与白色线性规划的意义相同。

(1) 预测规划模型。

在预测规划模型中,约束条件中的环境目标值是可以用时间序列来描述的,即在不同时期内,环境目标值可以是不同的,也可以根据过去和现在的环境浓度值,预测将来的环境目标值。预测环境目标值的方法如下:

$$建微分方程:\frac{\mathrm{d}x^{[1]}}{\mathrm{d}t} + AX^{[1]} = B \tag{2-189}$$

设系数向量 $B = [a,b]^{\mathrm{T}}$。用最小二乘法对 B 求解:

$$B = [X^{\mathrm{T}}X]^{-1}X^{\mathrm{T}}Y \tag{2-190}$$

其中,

$$X = \begin{pmatrix} -\left[\sum_{i=1}^{2}X^{[0]}(i) + X^{[0]}(1)\right], 1 \\ -\left[\sum_{i=1}^{3}X^{[0]}(i) + \sum_{i=1}^{2}X^{[0]}(i)\right], 1 \\ \vdots \\ -\left[\sum_{i=1}^{m}X^{[0]}(i) + \sum_{i=1}^{m-1}X^{[0]}(i)\right], 1 \end{pmatrix} \tag{2-191}$$

$$Y = [X^{[0]}(2), X^{[0]}(3) \cdots X^{[0]}(m)]^{\mathrm{T}} \tag{2-192}$$

解出向量 B 后,代入微分方程后解得

$$X^{[1]}(t) = \left(X^{[1]}(0) - \frac{a}{b}\right)\mathrm{e}^{-at} + \frac{b}{a} \tag{2-193}$$

令 $X^{[1]}(0) = X^{[0]}(1)$,则预测时间函数为

$$X^{[1]}(t+1) = \left(X^{[0]}(0) - \frac{a}{b}\right)\mathrm{e}^{-at} + \frac{b}{a} \tag{2-194}$$

(2) 漂移规划模型。

在漂移型规划中,灰色参数在定义区间内,按一定的取数方式,取不同的漂移稀疏,灰色系数漂移关系式为

$$\overset{\sim}{\otimes}(C_j) = \underline{C_j} + a_1(C_j - \underline{C_j}) \tag{2-195}$$

$$\overset{\sim}{\otimes}(A_{ij}) = \underline{A_{ij}} + a_2(A_{ij} - \underline{A_{ij}}) \tag{2-196}$$

$$\overset{\sim}{\otimes}(B_i) = \underline{B_i} + a_3(B_i - \underline{B_i}) \tag{2-197}$$

式中,a_1、a_2、a_3 称为漂移系数。C_j、$\underline{C_j}$ 分别为 C_j 的上界值与下界值,其他符号含义也相同。

　　a. 当 $a \in [0,1]$ 时,则白化值 $\overset{\sim}{\otimes}(C_j)$、$\overset{\sim}{\otimes}(A_{ij})$、$\overset{\sim}{\otimes}(B_j)$ 将在上界值 $\overset{-}{\otimes}$ 和下界值 $\underline{\otimes}$ 之间漂移。

b. 当 $a=0$ 时,则

$$\widetilde{\otimes}(C_j) = \underline{C_j}$$

$$\widetilde{\otimes}(A_{ij}) = \underline{A_{ij}}$$

$$\widetilde{\otimes}(B_i) = \underline{B_i}$$

则灰色白化值取下界。

c. 当 $a=1$ 时,则

$$\widetilde{\otimes}(C_j) = C_j$$

$$\widetilde{\otimes}(A_{i\ j}) = A_{ij}$$

$$\widetilde{\otimes}(B_i) = B_i$$

则灰色白化值取上界

d. 漂移系数分别取 $a_1=1, a_2=0, a_3=1$ 时,则满足约束关系 $\otimes A \cdot X \leqslant B$ 的一组 X 必取上限值,相应的优目标函数为最大,并记为

$$Z_{\max} = [C_1 C_2 \cdots C_n] \cdot X_{\max} \tag{2-198}$$

e. 当 X_a 为某个 a 值下的决策变量的取值,则相应的有其目标函数 Z 值,记为

$$Z_a = C_a \cdot X_a^{\mathrm{T}} \tag{2-199}$$

f. 当 X_a 为 $a_1=0, a_2=1, a_3=0$ 时的决策变量必取下限值,则相应的有目标函数值 $Z_{\min}$,记为

$$Z_{\min} = C_j \cdot X_{\min}^{\mathrm{T}} \tag{2-200}$$

g. 如果上述值均客观存在时,则 Z 必满足

$$Z_{\min} \leqslant Z_a \leqslant Z_{\max} \tag{2-201}$$

假定 X_a 为某个 a 值下的决策变量值,则定义 μ_a 为 a_0 下的可信度。

$$\mu_a = \frac{C_a X_a^{\mathrm{T}}}{Z_{\max}} \tag{2-202}$$

式中, C_a——目标函数中灰系数 a 的白化向量;

$Z_{\max}$——$a_1=1, a_2=0, a_3=1$ 时最大目标函数值。

漂移型规划求解步骤如下。

绘出满意度 μ_a 值后,

a. 对约束方程灰系数取 $a_2=0$,对目标函数灰系数取 $a_1=1$,对约束常量灰系数取 $a_3=1$,求最大目标函数值 $Z_{\max}$。

b. 绘出一个或一组 (a_1, a_2, a_3) 值,求取 Z_a。

c. 计算可信度 μ_a。

$$\mu_a = \frac{Z_a}{Z_{\max}} \tag{2-203}$$

d. 判断。如果 μ_a 满足要求,即 μ_a 大于或等于所要求的值,则停止计算,否则取另一个或另一组 a 值,重复计算直到 μ_a 达到或超过给定值为止。

（3）灰靶型线性规划。

在线性规划求解时,经常遇到无解的情况;而在灰靶型线性规划中求解时,目标函数的极值不是按最大或最小给定,而是按一定范围给定。这个范围就是一个灰区间,即 $\otimes Z \in [\underline{Z}, \overline{Z}]$,这个灰区间是有界区间,$\underline{Z}$ 是下界,$\overline{Z}$ 是上界,这就使得无解变为有解。

灰靶型线性规划求解步骤如下。

a. 按一定方法求解,计算 Z 值,一直算到难以再算为止。

b. 比较求解得到的 Z 值,选其最大者作为求伪解的基础（作为相对最大目标值）,建立灰区间。

c. 进行逐步改进,修改伪解,增大 Z 值,直到得到满意的 Z 值为止。

5.2　整数规划法

1）0-1 型整数规划

在城市污染浓度已超标的情况下,已知各排放源若干个削减污染的措施及其费用,通过 0-1 整数规划可求得在整体费用最小的情况下,每个源应选取的具体治理措施。

目标函数：

$$\min Z = \sum_{j=1}^{n} \sum_{l=1}^{k_j} C_{jl} X_{jl} \qquad (2\text{-}204)$$

约束条件：

$$\sum_{j=1}^{n} \sum_{l=1}^{k_j} A_{ijl} X_{jl} \leqslant B_i \quad (i=1,2,\cdots,m) \qquad (2\text{-}205)$$

$$X_{jl} = 0,1 \quad (j=1,2,\cdots,n; l=1,2,\cdots,k_j) \qquad (2\text{-}206)$$

$$\sum_{l=1}^{k_j} X_{jl} = 1 \quad (j=1,2,\cdots,n) \qquad (2\text{-}207)$$

式中,Z——采取治理费用的总和（万元）；

C_{jl}——第 j 个源第 l 个治理方案的费用（万元）；

k_j——第 j 个源中共有 k_j 个治理方案；

X_{jl}——第 j 个源采取第 l 个治理方案的取舍因子,等于 0 或 1；

A_{ijl}——第 j 个源采取第 l 个治理方案后第 i 个控制点上的浓度（mg/m³）；

B_i——第 i 个控制点的环境目标值（mg/m³）。

0-1 整数规划的求解用隐权举法,求解思路如下：

（1）把给定的原始 0-1 规划模型首先转换成等效模型,即目标函数变为极小值,约束条件全变为"≥"的不等式约束。

（2）因为 $C_{jl} \geqslant 0$，因此，X_{jl} 全为零时的 Z 必最小。于是，从所有变量等于零出发，依次指定一些变量为 1，直到获得满足约束条件的一个可行解为止。暂时认为这是迄今为止的一个最好可行解。

（3）再依次检查变量等于 0 或 1 的各种组合，对目前已获得的最好可行解不断改进，直至获得最优解。

（4）该法在依次检查变量值的各种组合时，对于不可能得到较好的可行解的组合将自动舍弃，这样大大节约了计算值。

（5）尽管如此，由于在水、气环境规划中变量数即污染源一般有成百个，约束数为控制点乘以设计条件次数，一般也是上百，故此计算量是非常大的，如不做简化就无法在计算机上进行运算。

2）混合整数规划

在大气环境规划中，治理措施有的可表现为连续变量，如改变燃料结构等。有的则是不连续的，如大气中加高烟囱的几何高度，某些点源采用脱硫装置改换除尘装置或搞集中供热等。这些方案要么被采用，要么不被采用，在规划模型中它们表现为 0-1 整数变量。因此，包含具体治理措施方案在内的总量控制规划是一个混合整数规划。其数学表达形式如下。

目标函数：

$$\min Z = \sum_{k=1}^{k_0} C_k X_k \tag{2-208}$$

约束条件：

$$\sum_{k=1}^{k_0} A_{ik} X_k \geqslant B_i \quad (i=1,2,\cdots,m) \tag{2-209}$$

$$X_k \geqslant 0 \quad (k=1,2,\cdots,k_0) \tag{2-210}$$

$$X_k = 0,1 \quad (k=k_1+1,k_1+2,\cdots,k_1+n) \tag{2-211}$$

$$B_i = B_i^0 - B_i^1 \tag{2-212}$$

式中，Z——总投资费用最小（万元）；

k——治理措施的编号，k_1 为连续变量的个数；

X_k——当 $k \leqslant k_1$ 时污染物的削减量（mg/s），当 $k>k_1$ 时，为 0 或 1；

C_k——费用函数，当 $k \leqslant k_1$ 时，为削减单位排放量所需费用，当 $k>k_1$ 时，为采用第 k 号治理措施所需费用；

A_{ik}——第 k 号治理措施所对应的污染源在第 i 个控制点的浓度贡献，mg/m³；

B_i^0——第 i 个控制点上的原浓度值（mg/m³）；

B_i^1——第 i 个控制点上的环境目标值（mg/m³）。

解混合整数规划问题一般采用分枝定界法。设计费用最小的混合整数规划为

问题 A，与它相应的线性规划为问题 B。从解决问题 B 开始，若其最优解不符合 A 的整数条件，那么 B 的最优目标函数必是 A 的最优目标函数 Z^* 的下界，记作 $\underline{Z}$；而 A 的任意可行解的目标函数值将是 Z^* 的一个上界 $\overline{Z}$。分枝定界法就是将 B 的可行域分成子区域，逐步增大 $\underline{Z}$ 和减小 $\overline{Z}$，最终求到 Z^*。

5.3　动态规划法

动态规划法是解决多阶段决策过程最优化的一种数学方法，是根据一类多阶段决策问题的特点，把多阶段决策问题变换为一系列互相联系的单阶段问题，然后逐个加以解决。在多阶段决策问题中，各个阶段采取决策，一般来说是与时间有关的，决策依赖于当前的状态，又随即引起状态的转移，一个决策序列就是在变化的状态中产生出来的，即为动态规划。但是，一些与时间没有关系的静态规划问题，只要人为地引进时间因素，也可把它视为多阶段决策问题，用动态规划方法去处理。

在大气环境规划中，把大气环境容量看成一环境资源，给出一总的排放指标，如何分配污染物排放总量即是一静态规划问题，此问题可写成：

$$\max Z = g_1(X_1) + g_2(X_2) + \cdots + g_i(X_i) \tag{2-213}$$

$$a = X_1 + X_2 + X_3 + \cdots + X_n \tag{2-214}$$

$$X_i \geqslant 0 \quad (i = 1, 2, \cdots, n) \tag{2-215}$$

式中，a——允许的排放总量（mg/s）；

　　　X_i——第 i 个污染源的排放量（mg/s）；

　　　$g_i(X_i)$——第 i 个污染源相对应的生产效益（万元）。

当 $g_i(X_i)$ 都是线性函数时，它是一个线性规划问题；当 $g_i(X_i)$ 是非线性函数时，它是一个非线性规划问题。但当污染源比较多时，具体求解比较麻烦。然而，由于这类问题结构特殊，可以将它看成一个多阶段决策问题，并利用动态规划的递推关系来求解。在应用动态规划方法处理这类"静态规划"时，通常以把资源分配给一个或几个使用者的过程作为一个阶段，把问题中的变量 X_i 选为决策变量，将累计的量或随递推过程变化的量选为状态变量。

设状态变量 S_k 表示分配给第 k 个到第 n 个污染源的排放量。

决策变量 U_k 表示分配给第 k 个污染源的排放量，即 $U_k = X_k$。

状态转移方程：

$$S_{k+1} = S_k - U_k = S_k - X_k \tag{2-216}$$

允许决策集合：

$$D_k(S_k) = \{U_k \mid 0 \leqslant U_k = X_k \leqslant S_k\} \tag{2-217}$$

令最优值函数 $f_k(S_k)$ 表示排放量为 S_k 的污染物分配给第 k 个至第 n 个污染源所对应的最大解，由此可写出动态规划的递推关系式为

$$
\begin{cases}
f_k(S_k) = \max\left[g_k(X_k) + f_{k+1}(S_k - X_k)\right] \\
0 \leqslant X_k \leqslant S_k (k = n-1, n-2, \cdots, 1) \\
f_n(S_n) = \max g_n(X_n)
\end{cases}
\tag{2-218}
$$

利用这个递推关系进行逐段计算,最后求得 $f_1(A)$ 即为所求问题的最大解,这种方法称为逆递推解法。

5.4　离散规划法

在求最优的综合治理环境规划中,一般受整数规划方法的约束,污染源控制点与设计条件都尽可能地减少,一般只能做到几十个,否则在计算机承受不了如此大的计算量。由于人为地挑选污染源控制点和设计条件,故此失去了最优性。用快速排除法求解离散规划问题,可解决几百个变量和约束方程问题,算法简便。

离散规划模型为

目标函数:

$$
\min Z = \sum_{j=1}^{n} Z_j(l_j)
\tag{2-219}
$$

$$
Z_j(l_j) > Z_j(l+1)_j \quad (l_j = 1, 2, \cdots, k)
\tag{2-220}
$$

约束条件

$$
\sum_{j=1}^{n} A_{ij} X_j(l_j) \leqslant B_i, (i = 1, 2, \cdots, m)
\tag{2-221}
$$

$$
X_j(l_j) < X_j(l+1)_j \quad (l_j = 1, 2, \cdots, k)
\tag{2-222}
$$

式中,Z——采取治理费用的总和(万元);

l_j——第 j 个源第 l 个治理方案;

$Z_j(l_j)$——第 j 个源采取第 l_j 个治理方案的费用(万元);

A_{ij}——第 j 个单位污染源对第 i 个控制点上的排放浓度(s/m^3);

$X_j(l_j)$——第 j 个源采取第 l_j 个治理措施后的排放量(mg/s);

B_i——第 i 个控制点的环境目标值(mg/m^3)。

求解具体步骤如下:

(1) 验证所有源采取第 k 种治理措施后,是否满足约束方程,如满足,则为最优解。

(2) 验证所有源采取第一种治理措施后,是否满足约束方程,如不满足,则无解。如满足,记为 $X(0)$ 作为措施组合初始点。

(3) 试探步。试探能否通过迭代计算求出更满意的解。即由 $X(0)$ 出发,向投资减少的方案前进一步,寻找对控制点浓度影响最小的排放源和措施。然后验证其是否满足约束方程,若满足,则继续寻找;若不满足,则原问题的最优解即为措施组合的初始点。

(4) 求相应初始措施组合,控制点浓度增加单位值,投资减少最大的排放源和措施。按费用与浓度之比的最大速率进行寻找。最大速率计算公式如下。

$$V_{jl} = \max \frac{Z_j(l_j) - Z_j\,(l+1)_j}{A_{ij}X_j\,(l+1)_j - A_{ij}X_j(l_j)} \qquad (2\text{-}223)$$

（5）求相应初始措施组合，一次减少费用最大的排放源和措施。

计算公式为

$$W_{jl} = \max[Z_j(l_j) - Z_j\,(l+1)_j] \qquad (2\text{-}224)$$

（3）～（5）步为迭代步骤，每一次将上一循环的 $X(2)$ 作为下一个循环 $X(0)$，重复（3）～（5）步，则可求得满意组合。

在大多数情况下，快速排除解法可获得最优解，至少能获得可接受解，是一种新的简便优化方法。

八、大气污染综合整治措施

（一）大气污染综合整治的意义

环境规划同其他环境学科一样经历了起源、发展的过程，从 20 世纪 50 年代工业发展造成环境公害引发对环境问题的重视开始，经过几十年的发展，环境保护经历了工业污染防治、城市环境综合治理、生态环境综合治理、区域环境综合防治、全球环境保护五个阶段，我国的环境管理也正经历从末端管理向全过程管理；从浓度控制为基础的管理向总量控制为基础的管理；从行政管理向法制化、程序化、制度化管理的三个转变。我国的环境保护战略从污染防治为重点转变为坚持环境保护基本国策和可持续发展战略，即以改善环境质量为目标，保障国家环境安全，保护人民身体健康，实施污染防治和生态保护并重的战略，实施污染物总量控制、生态分区保护与管理、绿色工程规划三大措施。新发布的环评法开始引入对规划的环境评价，新排污收费制度从超标收费到排污就收费的改变，都是以上转变的体现。另外，源分析、环境风险、GIS、生命周期、环境经济等新概念、新技术、新理论的发展也促进了环境规划的发展，在此背景下，立足于环境问题的区域性、系统性和整体性的大气污染综合防治已成为大气环境保护的基本点。即为了达到区域环境空气质量控制目标，对多种大气污染控制方案的技术可行性、经济合理性、区域适应性和实施可能性等进行最优化选择和评价，从而得出最优的控制技术方案和工程措施。

环境规划是经济、社会发展规划的重要组成部分，是体现环境污染综合防治以预防为主的最重要、最高层次的手段。环境规划是综合防治的措施之一，环境规划也必须体现综合防治的精神。例如，对于我国大中城市存在的颗粒物和 SO_2 等污染的控制，除了应对工业企业的集中点源进行污染物排放总量控制外，还应同时对分散的居民生活用燃料结构、燃用方式、炉具等进行控制和改革，将机动车排气污染、城市道路扬尘、建筑施工现场环境、城市绿化、城市环境卫生、城市功能区规划等方面,一并纳入城市环境规划与管理,才能取得综合防治的显著效果。

（二）大气污染综合整治的方法

工业区、城市或区域的大气污染控制,是一项十分复杂、综合性很强的技术、经济和社会问题。影响环境空气质量的因素很多,从社会、经济发展方面看,涉及城市的发展规模,城市功能区划分,人口增长和分布,经济发展类型、规模和速度,能源结构及改革,交通运输发展和调整等各个方面;从环境保护方面看,涉及污染源的类型、数量和分布及污染物排放的种类、数量、方式和特性等。因此,为了控制城市和工业区的大气污染,必须在进行区域的经济和社会发展规划的同时,做好全面环境规划,采取区域性综合防治措施。

在制定大气污染综合整治对策时,首先应根据城镇大气污染及大气环境特征,从区域、城市生态系统出发,对影响大气质量的多种因素进行系统的综合分析,从宏观上确定大气污染综合整治的方向和重点,从而为具体制定大气污染综合整治措施提供依据。

1. 影响城镇大气质量的因素分析

城镇大气质量受到多种因素的影响。在进行系统分析时,可参考大气污染源调查及评价、大气污染预测等有关内容。综合因素分析如图 2-24 所示。

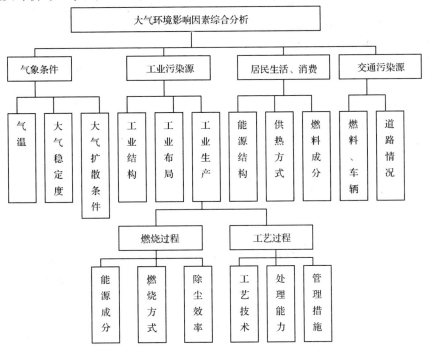

图 2-24　大气质量影响因素综合分析

影响因素的分析最好能做到定量,定量分析步骤如下:

(1)先进行类比调查,查清本规划区域的各有关因素指标与本省、全国平均水平的差距,或与有关指标原设计能力的差距。例如,调查除尘效率,能源结构,净化、回收设施处理能力,型煤普及、热化和气化率等与全省、全国平均水平的差距等。

(2)计算各因素指标达到全省、全国平均水平,或原设计能力,所能相应增加的污染物削减量。

(3)计算和分析各因素指标在平均控制水平下的污染物削减量比值,从而确定主要的影响因素,或计算各因素指标在本市条件下所应达到的水平下的污染物削减量比值,从而确定主要的影响因素。

2. 确定大气污染综合整治的方向和重点

通过对大气质量影响因素的综合分析,可以明确影响大气质量的主要因素和目前在控制大气污染方面的薄弱环节。在此基础上,根据加强薄弱环节,控制环境敏感因素的原则,确定城镇大气污染综合整治的方向和重点。例如,如果影响大气质量的重点是居民生活、社会消费活动(主要是面源)以及工业生产燃烧过程的除尘效率,那么今后大气污染综合整治的方向和重点就应该从普及型煤、集中供热、煤气化、强化管理,提高除尘效率等方面来考虑。如果影响大气质量的重点是气象因素和工业生产工艺过程,那么今后大气污染综合整治的方向和重点就应该从如何结合工业布局调整,合理利用大气自净能力和加强工艺技术改造,提高处理设施运行处理能力,强化工艺尾气治理和管理等方面来考虑。

通过对大气污染综合整治方向和重点的宏观分析,可以避免制定的大气污染综合整治措施没有重点或抓不住重点,并可为系统分析、整体优化大气污染综合整治措施提供条件。

(三)大气污染综合整治的措施

由于各地区大气污染的特征、条件以及大气污染综合整治的方向和重点不尽相同,因此,措施的确定具有很大的区域性,很难找到适合于一切情况的通用措施。这里仅简要介绍我国大气污染综合防治的一般性措施。

1. 科学布局、合理利用大气环境容量

我国有些城镇大气环境容量的利用很不合理,虽然污染物的排放进行了总量控制,但环境质量仍然没有得到明显的改善。这与布局不合理有很大关系,一方面,局部地区"超载"严重;另一方面,相当一部分地区容量没有合理利用,这种现象是造成城镇大气污染的重要根源。

利用大气环境容量要做到以下两点:

(1)科学利用大气环境容量。就是根据大气自净规律(如稀释扩散、降水洗涤、氧化、还原等),定量(总量)、定点(地点)、定时(时间)地向大气中排放污染物,在保证大气中污染物浓度不超过要求值的前提下,合理地利用大气环境资源。在制定大气污染综合整治措施时,应首先考虑这一措施的可行性。

(2) 结合调整工业布局,合理开发大气环境容量。工业布局不合理是造成大气环境容量使用不合理的直接因素。例如,大气污染源分布在城镇上风向,使得该区上空有限的环境容量过度使用,而广大农村上空的大气环境容量则未被利用;再如,污染源在某一小的区域内密集,必然造成局部污染严重,并可能导致污染事故的发生。因此,在合理开发大气环境容量时,应该从调整工业布局着手。目前很多城市利用政策倒逼产业升级,利用“出城入园”政策将污染企业迁入开发区,以改变污染源分布及城市功能区分布。

2. 以集中控制为主,降低污染物排放量

从整体着眼,采取宏观调控和综合防治措施的集中控制,经多年的实践证明,是防治污染、改善区域环境质量、实现“三个效益”统一的最有效的措施。我国城镇的大气污染主要是煤烟型污染,而大气污染物主要是烟尘、SO_2 和 NO_x。因此,有条件的城市、城镇,大气污染综合整治措施应以集中控制为主,并与分散治理相结合。主要措施如下。

(1) 提高能源利用率,改变能源结构。

实施可持续发展的能源战略,包括四个方面:①综合能源规划与管理,改善能源供应结构和布局,提高清洁能源和优质能源比例,采取优质煤(或燃料)供民用的能源政策,加强农村能源和电气化建设等;②提高能源利用效率和节约能源,如集中供热、热电联供等措施;③推广少污染的煤炭开采技术和清洁煤技术,如煤洗选、水煤浆、低氮燃烧技术;④积极开发利用无污染、少污染的新能源和可再生能源,如水电、核能、太阳能、风能、地热能、海洋能等。

为了控制锅炉燃烧 SO_2 和烟尘严重污染,确保锅炉热效率高,必须从锅炉源头上对锅炉吨位、燃料做出严格的限制。

锅炉的热效率和污染物的排放量,不仅和煤炭的品质及燃烧方式有关,而且同锅炉的容量有关。通常在其他条件相同时,锅炉容量越大,锅炉热效率越高,污染物排放量越小。这是由于锅炉容量大,热负荷高,炉膛空间相对较大,烟气停留时间长,煤炭燃尽系数高,热效率高,烟尘排放量少。热效率高,节省了煤炭,也就是减少了烟尘和 SO_2 的排放量。容量越小的锅炉,燃烧方式也越落后,燃烧不稳定,燃烧效率低,污染物排放量也越多。20 t/h 锅炉的热效率比 1 t/h 锅炉高 10% 左右,前者热效率为 50%～55%,而后者仅为 40%～45%,当然后者污染物排放量也要多。为此,淘汰小容量的锅炉,是提高热效率、节约煤炭、减少 SO_2 及烟尘排放量的最简便、最经济的方法。近年来,我国许多城市都采取淘汰小锅炉节约能源和改善大气环境质量办法,已取得显著的成效。

《关于落实大气污染防治行动计划 严格环评准入的通知》环办 2014 [30]号文 3.3 条明确规定"不得受理地级市及以上城市建成区 20 t/h 以下以及其他地区 10 t/h 以下燃煤锅炉项目"。

a. 清洁煤技术之型煤。

型煤是由原煤粉碎,添加黏结剂、助燃剂、固硫剂后经加工而成的成型清洁燃料。型煤可分为民用型煤和工业型煤。就工业型煤而言,就其加入固硫剂与否,又可分为工业固硫型煤和工业非固硫型煤。工业型煤按加工工艺,可分为冷压成型和热压成型两种。由于冷压成型需要加入黏结剂,且工艺比较简单,又称为黏结成型,在我国获得广泛应用。

我国工业固硫型煤技术研究开发较晚,始于 20 世纪 80 年代初。工业锅炉用型煤研究开发更为缓慢。只是近十几年,为了削减燃煤工业锅炉 SO_2 及烟尘的排放量,国家环境保护总局和国家科学技术委员会投入大量的人力物力,组织有关单位在北京、杭州、太原、黄石等地,对工业锅炉固硫型煤进行了专门的攻关研究,并取得了可喜的成果。目前我国工业锅炉燃烧型煤后,SO_2 可减少 40%～80%,国外可达 87%;烟尘排放量可减少 50%～80%,国外可达 80%;NO_x 和苯并[a]芘的排放量也会减少 50% 以上,国外也如此;热效率提高 15%～25%,国外可达 20%～30%;节约煤炭 15%～20%,国外可达 20%～30%;经济效益和环境效益相当可观。我国的工业固硫型煤技术,也步入了国标的先进行列。目前,我国已在 20 t/h、10 t/h、5 t/h、6 t/h、4 t/h、3 t/h 以及 1 t/h 部分锅炉上燃烧工业固硫型煤。锅炉工业型煤年生产能力为 2000 多万吨。工业锅炉型煤的固硫剂,按化学组成可分为钙系、钠系及其他三类。固硫剂的加入量视煤的含硫量而定,一般石灰加入量为 2%～3%。型煤高温燃烧时,煤炭产生的 SO_2 被 $Ca(OH)_2$、$Mg(OH)_2$、CaO、MgO 等碱性物质吸收,生成的硫酸盐被固定在炉渣中,削减了煤炭燃烧 SO_2 的排放量。型煤燃烧时热效率高,燃尽率高,反应活性大,为无焰燃烧,大大降低了烟尘的排放量。

我国工业固硫型煤生产成本较低,比原煤仅增加 11.5%。如果采用废渣液作黏结剂和固硫剂,型煤的成本可降低 10% 以上。

b. 清洁煤技术之水煤浆。

水煤浆是燃料煤经过筛选、筛分及研磨粉碎后加水和少量的悬浮剂,制成煤水两相流浆体。由于燃料的粒度级配有严格的要求,加上少量添加悬浮剂的作用,使水煤浆不同于一般的煤水混合物,而具有一定的稳定性和流动性,可以像石油一样泵送、管道输送、船舶载运、车送、雾化燃烧。

根据《水煤浆技术条件》(GB/T 18855—2008)和《水煤浆质量试验方法》(GB/T 18856.1～14—2002)水煤浆主要质量指标如下。

浓度:64%～70%

黏度：≤1200 mPa・s(100 s^{-1},25 ℃)

粒度：平均40～45 μm,最大<300 μm

稳定性：1～3个月不发生硬沉淀

发热量(Q_{net})：4500～5000 kcal*/kg

灰分(A_{ar})：<7%

硫分($S_{t,ar}$)：<0.35%

由于水煤浆含硫量低于0.35%,SO$_2$排放浓度低,一般为400 mg/m³左右,水煤浆加入脱硫剂后,SO$_2$排放为250 mg/m³左右,同时烟尘排放浓度也较低,通常为60 mg/m³左右,排放烟气的黑度为林格曼Ⅰ级,符合国家标准要求。例如,燕山石化220 t/h锅炉燃用水煤浆示范项目为日本绿色援助项目,从2000年3月9日投浆到2002年年底共应用水煤浆46.8万吨。经测试(2000年数据),环保排放指标为：烟尘排放77 mg/m³,SO$_2$排放209 mg/m³,NO$_x$排放544 mg/m³。

水煤浆燃烧稳定,水煤浆锅炉热效率为83.5%,水煤浆锅炉燃尽率为98%,与燃柴油和燃重油锅炉接近,而比燃煤锅炉高18%。就每吨燃料价格而言,水煤浆每吨比煤炭贵115～150元,而比重油便宜1050元,比柴油便宜2350元。每生产1 t蒸汽,水煤浆锅炉与燃煤锅炉大体相当。

因此,水煤浆技术具有良好的经济效益和环境效益,是符合我国国情,很有发展前途的清洁煤技术。

c. 清洁技术之低NO$_x$燃烧技术。

低NO$_x$燃烧技术是指在燃料燃烧过程中通过燃烧调整、先进的燃烧方式和燃烧器控制NO$_x$的生成。低过量空气燃烧作为最简单的降低NO$_x$排放的方法,虽然可以抑制NO的生成,但炉内氧浓度低于3%时会大大增加不完全燃烧热损失,降低燃烧效率。目前使用最为普遍的低NO$_x$燃烧技术之一是空气分级燃烧。燃料型NO的快速形成主要集中于燃料的着火阶段,这时煤热分解产生大量的挥发分。如果氧气充足,挥发分将迅速生成NO,如果氧气不足,NO的形成受到抑制,炉内空气分级燃烧就是据此通过改变送风方式,控制炉内空气分布,将燃料燃烧过程分阶段完成。如轴向空气分级燃烧将燃烧所需的空气分两部分送入炉膛,燃尽风(over fire air,OFA)占总二次风量的15%～30%。炉膛内燃烧分热解区(产生还原性物质)、贫氧区(低氧燃烧)、富氧区(完全燃烧)三部分。其他技术包括燃料分级燃烧、烟气再循环等。

(2) 调整工业结构。

为了改善生态结构,防治大气环境污染,必须调整地区(或城市、镇或开发区)的工业结构(包括部门结构、行业结构、产品结构、原料结构、规模结构等)。由于工

---

* 1 kcal=4.186 8 kJ

业部门不同、行业不同、产品及规模不同，单位产值（或单位产品）的污染物产生量和性质、种类也不相同。所以，在达到同样经济发展目标的前提下，通过调整工业结构可以降低污染物排放量。有经验证明，因地制宜优化工业结构，可削减排污量10%～30%。

发展循环经济，建立综合性工业基地，开展综合利用，使各企业之间相互利用原材料和废弃物，减少污染物的排放总量。

调整工业结构要以国家产业政策为依据，严格执行国家公布的严重污染环境（大气）的淘汰工艺和设备名录，并注意下列原则：①在保证实现经济目标的前提下，力争资源输入少、排污量小；②符合本地区（或城镇）的性质功能，能体现出经济特色和优势；③能满足国家发展战略的要求和提高本地区（或城镇）居民生活和生产的需求；④有利于降低成本，提高产品质量，提高产品在市场经济中的竞争力。

3. 对重点工业污染源进行全过程控制

降低重点工业污染源的大气主要污染物排放总量，是大气污染综合防治的重要环节。为了达到这一目的，必须贯彻"预防为主，防治结合，综合治理"的方针，对重点工业污染源进行全过程控制。主要有以下四方面。

3.1　推行清洁生产

清洁生产是对工业生产进行全过程控制，最大限度地利用资源和能源，使用清洁能源和无毒原料，设计和生产清洁产品；节能、降耗、节水，减少废料与污染物的生成和排放，促进工业产品的生产、消费过程与环境相容，降低整个工业活动对人类活动和环境的风险，保护和改善环境质量。所以，为实现大气污染综合防治的环境目标，必须加强对重点工业污染源的技术改造，升级换代，推行清洁生产。其主要途径有：①使用无毒原料，提高原料的利用率和转化率；②改革原有工艺，开发全新流程，采用无废或少废工艺和技术装备；③实现物料的闭路循环；④实施清洁产品设计，使产品在销售使用过程中，甚至在使用寿命终结时都对环境无害，连同包装材料都要便于回收利用。

生命周期评价近年来得到重视和应用。生命周期评价是通过识别和定量化能量、材料的使用量和污染物排放量来评估与某一产品工艺或活动相关的环境负担，同时对所使用的能量、材料和污染物排放进行评价，并评价和实施改善环境的对策。评价过程涵盖了产品、工艺或某一活动的整个生命周期，包括从原材料的开采、制造、运输、使用到最终产品的使用、维护、回收处置、再利用等全部过程都在考察范围，从中确定最优方案，这无疑比只考虑生产过程的污染问题更积极和全面。生命周期概念的应用也将促进企业和社会环保水平的提高。

ISO14000是环境管理系列标准的代号，共有100个分标准，现已公布的有6个标准。在ISO14000系列标准中，以ISO14001环境管理体系标准最为重要。ISO14001是企业建立环境管理体系以及审核认证的最根本的准则，是一系列随后标准的基础。环境管理体系是全面管理体系的组成部分,它要求组织在其内部建立并保持一个符合标准的环境管理体系,体系由环境方针、规划、实施与运行、检查和纠正、管理评审等 5 个部分的 17 个要素构成,通过这些要素有机结合和有效运行,使组织的环境行为得到持续的改进。目前,国际、国内所进行的 ISO14000 认证是指对企业环境管理体系的认证,企业取得的 ISO14000 认证是指对企业环境管理体系的认证,企业取得的 ISO14001 认证证书。

企业实施 ISO14001 标准的意义如下:

(1) 是节约能源,降低消耗,变废为宝,减少环保支出,降低成本的需要。通过建立和实施环境管理体系,能减少污染物的产生、排放,促进废物回收利用,节约能源,节约原材料,避免了罚款和排污费,从而降低成本。

(2) 是占领国内市场的需要。目前许多国家明确规定生产产品的企业应通过 ISO14001 认证,未通过 ISO14001 认证已成为企业争取国内更大的市场份额以及进行国际贸易的技术障碍。因此只有实施 ISO14001 环境管理体系,以此提高企业综合管理水平和改善企业形象,降低环境风险,企业才能更好地占领国内外市场。

(3) 企业走向良性和长期发展的需要。通过 ISO14001 标准认证,可以有效地促进企业环境与经济的协调持续发展,使企业走向良性和长期发展的道路。

(4) 是履行社会责任的需要。当前环境污染给人类生存造成了极大威胁,引起世界各国的关注。保护人类赖以生存的环境是全世界全社会的责任,每个企业都有责任为使环境影响最小化而努力。

(5) 可以减少由污染事故或违反法律、法规所造成的环境风险。

(6) 增加企业获得优惠信贷和保险政策的机会。

ISO14000 环保认证是企业对环保相关的每一生产、管理环节都采取相应的举措后所得到的国际标准认证,通过 ISO14000 环保认证表明企业的环保意识、措施已贯彻到经营、管理的全过程,是对企业环保意识、环保水平的肯定。随着企业对环境意识的提高,国际企业把通过认证看作是企业对社会责任的认同和环保水平的体现。目前国内越来越多的大企业也认识到此项认证对企业的意义,都在积极努力通过认证。认证与环保工作有相辅相成的关系,应该通过认证工作促进企业环保意识与水平。

3.2 加强对重点污染源排放的废气及主要大气污染物的治理

在推行清洁生产以后,虽可降低大气主要污染物的排放量,但难以实现零排放。所以,要防治结合,加强治理。烟尘、工业粉尘、SO_2、NO_x 等大气主要污染物的治理技术,如除尘、排烟脱硫、排烟脱氮技术,都有多种方法和技术装备,需要通过环境经济综合评价,因地制宜选择适用、有效的治理技术,并制定切实可行的实施方案。对火电、水泥等重点行业实施脱硫、脱硝改造,排放口安装在线监测设备。

3.3　加强乡镇企业的环境管理

大多数乡镇企业资金不足、工艺落后、设备陈旧、缺乏科学技术力量,所以生产水平低、能源及材料消耗高,还有的乡镇企业接受了大城市中一些污染严重的行业,如小电镀、铸造、小化工等,把污染也带到了农村。有的乡镇由于资金缺乏采用了非常落后的生产办法,搞土法炼焦、土法烧结、小高炉、小水泥生产,却没有控制污染的措施,对环境污染严重,如果不及时采取有效措施,势必造成难以收拾的局面。随着国家政策的调整和经济水平的提高,对严重污染的小企业采取严格管理,取缔一批国家明令禁止的企业与工艺,同时对污染加强治理。

3.4　工程技术措施规划表

将规划区域各环境单元及重点工业污染源拟采取的工程措施列表,并逐年纳入年度计划执行。

4. 采用经济政策和手段加强污染控制

实行"污染者和使用者支付原则",可以采用的经济手段包括:①明晰产权(如土地、资源、矿产等的所有权和使用权);②建立市场(如可交易的排污许可证、土地许可证、资源配额、环境股票等);③税收手段(如污染税、原料税、资源税、产品税等);④收费制度(如排污费、使用者费、环境补偿费等);⑤财政手段(如治理污染的财政补贴、低息长期贷款、生态环境基金、绿色基金等);⑥责任制度(如赔偿损失和罚款,追究行政及法律责任等)。

随着我国市场经济的发展,对环境经济学理论的应用也越加重视。我国已实行的经济政策有排污收费制度、SO_2排污收费、排污许可证制度、治理污染的排污费返还和低息贷款制度,以及综合利用产品的减免税制度等。新排污收费制度排污就收费的原则,将刺激企业采取更加积极的措施降低排污量。

5. 加强绿化系统,发展植物净化

1) 植物净化

通过植物的吸附滞留可减少风沙扬尘,通过特定植物与某些气态污染物的反应也可从一定程度上减轻污染。

2) 合理设置绿化隔离带

通过合理设置绿化隔离带可以有效降低风沙扬尘,降低气态污染物浓度,降低噪声。

6. 控制移动源排放

机动车带来的污染在我国大城市中的比例越来越大,如广州市 1980 年 NO_x 只有 $40\ \mu g/m^3$,到 1996 年时已增高至 $151\ \mu g/m^3$,其中机动车的贡献率在 40% 以上,因此控制机动车污染的意义也就越加重要。对机动车污染的控制主要从以下几个方面入手:

（1）采用天然气等清洁燃料；如采用新能源汽车。

（2）提高净化装置效果。

（3）建立检查/维护制度，该制度将有效减少不必要的污染物排放。

（4）鼓励有利于环保的交通方式，如发展公共交通、自行车等交通方式。

（5）提高油品质量。

7. 案例研究

1）综合治理案例

下面列举了一些城市通过大气污染综合防治所取得的成果，由此可看出大气污染综合防治是控制污染的有效途径。

沈阳市在工业结构调整中，痛下决心，关闭了沈阳市最大的冶炼企业沈阳冶炼厂，每年减排二氧化硫 8 万余吨、铅尘 90 吨，分别占全市该两项污染物总排放量的 51％和 99％，有效地改善了城市环境质量，提高了城市可持续发展的能力。

石家庄市开展了加强煤炭管制，控制燃煤污染的工作。严格控制含硫量超过 1％、灰分超过 25％的煤炭进入市区。同时加大污染源治理力度，大力发展集中供热，2002 年新增供热面积 400 万 m^2。

太原市加大城市基础设施建设力度，投资建设了东山热源厂；完成太原第二热电厂供热部分工程。2002 年新增供气能力 1.1 亿 m^3，气化率达 94.9％。在 21 个单位的 59 台 20 t 以上锅炉上安装了烟气自动监测仪，12 个重点企业废水排污口安装了在线监测仪。市政府制定了《太原市二氧化硫排污交易管理办法》，实施市场化运作。

重庆市在完成"清洁能源工程"基础上，出台了以控制尘污染为主要内容的"五管齐下"净空措施，要求关、停主城区采（碎）石场、小水泥厂，加强机动车排气污染控制、绿化、硬化裸露地面，对大于 10 t/h 的燃煤锅炉实施洁净煤改造，关迁改调大气污染企业。主城区空气质量达到二级及以上天数 221 天，占全年的 60％，较上年上升了 3.8 个百分点。

贵阳市全面实施了燃料结构调整和脱硫改造工作，加快城市清洁能源工程的建设和使用，城市的气化率达到 97％。在市区内彻底取缔 2 蒸吨以下的燃煤锅炉和各类燃煤装置，全市每年将减少煤用量 69700 t，削减 SO_2 排放量 5335 t、烟尘 3473 t，减少了城市大气污染源。

西安市进行"拆改燃煤锅炉、控制建筑工地扬尘、治理机动车尾气污染"等大气污染综合整治工作。通过无燃煤区和改煤区建设，全年拆改燃煤锅炉 1756 台，减少燃煤量 83 万 t，减少 SO_2 排放量约 3 万 t，烟尘排放量约 1 万 t。冬季大气环境质量明显改善，2002 年采暖期与 2001 年相比，SO_2 浓度为 0.026 mg/m^3，下降 35％；NO_2 浓度为 0.019 mg/m^3，下降 29.63％；综合污染指数为 2.7，下降 8.4。

从 2003 年国家正式公布重点监控城市大气污染指数以来，兰州市基本都排在全国后 10 位之列,属于重污染城市。兰州市大气污染综合治理工程实施以来,采取以下措施:①针对以重化工业为主的产业结构,兰州市提出以"关、停、搬、改"来减少工业污染,先后对环境污染严重的 13 家落后产能企业进行了关闭淘汰,采暖期间对城市周边 200 多家铸造、砖瓦等重度污染企业实行强制停产减污,启动 78 户工业企业"出城入园",落后产能淘汰等 444 个项目,实施了火电行业脱硫烟气旁路封堵、除尘、脱硫、脱硝以及水泥行业脱硝等深度治理改造项目,较好地解决了工业污染问题。②按照"凡煤必改、应改尽改"的原则,兰州市对城区燃煤供热锅炉进行"换血式"的煤改气治理,完成了市区 1130 台、7411 蒸吨燃煤锅炉的天然气改造,占城区原有燃煤锅炉总量的 60%,使原煤散烧锅炉退出了兰州主城区供热历史。同时,改进、规范城区煤炭供销体系,减少了使用劣质煤带来的污染。③积极推动扩大兰州市第二热电厂、西固热电厂、范坪热电厂等集中供热区域,同时在冬季采暖期,兰州市采取"一竿子插到底"的执法模式,对以 3 家大型热电厂为代表的用煤企业,由环保、工信、质监等部门 24 小时驻厂监察,实行限负荷、限煤量、限煤质、限排放的措施。④扬尘污染治理及清新空气方面重点实施机械化清扫、挥发性有机物治理等 10 个项目,采取遮盖施工场地、限制施工时段、道路洒水等防尘措施。⑤机动车尾气治理及监管能力建设方面重点实施黄标车淘汰、空气监测子站建设等 7 个项目。各项措施采取后效果明显,2013 年,兰州空气质量优良天数 193 天,排在全国 74 个重点城市的第 36 位,比 2012 年增加 29 天,比 2011 年增加 57 天。2014 年兰州空气质量优良天数超过 310 天。

　　2) 清洁生产案例

　　甘肃刘化(集团)有限责任公司现有甲醇合成装置,生产能力为 10 万 t/a。由合成塔生成的粗甲醇气经与循环气换热、最终水冷却器用循环水冷却后进入粗甲醇分离器,在粗醇分离器分离后的气体大部分返回压缩机循环段继续循环使用,一部分作为驰放气,燃烧后排放,以维持合成回路中惰性气体的含量。

　　甲醇驰放气排放量 1.85×10^7 Nm³/a 中,有效气体(H_2+CO)组分为 87.6%。为了回收该部分有效气体,经过技术调研和考察论证,改造技术方案为:来自粗甲醇分离器的驰放气经水洗后的并入现有合成氨装置 A/B 净化系统低变炉入口,吸收液循环使用,待达到一定浓度后送到精馏系统回用。改造后的流程如图 2-25 所示。项目实施后,可减少甲醇排放 2337 m³/h,回收后减少天然气消耗 6.07×10^6 Nm³/a,具有良好的经济和环境效益。

　　3) 开发区规划案例

　　某市为促进当地发展,规划经济开发区,开发区主要依地理位置划分为住宅区、商业文化区、工业区,工业区内主要生产厂家包括陶瓷、建材、生物制品、农产品加工等。开发区规划集中供热,解决开发区住宅的冬季采暖及区内企业供热需求。开发区环保规划结合当地气象条件、地理条件、生产厂家位置等因素,优选集中供

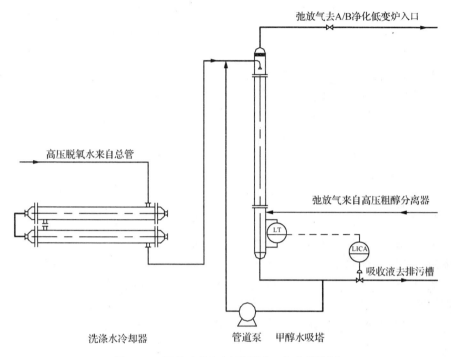

图 2-25　甲醇弛放气回用项目工艺流程简图

热站位置及供热站供热方案,并对开发区内已有企业进行分析,提出环保建议及改进措施,对将来入园企业提出入园环保要求、总量指标及布局建议。开发区环保对保证开发区实施后环境质量的达标有一定的积极作用。

九、广域性大气污染综合防治

前面阐述的主要是地区性(包括城镇)大气污染综合防治方案及主要措施。对于区域(广域)性大气污染(如酸沉降),则不是一个省、市能单独解决的,需要由国家统一制定"大气污染综合防治方案",有关的省、市按其所应承担的任务分别制定实施计划,付诸实施。下面简要介绍我国的"酸雨与二氧化硫控制方案"。

据国家环境保护总局对全国 2177 个环境监测站 13 年(1981～1993 年)的监测数据分析表明,环境空气中二氧化硫浓度超标城市不断增多,目前已有 62.3% 的城市二氧化硫年平均浓度超过国家二级标准,日平均浓度超过三级标准(二氧化硫年平均浓度二级标准值为 0.06 mg/m³,是人群在环境中长期暴露不受危害的基本要求;日平均浓度三级标准值为 0.25 mg/m³,是人群在环境中短期暴露不受急性健康损害的最低要求。环境空气中二氧化硫的主要危害是引起人体呼吸系统疾病,造成人群死亡率增加)。由二氧化硫排放引起的酸雨污染范围不断扩大,已由 20 世纪 80 年代初的西南局部地区,扩展到西南、华中、华南和华东的大部分地区,

1997 年年均降水 pH 低于 5.6 的地区已占全国面积的 30％以上。酸雨和二氧化硫污染,危害居民健康、腐蚀建筑材料、破坏生态系统,造成了巨大经济损失,已成为制约社会经济发展的重要因素之一。

为了控制我国酸雨和二氧化硫污染不断恶化的趋势,1998 年 1 月 12 日国务院正式批复了我国酸雨控制区和二氧化硫污染控制区(简称“两控区”)的划分方案。

1. “两控区”划分的基本条件

考虑到酸雨和二氧化硫污染物特征的差异,分别确定酸雨控制区和二氧化硫污染控制区划分的基本条件。

1) 酸雨控制区划分的基本条件

一般将 pH<5.6 的降水称为酸雨。有关研究结果表明,降水 pH<4～9 时,将会对森林、农作物和材料产生损害。

不同地区的土壤和植被等生态系统对硫沉降的承受能力是不同的,硫沉降临界负荷反映了这种承受能力的大小。

酸雨污染是发生在较大范围内的区域性污染。酸雨控制区应包括酸雨污染最严重地区及其周边二氧化硫排放量较大地区。在我国酸雨污染较严重的区域内,包含一些经济落后的贫困地区,这些地区目前还不具备严格控制二氧化硫排放的条件。

基于上述考虑,并考虑到我国社会发展水平和经济承受能力,确定酸雨控制区的划分基本条件为:

(1) 现状监测降水 pH<4.5;

(2) 硫沉降超过临界负荷;

(3) 二氧化硫排放量较大的区域。

国家级贫困县暂不划入酸雨控制区。

2) 二氧化硫污染控制区划分的基本条件

我国环境空气二氧化硫污染集中于城市,污染的主要原因是局部地区大量的燃煤设施排放二氧化硫,受外来污染源影响较小,控制二氧化硫污染即主要控制局部地区的二氧化硫排放源。二氧化硫年平均浓度的二级标准是保护居民和生态环境不受危害的基本要求,而二氧化硫日平均浓度的三级标准是保护居民和生态环境不受急性危害的最低要求。

因此,二氧化硫污染控制区的划分基本条件确定为:

(1) 近年来环境空气二氧化硫年平均浓度超过国家二级标准;

(2) 日平均浓度超过国家三级标准;

(3) 二氧化硫排放量较大;

(4) 以城市为基本控制单元。

国家级贫困县暂不划入二氧化硫污染控制区。二氧化硫污染和酸雨都严重的南方城市,不划入二氧化硫控制区,划入酸雨控制区。

根据上述"两控区"划分的基本条件,划定"两控区"的总面积约为 109 万 km^2,占国土面积的 11.4%,其中酸雨控制区面积约为 80 万 km^2,占国土面积的 8.4%;二氧化硫污染控制区面积约为 29 万 km^2,占国土面积的 3%。

2. "两控区"的污染控制目标

2000 年,排放二氧化硫的工业污染源达标排放,并实行二氧化硫排放总量控制;有关重点城市环境空气二氧化硫浓度达到国家环境质量标准,酸雨控制区酸雨恶化的趋势得到缓解。

到 2010 年二氧化硫排放总量控制在 2000 年排放水平以内;城市环境空气二氧化硫浓度达到国家环境质量标准,酸雨控制区降水 pH 小于 4.5 的面积比 2000 年有明显减少。

3. 控制措施

禁止新建煤层含硫分大于 3% 的矿井,建成的生产煤层含硫分大于 3% 的矿井,逐步实行限产和关停;新建、改造含硫分大于 1.5% 的煤矿,应当建设煤炭洗选设施;禁止在大中城市城区及近郊区新建燃煤火电厂;现有燃煤含硫量大于 1% 的电厂要在 2010 年前分期分批建成脱硫设施或其他具有相应效果的减排二氧化硫的措施;并从制定规划、强化监督管理、推行二氧化硫污染防治技术和经济政策、完善酸雨和二氧化硫监测网络、开展科技研究、积极进行宣传培训等方面提出具体计划,实现控制目标。

十、规划实施及调整

(一)环境风险与公众告知

在大气环境规划中还应引起充分重视的一个问题是环境风险评价。印度博帕尔 45 t 异氰酸甲酯泄漏事件受害面积达 40 km^2,死亡人数为 0.6 万~1 万,受害人数为 10 万~20 万。其中约 5 万人双目失明或终生残疾。此事件和前苏联切尔诺贝利核电站事故使人们逐渐认识到重大突发性事件造成的环境危害的严重性。近年来我国发生的一些重大事故也暴露出重大突发性事件造成的环境危害的严重性。例如,葫芦岛天然气泄漏事件中,处于爆炸极限范围内的事故现场周围环境空气威胁到全市几十万人口的生命安全;2004 年 4 月 16 日重庆天原化工总厂氯气泄漏爆炸事件造成多人死伤,数万人被迫转移;2003 年 12 月 23 日发生的重庆开县中石化井喷事故中散发的高于正常值 6000 多倍的硫化氢造成多人罹难,数千人受伤,数万人被疏散转移。这些突发事件都有有毒有害气体随大气扩散造成灾难性后果的潜在威胁。易燃易爆和有毒物质、放射性物质在失控状态下的泄漏、大型技术系统(如桥梁、水坝)的故障等的突发性灾难事故污染的扩散与大气扩散密切相关,严重大气污染是环境突发事件的主要后果之一。所以大气环境规划中应对高危行业的环境风险予以关注,即对一些有潜在危险的大型项目如化工等进行概率风险评价,预测可能会发生的事故、危害及采取的控制措施。

如图 2-26 所示,风险评价通常包括风险分析、环境后果分析、风险表征、风险管理四个阶段。

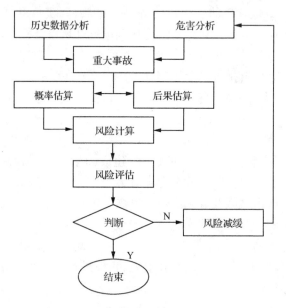

图 2-26　风险分析通用程序

有毒有害物质在大气中的扩散原因是短时间内突然释放或较长时间的分段释放,故多采用烟团模式、多烟团体源模式和分段烟羽模式。事故发生时的天气情况对污染后果有重要影响,事故的发生是随机的,天气条件也是随机的,天气取样有循环取样、随机取样、分层取样三种。风险包括个人风险和社会风险,社会风险描述事故发生概率与造成人员伤亡的相互关系,通常用余补累积分布函数表示。还应按照有关规定制定特大事故的应急预案、设置救援机构和队伍。

随着公众对环境关注的日益增长和法律意识的增强,公众希望得到更多环境信息。对一些污染较严重的城市,在不利于污染物扩散的气象条件下,有可能出现短期烟雾事件,对此可考虑建立警报或预报系统。我国实行的空气污染指数也有类似作用,可视为简化的预报系统。

(二) GIS 与规划的动态调整、管理

随着经济的高速发展,城市规划难免发生更新、变化,原环境规划只有根据变化做相应动态调整,才能保持有效性。为此有必要在规划中应用地理信息系统,

（geographic information system，GIS）。GIS 指采集、处理、管理和分析整个或部分地球表面（包括大气层）与空间和地理分布有关的数据的空间信息系统。GIS 除具备一般数据库管理系统的功能外，还具有图形数据的采集、空间数据的可视化和空间分析等功能，可克服传统数据库相互独立，不易更新，与地理位置联系不紧密的缺点，所以环境规划中使用 GIS 可实现环境现状评价、污染预测、污染控制等的动态调整、管理、查询。

大气环境地理信息系统是一个空间型的环境信息系统。它以城市区域监测对象为基础，把资源、经济及环境等有关数据，按其空间位置输入计算机，通过多目标的数据库、分析软件与应用模型，进行环境信息的存储、更新、查询、模型分析、模拟预测、显示及绘图输出等工作。系统应用面向对象的设计方法，深入研究评价、动态模式预测及污染源识别，为城市环境管理提供一种现代化的技术手段。

一般系统主要由五部分组成：大气污染源识别的模式建立，大气环境现状评价，大气污染模式预测，大气容量和削减方案，数据库和方法库的建立。系统的总体框图如图 2-27 所示。图中列出了系统的各个组成部分和它们之间的关联。由图 2-27 可以清楚地看出数据的流向、计算的结果构成，系统所能提供的基本功能构成以及各个库之间的协调关系等。

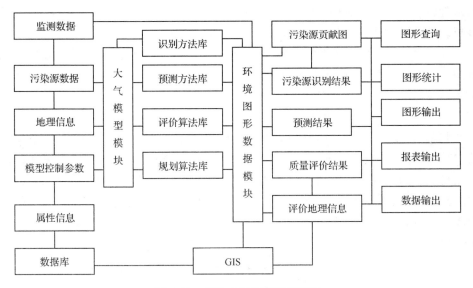

图 2-27　GIS 大气管理系统框图

1. 系统的设计目标

（1）完成城市大气环境监测数据分级使用、录入、修改、校验、查询、检索、备份、装载、转入、转出、统计分析、制图制表，提高工作效率。

（2）利用常规环境监测和调查等数据，完成大气环境评价、预测和大气污染识别等环境信息处理任务。

（3）使大气环境信息仿真具有处理空间信息及其相关的属性信息的可视化功能，直观表达模拟结果。

2. 系统的功能

系统的部分相互关联，可以完成以下主要功能。

（1）大气环境现状评价可完成对大气环境要素优劣的定量与定性相结合的评价。以国家制定的大气环境标准或污染物在环境中的本底值为依据，将环境要素的优劣转化为定量的可比数据，最后将这些定量的结果划分等级，以表明环境受污染的程度。

基于数据库中的环境质量数据和污染源数据，从不同的空间范围角度（省、城市或任一区域）应用模型方法对大气环境现状进行总体观察分析，由此判断某所选区域的主要环境问题。

（2）大气污染源识别子系统可根据不同大气污染物的统计观测浓度和分布，采用因子分析、模糊或神经网络等方法，智能地分析出城市污染类型（如煤烟型、光化学烟雾型、石油性、混合性等）和不同污染物对大气污染的影响度，为决策提供分析依据。而且，可以分析环境影响诸因素变化情况，分析主要污染源和主要污染物的地理属性和特性。利用大气环境监测的历史数据，进行必要的大气环境质量的分析。以图表形式直观且清晰地表达分析结果，便于快速做出决策。

（3）大气污染预测子系统完成在不同的污染源类型时，或在某污染源的不同状态下，对大气污染的模式进行预测计算，得出浓度与距离、高度、观测延迟时间的关系以及所有结果和相关参数的关联。

（4）确定大气容量及削减方案。

此子系统包括大气环境监测数据库、模型库、电子图库和算法库，具有和 GIS 接口功能，可独立于主系统运行。具有数据处理、风格报表生成、数据预览和打印输出功能。系统各部分的功能都是基于实用性、通用性的模型，包括大气污染模式预测模型、大气环境质量评价模型、大气污染源识别模型等。因此，建立统一的模型库是非常必要的。构造模型需针对不同的情况，把数据处理常用的算法或难以用构模语言构造的算法存放在方法库中，供构造模型或计算时使用。

（5）利用 GIS 与数据库的接口功能，实现大气环境管理的直观、自然的表现方式。因为信息系统的功能不仅是信息的管理、分析及统计，也需要更强的信息分析工具以挖掘信息的深层含义，提供强劲的决策和支持，使用户清楚、直观地了解大气质量评价的结果和大气质量状况与地理因素之间的关系。

（三）规划实施的保障措施

环境规划的实施是规划发挥效用的基本途径，环境规划的实施程度决定了规划的实用价值。一个目标明确、内容合理、措施可行的规划,只有付诸实施才能够发挥其应有的作用。规划的实施包括组织、方法、步骤和评估等一系列的要素、需要相应的内部和外部条件作为保障,这些保障措施包括规划的法律地位、管理制度、组织机构、资金保证、技术保证和实施手段等方面。明确规划的法律地位,用好、用活和用够法律赋予的权利和政策提供的有利条件,做好规划的组织和管理,开辟多种资金渠道,依靠科技进步和新的实施手段,是环境规划得以成功实施的基本保障。

1. 政策和管理制度保障

1）政策保障

规划实施必须有良好的外部条件作为保障。明确的法律地位是规划实施最基本的保证,将环境规划纳入国民经济和社会发展规划体系是规划实施的重要方式。同时,规划实施要与现行的政策法规和管理制度相协调。

（1）明确规划的法律基础和政策支撑体系。

环境规划是城市中长期环境保护工作的指导性文件,是城市环境保护工作的依据和目标。环境规划的实施既要以现行的有关法律、法规为基础,同时规划本身也是法律法规框架体系的重要组成部分。

除了国家的法律、法规外,为了确保规划的贯彻落实,各地方还要建立相应的政策支持体系,规划实施的政策支撑体系是多方面的,既包括环境方面的政策和管理制度,也包括其他部门和行业的管理政策和制度。

（2）规划纳入国民经济与社会发展规划体系。

环境规划是整个国民经济发展与社会发展的重要组成部分,是经济社会可持续发展的重要内容。环境规划纳入整个社会的国民经济与社会发展规划中不仅是实施环境规划的要求,也是社会、经济和环境协调发展的要求,是实现可持续发展的根本保证。其纳入的内容主要包括:规划指标、技术政策、环境保护资金平衡和建设项目等。

随着技术的进步和人们认识水平的提高,环境规划在指导思想和技术政策上发生了一些重要的变化,具体体现为:

a. 环境规划从经济制约型向经济环境协调型转变。

环境保护已经成为社会经济可持续发展的重要因素和必不可少的内容,环境规划也应成为促进社会经济可持续发展的工具和手段。

b. 污染控制途径从末端控制型向生产全过程控制型转变。

随着环境质量的改善和污染控制力度的加强,工业污染控制将不再是环境保护工作的全部重点,取而代之的是清洁生产和生态环境的保护,生产过程乃至整个社会经济生活的全过程控制和生命周期管理,已经成为环境保护工作的重要内容之一。

c. 污染控制管理从污染物排放浓度控制向污染物排放总量控制转变。

单一以浓度控制为手段的环境管理模式已经不能够完全适应我国污染控制和环境管理的要求,"九五"计划开始实施的污染物总量控制取得了很好的成效,也提出了我国污染控制的新思路和新方法,并已经纳入了国民经济和社会发展计划中。

d. 污染控制方式从点源治理向点源治理与集中控制相结合以及集中控制优化转变。

随着城市污染集中控制设施的建设和对点源管理的加强,过去分散的点源治理模式正逐步向点源控制与污染集中控制相结合转变,从而实现污染控制效益的最大化。

e. 城市环境规划从污染控制规划向生态环境与经济可持续发展方向转变。

随着工业污染控制的加强,城市生态环境和环境与社会经济的可持续发展成为人们日益关注的问题,环境规划也从过去的污染控制规划向综合性的生态保护和可持续发展规划转变。

上述规划思想和技术政策方面的转变,使得环境保护和环境规划与整个社会的经济发展模式和经济发展规划越来越紧密地结合在一起,也使得环境技术政策更易融合到国民经济和社会发展计划中。环境和生态保护的技术政策纳入国民经济和社会发展计划中,将导致国民经济和社会发展计划从编制到实施始终必须把环境作为重要内容予以考虑,导致产业技术政策必须从物质投入主导型向科技投入主导型转变,即从设计到生产,都应特别重视提高资源、能源的利用效率。节约资源和能源,做到废物减量化,保护城市生态环境,将发展经济与保护环境一体考虑,做到环境、社会和经济的可持续发展。

2) 资金制度保证

资金平衡纳入,是指环境规划纳入国民经济和社会发展计划中的资金和物资的综合平衡。纳入计划的环境规划资金包括环境保护投资计划以及分配给环境保护的投资比例和贷款份额。要使环保项目纳入国民经济和社会发展的各类项目计划,同其他建设项目统筹安排,其中大中型项目和示范工程还应形成独立的投资计划书,以保证环境保护的稳定资金来源。由于环境保护项目具有相当的公益性,因此,环境保护项目的筹资原则是"污染者负担、受益者分摊",同时调动全社会环保投资的积极性,从国家、企业、社会多渠道筹集资金。

资金平衡和项目纳入是环境规划纳入国民经济和社会发展规划的根本保证,也是环境规划纳入社会和经济综合规划的落脚点和基本手段。只有实现上述两方面的要求,环境规划才能够真正纳入国民经济和社会发展规划中,也才能够促进环境规划的贯彻和落实,同时保证国民经济计划的完整性。

3) 与现行环境管理制度相结合

环境规划是环境管理制度的先导和依据,而环境管理制度又是环境规划的实施措施和手段。因此环境规划的实施要紧紧围绕现行的环境管理制度,以现行的环境管理制度为依托,并与其进行有机的结合,二者相互促进,共同发展。环境管理制度在规划的实施过程中得以健全和完善,而环境规划在环境管理制度的支持下得以实施。

(1) 环境保护目标责任制。

环境保护目标责任制是一项在我国实施多年的环境管理制度,它将环境保护的责任以目标责任书的形式具体落实到地方各级人民政府和污染单位。环境保护目标责任制以现行法律为依据,以责任制为核心,以行政制约为机制,集责任、权利、利益和义务为一体,是我国环境管理制度的重要组成部分。将环境规划的实施与目标责任制相结合,就是要将规划总目标按年度计划、按区域和行业层层分解到承担单位,并以签订责任书的形式将规划阶段目标和责任落实到主要领导身上,从而达到目标管理的目的。

(2) 城市环境综合整治定量考核。

城市环境综合整治就是把城市作为一个系统、一个整体,运用系统工程的理论和方法,采取多功能、多目标、多层次的综合战略、手段和措施,对城市进行综合规划、综合管理、综合控制和建设。可见,城市环境综合整治与环境规划有着密切的联系,将两者有机结合,将年度环境规划指标纳入城市环境综合整治定量考核指标中,确保规划的实施。

(3) 环境影响评价制度。

环境规划的实施受到各种建设项目的影响,因此,环境影响评价就成为规划实施的重要组成部分。在环境规划中,要充分反映环境影响评价的结果,尤其是区域环境影响评价的结果,将两者紧密结合起来。在单个建设项目的环境影响评价中,多考虑区域环境影响,同时加强区域环境影响评价工作,为环境规划的实施奠定基础。

(4) "三同时"制度。

"三同时"制度的实施不仅解决了环保措施纳入国民经济项目建设的问题,而且开辟了环境项目建设的投资渠道,是保证规划实施的重要手段。

环境影响评价制度和"三同时"制度都是针对新污染源的环境管理制度,而新污染源的环境问题同时也是环境规划所要考虑和解决的问题。因此,应将二者有机地结合起来,在环境规划中合理布局和分布新的污染配额和排放总量,利用环境影响评价和"三同时"制度来把关,使得新建项目严格按照环境规划的要求建设实施。

(5) 排污收费制度。

排污收费制度是我国促进污染源治理的主要经济手段,排污收费已经成为我国筹集污染治理资金的主要渠道之一。排污收费制度提高了全社会的环境意识,推动了企业的污染治理工作,成为实施环境规划的必要措施。

（6）限期治理制度。

限期治理制度是针对解决老污染源的问题而提出的。它是以污染源调查、评价为基础,以环境规划为依据,分期分批解决污染严重、危害重大、群众反映强烈的污染源和污染区域问题,本身就是规划的重要组成部分。限期治理作为一种制度推行,体现了规划的重点性原则,使地方、部门、企业把环境污染防治纳入议事日程,并把有限的资金集中用于解决突出的环境问题,并纳入地方政府的文件之中,是规划实施的重要环节之一。

（7）污染集中控制制度。

污染集中控制充分体现了规划强调的经济效益、社会效益和环境效益统一的原则,有利于调动各方面的积极性,为污染治理的社会化开辟了道路。污染的集中控制都是基于统一的规划,是以规划为依据和出发点的,这为规划的优化决策和决策目标的实现奠定了基础。

（8）排污申报登记与排污许可制度。

排污申报登记与排污许可制度是真正把污染源与汇一体考虑,实行总量控制目标管理的保障制度。该制度的实施过程与规划的编制程序基本相同,因此,排污许可制度的推行实际上伴随着一个地区的污染总量控制规划的编制和推行。

实行排污申报与排污许可制度可增强各级领导的总量控制观念,促进老污染源的治理,提高环境保护部门自身的管理水平。这项制度把环境规划的编制、污染治理、监督检查等都纳入总量控制的轨道,使环境管理由定性走向定量,这些也正是环境规划所要解决的问题。

2. 组织机构和管理保障

环境规划的实施要靠对规划实施过程的全面监督、检查、考核、协调以及调整来进行,这些都离不开有效的组织和管理。因此,建立环境规划实施的组织机构、制定完善的管理体系来组织和管理,是规划实施的根本保障之一。

环境管理的概念,一般有两种范畴:一种是狭义的环境管理,即对环境污染源和污染物的管理,通过对污染物的排放、传输、承受三个环节的调控达到改善环境的目的;另一种是广义的环境管理,即从环境经济、环境资源、环境生态的平衡管理,通过经济发展的全面规划和自然资源的合理利用,达到保护生态和改善环境的目的。环境管理的方法是运用法律、经济、技术、教育和行政等手段,对人类的社会和经济活动实施管理,从而协调社会和经济发展与环境保护之间的关系。

完整的环境管理体制是由环境立法、环境监测和环境保护管理机构三部分组成的。环境法是进行环境管理的依据,它以法律、法令、条例、规定、标准等形式构成一个完整的体系。环境监测是环境管理的重要手段,可为环境管理及时提供准确的监测数据。环境保护管理机构是实施环境管理的领导者和组织者。

我国的环境管理体制已逐步建立和完善。近 20 年来相继制定（或修订）并公布了一系列法律,如《中华人民共和国环境保护法》(1979 年公布试行,1989 年修改后实施,2015 年再次修订后实施)、《中华人民共和国大气污染防治法》(1987 年 9 月公布,1995 年 8 月和 2000 年 9 月两次修改)、《中华人民共和国水污染防治法》(2008 年 6 月 1 日实施)、《中华人民共和国噪声污染防治法》(1997 年 3 月 1 日)、《中华人民共和国水土保持法》(2011 年 3 月 1 日)、《中华人民共和国森林保护法》(1998 年 7 月 1 日),以及各种环境保护方面的条例、规定和标准等。与此同时,从国务院到各省、市、地、县以至各工业企业,都建立了相应的环境保护管理机构及环境监测中心、站、室,为环境法的实施和严格环境管理提供了组织保证。

　　2013 年 9 月国务院发布《大气污染防治行动计划》更是包括以下方面:①减少污染物排放;②严控"三高"产能;③推行清洁生产;④调整能源结构;⑤强化节能环保指标约束;⑥推行激励与约束并举的节能减排新机制;⑦用法律、标准倒逼企业转型升级;⑧建立区域联防联控机制;⑨将重污染天气纳入突发事件应急管理;⑩树立全社会同呼吸共奋斗的行动准则。《大气污染防治行动计划》发布后环保部会同发改委、工信部、财政部、住房建设部和能源局等部门把"大气十条"的要求具体细化到实施细则中,对京津冀及周边六省(市、区)提出了细化的要求。比如煤炭削减在实施细则中提出:北京煤炭削减 1300 万吨,天津煤炭净削减 1000 万吨,河北削减 4000 万吨,山东削减 2000 万吨。煤炭削减在实施细则中提出:北京煤炭削减 1300 万吨,天津煤炭净削减 1000 万吨,河北削减 4000 万吨,山东削减 2000 万吨。另外环保部会同有关部门细化分解梳理了近期需要完成的 22 项政策措施,包括 6 条能源结构调整政策,主要是气代煤和洁净煤的扩大使用等 6 个方面。还包括 10 项环境经济政策,主要是价格政策、税收政策、投资政策等 10 个方面的经济政策。还包括 6 个方面的管理政策,主要是考核办法、节能环保标准等等,一共 22 项。《大气污染防治行动计划》公布以来,各地也纷纷出台配套政策措施,《大气污染防治行动计划》对空气环境的改善起到积极作用。

　　对规划的监督、检查和考核,目的是了解规划的实施情况和存在的问题,以便采取有针对性的措施,使执行过程不偏离规划的目标和方向,同时验证规划内容和规划方法的科学性。规划实施的协调和调整是指自觉地依靠价值规律,运用经济、行政和法律手段,协调各方面的关系,或根据规划遇到的实际困难,对规划的分步实施进行必要的调整,从而保障规划目标的实现。

　　组织机构、人员素质和管理体系是规划贯彻落实在机构方面的基本要素,也是规划贯彻落实的根本。没有高效的组织和管理,没有优良的管理队伍,没有科学的管理规章和行政管理制度,任何一个好的规划都是难以实施的。

　　健全和完善的机构为规划的贯彻实施提供了必要的前提,但好的组织机构必须要有健全的管理体系与之相适应,才能够实现规划的有效管理和高效运作。环境规划实施的管理体系包括行政管理、监督管理和协调管理等三个方面。

3. 资金保障

目前世界上大多数国家用于环境保护方面的投资占国民生产总值(GNP)的比例,发展中国家为 0.5%～1%,发达国家为 1%～2%。我国目前的比例为 0.7%～0.8%,如果能达到 1.5%,则我国的环境污染将会得到基本控制。

落实环境规划项目的资金渠道是保证规划得到有效实施的关键。

1) 开拓环境保护资金渠道

目前,我国现行环境保护资金渠道主要包括以下几方面:

(1) 新建项目防治污染的投资。法律规定,凡属产生污染物的新建项目,其防治污染设施必须与主体生产设施同时设计、同时施工、同时投产(即"三同时"制度),这部分投资是污染治理投资的重要组成部分。

(2) 老企业污染治理投资。产生污染物的老企业,结合技术更新改造和清洁生产,投入一定的资金用于污染防治。

(3) 城市环境基础设施建设的投资。指用于城市污水管道铺设、城市污水集中处理厂建设、城市集中供热、燃气、城市生活垃圾处理等的投资。也就是说,我国目前环境保护投资主要集中于工业污染防治和城市环境基础设施方面。

但随着改革开放,市场经济的深化,环境保护部门应当善于利用经济手段,培育和引导市场,促使各种渠道的资金进入环保事业。

目前,新型的环境保护投资渠道主要有:

(1) 政府在财政预算中每年有一定数额的拨款,专款专用,作为环境保护基金,一般用于地区计划中最有改善环境现状效果的项目。

(2) 环保投资公司,通过市场化运作,在投入环保事业的同时,公司可以得到一定的收益。多用于有收益的污水处理、垃圾处理、生态农业等项目。

(3) 社会捐助资金、国外环保贷款或赠款,具有很大的不确定性,多用于生态恢复、自然资源保护等方面。

(4) 生态环境补偿费,用于生态环境恢复。

随着我国市场经济体制的建立,环境污染治理和环境规划的投融资方式和渠道越来越走向市场化,在环境规划的实施过程中,各地政府和环保部门,在发挥现有资金渠道的同时,应用环境经济学原理积极培育和拓展新的环境保护投融资渠道,充分利用社会资金促进规划的实施。

2) 做好环保投资效益分析

环保投资的效益分析主要是分析环保投资的价值并反过来指导投资。效益分析包括经济效益分析、环境效益分析、社会效益分析和综合效益分析。

(1) 经济效益分析包括环境治理所减少的污染损失费用和环境治理本身产生的经济效益,如回收原材料、综合利用利润、节约能源等。针对不同投资能力的污染损失与直接经济效益,经济效益分析可以计算得出投资效益比。

（2）环境效益分析主要从区域污染物总量的削减、噪声值的降低、固体废物不良影响的降低和生态环境质量的改善等方面考虑。

（3）社会效益分析主要从生产生活环境的改善、环境污染防治和生态建设给社会带来的稳定等方面考虑。

（4）综合效益分析主要从城市的持续、稳定、协调发展的角度，根据城市生态理论分析实施环境规划，改善城市环境质量所产生的综合效益。

做好环境规划的投资效益分析是提高规划实施效益的重要方面，在环境保护投资有限的情况下，环境规划的投资效益分析就显得尤为重要。规划的投资效益分析将为政府有关部门的综合决策提供有力的支持，有助于政府按照投资效益分析的结果合理安排资金和规划项目，做到环境规划综合效益的最大化。

3）落实环保投资年度计划

环保投资年度计划的落实是环境规划分解和分阶段实施的重要步骤，也是保证环境规划资金供应的重要手段和方法。年度计划的分解和落实要科学合理，在保证年度分解指标能够完成的同时，也要满足规划整体指标的完成。

规划指标分解到各年度后，应及时落实到规划实施的各有关部门，各部门应根据各自的职责，安排必要的人力、物力和财力，相互配合，积极完成规划年度指标。规划指标下一年度的分解要结合上一年度规划指标的完成情况，做必要的修改和完善，从而保证规划整体目标的实现。

4. 实施的手段和技术保障

环境规划的实施要通过法律、监督、技术等手段给予保障。这体现在环境监测、环境监察（监理）环境法规的完善、环境技术的推广等方面。

1）加强监督和执法

环境监测是制定和实施环境规划必要的基础工作，它提供环境污染的各种因素时空分布的准确数据，能够全面科学地反映环境质量状况和污染情况。因此，在制定环境规划的同时，必须及时、准确、可靠、全面地做好环境监测工作，为环境管理、环境规划、环境污染防治提供科学依据。

环境监察（监理），是指环境保护行政主管部门，通过专门的机构和人员，对本辖区的环境保护进行现场监督执法活动。它属于环境监督管理的范畴；具有环境行政执法的属性；内容主要是根据授权或委托，对环境管理对象进行经常性的现场监督执法。

环境监察（监理）是保障环境规划得以实施的重要手段之一。通过环境监察、监理，可以验收环境规划的实施效果，指导规划的进一步实施。

2）引入新的管理手段

（1）利用市场机制。

加快现行环保管理体制的改革，积极引入市场机制，加快环保资源配置市场化的步伐,使环境保护逐步走上产业化的轨道,彻底改变环境保护由政府包揽的格局,改变环境保护只有社会效益,没有经济效益的格局。

在建立社会主义市场经济体制过程中,企业将成为独立经营、自负盈亏的实体,政府有关部门应通过制定有关标准,加强对环保投资的调控。排污收费制度、生态环境补偿费制度、环境税制度、排污交易制度等是我国在环境保护行业发展过程中确立的一些制度,随着市场经济的发展,这些制度也逐渐体现出市场化的特点。

如在考虑到企业承受能力的情况下,提高排污收费标准,并通过严格执法,迫使企业加大环保投入;在生态环境补偿费的征收过程中,将补偿费的额度与企业的生产规模、产品销售情况、生态破坏程度等指标相联系;在 20 世纪 80 年代引入我国的排污交易理论更体现了市场化的原则,使污染排放类似于商品可以进行买卖,既刺激了企业控制污染的积极性,降低了控制总成本,又保证了地区污染负荷不会加大。

同时,要本着污染者负担的原则,使污染治理企业化、市场化。例如,污水处理厂必须达到其合理规模才有效益。因此国家在提高上水费或征收下水费的同时,政府有关部门应通过招标方式吸引企业投资污水处理厂,并使污水处理厂按现代企业制度进行运作。

(2)引入公众参与。

目前,普通百姓参与环境保护的意识日益提高,在环保领域发挥着越来越大的作用,逐步形成和完善了公众参与环境保护的有效机制。形成以群众举报、投诉、信访、听证环境影响评价制度、新闻舆论监督制度、公民监督参与制度等为主要内容的公众参与制度。

通过不定期地公布环境状况和环保工作信息,扩大公众对环境的知情权,为公众关注环保,参与重大项目决策的环境监督和咨询提供了必要的条件。

环境保护管理部门应利用公众监督机制,促进规划的实施。定期公布规划的实施进展情况,定期召开规划实施听证会,供公众参与和监督。

(3)新技术的储备和应用。

环境规划的相关技术主要包括规划技术和污染源的治理技术。由于环境科学的不断发展,新的技术不断出现。环境保护部门的职责之一就是及时将新技术转化为生产力,纳入环境规划并运用到环境治理项目中,并积极研究新技术转化的可能性。

由于环境保护的整体方向都在发生变化,区域环境保护从污染物排放浓度控制向排放总量控制转变,污染控制从末端控制向污染全过程控制转变,污染管理从点源治理向点源治理与集中控制相结合转变,因而新型的、应用于全部生产过程中的污染控制技术必然要见诸环境规划中。

3)建立污染治理技术数据库

污染治理是改善环境的根本途径,为切实可行地实施污染治理措施,各地应结合自身的情况,有针对性地建立污染治理技术数据库,为规划的实施和工业企业的污染治理提供技术支持,为环境管理提供技术依据,为政府综合决策提供全面、准确的理论依据。数据库应包括水、气、声、渣及各重点行业相关治理技术、应用实例、治理费用及其他相关问题等。

参 考 文 献

国家环境保护总局.2002.小城镇环境规划编制技术指南[M].北京:中国环境出版社.

国家环境保护总局监督管理司.2000.中国环境影响评价[M].北京:化学工业出版社.

郝吉明,马广大,等.2002.大气污染控制工程[M].北京:高等教育出版社.

环境影响评价技术导则.大气环境.HJ/T 2.2—2008.

刘天齐.2001.区域环境规划方法指南[M].北京:化学工业出版社.

羌宁.2003.城市空气质量管理与控制[M].北京:科学出版社.

唐孝炎.2006.大气环境化学[M].北京:高等教育出版社.

吴忠标.2003.城市大气环境概论[M].北京:化学工业出版社.

制定地方大气污染物排放标准的技术方法.GB/T 13201—91.

俎铁林.2005.空气质量模式——在法规中的应用[M].北京:中国标准出版社.

第三章　城市水资源保护和利用规划

第一节　城市水资源开发利用

一、城市水资源

水资源的概念有两种,即广义水资源和狭义水资源,广义水资源包括地球水圈中各个环节和各种形态的水资源量;狭义水资源指可供人们取用的水资源量。

参照水资源的基本概念,结合城市用水的具体特点,可将城市水资源定义为"一切可被城市利用的天然淡水资源",从广义上讲,还包括海水和可再生利用水。

按水的地域特征,可分为当地水资源和外来引水资源两大类。前者包括流经城市区域的水资源、储存在城市区域或能在该区域内被直接提取的水资源和可再生利用的废(污)水资源。外来引水资源是指通过引水工程从城市区域以外调入的地表水资源。因此,城市水资源的量是动态的。

我国水资源在地域上的分布很不均匀,与城市的分布并不适应。长江以南地区,地表水丰富,水资源占全国总水量的81%,工业和大中型以上的城市较少,而长江以北地区工业和大中型以上的城市居多,但地表水资源不足南方的1/4。因此,南方城市多以地表水为供水水源,北方城市多以地下水为供水水源。据对北京、天津等22个城市的统计表明,人均拥有水资源量最多的城市是北海市,为2986 m^3/人,最少的城市是郑州市,为270 m^3/人,只有全国人均水资源量841.5 m^3 的32.08%。

二、水资源是城市形成和发展的重要资源

水是地球上最宝贵的自然资源,经济和社会的发展,城市的形成和发展,一刻也离不开水。历史的实践证明,中外许多城市都是因水而兴,因水而发,有的城市也因水而废。公元前3000多年前,世界原始城市形成的地域是"四大河川",即亚洲的黄河流域、幼发拉底河流域和底格里斯河流域及非洲的尼罗河流域。反之,历史上由于水源枯竭而荒芜、消失的城市也不乏其例,如"丝绸之路"上的楼兰古城、印度西北部的斯育古城,都是最好的佐证。

水资源在城市发展中的重要作用表现在以下几个方面:一是水为城市居民提供供水水源和良好的生活环境。城市人口高度集中,其发展必须有与城市发展规模相适宜的饮用水水源作保证。其水资源的紧缺程度在某种程度上限制和决定了

城市的性质、规模、产业结构、布局现状和发展方向等,现代化的城市都是亲水性城市,对水资源有很高的依存性。另外,水体有自净能力,可以受纳城市地表径流和污水,并有改善城市小气候的功能,给城市居民提供良好的生活环境。二是保证城市社会经济活动能顺利进行。水是工业的血液,它既是某些工业生产的原料,又是大多数工业生产的物料和能量的载体。

人类的社会实践表明,水是对城市生态经济和社会发展有巨大价值的物质。水资源条件对一个城市的发展规模、城市功能和城市布局有决定性的影响。例如我国拥有 2000 万以上人口的 2 个特大城市上海、重庆均居于长江边。很多北方城市缺水,由于水资源条件的制约,不得不严格控制其发展规模。同时,水资源条件也成为一个地区工业结构和布局的限制性因素之一。今后在水资源短缺地区除降低工业产品耗水外,一般要控制电力、冶金、化工等大耗水工业的发展,而主要应多发展机械、电子等行业和第三产业。通过调整工业结构,抑制地区内工业用水量的盲目增长。尽管工业结构调整有个过程,会影响到地区社会经济发展,但对缺水对社会经济发展长期的制约作用必须有科学的认识,以便切实根据当地水资源条件制定区域的社会经济长远规划。

三、城市水资源的基本特征

城市水资源除具有一般水资源的不可替代性、流动性、时空分布不均匀性等特点外,还因特殊的环境条件和使用功能而表现出如下特性:

(1) 系统性。城市水资源的系统性主要表现在三个方面:一是不同类型的水之间可以相互转化,海水、大气降水、地表水、地下水、废(污)水之间构成一个非常复杂的水循环系统,彼此之间存在质与量的交换;二是城市区域以内和以外的水资源通常处于同一水文系统,相互间有密切的水力联系,不可人为分割;三是城市水资源开发利用过程中的不同环节(如取水、供水、用水、排水等)是个有机的整体,任何一个环节的疏忽都将影响到水资源利用的整体效益。

(2) 有限性。相对于城市用水需求量的持续增长,城市水资源的量是极为有限的。其中,当地水资源因"近水楼台"、开发成本低、便于管理等有利条件而被优先开发利用,许多城市的当地水资源已接近或达到开发利用的极限,一些城市的地下水已处于超采状态,而外来引水资源因受水资源分布、生态环境、经济条件和水所有权等因素的制约,能被城市获取和利用的量也受到很大制约。

(3) 脆弱性。城市水资源因开发利用比较集中和与人类社会活动关系密切而显示出脆弱性。其主要表现在两个方面:一是易受污染。城市污染源点多、量大、面广、强度大,即使是局部污染,也会因水的流动性而使污染范围扩大。二是易遭破坏。特别是地下水,当开采量超过补给量时,水资源质与量的状态便失去平衡,进而诱发一系列的生态环境和地质问题。因此,城市水资源一旦遭受污染或开采补给量失去平衡,治理恢复非常困难,代价也很大。

(4) 可恢复性。城市水资源的可恢复性表现在水量的可补给性和水质的可改善性。前者取决于自然环境中水的可循环性,只要设法增加或诱导补给,合理控制使用,城市水资源便可得到持续利用。水质的改善既可利用水体的自净功能来实现,也可通过人为手段来达到,其改善程度取决于人、财、物的投入。

(5) 可再生性。城市水资源在利用过程中,被直接消耗掉的只是少部分,而大部分水则因失去特定的使用价值而变为废(污)水。废(污)水是可以再生的,有些只需改变用途便可恢复其使用价值,但在多数情况下,废(污)水经过处理以后,可作为再生资源进行分质或梯级利用。

水资源既是生活资料又是生产资料,当今世界工、农业用水量占人类社会总耗水量的 80％以上,其中农业用水量最大,而工业用水量一般占城市用水量的 80％以上。用水分为两类:一类是耗损性用水,如工业、农业、生活供水,需要消耗或污染大量的水;另一类是非耗损性用水,如水电、航运、渔业、旅游业等,要求保持一定的水位和流量,但其消耗的水量是很少的。

水不仅是自然界生命起源的必要条件之一,而且在其生命过程中同样离不开水,因此,水是生命的摇篮,是一切生物的基础。任何生物体的大部分都是由水组成的,哺乳动物含水量为 60％～80％,成人体内含水量占体重的 66％,植物含水量为 75％～90％。根据生物学家估算,栖居于地球上的全部动植物和 40 亿人口体内含有的水分达 1.12×10^{12} t。因此,水在维持人类生存和生态环境方面是不可替代的,它是比石油、天然气、煤更加宝贵的自然资源。

水在太阳热力的作用下形成巨大的循环系统,并携带着来自自然界和人类活动所产生的各种物质进行迁移和转化。这样,一方面影响着地貌形态、气候干湿和自然景观的形成与变化,从而影响人类环境的区域分异和动态变化;另一方面水作为能源、生产原料和生活资源,影响着社会财富的创造和人类的生活质量。因此,自然界水量的地理分布、时间变化和水质的优劣,直接或间接地影响着人类的生存和生产活动,它会给人类带来幸福和快乐,也会给人类造成巨大的灾难和恶果。

当一个地区的降雨适时适量时,出现的是风调雨顺的丰收年景;在水量过多或过少的时间或地区,往往会出现洪、涝、旱、碱等自然灾害。当水资源保护和开发利用不当时,也会引起人为的灾害,造成巨大的经济损失,如水质污染、水体富营养化、水环境恶化、土壤次生盐碱化、地面下沉、垮坝事故和地震等,因此,在综合开发和利用水资源时,还应该对其加以保护,以达到兴利和除害的双重目的。

地表水与地下水是密切相关而且可以相互转化的,降水可以通过渗透作用补给地下水,而一部分地下水又可以进入地表的河川径流。当地下水过量开采利用,而降雨补给又不足时,必然导致河川径流和泉水流量的减少;因此应统筹地表-地下水补排关系,制定水环境系统一体化整治规划方案。

四、我国城市水资源的现状

城市化最主要的特征是人口与资源需求的高度集中,由于近年城市的膨胀式发展,水资源已不堪重负,加上资源没有价值体现的市场运营造成的对水资源的掠夺式开发,引发的后果已经显现出来,国内 666 个城市中,有 400 多个正受到水资源缺乏的影响,年缺水量约 60 亿立方米,其中 110 座城市严重缺水,许多大城市长期处于用水紧张状态,政府已将水资源缺乏作为影响经济发展的首要障碍之一。

我国城市水资源量约占全国水资源量的 2.5%,其中地表水占 69%,地下水占 30%,其分布与我国水资源的特点一样,在时间和空间上分布不均衡。我国多数地区雨季为四个月左右,南方有的地区可长达六至七个月,北方干旱地区仅有二至三个月。全国大部分地区连续最大四个月降水量占全年降水量的 70% 左右。南方大部分地区连续最大四个月径流量占全年径流量的 60% 左右,华北平原和辽宁沿海可达 80% 以上。

我国人口和水资源的空间分布南北悬殊,长江流域及其以南地区人口占了全国的 54%,却拥有全国 81% 的水资源,而北方人口占 46%,仅有全国 19% 的水资源量。由于自然环境以及高强度的人类活动的影响,我国北方和沿海地区很多城市可被利用的水资源十分短缺,区域性缺水严重,人均占有水资源量少,特别是城市更少。北京市人均占有量为世界平均量的 1/25,在 120 个国家和地区的首都和首府中名列百名之后。大连市人均占有量为 50.36 m^3,仅占全国平均占有量的 2%。在南方少数城市水资源紧缺,如昆明市人均占有量仅 900 m^3,只相当于南方城市一般人均占有量的 1/5。

我国水资源总量 28000 亿立方米,居巴西、俄罗斯、加拿大之后,居世界第四位,但人均占有量只有 2300 m^3,仅为世界平均水平的 1/4。按现行国际标准,人均水量 1700 m^3,定为严重缺水线,人均水量 1000 m^3,定为人类生存起码要求,我国目前有 15 个省(市、区)人均水量低于起码的生存线。

由于水资源在时空分布不均,造成我国城市缺水严重,一般在正常年份,全国城市缺水 60 亿 m^3。

城市缺水可分为资源型缺水、水质型缺水、工程设施型缺水等三种类型。北方多为资源型缺水;南方为水质型缺水,中西部为工程设施型缺水。

1. 资源型缺水

中国降水量受海陆分布、地形和季风等影响,地区分布差异大,年际变化大,年内季节分配不均。降水自东南沿海向西北内陆逐渐减少,将近一半国土面积降水量少,气候干燥,属干旱半干旱地区。东南沿海地区年降水量超过 1600 mm,西北地区年降水量不足 50 mm,约有 50% 的国土面积的年降水量少于 400 mm。南方多雨地区,丰水年的降雨量一般为枯水年的 1.5~3.0 倍;北方少雨地区,丰水年的

降水量一般为枯水年的 3～6 倍。月降水量的变化也很大;全国大部分地区年最大
4 个月的降水量占全年降水总量的 60%～80%。全国人均水资源量为 2300 m³,
但天津市的人均水资源量仅有 168 m³,北京、河北和山东的人均水资源量依次为
394 m³,387 m³ 和 398 m³,干旱缺水的程度十分严重。

资源型缺水以黄河流域及北方城市最为严重,由于干旱和沿河两岸用水量日
益增加,造成黄河断流日益严重,20 世纪 70 年代黄河平均断流河长为 242 km,80
年代为 256 km,90 年代为 392 km。20 世纪 90 年代以前,断流一般在河口地区,
而 1992～1994 年上延到山东济南附近;1995 年发展到河南封丘县的夹河滩水文
站以上,断流河长达 683 km;1997 年延伸到河南开封以上,断流河长超过 700 km,
占黄河下游干流长的 90% 以上。20 年间累计断流 70 次,共 908 天,平均年断流
45 天,其中 1997 年断流 226 天。不仅如此,黄河入海水量不断减少,1990～1994
年,年平均入海水量只有 184 亿 m³,相当于 80 年代年平均入海水量 286 亿 m³ 的
64%,70 年代平均入海水量 371 亿 m³ 的 50%,60 年代平均入海水量 492 亿 m³ 的
37%。黄河断流近年来有缓解,从 1999 年黄河水利委员会实施黄河统一调度以
来,2007 年元月份,黄河已连续七年未断流。但水量的减少已给豫鲁两省带来很
大困难,甚至影响了华北乃至全国经济的持续发展。

2. 水质型缺水

水体污染是造成城市水质型缺水的主要原因。我国的松花江和辽河、黄河、淮
河、海河、长江、珠江等七大水系均有不同程度的污染。

随着人口的增加,经济高速发展,城市化进程加快,污水和污染物的排放量在
逐年上升,导致江河、湖泊、水库等地表水域均受到不同程度的污染,在一些地区淡
水的污染已向人们亮出了"红牌"。有资料显示,每吨废水污染 8 t 淡水。

流经城市的江河段,90% 以上受到了严重污染,农用化肥、农药的施用量在逐
年增加,通过地表径流和灌溉回水,又污染了地表水域,破坏了淡水功能,使有限的
水资源再度出现量的减少,导致淡水供需矛盾更加突出。

从发展的前景来看,水量不足、污染加剧、生态恶化,导致淡水资源的承载力不
堪重负,水的未来将面临着严重的危机。到 2030 年,我国最大需水量将达到 7000
亿～8000 亿 m³,这是难以维系的。

3. 工程设施型缺水

水资源丰富,但因无工程或设施不健全、不配套,无法利用而造成缺水,我国南
方,如重庆、武汉等城市的缺水都属于此种类型。此外,在一些新兴的城市或地区,
由于其发展速度与水资源的开发利用不相适应而产生缺水,也可列入此种类型。

应该说明的是,无论哪种类型的缺水,常常不是单一的原因形成的。缺水问题
与人类需求有关,即使在东南沿海的多雨地区,城市需水超过了当地水资源承载
力,也会出现缺水问题,反之,在西北干旱沙漠的无人烟地区则无解决缺水问题之

急。总起来看,特别是从自然条件来看,我国是个缺水的国家,但目前严重缺水区的面积也仅占国土面积的 1/6～1/5,因此近期内,我们必须把主要的人力与物力放在这些地区,并采取相应的对策,使我国地域缺水问题分区、分类、分期、分步骤地得到解决。

五、城市水资源供需平衡分析

城市水资源供需平衡分析是指在一定区域、一定时段内,对某一发展水平和某一保证率的各部门供水量和需水量进行平衡关系的分析。水资源供需平衡关系是建立在水资源开发、利用和保护基础上的,涉及水文、环境水利、水利工程等学科,并与自然地理条件、社会、经济和科学发展水平等方面密切相关。

从水资源量的供需关系来看,城市水资源供需平衡分析又是建立在供水系统、用水系统和排水系统的基础上,这三个系统是密切相关又相互作用的,其中任何一个系统发生变化,都会对其他系统产生相应的影响,因此,在进行水资源量的供需分析时,必须把这三个系统作为一个综合的大系统来统筹考虑。

(一)城市水资源供需平衡分析原则

水资源供需平衡分析必须遵循以下原则:远期与近期相结合;宏观与微观相结合;科技、经济、社会三位一体统一考虑;水循环系统综合考虑。

1. 远期与近期相结合原则

水资源供需平衡分析实质上就是对水的供给和需求进行平衡计算,水资源的供与需不仅受自然条件的影响,更重要的是人类活动对供与需的影响。在社会不断发展的今天,人类活动对供需关系的影响已经成为基本的因素,而这种影响又随着经济条件的不断改善而发生阶段性的变化。以北京地区为例,在 20 世纪 50 年代,水资源供水量大于需水量;60～70 年代初期,水资源供水量与人们的需水量基本持平,自然条件和人类活动对供需平衡分析几乎产生同样重要的影响,供需平衡分析问题变得相当复杂,往往从单一的水问题变成国民经济各部门的综合性问题。因此,在进行水资源供需平衡分析时,必须把远期与近期结合起来考虑。

在对水资源供需平衡做具体分析时,根据远期与近期原则,可以分成几个阶段分析:①现状水资源供需分析,即对近几年来本地区水资源实际供水、需水的平衡情况,以及在现有水资源设施和各部门需水的水平下,遇不同保证率的来水年时,对本地区水资源的供需平衡情况进行分析;②今后五年内水资源供需分析,它是在现状水资源供需分析的基础上,结合国民经济五年计划对供水与需求变化情况进行供需分析;③今后十年或二十年内水资源供需分析,这属于远期的供需分析,这项工作必须紧密结合本地区的长远规划来考虑,同样也是本地区国民经济远景规划的组成部分。

2. 宏观与微观相结合原则

这里所说的宏观与微观包含三种含义：一是指分析的地域应是大区域与小区域相结合；二是指单一水源与多个水源相结合；三是指单一用水部门与多个用水部门相结合。

水资源具有区域分布不均匀的特点，在进行全省或全市（县）的水资源供需平衡分析时，往往以整个区域的平衡值来计算，这就势必造成全局与局部的矛盾，大区域内水资源平衡了，各小区域内可能有亏有盈。因此，在进行大区域的水资源供需平衡分析后，还必须进行小区域的供需平衡分析，只有这样才能反映各小区的真实情况，从而提出切实可行的措施。

在进行水资源供需平衡分析时，除了对单一水源地（如水库、机井群）的供需平衡加以分析外，更应重视对多个水源地联合起来的供需平衡进行分析，这样可以最大限度地发挥各水源地的调解能力和提高供水保证率。

由于各用水部门对水资源的量与质的要求不同，对供水时间的要求也相差较大，因此，在实践中许多水源是可以重复交叉使用的。例如，内河航运与养鱼、环境用水相结合，城市河湖用水、环境用水和工业冷却水相结合等。一个地区水资源利用是否科学，重复用水量是一个很重要的指标。因此，在进行水资源供需平衡分析时，除考虑单一用水部门的特殊需要外，本地区各用水部门应综合起来统一考虑，否则往往会顾此失彼，造成很大的损失。这对一个地区的供水部门尚未确定安置地点的情况尤为重要，这项工作完成后可以提出哪些部门设在下游，或哪些部门可以放在一起等合理的建议，为将来水资源合理调度创造条件。

3. 科技、经济、社会三位一体统一考虑原则

对现状或未来水资源供需平衡的分析都涉及技术和经济方面的问题、行业间的矛盾，以及省市之间的矛盾等社会问题，在解决实际的水资源供需不平衡的许多措施中，被采用的可能是技术上合理，而经济上并不一定合理的措施，也可能是矛盾最小，但技术与经济上都不合理的措施。因此，在进行水资源供需平衡分析时，应统一考虑以下三种因素，即社会矛盾最小、技术与经济都较合理，并且综合起来最为合理而对某一因素并不一定是最合理的。

4. 水循环系统综合考虑原则

这里所指的是人类在利用天然水资源时形成的水循环系统，如图 3-1 所示，人类在开发、利用水资源中必然经历三个系统，这三个系统是相互制约和相互影响的。从水源地出来的水，经过供水系统进入用水系统，当使用后受到一定程度的污染，流入排水系统，经污水处理厂的处理，一部分退到下游，一部分达到再利用标准，又返回供水系统或用水系统，从而达到了水健康循环的目的。

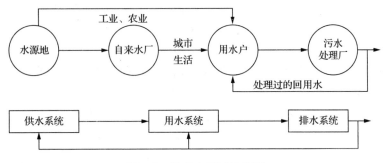

图 3-1　城市水循环系统图

这个人为的水循环,与三个系统的工程建设情况有关,从理论上讲,可以做到完全的循环,但从经济效益和社会效益方面考虑,要达到完全的循环是不经济和不合理的。但是,对水资源紧缺地区来讲,做到三系统的水循环,是科学管理和合理利用水资源的方向。

(二)城市水资源供需平衡分区和时段划分

对所分析地区进行区域划分,是供需平衡分析的一项基本工作,也是搜集和整理各种供水、需水资料的基础,因此,分区工作直接影响供需平衡分析结果的精度和工作量的大小。

分区太大,会掩盖水资源在地区上分布的差异性,无法反映供需的真实情况;分区太小,不仅增加计算工作量,而且会使供需平衡分析结果反映不了客观情况。因此,在确定具体的分区范围时,应该考虑多方面的因素,这些因素有:与全国或大流域区域划分相衔接;根据自然地理与气候条件的相似性,把相似的区域划分为同一区,照顾现行的行政管理范围;尽量不打乱供水、用水、排水三个水循环系统,以及特殊地区的特殊考虑等。

时段划分也是供需平衡分析中一项基本工作,目前,分析采用年、季、月、旬和日等不同的时段,从原则上讲,时段划分得越小越好,但实践表明,时段的划分也受各种因素的影响,究竟按哪一种时段划分最好,应对各种不同情况加以综合考虑。

由于城市水资源供需矛盾普遍尖锐,管理运行部门为了最大限度地满足各地区的需水要求,将供水不足所造成的损失压缩到最低程度,需要紧密结合需水部门的生产情况,实行科学供水,同时,也需要供水部门实行准确计量,合理收费。因此,供水部门和需水部门都要求把计算时段划分得小一些,一般以旬、日为单位进行供需平衡分析。

在做水资源规划(流域水资源规划、地区水资源规划、供水系统水资源规划)时,应着重方案的多样性,而不宜对某一具体方案做得过细,所以在这个阶段,计算时段一般不宜太小,以“年”为单位就可以。

对于无水库调节的地表水供水系统，特别是北方干旱、半干旱地区，由于来水年内变化很大，枯水季节水量比较稳定，在选取时段时，枯水季节可以选得很长些，而丰水季节应短些。如果分析的对象是全市或与本市有关的外围区域，由于其范围大，情况复杂，分析时段一般以年为单位，若取小了，不仅加大工作量，而且也因资料收集困难而无法提高精度。

如果分析对象是一个卫星城镇或一个供水系统，范围不大，则应尽量将时段选得小一些。

（三）城市水资源供需平衡分析

供需平衡分析是供水量和需水量平衡关系的分析，分析之前，必须确定区域、时段、发展水平和所要求的保证程度；分析以后，即在进行结果综合时，应反映出以上各种情况下水资源的余缺情况。现以北京市为例，说明城市水资源供需平衡分析。

首先确定分区和时段，然后认定发展水平年和保证程度。

分区：将北京市分为全市、城区和郊区三种不同的计算范围；

时段：以"年"为计算单位；

发展水平年：现状水平、2020年水平和2030年水平；

保证程度：分三个方案，即保证率50％、75％和95％。

1. 可利用水量分析

可利用水量分为供水量，即通过各种水利设施而获取的天然地表水量和地下水量；重复利用水量，即城市工业用水废水和城市污水处理回用水量两大类。按照上述的供需平衡分析要求，把各种可利用水量汇总成表，如表3-1所示的北京市的可用水量（城区和郊区的形式相同），表中的各种水源的量都必须有单项的调查分析报告，特别是预测的数字，要有足够的依据，并说明计算的前提条件。

表 3-1　北京市可利用水量统计表　　　　　单位：$10^8 m^3$

水源	水平年 / 保证率/%	现状 50	现状 75	现状 95	2020年 50	2020年 75	2020年 95	2030年 50	2030年 75	2030年 95	备注
地表水可代水量	大水库1			△	△	△	△	△	△	△	
	大水库2	△	△	△	△	△	△	△	△	△	
	中小水库及河道基流	△	△	△	△	△	△	△	△	△	
地下可供水量		△	△	△	△	△	△	△	△	△	
重复利用率		△	△	△	△	△	△	△	△	△	
合计		52	45	38	44	37	33	43	36	32	

2. 需水量分析

城市需水量除了一般的城市生活用水、工业用水、农业用水和城市环境用水四方面外，各城市还有一些特殊的用水，因此，在供需平衡分析时，对需水量还应重点分析以下几方面的内容：

（1）本地区有哪些主要用水部门，需水量多少？

（2）各用水部门要求需水的保证程度，一般生活用水的保证率在95％以上；重点工业部门用水保证率需达90％～95％；农业部门的保证率不超过75％；有些特殊部门用水保证率必须达到100％。

（3）根据各用水部门的地理位置，弄清哪些部门可以串联供水，哪些部门必须分质供水，特别是大量需要冷却水的部门与其下游用户的关系，这对进行供需平衡预测，如何合理调水，提高重点利用水量的方案分析是必不可少的。

（4）各需水部门与供水系统的关系，这是进行水资源调度和分区评价必不可少的资料。

（5）分析各需水部门需水量的变化幅度，以及水资源对该部门可能产生的社会效益和经济效益。目的在于遇到枯水年供水不足时，为管理部门制定供水计划提供依据。

有了上述的资料后，便可以进行多成果综合分析，一般采用以下几种表格形式进行综合：各用水部门用水量和供水水源现状表（表3-2），根据该表就可以分析各需水部门之间水源调配的余地，并根据用水部门的重要性，可以互调水源，以确保重点用水部门用水；经合理调配水源，就可以列出需水量和供需平衡分析表，（表3-3，表3-4）。表3-4中，2020年、2030年数字必须说明前提条件，如水源开发、调配情况和各需水部门的供水保证率。

表 3-2　各用水部门用水量及供水水源现状表（毛或净）　　单位：10^8m^3

用水部门 / 水源	工厂				城市生活	农业	备注
	1厂	2厂	3厂	……			
大水库1 大水库2							水库水源各部门可以互调，为公共水源
中小水库及河道基流地下水							这部门水源无法互调，为各自独立的供水系统
合计							

表 3-3　需水量表（毛或净）　　　　　　单位：$10^8\,\text{m}^3$

水平年 保证率 / % 分区和需水部门		现状			2020 年			2030 年			备注
		50	75	95	50	75	95	50	75	95	
城区	生活										需水部门可根据需要分类,可粗可细
	工业										
	农业										
	……										
	小计										
郊区	生活										
	工业										
	农业										
	……										
	小计										
全市											

表 3-4　供需平衡分析表（毛或净）　　　　　　单位：$10^8\,\text{m}^3$

水平年 保证率 / % 水源		现状			2020 年			2030 年			备注
		50	75	95	50	75	95	50	75	95	
可利用水量											
需水量											
平衡情况	余缺 （＋）、（－）										
	预测缺水部门										

六、城市节水

（一）面临的形势

1. 水资源短缺已成为经济和社会发展的重要制约因素

目前,我国黄淮海及内陆河流域有 11 个省、区、市的人均水资源拥有量低于联合国可持续发展委员会研究确定的 1750 m^3 用水紧张线,其中低于 500 m^3 严重缺水线的有北京、天津、河北、陕西、山东、河南、宁夏等地区。据统计,全国 666 个城市中,有 49 个城市水资源严重短缺,其中分布在黄河、海河流域的有天津、青岛、邯郸等 16 个城市。水资源短缺已成为制约我国经济和社会发展的重要因素。

2. 实施可持续发展战略要求全面加强工业节水工作

据有关研究报告,到 21 世纪中叶我国人口达到 16 亿高峰时,全国总取水量有可能达到 7000 亿～8000 亿 m^3,已接近可用水资源量的极限。为保证经济社会的可持续发展,21 世纪前半叶工业取水量应控制在 2000 亿 m^3 以内,年均增长率不能超过 1.1%。根据我国工业取水量和万元工业增加值取水量的变化趋势,预测未来几十年内工业取水量增长率达 3% 左右,远高于 1.1% 的增长率。因此,必须全面加强工业节水,大幅度提高用水效率,降低工业取水量的增长速度。

(二)存在的主要问题

1. 节水意识薄弱

人们对节水的重要性、紧迫性和长期性缺乏足够的认识。长期以来,人们把水看作取之不尽、用之不竭的可再生资源,水是公共产品,因此,地下水可以无偿采用,水成为最廉价的资源。由于人们缺乏科学、正确的水资源观念,对节水的重要性、紧迫性和长期性认识不足,没有把节水放在突出位置,粗放经营,浪费水、污染水环境的现象十分严重,这是造成用水紧张的重要原因之一。

2. 工业水价、水资源费、排污费偏低

根据对 378 个城市的统计,1999 年供水中每立方米工业用水价格为 0.12～3.50 元,平均为 1.21 元;水资源费 0.02～1.10 元(1998 年),平均为 0.23 元;污水处理费(排污费)为 0.08～1.7 元,平均为 0.46 元。多数企业用水成本占其生产成本的比重不超过 2%,低廉的水价是企业缺乏节水意识的重要原因。

3. 工业布局不合理,结构性矛盾突出

黄淮海和内陆河流域的 14 个省区,火力发电、纺织、造纸、钢铁、石油石化等五个高用水行业在该地区的工业中占有较高的比重。高用水行业过度集中在北方缺水地区,使该地区水资源供需矛盾日益突出,水环境恶化的状况加剧,由此带来地下水位下降、地面沉降和水污染问题日益严重。

工业结构性矛盾突出。企业规模结构、产品结构和原料结构不合理,是目前工业用水效率低的重要因素之一。绝大多数企业规模小,生产集中度低,高消耗、粗加工、低附加值、缺乏市场竞争力的产品比重高,降低了产品可实现的价值,这是万元增加值取水量高的重要原因;造纸等行业的原料结构不合理,导致单位产品取水量居高不下。

4. 管理工作薄弱,浪费现象严重

绝大多数企业没有建立节约用水的管理制度,工业用水定额不完善,用水计量不健全,不少企业供水管道和用水设备的"跑、冒、滴、漏"现象严重。除火力发电直流冷却电厂的冷却水外,浪费和漏失的水量高于取水量的 15%,个别达到 50%。

（三）节水潜力

1. 工业节水潜力

我国工业用水占城市用水的 70％左右,工业节水是城市节约用水的主要方面。工业生产复杂多样,可以节水的环节很多,潜力很大。大多数情况下,工业节水是通过重复利用和改革用水工艺搞好工艺设备改造、推广水质稳定技术来实现的。重复利用包括两种方式,即一水多用和循环复用。一水多用是指用过的新水排出后再供其他用户使用,可以二次、三次或多次地串联使用。例如,沈阳市从1983 年起就开始鼓励厂际串联用水。循环复用指水在用户内回收循环利用。其中,循环再用是当前我国工业节水的主要途径之一。

目前,我国城市工业用水重复利用率在 50％左右,比 80 年代初提高了 1 倍多。重复利用率的提高使 80 年代城市工业用水量节约了 100 亿 m³。但比发达国家仍相差较远。其他工业化国家重复利用率基本上为 70％～80％（不含电力）。当然,节水潜力不是无限的。一般来讲,重复利用率越高,节水投资越大,几乎呈指数递增。

全国大多数城市的工业用水仍存在严重浪费现象,从各城市工业万元产值取水量（表 3-5）可以看出,在华北地区最低的是青岛和天津,分别为最高（石家庄）的16％和 36％。工业用水的重复利用率不高,除了北京、天津、唐山、石家庄、太原、大同、青岛、淄博、沧州、安阳等城市可达 70％以上,大量城市在 30％～40％,中小城市更低,而日本、美国工业用水重复利用率在 75％以上。若各城市工业用水单耗均能达到北京、天津的用水水平,全国每年可节水 150 亿 m³,北京、天津这样的城市,工业用水仍有不少潜力可挖。以首钢为例,重复用水率虽已达到 80％以上,而每吨钢用水约 18 t 左右,比国际先进水平（每吨钢的用水量仅 10 t）还高得多。

表 3-5　我国 12 个重点城市工业用水

项目 ＼ 城市	北京	天津	唐山	秦皇岛	石家庄	太原	大同	青岛	济南	淄博	沧州	安阳
城市总取水量/(亿 t/年)	12.76	6.90	1.48	0.503	3.321	2.083	1.01	1.01	2.382	2.579	0.331	1.303
工业取水量/(亿 t/年)	7.687	4.931	1.158	0.245	2.442	1.799	0.741	0.65	1.639	1.894	0.221	0.759
工业占城市取水/%	60.2	71.5	78.2	48.7	73.5	86.4	73.4	64.4	68.8	73.4	66.8	58.3
万元产值取水量/m³	296	151.5	332	238.4	418.9	297	242	67	210	308	241	316
重复利用率/%	78.8	72.5	86.5	67.0	72.1	85.6	94.3	79	65.1	89	84	71

2. 生活节水潜力

随着社会经济发展,人均生活用水量是逐步上升的,但是通过节水措施可以减少无效或低效耗水。生活节水的环节很多,但主要在于厕所冲洗水、洗浴用水等。对于现代城市家庭,厕所冲洗水和洗浴用水一般占家庭生活用水总量的 2/3。厕所冲洗水方式主要有两种,一种是中水道系统,利用再生水冲洗;另一种是选用节水型抽水马桶,它比传统型节省用水 2/3 左右。采用节水型淋浴头,可以节约大量洗浴用水。此外,新型控水阀门有自动延时关闭功能,杜绝长流水;在阀门上装设节流塞等节水效果也很明显。

现阶段我国城市生活用水(包括居民生活及城市环境用水)的水平还较低,处于中下等水平,人均城市生活用水量为 161 L/d,县、镇生活用水只有 50～60 L/d,但由于管理不善和价格不合理,仍存在用水严重浪费的现象。尤其是公共用水部分,如公共设施中自来水的跑、冒、滴、漏水现象,用供饮用的自来水来喷灌园林花木等,大城市一些高级宾馆人均日用水量达 2000 L。杜绝城市生活用水的浪费和回收处理废弃水,可望节水 1/3～1/2。

我国城镇生活用水,一是供水跑、冒、滴、漏现象相当严重。据分析,全国城市供水漏失率为 9.1%,北方地区城市供水平均漏失率为 7.4%～13.4%,有 40% 的特大城市供水漏失率达 12% 以上。二是节水器具、设施少,用水效率较低。如北方地区 245 个城市 1997 年人均家庭生活用水为 123 L/d,已接近挪威(130 L/d)和德国(135 L/d),并高于比利时(116 L/d),而三国经济发展水平和生活条件远高于我国,这说明存在明显的浪费。

城镇生活节水的主要措施如下。

(1) 采用节水型家用设备。

城市生活用水增加,一方面是因为城市人口增加,另一方面是因为第三产业的发展和人们生活水平的提高。从一些国家的家庭用水调查来看,做饭、洗衣、冲洗厕所、洗澡等用水占家庭用水的 80% 左右。因此,改进厕所的冲洗设备、采用节水型家用设备是城镇生活节约用水的重点。城市生活节水方面,如空调冷却水的回收利用、采用脚踏式淋浴器、居民用水实行装表到户、采用节水型卫生设备等。

(2) 加强管道检漏工作,避免城镇不必要的供水损失。

节水的前提是防止漏损,最大的漏损途径是管道,自来水管道漏损率一般都在 10% 左右。为了减少管道漏损,在铺设管道时,需选用质量好的管材并采用橡胶柔性接口。另外,还须加强日常的管道检漏工作。例如,美国洛杉矶供水部门中有 1/10 人员专门从事管道检漏工作,使漏损率降至 6%;东京自来水管的漏水比较严重,为了进行维修,自来水局建立了一支 700 人的"水道特别作业队",其主要任务是早期发现漏水并及时进行修复。根据美国东部、拉丁美洲、欧洲和亚洲许多城市的统计,供水管路的漏水量占供水量的 25％～50％,如在维也纳,由于做出努力防止漏水,每天减少损失 64000 m³ 的洁净水,足够满足 40 万居民生活用水的需要。目前各国均把降低供水管网系统的漏损水量作为供水企业的主要任务之一来对待。

(四)工业节水规划

1. 工业节水现状

工业部门开展节约用水,一水多用,重复使用,是减少水污染、缓解城市水资源紧缺的重要措施。目前,我国工业用水存在的问题是单耗高和循环用水率低,因此,节约用水有很大的潜力。从表 3-6 中可以看到,尽管我国工业用水平均万元产值单耗正在逐年下降,但与国外同期水平相比,仍然高很多。单位产品的耗水量反映了水资源的利用效率及生产技术水平,与国外同类产品比较,我国在这方面的差距甚大(表 3-7)。加之原料消耗高,使污水量和污染物大大增加,造成水体的严重污染。

表 3-6　我国工业用水历年单耗

年份	1952	1957	1965	1975	1978
工业产值/亿元	343	704	1394	3219	4228
用水量/10^8 m³	49	79	119	214	263
单耗/(m³/亿元)	1428	1122	853	664	622

表 3-7　国内外主要产品单耗的比较　单位:m³ 排水量/t 成品

产品	国内	国外	差距(倍数)
硫酸	10～15	0.2～0.7	20～50
石油	2～30	0.1～0.2	20～25
合成氨(煤)	900～1000	12	75～83
造纸	400～600	50～200	3～5
甜菜糖(每吨甜菜)	15～30	1.25	12～24
制革(每吨原皮)	60～100	30～40	2
甘蔗糖(每吨甘蔗)	30～60	1.4～1.6	15～20
炼钢	60～100	3～10	10～20

我国一些典型城市的循环用水率平均值也远低于工业发达国家(表 3-8),近年来,我国一些因水资源严重紧缺而制约发展的城市,经过努力循环用水率已有了较大幅度的提高。

表 3-8　全国主要工业部门及典型城市循环用水率(1981 年)

城市	大连	青岛	上海	北京	天津	济南	石家庄	郑州	无锡
循环用水率/%	78	74.9	59.6	46	46	20	20	12	23
工业部门	化工工业		机械工业(274 个重点企业)				冶金工业(48 个重点企业)		
循环用水率/%	12		28				65		
国家	中国		美国(1980)			苏联(1980)		日本(1980)	
循环用水率/%	20		67			75~80		70	

2. 工业节水措施

2.1　节水的技术经济指标

目前,有关工业节水的技术经济指标有重复利用率和万元产值新鲜水耗用量,这两个指标虽然能够反映出工厂企业和城市用水的一些用水效率和节水潜力,但并不完全。这是因为重复利用率只能说明节约用水量的程度,并不能反映出压缩排水量的情况;万元产值新鲜水耗用量,因产品结构和比例不同,更不能说明用水效率的高低。为了能从整体上比较各企业与城市的用水效率和节水潜力,有利于预测和规划企业与城市的用水及排水,可用以下几个指标来表示工厂或城市的工业用水效率。

1) 重复利用率 P_C

$$P_C = Q_R/(Q_R + Q_W) \times 100\% \tag{3-1}$$

式中,Q_R——重复利用量;

　　　Q_W——新鲜水量。

2) 新鲜水利用系数 K_f

$$K_f = (Q_W - Q_B)/Q_W \leqslant 1 \tag{3-2}$$

式中,Q_B——外排污水量(包括循环排污水和进入污泥的水)

工业废水量取决于技术、管理和产品等因素,可用下式从用水量预测。

$$Q_B = Q_W \cdot K_1(1-K_2)(1-K_3)(1-P_C-H)K_4 \tag{3-3}$$

式中,K_1——预测年限与基期工业产值之比;

　　　K_2——工艺技术水平削减系数;

　　　K_3——管理水平提高的削减系数;

　　　K_4——产品结构系数;

　　　H——自耗系数。

新鲜水利用系数 K_f 可以看作是一种综合系数,它反映了工业部门的综合用水效率。K_f 的变化比较平稳,这样就可以通过简单的比较新鲜用水量来估算排放量。

2.2　控制规划措施

（1）制定用水定额,加强水资源开发利用管理。

目前不少企业冷却大都采用直流式,即用后又直接流回河道,把河道当作天然的冷却水池,任意排放,任意取用,这样造成水资源的严重浪费,又带来水质污染。近年来,通过制定"地下水源管理办法",对工厂自备深井水源实行计量收费,有助于各工厂企业加强节约用水和加强水资源管理,但对河水的采用仍是毫无节制。因此,为了促使各行各业加强对水资源的合理开发利用和管理,有关部门应该根据不同行业生产用水的特点、用水的历史发展情况和现状,分别制定合理的用水定额,并按定额计划供应,超额用水部分要加倍收费,必要时还可以采取关阀停水的措施,对自备水源(深井水、地面水)同样要按定额使用。

例如,日本从 20 世纪 50 年代后期开始,由于需要大量用水的重工业的发展,工业用水量迅速增长(图 3-2),但是,开发新水源已越来越困难,于是实行定量供水,从而促进了各类工业淡水再用率的增加,使单位产值的淡水需要量迅速减少(图 3-3)。

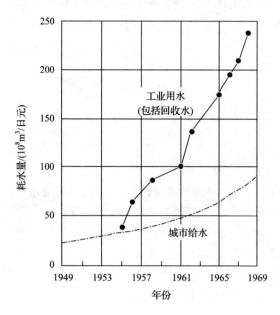

图 3-2　工业与城市耗水量(引自《水的再净与再用》)

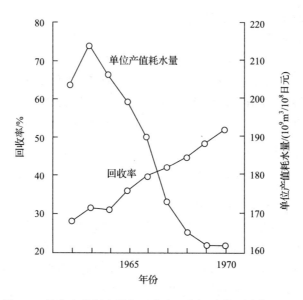

图 3-3　单位产值耗水量和回收率(引自《水的再净与再用》)

(2) 发展循环用水,抓好重复利用。

工业用水中,冷却水约占 70%,就水质而言,并未有多大变化,只是变热了,因此,完全可以重复使用。例如,某市各工厂自备深井水源,每天抽取地下水 11 万 t,其中 90% 用于冷却水,如果将全市重复用水率由现在的 27.71% 提高到 50%(相当于日本 1970 年的水平),则重复利用的水量将从 16.46 万 t/d 提高到 29.70 万 t/d,净增重复水量 13.24 万 t/d,这部分水量比目前自备深井水资源的水量还要多。按目前收深井水费 0.18 元/t 计,折合水费 2.38 万元/d。由此可见,合理利用水资源和提高重复用水率所带来的效益是十分显著的。

(3) 加强污水处理,实现污水资源化。

目前我国的污水处理设施主要由两部分构成,首先是城市集中污水处理厂,负责处理城市生活污水和工业废水;其次是工业企业内部污水处理设施,负责厂区内部工业废水的处理,使工业废水达到排放标准后排入市政污水管道,部分企业对处理后的污水进行了回收利用。污水循环利用的核心技术是污水的再生处理,即通过深度处理使水质达到相应的回用要求。

城市污水由于其相对稳定的水质和水量可作为城市可靠的第二水源,已成为当今世界各国在解决水资源短缺问题时的共识。我国城市用水结构中,饮用水仅占 2%,生活杂用水约占 50%,市政建设杂用水约占 40%,绝大部分城市用水和工业用水对水质的要求并不高。经过净化处理后的城市污水可以用作生活杂用水、市政绿化用水、部分工业用水、景观生态补水和农田灌溉等多种用途,可替代等量的新鲜水量。污水的再生利用既开辟了一个稳定的新水源,又可减少废水排放造成的环境负荷,对缓解水资源紧缺和改善水环境质量都有重要的意义。

2.3 从工艺着手,降低消耗

结合企业的技术改造,调整布局,改革工艺和水洗方式等都是降低水资源消耗的重要途径。例如,近年来电镀工业推广逆流漂洗工艺,可节水 80％以上。当前,城市应该改变只偏重于开辟新的水资源来解决用水量增长的倾向。我国节水潜力很大,只要充分研究,采取相应对策,完全可能缓和经济增长和水资源不足的矛盾。

(五)指导思想及发展重点

1. 指导思想

"十一五"规划指出:必须加快转变经济增长方式。我国土地、淡水、能源、矿产资源和环境状况对经济发展已构成严重制约。要把节约资源作为基本国策,推进循环经济,保护生态环境,加快建设资源节约型、环境友好型社会,促进经济发展与人口、资源、环境相协调。推进国民经济和社会信息化,切实走新型工业化道路,坚持节约发展、清洁发展、安全发展,实现可持续发展。

2. 发展重点

(1)重点开发、推广的节水技术及设备。

开发和完善高浓缩倍数工况下的循环冷却水处理技术,海水和苦咸水利用中的脱盐、防腐、防垢、防微生物繁衍技术。

推广直流水改循环水、空冷、污水回用、凝结水回用、海水和苦咸水及再生水的利用等技术。

推广供水、排水和水处理的在线监控技术。

火力发电:完善和推广浓浆成套输灰、干除灰、干除渣及空冷等技术和设备。

纺织:开发和完善超临界-氧化碳染色、生物酶处理、天然纤维转移印花、无版喷墨印花等技术。推广棉织物处理冷轧堆、逆流漂洗、合成纤维转移印花、光化学催化氧化脱色等技术。

造纸:开发和完善低卡伯值蒸煮、氧脱木素、无元素氯漂白、高得率制浆和二次纤维的利用、蒸发污冷凝水回用、中浓筛选等先进的节水制浆工艺技术。完善高效黑液提取设备、全封闭引纸的长网纸机等设备。推广制浆封闭筛选、中浓操作、纸机用水封闭循环、白水回收、碱回收等技术。

钢铁:开发和完善外排污水回用、轧钢废水除油、轧钢酸洗废液回用等技术。推广干熄焦和干式除尘技术以及串接供水系统。

石油石化:开发和完善稠油污水深度处理回用锅炉、炼化污水深度处理回用、聚合物采出污水处理等技术。

(2)重大节水示范工程。

火力发电:组织以循环冷却水高浓缩、浓浆输灰(代替稀浆输灰)、干除灰(代替水力除灰)、干除渣(代替水力除渣)等节水技术为主的重大示范工程。

纺织:组织以逆流漂洗、印染废水深度处理回用、溴化锂冷却(代替冷却塔冷却)等节水技术为主的重大示范工程。

造纸:组织以制浆封闭筛选(代替开放式筛选)、中浓操作(代替低浓操作)、多圆盘过滤机白水回收(代替普通白水回收)等节水技术为主的重大示范工程。

钢铁:组织以高炉煤气干法除尘(代替湿法煤气除尘)、污水处理及回用等节水技术为主的重大示范工程。

石油石化:组织以循环冷却水高浓缩、稠油污水处理回用、污水深度处理回用等节水技术为主的重大示范工程。

(六)对策与措施

1. 制定和完善工业节水法规和政策

研究制定《工业节水管理办法》,规范企业用水行为,将工业节水纳入法制化管理。

研究制定鼓励工业节水的政策。继续发布当前国家鼓励发展的节水设备(产品)目录,落实减免税的优惠政策;编制限制高取水项目目录及淘汰落后的高耗水工艺和高耗水设备(产品)目录;制定工业节水的技术政策,引导企业采用先进的节水工艺技术与设备,淘汰落后的技术与设备;制定鼓励废水综合利用,实现废水资源化及综合利用海水、微咸水等非传统水资源的政策。

2. 加大以节水为重点的结构调整和技术改造力度

根据水资源状况,按照以水定供、以供定需的原则,调整产业结构和工业布局。缺水地区严格限制新上高取水工业项目,禁止引进高取水、高污染的工业项目,鼓励发展用水效率高的高新技术产业;水资源丰沛地区高用水行业的企业布局和生产规模要与当地水资源、水环境相协调;严格禁止淘汰的高耗水工艺和设备重新进入生产领域。

优化企业的产品结构和原料结构。通过增加优质、低耗、高附加值、竞争力强的产品种类和数量,优化工业产品结构;逐步加大低耗水原料的比重,优化原料结构,提高用水效率。

围绕工业节水发展重点,加快节水技术和节水设备、器具及污水处理设备的研究开发;把重点节水技术研究开发项目列入国家和地方重点创新计划和科技攻关计划;采取有效措施,大力推广工业节水新技术、新工艺和新设备;组织重大节水技术示范工程;发布工业节水技术改造投资向导目录,推动企业进行节水技术改造。

3. 建立和完善工业节水机制

适时适度地提高水价、水资源费和污水处理费,促进工业节水;逐步实行容量水价和计量水价相结合的两部制水价制度;建立工业水价预警机制,定期发布工业水价预测信息,引导企业增加节水投入;完善工业节水投融资机制,拓宽工业节水投融资渠道,鼓励工业企业引进外资和吸收利用社会资金,加速工业节水技术改造。

4. 强化工业节水管理

新建、改建和扩建工业项目,严格执行"三同时、四到位"制度,即工业节水设施必须与主体工程同时设计、同时施工、同时投入运行,工业企业要做到用水计划到位、节水目标到位、节水措施到位、管水制度到位;制定《节水型工业企业目标导则》,积极开展创建节水型企业活动,指导企业落实各项节水措施;制定设备用水标准和限额,完善工业节水标准体系;建立节水产品认证制度和重要产品市场准入制度,整顿节水产品市场;建立和完善工业节水指标体系;规范企业用水统计报表制度。

工业企业要及时开展水平测试和查漏维修维护工作,强化对用水和节水的计量管理。生产用水和生活用水要分类计量,主要用水车间和主要用水设备的计量器具装配率达到 100%,控制点要实行在线监测,杜绝"跑、冒、滴、漏"等浪费水的现象。

5. 加强工业废水综合治理

工业企业要积极推行清洁生产,实现废水减量化;促进废水循环利用和综合利用,实现废水资源化;加大投入,加快废水资源化和处理设施建设;积极推行污染治理设施社会化运营管理。加强运行监管,充分发挥已建设施的作用;科学制定区域工业废水治理规划,采取工业废水分散治理和集中治理相结合的方式,确保工业废水达标排放,逐步改善水环境,防止出现水质性缺水。

6. 节水型城市

中华人民共和国住房和城乡建设部、国家发展和改革委员会 2006 年印发了《国家节水型城市申报与考核办法》和《国家节水型城市考核标准》(建城[2006]57 号)。

《国家节水型城市考核标准》共 26 项指标和要求,分为基本条件(5 项)、基础管理指标(6 项)、技术考核指标(6 项)、生活节水指标(4 项)、工业节水指标(5 项)。

节水型城市必须具备以下 5 项基本条件(如有任何一条不符合要求,不得申报节水型城市):

(1) 法规制度健全。具有本级人大或政府颁发的有关城市节水管理方面的法规、规章和规范性文件;具有健全的节水管理制度和长效机制。

(2) 城市节水机构规范。根据市编委文件专门设立城市节水管理机构,职责明确,人员配置齐备;依法对供水用水单位进行全面的节水监督检查、指导管理;组织城市节水技术与产品推力。

(3) 建立城市节水统计制度。实行规范的城市节水统计制度,按照国家节水统计的要求,建立科学合理的城市节水统计指标体系,定期上报本市节水统计报表。

（4）建立节水专项财政投入制度。有稳定的年度政府节水专项财政投入,确保节水基础管理、节水技术推广、节水设施改造与建设、节水宣传教育等活动的开展。

（5）全面开展创建活动。成立创建工作领导小组,制定和实施创建工作计划;全面开展节水型企业(单位)及节水型居民小区等创建活动;获得省级节水型城市称号满一年;广泛开展节水宣传日(周)及日常城市节水宣传活动。

基础管理指标包括(6)~(11)共6项:

（6）城市节水规划。有经本级政府或上级政府主管部门批准的城市节水中长期规划,节水规划需由具有相应资质的专业机构编制。

（7）城市节水资金投入。城市节水资金投入占本级财政支出的比例≥1‰。

（8）计划用水与定额管理。在建立科学合理用水定额的基础上,对公共供水的非居民用水单位实行计划用水与定额管理,超定额、超计划累进加价。公共供水的非居民用水计划用水率不低于90%。建立用水单位重点监控名录,强化用水监控管理。

（9）自备水管理自备水全面实行计划管理。自备水计划用水率不低于90%;机井建设审批管理规范,有逐步关停公共供水管网覆盖范围内自备水井的计划并实施,自备水供水量占城市供水总量的比重逐年降低。在地下水超采区,禁止各类建设项目和服务业新增取用地下水。

（10）节水"三同时"。管理使用公共供水和自备水的新建、改建、扩建工程项目,均必须配套建设节水设施和使用节水器具,并与主体工程同时设计、同时施工,同时投入使用。

（11）价格管理。取用地表水和地下水,均应征收水资源费、污水处理费;水资源费征收率不低于95%,污水处理费(含自备水)收缴率不低于95%,收费标准不低于国家或地方标准。有限制特种行业用水、鼓励使用再生水的价格指导意见或标准。建立供水企业水价调整成本公开和定价成本监审公开制度。居民用水实行阶梯水价。

技术考核指标包括(12)~(17)共6项:

（12）万元地区生产总值(GDP)用水量(单位:立方米/万元)低于全国平均值的50%或年降低率≥5%。

统计范围为市区,不包括第一产业。

（13）城市非常规水资源利用率≥20%或年增长率≥5%。

（14）城市雨水收集利用及防涝重视雨水收集利用,有逐步推广雨水利用工程与项目的政策、计划并实施。新建城区建设推行低冲击开发模式,除干旱地区外,建成区雨污分流排水体制管道覆盖率占60%以上。完成对建成区范围内易涝易淹片区排水及雨水利用设施改造。

（15）城市污水处理率直辖市、省会城市、计划单列市高出全国同级城市平均水平 5 个百分点；地级市高出全国同级城市平均水平 10 个百分点；县级市高出全国同级城市平均水平 15 个百分点。

（16）城市供水管网漏损率 低于《城市供水管网漏损控制及评定标准》（CJJ 92）规定的修正值指标。

考核范围为城市公共供水。

（17）水环境质量达标率 100%。

生活节水指标包括（18）～（21）共 4 项：

（18）节水型居民小区覆盖率≥5%。

（19）城市居民生活用水量［单位：L/（人·d）］不高于《城市居民生活用水量标准》（GB/T 50331）的指标。

（20）节水器具普及率 100%。

（21）特种行业（洗浴、洗车等）用水计量收费率 100%。

工业节水指标包括（22）～（26）共 5 项：

（22）万元工业增加值用水量（单位：立方米/万元）低于全国平均值的 50% 或年降低率≥5%。

统计范围为市区规模以上工业企业。

（23）工业用水重复利用率≥80%（不含电厂）。

（24）工业取水定额达到国家颁布的 GB/T 18916 定额系列标准或地方标准。

（25）节水型企业（单位）覆盖率≥20%。

（26）工业废水排放达标率 100%。

节水型城市考核标准评分见表 3-9，考核范围为市区。

表 3-9　节水型城市考核标准评分表

序号	项目	考核内容	考核评分标准	分数	扣分原因	得分
1	依法管水	有城市供水、城市节水、城市地下水管理的法规、规章，依法对用水单位进行定期全面检查、对节水各项工作进行管理。	1. 有人大或政府颁发的有关供水、节水、地下水管理法规或规章各得 1 分；2. 节水热潮检查人员持有市级以上的行政执法证件，对用水单位依法进行检查的得 1 分，实行节奖超罚，积极开展宣传的得 1 分。	5 分		

序号	项目	考核内容	考核评分标准	分数	扣分原因	得分
2	节水机构	有城市建设行政主管部门负责城市节水和城市地下水开发、利用和保护管理工作,市、区(县)、局(总公司)及用水单位都有专门机构或专人负责。	1. 市编委有编制和管理职责文件,并已落实和正常开展工作得 1 分; 2. 主管部门设立有专门账户及收支两条线得 1 分;3. 有健全的三级管理网得 1 分;4. 有负责城市节水和地下水管理工作机构,领导、编制、经费落实得 1 分。			
3	节水规划	依据本市总体规划,根据国家、省提出的编制节水中长期规划大纲的深度要求,编制完成本城市节水中长期规划,并经省级以上城市建设行政主管部门批准。	1. 有城市节水中长期规划的得 1 分;2. 经省级以上城市建设行政主管部门批准的得 1 分。			
4	水资源可持续利用	根据城市总体规划,有具体城市供水中长期规划和全市水资源储量、分布情况及水资源开发、利用、保护工作设计方案。合理开发、调蓄、治理地下水、地表水资源,有效控制用水量增长,做到水资源的可持续利用。沿海城市鼓励使用海水资源,节约淡水资源。	1. 有城市供水中长期规划的得 1 分;2. 有全市水资源储备、分布情况完整资料得 2 分;3. 有水资源开发、利用、保护工作方案,沿海城市使用海水资源的得 2 分;4. 能够合理有效控制用水量增长的得 1 分。			
5	城市污水处理回用	积极开展城市污水集中处理回用、中水设施建设。	1. 有城市污水处理规划并实施得 1 分;2. 开展中水设施建设、推广使用中水和城市污水回用得 1 分;3. 污泥综合利用得 1 分。			
6	城市地下水管理	根据城市供水的中长期规划,城市建设行政主管部门对城市地下水实行有效管理,征收城市水资源费,有计划地开发、利用和保护城市地下水,控制地面沉降,保证城市建设安全。	1. 对城市地下水实行有效管理得 1 分;2. 征收水资源费收费率达 95% 以上得 2 分(80%~95% 得 1 分,70%~80% 得 0.5 分);3. 有市级控制地面沉降规划得 1 分;4. 实行计划开采和进行水质检验各得 0.5 分。			

序号	项目	考核内容	考核评分标准	分数	扣分原因	得分
7	严格控制自建供水设施建设	严格控制城市自备井的打井审批,在城市供水管网服务范围内不得进行自建供水设施建设。	1. 使用自备井的单位自备井审批、验收等收续齐全得2分;2. 城市供水管网服务范围内1999~2000年未有新的自建供水设施(更新井除外)建设得1分。			
8	建立城市节水指标体系	有科学合理的节水指标体系,有相应的统计报表制度、规范化的统计报表和科学合理的计算方法。	1. 城市用水实行计划管理,按进时下达计划用水指标,超计划加价收费得2分;2. 有经统计局审批的规范统一的统计报表和计算方法得2分。			
9	节水科研和设施建设	有计划、有组织地进行节水科研和节水设施建设,并落实资金渠道。新建、改建、扩建工程项目必须要求节水设施与主体工程同时设计、同时施工、同时投产使用。对浪费水的工艺设备要有计划地进行更新改造。	1. 有节水科研计划和节水措施技术改造计划各得1分;2. 落实资金完成计划得1分;3. 新建、改建、扩建工程项目节水设施与主体工程同时设计、同时施工、同时投产使用得2分。			
10	节水器具	禁止使用国家明令淘汰的卫生洁具。	1. 有工业生产用水定额,经省级经贸主管部门批准,实行定额管理的得3分;2. 城市主要产品用水定额达到国内先进水平得1分。	4分		
11	定额管理	建立科学合理的单位产品先进用水定额。城市主要产品的单位产品取水量要达到国内较先进水平。	1. 节水管理实行微机管理得1分;2. 按规定周期进行水平衡测试得1分;3. 城市有统一、规范的管理基础资料得2分;4. 有计划进行节水培训得1分。	4分		
12	节水科学管理	提高节水科学管理水平,运用微机等先进手段和水平衡测试等科学方法进行节水日常管理,使基础管理达到规范化、标准化。1. 节水管理实行微机管理得1分;2. 按规定周期进行水平衡测试得1分;3. 城市有统一、规范的管理基础资料得2分;4. 有计划进行节水培训得1分。	查看全市连续两年有关资料,每低1%扣0.5分。	5分		

续表

序号	项目	考核内容	考核评分标准	分数	扣分原因	得分
13	城市用水相对经济处增长率指数	≤0.5	查看全市连续两年有关资料，每低1%扣0.5分。	1分		
14	城市取水相对经济年增长指数	≤0.2~0.5	查看全市连续两年有关资料，每低1%扣0.5分。	1分		
15	万元国内生产总值（GDP）取水量降低率	≥4%	查看全市连续两年管理有关资料，每低1%扣1分。	1分		
16	城市计划用水率	≥95%	查看全市连续两年管理有关资料，每低1%扣1分。	5分		
17	工业用水重复利用率	≥75%	查看工业系统连续两年资料，每低1%扣1分。	5分		
18	间接冷却水循环率	≥95%	查看工业系统连续两年资料，每低1%扣1分。	4分		
19	锅炉蒸汽冷凝水回用率	≥60%	查看工业系统连续两年资料，每低1%扣0.5分。	1分		
20	工艺水回用率	≥50%	查看工业系统连续两年资料，每低1%扣0.2分。	1分		
21	工业废水处理达标率	≥80%	查看工业系统连续两年资料，每低1%扣0.2分。	3分		
22	工业万元产值取水量递减率（不含电厂）	≥5%	查看工业系统连续两年资料，每低1%扣1分。	1分		
23	自建设施供水管理率	≥98%	查看自建设施系统连续两年资料，每低1%扣0.5分。	9分		

续表

序号	项目	考核内容	考核评分标准	分数	扣分原因	得分
24	自建设施供水装表计量率	≥100%	查看自建设施系统连续两年资料，每低1%扣1分。	4分		
25	城市污水集中处理率	≥40%	查看城市污水集中处理连续两年资料，每低1%扣0.5分。	3分		
26	城市污水处理回用率	≥20%	查看城市污水集中处理连续两年资料，每低1%扣0.5分。	2分		
27	非居民城市公共生活用水重复利用率	≥30%	查看非居民城市公共生活用水连续两年资料，每低1%扣0.2分。	1分		
28	非居民城市公共生活用水冷却水循环率	≥95%	查看非居民城市公共生活用水冷却水循环利用连续两年资料，每低1%扣0.1分。	1分		
29	居民生活用水户表率	≥98%	查看城市居民用水户表连续两年资料，每低1%扣0.5分。	5分		

第二节　城市水源规划及防护

一、城市给水水源种类及特点

（一）地下水

地下水指埋藏在地下孔隙、裂隙、溶洞等含水层介质中储存运移的水体。地下水按埋藏条件可分为包气带水、潜水、承压水等。地下水具有水质清洁、水温稳定、分布面广等特点。但地下水的矿化度和硬度一般较高，一些地区可能出现矿化度很高或其他物质（如铁、锰、氯化物、硫酸盐等）的含量较高的情况。地下水是城市的主要水源，若水质符合要求，一般都优先考虑。但必须认真地进行水文地质勘察，以保证对地下水的合理开发。

(二) 地表水

地表水主要指江河、湖泊、蓄水库等。地表水源由于受地面各种因素的影响，具有浑浊度较高、水温变幅大、易受工农业污染、季节性变化明显等特点，但地表径流量大、矿化度和硬度低、含铁锰量低。采用地表水源时，在地形、地质、水文、人防、卫生防护等方面较复杂，并且水处理工艺完备，所以投资和运行费用较大。地表水源水量充沛，常能满足大量用水的需要，是城市给水水源的主要选择。

(三) 海水

海水含盐量很高，淡化比较困难。但由于水资源缺乏，世界上许多沿海国家开始开发利用海水。海水作为水源，一般用在工业用水和生活杂用水方面，如工业冷却、除尘、冲灰、洗涤、消防、冲厕等。也有的对海水进行淡化处理，作为生产工艺用水和饮用水。海水腐蚀和海生物附着会对管道和设备造成危害，但这一问题从技术上和经济上都可以得到合理解决。

(四) 其他水源

微咸水主要埋藏在较深层的含水层中，多分布在沿海地区。微咸水的含氯量只有海水的 1/10。微咸水的水量充沛，比较稳定；水质因地而异，有一定变化。微咸水可作为农用灌溉、渔业、工业用水等。

再生水是指经过处理后回用的工业废水和生活污水，城市污水具有量大、就近可取、水量受季节影响小、基建投资和处理成本比远距离输水低等优点。城市污水处理后，可以用在许多方面，如农业灌溉、工业生产、城市生活杂用、地下回灌、水景用水、消防用水、渔业养殖，甚至饮用水等。再生水的利用应充分考虑对人体健康和环境质量的影响，按照一定的水质标准分类处理和分质使用。

暴雨洪水通常在干旱地区出现时间集中，不能为农田和城市充分利用，且短时间的大量积水，危害城市安全。暴雨洪水一般被城市管道收集后，经河道排入大海，成为弃水。但在缺水地区修建一定的水利工程，形成雨水储留系统，一方面可以减少水淹之害，另一方面可以作为城市水源，因此在有条件的地区应大力发展"海绵城市"。

二、城市水源选择

城市给水水源选择影响到城市总体布局和给水排水工程系统的布置，应进行认真深入的调查、踏勘，结合有关自然条件、水资源勘测、水质监测、水资源规划、水污染控制规划、城市远近期发展规模等进行分析、研究。选择城市给水水源应符合以下原则：

（1）水源应具有充沛的水量，满足城市近、远期发展的需要。天然河流（无坝取水）的取水量应不大于河流枯水期的可取水量；地下水源的取水量应不大于开采储量。采用地表水源时，须先考虑自天然河道和湖泊中取水的可能性，其次可采用拦河修坝、蓄水库水，而后考虑需调节径流的河流。地下水储量有限，一般不适用于用水量很大的情况。

（2）水源具有较好的水质。水质良好的水源有利于提高供水水质，可以简化水处理工艺，减少基建投资和降低制水成本。所选水源应当水质良好，水量充沛，便于防护。对于水源水应根据《地表水环境质量标准》（GB 3838—2002）判断水源水质是否符合要求，作为生活饮用水水源其水质应符合生活饮用水水源水质卫生要求；当采用地表水生活饮用水源时应符合《地表水环境质量标准》（GB 3838—2002）的要求，采用地下水为生活饮用水水源时应符合《地下水质量标准》（GB/T 14848—93）要求。水源分为2级：一级水源水要求水质良好，地表水只需经简易净化处理（如过滤）、消毒后即可供生活饮用；地下水只需消毒处理。二级水源水要求水质受轻度污染，经常规净化处理（如絮凝、沉淀、过滤、消毒等），其水质达到《生活饮用水卫生标准》（GB 5749—2006）。水质超过二级标准限值的水源水，不宜作生活饮用水的水源；若限于条件需加以利用时，应采用相应强化净化工艺处理，达到标准，并经主管部门批准。

对于工业企业生产用水水源的水质要求，则随生产性质及生产工艺而定，参见《工业企业设计卫生标准》（GBZ 1—2002）。当城市有多种天然水源时，应首先考虑水质较好的容易净化的水源作供水水源，或考虑多水源分质供水。符合卫生要求的地下水，应优先作为生活饮用水源，按照开采和卫生条件，选择地下水源时，通常按泉水、承压水（或层间水）、潜水的顺序。当工业企业生产用水水量不大或不影响当地生活饮用需要时，经主管部门批准，也可采用地下水源。

（3）坚持开源节流的方针，协调与其他经济部门的关系。与水资源利用有关的其他经济部门有农业、水力发电、航运、水产、旅游、排水等，所以进行给水水源规划时要全面考虑、统筹安排，做到合理化综合利用各种水源。

（4）水源选择要密切结合城市近、远期规划和发展布局，从整个给水系统（取水、净水、输配水）的安全和经济来考虑。给水水源的选择对给水系统的布置形式有重要的影响，应根据技术经济的综合评定认真选择水源。

（5）选择水源时还应考虑取水工程本身与其他各种条件，如当地的水文、气象、水文地质、工程地质、地形、人防、卫生、施工等方面条件。

（6）水源选择应考虑防护和管理的要求，避免水源枯竭和水质污染。

（7）保证安全供水。大中城市应考虑多水源分区供水，小城市也应有远期备用水源。在无多个水源可选时，结合远期发展，应设两个以上取水口。

三、城市水源保护区的划分和保护

（一）水源保护区的设置与划分

（1）饮用水水源保护区分为地表水饮用水源保护区和地下水饮用水源保护区。地表水饮用水源保护区包括一定面积的水域和陆域。地下水饮用水源保护区指地下水饮用水源地的地表区域。

（2）集中式饮用水水源地（包括备用的和规划的）都应设置饮用水水源保护区；饮用水水源保护区一般划分为一级保护区和二级保护区，必要时可增设准保护区。

（3）饮用水水源保护区的设置应纳入当地社会经济发展规划和水污染防治规划；跨地区的饮用水水源保护区的设置应纳入有关流域、区域、城市社会经济发展规划和水污染防治规划。

（4）在水环境功能区和水功能区划分中，应将饮用水水源保护区的设置和划分放在最优先位置；跨地区的河流、湖泊、水库、输水渠道，其上游地区不得影响下游（或相邻）地区饮用水水源保护区对水质的要求，并应保证下游有合理水量。

（5）应对现有集中式饮用水水源地进行评价和筛选；对于因污染已达不到饮用水水源水质要求，经技术、经济论证证明饮用水功能难以恢复的水源地，应采取有效措施，有计划地转变其功能。

（6）饮用水水源保护区的水环境监测与污染源监督应作为重点纳入地方环境管理体系中，若无法满足保护区规定水质的要求，应及时调整保护区范围。

（二）划分的一般技术原则

（1）确定饮用水水源保护区划分的技术指标，应考虑以下因素：当地的地理位置、水文、气象、地质特征、水动力特性、水域污染类型、污染特征、污染源分布、排水区分布、水源地规模、水量需求。其中，地表水饮用水源保护区范围应按照不同水域特点进行水质定量预测并考虑当地具体条件加以确定，保证在规划设计的水文条件和污染负荷下，供应规划水量时，保护区的水质能满足相应的标准。地下水饮用水源保护区应根据饮用水水源地所处的地理位置、水文地质条件、供水的数量、开采方式和污染源的分布划定。各级地下水源保护区的范围应根据当地的水文地质条件确定，并保证开采规划水量时能达到所要求的水质标准。

（2）划定的水源保护区范围，应防止水源地附近人类活动对水源的直接污染；应确保使所选定的主要污染物在向取水点（或开采井、井群）输移（或运移）过程中，衰减到所期望的浓度水平；在正常情况下保证取水水质达到规定要求；一旦出现污染水源的突发情况，有采取紧急补救措施的时间和缓冲地带。

（3）在确保饮用水水源水质不受污染的前提下，划定的水源保护区范围应尽可能小。

（三）水质要求

1. 地表水饮用水源保护区水质要求

地表水饮用水源一级保护区的水质基本项目限值不得低于 GB 3838—2002 中的Ⅱ类标准，且补充项目和特定项目应满足该标准规定的限值要求。

地表水饮用水源二级保护区的水质基本项目限值不得低于 GB 3838—2002 中的Ⅲ类标准，并保证流入一级保护区的水质满足一级保护区水质标准的要求。

地表水饮用水源准保护区的水质标准应保证流入二级保护区的水质满足二级保护区水质标准的要求。

2. 地下水饮用水源保护区水质要求

地下水饮用水源保护区（包括一级、二级和准保护区）水质要求各项指标不得低于 GB/T 14848—93 中的Ⅲ类标准。

（四）河流型饮用水水源保护区的划分

1. 一级保护区

1.1　水域范围

（1）通过分析计算方法，确定一级保护区水域长度。

一般河流型水源地，应用二维水质模型计算得到一级保护区范围，一级保护区水域长度范围内应满足 GB 3838—2002Ⅱ类水质标准的要求，并符合《生活饮用水水源水质标准》(CJ 3020—93)。大型、边界条件复杂的水域采用数值解方法，对小型、边界条件简单的水域可采用解析解方法进行模拟计算。

潮汐河段水源地，运用非稳态水动力-水质模型模拟，计算可能影响水源地水质的最大范围，作为一级保护区水域范围。

一级保护区上、下游范围不得小于卫生部门规定的饮用水源卫生防护带范围。

（2）在技术条件有限的情况下，可采用类比经验方法确定一级保护区水域范围，同时开展跟踪监测。若发现划分结果不合理，应及时予以调整。

一般河流水源地，一级保护区水域长度为取水口上游不小于 1000 m，下游不小于 100 m 范围内的河道水域。

潮汐河段水源地，一级保护区上、下游两侧范围相当，范围可适当扩大。

（3）一级保护区水域宽度为 5 年一遇洪水所能淹没的区域。通航河道：以河道中泓线为界，保留一定宽度的航道外，规定的航道边界线到取水口范围即为一级保护区范围；非通航河道：整个河道范围。

1.2　陆域范围

一级保护区陆域范围的确定,以确保一级保护区水域水质为目标,采用以下分析比较确定陆域范围。

(1) 陆域沿岸长度不小于相应的一级保护区水域长度。

(2) 陆域沿岸纵深与河岸的水平距离不小于 50 m;同时,一级保护区陆域沿岸纵深不得小于饮用水水源卫生防护规定的范围。

2. 二级保护区

2.1　水域范围

(1) 通过分析计算方法,确定二级保护区水域范围。

二级保护区水域范围应用二维水质模型计算得到。二级保护区上游侧边界到一级保护区上游边界的距离应大于污染物从 GB 3838—2002 Ⅲ类水质标准浓度水平衰减到 GB 3838—2002 Ⅱ类水质标准浓度所需的距离。大型、边界条件复杂的水域采用数值解方法,对小型、边界条件简单的水域可采用解析解方法进行模拟计算。

潮汐河段水源地,二级保护区采用模型计算方法;按照下游的污水团对取水口影响的频率设计要求,计算确定二级保护区下游侧外边界位置。

(2) 在技术条件有限情况下,可采用类比经验方法确定二级保护区水域范围,但是应同时开展跟踪验证监测。若发现划分结果不合理,应及时予以调整。

一般河流水源地,二级保护区长度从一级保护区的上游边界向上游(包括汇入的上游支流)延伸不得小于 2000 m,下游侧外边界距一级保护区边界不得小于 200 m。

潮汐河段水源地,二级保护区不宜采用类比经验方法确定。

(3) 二级保护区水域宽度:一级保护区水域向外 10 年一遇洪水所能淹没的区域,有防洪堤的河段二级保护区的水域宽度为防洪堤内的水域。

2.2　陆域范围

二级保护区陆域范围的确定,以确保水源保护区水域水质为目标,采用以下分析比较确定。

(1) 二级保护区陆域沿岸长度不小于二级保护区水域河长。

(2) 二级保护区沿岸纵深范围不小于 1000 m,具体可依据自然地理、环境特征和环境管理需要确定。对于流域面积小于 100 km² 的小型流域,二级保护区可以是整个集水区范围。

(3) 当面源污染为主要水质影响因素时,二级保护区沿岸纵深范围,主要依据自然地理、环境特征和环境管理的需要,通过分析地形、植被、土地利用、地面径流的集水汇流特性、集水域范围等确定。

(4) 当水源地水质受保护区附近点源污染影响严重时,应将污染源集中分布的区域划入二级保护区管理范围,以利于对这些污染源的有效控制。

2.3　准保护区

根据流域范围、污染源分布及对饮用水水源水质影响程度,需要设置准保护区时,可参照二级保护区的划分方法确定准保护区的范围。

（五）湖泊、水库饮用水水源保护区的划分

水源地分类依据湖泊、水库型饮用水水源地所在湖泊、水库规模的大小,将湖泊、水库型饮用水水源地进行分类,分类结果见表 3-10。

表 3-10　湖泊、水库型饮用水水源地分类表

水源地类型		水源地类型	
水库	小型,$V<0.1$ 亿 m³	湖泊	小型,$S<100$ km²
	中型,0.1 亿 m³$\leqslant V<1$ 亿 m³		大中型,$S\geqslant100$ km²
	大型,$V\geqslant1$ 亿 m³		

注:V 为水库总库容;S 为湖泊水面面积。

1.　一级保护区

1.1　水域范围

（1）小型水库和单一供水功能的湖泊、水库应将正常水位线以下的全部水域面积划为一级保护区。

（2）大中型湖泊、水库采用模型分析计算方法确定一级保护区范围。

当大中型水库和湖泊的部分水域面积划定为一级保护区时,应对水域进行水动力（流动、扩散）特性和水质状况的分析、二维水质模型模拟计算,确定水源保护区水域面积,即一级保护区范围内主要污染物浓度满足 GB 3838—2002 Ⅱ 类水质标准的要求。宜采用数值计算方法。

（3）在技术条件有限的情况下,采用类比经验方法确定一级保护区水域范围,同时开展跟踪验证监测。若发现划分结果不合理,应及时予以调整。

小型湖泊、中型水库水域范围为取水口半径 300 m 范围内的区域。

大型水库为取水口半径 500 m 范围内的区域。

大中型湖泊为取水口半径 500 m 范围内的区域。

1.2　陆域范围

湖泊、水库沿岸陆域一级保护区范围,以确保水源保护区水域水质为目标,采用以下分析比较确定。

（1）小型湖泊、中小型水库为取水口侧正常水位线以上 200 m 范围内的陆域,或一定高程线以下的陆域,但不超过流域分水岭范围。

（2）大型水库为取水口侧正常水位线以上 200 m 范围内的陆域。

（3）大中型湖泊为取水口侧正常水位线以上 200 m 范围内的陆域。

（4）一级保护区陆域沿岸纵深范围不得小于饮用水水源卫生防护范围。

2. 二级保护区

2.1　水域范围

（1）通过模型分析计算方法，确定二级保护区范围。二级保护区边界至一级保护区的径向距离大于所选定的主要污染物或水质指标从 GB 3838—2002 Ⅲ 类水质标准浓度水平衰减到 GB 3838—2002 Ⅱ 类水质标准浓度所需的距离，宜采用数值计算方法。

（2）在技术条件有限的情况下，采用类比经验方法确定二级保护区水域范围，同时开展跟踪验证监测。若发现划分结果不合理，应及时予以调整。

小型湖泊、中小型水库一级保护区边界外的水域面积设定为二级保护区。

大型水库以一级保护区外径向距离不小于 2000 m 区域为二级保护区水域面积，但不超过水面范围。

大中型湖泊一级保护区外径向距离不小于 2000 m 区域为二级保护区水域面积，但不超过水面范围。

2.2　陆域范围

二级保护区陆域范围确定，应依据流域内主要环境问题，结合地形条件分析确定。

（1）依据环境问题分析法。

当面污染源为主要污染源时，二级保护区陆域沿岸纵深范围，主要依据自然地理、环境特征和环境管理的需要，通过分析地形、植被、土地利用、森林开发、地面径流的集水汇流特性、集水域范围等确定。二级保护区陆域边界不超过相应的流域分水岭范围。

当水源地水质受保护区附近点污染源影响严重时，应将污染源集中分布的区域划入二级保护区管理范围，以利于对这些污染源的有效控制。

（2）依据地形条件分析法。

小型水库可将上游整个流域（一级保护区陆域外区域）设定为二级保护区。

小型湖泊和平原型中型水库的二级保护区范围是正常水位线以上（一级保护区以外），水平距离 2000 m 区域，山区型中型水库二级保护区的范围为水库周边山脊线以内（一级保护区以外）及入库河流上溯 3000 m 的汇水区域。

大型水库可以划定一级保护区外不小于 3000 m 的区域为二级保护区范围。

大中型湖泊可以划定一级保护区外不小于 3000 m 的区域为二级保护区范围。

2.3　准保护区

按照湖库流域范围、污染源分布及对饮用水水源水质的影响程度，二级保护区以外的汇水区域可以设定为准保护区。

（六）地下水饮用水水源地分类

地下水按含水层介质类型的不同分为孔隙水、基岩裂隙水和岩溶水三类；按地下水埋藏条件分为潜水和承压水两类。地下水饮用水源地按开采规模分为中小型水源地（日开采量小于 5 万 m³）和大型水源地（日开采量大于等于 5 万 m³）。

1. 孔隙水饮用水水源保护区划分方法

以地下水取水井为中心，溶质质点迁移 100 天的距离为半径所圈定的范围为一级保护区；一级保护区以外，溶质质点迁移 1000 天的距离为半径所圈定的范围为二级保护区，补给区和径流区为准保护区。

2. 孔隙水潜水型水源保护区的划分方法

1）中小型水源地保护区

保护区半径计算经验公式为：

$$R = \alpha \times K \times I \times T/n \tag{3-4}$$

式中，R ——保护区半径（m）；

α ——安全系数，一般取 150%（为了安全起见，在理论计算的基础上加上一定量，以防未来用水量的增加以及干旱期影响造成半径的扩大）；

K ——含水层渗透系数（m/d）；

I ——水力坡度（为漏斗范围内的水力平均坡度）；

T ——污染物水平迁移时间（d）；

n ——有效孔隙度。

一、二级保护区半径可以按公式（3-4）计算，但实际应用值不得小于表 3-11 中对应范围的上限值。

表 3-11　孔隙水潜水型水源地保护区范围经验值

介质类型	一级保护区半径 R/m	二级保护区半径 R/m
细砂	30～50	300～500
中砂	50～100	500～1000
粗砂	100～200	1000～2000
砾石	200～500	2000～5000
卵石	500～1000	5000～10000

2）一级保护区

方法一：以开采井为中心，表 3-11 所列经验值为半径的圆形区域。

方法二：以开采井为中心，按公式（3-4）计算的结果为半径的圆形区域。公式中，一级保护区 T 取 100 天。

对于集中式供水水源地，井群内井间距大于一级保护区半径的 2 倍时，可以分别对每口井进行一级保护区划分;井群内井间距小于等于一级保护区半径的 2 倍时,则以外围井的外接多边形为边界,向外径向距离为一级保护区半径的多边形区域。

3）二级保护区

方法一:以开采井为中心,表 3-11 所列经验值为半径的圆形区域。

方法二:以开采井为中心,按公式(3-4)计算的结果为半径的圆形区域。公式中,二级保护区 T 取 1000 天。

对于集中式供水水源地,井群内井间距大于二级保护区半径的 2 倍时,可以分别对每口井进行二级保护区划分;井群内井间距小于等于保护区半径的 2 倍时,则以外围井的外接多边形为边界,向外径向距离为二级保护区半径的多边形区域。

3. 准保护区孔隙水潜水型水源准保护区为补给区和径流区

大型水源地保护区划分建议采用数值模型,模拟计算污染物的捕获区范围为保护区范围。

1）一级保护区

以地下水取水井为中心,溶质质点迁移 100 天的距离为半径所圈定的范围作为水源地一级保护区范围。

2）二级保护区

一级保护区以外,溶质质点迁移 1000 天的距离为半径所圈定的范围为二级保护区。

3）准保护区

必要时将水源地补给区划为准保护区。

4. 孔隙水承压水型水源保护区的划分方法

1）中小型水源地保护区划分

（1）一级保护区划定上部潜水的一级保护区作为承压水型水源地的一级保护区,划定方法同孔隙水潜水中小型水源地。

（2）不设二级保护区。

（3）准保护区必要时将水源补给区划为准保护区。

2）大型水源地保护区划分

（1）一级保护区划定上部潜水的一级保护区作为承压水的一级保护区,划定方法同孔隙水潜水大型水源地。

（2）不设二级保护区。

（3）准保护区必要时将水源补给区划为准保护区。

（七）裂隙水饮用水水源保护区划分

按成因类型不同分为风化裂隙水、成岩裂隙水和构造裂隙水,裂隙水需要考虑裂隙介质的各向异性。

1. 中小型水源地保护区划分

1) 一级保护区

以开采井为中心，按公式(3-4)计算的距离为半径的圆形区域。一级保护区 T 取 100 天。

2) 二级保护区

以开采井为中心，按公式(3-4)计算的距离为半径的圆形区域。二级保护区 T 取 1000 天。

3) 准保护区

必要时将水源补给区和径流区划为准保护区。

2. 大型水源地保护区划分

需要利用数值模型，确定污染物相应时间的捕获区范围作为保护区。

1) 一级保护区

以地下水开采井为中心，溶质质点迁移 100 天的距离为半径所圈定的范围作为水源地一级保护区范围。

2) 二级保护区

一级保护区以外，溶质质点迁移 1000 天的距离为半径所圈定的范围为二级保护区。

3) 准保护区

必要时将水源补给区和径流区划为准保护区。

(八) 风化裂隙承压水型水源保护区划分

1. 一级保护区

划定上部潜水的一级保护区作为风化裂隙承压型水源地的一级保护区，划定方法需要根据上部潜水的含水介质类型，并参考对应介质类型的中小型水源地的划分方法。

2. 二级保护区

不设二级保护区。

3. 准保护区

必要时将水源补给区划为准保护区。

(九) 成岩裂隙承压水型水源保护区划分

1. 一级保护区

同风化裂隙承压水型。

2. 二级保护区

不设二级保护区。

3. 准保护区

必要时将水源的补给区划为准保护区。

（十）构造裂隙潜水型水源保护区划分

1. 中小型水源地保护区划分

1）一级保护区

应充分考虑裂隙介质的各向异性。以水源地为中心，利用公式(3-4)，n 分别取主径流方向和垂直于主径流方向上的有效裂隙率，计算保护区的长度和宽度。T 取 100 天。

2）二级保护区

计算方法同一级保护区，T 取 1000 天。

3）准保护区

必要时将水源补给区和径流区划为准保护区。

2. 大型水源地保护区划分

1）一级保护区

以地下水取水井为中心，溶质质点迁移 100 天的距离为半径所圈定的范围作为一级保护区范围。

2）二级保护区

一级保护区以外，溶质质点迁移 1000 天的距离为半径所圈定的范围为二级保护区。

3）准保护区

必要时将水源补给区和径流区划为准保护区。

（十一）构造裂隙承压水型水源保护区划分

1. 一级保护区

同风化裂隙承压水型。

2. 二级保护区

不设二级保护区。

3. 准保护区

必要时将水源补给区划为准保护区。

（十二）岩溶水饮用水水源保护区划分

根据岩溶水的成因特点，岩溶水分为岩溶裂隙网络型、峰林平原强径流带型、溶丘山地网络型、峰丛洼地管道型和断陷盆地构造型五种。岩溶水饮用水源保护区划分须考虑溶蚀裂隙中的管道流与落水洞的集水作用。

（十三）岩溶裂隙网络型水源保护区划分

1. 一级保护区
同风化裂隙水。
2. 二级保护区
同风化裂隙水。
3. 准保护区
必要时将水源补给区和径流区划为准保护区。

（十四）溶丘山地网络型、峰丛洼地管道型、断陷盆地构造型水源保护区划分

1. 一级保护区
参照地表河流型水源地一级保护区的划分方法，即以岩溶管道为轴线，水源地上游不小于 1000 m，下游不小于 100 m，两侧宽度按公式(3-4)计算(若有支流，则支流也要参加计算)。同时，在此类型岩溶水的一级保护区范围内的落水洞处也宜划分为一级保护区，划分方法是以落水洞为圆心，按公式(3-4)计算的距离为半径(T 值为 100 天)的圆形区域，通过落水洞的地表河流按河流型水源地一级保护区划分方法划定。
2. 二级保护区
不设二级保护区。
3. 准保护区
必要时将水源补给区划为准保护区。

（十五）其他

(1) 如果饮用水源一级保护区或二级保护区内有支流汇入，应从支流汇入口向上游延伸一定距离，作为相应的一级保护区和二级保护区，划分方法可参照上述河流型水源地保护区划分方法划定。根据支流汇入口所在的保护区级别高低和距取水口距离的远近，其范围可适当减小。
(2) 完全或非完全封闭式饮用水输水河(渠)道均应划为一级保护区，其宽度范围可参照河流型保护区划分方法划定，在非完全封闭式输水河(渠)道及其支流可设二级保护区，其范围参照河流型二级保护区划分方法划定。
(3) 湖泊、水库为水源的河流型饮用水水源地，其饮用水水源保护区范围应包括湖泊、水库一定范围内的水域和陆域，保护级别按具体情况参照湖库型水源地的划分办法确定。

（4）入湖、库河流的保护区水域和陆域范围的确定,以确保湖泊、水库饮用水水源保护区水质为目标,参照河流型饮用水水源保护区的划分方法确定一、二级保护区的范围。

（十六）饮用水水源保护区的最终定界

（1）为便于开展日常环境管理工作,依据保护区划分的分析及计算结果,结合水源保护区的地形、地标、地物特点,最终确定各级保护区的界线。

（2）充分利用具有永久性的明显标志如水分线、行政区界线、公路、铁路、桥梁、大型建筑物、水库大坝、水工建筑物、河流汊口、输电线、通信线等标示保护区界线。

（3）最终确定的各级保护区坐标红线图、表作为政府部门审批的依据,也作为规划国土、环保部门土地开发审批的依据。

（4）应按照国家规定设置饮用水水源地保护标志。

（十七）编写技术文件的基本要求

划分饮用水水源保护区,应编写正式的"××××饮用水水源保护区划分技术报告"技术文件。技术文件的基本内容应包括以下几个部分。

第一章　划分依据

1. 相关法律法规;

2. 相关已经批准实施的规划。

第二章　保护区背景分析

1. 饮用水水源保护区所在区域或流域的自然状况;

2. 饮用水水源保护区所在区域或流域的社会经济状况;

3. 饮用水水源地的资源、环境质量评价。评价的基本内容包括水量、水质状况及发展趋势,可能对水源地产生环境污染影响的主要污染源、污染物及污染途径,作为饮用水源开采的前景;与相邻水域的关系,包括饮用水水源保护区上、下游或相邻水域(或相邻区域)的功能、保护区的水量和水质是否受本行政区外的影响;若受到其影响,列出影响途径、影响程度(水量、水质、生态、经济、人体健康等)等实测数据、定量计算和定性分析结果。

第三章　技术方法与计算结果

1. 根据各保护区的划分方法,说明选用的技术指标、数值计算方法;

2. 计算结果及分析,各级保护区定界的技术说明;

3. 用图表示各级保护区的范围,并用表格确定红线坐标,保护区内污染源。

第四章　饮用水水源保护区的监督与管理措施

饮用水源保护区的水质监测网站的布置,水质项目的监测,陆源污染的监督等;若水质尚未达标,应确定水质达标期限和相应的管理与控制措施。

第五章 饮用水水源保护区划分方案、图件及有关说明

饮用水水源保护区划分方案的说明，表明保护区详细情况(包括监测点的位置等)的图集、饮用水源保护区登记表、保护区详细情况的文字说明，准保护区划分的必要性及意义等。

四、城市水源水质

根据《地表水环境质量标准》(GB 3838—2002)。

(一)水域功能和标准分类

依据地表水水域环境功能和保护目标，按功能高低依次划分为五类。

Ⅰ类：主要适用于源头水，国家自然保护区；

Ⅱ类：主要适用于集中式生活饮用水地表水源地一级保护区、珍惜水生生物栖息地、鱼虾类产卵场、仔稚幼鱼的梭饵场等；

Ⅲ类：主要适用于集中式生活饮用水地表水源地二级保护区、鱼虾类越冬场、洄游通道、水产养殖区等渔业水域及游泳区；

Ⅳ类：主要适用于一般工业用水区及人体非直接接触的娱乐用水区；

Ⅴ类：主要适用于农业用水区及一般景观要求水域。

对应地表水上述五类水域功能，将地表水环境质量标准基本项目标准值分为五类，不同功能类别分别执行相应类别的标准值。水域功能类别高的标准值严于水域功能类别低的标准值。同一水域兼有多类使用功能的，执行最高功能类别对应的标准值。实现水域功能与达功能类别标准为同一含义。

(二)标准值

(1)地表水环境质量标准基本项目标准限值见表 3-12。

(2)集中式生活饮用水地表水源地补充项目标准限值见表 3-13。

(3)集中式生活饮用水地表水源地特定项目标准限值见表 3-14。

(三)水质评价

(1)地表水环境质量评价应根据应实现的水域功能类别，选取相应类别标准，进行单因子评价，评价结果应说明水质达标情况，超标的应说明超标项目和超标倍数。

(2)丰、平、枯水期特征明显的水域，应分水期进行水质评价。

(3)集中式生活饮用水地表水源地水质评价的项目应包括表 3-12 中的基本项目、表 3-13 中的补充项目以及由县级以上人民政府环境保护行政主管部门从表 3-14 中选择确定的特定项目。

表 3-12 地表水环境质量标准基本项目标准限值 单位:mg/L

序号	标准值 项目	分类	I 类	II 类	III 类	IV 类	V 类
1	水温(℃)		人为造成的环境水温变化应限制在: 周平均最大温升≤1 周平均最大温降≤2				
2	pH(无量纲)		6~9				
3	溶解氧	≥	饱和率90% (或7.5)	6	5	3	2
4	高锰酸盐指数	≤	2	4	6	10	15
5	化学需氧量(COD)	≤	15	15	20	30	40
6	五日生化需氧量(BOD₅)	≤	3	3	4	6	10
7	氨氮(NH₃-N)	≤	0.15	0.5	1.0	1.5	2.0
8	总磷(以 P 计)	≤	0.02 (湖、库 0.01)	0.1 (湖、库 0.025)	0.2 (湖、库 0.05)	0.3 (湖、库 0.1)	0.4 (湖、库 0.2)
9	总氮(湖、库以 N 计)	≤	0.2	0.5	1.0	1.5	2.0
10	铜	≤	0.01	1.0	1.0	1.0	1.0
11	锌	≤	0.05	1.0	1.0	2.0	2.0
12	氟化物(以 F⁻ 计)	≤	1.0	1.0	1.0	1.5	1.5
13	硒	≤	0.01	0.01	0.01	0.02	0.02
14	砷	≤	0.05	0.05	0.05	0.1	0.1
15	汞	≤	0.00005	0.00005	0.0001	0.001	0.001
16	镉	≤	0.001	0.005	0.005	0.005	0.01
17	铬(六价)	≤	0.01	0.05	0.05	0.05	0.1
18	铅	≤	0.01	0.01	0.05	0.05	0.1
19	氰化物	≤	0.005	0.05	0.2	0.2	0.2
20	挥发酚	≤	0.002	0.002	0.005	0.01	0.1
21	石油类	≤	0.05	0.05	0.05	0.5	1.0
22	阴离子表面活性剂	≤	0.2	0.2	0.2	0.3	0.3
23	硫化物	≤	0.05	0.1	0.05	0.5	1.0
24	粪大肠菌群/(个/L)	≤	200	2000	10000	20000	40000

表 3-13　集中式生活饮用水地表水源地补充项目标准限值　单位:mg/L

序号	项目	标准值
1	硫酸盐(以 SO_4^{2-} 计)	250
2	氯化物(以 Cl^- 计)	250
3	硝酸盐(以 N 计)	10
4	铁	0.3
5	锰	0.1

表 3-14　集中式生活饮用水地表水源地特定项目标准限值　单位:mg/L

序号	项目	标准值	序号	项目	标准值
1	三氯甲烷	0.06	26	1,4-二氯苯	0.3
2	四氯化碳	0.002	27	三氯苯②	0.02
3	三溴甲烷	0.1	28	四氯苯③	0.02
4	二氯甲烷	0.02	29	六氯苯	0.05
5	1,2-二氯乙烷	0.03	30	硝基苯	0.017
6	环氧氯丙烷	0.02	31	二硝基苯④	0.5
7	氯乙烯	0.005	32	2,4-二硝基甲苯	0.0003
8	1,1-二氯乙烯	0.03	33	2,4,6-三硝基甲苯	0.5
9	1,2-二氯乙烯	0.05	34	硝基氯苯	0.05
10	三氯乙烯	0.07	35	2,4-二硝基氯苯	0.5
11	四氯乙烯	0.04	36	2,4-二氯苯酚	0.093
12	氯丁二烯	0.002	37	2,4,6-三氯苯酚	0.2
13	六氯丁二烯	0.0006	38	五氯酚	0.009
14	苯乙烯	0.02	39	苯胺	0.1
15	甲醛	0.9	40	联苯胺	0.0002
16	乙醛	0.05	41	丙烯酰胺	0.0005
17	丙烯醛	0.1	42	丙烯腈	0.1
18	三氯乙醛	0.01	43	邻苯二甲酸二丁酯	0.003
19	苯	0.01	44	邻苯二甲酸二(2-乙基己基)酯	0.008
20	甲苯	0.7	45	水合肼	0.01
21	乙苯	0.3	46	四乙基铅	0.0001
22	二甲苯①	0.5	47	吡啶	0.2
23	异丙苯	0.25	48	松节油	0.2
24	氯苯	0.3	49	苦味酸	0.5
25	1,2-二氯苯	1.0	50	丁基黄原酸	0.005

续表

序号	项目	标准值	序号	项目	标准值
51	活性氯	0.01	66	苯并[a]芘	2.8×10^{-6}
52	滴滴涕	0.001	67	甲基汞	1.0×10^{-6}
53	林丹	0.002	68	多氯联苯⑤	2.0×10^{-5}
54	环氧七氯	0.0002	69	微囊藻毒素-LR	0.001
55	对硫磷	0.003	70	黄磷	0.003
56	甲基对硫磷	0.002	71	钼	0.07
57	马拉硫磷	0.05	72	钴	1.0
58	乐果	0.08	73	铍	0.002
59	敌敌畏	0.05	74	硼	0.5
60	敌百虫	0.05	75	锑	0.005
61	内吸磷	0.03	76	镍	0.02
62	百菌清	0.01	77	钡	0.7
63	甲萘威	0.05	78	钒	0.05
64	溴清菊酯	0.02	79	钛	0.1
65	阿特拉津	0.003	80	铊	0.0001

注：①二甲苯：指对二甲苯、间二甲苯、邻二甲苯。②三氯苯：指 1,2,3-三氯苯、1,2,4-三氯苯、1,3,5-三氯苯。③四氯苯：指 1,2,3,4-四氯苯、1,2,3,5-四氯苯、1,2,4,5-四氯苯。④二硝基苯：指对二硝基苯、间硝基氯苯、邻硝基氯苯。⑤多氯联苯：指 PCB-1016、PCB-1221、PCB-1232、PCB-1242、PCB-1248、PCB-1254、PCB-1260。

五、饮用水水源污染防治监督管理

（1）国务院环境保护行政主管部门负责会同有关部门组织建立饮用水水源环境监测网络，并负责统一发布饮用水水源环境质量状况信息。县级以上地方人民政府环境保护行政主管部门应组织对当地集中式和分散式饮用水水源的环境质量状况进行监测，并定期发布本行政区域的饮用水水源环境质量状况信息。县级以上地方人民政府应建立饮用水水源污染防治协调领导机制，统筹协调辖区内的饮用水水源污染防治工作。

（2）各级人民政府应对饮用水水源污染防治工作进行统一规划。全国饮用水水源污染防治规划由国务院环境保护行政主管部门会同发展改革部门编制，并报国务院批准。

（3）各级人民政府的环境保护行政主管部门，有权对辖区内饮用水水源污染防治工作进行监督检查。被检查的单位和个人必须如实反映情况，提供必要的资料。检查机关应当为被检查的单位保守技术秘密和业务秘密。

（4）国家建立集中式饮用水水源保护区制度,集中式饮用水水源应划定保护区。集中式饮用水水源保护区划分为一级保护区、二级保护区,必要时也可划定准保护区。各级水源保护区应有确切的地理界限,并设立明显的饮用水水源保护区警示标志。饮用水地表水源一级保护区内的水质,适用《地表水环境质量标准》Ⅱ类标准;二级保护区的水质,适用《地表水环境质量标准》Ⅲ类标准。饮用水地下水源一级和二级保护区内的水质,适用《地下水质量标准》Ⅲ类标准。备用的集中式饮用水水源应划定保护区,并依据集中式饮用水水源保护区的有关规定进行管理。

（5）国务院环境保护行政主管部门负责制定饮用水水源保护区划分技术规范和饮用水水源保护区图形标志标准。

（6）集中式饮用水水源保护区的划定,由有关市、县人民政府根据保护区划分技术规范提出划定方案,报省、自治区、直辖市人民政府批准;跨市、县饮用水水源保护区的划定,由有关市、县人民政府协商提出划定方案,报省、自治区、直辖市人民政府批准;协商不成的,由省、自治区、直辖市人民政府环境保护行政主管部门会同同级水行政、国土资源、卫生、建设等部门提出划定方案,征求同级发展改革、林业、渔业等部门的意见后,报省、自治区、直辖市人民政府批准。跨省、自治区、直辖市的饮用水水源保护区,由有关省、自治区、直辖市人民政府协商有关流域管理机构划定;协商不成的,由国务院环境保护主管部门会同国务院水行政、国土资源、卫生、建设等部门提出划定方案,征求国务院发展改革、林业、渔业等部门的意见后,报国务院批准。设区城市人民政府可以根据省级人民政府的授权,批准辖区内的饮用水水源保护区划定方案,并报省、自治区、直辖市人民政府备案。经批准的集中式饮用水水源保护区由各省、自治区、直辖市人民政府及时向社会公告。

（7）经批准的饮用水水源保护区需要调整的,必须经批准该保护区的人民政府同意;设区城市人民政府批准的保护区的调整,要由设区城市人民政府向省、自治区、直辖市人民政府备案。

（8）对分散式饮用水水源,由县级人民政府组织划定适当的保护区域,并参照集中式饮用水水源一级保护区的规定进行管理。国家鼓励县级以上人民政府逐步淘汰直接从河流、湖泊、运河、渠道取水且缺乏相应安全处理措施的分散式饮用水地表水源,推动采用地下水作为分散式饮用水水源,或者开发为集中式饮用水水源并划定保护区。

六、饮用水水源保护区的环境管理

在集中式饮用水水源保护区和准保护区内,必须严格遵守下列规定:
（1）禁止向水体排放油类、酸液、碱液或者剧毒废液;
（2）禁止在水体清洗装储过油类或者有毒污染物的车辆和容器;

（3）禁止将含有汞、镉、砷、铬、铅、氰化物、黄磷等的可溶性剧毒废渣向水体排放、倾倒或者直接埋入地下；

（4）禁止设置含有汞、镉、砷、铬、铅、氰化物、黄磷等的可溶性剧毒废渣的堆放场所；

（5）禁止向水体排放、倾倒工业废渣、城市垃圾和其他废弃物；

（6）禁止在江河、湖泊、运河、渠道、水库最高水位线以下的滩地和岸坡堆放、存储固体废弃物或者其他污染物；

（7）禁止向水体排放、倾倒放射性固体废物或者含有放射性物质的废水；

（8）禁止向水体排放含病原体的污水；

（9）禁止向水体排放含热废水；

（10）禁止利用渗井、渗坑、裂隙和溶洞排放、倾倒含有毒污染物的废水、含病原体的污水或者其他废弃物；

（11）禁止利用无防止渗漏措施的沟渠、坑塘等输送含有毒污染物的废水、含病原体的污水或者其他废弃物；

（12）禁止设置储存工业废水、医疗废水和生活污水的坑塘、沟渠等场所；

（13）多层地下水的含水层水质差异大的，应当分层开采；对已受污染的潜水和承压水，不得混合开采。

集中式饮用水水源保护区分级水质标准及分级保护规定见表3-15。

对准保护区内已经建成的工业企业，由保护区所在地县级以上人民政府发展改革行政主管部门会同环境保护行政主管部门组织实施强制性清洁生产审核。

县级以上地方人民政府应当根据保护饮用水水源的实际需要，在准保护区内采取工程措施或者建造湿地、水源涵养林等生态保护措施，防止水污染物直接排入饮用水水源保护区水体，确保饮用水安全。

表3-15　饮用水水源保护区分级水质标准及防护规定

保护区名称	水质标准	分级防护规定
一级保护区	《地表水环境质量标准》（GB 3838—2002）Ⅱ类《地下水质量标准》Ⅲ类标准	禁止新建、改建、扩建与供水设施和保护水源无关的建设项目；禁止使用农药和化肥；禁止畜禽养殖活动；禁止与保护水源无关的船舶通行；禁止建立墓地、丢弃及掩埋动物尸体；禁止从事旅游、游泳、垂钓或者其他可能污染饮用水水体的活动。对已经建成的与供水设施和保护水源无关的建设项目，由县级以上人民政府责令拆除

续表

保护区名称	水质标准	分级防护规定
二级保护区	《地表水环境质量标准》（GB 3838—2002）Ⅲ类《地下水质量标准》Ⅲ类标准	禁止设置排污口； 禁止新建、改建、扩建排放污染物的建设项目； 禁止在保护区水体清洗船舶、车辆； 禁止设置化工原料、矿物油类及有毒有害矿产品的储存场所，以及生活垃圾、工业固体废物和危险废物的堆放场所和转运站； 禁止建设无隔离设施的输油管道； 禁止围水造田； 禁止在保护区水体内进行水产养殖或在保护区水体附近进行畜禽养殖； 禁止进行挖沙、采石、取土等有可能影响地下水的活动；限制使用农药和化肥，具体办法由县级以上人民政府农业行政主管部门制定。对已建成的排放污染物的建设项目，由县级以上人民政府责令拆除或者关闭
准保护区	保证二级保护区水质达到规定标准	禁止新建、扩建对水体污染严重的建设项目；新建、改建、扩建桥梁、码头及其他跨越水体的设施或装置，必须设置独立的水收集、排放和处理系统；改建项目，不得增加排污量； 禁止在准保护区水体内进行网箱养殖、肥水养殖； 禁止进行矿物的勘探、开采活动以及大规模挖沙、采石、取土等有可能严重影响地下水的活动； 禁止利用污水进行灌溉； 禁止非更新性砍伐破坏水源涵养林、护岸林及保护区植被；人工回灌补给地下水，不得恶化地下水质

参 考 文 献

北京大学环境工程研究所，中国 21 世纪议程管理中心. 2007. 国外城市水资源管理与机制［M］. 北京：水利水电出版社.

刘红，何建平，等. 2009. 城市节水［M］. 北京：中国建筑工业出版社.

刘贤娟，村玉柱. 2008. 城市水资源利用与管理［M］. 郑州：黄河水利出版社.

钱易，刘昌明，邵益生. 2002. 中国城市水资源可持续开发利用：中国可持续发展水资源战略研究报告集. 第 5 卷［M］. 北京：水利水电出版社.

武鹏林，韩彩霞，杜咏梅. 2009. 饮用水水源地环境保护规划理论与实践［M］. 北京：水利水电出版社.

朱亮. 2005. 供水水源保护与微污染水体净化［M］. 北京：化学工业出版社.

第四章 城乡水污染控制规划

第一节 水污染控制系统及其规划原则

水污染控制系统是环境污染控制系统的重要组成部分,对它进行模拟、预测与规划的实质是运用系统工程的思想和方法,分析和协调水污染控制系统各组成因素之间的关系,并综合考虑与水质有关的自然、技术、经济诸方面的关系,以便用较小的代价获得有效或满意的水质效果。

通过水污染控制系统的模拟与规划可以为制定切实可行的水环境保护目标和水质标准,制定地区污染物排放限制,评价现状水质与排污的关系,选择最佳的污染控制方案与治理设施,设计最优化的污水处理厂工艺以及预判评价大型建设项目的环境影响及其政策等提供重要的依据。由此,可能获得较大的经济利益,并能为水质管理部门提供大量的信息,以便在各种条件变化时做出较为切合实际的预测,避免管理决策的盲目性。

一、水污染控制系统的分类及组成

水污染控制系统的具体内容与研究所涉及的范围有密切的关系。按照层次的不同,水污染控制系统可以有多种类型。

(一)一条河流或一个流域范围的水污染控制系统

各种点、面污染源产生的废水,经过多种环节进入河流,形成水质的时空分布。整个系统可以看作由四个子系统所组成,即污染源系统、输水系统、处理系统和水体系统。

(二)工业污染源的控制系统

如图 4-1 所示的虚线内框图,污染物从产生到排放,可以经过改进管理、循环、回收、处理等过程。生产中所产生的污染物又随工艺和设备的替换而变化。这个系统是整个水污染控制系统的一个子系统,同时它也可以按照国家专业污染物排放控制指标为目标,单独进行费用最小化的系统分析。

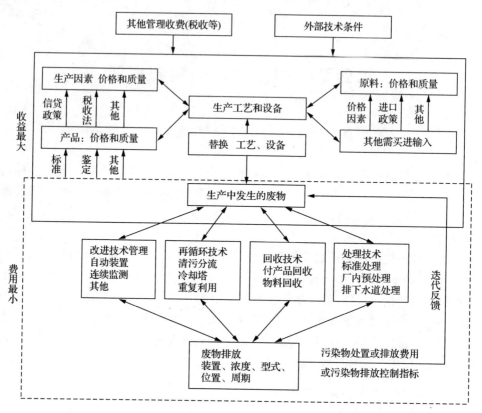

图 4-1　工业污染源污染物控制系统

（三）给水与污水系统（即水的输排处理系统）

如图 4-2 所示，它是河流流域或区域水污染控制系统的子系统。

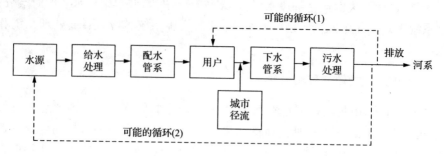

图 4-2　给水与污水系统

（四）污水处理厂是给水与污水系统或污染源控制系统的一个子系统

如图 4-3 所示,一个污水处理厂还可以再分解为若干个污水处理过程或污泥处理过程,如初次沉淀、曝气池、二沉池、污泥浓缩、污泥消化、污泥脱水等。这些单元应当服从污水处理系统整体的目标与有关的约束条件。

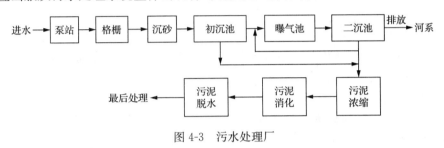

图 4-3　污水处理厂

二、水污染控制系统规划问题的类型

（一）不同层次的规划类型

从水污染控制系统的不同范围和类型来看,水质系统的规划问题可以区分为各种不同层次的互有关联的规划问题,每一种规划问题有它的范围和目的,上一层（或上一级）的规划问题为下一层规划问题规定了限制条件或要求。

1. 河流流域规划

河流流域规划(the river basin planning)应当就整个河流流域的范围(即包括整个河流和各个支流)做出统一和协调的水质规划。规划的战略目标是使所有达不到水质标准的水体逐步达到规定的指标,并要避免高质量水体的水质下降。由此来评价现状的水质,确定各河段的水质目标和污染物的允许排放量,并把此允许排放量分配到各个点污处源;还要对整个流域需要新建和扩建的污水处理厂提出主次和先后建设的计划。这种规划在政府主持下进行。

2. 区域规划

区域规划(areawide planning)是指河流流域范围内具有复杂的城市和工业点污染源污染问题的区域水质规划。区域规划中还应包括非点源污染问题。

这项规划的目的是估算各种控制水质的方案并做出管理部门可以执行的计划。由此得出的该区域水质规划要比按全国划一的排放浓度标准来控制这种简单做法合理有效,同时它也有助于地方政府找到综合解决水质管理的办法并提供经费的资料。

城市和工业的废水处理是该规划中的重要部分。其中包括要制定各工业污染源应削减的排污量。这项规划中还可以包括一个或一个以上的污水处理设施规划。

3. 污水处理设施规划

污水处理设施规划(facilities planning)的任务是为维持和改善河流水质,规划出污水处理设施。规划中应调查已有的污水处理设施,制定、比较各种废水处理和处置方案,并根据环境、社会和经济的综合因素,选择一个费用最小,收益最大的方案。

(二)规划问题及解决途径

从水污染控制系统规划问题的不同解决途径来看,它可以分成两大类:第一类是控制系统的最优规划问题,第二类是规划方案的模拟优选问题。

1. 水污染控制系统的最优规划问题

这种最优规划问题简略来说是:应用数学规划方法,科学地组织污染物的排放或科学地协调各个治理环节,以便用尽量小的人为代价达到规定的水质目标。

对于不同范围、不同组成因素的水污染控制系统,可以形成不同特点和内容的最优规划问题。目前已经得到不同程度应用或具有研究成果的最优规划问题可列举如下。

关于区域规划:

1) 排放口最优化处理

它是在各小区污水处理厂的规模固定的条件下,寻求满足水体水质要求的各污水处理厂最佳处理效率的组合。这类问题研究得最早,当时称为水质规划问题。目前对它求解的数学方法较多,也比较成熟。

2) 最优化均匀处理

它是在污水处理效率固定的条件下,寻求区域的污水处理和管道输水的总费用最低时,污水处理厂的最佳位置和容量的组合。由于此时各处理厂都取相同的处理率,因此未发挥水体自净作用。有人把它称为"厂群规划"问题。在有些发达国家中,法律规定要求所有排入水体的污水都经过二级处理,这种条件下的最优规划问题就属于最优化均匀处理。

3) 区域最优化处理

它要求综合考虑水体自净、污水处理、管道输水三种因素。也就是说既要考虑污水处理厂的最佳位置和容量,又要考虑每座污水处理厂的最佳处理效率。这种问题比以上两种更为复杂,目前也还没有成熟的求解方法。

4) 区域最优化综合治理

除了考虑污水的输送和处理这种污染治理技术外,20 世纪 70 年代以来还有人对多种治理技术(如进一步考虑河中人工曝气、河流流量调节等)进行综合最优化的研究。这方面基本处在研究探索阶段。

5）给水与污水处理的综合最优化

如何综合考虑水源、给水处理、污水处理和水的重复使用来求得满足，用户水质要求和污水排放标准下的最优安排（包括多水源的最佳选择，处理过程的最佳容量以及重复用水的最佳用水量），这就是该系统的最优规划问题。

关于设施规划：

1）废水处理系统最优工艺流程

在一定的进出水水量、水质条件下，从各种不同处理方法中寻求总费用最省的最优工艺流程。

2）污水处理系统的最优设计

在一定的进出水水量、水质条件下，按整个系统费用最小来设计污水处理过程中各过程设备的基本参数。

2. 规划方案的模拟选优问题

水污染控制系统最优规划的共同特点是根据各种因素所提供的信息一次求出整个问题的最优解，可以较容易地应用现有数学手段加以处理。在主客观条件具备时，应用最优规划法得出规划方案应该是很理想的。上述水污染控制系统最优规划的研究和应用对于水质管理规划工作的开展曾经起了重大的推动作用。

但是鉴于环境问题，特别是环境预测问题的复杂性，应当看到我们实际上只是从一个大大简化了的水污染控制系统的模型来研究河流水质的规划问题。河流的实际情况要复杂得多；河流水质管理的目标也往往不只是常用的污水处理费用最小这一个，而是十分复杂、广泛的。总之，我们用上述最优规划所得到的"最优"结果用于实际河流时，很难真的是"最优"的。但如果我们的简化合理，处理得当，从模型得到的数学规划结果对于实际河流的总体规划而言，至少还是"合理"或是令人满意的。这就是说，我们在进行水质规划时，不必过分追求最优化，而应当使我们的水质管理规划合理化。

同时，在很多实际情况下，又往往不完全具备进行最优规划所要求的条件，一方面可能由于系统的范围和因素超过了前面提到过的那些规划问题，因此无法把问题纳入最优规划的目标与约束之中；另一方面也可能由于在我国现实条件下还不能建立前述规划问题的诸如目标函数、约束条件和过程关系式等，因此也限制了最优规划方法。这时，规划方案的优选比较就成为水污染控制系统规划的主要途径。

规划方案的模拟优选与最优规划方法不同，在做区域规划时，它的工作程序是先进行污水输送与处理设施规划研究，提出各种可供选择比较的可能方案，这时，可先不考虑河水输送和处理系统与水体之间的关系，然后对各种方案中的污水排放与水体水质之间的关系进行水质模拟计算、检验规划方案的可行性，最后从可行方案中找出比较好的方案（或修正方案）。这是一种定性分析与定量计算相结合的方法,先定性确定模拟的范围再进行定量的模拟计算,最后选优确定最佳实用方案。这种模拟规划法虽然难以得到"最优"解,解的好坏在相当程度取决于规划人员的经验,但是它比较密切地结合和发挥了现有专家的经验,在限于时间或研究水平等条件无法取得最优规划所需要的数据时,这种方法既可以节省人力、物力,减少计算工作量,保证规划工作顺利完成,而且只要注意尽可能多提出一些待选择的初步规划方案从中筛选,往往能够获得与最优规划方法相近的结果。特别是在进行较高层次的战略性研究时,它更有其独特的优越性。因此,在很多情况下,模拟规划法是一种既实用又能保证效果的有效途径,应该给予足够的重视。

三、规划的经济评价依据

以最小的经济代价寻求水环境质量,这是水污染控制系统规划的核心思想。也就是说,经济性是水污染控制系统规划好坏的基本依据。

以收益-费用分析来看,水污染控制所去除污染物的总量与收益和费用之间存在如下关系:去除污染物量越大,临界费用越大,临界收益越小,(临界费用和收益是指去除单位污染物所需费用价格和所得的收益价格)。如图 4-4 所示,其中存在一个最佳水平点 Q_0,当污染物去除量为 $Q_0(t)$ 时,净收益(即收益减去费用)为最大。最佳水平点相当于图中两条曲线的切线平行时,该两个切点连线在横轴上的交点。因此我们有必要来寻求和研究社会总的净收益最大的污染控制状态。

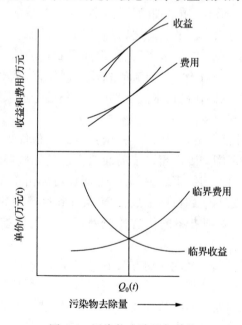

图 4-4　污染物去除量与单价

　　污染控制的收益和费用，总的可分为两大部分：①有关人为活动的收益和费用，包括污染源的回收、处理活动，管道输送活动，污水处理活动，其他河流治理活动；②有关水体污染及其控制所造成的社会收益与费用。水体污染的社会影响又可以分为直接影响和间接影响两种。直接影响，如鱼种降低、种类养殖受损、水体丧失天然再生能力、渔场全面破坏、农业用水受阻、给水受阻碍等，这部分损失费用一般可以通过补偿或替代的方法来推算污染控制的收益，当然在估算中也有不少难以数量和价格划分和确定的困难。间接影响则包括人们生活环境的受害与社会环境变化的影响。例如，人体健康与生命，自然风光与古迹等，目前还很难定量估算，是国际上共同关心的内容。

　　就有关人为活动的收益和费用来看，影响的因素如下：

　　（1）工业污染源污染物的回收与处理活动有如图 4-5 所示的理想特性曲线，图中表明了回收价值与处理费用的增长和合成关系。说明对回收与处理这个污染控制系统来讲，存在着一个总年净收益最大的最佳污染物排放百分比（或最佳回收百分比）。这一经济效应对于我国正在进行中的工业生产行业污染物排放控制指标的制定，以及对工厂污染控制设施规划和区域水质规划的制定都有现实的重要意义。

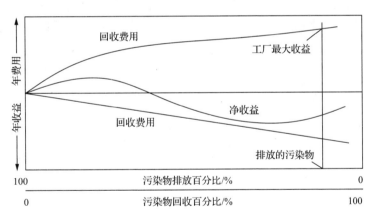

图 4-5　工厂污染物回收的费用-收益关系曲线

　　（2）污水处理活动的费用与污水处理的规模和处理效率相关，可以用图 4-6 来表示三者的关系，这是一种三维的结构。

　　（3）当污水处理去除率固定时，规模的经济效应如图中的 $C(Q)$ 曲线所示。也就是当处理水量（m^3/d）增加时，总费用随之增加，但处理污水的单价 $[万元/(m^3 \cdot d)]$ 却降低，相当于图中曲线 $C(q)$ 的斜率随 q 的增加而由大变小。这就是说，处理相同的水量，集中处理的费用小于分散处理的费用。

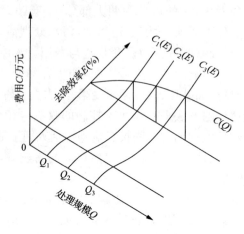

图 4-6　污水处理费用与规模和效率的关系

　　但是,从污水处理与管道输水这两种活动来说,它们的分散与集中对费用又有相互的制约关系。如果以污水处理厂的数目 n 为变量,当 n 由大变小时,即由分散处理逐步过渡到集中处理,污水处理的费用将不断下降;同时,由于输水管线总长度的增加,输水费用将不断上升。这两种费用的消长与合成关系如图 4-7 所示。图中总费用曲线最低的点也就是污水处理厂的最优设置数(或最优位置)。

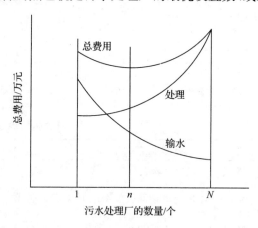

图 4-7　区域污水处理系统处理厂个数与费用的关系

　　(4) 当污水处理厂的规模固定时,处理效率与费用关系如图 4-6 中的 $C_1(E)$、$C_2(E)$、$C_3(E)$。这种处理效率的经济效应还可以用图 4-8 来表示。处理效率增高,水处理总费用增加,但处理单位污染物的污水处理单价[元/(kg·d)],即相应图 4-8 曲线段的斜率却迅速增长($t_3 > t_2 > t_1$)。由此可见,去除同样的污染物量,采用低级处理要比高级处理经济。我们在规划区域污水处理系统时,从全局来看应该首先考虑的是那些尚未进行处理的污水尽可能全面进行低级处理,而不是那些已有了一定处理程度的污水进行更高的处理。

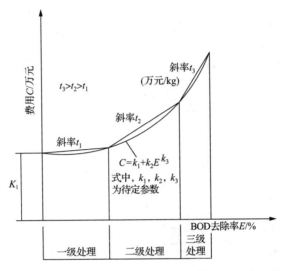

图 4-8　污水处理效率的经济性

（5）水体在一定限度内,具有同化污染物质而保证水质满足某种功能要求的能力,这种能力称为水体的自净能力。它主要取决于水体自身的物理、化学和生物学等的特性,也与污水的排放方式（包括排放位置、排污负荷）和水质要求有关。水体的这种自净能力,可以看作是一种自然资源。开发和利用这种资源可以替代污水人工处理的部分负荷,从而降低污水处理的投资和运行费用。这就是水体自净所具有的经济效应。我们应当提倡科学合理地利用这种水体自净的经济性。

上述几个方面——工业污染源回收污染物的经济效应、污水输送距离的经济效应、污水处理规模的经济效应、污水处理效率的经济效应和水体自净的能力,在一个水污染控制系统中相互影响、相互制约。在一定的约束条件下,协调好这些关系,可以既满足水体水质要求,又使系统的总费用最低。这就是研究水污染控制系统规划问题的出发点与归宿。

四、规划过程与步骤

水污染控制系统规划是一个反复协调决策的过程。一个最佳实用的规划方案应是整体与局部、局部与局部、主观与客观、现状与远景、经济与水质、需要与可能等各方面的统一。这些问题在具体工作中又往往表现为社会各部门、各阶层之间的协调统一问题。实际上整个规划过程就是在寻求一个最佳的折中方案。它的过程与步骤可用图 4-9 所示的框图来表达。总体来说,它分为四个阶段,即规划目标、建立模型、模拟优化、评价决策。每个阶段有各自相应的规划工作和规划准备工作。在模拟优化阶段又可以分为最优规划和模拟规划两种途径来进行。显然各阶段和各步骤不是机械地照此办理的,而是根据需要相互穿插反复进行的。图 4-9 可以反映出规划过程的一般规律及各步骤的相互关联。

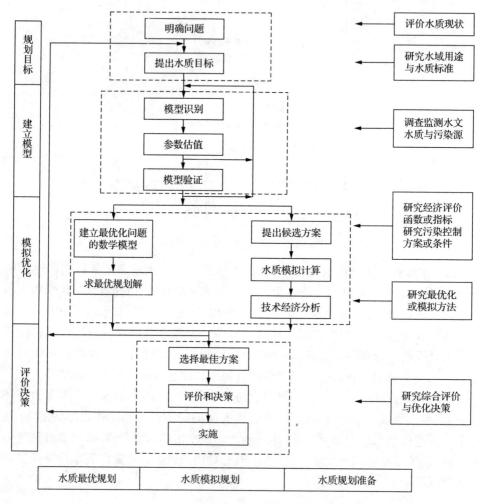

图 4-9　水污染控制系统规划过程

（一）规划目标

整个规划工作要先从"明确问题"和"提出目标"开始。"明确问题"除了要明确规划的范围,并且要指明污染控制的方向和要求。为此要通过污染源的调查分析和水质的监测研究提供水质现状评价的结果。水质现状评价对于河流来讲,是要把河流的现状水质与要求的水环境的质量标准加以比较；对于行业排污来讲，是要把行业的排放水质与要求的行业控制指标加以比较。这里就涉及应该选用什么样水质标准或规定来作为评比和治理的目标问题，而这个目标的真正确定又与一系列技术经济相联系，也是我们整个规划的最后成果之一。因此可以说确定目标是规划过程的起始与终结。在规划开始我们可以先提出一个认为可行、经过规划过程的反复协调才能确定的水质目标。

每一种水体的使用目标是由它的特定用途来决定的。一条具有最理想功能的河流是能同时满足所有各种用途，这样可以得到最大的利益，但是这样做同时必然要维持很高的水质标准，必然要求采用十分严厉的污染控制措施。显然，只有当这种理想化功能所得的利益远远高于社会的需要而且污染控制在技术上是可行时，才是一种现实的目标。在很多情况下，我们所研究的水体都已受到不同程度的污染，不同的区段污染情况也各不相同。我们必须从当地的社会、经济和技术条件出发，对不同地区、不同河流或水体以及同一水体的不同区段分别提出不同的使用用途与相应的水质标准，形成该水体的目标优化组合。

为了提供规划过程的选择、一般可以先提出两个极端的目标组合——最高限与最低限目标组合，并在其间再按实际情况构成几个中等目标组合，这样便于分析比较和选择确定。

（二）建立模型

在规划水污染控制系统过程中，我们需要知道对各种规划方案给受纳水体会造成什么样的水质状况，以便对规划方案做出评价和选择。我们也需要知道为了改善水质的污染现状，如果以某种水质标准为约束条件，各个排污口的允许排污量是多少，削减量应是多少，这些预测和计算需要一个能定量描述污染源排污状况（排放位置、数量、方式）与水质状况（随位置与时间的变化状况）关系的数学模型。建立水质模型是进行水污染控制区域规划的基础。建立水质模型一般需经过确立概念化模型、识别模型结构、识别参数、检验和应用等步骤。其中识别模型结构和参数是其关键步骤，它们的基础是大量可靠的水文、水质监测数据和污染源排放负荷与浓度数据。

除水质模型外，建立适当的费用模型也是很重要的，它将为各种方案的模拟比较和最优化提供评价的依据。

（三）模拟和优化

寻求优化方案是合理规划的核心，是协调环境与经济的必由途径。采用最优化方法，还是采用模拟的方法进行规划，则要根据具体条件而定。采用最优规划所要求的条件比较严格。为评价区域规划方案的优劣,必须建立一个供优化用的经济目标函数,目前由于水质改进所带来的收益不易定量估算,因此最优化的目标函数经常只是一个费用函数。最优化就是在水质约束和技术约束条件下,寻求费用最小的控制方案。解决这些最优化问题所常用的最优化方法有线性数学规划法、非线性数学规划法和非线性迭代方法等。这些数学规划方法,除动态规划法外,都是要求把目标函数和约束条件写成显式的。

设施规划的最优化目标都采用费用函数,最优化方法常用动态规划法、修正单纯形法和枚举法等。

根据各种规划方案所提供的数据,应用各种水质模型在各种水文、污染源、气候等条件下,可以进行水质模拟,计算出相应的河流水质状况,从而可以提供评价对比水质与经济等的信息,以便做出优选。

（四）评价与决策

对于水污染控制系统的规划问题,用数学方法得出的最优解往往并不是一个可以付诸实施的方案。因为水质改善而带来许多收益,如改善水生生态的平衡、人体健康和旅游观光等都不容易用费用来衡量,因此在"最优"规划过程中没有考虑进去。另外,水质目标虽然可以作为问题的一个重要因素,但是同时还存在着其他的政治、经济和技术等目标或条件的制约,因此需要对各种目标进行统一的协调,做出各方满意的决策。也就是说,由数学模拟和数学规划得出的"最优"水质规划方案,要与其他诸因素进行协调,从而才能确定一个能够付诸实施的"最佳实用方案"。

第二节　城乡水污染的系统分析

一、水污染系统

水污染系统由四个子系统构成,如图 4-10 所示。

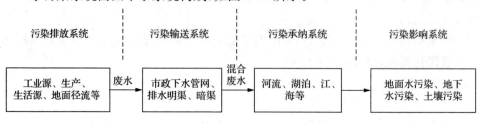

图 4-10　城乡水污染系统构成示意图

污染排放系统是城市水污染的来源,也是水环境污染的魁首。城市中最大的污染排放源是工业企业,其次是城市居民、机关、学校、医院、旅店、饭店等排出的各种性质的废水及水污染物。污染输送系统是指城市排水系统,包括市政排水管网、排水明渠、排水暗渠。其功能是将城市工业及生活废水输送到污水治理工程或污染承纳水体。污染承纳系统则是指最后接受城市废水的江河、湖泊、水库、海洋等水体,是城市水污染控制的最终保护对象。污染影响系统主要指受城市污水影响的地面水、地下水、土壤及农作物所构成的环境系统。另外,水污染控制系统也可以作为城市水污染系统的一个子系统,但通常作为独立系统加以研究。

二、系统分析的基本原理与目标

(一)基本原理

系统是由相互作用和相互依赖的若干组成部分结合成的具有特定功能的有机整体,而系统本身又是它从属的一个更大系统的组成部分。简而言之,系统是相互作用事件的集合。城市水污染系统就是污染源、污水输送体、污水载体的集合。系统分析是指对这个集合的研究。城市水污染系统分析则是指对城市污染源、排水系统、受污系统的全面研究。

通常,系统分析的主要步骤包括:①确定研究的系统,并对其提出要求或目标;②根据目标,设计与评价方案;③修改要求和选择一个方案。以上三个步骤是一个反复筹划,经过若干循环求得最优方案的过程。

(二)水污染系统分析目标

水污染系统分析的研究系统主要包括污染排放源和受污环境的各要素,重点是水污染物生成与排放情况、水质水量情况、技术经济状况、污水排放系统构成和水质水量状况、受污水体水质状况。水污染系统分析的目标是,满足城市水污染集中控制要求,弄清造成水环境污染的来源及其水质特性、水量变化,按污水性质进行分类;全面、系统地对工业源进行评价,把握工业源工艺技术水平、排污水平,确定重点控制源和优控污染物;通过系统分析,可为制定控制措施和规划方案提供科学依据。水环境系统分析主要内容、程序如图 4-11 所示。

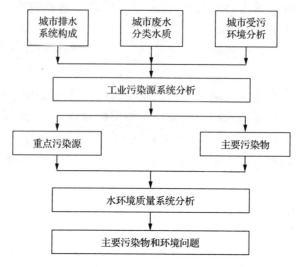

图 4-11　水环境系统分析内容及程序

三、废水分类和构成

　　造成水环境污染的废水通常分为四大类：一是城市废水，二是工业废水，三是农业径流，四是暴雨和都市径流。城市废水主要造成城市及其下游水体污染，主要废水来源有工业企业、商业部门、宾馆、饭店、浴池、事业单位、家庭、医院、城市地面径流等。根据废水特性及来源，城市废水分为工业废水、生活废水、医院废水、地面径流四大类，各类废水又可分成不同亚类废水，如图 4-12 所示。各部分废水水质、水量、排放规律都存在很大差异，掌握各类废水的情况对实施污水控制是至关重要的。

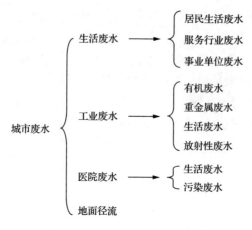

图 4-12　城市污水构成及分类

（一）生活废水水质及污染负荷

1. 废水分类

生活废水是指人们日常生活过程中产生的各种废水的混合液，主要包括厨房、洗涤、浴池等排放的炊事、洗涤等废水及厕所的粪便污水。根据废水来源，生活废水分为大生活废水和小生活废水。大生活废水主要指集体单位和公共事业等排出的废水，如饭店、浴池、宾馆、学校、事业单位排放的废水。小生活废水则是指居民生活排放的废水。

2. 废水水质

生活废水中主要含有腐败有机物、悬浮物、氟、磷、钾、氯化物、氨等。生活废水进入水体通常造成水体有机污染，实质是使河流 COD、BOD_5 增高，而氮、磷等元素则可造成水体富营养化现象。因此，对生活废水主要控制 COD、BOD_5、氮、磷等指标。近些年各种洗涤剂进入家庭，使生活废水水质更为复杂，应予重视。

城市生活废水水质水量受生活水平、生活条件和习惯等因素影响，不同城市、不同时间，其水质水量存在较大差异。

生活废水一般呈弱碱性，pH 为 7.2～7.3，废水中各类污染物浓度变化大，见表 4-1。

表 4-1　生活污水中污染物质平均浓度　　　　　单位：mg/L

成分	浓度		
	强	中	弱
总固体	1200	720	350
其中：溶解性	850	500	250
总悬浮物	350	220	100
可沉固体/(mL/L)	20	10	5
BOD_5(20 ℃)	400	220	110
COD	290	160	80
TOC	1000	500	5
总氮(以 N 计)	85	40	20
游离氨	50	25	12
总磷	15	8	4
氯化物	100	50	30
碱度	11	5	2.5
油脂	150	100	50

3. 污染负荷

废水中污染物排放负荷,是指一定时间内排放的废水中污染物的纯量,可以采用以下公式计算:

$$P_i = 10^{-3}Q_i \cdot C_i \tag{4-1}$$

$$或 \qquad P_i = 10^{-3}Q_i \cdot (1 - \eta_i)C_{i0} \tag{4-2}$$

式中,P_i——一定时间内某污染物的排放量(kg);

Q_i——一定时间内某废水排放量(m^3);

C_i——废水中某污染物的平均浓度(mg/L);

C_{i0}——废水处理系统进口处的某污染物平均浓度(mg/L);

η_i——废水处理系统的去除效率(%),可用下式计算:

$$\eta_i = \frac{q_{i0}C_{i0} - q_iC_i}{q_{i0}C_{i0}} \times 100\% \tag{4-3}$$

式中,q_{i0}——进入废水处理系统的废水量(m^3/h);

q_i——废水处理系统处理后的水量(m^3/h)。

若 $q_{i0} \approx q_i$ 时,式(4-3)则可简化为

$$\eta_i = \frac{C_{i0} - C_i}{C_{i0}} \times 100\% \tag{4-4}$$

为准确计算城市生活污水排污负荷,首先要确定城市生活废水量。城市生活废水排放量可按照用水量的 65%～85% 计算,一般取 75%,而居民生活用水量随地区和室内卫生设备而异。

另外,考虑到流动人员因素等,生活污水量也可以按 70～150 L/(人·d)计算。每人每天排出 BOD 平均按 30～100 g 计,每人每天排出 COD 平均按 50～120 g 计,每人每天排出悬浮物平均按 30～50 g 计。

(二) 工业废水分类及水质

1. 废水分类

工业企业生产过程中排出的生产废水、废液等统称工业废水。工业生产是离不开水的,而生产过程中大部分水未被利用而排入环境,同时在生产过程中也不可能把生产原料全部转化为产品,有的剩余物质进入废水中成为直接污染物,有的则在生产过程中发生反应,转化生成污染物进入废水中。因此,工业废水的成分是十分复杂的。这样,工业废水的种类随生产产品而异,不同工艺和产品排放的废水水质和特性是不同的。工业废水的污染效应有:酸性、碱性、有毒、病毒、放射性、油脂、耗氧、臭味、颜色、浑浊、高温等方面,其中影响最大危害最重的是毒性和耗氧。工业废水是造成水环境污染的最主要污染源。

工业废水分类通常采取以下三种方法：

（1）按工业企业的产品和加工对象来分，或者是直接按生产行业划分，如造纸废水、制药废水、有机化工废水、无机化工废水、石油化工废水、纺织印染废水、炸药废水、农药废水、啤酒废水、肉类加工废水、冶金废水、电镀废水、炼焦煤气废水、石油炼制废水、化学肥料废水、金属酸洗废水。

（2）按废水中所含污染物的主要成分分类，如含重金属废水、含氰废水、含酚废水、含油废水、酸性废水、碱性废水、放射性废水。

（3）按工业废水中所含主要污染物的化学性质来分，大体分为两类，一类为无机废水，以无机物为主；一类为有机废水，废水中以有机物为主。

有机废水还可分为有机耗氧类型和有机有毒有害类型。前者主要含有高度耗氧的有机污染物，适于生物化学方法处理；后者含有耗氧且有毒有害有机污染物，适于物理化学或强化生物化学方法处理。

无机废水则可分为无机有害和无机有毒两类。前者主要含有可产生酸、碱、盐、高温、浑浊、颜色、臭味等效应的无机污染物，有害但无毒，适于物理化学方法处理；后者含有具有毒性的无机污染物，环境危害大，可采用物理化学或生物化学方法处理。

2. 废水水质

工业废水中的污染物包括有生产废料、残渣和流失的部分原料、产品、半成品、副产品等，水质极为复杂。不同种类的工业废水，其废水中污染物种类和污染物浓度差异极大，而且在不同时间，水质也存在差异。即使是生产同一产品产生的废水，由于其工艺水平、管理水平等不同，废水中污染物浓度相差也很大。每一种工业废水都含有其特定的污染物，并产生不同的污染效应。因此，要给出各种废水中污染物的准确含量是较困难的。

3. 医院废水及水质

医院废水同工业及生活废水差异较大，在城市水污染集中控制中必须予以充分注意。

医院废水及水质主要由医院规模、结构等决定，一船包括三大部分：①含病原体废水，主要来自门诊、病房厕所的粪便冲洗水及手术室、治疗室、化验室等的冲洗水，废水中主要污染物有病毒、细菌、寄生虫等病原微生物和寄生虫以及氯化物、酚、悬浮物、氨氮等；②一般生活废水，主要为洗衣房的碱性废水、厨房、病房盥洗室等排放的废水，废水中主要含有氨氮、悬浮物；③放射性废水，主要来自同位素诊疗室，该废水中含有放射性同位素，如 ^{191}Au、^{24}Na、^{32}P 等。

综上，医院废水中的主要污染指标为：大肠菌群、细菌总数、氯化物、酚、氨氮、BOD_5、SS。其中含有大肠菌群为 $96 \times 10^6 \sim 230 \times 10^6$ 个/L，细菌总数为 $1.3 \times 10^5 \sim 1.5 \times 10^5$ 个/mL、BOD_5 为 $200 \sim 4800$ mg/L。

医院用水和排放废水水量可以按医院床位数预测,见表 4-2。主要污染物负荷为 BOD$_5$ 60 g/(床·d)、氨氮 15 g/(床·d),悬浮物 50~60/(床·d)。

表 4-2　各类型医院用排水量　　　　　　　单位:L/(床·d)

医院床位数(床)	用水量	排水量
>400	1000	800
200~400	700	560
<200	250	200

4. 城市地面径流及其水质

城市地面径流也是影响城市水环境的一个主要方面,地面径流的大小主要是由降水量决定,其径流水质则主要受城市环境影响,其污染物来源主要是大气中的污染物和地面、建筑物表面、植物表面等存在的污染物,因此不同城市其地面径流水质是不同的。但是一般而言,城市地面径流中含有的污染指标主要有 BOD$_5$、COD、SS、总固体、氮、磷、重金属等。

地面径流水质和污染负荷时空变化很大,一般情况下,暴雨径流前期水质污染重、污染负荷高,可占全部径流的 90%。但是径流对水环境的污染不仅仅限于径流前期,这是因为城市径流中往往含有大量微细颗粒物,它们很难沉降而长期悬浮于水中致使危害加重。

5. 城市废水水质

通过分析可知,城市废水由工业、生活、医院等废水和地面径流构成,因此城市性质、城市工业结构、人民生活水平以及气候与气象条件等因素共同决定了一个城市的废水水质,不同城市其废水水质差异极大,特别是来自工业源的污染物更是千差万别。城市生活和一些工业废水中含有丰富的植物营养物质,且由于人类大量使用含磷洗涤剂,增加了生活废水中的磷含量,从而使城市废水中肥分较高。

四、工业污染源系统分析

(一)目的与意义

工业污染源是指工业生产过程中排放污染物的设备和场所。对城市而言,一个工业企业就是一个工业污染源。工业污染源是一个复杂的整体,其污染物的生成与排放受到生产工艺、产品结构、原料和资源利用水平、人员素质、管理水平、污水治理状况、技术经济条件等多种因素的制约与影响。工业污染源系统分析的目的和意义主要在于:通过科学、系统地调查、监测、评价和分析,全面掌握工厂水污染物生成节点、生成种类和负荷,确定污染物流失原因和流失量,把握生产工艺水平和原料、能源、资源利用水平,废水水质及污染治理状况等。是确定工业源在城市水污染中的地位与作用,控制指标与控制目标,控制措施与对策所必须做的工作。

（二）分析的内容、程序、方法

工业污染源系统分析是一项基础性调查研究工作,工作量大、涉及面广、技术性强,根据水污染集中控制的需要和特点,其主要分析内容分为六个方面:①排污申报和审核;②污染工艺剖析;③水平衡分析;④污水处理状况分析;⑤水污染评价;⑥经济技术评价。

目前,各城市都建立了工业污染源档案,这些档案较为系统地记录了工厂的概况、污染工艺、污染物生成、治理、排放状况。但是,这些档案只是某一年的情况。随着工厂生产的发展,产品结构及生产工艺的改变,情况也将相应发生变化,一些信息需要不断更新。所以,仅靠污染档案不能满足污染控制的需要。工业污染源分析应在污染源调查和建档工作基础上进行。其分析内容和程序如图 4-13 所示。

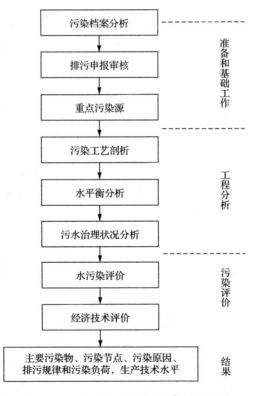

图 4-13　工业污染源系统分析内容及程序

工业污染源系统分析应充分利用系统工程理论与手段,充分利用污染档案,根据污染档案,选择重点源。对重点源采取现场调查、实际监测、经验估算、物料衡算、综合评价相结合的系统分析方法。

(三) 排污申报和审核

排污申报登记是污染源的自我评价,是工业源系统分析的基础和依据,也是确定工业源控制因子、集中控制形式、集中控制规划的依据。申报登记内容包括工业源名称、地理位置、企业性质、规模、人数、原材料利用情况、水资源利用状况、主要生产工艺、污水排放节点、污水排放量、污染物排放种类、浓度及负荷、污染治理情况等。

排污申报主要是由排污单位根据其掌握的资料和数据进行填写,为保证其真实、准确、可靠地反映企业实际情况,必须对报表进行审核,并对不合理或不准确的部分要求其重新申报。最后根据各单位排污申报登记,选择典型工厂进行剖析和现场测试验证,以确定不同工厂的生产与排污水平。

(四) 污染工艺剖析

工业生产工艺决定了污染物的生成与排放水平。对于生产同一产品的不同工厂,可以是不同的生产工艺,而不同生产工艺的污染物产生量是不同的。污染工艺剖析是科学评价工艺技术水平,弄清工艺过程产生和排放污染物的节点、种类、数量、规律及原因,最后画出工艺剖析图(污染流程示意图)直观反映污染物生成与排放情况,并划分出该工艺所处的技术水平(先进、中等、一般)。

1. 排污节点确定

工艺过程中水污染物排放节点可以按照生产工艺逐步分析,加以确定。只有准确把握污染生成节点,才能保证全面掌握污染物的排放种类和负荷。

2. 排污种类及负荷确定

在排污节点确定之后,就可以确定各节点污染物生成种类、浓度和负荷。确定污染物排放情况可以采取物料衡算、现场测试和公式计算等方法。

物料衡算是依据物质不灭定律和反应转化方程式,按照投入产出原理方法,根据工艺情况,分别计算原料投入量、进入产品量、进入副产品量、可能损失量和流失量,从而准确掌握产品污染物生成种类和负荷。

现场测试是确定污染物流失种类和负荷的必需手段。现场测试首先要依据工艺分析或物料投入产出分析结果,确定监测项目,然后确定采样和测量方法、监测频率。采样、测量与监测频率的设计,要确保数据的代表性、准确性和完整性。根据工艺剖析的要求,每个排污节点最好有 15 个以上完整的检测数据。而这些数据必须有一定的连续性,可以每天一个,周期为 15 天;也可每班一个,周期为 7 天。所有工艺排污点数据,必须配套成组,对于连续性化工生产,可以采用"时移采样法",即在采样时间的安排上,不在每天的同一个时间,而是按一定时差向前(或者向后)移动,做到在检测期内的 24 h 里均有采样概率,以偶然性寻求必然性,减少误差,使其有较好的代表性。

3. 排污原因剖析

污染物排放实际也就是物料的流失。流失原因剖析要按生产岗位逐项进行。根据目前的生产技术、废水治理和企业管理水平以及与此相应的技术资料,对各项流失的实测量做大体符合实际的定量分析,大致可归纳成如下三类:

(1) 甲类流失($A_甲$)。主要是客观原因造成的。一般采取组织措施就能够避免的流失,如由于原料使用不当、违反工艺、出现事故、管理不善、指挥失误等因素造成的流失量。$A_甲$是环境管理工作的对象。

(2) 乙类流失(A_Z)。主、客观原因兼有造成的。一般采取技术与管理措施能够消除的流失,如由于设备运行不正常、安排不合理、年久失修、没有废水回收处理设施等因素造成的流失。A_Z是环境治理和技术改造工作的对象。

(3) 丙类流失($A_丙$)。主要是客观原因造成的。一般采取科学技术措施才能够减少的流失,如由于原料路线、工艺流程、单元设备不尽先进、废水缺乏有效的防治技术或者处理不完全等因素所造成的流失量。$A_丙$是环境科研工作的对象。

4. 绘制工艺剖析图

工艺剖析图是将剖析的结果用图解说明。其可以分测算、剖析、控制三部分,要按生产工艺次序排列绘制,图式要统一,内容要简洁。数据要准确,上下衔接,前后呼应。工艺剖析图一般要按产品逐个污染物来绘制。

(五) 水平衡分析

目前,我国大部分工业企业对自身工业用水状况并不十分清楚,而用水水平低,既造成资源浪费又造成环境污染。水平衡分析是加强工业企业对用水进行科学管理行之有效的方法,也是节水减污的基础。通过分析,可以弄清工厂水资源利用水平、废水排放节点及排污量,为制定合理用水规划和节水措施,提高水利用水平,减少废水排放量和污染物流失量提供依据。同时为城市水资源的系统分析,供需平衡研究,城市用水规划,用水预测和城市水污染控制,制定不断提高工业用水水平的科技发展规划,提供较可靠的基础性数据。

1. 工业用水分类

工业用水分类是工业水平衡分析的基础,对工业用水,一般可以从两个角度进行分类。一个是将整个城市作为一个系统加以考虑,按工业行业进行分类;一个是以一个工厂作为一个系统加以考虑,按工业用水的用途分类。

各城市工业结构不同,而各工业企业生产技术与管理水平不同,产品结构也不同,这些决定了虽然行业相同,但各企业间对水质、水量等用水参数要求不同,用排水系数也不同。所以,按行业进行用水分类可以在宏观上进行行业之间用水水平比较。按工业用水用途分类则是对一个工厂,其针对性强,以下重点介绍按工业用水用途分类。

工业企业用水可分生产和生活两部分,生产用水再分成间接冷却水、工艺用水和锅炉用水,见图 4-14。

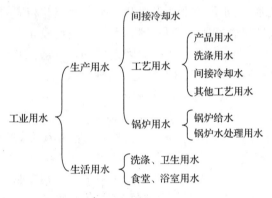

图 4-14　工业用水分类示意图

(1) 间接冷却水。在工业生产过程中,为保证生产设备能在正常温度下生产,用来吸收或转移生产设备的多余热量所使用的冷却水(此冷却用水与介质之间由热交换器壁或设备隔开),称为间接冷却水。

(2) 工艺用水。在工业生产中,用来制造加工产品,以及与制造、加工工艺过程有关的这部分用水称为工艺用水。工艺用水中包括产品用水、洗涤用水、直接冷却水和其他工艺用水。

(3) 锅炉用水。工艺或采暖、发电需要产汽的锅炉用水及锅炉水处理用水统称为锅炉用水。锅炉用水,包括锅炉给水、锅炉水处理用水。

(4) 生活用水。厂区和车间内职工生活用水及其他用途的杂用水统称为生活用水。

2. 水平衡分析中的基本参数

在水平衡分析中,涉及的主要参数有取水量、重复利用水量、耗水量、排水量和漏水量等。

(1) 取水量 Q。工业取水量是为使工业生产正常进行,保证生产过程中对水的需要,而实际从各种水源引取的,为任何目的所用的新鲜水量。包括:间接冷却水取水量、工艺水取水量、锅炉取水量、生活取水量。计算公式如下:

$$Q = Q_产 + Q_生 = Q_冷 + Q_工 + Q_锅 + Q_生 \qquad (4-5)$$

式中, $Q_冷$ ——间接冷却水取水量;

$Q_工$ ——工艺水取水量;

$Q_锅$——锅炉取水量；

$Q_生$——生活取水量。

（2）耗水量 H。耗水量是在生产过程中，由于蒸发、飞散、渗漏、风吹、污泥带走等途径直接消耗的各种水量和直接进入产品中的水量及职工生活饮用水量的总和。计算公式如下：

$$H = H_产 + H_生 = H_冷 + H_工 + H_锅 + H_生 \tag{4-6}$$

式中，$H_冷$——间接冷却水由于蒸发、飞散、渗漏等途径消耗的水量；

$\quad H_工$——工艺水耗水量，工艺过程中进入产品及蒸发、渗漏等途径消耗的水量；

$\quad H_锅$——锅炉耗水量，锅炉本身与锅炉水处理系统消耗的总水量；

$\quad H_生$——生活耗水量，厂区和车间职工生活用水中饮用，消防、绿化等过程消耗的总水量。

（3）排水量 P。排水量是在完成全部生产过程（或为生活使用）之后最终排出生产（或生活）系统之外的总水量。计算公式如下：

$$P = P_产 + P_生 \tag{4-7}$$

式中，$P_产$——生产排水量，包括间接冷却水排水量、工艺水排水量、锅炉排水量；

$\quad P_生$——生活排水量。

（4）重复利用水量 C。重复利用水量是工业企业内部，生产用水和生活用水中循环利用的水量和直接或经处理后回收再利用的水量，即工业企业中所有未经处理或经处理后重复使用的水量的总和。计算公式如下：

$$C = C_产 + C_生 = C_冷 + C_工 + C_锅 + C_生 \tag{4-8}$$

式中，$C_冷$——生产用水重复利用量，包括间接冷却水循环量；

$\quad C_工$——工艺水回用量；

$\quad C_锅$——锅炉回用水量；

$\quad C_生$——生活用水重复利用水量。

（5）漏水量 L。漏水量是企业输水系统和用水设备（包括地上管道、设备、地下管道、阀门等）所漏流的水量之和。这部分水量包括在企业取水量之内。

3. 水平衡计算

用水过程的平衡关系可用下式表示。

$$Y = Q + C \tag{4-9}$$

$$Q = H + P \tag{4-10}$$

$$Y = H + P + C \tag{4-11}$$

$$C = C_冷 + C_工 + C_锅 + C_生 \tag{4-12}$$

在确定工艺流程条件下，维持正常运转所用水量 Y 是个定值。合理用水的目的是减少取水量 Q 和排水量 P，从以上用水关系式可以清楚地看到，用水合理化的两条基本途径:①改革工艺,减少用水量 Y;②尽量加大重复利用水量 C,在用水量 Y 一定的前提下,达到减少取水量 Q 的目的,相应排水量 P 也随之减少。

4. 结果分析

通过测试,计算工厂用排水状况,可绘出全厂或车间水平衡表和水平衡图。通过对各项参数进行分析,可以准确找出本厂用水技术和管理上的问题,找出不合理用水地方,确定主要排水节点,从而采取相应的技术与管理措施,提高水利用水平,做到科学合理用水。

5. 污水治理状况分析

对污水进行治理是削减污染排放负荷的主要方式。工业污水的源头治理决定和影响了城市水污染控制方式和规划,是制定工业源污染削减目标的依据。工业污水治理状况分析既包括对污水处理技术的分析,又要弄清所处理废水与全厂废水的比重、主要废水来源等。主要内容有:污水治理工艺、工程规模、设计处理效率、实际处理规模、实际处理效率、工程投资、工程运转费用。通过分析,除了掌握以上主要情况外,要确定处理方法的技术水平和存在的问题。

(六) 水污染评价

1. 评价程序

在排污申报、工艺剖析、水平衡分析、污水治理状况分析基础上,对污染源进行水污染评价,以便确定污染源在控制区域内对环境污染的责任与影响程度,划分污染等级和确定污染控制因子,判定主要污染源。评价程序如图 4-15 所示。

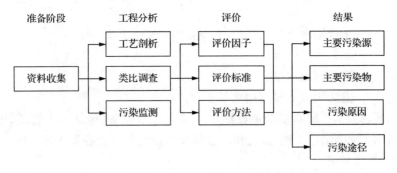

图 4-15　污染源评价程序

2. 评价因子和标准

原则上污染源排放的水污染物都参加评价。但是一个工厂排放的污染物可以是很多种,而各污染源之间排放的污染物种类又存在很大差异,所以在选择评价因子时,应结合各地区实际情况,尽量选择可定量计算、有排放标准和水环境质量标准的污染物。评价标准主要有国家污水综合排放标准和地方污水排放标准。

3. 评价方法

工业源水污染评价方法较多,常用的有类别评价和综合评价。

3.1　类别评价

类别评价包括浓度指标、排放强度指标、统计指标等评价。该评价方法简便易行、直观,但适用范围窄,只适合于同种污染物的比较,而不能综合反映污染源水质质量和潜在污染能力,不利于污染源之间和地区间的比较。

(1) 浓度指标。用某污染源排放某种污染物的浓度及超过排放标准的倍数来表达污染能力的大小程度的差别。因考虑不够全面,往往将绝对排放量大,而浓度偏低的污染物和污染源掩盖了。

(2) 排放强度指标。指污染物绝对排放量。计算公式如下:

$$W_t = C_t Q_t \cdot 10^{-3} \tag{4-13}$$

式中,W_t——单位时间排放某种污染物的绝对量(kg/d);

　　　C_t——实测某污染物的平均浓度(mg/L);

　　　Q_t——废水日平均排放量(t/d)。

排放强度考虑到污染物排放时的载体排放量,所以较浓度指标更能反映污染物或污染源的污染程度。

(3) 统计指标。包括检出率、超标率、标准差、概率加权值。

a. 检出率。指某污染物的检出数占样品总数的百分比。计算公式如下:

$$B_i = \frac{n_i}{A_i} \times 100\% \tag{4-14}$$

式中,B_i——检出率(%);

　　　n_i——某污染物检出样品个数;

　　　A_i——某污染物样品总数。

b. 超标率。指某污染物超过排放标准的检出次数,占该污染物检出样品数的百分比。计算公式如下:

$$D_i = \frac{f_i}{n_i} \times 100\% \tag{4-15}$$

式中,D_i——检出率(%);

　　　f_i——某污染物超过标准的样品数;

　　　n_i——某污染物检出样品个数。

c. 标准差。指某污染物检出值偏离排放标准的程度。计算公式如下:

$$\sigma = \sqrt{\frac{\sum (C_i - C_\omega)^2}{n - 1}} \tag{4-16}$$

式中,σ——某污染物的标准差;

　　　C_i——某污染物的实测浓度(mg/L);

C_ω——某污染物的排放标准(mg/L);

n——某污染物的检测次数。

σ值越大,实测值偏离排放标准越大,污染程度越严重,反之则相反。

d. 概率加权值。指某污染物的浓度小于、等于和大于排放标准的概率,计算公式如下:

$$W_i = \frac{C_\omega - C_i}{\sigma} \tag{4-17}$$

式中,W_i——某污染物概率加权值;

C_ω——某污染物的排放标准(mg/L);

σ_i——某污染物的标准差。

3.2 综合评价

为了使种类繁多的污染源和污染物能够在同一基准上加以比较,必须采用无量纲即标准化原则评价。标准化就是将各种污染物的实测浓度或绝对量与某一标准进行比较,得一无量纲的"指数"。通过该指数将不同污染物和污染源加以分析比较,从而确定主要的污染物及主要污染源,并判断污染程度。

(1)等标指数(N_i)。也称污染物分指数,指某排出污染物超过标准的倍数。它反映了污染物浓度与排放标准间的关系。计算公式如下:

$$N_i = \frac{C_i}{C_\omega} \tag{4-18}$$

式中,C_i——某污染物的实测浓度(mg/L);

C_ω——某污染物的排放标准(mg/L)。

(2)等标污染负荷(P_i)。指污染物绝对排放量与排放标准的比值。计算公式如下:

$$P_i = \frac{C_i}{C_\omega} \cdot Q_i \cdot 10^{-6} \tag{4-19}$$

式中,C_i——某污染物的实测浓度(mg/L);

C_ω——某污染物的排放标准(mg/L);

Q_i——含某污染物的介质排放量(t/d)。

某工厂n种污染物质的等标污染负荷之和即为该厂的等标污染负荷,计算公式如下:

$$P_n = \sum_{i=1}^{n} P_i = \sum_{i=1}^{n} \frac{C_i}{C_\omega} Q_i \cdot 10^{-6} \tag{4-20}$$

某城市(或地区、流域)中,m个污染源等标污染负荷之和,即为该城市(或地区、流域)等标污染负荷(P_m)。计算公式如下:

$$P_m = \sum_{n=1}^{m} P_n = \sum_{n=1}^{m} \sum_{i=1}^{n} \frac{C_i}{C_\omega} Q_i \cdot 10^{-6} \tag{4-21}$$

（3）污染负荷比（K_i）。指某污染物的等标污染负荷（P_i）占该厂等标污染负荷（P_n）的百分比。计算公式如下：

$$K = \frac{P_i}{P_n} \tag{4-22}$$

某城市、地区或流域内各工厂污染负荷比用 K_n 表示。计算公式如下：

$$K = \frac{P_n}{P_m} \tag{4-23}$$

通过等标指数、等标污染负荷、污染负荷比排队，可确定城市水污染中的主要污染源和主要污染物。

（4）排毒指数（I_i）。是指污染物的实测浓度与污染物的毒性标准的比值。

$$I_i = \frac{C_i}{C_m} \tag{4-24}$$

式中，C_i——某污染物的实测浓度（mg/L）；

$\quad\quad C_m$——某污染物毒性标准（mg/L）。

毒性标准分为急性中毒标准、亚急性中毒标准和慢性中毒标准，可根据评价需要选择。

（5）排毒当量指数（M_i）。指某污染物的绝对排放量和人体（或动物）中毒剂量的比，它等于毒性剂量的当量。计算公式如下：

$$M_i = \frac{W_i}{d_i} \tag{4-25}$$

式中，M_i——排毒当量指数［个人（或动物）/d］；

$\quad\quad W_i$——某污染物日平均绝对排放量（g/d）；

$\quad\quad d_i$——某污染物对人（或动物）的毒性剂量［g/人（或动物）］。

毒性剂量有绝对致死剂量、半致死剂量、最小致死剂量、慢性中毒阈剂量，可根据评价需要而定。

（6）累计排毒当量指数。指某工厂排出污染物的累计绝对量与毒性剂量之比。它是毒性剂量的累计当量。计算公式如下：

$$\sum M_i = \sum_{i=1}^{n} \frac{W_i}{d_i} \tag{4-26}$$

式中，$\sum M_i$——累计排毒当量指数［个人（或动物）/d］；

$\quad\quad W_i$——某污染物日平均排放绝对量（g/d）；

$\quad\quad d_i$——某污染物毒性剂量［g/人（或动物）］；

$\quad\quad n$——累计排放时间（d）。

通过上面各项指数，可从不同角度较全面和系统反映工厂水污染的实际情况。各污染指数是互补的，各含有一定的实际意义。

（七）经济技术评价

经济技术评价是对工业源经济状况和生产技术水平的分析。决定一个工业源污染物生成与排放量大小的主导同素是工艺技术水平和资源与原材料利用率，先进的工艺与设备，加之科学的管理，其资源和原材料利用率也就高，物料流失量就小，污染物排放量就低。通过经济技术评价，可更加全面了解和认识污染源，掌握源的污染潜力及造成污染的主要原因，从而确定进行污染物削减的经济技术承受能力，以达到科学合理制定污染物控制目标和削减对策及技术措施。

工厂水污染物的排放量，取决于单位产品消耗的水量和原材料的量。因此，利用生产定额和经济指标作为工厂耗量的评价标准，从一个侧面反映出工厂潜在污染能力和经济技术水平。

（1）耗量指数（K_i）。指工厂单位产品水、能源、原材料的消耗量与定额的比，计算公式如下：

$$K_i = \frac{a_i}{a_w} \tag{4-27}$$

式中，a_i——某种产品水量（或能源、原料）的单耗（kg/t）；

a_w——某种产品水量（或能源、原料）的定额（kg/t）。

（2）流失量指数（W_i）。指工厂水、能源和原材料流失量与流失定额之比。它反映工厂的生产技术、生产工艺和生产的总水平。计算公式如下：

$$W_i = \frac{q_i}{q_w} \tag{4-28}$$

式中，q_i——用料的平均流失量（kg/t）；

q_w——用料的流失定额（kg/t）。

五、水环境质量评价

关于水环境质量评价方面的文章很多，其方法也很多，因此在此只做一般性和原则性的介绍。

（一）评价目的意义

水环境质量评价是实行水质污染控制管理的手段之一。通过评价弄清水质污染状况，确定主要污染物。掌握污染变化规律，为确定控制因子和环境水质控制目标、控制规划提供依据。

（二）评价程序

水环境质量评价的基本程序如下。

1. 选择评价参数

在水体污染控制研究中,根据各种目的和要求,对水质的常用指标和水中的污染物质等进行监测。监测的项目很多,但是在进行水质污染评价时,并不能也不需要将所有监测项目都拿来作为评价之用。目前国内外在对水质进行综合评价时,选用的水质评价参数,少则使用 4~5 项,多则选用十几项。但各家选用的参数有所差异。国外各家选用的评价参数和国内目前所选用的参数有很大的不同。这说明各自的形式和意义有所不同。

1.1　国外各家所用的水污染评价参数特点

国外各家在水污染评价时,所选用的评价参数有 30 多个,即气味、臭味、色度、溶解氧、化学需氧量、生化需氧量、pH、碱度、硬度、水温、电导率、混浊度、总溶解固体、悬浮固体、总矿化度、总盐量、铁、锰、氨、总氮、硫酸盐、磷酸盐、硝酸盐、氯化物、氯仿提取物、库泊尔试验高锰酸盐值、洗涤剂、大肠菌群、享有污水处理人口的百分数、显著污染状况等。

其中选用最少的只有 4 个参数,即悬浮固体、生化需氧量、氨和溶解氧。选用最多的是内梅罗污染指数,共选用 14 个参数,如水温、水色、混浊度、pH、大肠菌数,总固体、悬浮固体、总氮、碱度、硬度、氯化物、铁盐、硫酸盐和溶解氧,其他各家的评价参数大部分选用 10 项左右。

总结国外评价所选用的参数,具有下列特点:

（1）不用酚、氰、汞、铬、砷等毒物作为水质评价的参数,而且有些人认为天然水中不应当出现超过允许标准的有毒物质。因之不能用它们的含量进行水污染评价。

（2）重视常规的水质指标,如 pH、溶解氧、悬浮固体等,在大多数评价中都作为评价参数。

（3）重视有机与生物污染,几乎各家都采用大肠菌数、生化需氧量等作为评价参数。

国外选用的这些评价参数,便于用来评价水质的一般污染状况或生活污染的状况。对天然水体来说,取一般的指标为参数进行评价可运用于概括广泛地区的水质。

1.2　国内水污染评价所选用的参数

国内各地选用的评价参数亦有 30 多个,如酚、氰、汞、铬、砷、pH、电导率、总悬浮固体、木质素、化学需氧量、生化需氧量、溶解氧、氟化物、氨氮、铁、锰、铅、锌、溶解固体总量、硫酸盐、氯化物、硝酸盐氮、亚硝酸盐氮、总有机碳、油类、多环芳烃、洗涤剂、铜、细菌、大肠菌群数、混浊度、农药等。

我国开始研究水污染时，就把重点放在由工业排放所造成的局部水域的污染上。这样，在水域中要选择进行检测的物质也就必然是工业排放的毒物，如酚、氰、汞、铬、砷所谓的"五毒"物质。这是 1972 年规定的重点检测项目。例如官厅水库、北京西郊、南京城区的水污染评价都用这 5 个参数。经过这几年的实践，认为仅用"五项毒物"或以它们为主体为评价参数是不合适的。主要因为：

（1）对全国水域来说，真正受工业污染的范围只是很小的一部分。

（2）即使在工业污染的水域，亦因各处的污染物种类不同而应选择适宜的参数，即应根据具体条件，定出一定"特殊"的参数供在特定地区特定的目的下应用。

2. 选择评价标准

依据水体功能选择相应的水体质量标准作为评价标准。

严格地说，目前尚没有一个公认的绝对标准。目前的认识是，当水中某种物质或某种物质的含量大于为某种用水目的而规定的标准时，则此时可以公认为这种用水目的下水质已受污染，即

$$\frac{C_i}{S_i} > 1 \tag{4-29}$$

时，认为水质已受污染。

式中，C_i ——物质 i 在某种用水中的浓度；

$\quad\ \ S_i$ ——物质 i 在某种用水时所规定的最高允许浓度。

应用这个概念来评价水污染时，主要的问题是 S_i，即"标准值"或"评价标准"。原因是在评价水污染时所用的各种污染物的标准值，都是卫生标准。如在评价地下水时基本上都用饮用水标准；评价地面水（河、湖、海）时都用地面水标准。在这些标准中，所规定的各种物质的最高允许浓度，有的是根据卫生毒理学定的，有的是根据人的某种感觉定的，有的是根据一般卫生要求定的。这样，在用这些卫生标准来评价水污染时，它们之间没有可比性或等效性。如某水域中测得汞的 C_i/S_i 为 2，悬浮物的 C_i/S_i 亦为 2，但不能将它们的污染影响等同看待。因此，用卫生标准来评价水污染并不合适，而应当从环境保护的角度制定出一套水污染评价的环境标准。

3. 确定评价模式——水污染指数评价法，计算污染指数

20 世纪 60 年代中期，开始用指数系统评价水质污染以来，现在国内各家已研制了许多形式的指数。将其中主要者进行归类，大致为：

（1）污染物相对污染程度叠加型（$\sum C_i/S_i$）；

（2）按污染物浓度进行分级评分叠加型；

（3）用最大的 C_i/S_i 值作计算参数型。

污染物相对污染程度叠加型最早出现在 1974 年，称为综合污染指数。首先应

用在北京西郊万泉河的水污染评价和官厅水库的水污染评价。以后北京的水质质量系数、南京的水域质量综合指标、图门江的综合污染指数、上海的有机污染综合评价值等均属这种类型。这种指数的特点是计算简单。先将选用的评价参数的实测值(或统计值)与其标准值相比(C_i/S_i)，再进行叠加，然后用其总和值(或平均值)作为评价水污染程度的数值。数值大表示水质坏，污染重；数值小表示水质好，污染轻。但这些指数亦存在着一些问题和缺点：

(1) 目前所用的卫生标准，对各种污染物并不是按同一要求确定的。因为在用各污染物的相对污染值(C_i/S_i)进行评价时，不同的污染物可得出相同的相对污染值，但其污染作用或影响却不相同。

(2) 在卫生标准中，各种污染物的允许标准都是孤立制定的，因为没有考虑到各种污染物间的拮抗、协调或叠加等作用。

(3) 有的指数是总和的平均值，这在数学上是可行的，但在水污染的机制上，似乎是相对污染大的污染作用可被相对污染小的污染作用所"缓解"，这是不符合实际情况的。

(4) 有的指数用来规定污染界限和分级，而这都是根据经验和主观确定的。

按污染物浓度进行分级评分叠加型，国外评价水污染的指数多属于这种类型，如 Horton 的质量指数、Brown 的水质指数、Prati 的污染指数、古拉林的水质指数、Ross 的水质指数等。在我国目前还很少使用。

这类指数的计算方法是：先将所选用的各个评价参数按其数值的大小分成若干级别，然后按级别评给分数。西方国家用百分制，前苏联用五级分制。每种评价参数值越接近于正常情况，其评分越高；反之，则评分越低。然后将各参数的分值相加。其总数或平均值大则表示水质好、污染轻；反之则表示水质差，污染重。其优点为：

(1) 它不用各个污染物的 C_i/S_i 值进行评价，因此，免去这一类型中一些与 C_i/S_i 值有关的缺点。

(2) 指数用评分法表示，便于比较不同空间和不同时间污染程度的差别变化。

(3) 表示污染程度的数值符合生活习惯，易于被人们理解。

其缺点为：

(1) 划分各个污染物的评分级别有时很麻烦。

(2) 对各种污染物的分级评价还属经验的和主观的。

(3) 不同的污染物质在评分相同时，亦可能对水质的实际污染影响并不相同，多用权重值来校正。

(4) 增加了求权重值的工作，而对权重值的规定，还属于主观的和经验阶段，缺乏理论上的根据。

用最大的 C_i/S_i 值作计算参数型的水污染评价指数有内梅罗污染指数。

$$PI = \sqrt{\frac{(C_i/S_i)_{平均}^2 + (C_i/S_i)_{最大}^2}{2}} \tag{4-30}$$

这个公式内引用了 $(C_i/S_i)_{最大}$，所以它不会像只用$(C_i/S_i)_{平均}$值去计算指数有时会出现表示不出水受污染的情况，并使$(C_i/S_i)_{最大}$值起着决定性的作用。因此，近几年来，国内有些地区的水污染评价工作中引用了它。

而姚志麒指数为

$$PI = \sqrt{(C_i/S_i)_{平均} + (C_i/S_i)_{最大}} \tag{4-31}$$

可利用它来评价大气质量。

（三）评价方法

在地面水环境质量评价中，主要采取的是污染指数法，如国外的 Ross 的水质指数、内梅罗污染指数，国内的综合污染指数、水质质量系数、水域质量综合指标、有机污染综合评价值等。它们大都是通过水质数学模型完成的。

地下水环境质量评价方法也较多，概括起来有数理统计法、环境水文地质制图法、水质模型法、综合污染指数法和环境质量模型法。

根据水污染集中控制的需要，水质评价主要是为筛选污染控制因子和制定控制规划，因此可以简单直观的方法进行评价，即以水体中污染物的实测浓度和水环境质量标准（评价标准）的比值确定污染物的污染程度，根据该比值筛选出造成水质污染的污染物并对其排队，以便为确定控制因子提供依据。

第三节　城乡水污染控制指标体系

一、问题的提出

长期以来，人们一直都习惯于用 BOD、COD 等指标来评价环境水质，并将其作为水污染控制的主要指标。因而在不知不觉之中产生了一种错觉，认为只要用 BOD、COD 来评价或控制水质就够了。BOD 和 COD 是 19 世纪末提出的水质指标。由于这两个指标比较综合地反映了水体中有机污染物的量，所以直至目前为止，人们一直使用这两个指标，它占据着水质代表性指标的地位。

然而，随着城市经济的发展，大量的原材料投入使用，大量新型工业不断出现，进入水环境中的污染物无论从种类还是从负荷都在变化和增加，而且新的水环境问题也在出现，如富营养化等问题，用上述指标就很难对水质做出令人满意的评价和有效的控制。这就需要人们去探索，找出更为准确、实用、简单的水质评价指标和污染控制指标。

城市水环境污染是一个复杂的过程，其污染程度除了受污水体水文水力等因素影响外,城市污水中所含污染物种类、负荷、排放规律等也是最重要因素。随着工业生产的高速发展,产生和进入水环境的污染物种类不断增加,水污染效应越来越复杂,因而,需要控制的污染物也越来越多,水质控制指标经历了由单项控制指标发展为综合控制指标,再回到单项控制指标,反复、循环的过程。除了 COD、BOD 等综合指标外,有毒有害物质由其特性和环境影响而决定已成为人类需要优先控制的污染物。如苏联在 1976 年对 496 种污染物制定了排放标准,美国在 1977 年清洁水法中确定了 129 种优先控制的污染物,我国在 1988 年发布,1989 年开始实施的污水综合排放标准,确定了 29 种污染物的排放限值。在我国的有关水环境质量标准中,列出了 173 个水质指标,其中地面水环境质量标准确定了 30 项指标,地面水中有害物质的最高容许浓度确定了 53 项指标,生活饮用水卫生标准确定了 106 项指标,渔业水质标准确定了 33 项指标,农田灌溉水质标准确定了 22 项指标,但是许多指标在各项标准中重复出现,因此,我国所确定的水环境质量指标约有 81 项。污染物排放标准和环境质量标准的提出,无疑为评价水质质量,筛选污染控制指标提供了有利依据。但是,由于各种污染物性质不同,在环境中的污染效应不同,要求的污染治理技术不同,因此在城市水污染控制中不可能一刀切地加以控制,必须建立科学、可行、有效地控制指标体系。

实施水污染集中控制的一个基本条件是准确掌握污染源的情况,环境水质状况,确定需要分散控制的污染源和需预处理污染物、适合联合或集中处理的污染源和污染物。但是,这些源和污染控制指标怎样筛选和如何确定呢?表面上看,问题比较简单,只要找出哪些源、哪些污染物超标就可以了。但实际情况并非如此,水质污染的发生与演变有其特定的条件,污染物来源则受地质地貌状况、土壤、水体底质、大气质量、降水、人类活动等多种因素制约。这样,水质污染就出现几种情况,一是污染物来源是多途径的,除了人类活动产生的废水及其污染物直接排入环境中,人类活动产生的其他污染物也可以间接地进入水环境,如大气环境中的污染物自然飘落水体或通过降水进入水体;固体废弃物中的污染物通过淋溶而进入地面水体;城市建筑物等表面附着的污染物随降雨和地表径流进入水环境中。而且在环境中,某些污染物自然存在,并且其总量可能还很高或超过有关标准,从这一方面看,简单地按污染物浓度超标与否作为污染控制指标是不合适的,必须准确确定污染物来源,只有人类生产生活所带来的污染物才是城市水污染控制的重点。二是不同城市(地区、流域)的水环境污染程度是不同的,污染严重的水体可能出现几种、十几种甚至数十种污染物超过标准,如果不考虑污染物性质、污染效应、污染治理技术、来源等因素,一律进行控制,一是可能难以做到;二是造成较大经济负担;三是有些污染物由于在水环境中未超过标准,而被人们忽视,造成其可能在环境中蓄积,产生潜在污染危险。综上所述,如果在城市水污染控制中不通过全面系统研究,不考虑污染物性质、污染效应和治理技术,只把那些超标污染物作为评价和控制因子,要求其达到某一控制目标,势必造成控制费用的增加而难以实现,而且可能造成应该进行源头处理的未进行处理,可以放宽排放并进行集中处理的而要求源头处理。同时也可能忽略那些有毒、有害难降解且在环境中蓄积和存在长远影响的污染物,造成更大的污染危害,甚至可能造成经济与环境保护的更大矛盾。因此,实施城市水污染控制首先要确定和建立控制指标体系。

二、水污染物的分类

(一)基本分类方法

为建立控制指标体系,首先需对污染物进行分类。水污染物分类方法很多,许多国家和地区依据其实际情况,根据特定的目的采用不同的方法,对污染物进行归类。有的按污染来源分类,有的按污染物性质分类,有的按污染效应分类,但通常都是按照目的进行分类,因此就有了水质监测指标、水质评价指标、水污染控制指标。

(二)几种分类结果

我国在污水综合排放标准中,按照污染物性质把其分成下面两类:

第一类污染物,指在环境或动植物体内蓄积,对人类健康产生长远不良影响的物质。主要有总汞、总镉、六价铬等九种污染物。

第二类污染物,指长远影响小于第一类的污染物质,主要有 COD、BOD 等二十种污染物指标。

美国环境保护局按照污染效应和来源,把污染物分成八类:

(1)耗氧污染物。这是一类可生物降解的有机物质,主要来自于家庭污水和某些工业废水,这些有机物被细菌分解时要消耗水中的氧。如果水中的含氧量降低到一定程度,可引起鱼类死亡。

(2)致病污染物。通常是随同人类排泄物一起进入水体的各种病源微生物。饮水或者是与水接触的各种活动都是接触这种微生物的途径。

(3)合成的有机化合物。包括洗涤剂在内的家用有机合成制品、农药以及许多合成的工业化学试剂,这些化合物中的大多数对水中生物是有毒的,因而对人类是有害的。

(4)植物的营养物质。例如从施肥农田中排出的氮和磷以及大多数初级污水处理厂排出的污水。这些营养物质将刺激藻类和水草急剧繁殖。

(5)无机化合物及矿物性物质。指从废矿排水过程中形成的酸及汞和镉这样的重金属。

(6)沉淀物。指土粒、沙粒和从土地冲刷下来的无机矿物质的沉淀,也可以是一些淤塞在水库和海港底部的贝类动物或珊瑚。不适当的土壤管理方法所导致的侵蚀是形成沉淀物增加的一个主要原因。

（7）放射性污染物。开采、加工放射性矿石、核电站、医院以及核武器实验是水体受到放射性污染的主要原因。放射性污染物通过食物链而富积。

（8）热污染。从热电站排出的废水使承受水体水温升高 $20°F^*$ 左右，结果使该地区的生态系发生严重变比。

在水质监测、评价和控制中通常可以把污染物分成化学指标、物理指标、生物学指标、感官性指标四大类。

（1）化学指标。水环境中的化学指标一般是指溶解于水中的有机与无机化合物，离子、悬浮胶体和粗大颗粒物质。但是，COD、BOD、SS 等综合性指标包括有机与无机化合物，也包括含有微生物的悬浮物。所以，通常化学指标与生物学指标是很难严格区分开的。

（2）物理指标。主要指水温、色度、浊度等污染指标及渗透压、气体溶解度、扩散的水环境特性指标。

（3）生物学指标。主要包括细菌、大肠菌群、致癌性病毒等。通常，生物学指标可以分为两种：一种是根据对生物体产生影响而对水中污染物质的浓度进行间接的评价；另一种是根据水中生物群对水域的污染状态或污染物质的浓度进行评价。

（4）感观性指标。主要指人通过视觉、触觉、味觉所体会的现象或指标。就水体本身而言，视觉是通过色度、浊度、透明度来表现的。嗅觉是通过气味，触觉是通过水温，味觉是通过味道来表现的。这些指标主要是美的、心理的指标。所以可以包括在物理、化学指标范畴内。

我国国家环境保护总局在水和废水监测分析方法中，把指标分成如下五类：

（1）物理指标。有水温、外观、颜色、臭、浊度、透明度、pH、残渣、矿化度。

（2）金属化合物。主要是 As、Cd、Ag、Cr、Cu、Hg、Mn、Ni、Pb、Fe、Se、En、K、Na、Ca、Mg 等。

（3）非金属无机物。有酸度、碱度、CO_2、DO、NH_3-N、NO_2^--N、NO_3^--N、TN、P、Cl^-、F^-、CN^-、S^{2-}、SO_4^{2-} 等。

（4）有机化合物。有 COD_{Cr}、COD_{Mn}、BOD_5、矿物油、苯系物、多环芳烃、苯并[a]芘、挥发性卤代烃、氯苯类化合物、六六六、滴滴涕、有机磷农药、有机磷、挥发性酚、甲醛、三氯乙醛、苯胺类、硝基苯类、阴离子洗涤剂等。

（5）水生生物指标。有浮游生物、着生生物、底栖动物、鱼类的生物、细菌总数、总大肠菌群、粪大肠菌群、沙门菌属、粪链球菌。

＊华氏度($°F$)＝摄氏度($℃$)×1.8＋32。

三、污染物的来源与环境效应

水污染控制指标的科学建立,很大程度上依赖于污染物的环境效应。因此在确定水污染控制指标体系之前,先介绍一些主要污染物的特性、来源和在环境中的污染效应。

(一)有机污染物的来源和环境效应

有机污染物包括水体中的需氧有机污染物和难以降解的合成有机化学物质。自然水体中的有机物一般是腐殖质、水生物生命活动产物以及生活污水和工业污水的污染物等。生活污水中的有机物含量较大,主要是人体排泄物和垃圾废物,工业废水中的有机物有动物纤维、油脂、染料、糖类、有机酸、各种有机合成有机原料、工业制品及废弃物等,种类繁多,成分复杂。

有机物的共同特点就是进行生物氧化分解需要消耗水中溶解氧,如果在缺氧条件下则产生腐败发酵,造成水质污染。同时,水体中有机物增多将使细菌滋生,动物性污染就包括传播病菌的可能性,在卫生方面相当危险。所以有机污染是水体污染的主要内容之一,一定情况下要比有毒物质更为严重。

水环境中的需氧污染物主要来自生活废水、肉类加工废水,以及食品、制糖、制革、造纸、印染、焦化、石油化工等工业废水。其中生活废水是需氧污染物质的最主要来源。需氧有机污染物进入水体后即发生生物化学分解作用。在分解过程中消耗水中的溶解氧。在受污染的水体中,需氧有机物的分解过程决定着水体中溶解氧的变化过程。因为需氧有机物大量消耗水中溶解氧,通常破坏水生生态系统。严重时可能造成水生生物因极度缺氧而死亡。因此,对渔业生产影响较大。另外水体中一旦缺氧,就会使氧化作用停止,引起水体散发恶臭,造成水质污染。

水体中难降解的合成化学物质是指那些难以被生物分解的有机质,如多氯联苯、高分子合成聚合物、有机氯农药、芳香族氨基化合物、染料等有机物。该类污染物在水环境中很难被生物降解、易蓄积、危害时间较长,它们对人体、动植物均有不良影响。

有机物的种类繁多,组成复杂,很难一一分辨、逐种测定。因此根据有机物容易被氧化这一特性,以有机物在氧化过程中所消耗的氧或氧化剂的数量来代表有机物的数量,同时反映其可氧化程度。生化需氧量(BOD_5)、化学需氧量(COD)、高锰酸盐指数、总需氧量等指标均属此类,为最常用的有机污染水质指标。另外,对一些有机物可以直接测定,如总氮、总磷、总硫、有机磷。对难以被生物降解的有机物也需要单独测定。下面将一些常见的有机物来源及环境效应做一简单叙述。

(1)油。水环境中的油主要来自工业废水和生活废水。工业废水中石油类(各类烃混合物)污染物主要来自原油的开采加工和运输过程、各种炼制油的使用等部门。水环境中的油影响水体感观的同时消耗水中溶解氧,影响水体自净,造成水质恶化。矿物性碳氢化合物,漂浮于水体表面,阻碍或影响空气与水体界面氧的交换,分散于水中以及吸附于悬浮微粒上或以乳化状态存在于水中的油,可被微生物氧化分解,从而消耗水中的溶解氧,使水质恶化。

油类中所含的芳烃类虽较烷烃类少许多,但其毒性要大得多。

(2)苯系物。通常包括苯,甲苯,邻、间、对二甲苯,乙苯,异丙苯,苯乙烯等化合物。其主要来自石油化工、炼焦化工生产排放的废水。而且因为油漆、医药、有机化工、农药、橡胶、皮革等行业都采用苯系物作为主要溶剂或稀释剂和生产原料,所以排放的废水中也含有一定量的苯系物。在苯系物中苯的毒性最强,可以致癌,其他七种对人体和水生生物神经系统有不同程度的毒性。苯系物在环境中不易降解,有累积效能。

(3)多环芳烃。也称稠环芳烃(PAH)。主要是由于煤、石油等矿物性燃料没有完全燃烧而产生的,即来源于炼焦油,所以主要来自焦化、煤气站、石油炼制、炼钢、沥青、塑料等工业废水。多环芳烃有许多种,主要有荧蒽[Fa]、苯并[b]荧蒽(BbF)、苯并[k]荧蒽(BkF)、苯并[a]芘(BaP)、苯并[ghi]芘(B[ghi]Pe)、茚并(1,2,3-cd)芘(In[1,2,3-cd]P)。该类污染物在水环境中不易分解而比较稳定,由洗涤剂作用广泛分散在水环境中,其在水环境中不易分解且比较稳定并可经过食物链富集浓缩。其中不少种具有致癌或致突变作用。

BaP是多环芳烃中一种有代表性的强致癌物,在水环境中以吸附于某些固体颗粒上、溶于水中和呈胶体状态等三种形式存在,其主要来自雨水、工业废水、船舶油污,其中以焦化炼油、沥青、塑料等工业废水含量最大。

(4)多氯联苯类化合物(PCB)。属卤代环烃类物质。其主要来自染料、制药、农药、油漆和有机合成等工业废水。PCB在水中溶解度很小,但可成悬浊液状态或附着在悬浮杂质上,它基本不分解转化,具有强烈气味,对人体的皮肤、眼和呼吸道有较大的刺激作用;进入人体内就可在脂肪组织蓄积。富集倍数很高;它会抑制中枢神经,引起由麻醉作用所致的症状;并能损害肝、肾;它对血液和造血器官的影响远较苯为轻微。PCB在环境中属于有毒有害难降解类污染物。

(5)挥发性卤代烃。该类物质属于脂肪族卤代烃类。主要有二氯甲烷、一溴二氯甲烷、二溴一氯甲烷、三溴甲烷和四氯化碳等。其主要来自化工、医药等工业及各类实验室废水。该类物质沸点低、易挥发、微溶于水,易溶于醇、苯、醚等有机溶剂。对人具有麻醉作用,主要是抑制中枢神经系统,有些单项污染物具有致癌作用。

(6)滴滴涕(DDT)。属氯化苯化合物,存在于农药中。主要来源于制药工业废水和农业、林业用来防治病虫害、除草等所施加的农药由地面冲刷、径流等进入水体。其微溶于水而易溶于脂肪,蓄积性很强,在水生物中经食物链逐步富集,在体内含量可达到水中的几十万倍,最终可进入人体。在人体内其蓄积于脂肪器官,如肝、肾、肠各种腺体,可能引起白血病、癌症等。在水环境中其毒性缓慢释放而残留时间长。

(7)六六六。同 DDT 相同,属有机氯农药,毒性、环境效应等也类似 DDT。

(8)有机磷农药。包括乐果、甲基对硫磷、马拉硫磷、乙基对硫磷等。主要来自有机磷农药生产工厂的废水。它是一种神经毒剂,对人、畜毒性较大,易造成急性中毒及慢性中毒。某些品种在环境中有一定的残留期,其大多数不易溶于水中,易溶于有机溶剂,对水环境污染较大。而且对人体有毒害作用,主要是抑制胆碱酯酶的作用,影响神经系统的功能。在环境中不易降解可以积累。

(9)挥发性酚类。主要指沸点在 230 ℃以下的酚类,通常为苯酚、间甲酚、邻甲酚、对甲酚、二甲苯酚等一元酚。主要来自煤气、焦化、石油化工、农药、药剂、造纸、合成氨、木材防腐和油漆等工业废水。酚类属原生质毒,可使蛋白质凝固,主要作用于神经系统,为高毒物质。在水体中酚含量达 0.1~0.2 mg/L 时,就可以使生活在该环境中的鱼类的肉有异味;在酚含量达 5 mg/L 以上时,会造成鱼中毒死亡。在农田灌溉时,酚浓度过高就会使农作物枯死或减产。而人体摄入一定量的酚,会出现急性中毒症状,而长期饮用被酚污染的水,可引起头昏、出疹、瘙痒、贫血和各种神经系统症状。酚可使水体产生臭味。

(10)甲醛。主要来自有机合成、化工、合成纤维、染料、木材加工及油漆等工业行业废水。其具有刺激性臭味,易溶于水及醇和醚,对人体的皮肤和黏膜具有刺激作用,一旦进入人体将对人的中枢神经系统及视网膜造成损害。在水环境中消耗水中的溶解氧,影响水体的自净能力。

(11)三氯乙醛。是生产某些农药、医药和某些有机合成产品的原料。环境中的三氯乙醛主要来自农药厂、制药厂的生产废水。其有刺激气味、溶于水,在环境中由于微生物与化学作用可转化为三氯乙酸或发生分解。人类如果饮用受该污染物轻度污染的水,将抑制中枢神经系统,出现嗜睡乏力等症状。若用该类污染废水灌溉农田,将影响植物细胞的正常分裂,使植物生长畸形,尤其对小麦等作物危害最为严重,轻可导致减产,重可毁苗绝产。

(12)苯胺类。通常来自染料制造、印染、医药、合成橡胶、塑料和油漆等工业排放的废水。其微溶于水。可通过呼吸道、消化道进入人体,也可通过皮肤吸收。它对人体具有一定毒害作用,主要造成氧和血红蛋白变为高铁血红蛋白,影响组织细胞供氧而造成内窒息。慢性中毒表现为神经系统症状和血象变化,某些苯胺类化合物还具有致癌作用。该类污染物在水环境中不易降解,属难降解有毒有害有机污染物。

(13)硝基苯类。其属取代苯类化合物,主要来自染料、炸药、制革、制药等工业废水。常见硝基苯类化合物包括硝基苯、二硝基苯、二硝基甲苯、三硝基甲苯和二硝基氯苯等。它们属有毒污染物,难溶于水,进入水环境中后,影响水体感观性状,可通过从呼吸道和皮肤吸收对人产生毒性危害,引起神经系统症状、贫血和肝脏疾病。它也属于有毒有害难降解有机污染物。

（14）阴离子洗涤剂。在此主要指链烷基苯磺酸钠和烷基磺酸钠类物质。其主要来自洗涤废水及化工等工业废水。其进入水环境中后将造成水面产生不易消失的泡沫，并消耗水中的溶解氧。

（二）金属污染物的来源和环境效应

金属在水环境中可以离子或化合物等多种形式存在，一般可分为金属有机化合物、金属无机化合物、可过滤态和悬浮态的金属。以上四种状态金属总和称为水体中的金属总量。

如果从对人体健康影响角度出发，水环境中的金属可分三类：①影响人体健康的金属元素，如 Pb、Cd、As、Hg、Be、Ba、Ti 等；②人体必需的常量元素，如 Na、K、Ca、Mg 和微量元素，如 Fe、Mn、Cu、Ni、Cr、Zn、Co、Si、Se、Sn、Mo 等；③存在于人体内，但生理功能尚不清楚的元素，如 Li、Al、B、Zr 等。

水环境中的金属主要来自工业生产，而有些则存在于自然环境中，水环境中的金属有害还是有利不仅取决于金属种类、形态、理化性质，而且还取决于金属的浓度及存在的价态。即使是有益的金属元素，当其浓度超过一定限值时，也会产生剧烈的毒性，造成动植物中毒，甚至死亡。金属无机化合物的毒性比金属有机化合物弱得多，悬浮态金属的毒性比可溶态金属的毒性弱。

由于天然水体（重点为河流）中悬浮物和污染沉积底泥的存在，一部分溶解态金属将被水中的悬浮物吸附变成悬浮颗粒态重金属，而这些悬浮态重金属可发生絮凝作用沉淀变成底泥态重金属。底泥态的重金属在一定水文水力条件下会再悬浮上来进入水体。同时，适当的水温、pH 等物理化学条件也可以使底泥中的部分金属释放出来返回水体，或者部分溶解态金属在河流界面水中被吸附而转入底泥。

金属在水环境中以迁移为主，不能降解，可在环境和动植物体内蓄积产生长远影响。

（1）砷（As）。主要来自采矿、冶金、化工、化学制药、农药、氮肥、制革、纺织、玻璃、染色、涂料等行业废水。同时砷广泛存在于土壤、水、空气等自然环境中和动植物体内，但含量较微。地面水中的砷含量因水温和地理条件不同而有很大差异。

砷的毒性与其形态和价态极为密切。元素砷的毒性极低，而砷的化合物均有剧毒，二价砷的毒性比其他砷化合物都强。砷通过呼吸道、消化道和皮肤接触进入人体。如果摄入量超过排泄量，它就会在人体的肝、肾、肺、子宫、脾、骨骼、肌肉等部位，特别是在头发、指甲中蓄积，从而引起慢性中毒，其潜伏期可达几年甚至几十年。砷还有致癌作用，会引起皮肤癌。砷不溶于水，在水溶液中主要是各种化合物及离子，如 H_3AsO_4、H_3AsO_3、H_2AsO_4、AsO_4^{3-}、AsO_3^{3-} 等，很多砷盐是难溶或微溶于水。

（2）镉（Cd）。主要来源于锌、铜、铅的矿山和电镀、冶炼、颜料、电池、搪瓷、化学工业等行业废水。镉的毒性较大,在动植物体及环境中蓄积。在人体内主要蓄积在肾脏,引起泌尿系统的功能变化。水体中镉含量达 0.1 mg/L 时,就会抑制水体自然净化能力。农灌用水镉达 0.007 mg/L 时,即可造成污染,达 0.04 mg/L 时,土壤和稻米就会受到明显污染。一般水中镉浓度虽低,但它在水生生物中可蓄积浓缩数十倍到数百倍。

(3) 铬(Cr)。铬的化合物常见的价态有三价和六价。其主要来源于含铬矿石的加工、电镀、皮革鞣制、印染、颜料、照相材料等行业废水。铬的毒性与其价态有关,通常六价铬的毒性高于三价铬 100 倍左右。六价铬更易为人体吸收并在体内蓄积。在水体中六价铬达 1 mg/L 时,水呈淡黄色并有涩味;三价铬达 1 mg/L 时,水的浊度明显增加,三价铬化合物对鱼的毒性较六价铬大。该类污染物在环境中易累积,产生长期影响。

(4) 汞(Hg)。主要来自电器、仪表、食盐电解、贵金属冶炼、涂料、农药、催化剂、医药、军工等工业废水。汞的天然形态为 HgS,在水体中又以无机汞(如 $HgCl$、$HgCl_2$、HgO)和有机汞(如烷基汞、苯基汞)形态存在。汞及其化合物均为剧毒物质,在动物体内和植物组织内蓄积。进入水体中的无机汞离子可转变为毒性更大的有机汞,通过食物链进入人体后蓄积在肾、肝、脑中,毒害神经,破坏蛋白质、核酸,造成人体中毒。在天然水体中汞含量极少,一般不会超过 0.1 μg/L。

(5) 铅(Pb)。主要来源为矿山、蓄电池、冶炼、油漆、机械、五金、涂料、电镀等工业废水。铅可在人体和动植物组织中蓄积、有毒。进入人体后可引起贫血症、神经机能失调和肾损伤。铅对水生生物的安全浓度为 0.16 mg/L,灌溉水中铅达 0.1~4.4 mg/L 时,可使小麦和水稻中铅含量明显增加。该类污染物在环境中以迁移作用为主,可在环境及动植物体内蓄积。

(6) 银(Ag)。主要来源是感光材料生产、胶片洗印、印刷制版、冶炼、金属及玻璃镀银等行业废水。银对人来讲为非必需的无益元素。银或银盐进入人体后,将在人的皮肤、眼睛及黏膜沉着,使这些部位产生一种永久性的、可怕的蓝灰色色变。银及其盐类有强烈的杀菌作用,其痕量也足以阻止细菌的生长。银的毒性比汞弱。Ag 在水环境中主要以迁移作用为主,并在环境中发生累积作用。

(7) 铍(Be)。主要工业源是冶炼、采矿以及特种材料、无线电器材、仪表零件等生产废水。在天然水体中几乎不含铍。铍及其化合物有极剧的毒性且持续作用强,即使是量很少也会由于局部刺激而伤害皮肤、黏膜,使结膜、角膜发生炎症,引起肺气肿及肺炎等,在吸收较高量铍时,将会造成铍中毒而死亡。

(8) 铜(Cu)。主要来自矿山、冶炼、电镀、五金、石油化工和化学工业等废水。铜是人体必不可缺的元素,但超过一定量后[如达 100 mg/(d·人)]就会刺激消化系统引起腹泻、呕吐,长期过量可促成肝硬化。铜对水生生物毒性较大,一般认为水体含铜 0.01 mg/L 对鱼类是安全的。而游离铜离子毒性大于络合态铜。在水体中铜大于 0.01 mg/L 时,可明显抑制水体自净作用。灌溉水中硫酸铜对水稻的临界危害浓度为 0.6 mg/L。

(9) 铁(Fe)。水体中铁的主要工业源是选矿、冶炼、炼铁、机械加工、电镀、酸洗等废水。而铁又是常见矿物,所以在天然水体中铁也是常见杂质。铁在水中以多种形态存在,可以简单的水合离子和复杂的无机、有机络合物形式存在;也可以存在于胶体、悬浮物和颗粒物中;可以是二价也可以是三价。在地面水中铁通常以 Fe^{3+} 形态存在,地下水中则主要以 Fe^{2+} 形态存在。铁及其化合物均为低毒性和微毒性。含铁量高的水往往带黄色,并呈浑浊现象,有铁腥味。此外,以铸铁管输送水时,铁可能经过腐蚀进入水中,含铁量高的可能使铁细菌繁殖,甚至发生管道堵塞。

(10) 锰(Mn)。主要来自黑色金属矿山、冶金、化工等工业废水。锰是生物必需的微量元素之一。锰的各种特性都与铁相近,但天然水中锰含量要比铁少得多。在地下水中锰以可溶性的二价锰形态存在。地面水中则以二价锰和三价锰的络合物及四价锰的悬浮物存在。锰盐毒性不大,但水中锰可使衣物、纺织品和纸留下难看的斑痕。

(11) 镍(Ni)。主要来源是采矿、冶炼、电镀等工业废水及废渣。镍盐可引起过敏性皮炎,有人认为镍具致癌性,对水生生物有明显毒害作用。

(12) 锑(Sb)。主要来自选矿、冶金、电镀、制药、铅字印刷、皮革等行业废水。锑在自然界中主要以 Sb^{3+}、Sb^{5+} 和 Sb^{3-} 形态存在。Sb^{3-} 的氢化物毒性剧烈,在自然界中不稳定,易氧化分解为金属和水。Sb^{3+} 和 Sb^{5+} 在弱酸至中性介质中易水解沉淀,故而天然水体中锑浓度极低,平均达 0.2 mg/L 左右。

(13) 硒(Se)。水环境中的硒主要来自炼油、精炼铜、半导体、制造硫酸及特种玻璃等工业废水。微量硒是生物体不可缺少的营养元素,但过量的硒又可引起中毒,毒性同砷相似。它可使人患脱发、脱指甲、四肢发麻甚至偏瘫等疾病。水体中硒以无机的 +6 价、+4 价、−2 价及某些有机硒的形式存在,也可能有极微量的元素硒附着在固体颗粒物上。一般自然水体中硒以六价或四价形态存在,浓度多在 1 μg/L 以下。

(14) 钍(Th)。主要来自含钍矿石及钍和稀钍工业废水。它是一种天然放射性元素,对人体危害很大,既有化学毒性,又有辐射损害。

(15) 铀(U)。铀污染主要来自含铀矿石及核燃料工业废水。它是一种天然放射性元素,自然界中铀的分布极广。铀对人体有较大毒性,铀的化合物进入人体内,主要蓄积在肝、肾脏和骨骼中,根据其含量大小,可引起急性或慢性中毒。

(16) 锌(Zn)。主要来自矿山、电镀、冶金、颜料、丙烯纤维、合成橡胶等工业废水。锌与铜相似,微量时是生物不可缺少的有益元素,而一定量以上出现毒性。在碱性水中锌浓度超过 5 mg/L 时,水产生苦涩味,并呈现乳白色。水中锌达 1 mg/L

时,对水体的生物氧化过程有轻微抑制作用。

(17)铝(Al)。主要来自铝加工、电镀、钢铁、酸洗等工业废水。通常铝的毒性不大,在铝的无机化合物中,毒性大的有氯化铝、硝酸铝和硫酸铝等。人体一旦摄入,可引起口腔膜的收缩和刺激作用,引起呕吐等。美国标准协会把铝化合物列为强毒性物质,同砷、镍、铜和锰并列。

(三)非金属无机物的来源和环境效应

在此,非金属无机物主要指酸度、碱度、溶解氧、氨氮、亚硝酸盐氮、氯化物、氰化物、硫化物等几十种污染物。该类污染物来源不同,性质各异,对人体健康的影响和在环境中的迁移转化作用各不相同。

(1)酸度。酸度是衡量水质变化的一项重要指标,但从分析角度看,通常作为综合指标,表示它同强碱定量作用至一定 pH 的能力,只有在其化学成分已知时,才能被解释为具体的物质。机械、电镀、化工、选矿、农药、印染等行业排放的含酸度水是影响水体酸度的主要源。酸具有腐蚀性,造成水体 pH 降低,会破坏鱼类及其他水生生物、农作物的正常生活及生长条件,造成鱼类及农作物等死亡。

(2)碱度。水体中的碱度是指水中所含能与强酸定量作用的物质总量。碱度来源是多种多样的。但主要来源于各种工业废水和生活废水。碱度指标通常用于评价水体的缓冲能力及金属在其中的溶解性和毒性;也作为对水和废水处理过程的控制的判断性指标。若碱度是由过量的碱金属盐类所形成,则碱度又是确定这种水是否可以用于农灌的重要依据。

(3)氨氮(NH_3-N)。水环境中的氨氮主要来自生活废水中含氮有机物受微生物作用的分解产物和焦化、合成氨化肥厂等工业废水,以及农灌排水。在水体中氨氮量较高时,对鱼类有毒害作用,确定水体中各种形态的氮化合物,有助于评价水体被污染和"自净"状况。

(4)硝酸盐氮(NO_3^--N)。制革和酸洗废水、某些生化处理设施的排水和农灌排水含有较大量的硝酸盐,是水环境中硝酸盐氮的主要污染源。硝酸盐进入人体后,经肠道中微生物作用转化成亚硝酸盐而产生毒性。有文献报道,如果水中硝酸盐氮含量达数十毫克每升时,可导致婴儿中毒。水体中的硝酸盐是在有氧条件下,各种形态的含氮化合物中最稳定的氮氧化合物,也是含氮有机物经无机化合作用最终阶段的分解产物。硝酸盐在无氧条件下,将在微生物的作用下还原成亚硝酸盐。

(5)亚硝酸盐氮(NO_2^--N)。为氮循环的中间产物、不稳定。亚硝酸盐氮一旦摄入人体,将使人体正常的血红蛋白氧化成高铁血红蛋白,发生高铁血红蛋白症,血红蛋白失去在体内输送氧的能力,出现组织缺氧的症状。在水环境中亚硝酸盐可同仲胺类反应生成具有致癌性的亚硝胺类物质,pH 较低的酸性条件有利于亚硝胺类的形成。同时亚硝酸盐可经氧化作用转化生成硝酸盐。

（6）凯氏氮。主要来自生活和工业废水，以及农灌排水、地面径流。它包括了氨氮和在此条件下能被转化为铵盐而测定的有机氮化合物。凯氏氮主要反映了水体有机污染情况，是评价水体富营养化的主要指标。

（7）总氮。来自生活废水和含氮工业废水。它包括有机氮和各种无机氮化合物。水体中总氮的增加，会造成生物和微生物类的大量繁殖，消耗水中溶解氧，使水质恶化。在湖泊、水库中，氮、磷类物质增加会使浮游生物繁殖旺盛，发生富营养化。

（8）磷。主要来自化肥、冶炼、合成洗涤剂等行业废水及生活污水。磷是生物生长的必需元素之一，但水体中磷含量过高（如超过 0.2 mg/L），将造成藻类的过度繁殖，甚至造成水透明度降低，水质变化，以致出现富营养化现象。在水环境中，磷几乎都是以各种磷酸盐的形式存在，可分为正磷酸盐、缩合磷酸盐和有机结合的磷酸盐，它们主要存在于溶液中、腐殖质粒子中或水生生物中。

（9）氰化物。主要来自电镀、炼焦、化工、有色金属、选矿、化肥等工业废水。在水体中它可以 HCN、CN^- 和络合氰离子等形式存在。氰化物属剧毒物，对人体的毒性主要表现在破坏血液，影响运送氧和氢的机能，而致人死亡。氰化物毒性主要来源于游离的 HCN，CN^- 在酸性溶液中可成 HCN 而蒸发出来，而各种氰化物分离出 CN^- 及 HCN 程度不同，因而毒性也不同。简单的化合物[如 KCN、$NaCN$、$Ca(CN)_2$]可电离出 CN^-，有剧毒；较易分解的络合物[如 $Zn(CN_4)^{2-}$、$Ni(CN)_4^{2-}$]，等有相当毒性；而较稳定的络合物[如 $Fe(CN_6)^{3-}$]和氧化物（CNO^-）则基本上无毒。

在大多数天然水体中，HCN 占优势。HCN 分子对水生生物有很大毒性。络合离子比 HCN 的毒性小许多，然而含有铜氰和银氰络合离子的稀溶液，则对鱼类有剧毒。铁氰络合离子非常稳定，没有明显毒性。但在稀溶液中，阳光的直接照射，会产生光解作用，产生有毒的 HCN。

（10）硫化氢（H_2S）。焦化、硫化染料、人造纤维、选矿、造纸、印染、制革等行业废水和生活废水是水环境中硫化氢的主要污染源。水体中的硫化物包括溶解性的 H_2S、HS^-、S^{2-} 等形态，以及存在于悬浮物中的可溶性硫化物、酸可溶性金属硫化物，以及未电离的无机、有机类硫化物。硫化氢很容易从水中逸散到空气，散发出坏鸡蛋气味。水中含 H_2S 达 1.0 mg/L 时就会产生臭味。H_2S 毒性很大，可与人体内细胞色素、氧化酶及该类物质中的二硫键作用，影响细胞氧化过程，造成细胞组织缺氧，危害人体。硫化氢具有腐蚀性，可腐蚀金属，还可以被污水中生物氧化成硫酸，进而腐蚀下水道，影响水生生物。生活和某些工业废水中的有机物如蛋白质等含硫，在缺氧条件下可生成 H_2S，无机的硫化物或硫酸盐，在缺氧条件下也转化成 H_2S。

（11）硫酸盐。通常以 SO_4^{2-} 代表硫酸盐含量，它普遍存在各种水中。地表水和地下水中硫酸盐主要来源于岩石土壤中矿物组分的同化和溶淋,金属硫化物氧化也会造成硫酸盐增多,某些工业废水(如酸性矿水)中含大量 SO_4^{2-}、人类排泄物也含 SO_4^{2-},都是水环境中硫酸盐的污染源。工业和生活废水中的 SO_4^{2-} 在一定条件下可转化为 H_2S,产生臭气及腐蚀现象。水体中少量硫酸盐对人体健康无影响,但是超过 250 mg/L 时有致泻作用。

(12)氟化物(F^-)。其广泛存在于天然水体中。而有色冶金、钢铁和铝加工、焦炭、玻璃、陶瓷、电子、电镀、化肥、农药等工业废水和含氟矿物的废水是水环境中氟的主要污染源。氟是人体必需的微量元素之一,当饮用水中含氟量低于 0.5 mg/L 时,可导致龋齿病。当人长期饮用含氟量高于 1.5 mg/L 的水时,则发生氟中毒,易患斑齿病。如水中含氟量大于 4 mg/L 时,则可导致氟骨病。大多数河流和湖泊中氟含量低于 1 mg/L,海水中平均含量达 1.3 mg/L。

(13)氯化物(Cl^-)。在生活和工业废水中均含有一定量的氯离子。而天然水体中几乎都含有氯离子,但天然水中氯化物的主要来源是地层或土壤中盐类的溶解。如果天然水中 Cl^- 突然升高,往往都是来自人工排放废水的污染。水中氯化物含量高时,将损害金属管道和构筑物,并妨碍植物的生长。而当饮用水氯离子浓度达到 500~1000 mg/L 时,就会产生明显的咸味。氯化物盐类一般极易溶解,并不生成沉淀物或水垢。

(14)碘化物(I^-)。在天然水中其含量极小,大多数天然水含碘化物每升只有几微克。人体需要一定量的碘,每天的食物相水中应提供碘 0.05~0.10 mg。如果人体缺碘可引起不同程度的甲状腺肿。其多为地方病,且山区多于平原。

(15)余氯。水体中的余氯主要来自饮用水或污水中加氯以杀灭或抑制微生物;电镀废水中加氯以分解有毒的氰化物。在多数水体的 pH 下,氯主要以次氯酸和次氯酸盐离子形式存在。氯化作用可使含酚的水产生氯酚臭,还可以生成有机氯化物,并可因存在化合性氯而对某些水生生物产生有害作用。

(16)硼(B)。硼几乎存在于所有天然水中,但其含量很低,一般不超过 1.0 mg/L,这一浓度不会危害人体。但如果人大量摄入硼会影响中枢神经系统,长期摄入会引起硼中毒的临床综合征。硼在水中主要存在形态为 H_3BO_3 及其电离物 $H_3BO_3^-$,也有一些复杂化合物。

(17)二氧化硅。在地壳中广泛地存在硅的氧化物及与金属络合的多种硅酸盐矿物,所以天然水中含有各种形态的硅,包括二氧化硅悬浮物、硅酸或硅酸盐类。天然水中二氧化硅含量一般为 1~30 mg/L。硅易形成难以去除的硅酸盐垢,硅酸一般无害于人体健康。

(四)物理性指标和环境效应

(1)水温。水温与水的物理化学性质密切相关。水中溶解性气体(如氧、二氧化碳等)的溶解度、水中生物和微生物活动、盐度、pH、碳酸钙饱和度等均受水温变化的影响。大量工业温排水的水温均高于自然水温,其进入水体后往往影响水体水温变化,改变水中生物的生活条件,造成热污染。

(2)颜色。造成水体着色的主要污染源为纺织、印染、造纸、食品、有机合成等工业废水。天然水中存在腐殖质、泥土、浮游生物、铁和锰等金属离子,均使水着色。有色废水可造成人不愉快感,使天然水着色后又减弱水体透光性、影响水生生物生长。

(3)臭。造成天然水体发臭的主要是一些有机物和无机物,其来源于生活废水和工业废水(如工业废水中的石油、酚、H_2S),以及天然物质分解(如有机物腐蚀)或细胞活动。被污染水体常会使人感到不正常气味,用鼻闻到的称为臭。它是检验原水和处理水质的必测指标之一,也是追查污染源的一种手段。

(4)浊度,也称浑浊度。主要是由水体中含有泥沙、黏土、有机物、无机物、浮游生物和微生物等悬浮物质所致,是评价水体的主要感观性指标。

(5)透明度。是指水体的澄清程度,洁净的水是透明的,水中存在悬浮物和胶体时,透明度便降低。它是检验水体的主要物理指标。

(6)pH。为水中氢离子活度的负对数,可间接地表示水体中的酸碱程度。水体中 pH 影响水生生物的生命活动和某些污染物的存在状态。天然水的 pH 多在 $6\sim9$ 范围内。

(7)矿化度。指水中所含无机矿物成分的总量。它是水化学成分测定的主要指标,用于评价水体中总含盐量,也是农田灌溉用水适用性评价的主要指标。

(五) 放射性物质来源和环境效应

天然水中可以含有某些放射性同位素,如^{238}U、^{226}Ra、^{232}Th 等。人工放射性污染源为天然铀矿开采和选矿、精炼厂、原子工业和原子反应堆设施等排放的废水,核武器制造和核试验的污染,放射性同位素应用时产生的废水。人工放射废水中主要的放射性同位素除^{238}U、^{226}Ra 等外,还有^{90}Sr、^{137}Cs、^{131}I、^{60}Co、^{24}Na、^{64}Cu、^{32}P 等。

放射性物质对人、水生生物、农作物、牲畜等均有危害作用。进入人体后会继续放出 α、β、γ 等射线,伤害人体组织,并在体内蓄积而造成长期危害,促成贫血、恶性肿瘤等各种放射疾病,严重者危害生命。

(六) 生物学指标和环境效应

生物学指标包括水生生物群落、细菌总数、水生生物毒性等多项指标,这里主要介绍细菌总数和总大肠菌群。

(1)细菌总数。主要来自人畜粪便、生活废水或某些工业废水。其值大小与水污染状态有一定关系,是判断水质卫生学质量的主要指标之一。

(2)总大肠菌群。其主要来源也是人畜粪便、生活废水或某些工业废水。它所指的主要是能在 35℃、48 h 之内发酵乳糖产酸产气的,需氧及兼性厌氧的,革兰氏阴性的无芽孢杆菌。是表明水质污染、评价水质卫生学质量的主要指标之一。

四、水污染控制指标

根据污染物的性质和水污染控制的需要,实施城市水污染控制的水污染物可分成三大类,见表 4-3。

表 4-3　城市水污染控制指标体系

类别	指标细分类	具体指标	备注
一类污染物	金属元素及放射性指标	As、Hg、Cd、Pb、Cr^{6+}、Cr^{3+}、Be、Ba、Ag、Cu、Ni、Sb、Ti、Se、Th、Al、Zn、^{238}U、^{226}Ra、^{90}Sr、^{137}Cs、^{131}I、^{60}Co、^{32}P	优先控制,重点在源内治理
	非金属无机物	氰化物、硫化氢、氟化物、氯化物、酸度、碱度	优先控制
	有毒有机物	苯系物——苯,甲苯,邻、间、对二甲苯,乙苯,异丙苯,苯乙烯;多环芳烃——Fa、BbF、BkF、BaP、B[ghi]P、多氯联苯、DDT、六六六、有机磷农药、甲基汞、三氯苯、环氧氯丙烷、氯乙烯、硝基苯类、苯胺类、阴离子洗涤剂、酚类、醚类、甲醛、三氯乙醛……	优先控制,源内治理为主
	物理性指标	pH	源内控制
二类污染物	有机综合指标	COD、BOD_5、TOC、SS、TOC/BOD_5、油 TOC/COD、BOD_5/COD、	集中处理为主
	非金属无机物	$NH_3\text{-}N$、$NO_3^-\text{-}N$、$NO_2^-\text{-}N$、凯氏氮、磷、总氮、硫酸盐、碘化物、B、余氯、SiO_2	集中处理为主
	金属元素	Fe、Mn	
三类污染物	物理性指标	水温、颜色、臭、浊度、透明度、pH、矿化度、电导率	放宽集中控制
	生物学指标	细菌总数、总大肠菌群……	分算集中相结合

（一）一类污染物

该类污染物主要包括有毒有害金属元素（如 As、Hg 等）和放射性元素（如 ^{238}U、^{226}Ra 等），非金属无机物（如氰化物、硫化物等），有毒有害难降解有机物（如苯系物、多环芳烃等），物理性指标 pH。这一类污染物对人体、动植物和环境都具有较大危害，不易生物降解，易蓄积，有长期污染危害，在环境中很难降解。该类污染物中大部分都对人体健康有一定危害，尤其在食物链中不断积累，危害不断转移和加重。由于该类污染物不能或不易生物降解，所以在环境中如水体、底质、土壤、农作物中不断累积，形成潜在污染危险。这样对该类污染物必须在污染源头进行控制，最大限度地控制其进入环境中的总量，它是城市水污染控制的重点，是优先控制指标。对于 pH、酸度、硫化物、氟化物等指标其污染危害虽然比其他一类污染物为低，但其水质影响较大，所以也应优先控制。优先控制指标对保护环境质量至关重要，同时可有效保护城市污水处理厂、污水土地处理系统等集中控制工程的高效正常运转。

（二）二类污染物

二类污染物主要包括有机综合指标（如 COD、油等），非金属无机物（如 NH_3-N、P、酸度等），基本无毒或微毒的金属元素（如 Fe、Mn 等）。该类污染物毒性和长远影响均小于一类污染性，在环境中大都可以生物降解和转化，所以可根据实际情况，采取适宜的控制措施。该类污染指标可以集中控制为主，并同分散治理相结合，这样可节省水污染控制总费用。

（三）三类污染物

三类污染物主要包括物理性指标（如水温、颜色等）和生物学指标（如细菌总数、总大肠菌群）。该类污染物影响较一、二类污染物为低，可以适当放宽进入集中控制设施。

第四节 城乡水质及水污染的控制规划

一、概述

由于工业与城市的快速发展，大量的废弃物流入江河湖海，造成了水体的严重污染。为了消除污染，保护环境，人们潜心研究各种污水治理技术，投入大量的物力和财力，大规模建设污水处理厂，为水体的污染控制做出了贡献。

随着水污染控制工程向深度和广度的发展，人们为克服污染所必须支付的代价越来越大。近百年的污水处理实践表明,处理技术的发展和改进,并没有为污水处理带来明显的经济效果,污水处理的费用逐年激增,在可以预见的将来,也不会有实质性的突破。但系统分析技术的发展,为水污染控制系统的规划、管理开辟了广阔的前景。近几十年来,水污染控制系统的规划研究与实施工作取得了较大的进展。

当前,在我国,应用系统分析技术研究水污染控制问题尚处在初始阶段。在这一研究工作中,掌握必要的现代技术是其一个方面,更重要的是要把这些技术和我国的国情,以至具体地区的实际情况结合起来,做出技术上先进、经济上合理的规划。

国内外的研究成果都一致证明,运用系统分析技术进行水污染控制系统规划可以节省大量的费用(包括基本建设投资和运行费用),一般都在 10% 以上。这对于耗费巨资的污水处理工程是一个可观的数字。在我们这样一个人口众多、经济还不发达的国家里,节省水污染控制费用是一个相当重要的问题。

水污染控制系统的规划又是现代水质管理的基础和依据。在模拟与规划中建立起来的水质模型,可以为水质的长期预测提供依据。对于污染物的突然排放(如有毒物质的事故性排放),可以通过水质模型及时掌握其分布规律,以便采取预防措施。

水质及其水污染控制规划是一项复杂的工作,数学模型与电子计算机的应用是其重要特征。

由于水污染控制是一项耗费巨额费用的工程,因此一旦确定了水质指标之后,人们就希望从无穷多组解中,挑出一组费用最低的解,作为最满意(最优)解,于是,水污染控制工程的费用就作为目标被纳入了规划。

二、系统的组成

水污染控制是一个非常广泛的概念。从广义来说,它可以涉及人类的资源开发、人口规划、经济发展与水环境质量之间的协调平衡关系问题。从地域上来看,可以在一条河流的整个流域上进行水资源的开发、利用和水污染防治的综合规划,也可以在一个小区域(或城市、或工业区)内进行水质与污水处理系统,乃至一个具体的污水处理设施的规划、设计和运行,研究问题的范围与性质不同,可以得出不同的系统。

由于历史与自然条件的原因,一个城市或工业区往往形成若干个独立的污水收集系统。早期的污水处理系统是相应于每一个污水收集系统建设一座污水处理厂,污水经处理后排入水体。污水处理程度由技术和经济条件确定。这种传统的水污染控制方法称为排放口技术。

这种传统的排放口技术是否能满足水环境质量要求,是否能合理利用水体的自净能力？这种传统方法的经济效果是否最佳(或较好)？其运行管理条件是否最优？这些问题都不是这种传统方法可以给出定量回答的。

随着水污染控制技术的发展,水污染控制的方法越来越多。除了传统的污水处理工程外,利用水库的合理运行来减轻河流低流时最易产生的严重污染是一个重要的发展,这是水资源工程和环境工程相结合的产物。建设污水库,在河流径流量大时释放污水,在低流时储存污水,是减轻污染的两个互补措施。选择合理的污水排放点,建设长距离输水管线,将污水输送到某个允许地点(或可以降低污水处理程度)再行排放,以减轻城市中心区或工业区的水体污染,称为择段排放。至于污水处理过程中的综合利用,以废治废则更是不胜枚举。当然,进行生产工艺改革,建立无污染或少污染清洁生产工艺,可能是最为理想、积极的污染防治措施。

由此看来,水污染控制是一个十分庞大、复杂的系统。本节主要研究由污水排放口、污水处理厂、污水输送管线和接纳污水的水体组成的系统。这个系统不涉及污染源内部的治理和产生污染物的生产工艺的改革,但是,可以通过对污水排放口(或污水处理厂)的污染沟排放量的限制,与污染源建立联系。

对于上述这样一个水污染控制系统,污染源所产生的污水量和水质,河流上游的径流量与水质是这个系统的输入,而所研究的河段下游的流量和水质,以及河流各断面的水质则是该系统的输出。

对这样一个水污染控制系统进行规划的目的,就在于协调水污染控制系统各组成部分之间的关系,合理利用水体的自然净化能力,充分发挥污水处理系统的技术性能与经济效能,在满足水体水质要求的约束下,使得整个系统的投资费用或总费用(包括投资费用与运行费用)最低。

进行系统规划的前提是确定系统的地理边界。系统的边界取决于所研究的问题的范围和性质,它要根据对规划对象(一个流域、一个城市或工业区)的现状与发展规划的详细调查和研究来确定。从系统学的观点,考察的范围越大,涉及的因素越多,规划的效果就越好,但是随着研究范围的扩大与研究因素的增多,问题的复杂性将急剧增加,系统的不确定性也将急剧增加,规划结果的可靠性下降。因此,系统的范围要由规划人员掌握的数据资料的数量与质量来决定。一般说来,一个系统应该具有明确的边界,系统内部各组成部分有机地结合在一起,执行着特定的功能,以达到特定的目的,各组成部分之间相互依赖、相互制约。系统的边界确定以后,与系统有关的系统外部的物质流、信息流都可以作为系统的输入输出来处理。目前,确定地理边界的工作还是凭借规划人员的经验进行判断。一般说来,对于中、小城市,可以把城近郊区作为一个统一的系统来考虑;对于大城市,可以依据工业与居民区的分布状况,分成若干系统来考虑。若研究的是流域水质问题,则系统的边界必需扩展到整个流域。

系统的边界一经确定,就可以着手在系统内部划分小区(或称子系统)。小区划分的主要依据是污水收集与处理系统的现状与规划,小区划分的原则是每个小区的污水收集管网可以自成体系,在每个小区内可以且只能建设一座污水处理厂,并提供建设场所。若在一个小区内有可能建设两座或两座以上的处理厂时,则需在原来划分小区的基础上再行划分。

详细统计各小区的污水量,包括现有污水量与规划污水量。

确定各小区的潜在的污水处理厂之间可能沟通的污水转输管道的路线,确定输水管线的走向、长度及相应的地形、地貌特征。

必须指出,作为区域性问题,一般污水具有共同的性质,可以进行共同处理。目前,可以考虑进行共同处理的污水主要是生活污水与性质和生活污水相近的工业废水,它们都可以进行生化处理。某些工业废水经预处理后也可以与生活污水进行共同处理。

三、规划的依据

在水污染控制系统中,作为规划目标的费用(称全费用),是由整个系统的污水处理费用与输送费用合成的。图 4-7 表明了这两种费用的消长与合成关系。

如果以污水处理厂的数量 n 作为变量,随着 n 由大变小,也就是由分散处理逐步过渡到集中处理,系统的污水处理费用将有明显的下降,但污水输送的费用将会迅速上升,这两种费用的合成就称为全费用,全费用曲线上的最低点就是系统目标的最优点。

1972 年,Converse 对美国新英格兰州 Marrimack 河进行了最优规划,用实际数据证明了全费用曲线的凸性(图 4-16),图中所表示的,实际上是所有可能组合条件下的最低费用的下包络线。Converse 得出的结论是在 18 个潜在的污水处理厂中,建设 4 座集中污水处理厂最为经济。

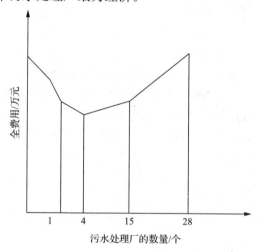

图 4-16　Marrimack 河的规划结果

对水污染控制系统的费用有着决定性影响的因素主要有下述三个方面：水体的稀释与自然净化(同化)能力、污水处理与输送规模的经济效应和污水处理效率的经济效应。

水体能够同化污染物质而保证水质满足某种功能要求的能力称为水体的自净能力。水体的自净能力主要取决于它自身的物理、化学和生物学等方面的特性，也与水质要求、排放方式(如排放点的位置、分散排放或集中排放等)有关。水体的自净能力可以看成是一种自然环境资源。开发和利用这一资源，可以减轻污水处理负担，降低污水处理费用。但这又是一种有限的资源，不能滥加开发利用。因此，在规划水污染控制系统时，要提倡在保护的基础上合理开发和利用水体的自净能力，在节省水污染控制费用与防止水体污染这两方面进行适当的权衡。

随着污水处理厂的规模的增大，处理单位污水所需的投资费用与运行费用都会相对下降。我们把费用与规模的这种负相关关系称为污水处理规模的经济效应。污水处理的这种特性，与工业部门通行的"十分之六"原则是一致的。这个原则认为，运行规模的经济效应，经常用像"十分之六"原则之类的近似来表述，就是说，一台设备的成本近似地按它的额定容量的十分之六次幂而变化。美、日等国的研究表明，污水处理效率的规模经济效应的幂指数的值为 $0.7\sim0.8$。规模经济效应的存在，确立了大型污水处理厂在经济上的优势地位。

输水管线也存在类似的规模经济效应。

污水处理厂除存在污水处理规模的经济效应外，还存在污水处理效率的经济效应。除去处理单位污染物所需的费用，随着污水处理效率的提高而增加。污水处理的这种特性就称为污水处理厂效率经济效应。若仍用幂函数来表述费用与处理效率之间的关系，则表征这一效应的幂系数就是一个大于 1 的数。

由于效率经济效应的存在，当需要去除的污染物总量一定时，每一座污水处理厂都将趋向于以最低的处理效率来满足总的要求。同时，由于处理效率经济效应的存在，在规划水污染控制系统时，应首先致力于解决那些尚未进行处理的污水的治理；或者首先提高那些低水准处理的污水的处理程度，而不应首先考虑那些已经有了一定程度处理的污水的更高级处理。

上述三个方面——水体的自净能力、污水处理与输送的规模经济效应和污水处理效率的经济效应，在一个水污染控制系统中相互影响、相互制约。例如，为了充分利用污水处理的规模经济效应，需要建设集中污水处理厂，但由于污水的集中排放，不利于合理利用水体的自净能力，要求集中污水处理厂具有较高的处理程度，于是又受到污水处理的效率经济效应的制约。因此，对于一个具体的系统来说，在适当的位置，建设适当规模和适当处理程度的污水处理厂，可以做到既满足水体的水质要求，又使系统的总费用最低。这就是研究水污染控制系统规划问题的出发点与归宿。

四、系统的分类

根据解决污染问题的途径,可以将水污染控制系统规划分为两大类:第一大类是最优规划问题,第二大类称为规划方案模拟问题。

对于第一大类问题,又可以根据问题研究的深度,将其分成三种:

第一种称为排放口最优化处理。它以每个小区的污水处理厂为基础,在水体水质条件的约束下,求解各个污水处理厂的最优处理效率组合。这一种问题的基础是各个小区的污水处理厂的规模不变,通过调整各个处理厂的处理效率,使得整个区域(包括每一个小区)的污水处理费用最低,同时要满足水体的水质要求。

排放口最优化处理问题早期又称为水质规划问题。这种问题研究最早,求解它的数学方法比较多,也比较成熟。

第二种称为最优化均匀处理。这种问题只考虑各个小区的污水合并处理的可能性,而不考虑污水处理效率的变化。它的目的是寻求最佳的污水处理厂的位置与最佳容量组合,使得全区域的总费用(包括污水处理费用与输送费用)最低。这时,各小区的污水处理厂的处理效率是一致的,且不考虑水体的自净能力,即使水体具有较高的自净能力。

有人把第二种最优规划问题称为厂群规划问题。在某些工业发达国家,法律规定所有排入水体的污水都必须经过二级处理(即机械处理＋生化处理),尽管有时水体具有充裕的自净能力,也不允许降低污水的处理程度。这时的最优规划问题,就是最优化均匀处理问题。

第三种最优规划问题是区域最优化处理,区域最优化处理问题是前两种问题的综合。为了使系统的总费用最低,它既考虑污水处理厂的最佳位置与容量,又考虑每座污水处理厂的最佳处理效率。它既充分发挥污水处理系统的经济效能,又合理利用水体的自然净化能力。显然,这是较前两种问题更为复杂的一种问题。迄今尚未有成熟的求解方法。

最优规划问题的共同特点是根据污染源、水体、污水处理厂和输水管线提供的信息,一次求出水污染控制系统的最佳方案。一个水污染控制系统,一旦形成最优规划模型后,就可以较容易地应用现有的数学手段加以处理。在主客观条件都具备的地方,应用最优规划法得出的规划方案是很理想的。

在很多情况下,进行最优规划的条件不尽具备,或者由于采用了某种特殊的处理方式和排放方式,致使问题不易被纳入最优规划的目标与约束之中,最优规划的方法就受到限制。这时,规划方案的模拟就成为水污染控制系统规划的主要方法。

规划方案的模拟方法与最优规划方法不同,它的工作程序是首先进行污水处理与收集设施的规划。根据城市或工业区的发展与市政建设的现状与规划,做出污水处理系统的各种可能的方案,这时,可以暂不考虑污水处理系统与水体之间的联系。然后对各种方案中的污水排放与水体之间的关系进行水质模拟,检验规划方案的可行性,最后从可行方案中选出比较好的解。

应用规划模拟方法得出的解,一般不是区域的最优解。解的"好""坏"在很大程度上取决于规划人员的经验和能力。因此,在应用规划方案的模拟方法时,要求尽可能多地提出一些初步规划方案,以供筛选。在很多情况下,规划方案的模拟是一种有效、实用的方法,应予以足够重视。

五、排放口最优化处理

排放口最优化处理是水污染控制系统中研究最多、技术上较为成熟的一类问题。其数学模型可以写为

$$\min \quad Z = \sum_{i=1}^{n} C_i(\eta_i)$$

$$满足 \quad U\vec{L} + \vec{m} \leqslant \vec{L}^0$$

$$V\vec{L} + \vec{n} \geqslant \vec{O}^0 \tag{4-32}$$

$$\vec{L} \geqslant \vec{O}$$

$$\eta_i^1 \leqslant \eta_i \leqslant \eta_i^2 \qquad \forall i$$

式中,$C_i(\eta_i)$——第 i 个小区的污水处理厂的污水处理费用,它是污水处理效率 η_i 的单值函数;

$\vec{L}^0$——由河流各断面的 BOD_5 约束组成的 n 维向量;

$\vec{O}^0$——由河流各断面的 DO 约束组成的 n 维向量;

η_i^1、η_i^2——第 i 个污水处理厂的处理效率的下限与上限约束;

$\vec{L}$——输入河流的 BOD_5 向量;

U,V——河流的 BOD 响应矩阵和 DO 响应矩阵。

在一般情况下,这是一个非线性规划问题,其目标函数是非线性的费用函数,约束条件则是线性的。对目标函数进行线性化或分段线性化处理,上述问题可以转换成一个线性规划问题。

求解这类问题,目前应用较多的方法是线性规划法、动态规划法,约束梯度法(微分算法)也得到应用。

（一）线性规划法(LP)

对目标函数进行线性化处理或分段线性化处理,就可把式(4-32)变为一个线性规划问题。

$$\min \quad Z = \sum_{i=1}^{n} \left[a_{i0} + \sum_{j=1}^{m} a_{ij} \eta_{ij} \right]$$

$$满足 \quad \boldsymbol{U}\vec{L} \leqslant \vec{L}^0 - \vec{m}$$

$$\boldsymbol{V}\vec{L} \geqslant \vec{O}^0 - \vec{n} \tag{4-33}$$

$$\vec{L} \geqslant \vec{O}$$

$$\eta_{ij} \leqslant \eta_{ij}^0 \qquad \forall i,j$$

式中，i ——污水处理厂的编号$(i=1,\cdots,n)$；

　　　j ——费用函数线性化的区间编号$(j=1,\cdots,m)$；

　　　a_{ij} 和 η_{ij} ——相应的线性化函数的斜率和效率；

　　　a_{i0} ——第 i 个费用函数的常数项；

　　　η_{ij}^0 ——第 ij 区间的污水处理效率约束。

我们可以把约束条件中的 L 变换成 η 变得更容易些。

将

$$\eta_i = \frac{L_{i0} - L_i}{L_{i0}} \tag{4-34}$$

或

$$L_i = L_{i0}(1 - \eta_i) \tag{4-35}$$

代入式(4-33)，可以得到一个新的线性规划模型。

$$\min \quad Z = \sum_{i=1}^{n} \left[a_{i0} + \sum_{j=1}^{m} a_{ij} \eta_{ij} \right]$$

$$满足 \quad \boldsymbol{U}'\vec{\eta} \geqslant \vec{m}' - \vec{L}^0$$

$$\boldsymbol{V}'\vec{\eta} \geqslant \vec{n}' - \vec{O}^0$$

$$\vec{\eta} \geqslant \vec{O} \tag{4-36}$$

$$\eta_{ij} \leqslant \eta_{ij}^0 \qquad \forall i,j$$

式中，$\vec{\eta} = (\eta_1, \eta_2, \cdots, \eta_n)$；

　　　$\eta = \eta_{i1} + \eta_{i2} + \cdots + \eta_{im}$

或者得到下述形式的线性规划模型：

$$\min \quad \boldsymbol{Z} = \sum_{i=1}^{n} \left[a'_{i0} + \sum_{j=1}^{m} a'_{ij}(-L_{ij}) \right]$$

$$满足 \quad \boldsymbol{U}\vec{L} \leqslant \vec{L}^0 - \vec{m}$$

$$\boldsymbol{V}\vec{L} \geqslant \vec{O}^0 - \vec{n} \tag{4-37}$$

$$\vec{L} \geqslant \vec{O}$$

$$L_{ij} \leqslant L_{ij}^0 \ \forall i,j$$

对于一个实际问题形成线性规划模型之后,可以用单纯方法求解。对于变量较多的问题,应利用电子计算机来解。

(二) 动态规划法(DP)

河流的水污染控制系统是一个典型的多级串联系统。应用动态规划法进行最优规划将会收到满意的效果。

对于河流的污染控制系统,我们可以给出图 4-17 所示的多级串联图形。

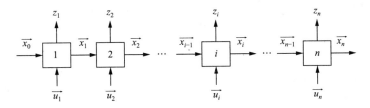

图 4-17　河流串联系统

图 4-17 中的 $1,2,\cdots,i,\cdots,n$ 表示河流河段的编号,在动态规划中称为级。在串联系统中,前一级的输出就是后一级的输入。

图 4-17 中各级的状态方程(包括水量的平衡、污染物的平衡与污染物的传递过程等)可以用下列方程表示:

$$\vec{x}_i = f_i(\vec{x_{i-1}}, \vec{u}_i), i = 1, \cdots, n \tag{4-38}$$

$f_i(\vec{x_{i-1}}, \vec{u}_i)$ 表示第 i 级的输出,是该级的输入向量与决策向量的函数。$f_i(\vec{x_{i-1}}, \vec{u}_i)$ 可以是代数方程,也可以是差分方程,可以是线性的,也可以是非线性的。其中,

$$\vec{x}_i = \begin{pmatrix} x_{i1} \\ x_{i2} \\ \vdots \\ x_{in} \end{pmatrix} \text{是第 } i \text{ 级的 } n \text{ 维状态向量;}$$

$$\vec{u}_i = \begin{pmatrix} u_{i1} \\ u_{i2} \\ \vdots \\ u_{im} \end{pmatrix} \text{是第 } i \text{ 级的 } m \text{ 维决策向量;}$$

$$f_i(\vec{x_{i-1}}, \vec{u}_i) = \begin{pmatrix} f_{i1}(\vec{x_{i-1}}, \vec{u}_i) \\ f_{i2}(\vec{x_{i-1}}, \vec{u}_i) \\ \vdots \\ f_{in}(\vec{x_{i-1}}, \vec{u}_i) \end{pmatrix} \text{为 } n \text{ 维向量函数。}$$

在满足每一级的状态方程的约束的条例下，寻求使目标函数值最小（或最大）的最优次策序列 $\vec{u_1},\vec{u_2},\cdots,\vec{u_n}$。如果以系统的总费用作为目标，可写作：

$$\min \quad Z = \sum_{i=1}^{n} C_i(\vec{x_1},\vec{x_{i-1}},\vec{u_i})$$

$$\text{满足} \quad f_i(\vec{x_{i-1}},\vec{u_i})=0, i=1,\cdots,n$$

(4-39)

（三）约束梯度法

在河流水污染控制系统中，目标函数通常是非线性函数，而约束则可以用一组线性等式（或不等式）来表达。

$$\min \quad Z = \sum_{i=1}^{n} C_i(\eta_i)$$

$$\text{满足} \quad \boldsymbol{U}\vec{L}+\vec{m}\leqslant\vec{L}^0$$

$$\boldsymbol{V}\vec{L}+\vec{n}\geqslant\vec{O}^0$$

(4-40)

对于这样一个由非线性目标函数与线性约束条件组成的非线性规划问题，采用约束梯度法（微分算法）将是有利的。

对于上述规划问题的约束条件，经过变换可以写成

$$\boldsymbol{A}\vec{L}\leqslant 1$$

$$\boldsymbol{C}\vec{L}\leqslant 1$$

(4-41)

目标函数 C_i 的形式，无论采用幂函数或是对数函数，都是严格单调凸函数，它们的和函数 Z 仍然是严格单调凸函数。因此，上述规划问题存在唯一极大值，其局部最优解就是整体最优解。

本问题的可行解集合

$$\boldsymbol{K}=\{L_i\,|\,\boldsymbol{A}\vec{L}\leqslant 1,\boldsymbol{C}\vec{L}\leqslant 1,L_i\geqslant 0\}$$

(4-42)

是一个凸集合，因此，本问题的解一定发生在该集合的边界上。

下面具体阐述约束梯度法求解该问题的方法。

在约束方程中引进松弛变量，把不等式约束变为等式约束，上述规划模型写成

$$\min \quad Z = \sum_{i=1}^{n} C_i(\eta_i)$$

$$\text{满足} \quad f_r(L) = \sum_{s=1}^{s} a_{rs}L_s + L_{r+s} - 1 = 0$$

(4-43)

$$r=1,\cdots,R \qquad s=1,\cdots,S$$

$$L_s\geqslant 0 \qquad L_{r+s}\geqslant 0$$

组成一组新的决策变量，重复步骤(1)。

约束梯度法的迭代步骤如下：

（1）从 $n=1$ 开始，计算每一个决策变量的约束决策导数，若全部 $\dfrac{\delta Z}{\delta V_n} \leqslant 0$，则整体最优解和最优基础可行解一致。

（2）若约束决策导数有正有负，则对产生正值的决策变量施以负的摄动，反之施以正的摄动，在摄动调整某一决策变量时，其余决策变量保持当前值不变。决策变量的摄动在达到前述三个条件之一时停止。

（3）对另一个决策变量重复步骤（2）。

（4）对全部决策变量调整一遍以后，计算相应于这组新的决策变量的目标值。若新目标值与原目标值之差小于某个允许的值，程序迭代结束，否则返回步骤（2）。

六、优化均匀处理

描述最优化均匀处理的模型可以用下述一组数学公式表示：

$$\min \quad Z = \sum_{i=1}^{n} C_i(Q_i) + \sum_{i=1}^{n} \sum_{j=1}^{n} C_{ij}(Q_{ij})$$

$$\text{满足} \quad q_i + \sum_{i=1}^{n} Q_{ji} - \sum_{i=1}^{n} Q_{ij} - Q_i = 0 \qquad (4\text{-}44)$$

$$Q_i \text{、} q_i \geqslant 0 \qquad\qquad \forall i$$

$$Q_{ji} \text{、} Q_{ij} \geqslant 0 \qquad\qquad \forall i,j$$

式中，$C_i(Q_i)$ ——第 i 个污水处理厂的污水处理费用，它是污水处理厂的规模 Q_i 的单值函数；

$\quad\quad C_{ij}(Q_{ij})$ ——由节点 i 输水至节点 j 的输水费用，它是输水量 Q_{ij} 的函数；

$\quad\quad q_i$ ——第 i 个小区本地收集的污水量；

$\quad\quad Q_{ji}$ ——由第 j 小区输往第 i 小区的污水处理厂的水量；

$\quad\quad Q_{ij}$ ——由第 i 小区输往第 j 小区的污水处理厂的水量；

$\quad\quad Q_i$ ——在第 i 个小区的污水处理厂接受处理的污水量。

和排放口最优化处理问题一样，最优化均匀处理模型也是一个非线性模型，有时也可以转化成线性模型。

（一）"全部处理与全不处理"

由于污水处理的规模经济效应的存在，一个节点处汇集的污水，不可能被"分裂"成两部分或多部分进行处理。对一个节点来说，它本身收集的污水加上由其他节点转输来的污水，只存在两种可能的选择：或者全部就地处理，或者全部转输到其他的节点去处理。这就是所谓的"全部处理或全不处理"的策略。

设一个水污染控制系统分成 n 个小区，每个小区设有一个潜在的污水处理厂，各处理厂之间可以互相转输污水量。

第 i 个小区本地产生的污水量是 q_i，由第 $i-1$ 小区转输来的污水量是 $Q_{i-1,i}$，由 i 小区输往第 $i+1$ 小区的污水量是 $Q_{i,i+1}$，在 i 小区处理的污水量是 Q_i（即为第 i 小区污水处理厂的规模）。

对于第 i 个小区来说，污水处理的费用可以写成

$$C_1^0 = K_1 Q^{K_2} + K_3 Q^{K_2} \eta^{K_4} \tag{4-45}$$

对于一条线路确定的管线，输水费用可以写成

$$C_2^0 = K_1 Q_{i,i+1}^{K_6} \tag{4-46}$$

对含有 n 个小区的系统，总费用可以表示成上述两项之和：

$$Z = \sum_{i=1}^{n} (C_1^0 + C_2^0) = \sum_{i=1}^{n} \{ (K_1 Q^{K_2} + K_3 Q^{K_2} \eta^{K_4}) + K_1 Q_{i,i+1}^{K_6} \} \tag{4-47}$$

式中，$Q_{i,i+1} = Q_{i-1,i} + q - Q_i$；

$Q_{n,n+1} = 0$；

K_2 和 K_6 是大于 0 小于 1 的数，而 $K_4 > 1$。

(二) 混合整数规划法 (MIP)

混合整数规划法可以用来求解均匀处理系统的最优规划问题。目前，整数规划和混合整数规划模型尚只能适用于线性模型，因此，必须首先对污水处理系数的费用函数（包括污水处理和污水输送的费用函数）实施线性化。费用都是流量的函数，假定可以写成下述形式。

污水处理费用：

$$C_i = k_1 Q_i^{K_2} \tag{4-48}$$

污水输送费用：

$$C_{ij} = k_3 Q_{ij}^{K_4} \tag{4-49}$$

由于存在规模经济效应，$0 < K_2、K_4 < 1$，因此，C_i 利 C_{ij} 都是凹函数，可以进行分段线性化计算。

七、区域最优化处理

(一) 系统的分解

区域最优化处理的规划模型可以写作

$$\min \quad Z = \sum_{i=1}^{n} C_i(Q_i, \eta_i) + \sum_{i=1}^{n}\sum_{j=1}^{n} C_{ij}(Q_{ij})$$

满足 　　$\vec{UL} + \vec{m} \leqslant \vec{L}^0 \tag{4-50}$

$$\vec{VL} + \vec{n} \geqslant \vec{O}^0$$

$$q_i + \sum_{i=1}^{n} Q_{ji} - \sum_{i=1}^{n} Q_{ij} - Q_i = 0 \qquad \forall i$$

$$Q_i 、q_i \geqslant 0 \qquad\qquad \forall i$$

$$Q_{ji} 、Q_{ij} \geqslant 0 \qquad\qquad \forall i,j$$

$$\eta_i^1 \leqslant \eta_i \leqslant \eta_i^2 \qquad\qquad \forall i$$

式中, $C_i(Q_i, \eta_i)$ —— 第 i 个小区的污水处理厂的污水处理费用。这时,它既是污水处理的规模 (Q_i) 的函数,又是污水处理效率 (η_i) 的函数。

区域最优化处理的规划模型,实际上是排放口最优化处理模型和最优化均匀处理模型的综合;而排放口最优化处理和最优化均匀处理都是区域最优化处理的特例。

显然,用于求解排放口最优化处理和最优化均匀处理的技术,不可能直接用来求解区域最优化处理问题。目前还没有比较成熟的技术来求解这类问题。这里,我们简要介绍一下对这种问题进行分解协调,然后应用现有技术求得区域满意解的试探分解法。

试探分解法的基础是"全部处理或全不处理"的策略。根据这个策略,可以把任一个小区的污水作为一个决策变量,试探着把它送到各个相邻节点去进行共同处理,对产生的结果(系统总费用)进行直接比较,选出费用最低的解作为当前最优解,并作为下一次试探的初始目标。这种试探按一定的规则反复进行,直至预定的程序结束。

在进行每一次试探之后,原问题就分解成了两个新的子问题——排放口最优化处理问题与输水管线的最优计算问题。这是两个可以独立进行最优化的问题。这两个子问题独立最优化之后的费用之和就是一次试探的总费用,把这个总费用返回原问题进行协调,与上一次保留的最优解进行比较,合劣存优。然后重复进行分解和协调,不断使目标获得改进,直至取得满意的解。

(二)试探法

区域最优化处理系统规划的分解可以通过试探法进行。试探法属于一种直接最优化方法,它没有固定的运算程序。力求在一定的程序中包含最大数量的组合方案,从中选出目标值最优的解,这是编制试探程序的宗旨。

一般说来,试探法没有复杂的运算方法,比较容易掌握。

一种比较常用的试探法是由开放节点试探、封闭节点试探与最优输水路线试探三个子程序组成的。

开放节点就是建有污水处理厂的节点,它处理本小区收集的污水和由其他小区转输来的污水;封闭节点又称转输节点,是指那些不设污水处理厂,而将污水送到邻近小区去处理的节点。

试探法从一个初始可行解开始,这个初始可行解可以是可行解集合中的任意一个解。例如,可以将排放口最优化处理的解作为试探法的初始解。由这个初始解开始,根据节点的编号,依次进行开放节点试探、封闭节点试探和最优输水路线试探。

在污水量、水质、排放口、各排放口之间可供沟通污水转输管道的路径及其地形地貌特征、水体的水文条件、水质参数都已经确定的条件下,就可以开始进行试探规划。设排放口最优化处理的解作为初始可行解。

(1)开放节点试探。

这一步工作的目的是探讨封闭污水处理系统中每一个开放节点的可能性。对一个原先开放的节点来说,它担负着本地区收集的污水以及由其他节点转输来的污水的处理,在进行开放节点试探时,将被试节点的污水送到相邻的开放节点去处理,而将原来的污水处理厂关闭。

开放节点试探根据节点编号依次进行,对系统中所有开放节点进行一次试探称为一次开放节点的试探循环。若在一个循环中产生了费用改进,就返回起始开放节点,重复进行开放节点试探。否则,进入下一个子程序——封闭节点试探。

(2)封闭节点试探。

封闭节点试探是开放节点试探的反过程,它的任务是试探封闭节点开放的可能性。一个封闭节点一旦重行开放,则该节点处收集的本小区的污水及经由该节点转输的污水全部在该节点进行处理。

与开放节点试探子程序一样,封闭节点试探也根据节点编号依次进行,若在一个封闭节点的试探循环中产生任何的目标改进,就退回第一个子程序——开放节点试探子程序,否则,进入下一个子程序——输水路线试探。

(3)输水路线试探。

在试探法的前两个子程序中,各个节点的污水输送都是按节点编号顺序进行的。在实际地理环境中,一个节点的污水输送到另一个节点去处理,有可能不必经由中间的转输节点,在两个节点之间有可能存在捷径,本子程序就是要探索这种输水捷径。

输水路线试探对每一个封闭节点依次进行,计算结束,输出系统中一个满意解及其相应的费用。

作为一种直接最优化方法,试探法具有很多优点。它的原理简单、方法易行,试探法本身对目标函数的形式没有特别要求,在处理水污染控制系统规划问题时,试探法的应用十分灵活。不仅可以计算区域最优规划问题,也同时可以计算排放口最优化处理问题和最优化均匀处理问题。

尽管目前一些学者声称,应用试探法与应用其他优化方法一样,可以取得同样好或更好的解,但理论上还不能证明,应用试探法一定能取得最优解。对试探法结果的可靠性,可通过两种途径来加以验证。第一种是对比法,就是将试探法的程序应用于一个用其他优化方法求过的问题,若能获得同样的结果,则认为试探程序是成功的。第二种是自身验证法,对某一具体问题,通过计算机产生若干个初始可行解,用同一个试探程序,从不同的初始可行解出发,若能获得同样的结果,则认为试探程序是成功的,否则需要重新调整程序。

总之,就目前的发展而言,对于大型、复杂的水污染控制规划问题,在其他优化技术不能或很难施展时,试探法仍不失为一种有力而实用的工具。

八、水污染控制规划的决策过程

水污染控制系统的规划是一个复杂的协调过程,它的进程绝不是直线式的。一个好的规划方案应该体现主观与客观的统一、现状与远景的统一、经济与水质的统一、需要与可能的统一。在具体工作中,上述各个方面就体现为社会各部门、各阶层之间的矛盾和统一。整个水污染控制的规划过程,实际上就是协调上述矛盾的各个方面而达到统一的过程。整个过程就是在寻求一个最佳的折中方案。

水质评价是水污染控制规划研究的前提。水质评价是在污染源的调查分析、水质监测研究的基础上进行的。评价的结果可以决定水质模型的类型,可以为模型识别和参数识别提供数据和信息。水质评价的作用,不仅在于它能科学地说明现实的水质状况,更重要的在于它能为水污染控制规划指明方向和目标。在进行污染源调查和水质监测时,既要取得有代表性的、能表征当前水质状况的数据,又要力争取得用于规划过程的数据。

根据水质评价提供的信息,建立或选择适用的水质模型是水污染控制规划的基础。在一般情况下,可以根据具体情况,选择一种或几种现有的模型,经过验证,证明模型的适用性之后就可以使用了。除了水质模型外,建立适当的费用模型也是很重要的。

对水质模型和费用模型中的各种参数进行估值有可能是整个规划过程中一个工作量很大的、具有关键作用的环节。参数估值需要大量的实际数据与大量的计算工作量。

在水污染控制规划过程中,是采用最优规划技术,还是采用规划方案模拟技术,要视具体条件而定。前者可以得到某种条件下的最优解,而后者只能从有限个可行方案中找出一个比较好的方案。但是采用最优规划技术所要求的条件比较严格,在许多情况下不易实现。

一个规划方案的"好"与"坏",除了要考察它们的费用及其对水质的影响外,还要通过费用-收益分析来衡量。费用-收益分析是一种力图把一项工程的所有影响都转化为货币价值量的评价方法。由于费用-收益分析有其局限性,还有必要分析其他的水质影响。水质影响评价工作是借助于经过验证的水质模型,根据规划方案提供的数据进行的,它是水质模拟过程和水质评价过程的结合。

根据费用-收益分析与影响评价的结果进行水污染控制规划的决策。这个决策不是一次完成的。它要在诸如费用、收益、水质影响等因素之间进行协调和折中,整个过程一般需要反复进行,最后由有关的最高决策机构进行最终决策。

从整个决策过程可以看出,在规划过程中,水质目标并非不可改变的,它要依据社会的政治、经济、技术等条件合理地确定。水质目标既极大地影响着其他各种因素,同时又不得不受到其他因素的制约。水质可以看作是人们生活质量的一个组成部分,水质目标要与当时当地的社会生活质量相适应。因此,在制定排放限值时,不能把水质目标作为一个先决条件,而应该允许在一定范围内变动。也就是说,水质目标必须作为一个重要因素与其余诸因素进行协调,而不能作为其余因素的先决条件而先验地确定。

污水处理系统规划的另一个重要问题是污水处理费用的合理负担问题。污染者应当担负污染消除的费用,污染消除的费用取决于污染物排放的数量与质量及环境质量的要求。作为一个系统中的各个污染源来说,它们对水环境的影响是互相制约的,因此,为了保证水体满足一定的水质目标,有必要研究污染治理的费用合理负担问题。

现在常用三种方法来分担污水处理的费用,这些方法都是和规划方法紧密联系的。它们是均一法、费用最小法和分区最优法。

均一法要求各污染源在排放污水以前都进行同样效率的处理,使水体中最不利点的水质满足要求。均一法管理简单,是目前最常用的一种方法。这种方法的缺点是没有考虑区别对待,不必要地提高了非临界点处的污水处理程度,致使总体费用上升。

费用最小法是以总体费用最低为目标,根据各个污染源对水体的"贡献"来分配费用的。这种方法不要求多余的处理,从总体来说是合理的。但从各个污染源之间的分配来说却未必合理,因为处理费用较低的污染源必然要多承担一些额外的费用,以取得总费用的下降。费用最小法在管理上难以执行。

分区最优法是上述两种方法的综合。它把污染源分成若干个区域(根据地理位置或污水性质),在每个区域内部实行均一处理,但在各区域之间实行费用最低处理。这种方法的优点是便于管理,避免了各邻近污染源之间的矛盾。

上面三种费用分配方法都是针对排放口处理而言的,它们所对应的模型就是本章第五节所研究的内容。至于在进行最优化均匀处理与区域最优化处理时的费用分配,仍是有待研究的问题。一种方法就是根据各污染源对集中污水处理厂的"贡献"(包括水量、水质)来平均分配,而在集中污水处理厂之间则按费用最小法进行费用分配。

有人把水污染控制规划看成是一项管理工作。对于水质管理部门来说,这就是一项管理规划,规划的结果就可以作为水质管理的依据。为了使规划能够有效贯彻执行,水质管理部门应将规划的成果编制成条文,提交有关的立法机构,以法律的形式公布执行。

为了便于开展水污染控制系统的规划,必须要有一定的组织机构进行领导和协调。通常要设立规划领导小组与规划技术小组。前者由各有关领导机关、群众团体和居民代表所组成,任务是进行重大方案的审查和决策;后者由有关的技术人员与技术领导干部组成,其任务是负责制定规划研究的课题、方法、实施方案。技术小组直接向领导小组负责,定期报告工作并取得指导。如有条件与必要,应在技术小组内设立或聘请法律顾问,以处理工作中不可避免要遇到的法律事宜。

水污染控制规划为由当前推及未来的一个全过程规划,这是在一个较高的层次上进行的工作,影响深远,意义重大,作为规划人员,要有全局一盘棋的思想,要善于全面地、发展地和互相联系地分析和处理各种矛盾和问题。参加规划工作的各部门、各阶层的代表,既要充分代表本部门、本单位的利益,又要提倡统筹安排,顾全大局。

水污染控制系统规划是一项政策性、技术性都很强的工作,领导小组和技术小组之间的密切合作、相互支持,是搞好规划的关键。

第五节 城乡水污染控制的经济分析

一、经济分析的重要性

(一) 环境工程必须提高经济效益

我国今后的经济建设方针就是国民经济的稳步前进、健康发展。为此,就要切实改变长期以来一套老的做法,真正从我国的实际情况出发,走出一条速度比较实在、经济效益比较好,人民可以得到更多利益的新路子。因此,千方百计地提高生产、建设、流通等各个领域的经济效益,就是一个核心问题。

环境工程是环境科学的一个重要组成部分,环境科学的研究成果,最终要通过工程技术措施来达到,只有提高环境工程的经济效益,才能真正发挥控制污染、保护环境、保障人民身体健康的目的。因此,环境工程和其他经济工作一样,必须把根本出发点放在提高经济效益上。

但是,环境问题又有它自己的特点,在保证环境质量的前提下来提高其经济效益,按照这样的要求,就必须对环境问题进行全面的、合理的规划,并对规划方案的环境影响进行预测,对其经济效益进行分析;只有在技术上、经济上均可行时,才能实现这一规划方案。因此,环境影响评价及环境工程可行性的研究,是经济分析的前提。

提高环境工程的经济效益应注意以下几个问题：

（1）处理好宏观经济和微观经济的关系不能只从本企业、本部门计算其经济效益，必须从社会整体出发衡量其经济效益，而达到最优的环境效益和经济效益，这在我国的社会条件下，是有可能做到的。当然，也存在矛盾，这就要强调局部服从全局的整体观念，妥善处理好宏观与微观经济效果的关系。例如，对工业废水分散治理或集中治理，或与城市污水联合治理的问题就必须经过分析比较，找出对全局最优的方案。

（2）不同的生产力布局对环境的影响及其经济效益问题。合理的生产力布局，一可以充分利用自然界净化能力，二可以改进资源、能源的综合利用，三可以在特定条件下集中治理和回收。这就需要合理规划城镇和工业基地的规模与发展方向，防止工业生产力过分集中或过分分散，搞好城镇规划，严禁环境污染重的工厂建在城镇上风向、水源上游、地下水补给区和居民稠密区。对资源能源要考虑综合利用，对于产品、副产品、"三废"回收有密切联系的工厂，可以成群成组的布局，建立工业园区，实行工业园区内部"三废"封闭循环，新建工厂要进行环境影响评价，合理选址布局。

（3）水资源的开发、保护和合理利用对环境的影响及其经济效益。对水资源要进行全面调查及勘察，做出合理利用的规划，逐步做到统一管理。大力提倡节约用水，防止水质污染，现有水利工程要充分发挥其综合利用效益，大型水利工程的修建也要进行环境影响评价。

（4）提高污染综合防治的经济效益。既要改善企业管理，改革工艺，实现生产过程的清洁化和闭路循环化，又要对水污染控制工程的可行性，治理技术方案的技术经济分析等进行研究，从一个企业或区域或城市的总体寻求最大的经济效益。

（5）提高投资的经济效益。要走出一条投资较少，经济效益较高的路子，新建工程要缩短建设周期，加速资金周转，早投产，早为国家提供利润和税收。处理好建设规模、速度和分期建设的关系。工程建成后，要加强管理，真正发挥控制污染的作用。

（二）提高经济效益必须进行经济分析

过去由于在经济建设中不按经济规律办事，贪大求快、盲目发展、投资效果差、投资回收年限长、劳动生产率低、工程质量差，而且确定工程项目上马时，不计成本，不讲经济效果，造成严重浪费损失。

当前的主要工作就是要在投资前认真做好规划工作，从技术上、经济上对各工程进行研究、分析、评价，以决定是否投资，如何投资，因此，就要进行经济分析。

环境工程涉及政治、社会、经济、文化等，因此是一个复杂的系统工程。如果只是直观地做出决定，往往会造成巨大损失及难以挽回的严重后果。经济分析就是要从经济与技术的结合上,研究在环境规划或工程设计中进行技术经济评价的理论和方法,不仅对某一方案是否可行提出意见,同时又要对不同方案的比较提出办法。这样,以定量的或定性与定量结合的方法,为方案的选择和决策提供依据。

经济分析最终以货币作为度量单位。按照各方案所取得的经济效益,进行权衡比较。

二、经济分析的基本原理

城市水污染控制和管理要依据一定的目标或准则,确定其应该采取的方案。其总的目标是环境、经济、社会效益的统一。用货币形式定量地反映这三个效益,同时优化比较各控制方案,即确定最佳污染控制方案,是经济分析的主要目的和任务。城市水污染控制带来的效益是全方位、多方面的,有的可以用定量的币值表示,有的则需进行转换。为便于分析,首先对经济分析中所涉及的几个基本概念及其内涵等进行分析和定义。

1. 环境效益

城市水污染控制的环境效益是指该措施实施所带来的水环境质量的改善和生态环境资源使用价值的提高(环境污染经济损失减少),环境容量的扩大,以及人们生活、工作、学习、娱乐环境质量的改善等。

2. 经济效益

经济效益,一般讲就是劳动损耗与劳动所得、费用与效益的比较。因此,人们通常所谈的经济效益指净效益。城市水污染控制经济效益是指经过污染控制对社会生产等产生的直接影响,带来的可以货币价值计算的效益和通过环境质量改善、减轻污染危害而间接促进各方面发展、减少污染损失、节省污染控制费用等方面的效益。

3. 社会效益

环境保护的社会效益可概括为:通过环境保护工作,对人们生活质量、社会稳定、社会进步及社会经济发展等产生的积极影响。

4. 环境保护费用

为了控制污染,保护环境,恢复环境功能,人类采取了各种各样的措施,建设了环境保护设施,该方面所投入的资金和设施的运转费用为环境保护费用。

5. 环境经济损失

由于环境污染,使环境资源的价值造成危害,其危害程度的货币度量,就是环境污染经济损失。

城市水污染的经济损失包括污水排放造成的地面水和地下水污染,从而影响水体使用功能所造成的经济损失,如水体污染造成鱼产量的下降,地下水污染造成水处理费用的增加,污水灌溉对农作物产量和质量的影响,水体污染对人体健康影响等所造成的经济损失。

6. 社会贴现率

费用-效益分析所研究的问题,通常需要跨越较长的时间。任何环境保护措施的费用和获取的效益都与建设周期、工程项目的使用寿命,以及政策、对策执行的时间长短有关,而污染控制措施或项目的影响具有长期性,同时费用与效益发生时间也不尽相同。因此,在费用-效益分析中,费用和效益的计算不能基于一年,必须确定合理的费用与效益发生年限,即考虑时间因素。为了便于不同时期的费用或效益进行比较,可以对未来的费用或效益打折扣。在经济计算中,用贴现率作为折扣的量度,即贴现率是将某一时间的货币价值转换成现行市场价值的参数。考虑了一定贴现率的未来的费用或效益称为费用效益的现值。把不同时间(年)的效益化为同一时间(年)的现值,可使整个时期的效益具有可比性。贴现率的确定受众多因素影响,往往可把银行储蓄的利息率作为确定贴现率的一个依据。贴现率与现值的关系为

$$\text{EBP} = \sum_{t=1}^{m} \frac{\text{EB}_t}{(1+r)^t} \tag{4-51}$$

$$\text{CP} = \sum_{t=1}^{m} \frac{C_t}{(1+r)^t} \tag{4-52}$$

式中,EBP——效益的现值;

CP——费用的现值;

EB_t——第 t 年的效益

C_t——第 t 年的费用

t——时间;

r——贴现率。

三、分析方法程序内容

城市水污染控制取得的效益是多层次、多方位的,各效益之间相互渗透、相互影响,其中某些效益可通过语言加以叙述,有些则需要具体的数据加以阐述。如环境效益和社会效益可以通过实际资料的分析加以描述,而获取的经济效益,以及由环境效益带来的经济效益则需用币值代表。因此,环境保护经济效益主要有直接计算和间接计算两种分析计算方法。

对有办法指定其价值的环境经济效益和投入的费用,可采取直接计算方法,用现行的市场价格加以计算。但费用-效益分析中的主要难题是如何分析环境改善带来的经济效益。如水质改善等对人体健康产生的积极影响、对农林牧渔业发展的影响、对旅游业和文物古迹保护的促进等很难直接计算经济效益,只有通过一定的转换,即采取间接计算方法加以分析计算。目前,计算环境改善带来的经济效

益,也就是把不可直接计量的环境效益转换成可以计量的币值有多种方法,如市场价值法、影子工程法、调查评价法等。在实际分析工作中,可依据分析效益的完整性等选择适合的方法。另外在环境保护费用-效益分析中,存在一种对等现象,即环境质量的改善为一种效益,而恶化则是一种损失,即效益的损失,因此也可从效益损失来代表环境保护带来的经济效益。

（一）主要技术方法及其选择

20世纪60年代起,一些经济发达国家在环境保护费用-效益分析方面做了较多的工作,积累了一定的经验,并提出了一系列技术分析方法。城市水污染控制对工农业生产、水环境质量改善起到了积极的、不可估量的作用,除了直接经济效益外,还由于环境质量的改善,带来了可观的间接经济效益。结合各地区实际情况,在城市水污染集中控制经济分析中可采取下面几种计算方法。

1. 市场价值法

市场价值法,也称为生产率法。该方法把环境看成是生产要素,环境质量的变化导致生产率和生产成本的变化,从而导致产值利润的变化,而产品的价值和利润是可以用市场价格来计量的。该方法就是利用因环境质量变化引起的产值和利润的变化来计量环境质量变化的经济效益或经济损失。例如,农灌用水水质变化的经济效益或损失就可通过被灌溉农业的收益或损失变化来计量。

2. 防护和恢复费用法

该方法是以防治环境污染或恢复环境质量的费用确定经济效益。

全面评价环境质量改善的效益,通常是很困难的,在实际分析工作中,对环境效益的最低估计可以从为了削减污染物排放或减少有害环境影响所需要的费用中获得,可以把防护或恢复一种资源不受污染所需要的费用作为该环境资源被破坏带来的最小经济损失。如某水体或某旅游区因污染造成的损失价值,可用为恢复该水体或该旅游区原有功能而支付的污染控制费来确定。反之该水体、旅游区功能恢复后带来的收益或因污染造成的损失而被减少所获得的经济效益可作为环境保护的经济效益。

3. 影子工程法

影子工程法是将为建立与污染破坏前相同功能的工程所需要的费用作为环境经济效益。它是恢复费用法的一种特殊形式。如在水源受到污染后,需要建一个新水源来替代,其需要投入的费用就是保护水源水质不受污染而产生的经济效益。

4. 人力资本法

人力资本法,也称为劳动工资法。该方法主要用于计算环境污染对人体健康影响的经济效益或经济损失。由于水质污染、农作物污染可影响人体健康,造成疾病、过早死亡、延误生产、丧失劳动能力,从而增加医疗费、丧葬费、非医务人员护理费,影响个人及他人的劳动能力,而由于水污染控制改善了水环境,减少了该方面的支出,因此所减少的这部分费用可作为水污染控制的经济效益。

5. 调查评价法

调查评价法是通过向专家或环境资源的使用者进行调查,以获得对环境资源价值或环境保护措施效益的估价。该方法还可具体分为专家评估法、投标博弈法、无费用选择法等。

专家评估法是通过专家对环境资源价值或环境保护效益进行评价的一种方法。

投标博弈法是通过对环境资源的使用者、受环境污染的受害者进行调查,以获得人们对该环境资源的支付愿望。其支付愿望可以作为环境保护的经济效益或环境经济损失。

6. 机会成本法

任何一种自然资源的使用都存在着许多互相排斥的备选方案,为了做出最有效的经济选择,必须提出社会经济效益最大的方案。资源是有限的,选择了这种使用机会就放弃了另一种使用机会,也就失去了另一种获得效益的机会。我们把其他使用方案中获得的最大经济效益,称为该资源选择方案的机会成本,单位资源的机会成本称为该资源选择方案的影子价格。在环境污染带来的经济损失计算中,由于环境资源是有限的,环境被污染了就失去了其他的使用机会,在资源短缺的情况下,我们可以用它的机会成本作为由此引起的经济损失,换言之,我们可以由其引起的经济损失,反证或代表保护资源的经济效益。

上面介绍了几种效益计算方法,但是不同的方法适用于不同情况,而有些效益可同时采取几种方法加以计算。因此,在选择计算中尽量采取最简单、直观、直接以币值表现的方法,在效益计算时应结合已有资料及当地技术经济条件加以确定。

(二)分析程序和内容

城市水污染控制经济分析程序及内容如图 4-18 所示。

(1)城市水污染控制特征分析。

要科学准确全面确定城市水污染控制的经济、环境与社会效益,首先必须准确弄清它所涉及的范围、包括的内容、它的特点等一系列因素,这是经济分析的基础。

(2)费用与效益识别。

通过对控制措施分析,找出实施水污染控制所需要投入的费用,可能产生的影响,如对环境质量的影响、对工农业生产的影响等。

(3)费用分析计算。

根据费用识别结果,进行费用现值等统计计算。

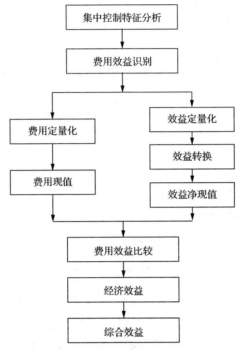

图 4-18　经济分析程序和主要内容

（4）效益定量化和币值转换。

对所获得的效益定量分析，将不能直接表述的效益，采用间接计算方法把其转换成币值形式。

（5）效益分析计算。

全面、系统计算通过采取水污染控制措施所带来的不同经济效益。

（6）费用-效益比较。

根据费用和效益计算结果，全面分析实施水污染控制产生的经济效益。

（7）综合效益分析。

除了经济效益外，对该制度产生的环境、社会效益和综合效益进行分析。

四、水污染控制效益及其识别

城市水污染控制的目的是保护和恢复城市水环境的功能，从而为人们生活和经济发展提供良好的资源条件和环境。因此其带来的效益是多方面、多层次的，尤其是经济效益和环境效益之间存在一定的内在联系，在一定条件或意义下是等同的，不能割裂开来。因此，费用-效益分析首先是识别出其带来的多种效益及费用，从而使之避免重复计算，解决交叉效益与交叉费用、负效益等分析计算问题，同时减少效益或费用的遗漏，达到全面分析之目的。

（一）城市水污染控制带来的效益

（1）提高自然界为社会发展和经济建设提供水资源的能力；

（2）促进工业技术进步、"三废"回收与综合利用，节约生产原料和水资源；

（3）恢复、增进自然生产力；

（4）改善水环境质量，为人民生活提供合格的用水及生存环境等，保护人们身体健康；

（5）恢复或改进自然景观和社会景观；

（6）保护生物种群；

（7）减少污染损失和赔偿；

（8）节省污染控制费用。

以上诸方面的效益可分别归纳为环境效益、经济效益、社会效益。

（二）城市水污染集中控制费用识别

任何一项污染控制措施和环境管理制度的实施都需要一定的经济投入来支持，作为一个城市、一个地区或一个水域内进行的污染控制，不仅需要各种费用投入，而且费用会由于实施地区或各个控制水域的自然、经济、技术条件不同而有较大的差异。但是，一般情况下城市水污染控制费用可分为两部分，一部分为污水处理的基本建设投资，一部分为运营管理费用。污水处理的基本建设投资包括污水集中处理工程基本建设投资，为保证控制工程正常运转而采取的分散治理工程基本建设投资，污水输送管道建设投资。另外，如果在控制系统中开发城市水质管理信息系统，其开发建设投资也可以包括在内。运营管理费用包括各污水治理工程和有关工程在运转过程中所支付的电费、人员工资、药剂费、设备维修费等。

五、经济分析的数学模型

城市水污染控制与效益的分析与计算，其结果应以具体的货币价值体现出来。但是，常用的分析计算方法主要以文字叙述，因此将其转换成数学模型是十分重要的。有了数学模型人们就可清楚地比较和分析环境、经济与社会效益，更直观、确切地反映效益的主要方面，利于各污染控制方案、对策或工程间的分析比较和选择，防止或避免效益重复计算、交叉计算等。

（一）费用-效益模型

费用-效益分析包含两个主要思想：一是资源分配的思想，把水环境要素（水、土壤等）作为改善社会福利的资源；二是社会更新的概念，所有与水环境问题有关的资源使用后，都要确定其费用和效益。

费用-效益分析方法是根据工程所投入的资金和其带来经济效益,科学、准确、客观地分析工程产生的效益,城市水污染控制费用-效益分析模型为

$$NEB = EB - C_p - C_e = EB_d + EB_c - C_p - C_e \qquad (4\text{-}53)$$

式中,NEB——控制带来的净经济效益;

EB——控制经济效益,$EB = EB_d + EB_c$;

EB_d——控制带来的直接经济效益;

EB_c——控制带来的间接经济效益;

C_p——控制投入的费用;

C_e——污染控制工程或措施带来新污染而产生的经济损失或称环境保护外部费用。

在上面的分析计算中,右边的各项都要换算成现值,净现值乃是通过把效益和成本折算为基年值而求得净收益的现值,其换算采用贴现率,计算模型为

$$NEBP = \sum_{t=1}^{n} \frac{EB_{dt} + EB_{ct} - C_{pt} - C_{et}}{(1+r)^t} \qquad (4\text{-}54)$$

式中,NEBP——城市水污染控制带来的净经济效益现值;

EP_{dt}——t 年间直接经济效益;

EB_{ct}——t 年间间接经济效益,

C_{pt}——t 年间污染控制费用;

C_{et}——t 年间环保经济损失,即 t 年环境保护外部费用;

n——经济时限,即项目或措施涉及的年限(贴现年限);

t——相对年限;

r——贴现率。

在每年发生等量效益或费用情况下,以式(4-54)简化为

$$NEBP = (EB_{dt} + EB_{ct} - C_{pt} - C_{et}) \frac{(1+r)^{t+1} - 1}{r(1+r)^t} \qquad (4\text{-}55)$$

贴现率 r 的确定受许多因素控制和影响,往往可把银行储蓄的利息率作为确定贴现串的一个依据,但通常是人为决定的,在确定贴现率时主要考虑如下几个条件。

(1)使用的贴现率并不反映通货膨胀,分析中采取的价格应为不变价格或真实价格。

(2)理论上讲,贴现率可大于零、等于零或小于零,而忽视贴现率的概念(即贴现率为零)并不总是会带来现阶段和将来消费交替的问题。

(3)不同贴现率用于不同的效益分析,环保事业为公益性的,应该比一般工程项目的贴现率低一些,即采用低社会贴现率,根据我国目前的实际情况,可选择 0.06~0.09。

（二）效益成本比率

上面介绍的是以净效益现值评价城市水污染控制的经济效益，为了比较控制工程中各单一控制工程或不同集中控制方案、措施的经济效益，采用效益比法进行分析，分子是维持成本的总收益现值，分母是限制成本现值，结果表示效益成本比率，计算模式为

$$\delta = \frac{EB}{C_p} = \frac{(EB_d + EB_c)}{C_p} \tag{4-56}$$

换算成净现值有

$$\delta = \sum_{t=1}^{n} \frac{\dfrac{(EB_{dt} + EB_{ct})}{(1+r)^t}}{\displaystyle\sum_{t=1}^{n} \dfrac{C_{pt}}{(1+r)^t}} \tag{4-57}$$

式中，δ——效益成本比率；

其他项意义同前。

当 NEB>0 时，δ>1，说明项目有一定的经济效益；当 NEB<0 时，δ<1，说明该项目不但不会产生经济效益，而且会带来损失；当 NEB=0 时，δ=1，说明该项目产生的净效益将始终是零，即无经济收益。

（三）费用模型

1. 城市水污染集中控制工程的费用

城市水污染集中控制系统的费用指标主要由基本建设投资和年运营管理费用两部分构成。

基本建设投资是指污水处理工程或设施的建设投资，一般情况下它包括以下三部分内容：

（1）准备工作费，主要工程项目基本建设费和其他工程项目费；

（2）建设单位管理费和生产人员培训费等；

（3）大型工程施工临时设施费、施工机械设备的购置费和不可预见费等。

年运营管理费是指为保证污水处理工程或设施正常运行每年所需要投入的费用。它包括设施的折旧提成费和直接运营管理费两部分。

折旧提成费以固定资产总值（污水处理工程或设施基本建设投资）乘以折旧提成率计算。折旧提成率分为基本折旧率和大修折旧率。基本折旧率是指补偿固定资产在有效的寿命期间里每年的平均损耗；大修折旧率则是指固定资产在使用一定时间后，需要进行大修，平均每年负担的部分。国家有关部门已对折旧提成率做出了规定，在计算时可直接查找。

直接运营管理费主要包括工资福利费、电费、药剂费、检修维护费和其他费用。

城市水污染控制的总费用以下式计算。

$$C = C_i + a_0 C_r \tag{4-58}$$

$$C_i = C_1 + C_2 + C_3 \tag{4-59}$$

$$C_r = C_{1r} + C_{2r} \tag{4-60}$$

式中，C——城市水污染控制总费用(万元)；

C_i——污水处理工程或设施的基本建设投资(万元)；

C_r——污水处理工程或设施的年运营管理费(万元/年)；

a_0——污水处理工程或设施的定额投资偿还年限(年)；

C_1——点源治理工程基本建设投资(万元)；

C_2——控制工程基本建设投资(万元)；

C_3——污水输送管道基本建设投资(万元)；

C_{1r}——总源治理工程年运营管理费(万元/年)；

C_{2r}——控制工程年运营管理费(万元/年)。

如果在确定基本建设投资 C_i 时资料和数据不全，可以主要工程基本建设费用 C_{i1} 为基础，其他各项费用可以取 K_{i1} 的百分数($\alpha\%$)，计算模式如下：

$$C_i = (1 + \alpha) C_{i1} \tag{4-61}$$

对于直接运营管理费用(C_d)中的电费(C_{d1})、药剂费(C_{d2})、工程福利费(C_{d3})可以根据污水处理的方法、规模、效率进行统计计算；工程或设施的检修维护费(C_{d4})可以取 C_{i1} 的 $1\% \sim 2\%$；其他费用则可以按下式计算。

$$C_{dq} = \left(n \cdot C_d + \sum_{j=1}^{3} C_{dj} \right) \cdot 10\% \tag{4-62}$$

式中，n——折旧提成率(%)。

最后，以下式计算年运营管理费。

$$C_r = n \cdot C_{i1} + \sum_{j=1}^{5} C_{dj} \tag{4-63}$$

2. 污水处理的费用函数

在正常条件下对同一类型的污水处理厂，费用函数是处理水量、进水浓度和污染物去除率的函数。基于此，选择下式作为污水处理的费用函数。

$$C_w = K_1 Q^{K_2} + K_3 Q^{K_2} \eta^{K_4} \tag{4-64}$$

式中，C_w——污水处理厂基建费用或运输费用(元/m³水)；

Q——处理水量(m³/d)；

η——处理效率(%)；

K_1, K_2, K_3, K_4——函数参数。

3. 污水输送的费用函数

在规划污水集中控制系统时，必然遇到建设集中污水处理厂、污水土地处理系统、污水氧化塘、污水直接排江排海等工程或择段排放的问题,在这种情况下必须应用污水输送的费用函数。

1) 函数的形式

污水输送的形式一般都采用重力流。重力流管道的单位长度的建设费用主要由管道材料费(ΔC_2^1)和管道埋设费(ΔC_2^2)两部分构成。这两项费用可以分别由下式计算。

$$\Delta C_2^1 = K_5 + K_6 D^{K_7} \tag{4-65}$$

$$\Delta C_2^2 = K + MD \tag{4-66}$$

式中,D——管径;

K,M——管道埋深 H 的函数:

$$K = K_5'' + K_8 H^{K_9} \tag{4-67}$$

$$M = K_{10} + K_{11} H^{K_{12}} \tag{4-68}$$

将式(4-65)~式(4-68)综合,单位管长的建设费用为

$$\Delta C_2 = \Delta C_2^1 + \Delta C_2^2 \tag{4-69}$$
$$= K_5 + K_6 D^{K_7} + K_8 H^{K_9} + K_{10} D + K_{11} DH^{K_{12}}$$

如果需要计算的管线长度是 L,管道设计坡降是 i,相应的地面坡降是 i_0,管道的起点埋深是 H_0,这时,该管道的基本建设费用可以下式计算:

$$C_2 = \int_0^L \Delta C_2 \mathrm{d}L$$
$$= \int_0^L (K_5 + K_6 D^{K_7} + K_{10} D + K_8 H^{K_9} + K_{11} DH^{K_{12}}) \mathrm{d}L \tag{4-70}$$

令 $H = H_0 + (i - i_0)L$,代入式(4-70)得

$$C_2 = \int_0^L (K_5 + K_6 D^{K_7} + K_{10} D) \mathrm{d}L + K_8 \int_0^L [H_0 + (i - i_0)L] \mathrm{d}L$$
$$+ K_{11} \int_0^L D[H_0 + (i - i_0)L^{K_{12}}] \mathrm{d}L$$
$$= (K_5 + K_6 D^{K_7} + K_{10} D)L + \frac{K_8}{(i - i_0)(K_9 + 1)} \{[H_0 + (i - i_0)L]^{(K_9+1)} - H_0^{(K_9+1)}\}$$
$$+ \frac{K_{11} D}{(i - i_0)(K_{12} + 1)} \{[H_0 + (i - i_0)L]^{(K_{12}+1)} - H_0^{(K_{12}+1)}\}$$

$$\tag{4-71}$$

当 $i \leqslant i_0$ 时,取 $i \leqslant i_0$ 得

$$C_2 = (K_5 + K_6 D^{K_7} + K_8 H_0^{K_9} + K_{10} D + K_{11} DH_0^{K_{12}})L \tag{4-72}$$

在计算输水费用时,还必须建立起输水量与管径、坡度之间的关系,这些可以通过有关的水力学方法求解,这里不再赘述。

输水管线的直接经营费可以根据当地数据取为管道长度的线性函数。定额投

资回收年限及折旧提成与污水处理厂一致。

2）参数估值

与污水处理厂相比，输水管线的费用数据比较容易取得。以管道埋深为行、管径为列，组成输水的费用矩阵，见表 4-4。

表 4-4　污水输送的费用矩阵

$\overset{\textstyle D}{H}$	D_1	D_2	...	D_{m-1}	D_m
H_1	$\Delta C_{1,1}$	$\Delta C_{1,2}$	...	$\Delta C_{1,m-1}$	$\Delta C_{1,m}$
H_2	$\Delta C_{2,1}$	$\Delta C_{2,2}$	...	$\Delta C_{2,m-1}$	$\Delta C_{2,m}$
...	...	...	...	...	...
H_{n-1}	$\Delta C_{n-1,1}$	$\Delta C_{n-1,2}$	...	$\Delta C_{n-1,m-1}$	$\Delta C_{n-1,m}$
H_n	$\Delta C_{n,1}$	$\Delta C_{n,2}$	...	$\Delta C_{n,m-1}$	$\Delta C_{n,m}$

根据式(4-65)～式(4-68)，用表 4-4 的数据进行估算，就可以求出 $K_5 \sim K_{12}$。

（四）直接经济效益模型

直接经济效益可直接统计加和计算，其数学模型为

$$EB_d = \sum_{i=1}^{m} \sum_{t=1}^{n} \frac{EB_{dit}}{(1+r)^t} \tag{4-73}$$

式中，EB_d——直接经济效益现值；

　　　i——效益的某一方面；

　　　EB_{dit}——t 年 i 方面直接经济效益现值，如"三废"利用、节约水资源等带来的经济效益。

（五）间接经济效益模型

间接经济效益可以直接以间接的经济效益表示，也可以用环境质量改善减少的污染损失加以计算，不同间接经济效益，采取不同的计算模型。

1．渔业经济效益

河流、湖泊、水库等地面水体改善，可恢复或发展养鱼业、增加鱼产量，其经济效益可采取市场价值法计算。计算模型为

$$EB_f = S_f \cdot C_f \tag{4-74}$$

式中，EB_f——水质改善增加鱼产量带来的经济效益；

　　　S_f——水质改善增加的鱼产量；

　　　C_f——鱼的市场价格。

2. 农业经济效益

通过水污染控制,改善灌溉水质,从而减少每亩农田因污染而引起的损失,或可增加农作物产量而增加经济收入,它们可作为农业经济效益。如果农田污染造成农作物失去了正常的使用功能,则可认为全部价值的损失。计算模型为

$$EB_a = S_a \cdot C_a \tag{4-75}$$

式中,EB_a——水污染控制在农业方面的经济效益;

　　S_a——污染控制后增加的农作物产量或污染造成的减产量;

　　C_a——农作物的市场价格。

3. 人体健康效益

由于水环境污染造成了人体健康损失,但通过污染控制,改善了环境质量,使人体健康受到保证,从而消除或减少该方面造成的损失,以其作为城市水污染控制的经济效益。计算模型为

$$EB_m = C_1 + C_2 \tag{4-76}$$

式中,

$$C_1 = R_p \cdot \alpha_1 \cdot C_r + R_d \cdot \alpha_2 \cdot C_b$$

$$C_2 = LD \cdot \alpha_1 \cdot P + LL \cdot \alpha_2 \cdot P$$

其中,C_1——减少的用于预防、医疗的费用;

　　C_2——间接效益;

　　R_p——减少因环境问题造成的患病人数;

　　R_d——减少因环境问题造成的死亡人数;

　　α_1——环境污染因素在发病的发生原因中所占百分比;

　　α_2——环境污染因素在死亡的发生原因中所占百分比;

　　C_r——每个发病者的医疗费;

　　C_b——每个死亡者的丧葬费;

　　LD——患者和护理人员耽误的劳动总工时;

　　P——人均国民收入;

　　LL——早亡与平均寿命相比,损失的劳动总工时。

4. 增加水资源的经济效益

该方面的经济效益可采取影子工程法或机会成本法计算。

影子工程法计算模型为

$$EB_{ws} = Q_w \cdot C_{Q_w} \tag{4-77}$$

式中,EB_{ws}——采用影子价格确定的增加水资源利用量的经济效益;

　　Q_w——增加的可利用水量;

　　C_{Q_w}——建设 Q_w 水量水源工程或开发利用 Q_w 水量的单位费用。

机会成本法计算模型为

$$EB_{ws} = Q_w \cdot C_{Q_C} \tag{4-78}$$

式中，C_{Q_C}——当地水资源的影子价格，即每吨水创造的国民收入；

其他项意义同前。

5. 减少用水处理费用

由于水质污染，可能增加生活或工业用水的处理成本，通过采取措施或对策，节省了这部分支出，可作为城市水污染控制的经济效益。这部分效益可采取恢复费用法计算，其模型为

$$EB_r = Q \cdot C_r \tag{4-79}$$

式中，Q——受污染水量；

C_r——因污染而增加的用水处理费用。

6. 节省的水污染控制费用

在实施城市水污染控制中，其污染控制费用与其他污染控制措施，如点源浓度控制相比，在实现同一保护目标时所花费的资金更少，其可作为又一经济效益，计算模型为

$$EB_o = B_o - C_o \tag{4-80}$$

式中，B_o——城市水污染控制费用；

C_o——实现同一保护目标的其他控制措施所需要的费用。

7. 旅游经济效益

由于环境质量的改善，增加或促进了旅游业，从而带来了经济效益，称为旅游经济效益。该方面的效益可以旅游人数及其消费支出加以计算，计算模型为

$$EB_t = M \cdot C_m \tag{4-81}$$

式中，M——增加的旅游人数；

C_m——每个旅游者的平均费用。

在不好确定旅游人数及其每个人费用时，可采取防护费用法，即以为保护旅游区所需要投入的资金作为其效益。

8. 其他经济效益

为了消除恶臭、改善景观环境、保护文物古迹和生物种群等方面产生的经济效益，很难采取统计计算方法，最好采用调查评价方法确定。

第六节　城乡水污染控制技术方法

一、概述

为谋求总体环境质量的改善而强化废水控制措施，是治理污染的必由之路，在城市水污染控制中，采取集中控制与分散治理相结合的方针，并逐步把集中控制和

治理作为主要手段,是实施保护环境、控制污染的最佳途径之一。

城市水污染控制工程措施包括分散的点源治理措施,即控制措施要在一定的分散治理的基础上进行,只有将那些不适于控制的特殊污染废水处理好,污染控制措施才能达到事半功倍的效果。简而言之,工业废水的处理是实施城市污水集中处理的先决条件。所以城市污染中控制应采取源内预处理、行业集中处理、企业联合处理、城市污水处理厂、土地处理系统、氧化塘、污水排江排海工程等多种工程措施。

二、工业预处理

(一)源头预处理

在城市废水中电镀、冶金、染料、玻璃、陶瓷等行业废水中含有一定量的重金属,这些污染物在环境中易积累,不能生物降解,对环境污染较为严重;化工、农药、肥料、制药、造纸、印染、制革等行业则排放有机污染废水,其废水中含有一定量的难生物降解的有毒有机物及金属污染物,它们对污水土地处理等集中控制工程的运转产生不利影响,易在生物、土壤、农作物中蓄积,对环境污染较严重。因此对上述主要行业的废水应在源头进行预处理,废水中污染物达到有关排放标准后,再进入城市污水集中处理工程。另外,强酸性废水易腐蚀排水管道,而含粗大漂浮物和悬浮物废水可造成排水管网堵塞,所以这两种废水必须在源头进行处理后再排入排水管网或集中处理工程。

(二)重金属废水的处理

多年来国内外对重金属废水的治理进行了大量的研究和实践,目前已形成了一系列比较可靠的处理技术与方法。但是由于污水处理费用较高等原因,在重金属废水控制与管理方面有两种倾向:一种认为重金属危害大,主张不惜一切代价治理和控制,这种倾向只考虑达标排放,而忽视了污水的处理费用和处理技术的可能;另一种倾向是宁可交纳排污费或只搞简易处理的短期行为,而不从根本上对废水进行彻底的处理,缺乏治本的远见。这两个倾向反映了根治污染源的不同观点和技术政策,制定重金属行业废水源头治理措施是十分必要的,重金属行业废水源头控制应具备以下条件:

(1)建设投资低,并能给企业带来经济效益;

(2)能控制污染物排放浓度和总量,达到预定的要求;

(3)消耗能源和化学药剂少。

总之,重金属的源头治理措施要从实际情况出发,因地制宜,用少量的投资,最短的时间,取得最佳的环境效益。目前重金属废水处理措施可分为两大类:一是使废水中呈溶解状态的重金属转变为不溶的重金属化合物或元素,经沉淀和上浮从废水中去除,如中和沉淀法、硫化物沉淀法、上浮分离法、离子浮选法、电解沉淀、隔膜电解法都属于这一种;二是将废水中的重金属在不改变化学状态的条件下浓缩后分离,如反渗透法、蒸发法、离子交换、电渗析法等。目前国内应用较广泛的处理方法是各类沉淀法,即把废水中的重金属沉淀下来变成废渣,废渣相对废水危害小一些,但该类方法处理后,重金属要多次使用必须借助化学药剂,即经过多步骤的化学形态的转变才能回收利用。从重金属回用角度来看,第二类处理方法重金属是以原状浓缩,不添加任何化学试剂,可直接回用于生产。但第二类处理方法受经济和技术上的限制,不适应冶金和处理量大的重金属废水。目前国内重金属行业废水仍以化学沉淀法、离子交换法、铁氧化法、活性炭吸附法等方法作为主要处理方法,并向着回收重金属的方向改进。

电镀废水是重金属废水中的最主要废水。电镀废水水质因生产工艺而异,通常含有铬、钙、镍等重金属离子,另外还含有氰化物、酸碱等,电镀废水除采取上述处理,还可采取如下措施:

(1)发展闭路循环系统。

闭路循环是目前处理电镀废水最经济的方法之一,既可使废水循环使用,回收重金属,又能实现废水零排放。如含铬废水可采取逆流漂浮＋离子交换＋薄膜蒸发回收处理系统,既回收铬,又实现水的循环利用。

(2)依靠科技进步、加强工艺改革。

改革生产工艺是控制重金属生成,减少污染物排放的最有效措施,主要有:用改革镀件吊挂方式减少镀液带出量;改进水洗方法,如多重多级逆流清洗,提高清洗质量,采用无毒或低毒的镀液配方,减少废液中的有毒有害物质。通过这些方法减少重金属污染物的生成和排放。

(三)有毒有害难降解有机废水的处理

1. 化工废水的处理

化工行业产生的废水有机组分复杂,废水中含有各种有机污染物且含量大小各异,每一种污染物的生物可降解性的难易程度不同,并对生物和环境的毒性也不一样,这一切既决定该行业废水对环境的影响,同时也直接影响了废水的生物化学处理效果。化工废水除含有机难降解物外,有的还含有汞、铬、镉、铜、铅、砷等重金属,这些重金属离子和多元酚、氰化物、醛类、硫化物、氯苯化合物等化学毒物,都是微生物最为敏感的有毒物质,对这类废水必须依据生物可降解容许浓度进行预处理,然后再进行生物处理。直链脂肪烃类化合物、醇类、单元酚类、氨基酸类、脂肪酸类,均属生物易降解的有机物,而且耐受浓度高;而聚氯乙烯等高分子化合物,在相对分子质量为 250～600 以内时,也可以进行生物降解;高相对分子质量物质,一般不适合生物处理。对有多分子结构污染物的废水,通常先通过物理方法进行分离,然后再用其他方法进一步处理。

因此,对化工行业废水首先在源头进行清污分流,对含重金属废水按其所含重金属离子类型、浓度采取单独的处理[方法见"(二)重金属废水的处理"],对含多元酚、氰化物、醛类、硫化物、氯苯类化合物废水和多分子结构污染物的废水首先进行物理、化学方法处理,然后再进行生化处理,废水主要处理方法有:活性污泥法、生物膜法、厌氧稳定池、厌气氧消化池。在实际生产中应结合废水量、水质构成,将物理法、化学法、生物法、物理化学法有机结合,组合成污水处理系统。

2. 染料废水的处理

染料废水水量大,水质组分复杂,具有毒性,较难处理。该类废水分疏水性和亲水性两类,而且有的还含有重金属,所以必须根据其水质特性,选择适宜的处理方法。

废水脱色一般可采用混凝法和吸附法组成的工艺流程。例如,对不溶性偶氮染料废水,利用硫酸铝、聚氯化铝为絮凝剂,可以完全脱色,但蒽醌染料废水脱色用硫酸铝则不好使。

废水中有毒物和有机物的去除,可采用化学氧化法、生物化学法和反渗透法。

废水中固体杂质和无机物的去除,可采用混凝法和过滤法。

3. 造纸废水的处理

造纸废水中含有大量的化学药品和杂质,一般呈黑色,有臭味,COD、BOD_5 和 SS 浓度都很高,尤其在制浆过程产生的黑液(或红液),BOD_5 可达 5000～40000 mg/L。对造纸黑液和打浆废水必须注重源头处理。

对于以木材为原料的碱法造纸工业,可采取燃烧方法处理黑液,以回收氢氧化钠、硫化钠、硫酸钠及同有机物结合的其他钠盐。除此方法外,还有制氨肥法、制磷肥法、电渗析法等用于处理造纸黑液。对造纸黑液的综合利用方法是提取纸浆浮油、提取碱木素、生产香兰素和木素磺酸盐。

打浆废水成分与黑液相似,仅所含 COD、BOD、SS 等浓度较低,所以可采取活性污泥法、混凝沉淀法等处理方法。

4. 农药废水的处理

农药废水水质成分复杂,同时含有许多种组分,其中有许多属于生物难以降解的污染物,浓度高,有的污染物浓度可达每升数万毫克,如 COD 达 10000 mg/L 以上;毒性大,废水中除含有农药和中间体外,还含有酚等有毒物质和砷、汞等重金属;另外农药废水具有恶臭气味,水质水量波动很大,所以必须从源头进行处理,在达到排放标准后方允许排入城市排水管网或进入集中控制工程。

　　对含有乐果、甲醇、二甲胺等物质的有机废水,可采取萃取或蒸馏方法对其进行回收,然后采取生物化学法进行无害化处理。通常对生产农药乐果等含有机磷废水先进行预处理,处理方法有停置法、碱解法、活性炭吸附法、湿式氧化法、酸性水解法。预处理后的废水进一步生物处理,处理方法有曝气法等。曝气时间 15～20 h,有机负荷为 1 kg BOD_5/$(m^3 \cdot d)$、COD 去除率近 $50\%\sim70\%$,为使其达标排放要进行二级处理,处理流程如图 4-19 所示。

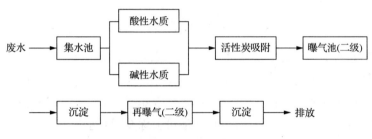

图 4-19　农药废水处理的典型工艺流程

　　对高浓度含酚废水,首先采取溶剂萃取法脱酚,将酚回收,使废水中酚含量降到 300 mg/L 以下,然后再进一步进行生物处理。生产六六六的含苯废水,含苯达 150～200 mg/L 可采取蒸馏回收苯,使苯含量达到 0.2 mg/L 以下再排放。

　　5. 制革废水的处理

　　制革废水成分复杂,含有 COD、BOD_5、SS、Cr、S^{2-}、酚等多种污染物;废水中 SS、COD、BOD_5 浓度高,COD 达 700～4000 mg/L、BOD_5 达 200～2000 mg/L、SS 达 1000～10000 mg/L、S^{2-} 达 10～40 mg/L,废水色度浓、呈碱性、有臭味。对制革废水应采取铬回收和综合废水处理工艺。

　　在铬鞣工序,广泛利用铬鞣液鞣革,因此工序产生的制革废液中会有大量铬,其浓度达 1000～3000 mg/L,如果将其排放,将污染环境和影响污水集中处理工程的运转,也造成原料的流失和浪费,因此必须采取回收处理措施。回收方法是首先将废液进行过滤或沉淀处理,以除去悬浮物质,然后加入氢氧化钠,使之生成氢氧化铬沉淀,如废液或废水中的铬是六价铬,可先加入亚硫酸钠将六价铬还原成三价铬,然后再对碱回收沉淀物用板框压滤机压干化,最后将其用于配置新的革鞣液。

　　对脱毛、浸质等废水进行混合处理,其典型工艺流程如图 4-20 所示。首先通过格栅、均衡池或沉淀池对这些废水进行初级处理,以去除肉屑、落毛等杂质,然后再用生物法进行处理,如果需要,可再采取混凝沉淀法进行进一步处理。

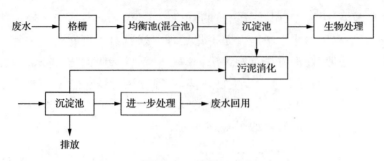

图 4-20　制革废水处理的典型工艺流程

可以采取的生物处理方法主要为：延时曝气法、生物转盘法、生物滤池法，延时曝气法曝气时间通常为 18～20 h，BOD_5 容积负荷为 1.5～2.5 kg BOD_5/（m^3・d），其 BOD_5 去除率可达 90％以上，COD 去除率达 60％～80％，SS 去除率达 85％～95％，色度去除率达 50％～90％；生物滤池可去除 COD 达 40％～80％。

6. 酸性和碱性废水的处理

对于浓度大于 10％的废酸液或废水必须从源头进行回收处理，通常可直接利用，如用于给水软化的磺化煤再生，作为水质稳定剂，用于碱废水的中和处理等。根据废酸液的性质，可采取不同的回收利用方法，主要有：高温结晶法、真空浓缩-冷冻结晶法、自然结晶-扩散渗析法和蒸发法等。

对低浓度酸性废水可采取废水中和、药剂中和、过滤中和、电解和离子交换等处理方法。

对碱性废水通常可采用中和法、生化法、离子交换法、蒸发法等。

（四）放射性废水的处理

根据废水中所含放射性浓度，将放射性废水分成两类，一类为高水平放射性废液，一类为低水平放射性废水。

国际原子能机构（IAEA）建议按放射性浓度，将放射性废水按五个水平分类，并采取不同的处理方法。其分类和处理方法见表 4-5。

表 4-5　放射性废水分类及处理方法

类别	水平	放射性浓度/（mg/L）	处理方法
A	很高	$>10^4$	蒸发浓缩后在缸中储存，需要冷却，处理装置需要屏蔽
B	高	$10^4～10^{-1}$	蒸发，处理装置需要屏蔽
C	中	$10^{-1}～10^{-3}$	蒸发，离子交换，化学沉淀，处理装置有时需要屏蔽
D	低	$10^{-3}～10^{-6}$	离子交换，化学沉淀
E	极低	$<10^{-6}$	通常可经稀释排放或直接排放

对于极低水平的放射性废水可直接排入城市排水管网或污水集中处理工程。对低、中、高水平放射性废水可采取与人类生活环境长期隔离、任其自然衰变控制方式和物化处理方法。主要处理方法有：化学沉淀法、离子交换法、蒸发法。此外，还有生物学法、膜分离法、电化学法等方法。

（五）医院废水的处理

医院废水中含有大量的病毒、细菌、大肠菌群等，因此可采取药剂消毒、接触氧化、储存衰减等处理技术方法，见表 4-6。

表 4-6　医院污水处理方法原理和效果

方法	原理	效果
药剂消毒法	污水首先经过沉淀、过滤和生物法处理，然后用液氯、次氯酸钠或臭氧等强氧化剂进行消毒处理以杀灭病原微生物	去除细菌、大肠菌群 99.99%，SS 40%～50%，BOD_5 30%～50%
接触氧化法	污水经处理后，在接触氧化池用充氧喷射器进行氧化分解，再经过滤和药物消毒	去除 COD 85% 以上，SS 75% 以上，细菌及大肠菌群灭活率 99.99%
储存衰减法	对含有 ^{131}I、^{32}P、^{198}Au、^{24}Na 等半衰期放射性同位素污水，单独放置 10 个半衰期时间	放射强度达标排放

三、主要行业废水的控制

（一）电镀行业废水的集中控制

电镀废水是污染环境的主要污染源之一。我国电镀行业的工厂（点）比较分散，电镀厂（车间）多，布局不尽合理，据对北京、上海、天津等 22 个城市的初步调查，电镀厂（点）已达 7000 多个，估计全国将有近 2 万个。其中大部分是小型电镀厂，其废水缺乏必要的处理设施，引起环境污染的事例很多，因此对于电镀废水可采用压缩厂点、合并厂点、集中治理的措施。

对于小型电镀厂可合并，使生产集中，废水排放集中，然后采用效率较高的处理设施，实行一定规模的集中处理，这样既可提高产品质量，又可减少分散治理的面源污染，有较高的环境、经济效益。

在一定区域范围内，根据污水的排量和组分，建设具有一定规模、类型不同的电镀污水处理厂，其可以是专业的也可以是综合的。如可处理多种工业废水的污水处理厂，这些处理设施可实行有条件的"工代民"、"民代工"、"工民互代"等，以充分发挥处理厂的功能和效率。

(二) 纺织印染废水的集中控制

纺织印染废水由于加工纤维原料、产品品种、加工工艺和加工方式不同,废水的性质与组成变化很大,其废水的特征是:碱度高,颜色深,含有大量的有机物与悬浮物以及有毒物质,其对环境危害极大。

对小型纺织印染工厂可通过合并等,实行集中控制。

对同等类型工厂联合对废水进行集中控制。根据纺织印染废水水质的特点,进行合并处理,可收到较好的效果。如天津市绢麻纺织厂等5家同行业的小企业共投资112万元,建成日处理水量为6000 t的污水处理站,对5家企业排放的废水实行集中处理。

丹东市印染污水联合处理厂,对由棉、丝绸、针织、印染等六个厂家排放的印染废水集中处理,收到较好的效果。

(三) 造纸废水的集中控制

造纸行业主要污染问题是COD、SS等,是我国污染最严重的行业之一,不仅污水量大、污染物浓度高,而且覆盖面广。

目前在我国分散的小型造纸厂严重污染环境,国外生产实践表明,集中制浆,分散抄纸是控制造纸行业水污染较成熟的办法。中小型造纸厂因为建碱回收系统投资巨大,经济效益较差,所以在国外都采用大规模集中制浆,同时建碱回收系统。因此对我国中小型制浆造纸厂集中控制的第一步是上碱回收系统,既可减少环境污染,又在经济效益上取得一定成效。

(四) 特殊污染废水的集中控制

废乳化液是机械行业废水中较突出的污染物,虽然废乳化液总量不多,但是就全国目前来看,排放点多面广,如果每个污染源都建处理设施其经济上不合算、技术上也得不到保证。采用集中控制措施对乳化液实行集中治理,把各企业的环保补助资金集中起来,是最佳处理措施。乳化液废水的处理方法主要有电解法、磁分离法、超滤法、盐析法等。

四、废水的联合或分区集中处理

对于布局相邻或较近的企业在其废水性质相接近的条件下,可采取联合集中处理方法。即将各企业的污染较重的水集中到一起进行处理。另外也可以在一个汇水区或工业小区内,对全部企业所排放的污染较重的废水集中在一起处理。除了企业间的废水联合或分区集中处理外,也可采取企业间废水的串用或套用,将一个企业排放的废水作为另一个企业的生产用水,这样既减少污水处理费用,又缓解了水资源紧张的矛盾。

五、污水处理厂

城市污水处理厂是集中处理城市污水,保护环境的最主要措施和必然途径,城市污水的处理按处理程度可分为:一级处理、二级处理、三级处理。

污水一级处理,是城市污水处理三个级别中的第一级,主要是初级处理,也属预处理。主要采取过滤、沉淀等机械方法或简单化学方法对废水进行处理,以去除废水中悬浮或胶态物质,以及中和酸碱度,以减轻废水的腐化程度和后续处理的污染负荷。污水经过一级处理后,通常达不到有关排放标准或环境质量标准。所以一般都把一级处理作为预处理。

城市污水经过一级处理后,一般可去除 BOD 和 SS 25%~40%,但一般不能去除污水中呈溶解状态的和呈胶体状态的有机物和氰化物、硫化物等有毒物。

常用的一级处理方法有:筛选法、沉淀法、上浮法、预曝气法。

污水二级处理,主要指生物处理。污水经过一级处理后进行二级处理,用来去除溶解性有机物。一般可以除去 90% 左右的可被生物分解的有机物,除去 90%~95% 的固体悬浮物。污水二级处理的工艺按 BOD 去除率可分成两类:一类为完全的二级处理。这一工艺可去除 BOD 85%~90%,主要采用活性污泥法,另一类为不完全的二级处理,主要采用高负荷生物滤池等设施,其 BOD 去除率在 75% 左右。污水经过二级处理后,大部分可以达到排放标准,但很难去除污水中的重金属毒物和微生物难以降解的有机物。同时在处理过程中,常使处理水出现磷、氮富营养化现象,甚至有时还会含有病原体生物等。

污水三级处理,也称深度处理,是目前污水处理的最高级。主要是将二级处理后的污水,进一步采取物理化学方法处理,主要除去可溶性无机物,难以生物降解的有机物、矿物质、病原体、氮磷和其他物质。通过三级处理后的废水可达到工业用水或接近生活用水的水质标准。

污水三级处理包括多个处理单元:除磷、除氮、除有机物、除无机物、除病原体。三级处理基建费和运行费都很高,为相同规模二级处理厂的 2~3 倍。因此三级处理受到经济承受能力的限制。

是否进行污水二级处理,采取什么样的处理工艺流程,主要考虑经济条件、处理后污水的具体用途或去向。为了保护下游饮用水源或浴场不受污染,应采取除磷除氮、除毒物、除病原体等处理单元过程,如只为防止受纳污水的水体富营养化,只要采用除磷和氮处理工艺就可以了;如果将处理后的废水直接作为城市饮用以外的生活用水,如洗衣、清扫、冲洗厕所、喷洒街道和绿化等用水,则要求更多的处理单元过程。污水三级处理厂与相应的输配水管道组合起来,便成为城市的中水道系统。

城市污水处理厂处理深度取决于处理后污水的去向、污水利用情况、经济承受能力和地方水资源条件。如果废水只用于农灌,可只进行一级或二级处理;如果废水排入地面水体,则应依据地面水功能和水质保护目标,规划处理深度;对于水资源短缺,且有经济承受能力的城市可考虑三级处理。

城市污水处理厂规模的大小,可视资金条件、地理条件以及城市大小而决定。一般日处理量几万吨至几十万吨,大到几百万吨以上,对城市部分或全部工业废水及生活废水进行集中处理。

根据集中统一的集约化作用和利于管理的原理,城市污水处理厂使分散多头管理变为集中管理,有利于克服个体的随意性,分散管理中受资金、电力、原料、人力等影响的开开停停因素,在集中控制下相应地得到补偿。

第七节　水污染综合防治规划

一、规划的思想、方法与内容

(一)规划的指导思想

水污染防治规划是城市社会经济发展规划的重要组成部分,是水环境系统的非结构性控制措施。通过规划所制定的宏观控制,促进城市建设、经济建设、环境建设同步发展,为社会提供良好的水资源、优美的水环境质量,保障城市人民身体健康及舒适的生活环境。只有这样才能实现经济效益、社会效益和环境效益的统一,人民的福利才能得到全面的提高。

制定水污染综合防治规划时,应贯彻以下指导思想,这样才能使规划富有成效。

(1)贯彻"以防为主、防治结合、化害为利、变废为宝"的综合整治方针。

在制定规划时应认识到控制污染物产生是最有效、最经济的措施,它为综合利用、节省资源提供了十分有利的条件。因此,要充分摸清污染源的发生规律、污染途径、危害程度并制定相应的对策。控制污染实际上就是从提高生产的经济效益和单位污染物影子价格两方面的双重作用,提高总效益。与此同时又可降低单位污染物的去除费用。因此将污染物消灭于生产过程中,或者最大限度地减少排放量是最根本的污染控制途径,规划时必须注意这一点。

(2)贯彻"三同时""三同步"的方针。

过去城市水污染已欠下不少旧账,如果规划期内新建项目不同时、不同步地考虑水环境保护,那么欠账越来越多,比例越来越失调,治理难度越来越大,给水污染防治规划带来许多障碍。因此,规划中对新建、改建、扩建项目必须制定有效措施,杜绝新增污染源,并纳入水污染防治规划的管理计划内。规划的成败首先在于能否控制住新污染源。这项工作必须取得有关部门的支持,为此所定计划必须得到他们的认可。

(3)贯彻"城市环境综合整治"以及"发展区域治理"的方针。

环境是个整体概念,环境介质之间可以相互转换、相互影响。因此水环境规划中必须识别环境之间的因果关系和共生关系,从原因着手制定措施,城市的任何环境保护设施建设和城市建设必须充分利用它们之间有利的因果关系,尽量避免不利的因果关系,或者尽量采取措施将其向有利的一面转化,这就是城市环境综合整治的目的。除了这种高层次的综合整治外,还需要采取从单项治理发展到综合治理,从点源治理发展到面源治理,从分散治理发展到区域治理等综合整治措施。特别是环境保护,更必须从流域角度进行规划才能奏效。

从排放口处理过渡到区域治理是个历史过程,由于可借鉴国外的经验,在我国这个过程被大大缩短。区域治理的优点已众所周知,只有从规划上强调区域治理才能带动城市建设,逐步达到同步发展。同时也只有通过良好的城市建设,才能有效地保护和治理水环境。根据目前的经济情况,要进行区域治理必须相对集中资金。区域治理并不排斥必要的单项治理,单项治理要为区域治理服务。因此,制定规划的主要任务就是确定它们之间的有机联系,相互促进,在总体上使费用和效益为最优。

(4)要有宏观控制、城乡一体化、河流一体化的思想。

规划必须根据水环境特点及现状提出宏观控制措施,微观控制才能发挥有效作用。如果城市经济结构或布局及河道上游失控,那么水污染防治规划方案就失去基础。此外,由于实际情况多变,很难正确预测,不可能对各个具体问题都做出确切的规划,因此也只能在宏观上进行控制。当前以中心城市为核心的市管县体制,从形式上进一步强调了城乡之间的联系及相互依托的关系。因此规划中必须充分体现城乡一体化思想,尤其是水环境,通过水系将城乡紧密联系在一起。城乡一体化通过城市生态系统的强烈开放性体现在工农业产品交换、人口流动、生产联系、技术联系、资源联系等方面必须通盘考虑,协调发展。只有这样的全面规划思想才能为城市废物的综合利用创造有利条件;才能逐步使经济符合生态工艺原则,提高资源利用效率,最终减少排放量;才能合理利用环境容量,减少总防治费用。城市绝不能以牺牲农村环境来保持和改善自身的环境,否则城市最终将自食其恶果。因此城乡环境建设必须同时通过宏观控制与城乡建设同步发展。农村环境容量的开发利用必须从全面最优的角度出发,建立在双方有利的基础上。

(二)方法与步骤

城市水污染综合防治规划是个综合过程,是城市水生态系统的调控过程。因此制定规划的方法必须从生态系统特点出发,注意与下列几方面的结合。

(1) 要结合流域及水利建设规划、城市总体建设规划、经济发展规划、社会发展规划一起进行。它们之间是多层次的关系,是不断反馈和协调的过程,相互影响、相互制约、相互促进的过程。例如水环境的规划目标实施年限的确定取决于城市社会经济条件,而环境质量又是衡量社会经济发展水平和人民福利水平的一个重要因素,因此它们之间必然存在某种平衡关系。又如水环境规划目标是城市总体建设规划的前提,城市建设要实现环境目标,但它同时又是城市建设的内容之一,对城市总体规划提出环境上的制约条件。通过不断的平衡协调,才能使各种规划一致,促进城市全面发展。城市水环境规划与水利工程和流域规划的关系更为直接,必须在弄清水体背景的前提下才能制定规划,使它有的放矢。同时对环境中的有利和不利因素进行协调,尽量减少不利因素,使双方有利,规划才有可能最经济有效。

(2) 要与工业结构调整相结合。当前的工业结构调整和企业更新改造对工业污染源的控制十分有利。首先应从规模和布局上调整的是那些落后的、能耗大的、环境污染严重的企业,必须在规划中充分反映如何调整这些企业。环境保护部门应积极提出建议,使工业结构调整工作亦成为环境综合整治的重要措施,将调整过程变成环境保护过程。

城市环境污染与工业结构的关系很密切,一个具有相当规模的城市都有某种工业结构体系和部门间比例,它是长期以来在社会、经济、自然、资源、交通及其他等条件制约下形成的,处于一定的动态平衡。当前资源环境问题的出现,以及新的历史条件下的社会和政治目标,形成新的制约条件,必须通过调整达到新的平衡,在新的历史时期的新约束条件下,特别是资源和环境问题的约束下,求得最大的经济增长。

调整工业结构时,不仅要考虑环境污染,也要考虑全局需要及其经济效益。有些污染工业是国民经济发展中不可缺少的,在调整时,要做全面权衡,在布局、规模和治理方面下功夫。因此,制定水污染综合防治方案时要配合经济部门现有工业结构的环境和经济效益,确定最优的工业结构。

此外,要注意到调整工业部门的结构(比重)是个相当缓慢的过程,要提高初期比重很小的工业部门的占比必须给以极大的增长率。而这种增长速度又受到该工业原有的基础、设备、人才、技术等各种条件所约束,不会达到很高的速度,当然国家重点开发的基地例外。它反映了工业结构的惰性,城市越大,惰性越大。因为任何一个经济系统,各部门间均有一定的依赖关系,通过多年来经济活动自动平衡调节作用形成一定的平衡比重。当然这个特点也给调整工作带来有利条件,如个别污染企业的搬迁、停产、转产,对整个经济系统不会有太大影响。但这样一来,排放总量上却可得到很大的控制,这种企业调整就具有明显的环境效益,是环境规划中优先采取的重要手段之一。

（3）要与城市建设相结合。水污染防治规划必须与城市建设密切结合,才能以最少的投资达到最大的效果。水污染防治项目相当一部分横跨几个部门,更迫切需要共同制定一致的实施计划,才能收到事半功倍的效果。

除了以上几点外,在制定水污染防治规划时要处理好以下几种关系:

a. 需要与可能的关系。制定环境目标时除了从环境角度提出要求外,还必须考虑当前及今后的财力、物力、人力、技术等条件,做到实事求是,不致因目标过高而使规划无法实现。

b. 远期与近期的关系。这是一个规划艺术,近期计划要体现出远期目标,在远期的目标指导下编制近期计划。在实际工作中,这种阶段性关系往往处理不好。这种远期近期关系也对规划本身提出了要求:规划时必须具有一定的弹性以便适应随时变化的条件。一成不变的规划是没有的,特别是实施期限较长的规划,但是规划的任何灵活性都不能走偏方向,必须向预定目标收敛。

c. 技术、法制、行政、经济手段之间的关系。这些手段必须综合运用,使之形成行之有效的规划管理手段。城市水污染防治规划应纳入城市总体规划,通过立法程序使之具有效力;以法治代替人治,减少规划执行过程中的干扰。这种法制管理是决定规划得以实施的关键。这就对规划工作提出了更高的要求,规划必须经得起验证,必须有各级政府机构及公众的参与,使之成为全市的统一意志。技术、行政、经济手段可以用某种方式列入法律管理内容,因此规划的法制管理是最根本的。一个大的规划没有法律上的保障是难以实现的。

d. 综合回收利用、废水资源化和净化处理、环境容量利用和工程净化处理之间的关系。任何"三废"都是相对而言的,都应看作是一种放错位置的资源,所不同的只是能量或资源可利用程度的高低或难易。因此"三废"综合利用必须要有一种经济准则即综合利用阈值。超过这个阈值,则表示回收利用在经济上是有利的,否则就需要进一步综合评估。当然该阈值视具体情况而言,同一种废物由于各地经济结构的生态联系不同而不尽相同,它与当地的生产工艺特点有关。此外,废水资源化也需要因地而异,缺水和丰水地区就有不同衡量的标准,归根结底要进行费用-效益分析来权衡。综合防治规划应充分研究当地情况,制定综合利用的途径、范围与方法。对废水净化处理也必须考虑综合利用问题,如以废治废是值得注意的方向,把废水治理过程同时看作是另一种废物的消灭过程。

环境容量的利用则必须从总量控制角度考虑,合理安排净化处理,求得最佳的组合。由于某些污染物质的潜在深远影响尚不明确,利用某些水体环境容量时,对水质要求必须慎重。因此,原则上难分解的、易积累的、危害大的有毒物质不允许稀释排放。如欲排放,规划中必须有充分的论证。

城市水污染综合防治系统是城市生态系统的重要子系统,因此必须从总系统角度考虑,掌握系统间的关联和因果关系。规划的最基本方法是运行系统思想在总系统的目标和各种约束下寻求水环境系统的最优调控方式,使系统全面健康地发展,达到高效的运行。综合防治规划涉及治理、监测、科研、监督管理等手段,规划的全过程应包括目标决策、规划、立法、计划、实施、监督管理等,编制好规划文件只是其中的一个过程。

任何规划特别是大规模系统的规划涉及社会科学、自然科学、工程技术科学等,因此要求规划人员具有广泛的知识面,要善于组织各专业人员一起工作。

（三）规划内容

规划内容如图 4-21 所示。

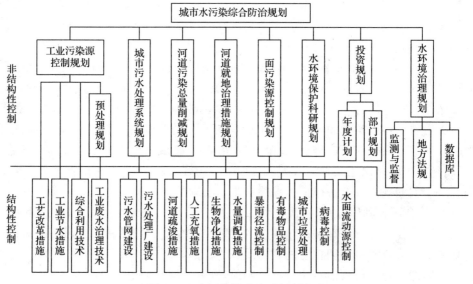

图 4-21　水污染综合防治规划内容

水体就地处理方法是值得开发研究的适应当前条件的一种措施。例如水面人工充氧,英国泰晤士河曾采用过,对提高溶解氧、改善黑臭具有一定作用。而且具有很大的灵活性,但应注意曝气强度不宜过大,避免浪费能源和底泥再悬浮的二次污染。有些不通航的盲肠河段可采用生物过滤透水坝净化,改善主河道水质。甚至将河滨视为调节池,就地建设初级净化处理厂,可改善附近黑臭。运行一段时间后,达到纳污水量与处理水量平衡时,即能维持河道达到一定的水质要求。此外,调水引水增加市区河道的水量,从而提高环境容量也是备选的方案。但这里有两个条件,一是要有足够质量较好的水资源可利用,二是要有适当可利用的防洪设施,以便从河道内综合功能通盘考虑。目前有人认为将宝贵的清洁水资源用于冲污得不偿失,而且污染仍在大环境内转移,未根本解决污染问题,值得商榷。因此,制定这种方案必须做深入调查和论证。但是当前作为辅助性措施,如果条件有利、费用合理的话,可以结合远期目标和水利工程建设综合考虑。最后河道定期疏浚则是更直接的辅助措施,对改善河段黑臭、有利通航均有作用,但要进行全面调查和风险评估后才可进行。

面污染源控制规划是最复杂最困难的,它是不同环境介质发生联系的主要途径。它的控制主要有赖于其他部门的配合支持。例如毒品控制和管理的好坏直接影响水体的急性污染,大量毒物流失到水体可使治理效果彻底破坏,并造成长期的生态影响和巨大的恢复费用。因此,必须由公安部门密切配合,制定严格的安全措施,在洪水、暴雨及其他事件发生时严防泄漏。病毒的污染则依靠卫生防疫部门严格的防疫管理和消毒措施,医院污水必须进行预消毒处理,特别在区域污水处理系统尚未形成前这是绝对必要的措施。当前许多河道成为垃圾受纳体,严重污染水质、堵塞河道、影响景观。垃圾问题必须依靠城建和环卫部门加强管理和采取处置措施解决,垃圾处理厂厂址和处理工艺的选择又必须有环保部门参与,采取必要措施防止二次污染。垃圾问题的有效解决还可改善暴雨径流对水质的冲击影响。因此,城市垃圾问题关系到人民生活质量、水质、大气、卫生等诸方面,是跨部门的重要规划内容。最后,通航水体的流动污染源控制则应与航运交通部门配合,对生活污水、漏油及货运安全等制定严格的规划措施和实施计划。

水环境管理规划是整个规划中的重要环节,规划的实施必须要有有效的管理手段保证。而管理手段的有效执行又必须依靠健全的、赋予相应职能的、高效率的机构。除应提高管理人员的素质外,还应研究环境管理的现代化科学方法,环境行政管理机构应逐步将重点转移到规划管理。

二、工艺改革和综合利用规划

工艺改革包括工艺路线、设备、原料和产品结构的改革;综合利用包括原料、产品、副产品的回收及净化水的回用。规划时必须以工业污染源调查、排放总量分析、工艺解剖等为基础,才能查清问题,提出控制规划。

(一)基本要求

(1)正视生产过程与污染控制不可分割的关系。

控制工业污染物首先应从生产过程着手,尽可能减少有害物质的排放,或尽可能使排放物低毒及易于降解,污染物控制和排放物处理是生产过程中不可分割的部分,只有采用先进的生产技术和严格的科学管理,生产本身才可能取得高效益,才有可能实现对该生产的污染源头控制。例如石蜡氧化生产合成脂肪酸,即使工艺水平相同,当采用连续操作时,其尾气中的有机物浓度就适中,变化幅度也小;如采用间隙操作,则尾气中有机物浓度波动很大。如采用优化燃烧法处理石蜡氧化尾气,则投资和运转费用必然增大。因为尾气有机物浓度过低时需补加燃料以便预热尾气,而浓度过高时又需采用反应床降温措施以保护催化剂和设备,防止事故。由此可见,倘若不改变落后的生产技术和管理,而奢谈污染控制则无疑是缘木求鱼。

(2)研究排放污染物特性,科学地确定处理措施。

首先应弄清排放物的基本组成和性质,才能选择相应的对策。排放物的特性有两个方面。一为化学特性,如工业废水的一般水质指标 BOD、COD、TOD、pH、SS、TS 以及其中的化学物质;二为生物特性,包括生物效应、生物积累性、生物可降解,以及对其他生物的抑制作用等。如果能够通过化学分析了解排放物中各种化学物质,分别鉴定其危害,这固然最为理想。但是排放物的化学组成十分复杂,一一进行鉴别是不可能的。因此一般认为直接用生物方法鉴定排放物的生物特性,然后再分析其中少数与环境保护有重要关系的化合物最为经济有效。

对工厂而言,要研究废水的特性及各种废水的组成和来源,不同性质的废水要区别对待,分质处理。对相近的废水可合并处理,这种方法一般是经济有效的。生化处理是最常用的方法,因此应首先弄清废水的可生化性。对那些能在城市污水处理厂处理的废水直接排入城市污水系统;对那些十分稳定而有毒的污染物质则在污染源就地处理;对废水回用的可能性深入研究探讨。

"对症下药"是确定废物处理方法必须遵循的原则,切不可生搬硬套,否则必然劳而无功,造成浪费。

(3)重视处理技术的基础性工作,研究各种技术的最优组合。

一项处理技术要得到广泛应用,必须能适应复杂的条件变化。只有弄清能左右此项技术发挥的关键因素,并揭示相应的基本规律,才能合理调整工艺参数适应不同的条件。一项重大的废水处理技术,往住都是在相当充分的基础工作上发展起来的。例如用石灰石处理酸湖,首先研究石灰石在微酸性水中的溶解机制和动力学过程、pH、温度、二氧化碳分压等的影响,以及石灰石在酸化湖泊中沉降过程的溶解动力学。根据这些结果确定石灰石的合适粒度和经济使用方法。近年来,一些国家开展了有关特定化学物质生物降解机制、生物降解反应动力学、水中化学物质在生物膜上的扩散过程、降解过程与透过膜深度间的关系等的研究。其中心目的是要找到生物处理工艺中的一般规律和特殊规律,以便扩大应用面,提高效率,使生化处理工艺化学工程化。仅使用单一处理技术实现控制污染的目的在污染源治理中只是个别情况,更普通的是采用多种手段的配合来控制污染。例如煤气化废水要经过脱酚、除硫、除氧以及最终经生化处理以去除其他有机物。而且仅以脱酚而言,因煤种不同,废水合酚量有数量级差异,脱酚时就可以选用活性炭吸附、溶剂萃取或其他方法。溶剂萃取又有酚和溶剂分离回收、脱酚水去除溶剂等问题。因此,要经济有效地处理煤气化废水,不仅要研究各种处理技术,也要研究这些技术的合理组合以及相应的设备,然后综合分析投资、能耗、原料消耗、环境效益等指标选出最优方案。

(4) 改革原料结构,使难降解有毒物质不进入生产环节。

目前发达国家对污染物的关注已从一般总排放物的环境影响发展到对那些难于鉴别的稳定有毒物质的长期效应的研究。同时,控制污染的战略思想也从单纯净化处理发展到直接减少工业生产中有害物质的作用。这样首先就需要研究作为原料的各种化学物质的毒性(急性致毒、致癌、致突、致畸)、生物可降解性和生物积累性,根据这些性质对其环境潜在危害性做出评价和分级。低毒品降解、生物积累小的属于环境危害性最小的一级;反之属于高的一级。改变原料结构就是在工艺允许及可替化的条件下,用危害最小的代替危害大的原料。改造产品结构也有相同的作用,如禁用 DDT、六六六农药即属此例。

必须注意,采用何种工业原料不仅取决于其环境效应、毒性的大小,而且受工艺、经济、市场以及习惯等因素制约,只有综合研究各个方面才能对某些化学物质的环境危害影响和减少这些影响的可能性做出科学评估。对于新产品,在研究开发阶段应进行环境影响的评价,预计危害程度,对是否投产提供有用信息。

(二) 化工工业

化工是生产品种多,"三废"排放量大的行业,排放物也各不相同。大体上讲,无机化工生产的污染物是酸、碱、盐类和各种金属物质;有机化工产生的污染物除无机物以外,还有各种有机污染物质。

1. 改变原料路线和生产方法

化工生产造成的污染随原料和生产方法的不同而有很大差异。同一种产品因原料和生产方法不同而有不同的污染程度,因此可通过改变原料路线和生产方法来减少或防止污染。

2. 改造设备、提高设备的密闭性

对污染物与排放水应尽量不使其接触,或减少接触环境机会,或使用间接接触的设备。同时加强设备和管理的维修和更新,提高密闭性,减少跑、冒、滴、漏。

3. 综合利用,化害为利

生产 1 t 产品往往要耗用 3~4 t,甚至 7~8 t 原料,大量副产品和"三废"白白流失。因此积极开展综合利用和回收是减少污染、降低成本的积极道路。常用的回收方法有蒸馏、吸收、结晶、萃取、离子交换树脂吸附等。

4. 改革流程和控制操作条件

化工生产造成的污染与生产流程和操作条件密切有关,因此改善生产流程和操作条件也是减少污染的一个重要方面。

4.1 以吸收和解吸法代替冷冻法精制氯气

氯碱厂液氯工段用冷冻法液化时,必须排出一部分惰性气体,其中含有一定数量的氯气,造成大气污染。有些工厂以吸收和解吸的方法代替冷冻法,从而减少了污染。

4.2　提高冷凝器面积,减少苯的流失

在环氧树脂生产过程中,苯作为一种溶剂起萃取作用,不参加化学反应,所消耗的苯全部流失于环境。

按目前生产工艺,需要加大分水锅、脱苯锅的冷凝面积,采用冷冻冷凝,以增加冷量。

4.3　选择采用汽提工艺回收氯乙烯单体,减少污染

聚氯乙烯生产过程各工序产生的"三废"中,有大量氯乙烯排入环境,造成污染。为减少污染并回收单体氯乙烯,可以选择如下几种汽提工艺。

(1) 在氯乙烯聚合结束后,采用自压回收、真空回收和蒸汽汽提等措施以回收聚合料中的氯乙烯,革除碱处理工序,使生产过程中的氯乙烯废气得到回收。成品中残留的氯乙烯降至 10 ppm 以下。

(2) 采用热真空抽提工艺,同样可以达到上述效果。

(3) 采用化学汽提法回收氯乙烯,效果同上。

采用上述几种汽提工艺不仅可回收大部分单体,而且提高了成品质量,与此同时,生产少排放的废气、废水所含氯乙烯可符合国家排放标准,车间空气也能符合国家卫生标准。

4.4　采用防止装煤、出焦、熄焦污染措施,改善炼焦生产

目前有些焦化厂炼焦炉炉型为"61 型",炉龄已老化,在炼焦过程中有 5％～10％的荒煤气泄漏,加上 60％左右的焦炉煤气自用作燃料,所以产生大量的废气。同时还排放大量的含酚含氰废水和工业粉尘,在大气、水质方面的污染比较严重。

解决炼焦生产污染有两个途径:一是从工艺改革着眼,使不产生或少产生污染物;一是采用密闭措施及适宜的除尘、净化设备。

1) 采取防止装煤污染措施

① 在上升管安装蒸汽喷管以 0.6～1 MPa 大气压的蒸汽喷射,可将煤气转向集气管不外排,实现无烟装煤。

② 采用倒 U 形连通管把待装煤的炉室同邻近的一个已经部分碳化的炉室连接起来,使煤气不外排。

③ 用管道代替传统的装煤车装煤。

④ 采用密闭措施及适宜的除尘、净化设备。

2) 采取防止出焦污染措施

① 采用罩子集气、净化。

② 采用机械化和自动化,提高操作速度。

3）采取防止熄焦过程污染的措施

① 熄焦车自动化控制。

② 采用干法熄焦。

4）采取焦化污水处理新工艺,降低能耗和提高企业经济效益

采用厌氧好氧活性污泥新工艺,使脱除氨氮和降解有机物实现一体化。同时可以安装三通道固定螺旋曝气器,提高充氧效率,充氧效率可达11%。

5. 以催化焚烧技术代替水洗净化苯酐尾气

采用萘氧化生产苯酐,生产过程中产生苯酐尾气,具有强烈的刺激性、催泪性,对大气造成污染。目前采用水喷淋吸收后排放,产生大量的废水,直接排放对河流造成严重污染,可用催化剂对苯酐尾气进行催化焚烧。

6. 采用先进技术改造现有旧工艺和设备

（1）对现有隔膜法生产烧碱,逐步改造金属阳极电槽,配套使用改性隔膜、活性阴极及缩小极距等技术,节约能源,减少"三废"。

（2）染料生产中,提高生产工艺技术水平,发展多单元工艺操作。目前以耦合、重氮为主,发展为重氮耦合、缩合、磺化、烷基化、还原并存,降低消耗,减少物料流失。

（3）钛白粉酸解生产过程中,解决硫酸循环回用,降低原材料消耗,并采用离子膜回收生产废水处理中的废酸。

（4）改用新的催化剂。

过去高碳醇生产过程中一直采用一种铜铬催化剂,因而在制备和生产过程中产生含铬废水和废铬触媒,造成污染。改用铜锌催化剂避免了铬的污染。

（三）制药工业

制药工业的污染物很多,按制造方法分主要有两大类,即发酵药物和合成药物。前者回收处理较容易,后者则比较困难,特别是由于抗生素药物对一般生物处理有较强的抑制作用。此外,制药厂产品繁多,给回收带来不少困难。目前常用的废水处理和综合利用方法如下。

（1）采用厌氧好氧二段法处理,使脱除氨氮和有机物降解实现一体化,具有效率高、节能的优点。

（2）采用上流式厌氧消化工艺回收能源,COD去除率可达90%,产气稳定。经一级处理后污染负荷大大降低。

（3）采用酵母菌-焦炭固定床生物膜二段生化法-凝聚处理工艺。具有菌种来源方便、处理效果好、容积负荷大、处理周期短、节约投资等优点。酵母菌体可回收作饲料,减少污泥处置费用,工艺可行,操作简便。

（4）采用焚烧法处理土霉素、利福霉素、卡那霉素等高浓度抗生素药物废水。

（四）造纸工业

一个以稻麦草为主要原料、碱法制浆的日产 20 t 纸浆的小型造纸厂,每天排放废水近 1 万 t、COD 28 t、SS 8.5 t,酚 0.03 t,还有大量碱。这些废水中含有大量木质素,不易生化降解,对环境的影响很大。

目前中小型纸厂可采用下列规划措施。

1. 依靠技术进步,改革生产工艺

造纸工业现有工艺均为碱法。在碱蒸煮过程中产生大量黑液,污染严重。可考虑采用无污染氧蒸煮工艺,进行老工艺技术改造。

2. 根据造纸废水的特点,选择合适的治理方法

根据造纸废水有机污染负荷高的特点,可供选择采用的治理方法如下:

2.1　黑液治理

（1）有废酸来源的地区,可使用废酸中和黑液提取回收木素,COD 去除率可达 90％以上。酸洗液用石灰或石灰渣作凝聚剂,中和-凝聚沉降去除其中悬浮物,使黑液 COD 总去除率达 80％～90％,外观由浓黑色转变为淡黄色。

（2）对酸洗液可进行回收利用,回收碱、酸及多缩戊糖等,直接从黑液中提取二甲基亚钼、胡敏酸氨等产品。

（3）采用物化法-沉淀处理,COD 去除率达 60％。

（4）黑液综合利用之后,可考虑综合治理方案,采取方法:中和调节 pH—混凝沉淀—氯氧化（或煤渣吸附）脱色—生物处理流程。

2.2　中段水治理

（1）采用沉淀-多形式好氧活性污泥法治理。

（2）为提高去除 COD 和色度效果,就要培养繁殖能降解木素的微生物。为此可采用两段活性污泥法处理。

2.3　白水治理

（1）结合技术改造,对造纸机安装白水回收装置,提高白水循环利用率。

（2）白水循环使用,需对废水进行处理,常用的方法有沉淀法、过滤法与气浮法。

（五）纺织工业

纺织印染工业的废水大致分为两类。一类是纺织工业废水,包括棉织废水、毛织废水和合成纤维品废水,这类废水具有高碱度、高温度、高 BOD 和 SS,以及着色等特征。一类是印染废水,由于加工纤维原料、产品品种、加工工艺和加工方式不同,废水的性质与组成变化很大,其特点为 pH 变化范围极广,混合废水的化学耗氧量很高。基于染料的多样性,治理难度较大。主要措施有如下:

（1）为减少废水量排放,可研究工艺中如何提高水的利用率,即尽量利用可回用的废水。

工艺上可采用逆流用水、分批洗涤、循环使用等,如毛纺厂洗毛过程就可以采取逆流用水工艺,即水流方向和纤维品流动方向相反。同时"三废"治理后的出水,可根据出水水质情况,回用到生产各个不同的环节中去,如洗毛水、冷却水、公共卫生用水等。

（2）尽量减少工艺过程中化学药剂的使用量。

一般地说,在纺织印染厂加工过程中化学药剂的用量,为了确保成效起见,常采用过大的安全系数。如欲不降低成品加工质量但又不致返工,只要加强工艺操作条件研究,在确保质量的条件下,采用最小安全系数是完全可能的,即利用最佳配比,这样可以大大地降低污染负荷。

（3）精心操作,严格按照工艺操作条件提高染色的上色率,减少染料流失。

（4）棉、麻织物的退浆废水中含有大量的淀粉衍生物,生化需氧量非常高,因此可采用生化需氧量低的浆料和助剂,如采用羧甲基纤维素、聚乙烯醇等合成浆料代替目前的淀粉浆料。

（5）纺织印染工艺中三效蒸发器产生的浓缩稀碱液以及丝光稀碱可在煮炼中回用。

（六）制革和食品工业

1. 制革工业

制革生产工艺分准备、鞣制与整理三大工段,大多数工序如回软、脱脂、拔毛、剖皮、水洗、脱碱、软化、浸酸、铬鞣或植鞣、中和、染色、加油等都是在水或水溶液中进行的,所以制革废水主要产生于准备和鞣制工段。废水分为脱脂废水、含硫废水和含铬废水三种,水质情况一般为：COD 4000 mg/L 左右,S^{2-} 60 mg/L,Cl^- 8000 mg/L,Tc 64 mg/L,SS 2000 mg/L 左右。每生产 1 m^2 皮革要耗用 0.1 kg 重铬酸钠。措施如下：

1.1　从根本上消除制革废水对环境的污染,必须进行生产工艺改革

（1）采用酶脱毛新工艺代替石灰硫化钙脱毛工艺,是改善水质与减少水量的一项重大措施。

（2）准备工段和制工段的水洗工序可采用闷水洗方法代替流水洗、采用无浴(少浴)的鞣制工艺,采用常温少浴染色新工艺等,减少用水量。

（3）除水洗工序,凡是其他湿操作工序,如脱毛、铬揉、加油等工序,可采用低液比(水重与皮重之比),配合其他工艺改进亦可减少用水量。

（4）对制革工艺中产生的浸水水、脱毛水、浸酸水、植揉底革洗涤水等废水尽量采取循环使用。

1.2 根据三种制革废水的特点,采用合适的治理方法或回收方法

(1) 含铬废水可加碱产生 $Cr(OH)_3$ 沉淀,然后回用到生产工艺中去。

(2) 含硫废水加硫酸酸化,然后用液碱吸收回收 Na_2S。

(3) 脱脂废水加硫酸酸化回收油酸、硬脂酸。

(4) 对混合废水可采用化学絮凝-沉降处理,出水实行部分循环回用。

2. 食品工业

食品工业包括酒厂、啤酒厂、酶制剂厂、豆制品厂、肉联加工厂等企业,主要污染物为有机化合物,因此生化性能一般较好。食品工业污染物的主要防治措施如下。

(1) 酶制剂生产过程中,发酵液盐析工艺可以由原硫酸铵盐析改为在乙醇溶液中盐析,经沉淀过滤后,乙醇可回收利用,这样可使废水中无铵盐组分,废水变得较易治理。

(2) 白酒生产过程中,由精馏产生的杂醇油,可以回收利用,变废为宝。如作溶剂使用,可以用来制造油漆和香精,有较高的综合利用价值。

(3) 黄酒生产过程中,由榨酒机产生的废醪液和白酒生产初馏产生的废糟水,可考虑综合利用:①运往农村作为猪饲料;②用作农田肥料;③制取沼气,回收能源。

(4) 在屠宰时,应注意血的专门回收,防止血水进入污水管。可利用血加工制成蛋白或营养食品或作为牛和猪的饲料。由隔油池回收废水中油脂,可加工成肥皂、甘油及油脂产品。

(5) 根据不同实际情况,选择性采取如下治理方法:

a. 采用射流曝气-气浮工艺处理屠宰及肉类加工废水。

b. 采用中温或高温的负荷厌气消化处理工艺,回收能源。

c. 采用低压曝气活性污泥法或环流式完全混合型的机械曝气低负荷生化处理,即 20 世纪 70 年代发展的新型曝气池-卡鲁塞尔曝气处理这类废水,处理效果较好,BOD 去除率为 95% 以上,COD 去除率为 90% 以上。此法还具有造价与经常运转费用比常规曝气池低,布局简便,操作管理方便等优点。

(七) 电镀工业

电镀工业是重污染型行业,是重点控制对象。主要防治措施如下:

1. 集中分散企业,合理布局工业

为彻底解决电镀废水的严重污染,并做到工业布局合理。在条件允许的情况下,考虑将分散于城市各行业的电镀点,适当地合并、集中以及合理布点,分区域(或)片筹建电镀中心,便于集中处理、集中管理,缩小环境污染源,这是防止污染扩放的重要措施之一。

2. 改革电镀工艺,减少电镀污染源

(1) 推广应用无氰或低氰电镀、低铬镀铬、低络纯化等新工艺,减少电镀废水污染源。还可以采用一种离子化静电电镀工艺,该工艺不出废液,质量好,无污染。

(2) 镀件附着液的带出是电镀工艺过程中镀液损失最大的一项,尽量减少带出液是防治中心的重要环节。

a. 可用添加表面活性剂的办法来减少镀件表面附着液薄膜的表面张力,以此减少镀件的附着液带出量。

b. 为使附着液能尽快流回镀槽,镀件设计中尽可能不要有坑坑洼洼,棱角要圆滑,要尽可能避免聚积镀液的死角部位,必要时可增设漏水孔以顺利排除带出液。

c. 在挂夹镀件时,最好近于垂直方向,而镀件的长边最好是水平方向挂夹,这样可使附着液排除的距离最短,同时也要避免一个镀件在另一个镀件上面重叠悬夹。

(3) 已带出的附着液在进入清洗槽(漂洗槽)前,可采用设置回收槽的办法回收这部分带出的附着液。可采用国内使用较多的湿式回收槽或较小的流动水量,连续作为镀槽的补充液。此方式对于连续蒸发损失的镀槽或镀液有腐蚀性的镀槽较为合适。

(4) 气雾喷洗,工件的吹脱效果可达 99% 以上,仅有少量残液,再在漂洗槽中浸洗,这时金属离子含量很低,可作镀槽蒸发后补给水或供吹脱水使用。

(5) 采用逆流漂洗-蒸发浓缩法处理合格漂洗废水,一般运用于浓度高、水量小的废水。

3. 根据废水的特点,采用适宜的处理技术

根据镀种及加工件工艺要求不同产生的电镀废水的特点,可采用适用处理技术。对于中小型电镀厂的镀铬和镀镍废水可继续进行社会流动处理。

(八) 冶金工业

根据各地污染源调查,冶金企业的排放量很大,废水主要是酸洗废液、酸洗废水、冲渣废水、煤气洗涤水以及冷却水。酸洗废液、酸洗废水主要产生于钢铁厂的冷拉酸洗和冶炼厂钢材加工酸洗工序,酸洗废水中主要污染物有酸(硫酸、盐酸)、硫酸亚铁等。冲渣废水、煤气洗涤水主要产生于炼铁车间设备的冷却、高炉煤气的洗涤以及熄渣,废水中主要含有悬浮物、氰化物、酚等。冷却水主要产生于炼钢、轧钢等设备冷却,其中热轧和冷轧废水中的主要污染物有油、悬浮物、化学杂质、氧化铁皮等。

主要防治措施如下。

1. 积极改革工艺,抓根治源

1.1　钢铁厂采用密闭循环系统,以减少废水排放

(1)高炉煤气洗涤废水,用沉淀池处理后循环使用。

(2)高炉废水与烧结废水进行混合处理。

(3)高炉煤气洗涤水采用双回路供水和用水力旋流器代替沉淀池,减少处理水量。

(4)热轧废水处理,大多数采用加药混凝沉淀法,处理后循环使用。目前几种有代表性的循环水系统处理方法如下:

a. 废水—铁皮坑—沉淀池—冷却塔—循环使用

b. 废水—铁皮坑—混凝沉淀池—冷却塔—循环使用

c. 废水—铁皮坑—沉淀池—过滤器—冷却塔—循环使用

1.2　酸洗工序,可用盐酸代替硫酸,使废液易于再生回收

2. 进行综合利用,变废为宝

从废酸液中回收硫酸亚铁和硫酸。用硫酸进行酸洗时,废液中含 H_2SO_4 为 8%～13%,应考虑回收处理。

回收方法有:

(1)自然结晶法回收硫酸亚铁,此法适用于酸洗废液的处理量不多时。

(2)浸没燃烧高温结晶法,此法适用于处理大量废水。

(3)真空浓缩、冷冻结晶法。

以上三种方法要耗费不同的原料和能源,具有投资大、占地面积大、劳动强度大、设备腐蚀严重等缺点。

(4)采用二步氧化法将废硫酸制成氧化铁红。

综上所述,在制定工业污染防治规划措施时,最根本的一条就是要对现有企业进行技术改造,使污染源在生产过程中就得到充分的控制。由于工业部门种类繁多,情况各异,不可能一一阐明。总的具体做法应该如下:

第一,积极采用新工艺、新技术使资源、能源最大限度地转化为产品,把污染物的排放量压缩到最低限度,来代替原料大量流失、“三废”排放量大的落后工艺。

第二,用无污染、少污染、节约资源和能源的新型设备,来代替严重污染环境、浪费资源和能源的陈旧设备。

第三,用无毒无害或少毒少害的原料来代替有毒有害原料。

第四,改革不合理的产品结构,发展对环境无污染、少污染的新产品。

第五,针对一些污染源、点,结合设备检修,开展群众性的技术革新,消除和减轻污染。

对此,各工业主管部门及污染重点企业都要做出全面规划,对本行业、本企业产生严重污染的工艺、设备和技术,要提出一个切实可行的技术改造方案,有计划、

有措施、有步骤，各工业主管部门及环境保护部门严格监督实施，这样才能逐步达到抓源治本的目的。

三、工业节水规划

随着城市工业和人口增长，用水量急剧增长，导致城市供水问题日益尖锐。同时污水不经处理，大量排放污染水体，更使水资源加速短缺，引起恶性循环。因此工业部门开展节约用水、一水多用、重复使用，是减少水污染，缓解水资源紧缺的重要措施。

我国工业用水存在的问题是循环用水率低和单耗高，节约用水有很大的潜力。随着技术进步、管理水平提高，从历史趋势看，全国工业用水平均万元产值单耗正在逐年下降，但与国外同期水平相比，仍高得很多。

（一）用水现状

1. 循环用水率低

全国主要部门及典型城市循环用水率都比较低，全国循环用水率平均值远低于工业发达国家。近年来国内资源严重紧缺的城市，其循环用水率有了较大提高。各工业部门的潜力也很大，如钢铁工业，日本 20 世纪 70 年代就已达到 89.4%，美国、西德、法国的一些企业目前已达 97%。

2. 单耗高

单位产品的耗水量反映了水资源的利用效率及生产技术水平，与国外同类产品比我国在这个方面的差距甚大。再加之原料消耗高，使污水量和污染物质均大大增加，造成水体严重污染。

规划中如能对工业用水采取有力措施，改变目前的局面可望取得较大的经济和环境效益。特别是中小城市更有潜力可挖。

（二）节水措施

1. 节水的技术经济指标

减少新鲜水的取用量，压缩废水的排放量，有利于回收废水中的有用物质，便于废水处理利用。目前有关节水的技术经济指标用得较多的是重复利用率与万元产值新鲜水耗用量，这两个指标能反映出工厂企业和城市工业用水的一些用水效率和节水潜力，但是并不完全，因为重复利用率只能说明节约用水量的程度，并不能反映出压缩排水量的情况，而万元产值新鲜水耗用量，由于产品结构和比例不同，更不能说明用水效率的高低。怎样的节水技术经济指标才能从整体上比较各企业与城市的用水效率与节水潜力，搞好企业与城市的用水与排水预测和规划，我们拟用以下两个指标来表示工厂或城市的工业用水效率：

1) 重复利用率 P_c

$$P_c = \frac{Q_R}{(Q_R + Q_W)} \times 100\% \qquad (4\text{-}82)$$

式中, Q_R ——重复用水量;

　　Q_W ——新鲜水量。

2) 新鲜水利用系数 K_f

$$K_f = \frac{(Q_W - Q_B)}{Q_W} \leqslant 1 \qquad (4\text{-}83)$$

式中, Q_B ——外排污水量(包括循环排污水和进入污泥的水)。

工业废水量可用下式从用水量预测,它取决于技术、管理、产品等因素。

$$Q_B = Q_W \cdot k_1 \cdot (1 - k_2) \cdot (1 - k_3) \cdot (1 - P_c - H) \cdot k_4 \qquad (4\text{-}84)$$

式中, k_1 ——预测年限与基期工业产值之比,

　　k_2 ——工艺技术水平削减系数,

　　k_3 ——管理水平提高的削减系数;

　　k_4 ——产品结构系数,

　　H ——自耗系数。

因此,上述新鲜水利用系数 K_f 可看作是一种综合系数,它反映工业部门的综合用水效益。K_f 的变化比较平稳,这样可以比较简单地通过新鲜用水量估计排放量。

2. 控制规划措施

(1) 制定科学的用水定额,加强水资源开发利用管理。

目前的水资源管理,尤其是地面水管理,普遍存在着无计划、无节制的任意取水各工厂直接取河水作为冷却水,此用水量不是科学地用水定额核算,而是取多少算多少,未加控制的数据。不少企业冷却大多采用直流式,需水量很大,用后又直接流回河道,把河道看成天然的冷却水池,任意排放,任意取用,这样造成水资源的严重浪费,又带来了水质污染。近几年来虽然加强了水资源管理,如制定了"地下水源管理办法"对各工厂自备深井水源实行计量收费,有助于各工厂企业加强节约用水和加强管理。但河水采用仍是毫无节制,因此当前应根据各行业生产用水的特点、用水的历史发展情况和现状,结合各行业的特点分别制定合理的用水定额,并按定额计划供应。超额用水部分要加倍收费,必要时还可以采取关阀停水的断然措施,对自备水源(深井水、地面水)同样要按定额使用。为了促使各行业合理地制定用水定额,加强水资源的合理开发和利用,水利部门应该制定出取用地面水(河水)收费制度,按抽取水量收取水资源费,使用河水的企业都要安装计量装置。

(2) 发展循环用水,抓好重复利用。

工业用水中,冷却水约占 70% 左右,就其水质而言,并未变坏,只是变热了,完

全可以重复使用。我们可在工厂推行冷却塔和冷却池技术,使大量的冷却水得到重复利用,并且投资少,见效快。如某塑料厂投资数万元设置冷却塔后,生产 1 t 塑料的耗水量由 300 m³ 以上降到 40 m³,水的回收率达到 80%～90%,一年节约水费近 3 万元。另外也可在化工、电镀、印染、纺织等行业的生产过程中,推行逆流漂洗的循环用水技术,利用后一工艺排出的较清的水供前一道工艺使用,可节水 30% 以上。在滨海城市耗水量大的工厂可用海水代替淡水冷却,如大连市的化工、石油和发电等 13 家工厂日用海水 168 万 m³ 冷却机器设备,相当于全市用水总量的 56%。还可采用水质较差的浅层地下水代替优质深层地下水,以用于工业冷却和建筑施工用水。工厂之间的废水还可以交换使用,如青岛一家造纸厂每天将邻近酒厂的 600 m³ 洗瓶废水,用来冲浆、洗浆、装球和蒸草。据青岛市 22 家工厂统计,采取废水交换使用后,每天节水达 3400 m³。可见如何合理利用水资源,提高重复用水率,带来的效益是显而易见的。

(3) 加强污水处理,实现污水资源化。

污水资源化可以集中与分散相结合,许多工厂的污水是生产过程的排放水,污染物质本身是生产原料,因此稍经处理即可回用于生产。对于区域性处理厂的出水,水量集中为回收利用创造了较好的条件,但应区别不同情况加以规划决策,从经济上充分论证。

此外,为更有效地利用工业废水及回收物质,提倡企业清污分流,使回收各得其所。目前有些工业部门重复利用率低的重要原因是清污不分,既难回收利用,又增加处理难度。

(4) 从工艺着手,降低消耗。

结合企业技术改造,调整布局,改革工艺和水洗方式是很重要的技术途径。例如近年来电镀工业推广逆流漂洗工艺可节水 80% 以上。许多工业部门的漂洗工艺也大有潜力可挖,必须充分调查后,确定有效措施。

当前城市必须改变只偏重开辟新水源来解决用水量日益增长的倾向。我国节水潜力很大,只要充分研究采取相应对策,就可以缓解经济增长和水资源不足的矛盾。

参 考 文 献

付国伟,程声通. 1985. 水污染控制系统规划[M]. 北京:清华大学出版社.

韦鹤平. 1993. 环境系统工程[M]. 上海:同济大学出版社.

徐景航,付国伟. 1990. 环境系统工程[M]. 北京:中国环境科学出版社.

袁弘任. 1996. 水资源保护管理基础[M]. 北京:中国水利水电出版社.

张宝军. 2007. 水污染控制技术[M]. 北京:中国环境科学出版社.

第五章　固体废物污染控制和管理规划

第一节　固体废物的产生、种类及危害

一、固体废物的定义

根据 2004 年 12 月修订的《中华人民共和国固体废物污染环境防治法》,固体废物指的是:在生产、生活和其他活动中产生的丧失原有利用价值或者虽未丧失利用价值但被抛弃或者放弃的固态、半固态和置于容器中的气态物品、物质以及法律、行政法规规定纳入固体废物管理的物品、物质。固体废物种类繁多,常见的固体废物包括生活垃圾、电子废物、工业固体废物、危险废物和农业废弃物。在这些固体废物中,生活垃圾是我国城乡固体废物最常见的部分,尤其是在城市,其产量大,分布面广,极易腐烂和变质,与每个人的生存环境息息相关。随着科技的发展和社会的进步,电视、电脑、手机等的出现和普及,电子废物不断出现,并逐渐成为我国固体废物的一个重要构成部分,电子废物一般含有重金属或有毒有害有机物,其处理处置不当不但会污染环境,还会对人类健康造成严重危害。工业固体废物包括建筑垃圾、城市污泥和矿山矿渣等,其产生一般局限于某一区域,但其产生量大,处理处置不善也会对周边环境造成严重的污染。危险废物指的是那些具有易燃性、腐蚀性、爆炸性和致病性的废物,如荧光灯管、医疗垃圾、电镀污泥、焚烧飞灰等,我国有专门的危险废物名录,国家也有专门针对危险废物处理处置的场所。农业废物主要为作物秸秆和畜禽粪便,这类废物在农村量大面广,是农村固体废物管理的主要内容,其处理不善会对农村水体和土壤造成污染。

二、固体废物的成分和产量

（一）固体废物成分和产生现状

我国固体废物成分复杂,以城市生活垃圾为例,其主要成分包括:①餐厨垃圾、庭院垃圾等有机物;②砖瓦、玻璃和尘土等无机物;③塑料、橡胶、金属等可回收物质。生活垃圾中餐厨垃圾、庭院垃圾等易腐组分含量为 40%～50%,主要是淀粉类、食物纤维类、动物脂肪类物质。近年来随着城市人民生活水平的提高和天然气燃料的普及,生活垃圾中无机组分的比例逐渐下降,有机组分和可回收物增加。以北京为例,灰土在生活垃圾中的含量由 1989 年的 52.2% 降至 2008 年的 3.5%,可

回收物由 14.2％上升到 26.6％。生活垃圾不仅成分复杂,而且随着人口的增多和生活水平的提高其产量也不断增多,2004 年我国城市生活垃圾年产量 1 亿 t,并且每年以 7％～8％的速度递增。调查显示,"十五"期间,我国城市生活垃圾清运量共增加 3783 万 t,年平均增长率约为 4.2％。不同地区生活垃圾产生量差别较大,2005 年全国生活垃圾清运量为 15602 万 t,其中:东部地区为 6678 万 t,东北地区为 2474 万 t,中部地区为 3489 万 t,西南地区为 1470 万 t,西北地区为 1492 万 t,东部、东北、中部、西南和西北各地区清运量所占比例分别为 42.8％、15.9％、22.4％、9.4％和 9.6％。

电子废物包括家用电器和电子产品,根据《废弃家用电器与电子产品污染防治技术政策》,家用电器是指家用电器及类似用途产品,电子产品是指信息技术产品、通信产品和办公设备。我国目前电子废物产量巨大,据统计,在 2012 年,全世界产生的电子垃圾共有 4890 万 t,约相当于全世界每人 7000 g。中国的电子垃圾规模达到 725 万多吨,仅次于美国,居全球第二位。

工业固体废物包括尾矿、煤矸石、粉煤灰、冶炼渣、建筑废物等,2005 年我国上述五类工业废物的产生量分别为 7.33 亿 t、3.47 亿 t、3.02 亿 t、1.17 亿 t、4 亿 t,2010 年依次增至 12.3 亿 t、5.94 亿 t、4.8 亿 t、3.15 亿 t、8 亿 t,与城市生活垃圾不同,我国工业固体废物具有较高的利用率,如 2010 年煤矸石利用率达 61.4％,粉煤灰利用率为 68％,冶炼渣的利用率也大于 55％。但是建筑垃圾目前的利用率较低,急需开发相应的综合处理和利用技术,提高其资源化利用率。

城市危险固体废物包括医疗垃圾、焚烧飞灰、电镀污泥、涂料废物、电池废物、石棉、精馏残渣、各种社会源废弃化学药品等,这些废物多数含有重金属和有毒有害废物。危险废物主要来源于产品制造过程,不同工业部门的产生量大小不一。此外,医院、高校及科研机构等也会产生一定量的危险废物,其产生量与单位的规模大小有关。我国危险废物产生量巨大,2009 年产量达 1429 万 t,何小松等对我国 27 个典型危险废物填埋场的调查显示,填埋的危险废物中绝大部分为含重金属废物,其中年填埋量最大的为含铬废物,年填埋总量为 68854.89 t,年填埋量位居第二的为焚烧飞灰和炉渣,年填埋总量为 59149.09 t,填埋量仅次于含铬废物和焚烧飞灰和炉渣的为含锌废物,年填埋总量 56902.48 t,电镀污泥的年均填埋总量为 54747.21 t,填埋量排列第四。填埋量最小的为含 TNT 硝胺废物,年填埋总量仅为 8 t。

农业固体废物主要为作物秸秆和畜禽粪便。作物秸秆为一些含纤维素和木质素类的物质,2005 年我国作物秸秆产量为 6 亿 t,2009 年我国农作物秸秆总量约7.0 亿 t,其中稻草 1.9 亿 t,麦秸 1.2 亿 t,玉米秸 2.2 亿 t。我国秸秆资源中以稻草、麦秸和玉米秸秆为主,三者占总量的比例基本维持不变。在畜禽粪便方面,2009 年我国畜禽粪便总量约 26.5 亿 t。

（二）固体废物成分和产量预测

固体废物综合管理的基础是对其产量和成分的预测。一些固体废物,如工业固体废物、电子废物和农业废物,不同年限成分变化不大,含量根据生产情况可以推算;然而,另外一些固体废物,如生活垃圾,不同季节、不同区域的产生量和成分差异较大,其产量和组成的预测较为复杂。下面以生活垃圾为例,阐述固体废物产量和组成的预测。

我国城市人口数量大、增长快,生活垃圾的产生量增长迅速,成分日趋复杂。除人口因素外,经济发展、相关政策、消费水平等因素也与生活产生量息息相关。城市生活垃圾中有机成分约占 60%,无机物约占 40%,其中废纸、塑料、玻璃、金属、织物等可回收物约占总量的 30%。实际上生活垃圾中的废纸、金属、玻璃、塑料等绝大部分是使用后废弃的包装物。对于一些经济较发达的城市,包装品废弃物约占城市家庭废物的 20% 以上,而其体积占家庭废物的 50% 以上。确定生活垃圾成分和产量最直接的方式是查找当地的年鉴。但是,查找年鉴只能得到历年垃圾产生的信息,而生活垃圾管理规划需要基于未来生活垃圾的成分和产量的预测。

影响城市生活垃圾组成和产量的因素很多,归纳起来,主要受以下几方面因素的影响:①内在因素,包括经济发展水平、城市化水平和生活水平;②社会人口学因素,如家庭组成、教育和就业情况、消费水平等;③个体因素,包括居民的环保意识和生活习惯;④自然因素,如自然地理、季节和气候变化等;⑤政策因素,如垃圾分类、塑料袋使用收费制度、资源回收利用等。

基于上述不同因素选择以及规划时间范围的差异等,生活垃圾产量预测有多种不同的方法,目前常用的包括回归分析法、时间序列法、灰色系统模型法以及系统动力学法等。回归分析法应用于垃圾产量预测较为成熟,基于垃圾产生因素和区域垃圾历史产生数据,建立垃圾产生量计算的数学模型,并基于该模型预测未来垃圾的产生量。常用的回归模型有线性回归模型和非线性回归模型。时间序列法就是基于众多影响垃圾产生的因素的变化呈现与时间相关的特征,通过对垃圾产生与时间因素相关联,并建立定量关系,从而预测垃圾产生的变化趋势。灰色系统模型法能够利用有限的信息预测垃圾产生趋势,但是该方法无法预测城市人口、政策和经济突变时的垃圾产生情况。系统动力学方法综合考虑到未来社会、经济、人口和政策等因素的不确定性,并基于上述垃圾产生量的多种因素对未来城市生活垃圾的产生量进行预测,提高了预测的灵活性和时效性,并捕捉到生活垃圾的动态变化。

三、固体废物的危害

固体废物污染控制规划和管理不善,会对大气、土壤和水体造成危害。一些固体废物如生活垃圾,其在堆放和处置过程中产生恶臭和其他有毒有害气体如二噁英,对人体健康造成危害和风险。固体废物堆存和处置过程中,不仅占用大量土地,其所产生的渗滤液等还会污染土壤,造成土壤重金属、有毒有害微生物和病原菌含量增加。固体废物处理处置产生的渗滤液除了污染土壤外,还会污染地表水体,导致水体质量变差,类似报道时有发生。更为重要的是,一些垃圾和危险废物产生的渗滤液还会经由土壤进入地下水,造成地下水污染,而地下水是一个重要的饮用水源,其一旦污染,修复和治理均将是一个长期的过程。

四、固体废物污染控制和管理规划目标及指标体系的设置

固体废物管理的基本原则是实现固体废物的减量化、资源化和无害化。无害化是固体废物管理的终极目标,在此前提下,尽可能将固体废物资源化利用和降低固体废物产生量,实现源头减量,过程资源化利用,最终不能利用的那部分实现无害化处理。因此,城市固体废物污染控制的管理规划目标就是将人类在生产和生活中产生的固体废物,通过收集、转移和最终处理处置,使之对人类和自然无害或不造成显著影响。

固体废物污染控制和管理规划目标的内容包括以下四个方面:一是建设部规定的需要达到的目标如生活垃圾的处理处置率,二是省市要求下达的固体废物管理需要达到的目标,三是针对目前环卫存在的一些问题,需要达到或制定的目标,四是环境保护部对固体废物处理处置环境保护要求。固体废物管理目标的制定方法包括经验判断法、最佳控制水平确定法和环境经济发展协调评价法。当制定好固体废物管理规划的目标后,需要进行可行性分析确定目标实施的可行性,一般会从如下两个方面分析规划目标的可行性:一是基于环境投资分析固体废物管理规划的目标。在我国固体废物污染防治所需投资一般占国民生产总值投资的0.15%~0.3%,如果固体废物管理规划目标所需投资高于国民生产总值对固体废物管理的投资,应调低规划目标,反之亦然。二是从污染负荷削减的可行性分析固体废物管理所确定目标的可行性。在所确定的目标下,结合当前的经济技术水平和经济发展要求,分析所需污染负荷的可行性,如果不能削减,则需降低规划目标。

除了管理外,固体废物处理也有相应的规划目标,如生活垃圾处理预期达到的环境标准,包括总体目标、阶段性目标和综合利用目标。总体目标是将固体废物置于社会、经济、资源和环境的大系统中,通过固体废物源头减量到最终处置的全过程,包括分类收集、中转运输、综合利用和资源化处置整个过程。阶段性目标是根据社会经济发展状况制定的近期、中长期目标。固体废物处理系统由收集、运输和处理处置三个部分组成,建立科学、有效的处理处置方式,需要制定一个综合利用目标:①处理费用最低,包括收集、运输的费用和处理处置的费用;②固体废物处理的环境影响最小,包括收集、运输和处理过程对环境的污染最小,对人的身体和心

理健康影响最低;③处理的经济效益最大,包括固体废物处理处置带来的经济效益最大,但是,经济效益的核算很多时候是很难的,比如固体废物处理处置带来的景观破碎、大气和水体污染带来的负面经济效益,是难以核算的。因此,固体废物处理处置模型是一个多目标的非线性规划模型,在该模型中,其许多参数在一个范围内,因此,要选择一个确定的固体废物处理处置方案,需要管理者给予偏好,对不同指标的权重进行赋值。

固体废物管理规划需要考虑的指标较多,不同指标之间可能存在相互关联,因此,在确定固体废物管理规划指标时,指标的选取需要考虑以下原则,即科学性原则、完备性原则、独立性选择、可操作性原则、可比性原则及兼顾共性和个性的原则。在上述原则的基础上确定规划指标体系,这些指标体系一般包括三类,即循环经济特征指标、生态环境保护指标和绿色管理指标,而这三类指标又可以分为一级总体指标、二级产业指标及三级行业指标三个不同层次。最终可以根据固体废物规划大纲要求,将综合规划设立近期、中期和长期指标值。

在确定固体废物规划指标的基础上,指标值的确定可以采用对比参照法和专家咨询法进行确定。对比参照法基于已有的固体废物管理经验进行指标值确定,该法技术要求低,而专家咨询法在专家经验判断的基础上结合数学分析进行。

第二节　固体废物收集和运转规划

一、固体废物的收集

固体废物从产生到最终处理处置,需要经过收集和转运的过程。产自原料采集和能源行业的大宗废物,一般产生企业就制定或采用专门设施进行转运和处理,采用的是点对点的运输;危险废物产生地也相对集中,产生量少,有专门的收集和转运体系。由于产生量的不均匀性和随机性,生活垃圾的收集和转运比较复杂,是城市固体废物的收集和转运管理的主体。下面以生活垃圾为例阐述城市固体废物的收集、清运和中转。

生活垃圾收集的对象包括居民生活垃圾、商业服务业垃圾、事业与办公楼垃圾、城市清扫垃圾。在这些垃圾中,居民生活垃圾的收集量最大,以上海为例,居民生活垃圾占总生活垃圾量的 65%,其次是商业和服务业的垃圾,占生活垃圾量的 15%。

生活垃圾的收集方式主要有混合收集和分类收集。混合收集历史久远、简单易行、成本低廉,是我国目前生活垃圾最主要的收集方式;分类收集是根据垃圾的理化性质进行分类别收集,这种收集方式成本较高,且对居民的文化素质有一定的要求。但是,分类收集能最大程度的利用生活垃圾中的有用物质,回收利用了其中的资源和能源。

生活垃圾的收集需要考虑到以下两方面因素:①便于垃圾产生者投放;②有利于垃圾收集和装载。目前生活垃圾的收集和作业方式包括定点收集、定时收集和上门收集。不同收集方式的优缺点和使用范围不同,应根据城市居民生活特点采用不同收集方式。

二、固体废物的运转

生活垃圾的收运包括三个阶段:第一阶段是从产生源到临时储存设施的过程,这一个阶段完成了生活垃圾由点到面的初级物流过程;生活垃圾第二阶段的收运,完成生活垃圾由临时储存点到中转站和就近处理场的输送过程;生活垃圾最后一个转运过程是生活垃圾的运转,这一阶段完成了生活垃圾从中转站到最终处理处置场的流通。

生活垃圾清运需要用到各种车辆,车辆的选择应根据当地经济社会发展水平进行,如当地经济社会发展水平高,可选用自动化程度高、人力资源少的车辆,而当地经济基础较差,可采用机械＋人工复合一起作业的清运方式。生活垃圾清运操作模式的选择非常重要,这直接关系到清运的成本。清运操作可分为四个基本用时,即集装时间、运输时间、卸车时间和非收集时间。该过程的优化设计能有效降低垃圾清运费用。

由于大型车辆运输单价低于小型车辆,而一些垃圾清运点受交通运输限制,大型车辆无法进入,因此,当运输距离较长时,较为经济实惠的方法是采用大型车辆进行运输。因此,在大型车辆和小型车辆之间,以及大型车辆和垃圾临时储存点之间,垃圾中转站应运而生。垃圾中转站可以有效降低垃圾运输成本、对垃圾转运物流起到缓冲作用,并可以适当对生活垃圾进行预处理,回收利用资源和降低后续处理成本。垃圾中转站设计的位置和规模,受到诸多因素影响,也直接影响到垃圾运转的成分,是固体废物管理规划的重要内容。

生活垃圾的运输可以采用汽车、火车和船运。目前我国最常用的是汽车运输的方式,这种方式采用密封车厢进行,二次污染少;火车运输适合长距离和产量大的区域,目前该方式在我国应用较少;船运要求较为苛刻,不仅需要当地有发达的水系,而且污染控制要求高,防止垃圾对水体造成污染,目前该方式在我国应用也较少。

三、固体废物收集和运转规划

从固体废物的收集、中转和运输到处理构成了生活垃圾的处理处置系统,各个环节紧密配合、协调配置才能达到最大的社会、经济和环境效益,反之会导致环境污染和处理费用增加。

固体废物收运设计规划首先需要了解生活垃圾的产生量和出路,接着是确定采用何种转运方式,是否设立中转站,最后是确定固体废物的收集转运路线。固体废物成分和产量预测的经典方法是在过去至少5年数据的基础上,建立线性或非线性的回归方程,再根据回归方程预测未来固体废物产生量。此外,对于危险废物和一些工业废物,还可以根据以往历史单位 GDP 固体废物产量并结合城市未来 GDP 产值进行估算。

对于生活垃圾而言,当产生量确定以后,生活垃圾的收运容量可以由垃圾的平均密度计算得到。我国垃圾的平均密度为 $400\sim700$ kg/m³。一般而言,垃圾中纸类等有机物含量高,含水量低,生活垃圾的密度低,而垃圾中砖瓦灰等无机物含量高,含水率大,生活垃圾的密度高。

在确定生活垃圾的收运容量后,接下来就是确定中转站选址、收运路线及收运车辆。中转站的选址属于基础设施选址范畴,中转站确定后,垃圾的处理处置费用就由垃圾收集、运输费用,中转站和最终处理处置场运行费用确定了。一般而言,生活垃圾收运路线的设计需要进行反复试算过程,一条完整的收运路线大致由"实际路线"和"区域路线"组成,前者指垃圾收集车在指定的收集区域内所行驶经过的实际收运路线,又可称为微观路线;后者指装满垃圾后,收集车开往中转站需要走过的地区或街区。

第三节　　固体废物处理处置规划

一、固体废物的处理处置方法

固体废物的最终处理处置方式主要包括填埋、堆肥、焚烧和厌氧产沼等方法,一些其他的高级处理如催化裂解、生物制酸、生物制氢等目前也有研究,但是大部分还在实验室探索阶段,实际应用工程较少。下面以常用的固体废物处理处置方式——填埋、堆肥和焚烧为例,阐述固体废物处理处置过程及其二次污染控制措施。

二、填埋

填埋是我国目前生活垃圾最主要的处理处置方式,也是我国危险废物最主要的处理处置方式,相对于其他处理处置方式,固体废物填埋处理技术成熟、操作简单、成本低廉,适用范围广,对生活垃圾而言,不仅适用于原生生活垃圾,而且适用于不能进行堆肥的无机残渣和生活垃圾焚烧处理产生的炉渣。固体废物的填埋处理会产生渗滤液和填埋气,污染大气、土壤和地下水。下面以生活垃圾和危险废物为例,阐述固体废物填埋及其环境影响。

(一)生活垃圾填埋

我国生活垃圾进行预处理的较少,大部分填埋场直接填埋原生垃圾。垃圾填埋后,其在填埋场中物质的降解和转化一般会经历如下五个阶段:初始调整阶段、过渡阶段、酸化阶段、甲烷发酵阶段及成熟阶段。当进入成熟阶段后,其中的可降解有机组分达到矿化,渗滤液中污染物浓度很低,可以不经过处理直接进行排放,填埋垃圾达到了稳定。

填埋垃圾的稳定度对于填埋场的管理和环境风险非常重要,根据垃圾降解规律和填埋场稳定化的特性,目前国内外对于填埋垃圾稳定化的评价,主要从以下四方面进行:需氧量或填埋气的组成和产量、渗滤液的产量和水质、固体垃圾的组成及填埋场表面沉降量的变化。

(1) 通过需氧量或填埋气表征填埋垃圾稳定化。

生活垃圾有机物在氧气作用下发生降解,释放出二氧化碳和甲烷,生活垃圾中有机物的含量和稳定度,直接决定了降解所需氧气量和产生的二氧化碳及甲烷量。欧洲许多国家常通过耗氧速率和二氧化碳产生量来评价有机废弃物的稳定度,但在分析测试时是否接种微生物、发酵温度和时间的控制及分析结果的表达形式都存在一定差异。生活垃圾经填埋处理后,有机物含量大大降解,单位质量垃圾需氧量随之下降。一些欧洲国家规定只有固体垃圾的 AT_4 值小于 7 mg 时,才能进入填埋场处置。部分欧洲国家通过固体垃圾 21 天累计产气量(GS_{21})来判断其生物稳定,奥地利规定,只有当 1 kg 固体垃圾(干重)的 GS_{21} 小于 20 L(标准状况)时,固体废物才能进入填埋场进行处置,与 GS_{21} 类似的还有固体垃圾的生化产甲烷潜力(BMP)和甲烷产率与产量。

(2) 通过渗滤液特性表征填埋垃圾稳定化程度。

通过渗滤液判断填埋垃圾稳定化程度应用较多的是渗滤液的 BOD_5 与 COD_{Cr} 之比(BOD_5/COD_{Cr})以及黑色指数(BI)。Cossu 和 Raga 认为,当渗滤液 BOD_5/COD_{Cr} 的值小于 0.1 时,可以认为填埋垃圾已经达到了稳定化。同时他们还指出,BI 较高时显示有机物生物活动旺盛,但是 BI 较低也不能表明有机物达到了稳定化,因为当填埋废物中硫含量很低时也会出现很低的 BI 值。垃圾渗滤液含有大量有机物,它们来源于填埋垃圾,通过渗滤液有机物组成和结构特性的分析,可以揭示填埋垃圾稳定性。

(3) 通过固体垃圾特征表征填埋稳定化程度。

在通过固体垃圾组成特性表征填埋场稳定化研究上,目前应用较多的是通过填埋垃圾中的总有机质量、挥发性有机质量、腐殖质含量、木质素和纤维素含量及浸出液 COD_{Cr} 等来进行判断。赵由才等利用总糖、有机质、生物可降解物和粗纤维等,评价了填埋垃圾的稳定性。王里奥等采用有机质、浸出液 COD_{Cr},外加垃圾组分和垃圾产气量作为稳定化程度的判别指标,并通过建立标准和归类统计分析,计算出了三峡库区堆放垃圾的稳定化周期。杨玉江和赵由才通过研究不同填埋年限垃圾中腐殖质的含量变化规律,得出填埋垃圾腐殖质的总可提取率、腐殖质中胡敏酸与富里酸含量的比值可有效地表征垃圾填埋场的稳定化进程。Shalini 等通过填埋垃圾中有机碳、挥发性固体及水可浸提有机物等分析了模拟填埋柱中垃圾的稳定化过程，并指出稳定化垃圾的有机碳所占比例为 $2.7\%\sim4.5\%$，挥发性有机物为 $8.1\%\sim13\%$，水可浸提有机物为 $1.8\%\sim4.8$ mg/g。Shao 等也认为，当填埋固体垃圾达到稳定时，其水溶性有机碳浓度约为 4.0 mg/g。Scheu 和 Bhattacharya 认为稳定化垃圾中有机碳所占比例约为 5.8%。Jimenez 和 Garcia 还通过填埋垃圾的 C/N 比来判断垃圾填埋场的稳定化程度，并指出当 C/N 比为 12 时基本已达到稳定化。

除了有机物的含量外，一些研究试图通过有机质的结构特征研究填埋垃圾稳定化，评价填埋场稳定性。席北斗等通过研究填埋垃圾水可浸提有机物三维荧光光谱中的紫外区和可见光区荧光峰荧光强度的比值 $r_{(A,C)}$ 及荧光指数 $f_{450/500}$ 发现，$r_{(A,C)}$ 和 $f_{450/500}$ 均可有效地表征填埋垃圾的稳定化进程，填埋约 10 年垃圾的 $r_{(A,C)}$ 及 $f_{450/500}$ 依次为 1.088 和 2.488。Shao 等模拟填埋柱的研究显示，垃圾填埋过程中水可浸提有机物三维荧光光谱中与腐殖质有关的荧光区域体积积分不断上升，当垃圾填埋场达到稳定时，填埋垃圾中水可浸提有机物的三维荧光光谱中 288 nm/455 nm 附近会出现特征荧光峰。

(4) 通过垃圾填埋场沉降表征填埋场稳定化。

在通过沉降表征填埋场稳定性上，Shalini 等通过 33 个月的模拟填埋实验发现，垃圾填埋后可发生 $22\%\sim67\%$ 的沉降，并且其中绝大部分发生在填埋场由好氧到厌氧的转换阶段。Ling 等也认为，垃圾填埋后整个沉降可达原始填埋高度的 $30\%\sim40\%$。但是，通过沉降表征垃圾填埋场稳定化，目前尚未有定量化表征指标。

(二) 危险废物填埋处置

危险废物处理处置过程中，部分危险废物含水量大，或含有强氧化性、强还原性或强毒性物质，需要进行预处理才能进行填埋，目前危险废物常用的预处理方式包括以下几种。

(1) 重金属的预处理。

含铬废物中可能存在毒性较大的 +6 价铬，需要进行解毒后才能填埋。常用解毒方法是将溶液的 pH 调到酸性时加入硫酸亚铁($FeSO_4$)溶液，使 +6 价铬还原为毒性较小的 +3 价铬，根据氧化还原电位值控制氧化还原终点。经氧化还原反应后的表面处理废物和含铬废物与其他重金属一起进入中和反应槽混合，在反应槽内加入石灰水[$Ca(OH)_2$]并辅以烧碱($NaOH$)，通过 pH 计控制重金属溶液的 pH＝$7\sim9$，再利用大多数重金属的氢氧化物不溶于水的特点，向中和反应槽内添加适量的絮凝剂(PAM)，促使重金属碱颗粒经搅拌后长大成絮凝状物而更易后续的分离,絮凝剂可以采用明矾水溶液。反应槽内的料液经泥浆泵送至板框压滤机压滤,滤饼装桶送固化车间固化,而后填埋。

（2）废酸碱的预处理。

废酸碱常通过中和的方法进行预处理,如将酸碱废水混合,使 pH 接近中性;将酸性废水通过石灰石固定床;将石灰乳与酸性废水混合;将浓碱加入酸性废水等。为了使中和溶液能用于固化车间的水泥搅拌液,酸碱中和液的 pH 控制在7～8,以防水泥受到酸性腐蚀。

（3）氰化物的预处理。

由于氰化物和氰化物溶液的特殊毒性,需要对氰化物先进行化学处理以降低其毒性,再进行固定化填埋处置。氰化物是含 CN 基团的化合物,其水溶液即为氰化物溶液。氰化物与氯酸盐或亚硝酸钠混合会引起爆炸。氰化物及其水溶液均属不燃物,遇酸、酸雾会产生易燃剧毒的氰化氢气体。露置空气中能吸收水分和二氧化碳,分解出剧毒氰化氢。氰化物的化学处理方法一般有氯氧化法、酸化回收法、过氧化氢氧化法、二氧化硫-空气氧化法等,通过预处理,可以回收部分氰化物,大大降低填埋废物中氰化物的浓度。

（4）半固态物质的预处理。

进入危险废物处理处置场的废物可能存在半固态物质,其含水量超过 70%,不能满足直接填埋的要求,需要对其进行脱水预处理,采用板式压滤机,辅助以蒸汽烘干。

（5）固化处理。

为了降低填埋危险废物中有害成分的浸出,在进入填埋场之前一般先进行固化预处理,向待填埋危险废物中添加固化剂,使填埋废物转变为质地稳定、具有一定强度的固体,降低其有毒有害成分的溶解性、迁移性及毒性。目前常用的固化技术包括大型包胶、石灰固化、专用药剂固化及水泥固化。黄玉柱等研究了硫酸亚铁、粉煤灰、水泥、矿渣等对铬渣的还原和固定的过程,固化体中六价铬的浸出毒性小于国家标准,可用于建材。康思琦等研究了线路板污泥的单独固化和联合固化过程,结果显示,当线路板污泥与水泥、粉煤灰进行单独固化时,其浸出液中铜离子浓度不满足填埋标准;当线路板污泥与皮革厂污泥混合后固化时,其中重金属离子的浓度大大降低,满足填埋要求。吴少林等采用药剂稳定化、水泥稳定化及二者结合的方法对锌渣进行固定化处理,结果显示,采用药剂稳定化和水泥稳定化结合的方法能有效降低固化后锌渣中重金属的浸出浓度,达到固体废物毒性浸出标准限值。

（三）填埋场渗滤液污染及其环境风险

（1）渗滤液产生量计算。

渗滤液主要来自固体废物填埋压实过程挤出的水、有机质的微生物生化降解产生的水、雨水、地表水及地下水等。固体废物压实及降解产物水一般不多,对于含有大量有毒物质、微生物降解活动微弱的危险废物填埋场更是如此。此外,固体废物填埋场一般采用高密度聚乙烯膜进行防渗,防止地表水及地下水入侵。因此,填埋场渗滤液主要来源于当地降水,对于降雨丰富的南方地区更是如此。

固体废物具有一定的持水能力,因此,填埋固体废物的含水量首先必须达到饱和,然后才能产生渗滤液。在不考虑蒸发的条件下,填埋场持续降雨对填埋废物的饱和厚度可通过如下公式计算:

$$H_e = H_z/(n_2 - n_1)$$

式中,H_e 为填埋固体废物持续降雨饱和厚度(mm);H_z 为最大降水量(mm);n_2 为填埋固体废物饱和含水量,无量纲;n_1 为填埋场固体废物含水量,无量纲:

填埋场渗滤液的日均产生量可采用如下公式计算:

$$Q = (C_1 I A_1 + C_2 I A_2)/365000$$

式中,I 为填埋场所在地多年平均降雨量(mm);A_1 为正在填埋的填埋区汇水面积(m^2);A_2 为已临时封场区汇水面积(m^2);C_1 为正在填埋的填埋区降雨入渗系数,无量纲;C_2 为临时封场的填埋区降雨入渗系数,无量纲。

C_1、C_2 为填埋场降水转化为渗滤液的比率,与废物种类、填埋类型、覆土性质、覆土坡度、降雨与蒸发等因素有关。由于已封场填埋区渗滤液的产生量很小,因此,填埋场渗滤液的产生主要来自正在填埋作业区降雨入渗。

(2) 渗滤液中污染物种类与浓度的确定。

渗滤液中污染物的种类与浓度受诸多因素影响,包括填埋废物的种类、降雨量、填埋场作业方式及覆土类型等。生活垃圾填埋场含有大量易腐垃圾,其微生物降解活动活跃,不同填埋龄渗滤液中污染物的种类与浓度差异较大。其重金属主要来自渗滤液的浸泡,随着填埋时间的延伸先升高,而后降低。危险废物填埋场渗滤液中的 COD_{Cr} 主要受覆土中有机质的影响,这些有机质结构较稳定,一般不随时间延伸而变化。渗滤液中的重金属主要是浸出液,随填埋龄长短而异。

固体废物处理场渗滤液中特定污染物 i 的浓度可以通过如下公式进行计算:

$$C_{it} = \frac{C_{ij} \cdot V_j \cdot m}{Q}$$

式中,C_{it} 为填埋场渗滤液中污染物 i 的浓度(mg/L);C_{ij} 为污染物 i 的模拟实验浸出浓度(mg/L);V_j 为模拟实验时 1 kg 固体废物加入的水量(L);m 为每年进入固体废物处理场目标废物的总量(kg/a);Q 为固体废物填埋场每年产生的渗滤液的体积(m^3/a)。

(3) 渗滤液泄漏研究。

填埋场的泄漏是绝对的,防渗是相对的。调查表明,在施工质量较好的情况下,每公顷 HDPE 膜可检测到 8～10 个小孔;质量保证较差的情况下,每公顷

HDPE 膜上存在 17 个小孔;即使在最佳施工条件下,每公顷 HDPE 膜上至少也存在 1~2 个小孔。因此,对于固体废物填埋场而言,渗滤液的泄漏是必然的。

填埋场防渗系统一般为双人工衬层设计中,其上、下人工合成衬层设置有渗滤液主、辅集水排水系统。上、下人工合成衬层下面一般都有一层渗透系数小于 10^{-7} cm/s 的黏土层。填埋场天然基础层为隔水层,因此,当填埋场防渗膜发生破损,渗滤液泄漏时,渗滤液直接进入地下水中的量较小。风险最大的泄漏场景为上、下人工合成衬层破损在同一位置,渗滤液直接通过黏土层渗入包气带。

对设有衬层、排水系统的填埋场,通过填埋场底部下渗的渗滤液渗漏量可通过达西定律按下式计算:

$$Q = kA(d + h_{\max})/d = kAi$$

式中,k 为垂直渗透系数(m/d);A 为填埋坑面积(m²);d 为衬层的厚度(cm);$h_{\max}$ 为填埋场底部最大积水深度(cm);i 为水力坡度。

(4) 污染物在包气带及含水层的迁移转化。

污染物经防渗膜进入地下包气带,污染物运移时受到多种影响因素的制约,包括弥散、吸附-解吸、生物降解、挥发等,弥散导致污染物在流场的纵向和横向上进行扩散,吸附-解吸阻滞了污染物的运移,生物降解影响了污染物最终存在形态和数量,而挥发降低了进入地下水的污染物的量。

如不考虑上述因素,把三维运动的地下水,概化为沿一维水平方向运动。把含水性、富水性不均匀的裂隙水,概化为层状、均匀、而且隔水边界平行渗流方向的地下水。水在含水层的渗透速度与两个分析断面的水位差成正比,与渗径长度成反比,由达西定律可得渗透速度

$$V = kh/L = ki$$

式中,V 为渗透速度(cm/s);k 为渗透系数(cm/s 或 m/s);h 为水位差(cm 或 m);L 为渗径长度(cm 或 m);i 为水力坡度,它是沿渗流方向单位距离的水头损失。

污染物在地下水中的实际流速还与岩土的有效孔隙度 N_e 有关,地下水中污染物实际流速 U 可通过如下公式计算得到:

$$U = V/N_e$$

实际上,不受对流、弥散、吸附-解吸及生物降解等因素的污染物的迁移转化是不存在的,上述污染物运移基于的是最大不利情况。当考虑到渗滤液污染物迁移过程中受到的各种因素时,其污染物迁移转化方程较为复杂。目前常通过开发软件进行分析,如 MODFLOW(modular three-dimensional finite-difference groundwater flow model)、MT3D(modular 3-dimensional transport)、FEFLOW(finite element subsurface flow system)、GMS(groundwater modeling system)等。MDOFLOW 是由美国地质调查局的 McDonald 和 Harbaugh 于 20 世纪 80 年代开发出,主要用于空隙介质中地下水流动数值模拟,它采用有限差分法精确解析含水

层溶质的三维运移。模块化三维运移模型 MT3D 最初由 Zheng 在 S. S. Papado-pulos & Associates,Inc. 提出,后为美国环境保护局的 Robert S. Kerr 环境研究实验室提供了档说明。与 MODFLOW 类似,MT3D 也采用有限差分法精确地解析含水层溶质的三维运移,但是它们对于污染物在包气带中的模拟效果不好。FEFLOW 为德国 WASY 水资源规划和系统研究所开发出的一款地下水模拟软件,它采用有限单元法对溶质的三维运移进行求解,其应用领域包括饱和非饱和带的水量、水质及温度模拟。GMS 是地下水模拟系统的简称,是美国 Brigham Young University 的环境模型研究实验室和美国军队排水工程试验工作站联合开发出的一款软件,是目前国际上最先进的综合性地下水模拟软件包。它由 MOD-FLOW、MT3D、MODPATH、FEMWATER、PEST、MAP、SUBSUR-FACE CHARACTERIZATION、Borehole Data、TINs、Solid、GEO-STATISTICS 等模块组成。它可用来进行水流模拟、溶质运移模拟、反应运移模拟;它还可以建立三维地层实体,进行钻孔数据管理、二维(三维)地质统计;它是唯一支持 TIN、立体图、钻孔资料、2D 和 3D 地质统计、2D 和 3D 有限元和有限差的集成系统。

在地下水污染风险模拟模型中,目前最常用的为 3MRA 和 MMSOILS。3MRA 关于污染物迁移转化的模拟使用的是其污染物迁移转化运移软件 EPAC-MTP(EPA's composite model for leachate migration with transformation products)模型,它是美国环境保护局开发的描述填埋场渗滤液迁移转化的模型,由包气带和含水层两个子模型组成。

三、堆肥

堆肥是利用土著微生物或人工接种剂,人为地促进可生物降解的有机物向稳定的腐殖质生化转化的过程。在堆肥过程中,微生物以生活垃圾中的有机质为能源,在微生物作用下不断地将其转化为自身组成成分和腐殖质类物质,同时利用堆肥放热产生的高温杀灭其中的病原菌等有害微生物。

影响城市生活垃圾高效、快速腐熟的因素很多,温度、氧气的合理调控和高效堆肥设备的利用对于堆肥物料的快速腐熟均具有重要的意义。对于堆肥系统而言,温度是影响微生物活动和堆肥工艺过程的重要因素,堆温的高低决定堆肥速度的快慢。一般认为,堆肥温度应控制在 45~65 ℃,其中以 55~60 ℃较佳。我国的《粪便无害化卫生标准》中规定,堆肥温度在 50~55 ℃以上维持 5~7 d 达无害化要求(GB 18877—2002)。也有实验证明,理想的无害化温度和时间分为 50 ℃和 2 h。在此温度及时间下,可保证蛔虫卵的杀灭率为 100%。但由于物料温度分布不平均,故选平均温度 60 ℃为无害化温度,以便使物料温度基本上高于 50 ℃。经实验选择,可找到一个使堆肥物料保持 60 ℃/h 的最佳通气量。堆体温度的控制可采用外加热法和改变通气量加以控制,外加热可通过气浴和水浴得以实现,但其成本一般较高,不适宜长期使用;改变通气量可以有效调节堆肥温度,当堆肥温度高时,可通过加大通气量的方式降低温度。

堆肥过程中氧气的控制主要是通过通风进行调节的,通风量影响微生物活性及有机物的分解速度。目前控制通风供氧的方式主要有两类:①Beltsvills 机制,以保证堆体充足的氧气供应为核心,强调供氧功能;②Rutgers 机制,以控制堆体温度为目标,强调温度在堆肥系统中的作用及各因子的相互作用。在供氧充分和其他条件也适宜的条件下,微生物迅速分解有机物,产生大量的代谢热能,如果不能对多余的热量进行控制,温度升高到超过微生物生长适宜的范围,将会抑制有机物的生物降解过程,延长堆肥处理时间,增加设备运行成本。因此,国外对堆肥生态系统的通风控制逐渐转向 Rutgers 机制。

堆肥系统主要有四种通风方式:自然通风、定期翻堆、被动通风及强制通风。其中,采用强制通风的好氧堆肥体系使有机物的分解和转化速度快、堆肥周期短。强制通风供氧的控制方法可分为四种:时间控制、温度反馈控制、耗氧速率控制和综合控制。

强制通风的效果直接影响到堆肥产品的质量,所以选择合适的强制通风控制方式就显得极为重要。耗氧速率控制、综合控制等控制方式投资高,操作复杂,维护性差,应用较少。而堆肥系统采用时间控制和时间-温度联合控制的通风方式较适宜我国国情。时间控制法可分为连续通风和间歇通风两种,一般情况下间歇通风较连续通风更适宜于堆肥过程,可以根据堆体温度进行自动调控。

在堆肥过程中,物料均匀的混料和铺料对于堆肥的高效、快速进行意义重大。一般而言,堆肥物料中能与氧气充分接触的堆料,堆肥反应速率大,有机物降解和腐殖化快,含水率降低也快,反之亦然。目前国内外相关技术主要是翻堆和机械搅拌。在静态好氧堆肥工艺中一般采用翻堆均匀混料,包括人工翻堆和机械翻堆,前者效率低下,后者能耗大。当采用反应器堆肥时,一般通过螺旋桨搅拌的方式进行翻堆。

堆肥过程中,蛋白质、氨基酸等物质的脱羧和脱氨作用会产生硫化氢、氨气等气体,这是堆肥过程中臭味产生的主要原因。脱羧作用在 pH=4～5 的条件下产生胺及含硫化合物;在高 pH 条件下,氨基酸脱氨生成 NH_3 和挥发性脂肪酸(VFA)。好气条件可产生较多的 NH_3,而 H_2S 产生量较少;厌氧条件下则正相反。水分也是影响臭气产生的因素之一,水分含量大,通气受到影响,发生厌氧发酵,VFA、H_2S 及粪臭素等产生量增加,恶臭增强。

目前生活垃圾堆肥过程中氨气、硫化氢等恶臭气体的控制方法主要有:堆肥工艺条件的适宜控制、堆肥添加剂的施用及综合控制。堆肥过程中,根据在线监控气体中 H_2S 等气体浓度变化改变通气量、加水或进行翻堆处理,减少堆肥物料的厌氧酵解。但堆肥物料的好氧发酵会产生大量的氨气,氨气虽然不是致臭的唯一物质,但氨气挥发量与其他致臭物质的挥发高度相关,故减少堆肥恶臭,必须减低氨气挥发量。堆肥预处理时合理调节碳氮比,防止堆肥物料中碳氮比过低,氮素含量过高不能有效利用而以氨气的形式散发出去;在堆肥物料中添加金属盐类、含硫化合物及物理性吸附剂等调节剂,通过金属盐类、含硫化合物与氨等反应或物理性吸附剂对氨的吸附将其滞留在堆体中,减少氨挥发;堆肥过程中接种固氮菌、除臭菌,亦可降低 NH_3、H_2S 等其他臭味气体的产生和挥发。对于通过上述方法还不能控制的 NH_3、H_2S 等恶臭气体,可采用直接燃烧法、催化剂氧化法、化学吸附法、活性炭吸附法、生物脱臭法及土壤脱臭法等除去。目前最常用的措施是封闭堆肥设备采用生物过滤器进行控制,在适宜的条件下,利用载体表面上的微生物作用脱臭,臭气物质首先被填料吸收,然后被填料上附着的微生物氧化分解,从而完成除臭过程。

当城市生活垃圾经堆肥后应用于农林业生产时,在促进作物生长的同时,可能会存在一定的环境风险,主要包括生活垃圾中重金属和有机污染物对土壤及作物的二次污染;生活垃圾中的病原微生物对周围环境的影响;生活垃圾堆肥中氮、磷等物质过高和不合理使用对地下水造成的污染。因此,在将城市生活垃圾堆肥利用于农林业生产前,必须正确评价其环境风险,研究其相应的控制技术。

生活垃圾中重金属是生活垃圾农用最重要的限制因素。生活垃圾堆肥对重金属有钝化和稳定化作用,通过堆肥处理可使城市生活垃圾中的重金属大部分被有机物质吸附,以生物有效性很低的有机结合态存在,难以被植物吸收利用。张增强的研究表明,堆肥化后水浸态的重金属的量减少,交换态和有机结合态的重金属的量总的来说有所增加。刘善江等的研究也表明,城市生活垃圾合理农用不会造成土壤和农产品的重金属污染,但长期施用会增加土壤中重金属的含量,需进行必要的定位监测。生活垃圾堆肥中重金属危害除与生活垃圾中重金属含量有关外,还与施用土地的理化特性如 pH 等密切相关。在施用土壤 pH 较低时,重金属大多以溶解态存在;而在 pH 较高时,重金属形成难溶性化合物不易被植物同化,因此,一些国家规定,酸性土壤不得施用生活垃圾或低重金属含量生活垃圾。如美国标准规定,在 pH<6.5 的土壤中,镉的总负荷不超过 5 kg/hm,只能施用≤2 mg/kg 干重生活垃圾;加拿大环境部规定,pH 在 6.5 以上的土地可以施用生活垃圾,而且规定每公顷土地每年最大施用量不得折合超过 20 kg 干物质。我国南方土壤呈酸性,而北方土壤多呈碱性,这就要求根据不同地域制定不同的生活垃圾堆肥施用标准。

城市生活垃圾中除重金属外,有毒有机污染物也是堆肥环境安全的一大隐患。目前报道较多的有毒有机污染物包括多环芳烃类、多氯联苯类、邻苯二甲酸酯类、氯代酚类及卤代烷烃类等。Harrison 等的调查显示,城市生活垃圾中有机污染物含量很高,许多生活垃圾中检测到有机污染物的含量比当地土壤背景值高出数十倍甚至上千倍,这些有机物通过颗粒物吸附富集在生活垃圾中,其中有些在环境中稳定、持久、毒性大,部分有致癌、致畸、致突变作用。

生活垃圾中氮素以有机及无机状态存在,它们与土壤胶体间发生着各种物理、化学、生物等综合作用,一部分氮素形成 N_2、NO_2 而逸散到大气中,另一部分经硝化作用而形成硝态氮随水在土壤中移动而污染地下水。

四、焚烧

焚烧是固体废物中的可燃物与氧气之间发生的一种剧烈的发光发热的化学反应,碳、氢、氮和硫构成了焚烧有机物的四大基本元素。固体废物的焚烧是一个复杂的化学反应,它包括传热、传质、热分解、蒸发和气化多个过程。一般来说,固体废物的焚烧分为以下几种形式:①蒸发焚烧,固体废物中的物质受热熔化为液体,再蒸发为气体,气体与氧气混合后燃烧。这种燃烧主要受固体废物蒸发速率及空气中的氧气和燃料蒸气之间的扩散速率影响。②分解燃烧,指固体废物受热分解为挥发性组分,挥发性组分中的可燃气与空气中的氧气混合后进行燃烧。分解燃烧需要一定的温度和热量,物料的传热速率是影响燃烧的关键。③表面燃烧,固体废物受热后不熔化、蒸发和分解而直接燃烧,燃烧主要受燃料表面扩散速率和化学反应速率控制。

固体废物一般都含有一定量的水分,在燃烧过程中还需进行干燥,利用热能将水分汽化,并排出水蒸气。一般而言,固体废物的干燥过程分为预热阶段、恒速干燥阶段和减速干燥阶段。在恒速干燥阶段,物料中的含水率随着时间的延长成比例下降,而在减速干燥阶段,物料表面的水膜被破坏,物料表面与周围环境的温差变小,表面传递热量减少,干燥速率下降。提高干燥速率的措施包括:①降低物料界限含水率,延长恒速干燥阶段;②提高燃气、炉膛与物料表面的温度差;③扩大受热面积;④提高高温气体与物料的直接接触。

固体废物干燥后进行的是热分解过程,热分解包括传热和传质两个过程,热分解速率是传热和传质两个速率的总和。热分解阶段有多个反应,既包括吸热反应(如分解),又包括放热反应(如聚合)。

固体废物的燃烧受温度、扰动和时间三个因素影响。物料含水率对干燥速率、燃烧速率的提高非常重要。稳定燃烧产生的热量必须大于燃烧过程散失的热量,并保持炉温为 $800 \sim 900\,℃$,维持 $850\,℃$ 以上的高温,也是有效防止燃烧过程生成二噁英的必要条件。但是燃烧温度过高,会产生炉排结焦和高浓度氮氧化合物。

燃烧过程中的扰动可以加速物料与氧气的混合以及燃烧分解气与燃气的混合,降低传热界膜阻力和氧气扩散速率,从而提高物料水分的蒸发速率和燃烧速率。

燃烧过程的干燥、热分解和氧化反应均需要一定的时间,为了保证充分燃烧,物料在炉膛中需要一定的停留时间,停留时间与物料粒度、传热、传质、氧化速率以及温度和扰动等有关。燃烧的过程直接影响到产物组成,燃烧充分时的气体产物为二氧化碳和水,不充分时其产物包括一氧化碳、水和其他中间产物。

燃烧设备包括焚烧炉主体和作为辅助系统的原料储存系统、加料系统、通风系统和炉渣处理系统、废水处理系统、尾气处理系统和余热回收系统。其核心焚烧炉包括多种类型,如机械炉排炉、流化床炉、回转窑炉和多段炉。

燃烧过程会产生大量废气和废渣。由于固体废物中含有氮、氯、硫等元素,燃烧废气中会含有 NO_x、SO_x、HCl 以及二噁英等有毒有害气体,这些气体造成酸化和致畸致癌效应。对于 NO_x,一般选择选择性催化还原法和选择性非催化还原法进行处理,将 NO_x 转化为 N_2,而对于焚烧废气中的 SO_x、HCl 等酸性气体,一般通过干式、半干式和湿式处理,将气体污染物在填料塔通过吸收和中和反应去除。焚烧过程产生的二噁英和呋喃毒性很大,没有任何用途。二噁英也是目前各地上生活垃圾焚烧处理最大的阻力之一。生活垃圾中的二噁英主要有两个来源,包括废物中的成分、炉内高温合成和炉外低温合成。因此,二噁英的控制,包括对生活垃圾进行分类收集和分选,控制含氯和重金属的物质进行焚烧炉。此外,焚烧过程保证炉温高于 850 ℃、烟气停留时间不少于 2 s。

焚烧过程除了产生废气外,还会产生废渣,包括炉渣、锅炉灰和飞灰。炉渣包括炉床掉落渣、焚烧炉排渣,其成分为金属、玻璃及未燃尽有机物,炉渣在处置和利用前需进行浸出毒性试验,对于浸出毒性超过相关标准的,需进行预处理达标后才能填埋或利用。锅炉灰是被锅炉管道阻挡的焚烧尾气中的悬浮颗粒。飞灰是除尘设备从烟气中截留下的微细颗粒物,飞灰中重金属含量较高,生活垃圾焚烧飞灰为危险废物,处理处置前需要进行固化/稳定化处理,其固化/稳定化措施包括水泥固化、高温熔融、高温玻璃化、高温烧结、加酸萃取处理和化学药剂处理等。

五、固体废物综合处理处置规划

(一) 不同处理处置方法的优缺点比较

固体废物最常用的处理处置方法为填埋、堆肥和焚烧,这三种方式各有利弊。填埋处理技术简单、适用范围广,不仅能处理生活垃圾、污泥和危险废物,还能处理废渣和焚烧产生的炉渣、锅炉灰和飞灰。此外,填埋还能产生填埋气,填埋气主要成分为甲烷,可以进行资源化利用。然而,填埋浪费了大量的有用资源,填埋气如不利用会污染大气,垃圾填埋还会产生大量渗滤液,渗滤液组成复杂、处理困难,填埋场防渗不好会污染地下水。堆肥可以实现有机废物的资源化利用,产生的堆肥产品可用于改良土壤,增加土壤孔隙度、有机质和 N、P 等营养元素。然而,堆肥也会产生恶臭和渗滤液,处理不善会污染大气和周围环境。此外,生活垃圾成分复杂,其中含有玻璃、金属和石块等多种物质,导致堆肥产品质量差,使用范围有限,销路不畅。固体废物的焚烧处理可以最大程度的实现减量化,焚烧过程产生的热量还可以用来发电和供热,但是,焚烧处理技术要求和设备要求高,操作复杂,投资和运行成本高,我国生活垃圾含水率高、热值低,焚烧过程需要添加燃料才能继续。此外,焚烧产生的废气和废渣需要再次进行处理,尤其是焚烧尾气中的二噁英,危害巨大,是目前周边居民反对焚烧上马的主要原因。因此,目前生活垃圾趋向于综合处理,将其中的可腐部分进行堆肥或厌氧产沼处理,高热值部分焚烧,而不能焚烧和堆肥的部分进行最终填埋处置。目前国外比较流行的固体废物处理模式还包括,首先将固体废物进行机械生物预处理(类似堆肥),进行生物干燥,降低固体废物的含水率,然后将经机械生物预处理后的生物垃圾样品进行填埋或焚烧。对于填埋来说,经机械生物预处理后进行填埋不仅可以减少垃圾填埋渗滤液的产生量,还可以降低渗滤液中有机物的浓度,减少垃圾渗滤液处理费用;对于焚烧来说,经机械生物预处理后焚烧,可以降低焚烧垃圾中的含水率,减少能量消耗,降低焚烧燃料费用。

（二）固体废物优化处理处置规划

相同数量的固体废物采用不同的处理方式,其经济投入、资源化效果和环境污染程度明显不同,随着固体废物的增多和处理方式的多元化,固体废物优化处理处置规划已达到较好的环境经济效果。

任何一种处理处置方式都有各自的优缺点,这就要求固体废物实行综合处理,或根据地区特点进行。要求在固体废物处理处置中心设有堆肥厂、填埋场和焚烧厂,热值高的进行焚烧处理,有机物和水分含量高的进行堆肥,最终不能堆腐和焚烧残渣进行填埋,也可以先将固体废物进行堆肥处理,降低其中的含水率后进行焚烧。此外,固体废物的处理还需要根据城市本身的特点进行,对于东部沿海一些城市,土地紧张而城市经济发达,可以进行生活垃圾的焚烧处理。对于固体废物的优化处理处置,可以根据固体废物处理处置的经济成本、资源化效应和环境影响三者进行,以经济投入最小、资源化效果最好和环境损益最低为目标建立相关模型,确定固体废物的处理处置方式。郭怀成等根据城市生活垃圾管理规划系统特征和优化模型设计需要,将城市生活垃圾管理规划系统分为以生活垃圾处理方式规划为核心的五个子系统,包括生活垃圾处理方式子系统、社会环境(人口、消费)子系统、环境卫生子系统、生态环境子系统和经济环境子系统,五个子系统之间通过信息传递、能量流动和物质循环,不断发生交互作用,从而构成了城市生活垃圾管理规划系统的主要行为机制,决定了整个系统的功能和结构。在这个系统中,生活垃圾处理方式与组合是整个城市生活垃圾管理规划系统的关键因素,是城市生活垃圾管理规划系统的直接对象。该系统主要考虑的是各个处理方式的优缺点和环境经济效益。

第四节　固体废物管理系统优化

一、固体废物管理系统的特点

固体废物的管理系统复杂多变,对其进行系统分析时,可从纵向和横向两方面综合考虑。从纵向看,固体废物管理系统包括收集、中转、运输、处理等处置方式。管理部门对收集应采取怎样的路线、中转站的设置、运输途径的选择,以及各种处理处置方式的比例分配都需要做详细的研究,从而确定最佳管理方案。

从横向看,固体废物管理优化方案的制定与经济、人口、消费、社会等因素息息相关。在人均产废量不变的情况下,人口的增长速度会影响固体废物产生总量,可以根据废物量的大小对中转、运输、处理等设施进行综合调控。同样,经济的迅速增长,势必引起人均工资的提高,从而扩大人均消费量,人均产废量提高,造成固体废物总产量的上升。在消费系统中,一方面人均消费总额会影响废物产生量;另一方面,公众的消费方式也会影响固体废物产量和组成成分的变化。社会子系统中,政策、风俗习惯、受教育程度等因素对固体废物产量及管理方式都有很大的影响。由此可以看出,固体废物管理体系中各因素之间都是错综交织、相互制约的。

(一)多目标性

固体废物管理模型中目标必然是多项交互式相互影响的。总体目标为固体废物管理部门系统成本最小化和环境影响最小化。系统成本包括建设费用、中转费用、运输费用以及处理费用等。环境方面需要考虑的因素有渗滤液造成的水体污染、填埋气造成的大气污染等。同时,经济和环境之间互相制约,它们内在因素之间也相互作用,是一个复杂的大系统。

固体废物多目标管理优化模型中的多目标主要包括经济和环境两方面。由于经济目标的单位与环境目标单位无法实现统一,因此需要采用两阶段求解的方法。但是,如果可以将环境目标的单位货币化,便可以使其与经济目标相统一,将每种处理方法的污染损失货币化,更利于决策的制定和实施,从而使经济和环境有效地统一起来,更加客观地解决多目标优化问题。

污染损失理论,是一种环境经济学理论。由于环境没有市场,环境污染经济损失没有直接市场价格,不能够同其他商品相比较,使人们认识不到环境污染的危害程度。因此,将环境污染造成的经济损失进行货币化的工作具有重要现实意义。

对环境污染造成的经济损失估算常用的方法有三类:第一类包括旅行费用法、隐含价格法、调查评价法、成果参照法;第二类包括医疗费用法、防护费用法、人力资本法、生产力损失法、恢复或重置费用法、影子工程法;第三类包括反向评估法、机会成本法。其中第一类评估方法理论完善,是标准的环境价值评估方法;第二类方法也是一种比较客观的评估法,可作为污染损失价值评估的估算值;第三类方法适用于项目决策。水体和大气污染造成的损失在国内外均有较为成熟的计算方法。但是固体废物在处理处置过程二次污染造成的损失由于方法和数据的缺乏,除了土地占用的损失之外,固体废物污染损失方面的研究几乎空白。防护费用法所依据的费用或价格数据比较容易获取,易被管理者接受。该方法可用于固体废物处理处置过程中的环境影响的计算。

（二）不确定性

固体废物管理系统的不确定性主要包括宏观和微观两方面。固体废物处理处置过程的多目标性表现在多个方面:一方面,固体废物产生量受多种因素的影响,具有不确定性;另一方面,在数据采集和计算方面具有不可避免的不确定性。

多目标规划中的不确定性问题的解法大致可分为随机多目标规划和模糊多目标规划。随机多目标规划能有效处理各种不确定性问题,但是需要大量的数据来确定参数的分布,无形中带来了很大的工作量,从而限制了其使用范围。模糊多目标规划与随机多目标规划相比,需要的数据相对较少,但是获得所有系统成分的隶属度信息也会遇到一些困难。因此,直接引入代表不确定信息的区间数法能够有效处理不确定性问题。该方法具有能够在不需要考虑参数分布和模糊隶属度的情况下,有效获取数据、计算方法等方面的优越性。

（三）约束条件的制约

固体废物管理优化模型求解是根据约束条件不断取最优值的过程。因此,约束条件的设置对模型计算结果的精确程度具有显著影响。考虑周密、实际的约束条件有利于取得最优值。因此,约束条件对固体废物管理系统最优解有很大影响。

二、固体废物不确定性多目标动态优化管理模型

（一）优化原则

1. 合理布局与可操作性强的原则

管理模型适合于大中型城市的固体废物处理处置管理优化。由于其涉及范围大、影响因素复杂等特点,应综合考虑城市发展及优化模型计算结果进行协调,最终确定合理布局方案。

优化结果中隐含着一些理想条件的假设。一方面,应尽可能以优化模型的结果作为科学依据,以求得经济和环境的最优化;另一方面,应考虑实际条件及经济因素,对模型结果进行科学调整,使之符合地区经济发展与环境的综合需求。

2. 区域经济发展及规划相协调的原则

优化模型是一种阶段性规划,是对案例城市未来15~20年固体废物处理处置以及管理方法手段的预测,是建立在科学基础上的规划。各个城市又都有其近、中、远期发展规划与固体废物处理处置专项规划。所以,在进行优化模型建立的同时,应充分考虑该市规划目标及方案,尽可能与规划保持一致性,从而提高优化模型的实际可操作性。

3. 技术先进性与可接受性原则

由于规划时段长,加之科技技术进步的加快,应及时掌握国际固体废物处理处置技术及管理手段。借鉴发达国家和国内城市生活垃圾处理的先进经验,选择适合本区域的生活垃圾处理方式组合,兼顾技术的先进性和实用性。

应坚持把社会效益、环境效益放在首位,充分考虑未来发展的需要,有足够的前瞻性,形成固体废物管理的阶段目标,优化统筹资金、技术、土地资源和处理设施的阶段规划方案,以达到固体废物的可持续处理。

4. 整体性区域共享原则

随着城市化进程的不断加快,城市面积不断扩大。应从区域层面统筹土地、资金和技术等多项资源的配置,实现设施和资源的区域性共享。依据系统论、协同论的原理,注重固体废物处理规划及规划效应。应用优化模型,以系统成本及环境影响最小化为目标,打破以往城市的行政边界,对固体废物的处理处置管理进行系统规划。

（二）规划范围和目标

优化的原则是为了保证优化的有效性和可操作性,规划的地域范围应覆盖城市行政市域范围。可按照市域体系发展规划确定,兼顾近郊和远郊地区。

规划的时间范围应按照城市的有关发展规划来确定,可划分为近、中、远期。为与我国国民经济和社会发展计划相协调,近期和中期年限一般为5年,远期一般考虑20年的发展规划。

该优化模型对于废物的优化过程包括废物的产生、收集、运输以及处理处置的全过程。一般认为我国固体废物主要有填埋、堆肥、焚烧三种处理处置方式。其中焚烧和堆肥的残渣都进入填埋场进行处理,填埋为废物的最终处置方式,且堆肥产品以外卖的形式获取一定经济效益。全过程如图5-1所示。

根据区域经济社会发展的总体目标,按照最优化规划的基本原则,提出规划地域范围不同规划阶段的生活固体废物减量化、资源化和无害化目标,一般应该包括:生活垃圾的清运面积和清运率、分类收集率和资源化率、无害化处理率以及生活垃圾收运与处理的容积化、机械化、封闭化和现代化水平等具体目标。

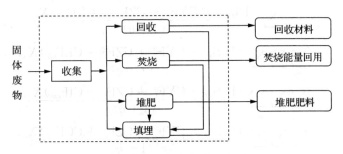

图 5-1 固体废物优化处理全过程

（三）优化模型建立程序

固体废物管理系统非常复杂，具有综合性、开放性、动态性以及不确定性等特点。综合考虑上述特点，建立优化模型的方法为（图 5-2）：首先，对固体废物管理系统进行科学分析，根据自身特点，以多种模型研究为基础，创建适合的优化管理模型；之后，建立模型框架，同时进行基础数据的调查研究与分析以及有关参数的率定，形成完整的固体废物优化管理模型；最后，按照求解方法进行参数的输入，得到优化求解结果。

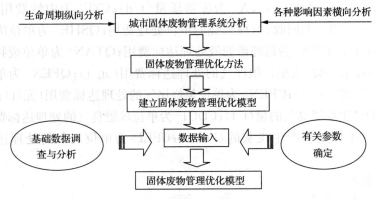

图 5-2 固体废物管理优化模型建立程序

（四）优化模型

1. 目标函数

模型以最小化系统成本和最小化环境影响为目标，约束条件包括设施容量、废物处理需求、质量平衡、灰渣量约束、填埋量约束、污染物的排放量以及非负约束等。系统成本包括运输费用、中转费用、处理费用以及物质和能量回收收益；环境影响主要考虑堆肥、焚烧、填埋场处理后二次污染治理至国家允许排放水平的达标费用。根据以上目标和约束，固体废物的优化管理模型函数表达为：

$$\min Z_1^{\pm} = \sum_o \sum_r \sum_t \frac{(\mathrm{DIS}_{ort} \times \mathrm{CYF}_t^{\pm} + \mathrm{CZF}_t^{\pm} + \mathrm{CRF}_{ort}^{\pm})X_{ort}^{\pm}}{(1+q)^t}$$

$$+ \sum_o \sum_l \sum_t \frac{(\mathrm{DIS}_{olt} \times \mathrm{CYF}_t^{\pm} + \mathrm{CZF}_t^{\pm} + \mathrm{CLF}_{olt}^{\pm})X_{olt}^{\pm}}{(1+q)^t}$$

$$+ \sum_o \sum_i \sum_t \frac{(\mathrm{DIS}_{oit} \times \mathrm{CYF}_t^{\pm} + \mathrm{CZF}_t^{\pm} + \mathrm{CIF}_{oit}^{\pm})X_{oit}^{\pm}}{(1+q)^t}$$

$$+ \sum_o \sum_c \sum_t \frac{(\mathrm{DIS}_{oct} \times \mathrm{CYF}_t^{\pm} + \mathrm{CZF}_t^{\pm} + \mathrm{CCF}_{oct}^{\pm})X_{oct}^{\pm}}{(1+q)^t} \tag{5-1a}$$

$$\min Z_2^{\pm} = \sum_o \sum_l \sum_t \frac{(\mathrm{QSHE}^{\pm} \times \mathrm{CHEN}^{\pm} + \mathrm{QTAN}^{\pm} \times \mathrm{CTMQ}^{\pm}) \times X_{olt}^{\pm}}{(1+q)^t}$$

$$+ \sum_o \sum_i \sum_t \frac{(\mathrm{QFEN}^{\pm} \times \mathrm{CFEN}^{\pm} + \mathrm{QFEI}^{\pm} \times \mathrm{CFEI}^{\pm}) \times X_{oit}^{\pm}}{(1+q)^t}$$

$$+ \sum_o \sum_c \sum_t \frac{\mathrm{QDUI}^{\pm} \times \mathrm{CDUI}^{\pm} \times X_{oct}^{\pm}}{(1+q)^t} \tag{5-1b}$$

式中：Z_1 为系统成本目标；Z_2 为环境影响目标；$\pm$ 为表示最大和最小值；o 为废物来源地，包括中转站和各处理设施；t 为时间（年份）；r 为回收站；l 为填埋场；i 为焚烧厂；c 为堆肥厂；DIS 为运输距离（km）；q 为贴现率；$\mathrm{CYF}^{\pm}$ 为单位距离单位重量废物运输费用[元/(km·t)]；$X^{\pm}$ 为废物质量（t/d）；$\mathrm{CZF}^{\pm}$ 为中转费用（元/t）；$\mathrm{CRF}^{\pm}$，$\mathrm{CLF}^{\pm}$，$\mathrm{CIF}^{\pm}$ 为回收、填埋焚烧的单位处理费用；$\mathrm{QSHE}^{\pm}$ 为单位废物产生渗沥液量（t/t）；$\mathrm{CHEN}^{\pm}$ 为每吨渗沥液处理达标费用；$\mathrm{QTAN}^{\pm}$ 为单位废物产生填埋气量（t/t）；$\mathrm{CTMQ}^{\pm}$ 为单位填埋气的处理达标费用（元/t）；$\mathrm{QFEN}^{\pm}$ 为单位废物产生焚烧尾气的量（t/t）；$\mathrm{CFEN}^{\pm}$ 为单位焚烧尾气的处理达标费用（元/t）；$\mathrm{QDUI}^{\pm}$ 为单位废物产生堆肥臭气的量（t/t）；$\mathrm{CDUI}^{\pm}$ 为单位堆肥臭气的处理达标费用（元/t）；$\mathrm{QFEI}^{\pm}$ 为单位废物产生飞灰的量（t/t）；$\mathrm{CFEI}^{\pm}$ 为单位飞灰的处理达标费用（元/t）。

2. 约束条件

1）质量平衡约束

a. 废物产生源固废总量＝该年固废预测产生量：

$$\sum_r X_{art}^{\pm} + \sum_l X_{alt}^{\pm} + \sum_i X_{ait}^{\pm} + \sum_c X_{act}^{\pm} = Q_t^{\pm} \tag{5-2a}$$

式中，a 为中转站；$Q_t^{\pm}$ 为第 t 年城市固废的预测产量。

b. 固废来源地产废总量≥该年固废预测产生量：

$$\sum_r X_{ort}^{\pm} + \sum_l X_{olt}^{\pm} + \sum_i X_{oit}^{\pm} + \sum_c X_{oct}^{\pm} \geqslant Q_t^{\pm} \tag{5-2b}$$

c. 中转站运往填埋场的量 ＋ 各处理场运往填埋场的量 ＝ 废物进入填埋场总量：

$$\sum_a X_{alt}^{\pm} + \sum_r X_{rlt}^{\pm} + \sum_c X_{dt}^{\pm} + \sum_i X_{ilt}^{\pm} = \sum_o X_{olt}^{\pm} \tag{5-2c}$$

d. 中转站运往焚烧厂的量 ＋ 回收站运往焚烧厂的量 ＝ 废物进入焚烧厂的总量：

$$\sum_a X_{ait}^{\pm} + \sum_r X_{rit}^{\pm} = \sum_o X_{oit}^{\pm} \tag{5-2d}$$

e. 经过处理后的废物不能再回到回收站：

$$\sum_l X_{lrt}^{\pm} = 0 \tag{5-2e}$$

$$\sum_i X_{irt}^{\pm} = 0 \tag{5-2f}$$

$$\sum_c X_{ort}^{\pm} = 0 \tag{5-2g}$$

f. 经过处理后的废物不能再回到堆肥厂：

$$\sum_l X_{lct}^{\pm} = 0 \tag{5-2h}$$

$$\sum_i X_{ict}^{\pm} = 0 \tag{5-2i}$$

$$\sum_r X_{rct}^{\pm} = 0 \tag{5-2j}$$

2）灰渣率约束

$$\sum_i X_{ait}^{\pm} \times \alpha = \sum_l X_{ilt}^{\pm} \tag{5-3a}$$

$$\sum_c X_{ait}^{\pm} \times \beta = \sum_l X_{dt}^{\pm} \tag{5-3b}$$

$$\sum_r X_{art}^{\pm} \times \gamma = \sum_l X_{rlt}^{\pm} + \sum_i X_{rit}^{\pm} \tag{5-3c}$$

式中，α 为焚烧厂的废物产渣率；β 为堆肥厂的废物产渣率；γ 为回收站的废物产渣率。

3）处理容量最大约束

$$\sum_i X_{oit}^{\pm} \leqslant \text{CAXI} \tag{5-4a}$$

$$\sum_c X_{oct}^{\pm} \leqslant \text{CAXC} \tag{5-4b}$$

$$\sum_l X_{olt}^{\pm} \leqslant \text{CAXL} \tag{5-4c}$$

$$\sum_r X_{ort}^{\pm} \leqslant \text{CAXR} \tag{5-4d}$$

$$\sum_a X_{at}^{\pm} \leqslant \text{CAXA} \tag{5-4e}$$

式中，CAXI，CAXC，CAXL，CAXR，CAXA 为焚烧厂、堆肥厂、填埋场、中转站的最大处理容量(t/d)。

4) 处理容量的最小约束

$$\sum_i X_{oit}^{\pm} \geqslant CANI \tag{5-5a}$$

$$\sum_c X_{oct}^{\pm} \geqslant CANC \tag{5-5b}$$

$$\sum_r X_{ort}^{\pm} \geqslant CANR \tag{5-5c}$$

$$\sum_a X_{at}^{\pm} \geqslant CANA \tag{5-5d}$$

$$\sum_t X_{ol}^{\pm} \geqslant CAMQ \tag{5-5e}$$

$$\sum_l X_{olt}^{\pm} \geqslant CDMT \tag{5-5f}$$

式中,CANI,CANC,CANR,CANA,CAMQ 为焚烧厂、堆肥厂、回收站、填埋场、中转站的最小处理量(t/d)。

在城市固废的结构中,有一部分物质,如灰渣、砖瓦、陶瓷以及处理设施处理后的残渣都必须进行填埋,其中 CDMT 为最小填埋量(t/d)。

5) 可利用成分条件约束

表 5-1　废物成分及可采用的处理处置方式对照

处理设施	废物类型
卫生填埋	全部
堆肥	厨余、植物
焚烧	厨余、植物、纸类、塑料、橡胶、纺织物、木竹
资源　回收	金属、玻璃、纸类、塑料、橡胶、纺织物、木竹

$$\sum_i X_{oit}^{\pm} \leqslant \omega_1 QBI^{\pm} \tag{5-6a}$$

$$\sum_c X_{oit}^{\pm} \geqslant \omega_2 QBC^{\pm} \tag{5-6b}$$

$$\sum_r X_{ort}^{\pm} \geqslant \omega_3 QBR^{\pm} \tag{5-6c}$$

式中,ω_1、ω_2、ω_3 为焚烧、堆肥、回收的可利用系数。

固体废物成分复杂多样,各种处理处置方式都有其适用条件和优缺点。由于人们在废物分拣或者处理过程中的不当操作,使废物不能理想化地进行处理,存在可利用系数的约束。在我国,郭广寨等人通过对上海城市生活固体废物分析研究,用于堆肥和回收利用的利用系数为 90%。

6) 治理设施容量约束

固体废物经处理不可避免会产生二次污染。在多目标固体废物优化管理模型中,各种处理方式产生的二次污染量应小于等于设施的处理能力才能保证排污量的达标。

$$QSHE^{\pm} \cdot X_{olt}^{\pm} \leqslant TAXS \qquad (5\text{-}7a)$$

$$QFEN^{\pm} \cdot X_{oit}^{\pm} \leqslant TAXE \qquad (5\text{-}7b)$$

$$QDUI^{\pm} \cdot X_{oct}^{\pm} \leqslant TAXD \qquad (5\text{-}7c)$$

$$QFEI^{\pm} \cdot X_{oit}^{\pm} \leqslant TAXI \qquad (5\text{-}7d)$$

式中，TAXS，TAXE，TAXD，TAXI 为渗沥液处理设施、焚烧尾气处理设施、堆肥臭气处理设施以及飞灰处理处置设施的日处理能力(t/d)。

7) 非负条件约束

非负即指模型所求得的值都大于等于零。所有从中转站运出的废物量、从处理厂运出的废物量，都应该满足非负条件，于是有 $X_{oit}^{\pm}$，$X_{olt}^{\pm}$，$X_{oct}^{\pm}$，$X_{ort}^{\pm}$，$X_{ait}^{\pm}$，$X_{alt}^{\pm}$，$X_{act}^{\pm}$，$X_{art}^{\pm}$，$X_{ilt}^{\pm}$，$X_{clt}^{\pm}$，$X_{rlt}^{\pm}$，$X_{rit}^{\pm}$，$X_{cit}^{\pm} \geqslant 0$。

3. 基础数据的收集、参数的识别及优化计算

优化模型结果的优劣与参数的真实性有很大关系。数据获取的方法主要有实际调查、文献查阅、专家咨询等。对于通过各种方式获得的数据应该进行实际有效性的验证。

在进行优化计算时，首先将多目标化为单目标，不确定化为确定性模型，在单位统一、符号一致的基础上进行求解。本模型采用 LINGO 软件进行计算。LINGO 是用来求解线性和非线性优化问题的简易工具。该软件内置了一种建立最优化模型的语言，可以简便地表达大规模问题，利用 LINGO 高效的求解器可快速求解并对结果进行有效分析。

第五节　固体废物处理处置的产业化规划

一、固体废物产业化意义

城镇固体废物是放错了位置的资源，以生活垃圾为例，其中的有机可腐部分可进行堆肥或厌氧产沼，生产有机肥或沼气。循环经济理论要求将城镇固体废物由传统的"资源-产品-废弃物"模式变革为"资源-产品-再生资源"。城镇固体废物的循环利用对于减轻环境污染、减少资源的开发利用具有重要意义。

城镇固体废物的处理既需要大量资金，又需要先进的科技和管理，光靠政府难以实现，同时也增大了政府的财政压力，也不利于政府发挥管理和服务职能。要解决我国固体废物处理存在的资金和技术难题，必须打破政府建设、政府运营的模式，充分利用社会资本和技术，建立多元投资主体，实施固体废物处理设施建立和运营的产业化和市场化。发展固体废物的产业化具有如下重要意义：①促进了固体废物资源的充分利用；②减少了环境污染，保护了环境，提高了人们的生活质量；

③减少了资源浪费,提高了固体废物的资源化水平;④增加了就业机会,带动了相关产业的发展。

二、固体废物产业化模式

固体废物常用的产业化运营模式包括:BOT 模式及其变种、TOT 模式、PPP 模式等。BOT 模式即建设-经营-转让模式,指国家或地方政府部门通过特许权协议,授予项目公司承担公用事业项目的设计、融资、建造、经营和维护,在协议规定的特许期限内,公司拥有项目的所有权,并通过处理费和财政补贴获得收益和回报,协议期满后,公司将项目设施及技术无偿移交给政府。TOT 模式即移交-运营-移交模式,是目前国际上流行的项目融资方式,政府部门将建设好的公益项目通过招标的方式向投资者出让资产和特许经营权,投资者在取得资产和特许经营权后,在合同期内运营项目并取得合理的回报,合同期满后,投资者再将项目移交给政府部门。PPP 模式即公共部门与私人企业合作模式,是公共部门通过与私人部门建立合作伙伴关系提供公共产品或服务的一种方式,如由政府对银行承诺给予投资公用事业的非公益资本方支付相关费用,而非公益资本方顺利获得银行贷款用于公用事业的建设,PPP 模式包括 BOT、TOT 多种模式,但又不同于后者,PPP 模式更强调合作过程中的风险分担机制。

在城市固体废物的产业化过程中,通过 BOT、TOT 等模式引入社会资本和技术,减轻了政府的财政压力,提高了固体废物的处理处置效率,降低了处理处置成本,同时有利于带动先进的技术和管理方法。此外,上述模式将固体废物处理项目的经营者和环境管理者进行了分离,有利于环境执法的执行和提高。然而,上述固体废物产业化处理处置模式中也存在一些问题,如在项目特许期间,政府部门失去了项目的控制权,一旦出现意外情况,将危及城市固体废物处理的运转,造成城市垃圾污染。此外,项目要求私人资本具有很强的经济实力,限制了中小企业的准入。

参 考 文 献

蔡全英,莫测辉,吴启堂,等. 2001. 城市污泥堆肥处理过程中有机污染物的变化[J]. 农业环境保护,20:186-189.

常勤学,魏源送,刘俊新. 2006. 通风控制方式对动物粪便堆肥过程的影响[J]. 环境科学学报,26:595-600.

陈华,刘志全,李广贺. 2006. 污染场地土壤风险基准值构建与评价方法研究[J]. 水文地质工程地址,84:84-88.

陈同斌,黄启飞,高定,等. 2003. 中国城市污泥的重金属含量及其变化趋势[J]. 环境科学学报,23:561-569.

董兴玲,张虎元,王锦芳,等. 2008. 水泥固化污泥中重金属的浸出危害性研究[J]. 环境工程,26(2):74-75.

高定,郑国砥,陈同斌,等. 2007. 堆肥处理对排水污泥中重金属的钝化作用[J]. 中国给水排水,23(4):7-10.

郭怀才. 2006. 环境规划方法与应用[M]. 北京:化学工业出版社.

国家环境保护总局. 2002. 城镇污水处理厂污染物排放标准：中国，18918-2002[S]. 北京：中国环境出版
　　社：5.

韩怀芬，黄玉柱，金漫彤. 2002. 铬渣水泥固化及固化体浸出毒性的研究[J]. 环境污染治理技术与设备，3(7)：
　　9-12.

何品晶. 2011. 固体废物处理与资源化技术[M]. 北京：高等教育出版社.

何若，沈东升，方程冉. 2001. 生物反应器填埋场系统特性研究[J]. 环境科学学报，21(6)：763-767.

何小松，姜永海，李敏，等. 2012. 危险废物填埋优先控制污染物类别的识别与鉴定[J]. 环境工程技术学报，2
　　(5)：432-439.

花莉. 2008. 城市污泥堆肥资源化过程与污染物控制机理研究[D]. 杭州：浙江大学博士学位论文.

黄玉柱，韩怀芬，熊丽荣，等. 2002. 水泥对铬渣无害化处理及其固化体浸出毒性的研究[J]. 浙江工业大学学
　　报，30(4)：366-367.

季文佳，王琪，黄启飞，等. 2010. 危险废物储存的地下水环境健康风险评价[J]. 环境科学与技术，33(4)：
　　160-164.

刘庆余，谢君，周颖辉，等. 1995. 城市污泥发酵处理中微生物对有机物的降解[J]. 中国环境科学，15(3)：
　　215-218.

刘荣乐，李书田，王秀斌，等. 2005. 我国商品有机肥料和有机废弃物中重金属的含量状况与分析[J]. 农业环
　　境科学学报，24(2)：392-397.

刘田，孙卫玲，倪晋仁，等. 2007. GC-MS 法测定垃圾填埋场渗滤液中的有机污染物[J]. 四川环境，26(2)：1-5.

彭新华，陆才正，杨英. 1992. 快速堆肥的可控技术及温控模型研究[J]. 华东工学院学报，62：80-84.

施烈焰，曹云者，张景来，等. 2009. RBCA 和 CLEA 模型在某重金属污染场地环境风险评价中的应用比较
　　[J]. 环境科学研究，22(2)：241-247.

宋立杰，陈善平，赵由才. 2013. 可持续生活垃圾处理与资源化技术[M]. 北京：化学工业出版社.

孙道玮，安晓雯，仉春华，等. 2006. 大连市城市垃圾填埋场垃圾渗滤液水质评价[J]. 大连理工大学学报，27
　　(4)：88-91.

汪凤海. 1993. 污水处理厂的污泥农用问题[J]. 海环境科学，12(7)：28-31.

王里奥，林建伟，刘元元. 2003. 三峡库区垃圾堆放场稳定化周期的研究[J]. 环境科学学报. 23(4)：535-539.

王罗春，赵由才，陆雍森. 2000. 垃圾填埋场稳定化及其研究现状[J]. 城市环境与城市生态，13(5)：36-39.

王星，王德汉，张玉帅，等. 2005. 国内外餐厨垃圾的生物处理及资源化技术进展[J]. 环境卫生工程，13(2)：
　　25-29.

魏自民，席北斗，赵越. 2008. 生活垃圾微生物强化堆肥技术[M]. 北京：中国环境科学出版社.

吴少林，钟玉凤，黄凡，等. 2007. 锌渣的固化处理及浸出毒性试验研究[J]. 南昌航空大学学报(自然科学版)，
　　21(2)：67-71.

席北斗，何小松，赵越，等. 2009. 填埋垃圾稳定化进程的光谱学特性表征[J]. 光谱学与光谱分析，29(9)：
　　2475-2479.

熊建军，刘淑英，邹国元，等. 2008. 高温堆肥过程中除臭保氮技术研究进展[J]. 农业资源环境，24(1)：
　　444-448.

徐红，樊耀波，贾智萍，等. 2000. 时间温度联合控制的强制通风污泥堆肥技术[J]. 环境科学，21：51-55.

徐强，张春敏，赵丽君. 2003. 污泥处理处置技术及装置[M]. 北京：化学工业出版社.

杨军. 2011. 城市固体废物综合管理规划[M]. 成都：西南交通大学出版社.

杨玉江，赵由才. 2007. 生活垃圾填埋场垃圾腐殖质组成和变化规律的表征[J]. 环境科学学报，27(1)：92-95.

杨志泉，周少奇. 2005. 广州大田山垃圾填埋场渗滤液有害成分的检测分析[J]. 化工学报，56(11)：

2183-2188.

余纯丽,龙良俊,魏星跃,等. 2009. 自然堆存下的飞灰污染物浸出毒性研究[J]. 环境工程学报,3(6):
　　1123-1126.

张强,陈明昌,程滨,等. 2000. 城市污泥施入土壤后氮素淋洗状况的研究[A]//青年学者论土壤与植物营养
　　科学——第七届全国青年土壤暨第二届全国青年植物营养科学工作者学术讨论会论文集[C]:167-176.

赵国华,黄卓辉,郑正,等. 2009. 废弃线路板重金属浸出毒性方法的比较研究[J]. 环境科学,30(5):
　　1533-1538.

赵由才,黄仁华,赵爱华,等. 2000. 大型填埋场垃圾降解规律研究[J]. 环境科学学报,20(6):736-740.

郑国砥,陈同斌,高定,等. 2005. 好氧高温堆肥处理对猪粪中重金属形态的影响[J]. 中国环境科学,25(1):
　　6-9.

钟玉凤,吴少林,戴玉芬,等. 2007. 电镀污泥的固化及浸出毒性研究[J]. 有色冶金设计与研究,28(23):
　　95-97.

周志洪,戴秋萍,吴清柱,等. 2006. 垃圾渗滤液中的有毒有机物浓度分析[J]. 广州化工,34(3):56-58.

Amir S,Benlboukht F,Cancian N,et al. 2010. Physico-chemical analysis of tannery solid waste and structural
　　characterization of its isolated humic acids after composting[J]. J Hazard Mater,160:448-455.

Barrena R,d'Imporzanob G,Ponsaá S,et al. 2009. In search of a reliable technique for the determination of
　　the biological stability of the organic matter in the mechanical-biological treated waste[J]. J Hazard Mater,
　　162:1065-1072.

Bernal M P,Navarro A F,Sanchez-Monedero M A,et al. 1998. Influence of sewage sludge compost stability
　　and maturity on carbon and nitrogen mineralization in soil[J]. Soil Biol Biochem,30:305-313.

Chefetz B,Hadar Y,Chen Y. 1998. Dissolved organic carbon fractions formed during composting of municipal
　　solid waste:Properties and significance[J]. Acta Hydrochim Hydrobiol,26:172-179.

Cossu R,Raga R. 2008. Test methods for assessing the biological stability of biodegradable waste[J]. Waste
　　Manage,28:381-388.

Dorthc L I,Thomash C. 1999. Colloidal and dissolved metals in leachates from four Danish landfills[J]. Water
　　Res,33(9):2139-2147.

Droussi Z,D'orazio V,Provenzano M R,et al. 2009. Study of the biodegradation and transformation of olive-
　　mill residues during composting using FTIR spectroscopy and differential scanning calorimetry[J]. J Hazard
　　Mater,164:1281-1285.

García-Gil J C,Plaza C J,Fernández M,et al. 2008. Soil fulvic acid characteristics and proton binding behavior
　　as affected by long-term municipal waste compost amendment under semi-arid environment[J]. Geoderma,
　　146:363-369.

Gauthier T D,Seitz W R,Grant C L. 1987. Effects of structural and compositional variations of dissolved hu-
　　mic materials on pyrene Koc values[J]. Environ Sci Technol,21:243-248.

Harrison S T L. 1991. Bacterial cell disruption:A key unit operation in the recovery of intracellular products
　　[J]. Biotechnol Adv,9:217-240.

Hue N V,Liu J. 1995. Predicting compost stability[J]. Compost Sci Util,3:8-15.

Jimenez E I,Garcia V P. 1998. Determination of maturity indices for city refuse composts[J]. Agr Ecosyst En-
　　viron,3:331-343.

Joar K Q,Amund M,Elin G. 2005. Effect of an uncontrolled fire and the subsequent fire fight on the chemical
　　composition of landfill leachate[J]. Waste Manage,25:712-718.

Jouraiphy A,Amir S,Winterton P,et al. 2010. Structural study of the fulvic fraction during composting of activated sludge-plant matter: Elemental analysis, FTIR and 13C NMR [J]. Bioresour Technol, 99: 1066-1072.

Narita H,Zavala M A L,Iwai K. 2005. Transformation and characterisation of dissolved organic matter during the thermophilic aerobic biodegradation of faeces[J]. Water Res,39:4693-4704.

Parr J F,Epstein E,Wilison G B. 1977. Composting of sewage sludge for utilization as a fertilizer and soil conditoner//FAO Work shop on Organic Materials as Fertilizer in Asian Countries,36:301-340.

Pelaez A I,Sanchez J,Almendros,G. Bioreactor treatment of municipal solid waste landfill leachates: Characterization of organic fractions[J]. Waste Manage,2009,29:70-77.

Scheu M,Bhattacharyya J K. 1997. // Adrian Coad. Reuse of Decomposed Waste,Lessons from India in Solid Waste Management. Department of International Development,UK Government.

Shalini S S,Karthikeyan O P,Joseph K. 2010. Biological stability of municipal solid waste from simulated landfills under tropical environment[J]. Bioresour Technol,101:845-852.

Wild S R,Jones K C. 1999. Polycyclic aromatic hydrocarbons uptake by carrots grown insludge-amended soil [J]. J Environ Qual,21:217-225.

Witter E,Kirchma nn H. 1989. Peat,zeolite and loasalt as adsorbents of ammoniacal nitrogen during manure decomposition[J]. Plant and Soil,115:43-52.

Zmora-Nahum S,Markovitch O,Tarchitzky J,et al. 2005. Dissolved organic carbon (DOC) as a parameter of compost maturity[J]. Soil Biol Biochem,37:2109-2116.

第六章 城市环境噪声控制

第一节 环境噪声概述

一、噪声的基本概念

(一)噪声的定义

众所周知,随着现代工业生产、交通运输和城市建设的发展,噪声已成为继水污染、空气污染、固体废物污染的第四大环境公害。从物理学的观点看,噪声是指各种频率和声强杂乱无序组合的声音。从生理学和心理学的观点看,令人不愉快、讨厌以致对人们健康有影响或危害的声音都是噪声,即对噪声的判断与个人所处的环境和主观愿望有关。要控制和利用噪声,必须首先认识声音的特性及声音与人的听觉之间的关系。

(二)声音及其物理特性

声音是由物体振动引起的。物体振动通过在媒质中传播所引起人耳或其他接收器的反应就是声。振动的物体是声音的声源,产生噪声的物体或机械设备称为噪声源。声源可以是固体,也可以是气体或液体。

振动在弹性介质中以波的形式进行传播,这种弹性波称为声波。人们日常听到的声音,通常来自空气所传播的声波。除了空气以外,其他气体、液体和固体也能传播声音,所以,噪声传播又可以分为空气噪声、固体噪声和水噪声。

1. 声音的频率

声源在每秒内振动的次数称为声音的频率,通常用"f"表示,其单位为赫兹(Hz)。完成一次振动的时间称为周期,用"T"表示,声源质点振动的速度不同,所产生的声音的频率也不同。声波的频率取决于声源振动的快慢,振动速度越快,声音的频率越高。声波的频率反映的是音调的高低。

声波传入人耳时,引起鼓膜振动,刺激听觉神经,产生听觉,使人听到声音。并不是所有的振动通过传声媒质都能被人耳接收,人耳可听到的声音(可听声)的频率范围是 20~20000 Hz,频率低于 20 Hz 的声波称为次声,超过 20000 Hz 的称为超声,次声和超声都是人耳听不到的声波。一般认为,噪声不包括次声和超声,而是可听声范围内的声波。

2. 声音的波长与声速

在介质中,声波振荡一个周期所传播的距离即为波长。波长与频率的关系为

$$\lambda = \frac{c}{f} \tag{6-1}$$

式中,λ 为声波波长(m);c 为声速(m/s);f 为声波频率(Hz)。

在不同密度的介质中,声波的传播速度不同,如在钢中为 6300 m/s,在 20℃的水中为 1481 m/s,而其波长也随之发生变化。声音传播的速度还与温度有关,随大气温度的升高而增大。声波在空气中的传播速度 c 与温度 t 的关系为

$$c = 331.4 + 0.6t \tag{6-2}$$

式中,t 为媒质温度(℃)。

0℃时的声速是 331.4 m/s,在一般室温 23℃时,根据式(6-2)可计算出声波在空气中的传播速度为 345 m/s。在通常计算时,如没有特别指明空气温度,则常取室温速度 340 m/s。

3. 声音的传播

声源发出的声音必须通过中间媒质才能传播。例如,在空气中人们可以听到声音,在真空中却听不到。声音在媒质中向各个方向的传播,只是媒质振动的传播,媒质本身并没有向前运动,它只是在其平衡位置附近来回振动。而所传播出去的是物质的运动,该运动形式即为波动。声音是机械振动的传播,所以,声波属于机械波。声波波及的空间称为声场,声场既可能无限大,也可能仅限于某个局部空间。

(三) 噪声的来源

噪声对环境的污染与工业"三废"一样,是一种危害人类健康的公害。噪声的种类很多,如火山爆发、地震、潮汐、降雨和刮风等自然现象所引起的地声、雷声、水声和风声等,都属于自然噪声。人为活动所产生的噪声主要包括工业噪声、交通噪声、施工噪声和社会噪声等。

环境噪声主要是指在工业生产、建筑施工、交通运输和社会生活中所产生的干扰周围生活环境的声音。环境噪声污染,是指所产生的环境噪声超过国家规定的环境噪声排放标准,并干扰他人正常生活、工作和学习的现象。

1. 工业噪声

随着现代工业的发展,工业噪声污染的范围越来越大,工业噪声的控制也越来越受到人们重视。工业噪声不仅直接危害工人健康,而且也会对附近居民造成很大影响。工业噪声主要包括空气动力噪声、机械噪声和电磁噪声三种。

空气动力噪声是由气体振动产生的。如风机内叶片高速旋转或高速气流通过叶片,会使叶片两侧的空气发生压力突变,激发声波。空压机、发动机、燃气轮机和高炉排气等都可以产生空气动力噪声。风铲、大型鼓风机的噪声可达 130 dB(A)以上。

机械噪声是由固体振动产生的。机械设备在运行过程中,其金属板、轴承、齿轮等通过撞击、摩擦、交变机械应力等作用而产生机械噪声。如磨机、织机、机床、机车等产生的噪声即属此类,其噪声一般为80～120 dB(A)。

电磁噪声是由电动机、发电机和变压器的交变磁场中交变力相互作用而产生的。

2. 交通噪声

随着城市化和交通事业的发展,交通噪声在整个噪声污染中所占比重越来越大。如飞机、火车、汽车等交通工具作为移动污染源,不仅污染面广,而且噪声级高,尤其是航空噪声和汽车的喇叭声。

3. 建筑施工噪声

建筑施工噪声虽然是一种临时性的污染,但其声音强度很高,又属于露天作业,因此污染也十分严重。有检测结果表明,建筑工地的打桩声能传到数公里以外。

4. 社会噪声

社会噪声主要是指社会活动和家庭生活所引起的噪声,如电视声、录音机声、乐器的练习声、走步声、门窗关闭的撞击声等。这类噪声虽然声级不高,但却往往给居民生活造成干扰。

(四)噪声污染的特点

噪声污染是一种物理污染。与水、气和固体废物的污染相比,它具有以下特点:

(1)污染面大,噪声源分布广,污染轻重不一。噪声对人体的危害很大,可导致耳鸣、耳聋,引起心血管系统、神经系统和内分泌系统的疾病。

(2)就某一单一污染源来讲,其污染具有局限性。一般的噪声源只能影响其周围的一定区域,它不会像大气中的飘尘,能扩散到很远的地方。

(3)噪声源停止,污染随即消失。

(4)噪声污染在环境中不会造成积累,声能量最后完全转变成热能散失掉。

二、噪声的危害

噪声广泛地影响着人们的各种活动。例如,妨碍交谈,影响睡眠和休息,干扰工作,使听力受到损害,甚至引起神经系统、心血管系统、消化系统等方面的疾病。所以噪声是影响面最广的一种环境污染。它的危害主要表现在下面五个方面。

(一)噪声干扰人们的正常生活

噪声对人们正常生活的影响主要表现在:人们在工作和学习时,精力难以集中;使人的情绪焦躁不安,产生不愉快感;影响睡眠质量;妨碍正常语言交流。

睡眠对人是极为重要的,它能够使人的新陈代谢得到调节,使人的大脑得到休息,从而消除体力和脑力疲劳,所以保证睡眠是关系到人体健康的重要因素。但是噪声会影响人的睡眠质量和数量。老年人和患者对噪声干扰较敏感,当睡眠受到噪声干扰后,工作效率和健康都会受到影响。研究表明,在 A 声级 40～50 dB(A)的噪声刺激下,睡眠中的人脑电波会出现觉醒反应,即 A 声级 40 dB(A)的噪声就可以对正常人的睡眠产生影响,而且强度相同的噪声,性质不同,噪声影响的程度也不同。噪声对人们睡眠的干扰程度见表 6-1。

表 6-1　噪声对人睡眠的干扰程度

噪声程度	连续性噪声	冲击性噪声
40 dB(A)	有 10%的人感觉到噪声影响	有 10%的人突然惊醒
65 dB(A)	有 40%的人感觉到噪声影响	有 80%的人突然惊醒

通常情况下,办公室、计算机房等场所的噪声要求控制在 60 dB(A)以下,当噪声超过 60 dB(A)时,就会对人们工作效率产生明显影响。在人们休息的场所,噪声应低于 50 dB(A)。

(二)噪声导致听力损伤

近 30 年来,关于噪声对听觉影响的研究有了很大进度。大量的调查和研究表明,强噪声会造成耳聋。根据国际标准化组织(ISO)的规定,暴露在强噪声下,对 500 Hz、1000 Hz 和 2000 Hz 三个频率的平均听力损失超过 25 dB(A),称为噪声性耳聋。在这种情况下,正常交谈时,句子的可懂度下降 13%,而句子加单音节词的混合可懂度降低 38%。换句话说,即听力发生了障碍。

在不同噪声级下长期工作,耳聋发病率的统计结果见表 6-2。从表中可以看出,噪声级在 80 dB(A)以下,才能保证长期工作不致耳聋;在 90 dB(A)条件下,只能保护 80%的人不会耳聋;即使是 85 dB(A),还会有 10%的人可能产生噪声性耳聋。

表 6-2　工作 40 年后噪声性耳聋发病率

噪声级/ dB(A)	发病率/%	
	国际统计(ISO)	美国统计
80	0	0
85	10	8
90	21	18
95	29	28
100	41	40

噪声引起的听力损伤,主要是内耳的接收器官受到损害而产生的。过量的噪声刺激可以造成感觉细胞和接收器官整个破坏。靠近耳蜗顶端对应于低频感觉,

该区域感觉细胞必须达到很大面积的损伤,才能反映出听闻的改变。耳蜗底部对应于高频感觉,而这一区域感觉细胞只要有很小面积的损伤,就会反映出听闻的改变。

噪声性耳聋与噪声的强度、噪声的频率及接触的时间有关,噪声强度越大、接触时间越长,耳聋的发病率越高。研究和调查结果表明,在等效 A 声级为 80 dB(A)以下时,一般不会引起噪声性耳聋;85 dB(A)时,对于具有 10 年工龄的工人,危险率为 3%,听力损失者为 6%;而对于具有 15 年工龄的工人,危险率增加为 5%,听力损失者为 10%。通常认为足以引起听力损失的噪声强度必须在 85 dB(A)以上,所以,目前国际上大多以 85 dB(A)作为制定工业噪声标准的依据。噪声的频率越高,听觉器官越容易发生病变。如低频噪声只有在 100 dB(A)时才出现听力损伤,而中频噪声则在 80~96 dB(A),高频噪声在 75 dB(A)的情况下即可产生听力损伤。

(三)噪声引起人体生理变化

大量研究、调查和统计结果表明,人体多种疾病的发展和恶化与噪声有着密切的关系。噪声会使大脑皮质的兴奋和抑制平衡失调,导致神经系统疾病,患者常出现头痛、耳鸣、多梦、失眠、心慌、记忆力衰退等症状。另外,大量的心脏病的发展和恶化与噪声有着密切的关系。实验结果表明,噪声会引起人体紧张的反应,使肾上腺素增加,从而引起心率改变和血压升高。一些工业噪声调查的结果指出,在高噪声条件下的钢铁工人和机械车间工人比安静条件下工作的工人的循环系统的发病率要高。对小学生的调查还发现,经常暴露于飞机噪声下的儿童比安静环境下的儿童血压要高。目前不少人认为,20 世纪工业生产噪声和交通噪声的升高,是造成心脏病的重要原因之一。

最新的科学研究证实,噪声还会伤害人的眼睛。当噪声作用于人的听觉器官后,由于神经传入系统的相互作用,使视觉器官的功能发生变化,引起视力疲劳和视力减弱,如对蓝色和绿色光线视野增大,对金红色光线视野缩小。

噪声还会引起消化系统方面的疾病。早在 20 世纪 30 年代,就有人注意到,长期暴露在噪声环境中的工人,其消化功能有明显的改变。一些研究指出,某些吵闹的工业行业里,溃疡症的发病率比安静环境高 5 倍。通过人和动物的实验都表明,在高达 80 dB(A)的噪声环境中,肠蠕动要减少 37%,随之而来的是胀气和肠胃不舒适的感觉,当噪声停止时,肠蠕动由于过量的补偿,其节奏大大加快,幅度也增大,结果会引起消化不良。长时间的消化不良往往造成溃疡症。

此外,强噪声会刺激内耳腔的前庭,使人眩晕、恶心、呕吐,如晕船一般。超过 140 dB(A)的噪声甚至会引起眼球振动,视觉模糊,呼吸、脉搏、血压都发生波动,全身血管收缩,使供血减少,甚至说话能力受到影响。

（四）噪声对人心理产生影响

噪声引起的心理影响主要是烦恼。引起烦恼首先是由于对交谈和休息的干扰。例如，一人正站在放水的水龙头旁，其背景噪声大约是 74 dB(A)。当另一个人离开他 6 m 远时，即使放大嗓音，通话也很困难。如果两人相距 1.5 m，环境噪声超过 66 dB(A)，就很难保证正常的交谈。

由于噪声容易使人疲劳，因此往往会影响精力集中和工作效率，尤其是对一些不是重复性的劳动，影响更为明显。

此外，由于噪声的掩蔽效应，往往使人不易察觉一些危险信号，从而容易造成工伤事故。美国根据不同工种工人医疗和事故报告的研究发现，吵闹的工厂区域比安静工厂区域的事故要高得多。

（五）噪声损害设备和建筑物

高强度和特高强度噪声能损害建筑物和发声体本身。航空噪声对建筑物的影响很大，如超音速低空飞行的军用飞机在掠过城市上空时，可导致民房玻璃破碎、烟囱倒塌等损害。美国统计了 3000 件喷气飞机使建筑物受损的事件，其中，抹灰开裂的占 43%，窗损坏的占 32%，墙开裂的占 15%，瓦损坏的占 6%。

在特高强度的噪声[160 dB(A)以上]影响下，不仅建筑物受损，发声体本身也可能因声疲劳而损坏，并使一些自动控制和遥控仪表设备失效。

此外，由于噪声的掩蔽效应，往往使人不易察觉一些危险信号，从而容易造成工伤事故。在我国几个大型钢铁企业，都曾发生过高炉排气放空的强大噪声遮蔽了火车的鸣笛声，造成正在铁轨上工作的工人被火车轧死的惨重事件。

三、环境噪声控制概述

早在 20 世纪初，环境噪声对人们的影响就已引起各方面的关注，纽约市是最早对城市环境噪声进行调查并建立起控制机构的城市。随着现代化工业和交通运输的发展，环境噪声已经成为一种严重的社会公害，同时也促进了对环境噪声污染规律、控制技术、监测方法和管理措施的研究，以及环境声学这一新兴学科的产生和发展。

噪声产生之后，在其传播过程中再采取一定的补救措施，消除或减弱噪声的影响，虽十分必要，但仍属于污染的被动治理。对噪声源的发声机理及噪声传播规律进行分析，在噪声产生的同时就减弱或消除其影响，则是噪声控制的最积极、主动的治理措施。除采取技术措施控制环境噪声外，加强行政管理也是既经济又有效的方法之一。为防止噪声对人体健康的危害及对人们正常生活、工作和学习的干扰，对环境噪声污染进行有效控制具有重要意义。

环境噪声只有当声源、声的传播途径和接受者三者同时存在时，才能构成污染问题。因此，噪声污染控制也必须从这三方面进行考虑。

（一）噪声源控制

控制噪声源是降低噪声的最根本和最有效的方法。噪声源控制，即从声源上降噪，就是通过研制和选择低噪声的设备，采取改进机器设备的结构、改变操作工艺方法、提高加工精度或装配精度等措施，使发声体变为不发声体或降低发声体辐射的声功率，将其噪声控制在所允许的范围内的方法。

噪声源控制的具体措施主要包括以下几点。

（1）选用内阻尼大、内摩擦大的低噪声材料。一般的金属材料，因其内阻尼、内摩擦都较小，消耗损动能量的能力弱，所以，通常金属材料制成的机械零件和设备，在振动力的作用下，机件会辐射较强的噪声。若采用内阻尼大、内摩擦大的合金或高分子材料，其较大的内摩擦可使振动能转变为热能耗损掉，因此这类材料可以大幅度降低噪声辐射。

（2）采用低噪声结构形式。在保证机器功能不变的前提下，通过改变设备的结构形式可以有效地降低噪声，如皮带传动所辐射的噪声要比齿轮传动小得多。

（3）提高零部件的加工精度和装配精度。提高零部件的加工精度和装配精度，可以降低由于机件间的冲击、摩擦和偏心振动所引起的噪声。

（4）抑制结构共振。

（二）噪声传播途径控制

噪声传播的媒介主要是空气和建筑构件，因此，传播途径的控制也主要是空气声传播和固体声传播的控制。

1. 空气声传播的主要控制方法

（1）采用隔声屏、隔声罩等装置，将噪声源与接受者分离开。该方法可降低噪声 20～50 dB(A)。

（2）通过在噪声的传播通道上，如墙壁、隔声罩内表面等处铺设吸声材料，使一部分声能在传播过程中被吸声材料吸收并转化成热能，可降低噪声 3～10 dB(A)。

（3）在声源与接受者之间通过管道安装消声器，使声能在通过消声器时被耗损，从而达到降噪的目的，使用消声器通常可使噪声降低 15～30 dB(A)。

2. 固体声传播的主要控制方法

（1）在机器表面或壳体上涂抹阻尼涂料，或采用高阻尼材料来抑制振动，该方法可降低噪声 5～10 dB(A)。

（2）采用减振器、橡胶垫等将振源与机器隔离开，减弱外界激励力对机器的影响，降低噪声辐射。此类方法的降噪量为 5～25 dB(A)。

（三）听力保护

在上述噪声控制方法暂时无法实现的情况下,在高噪声环境中工作的职工,必须采取个人保护措施,如佩戴耳塞、耳罩、头盔和防声棉等。这些防护用具,主要是利用隔声的原理,使强烈的噪声传不进耳内,从而达到保护人体不受噪声危害的目的。

第二节　噪声控制中的声学基础

一、声音的基本性质

（一）声波的产生

我们可以听到各种各样的声音,仔细考察和分析就可以发现,尽管它们的形式各异,但它们的共同特点是所有这些声音都来源于物体的振动。凡是发出声音的振动体,称为声源。声源发出的声音必须通过中间媒质才能传播。

声音是由于声源的振动而产生的。当声源在媒质中振动时,必须依靠媒质的弹性和惯性才能够将这种振动传播出去,媒质的弹性和惯性是传播声音的必要条件。真空中没有物质存在,因而在真空中不能传播声音。应该注意的是,声音在媒质中向四面八方的传播,只是媒质振动的传播过程,媒质本身并没有向前运动,它只是在其平衡位置附近来回振动,而所传播出去的是物质的运动,这种运动形式称为波动。声音是机械振动的传播,所以这种传播过程是一种机械性质的波动,称为声波。声场可能无限大,也可能仅限于某个局部空间。

（二）声速和波长、频率的关系

由于声波的存在,在媒质中形成周期性的疏密变化。在同一时刻,从某一个密度最稠密或最稀疏的地点到邻近的一个最稠密或最稀疏的对应地点之间的距离,或者说两个声压最大值(或最小值)地点之间的距离称为声波波长,记为 λ,单位是米(m),实际上,质点运动状态相同的两相邻层之间的距离都等于波长。媒质中某一部分的扰动将引起相邻部分以至更远部分也被扰动起来,但各自在时间上分别有所延迟,也就是说振动状态的传播需要一定的时间,这种振动状态或它具有的振动能量在媒质中自由传播的速度称为声速 c,单位米/秒(m/s)。如果媒质质点振动的频率为 f,则有

$$c = \lambda f \tag{6-3}$$

式中,频率 f 为每秒钟媒质质点振动的次数,因此它也就是声波的频率,单位为赫

兹(Hz),1 赫兹=1 秒$^{-1}$。

从式(6-3)中可以看出,声波波长与频率成反比,频率越高,波长越短;频率越低,波长越长。

二、声压、声功率与声强

(一)声压

声波传播时大气中压强随着声波做周期性的变化。声压是指某点上各瞬间的压力与大气压力之差值,公式如下所示:

$$P = P - P_0 \tag{6-4}$$

声压的单位是帕斯卡(Pa),1 帕斯卡=1 牛顿/米^2。

当声波在媒质中传播时,不仅媒质中的压强做周期性的变化,同时媒质质点(体积元)的振动位移、振动速度等也随着时间做周期性的变化。对媒质中的一小块体积元,由于被压缩和扩张,体积元的大小或形状也做周期性的起伏变化,体积元内的压强、媒质密度以及温度等也都随时间做周期性变化。由于位移、速度、密度与压强之间是密切相关的,其中一个量的变化将导致其他量的变化,所以通常只需用压强的变化,亦即用声压这一个量来描述声波。一般声学仪器直接测量的也是声压,人耳对声音的感觉也直接与声压有关,因此,声压是描述声波的一个基本物理量。

在空气中,正常人刚能听到的 1000 Hz 声音的声压为 2×10^5 Pa,称为听阈声压,并规定为基准参考声压,记为 P_0。当声压为 20 Pa 时,能使人耳开始产生疼痛,称之为痛阈声压。

(二)声功率

声功率是声源在单位时间内发射出的总能量,用 W 表示,单位为瓦(W)。一般声功率不能直接测量,而要根据测量的声压级来换算。

(三)声强

声波作为一种波动形式,具有一定的能量,因此也常用能量的大小,即用声强和声功率来表征其强弱。

声强是在传播方向上,单位时间内通过单位面积的声能量,记为 I,单位为 W/m^2。

对于球形声源,假设声源在传播过程中没有受到任何阻碍,也不存在能量损失。当声压 P_a 为常数时,两个任意距离 r_1 和 r_2 处的声强为 I_1 和 I_2,则有

$$P_a = I_1 \cdot 4\pi r_1^2 = I_2 \cdot 4\pi r_2^2 \tag{6-5}$$

显然,有

$$\frac{I_1}{I_2} = \frac{r_2^2}{r_1^2} \tag{6-6}$$

这表明在距声源的不同距离的两点上的声强与两个距离的平方成反比。

三、声压级、声强级、声功率级及其分贝

(一) 声压级

声压级的符号为 L_p,其定义为:将待测声压的有效值 P_e 与参考声压 P_0 的比值取以 10 为底的常用对数,再乘以 20,即

$$L_p = 20\lg \frac{P_e}{P_0} \tag{6-7}$$

在空气中,参考声压 P_0 规定为 2×10^{-5} Pa,这个数值是正常人耳对 1000 Hz 声音刚刚能够觉察到的最低声压值,也就是 1000 Hz 声音的可听声压,低于这一声压值,一般人耳就不能觉察到此声音的存在了,亦即听阈声压级为零分贝。式(6-7)也可写为

$$L_p = 10\lg p + 94 \tag{6-8}$$

式中,p 为声压的有效值 P_e,由于声学中所指的声压一般都是指其有效值,所以本书用无下标的 p 来表示声压有效值 P_e,对其他量也类似。

(二) 声强级

声强级 L_1 的定义为:待测声强 I 与参考声强 I_0 的比值取以 10 为底的常用对数再乘以 10,即

$$L_1 = 10\lg \frac{I}{I_0} \tag{6-9}$$

在空气中,参考声强 I_0 取为 10^{-12} W/m²,这样式(6-9)又可写成

$$L_1 = 10\lg I + 120 \tag{6-10}$$

式中,声强的单位为 W/m²。

(三) 声功率级

声功率级 W 也可用"级"来表示,即声功率级 L_w,定义为

$$L_w = 10\lg \frac{W}{W_0} \tag{6-11}$$

式中,W 为声功率的平均值 W,对于空气媒质参考声功率 $W_0 = 10^{-12}$ W,这样式(6-11)可写为

$$L_w = 10\lg \overline{W} + 120 \tag{6-12}$$

空气中声强级、声压级与声功率级之间的关系为

$$L_p \approx L_1 = L_w - 10\lg S \qquad (6\text{-}13)$$

式中，S 为垂直于声波传播方向的面积。

四、多声源的噪声级合成

在现场环境中，噪声源往往不止一个。两个以上相互独立的声源，同时发出来的声功率、声强、声压可以代数相加。

N 个噪声级相同的声源，在离声源距离相同的一点所产生的总声压级为

$$L = 10\lg\Big(\frac{P_1^2 + P_2^2 + \cdots + P_N^2}{P_0^2}\Big) = 10\lg = \frac{N \cdot P_i^2}{P_0^2} = L_i + 10\lg N \quad (6\text{-}14)$$

式中，L_i 为其中一个噪声源的噪声级。

当两个不同噪声极 L_1 和 L_2 同时作用，且 $L_1 > L_2$ 时，则从噪声极 L_1 到总噪声级 L 的附加值 ΔL 可由下式求得。

$$\Delta L = 10\lg[1 + 10^{-(L_1-L_2)/10}] \qquad (6\text{-}15)$$
$$L = L_1 + \Delta L$$

式中，ΔL 为附加值，它是两噪声级之差的函数。

如果两个噪声中的一个噪声级超出另一个噪声级 $6\sim8$ dB(A)，则较弱声源的噪声可以不计，因为此时总噪声级附加值小于 1 dB(A)。

两个以上噪声源的总声功率级、声强级和声压级的合成，可按如下方法进行：首先找出其中两个最大声级的分贝差 $\Delta = L_1 - L_2$，再求出对应的附加值 ΔL，然后把它加在分贝数较高的级值 L_1 上就得到合成后的级值 L。重复使用上述规则进行运算可以求出两个以上的级值合成的总声级值，直到加至两个噪声级相差 10 dB(A) 以上时为止。

第三节　城市环境噪声测量

噪声测量是环境噪声监测、控制以及研究的重要手段。环境噪声的测量大部分是在现场进行的，条件很复杂，声级变化无常，因此，所用的仪器和测量方法，与一般声学测量有些不同。本节主要介绍环境噪声测量中常用的仪器和测量方法。

一、测量仪器

随着电子工业的快速发展，现代声学仪器种类繁多，这类仪器经过几十年的研究改进进入第三代，正朝着轻便、超小型、数字化（数字显示、数字输出）和自动化方向发展。

（一）仪器的选择

环境噪声测量仪器的选用是根据测量的目的和内容确定的，其选用范围见表 6-3。

表 6-3 噪声测量仪器的选用范围

测量目的	测量内容	可使用的仪器
设备噪声评价	规定测点的噪声级（A、C声级）、频谱、声功率级和方向性	精密声级计、滤波器、频谱分析仪、记录仪、标准声源
工人噪声暴露量	人耳位置的等效声级 L_{eq}	噪声剂量计、积分式声级计
车间（室内）噪声评价	车间（室内）各代表点的 A、C 声级或 L_{eq}、L_{10}、L_{90}、L_{50}	精密声级计、积分式声级计、噪声剂量计
厂区环境噪声评价	厂区各测点片处 A、C 声级或 L_{eq}、L_{10}、L_{90}、L_{50}	同上
厂界噪声评价	厂界各测点处 A、C 声级或 L_{eq}、L_{10}、L_{90}、L_{50}	同上
厂外环境噪声评价	厂外各类环境中的 A、C 声级或 L_{eq}、L_{10}、L_{90}、L_{50}	同上
消声器声学性能评价	消声器插入损失	精密声级计、滤波器、频谱分析仪、记录仪、扬声器、白噪声器
城市交通噪声评价	交通噪声的 L_{eq}、L_{10}、L_{90}、L_{50}	积分式声级计、精密声级计
脉冲噪声评价	脉冲或脉冲保持值、峰值保持值	脉冲声级计、精密声级计
吸声材料性能测量	法向吸声系数 a_0、无规入射吸声系数 a_r	驻波管、白噪声器、信号发生器、扬声器、传声器、频谱分析仪、记录仪、放大器
隔声测量	传声损失（隔声量）R	同上（除驻波管外）
设备声功率测量	声功率级 L_w	标准声源、精密声级计、传声器、滤波器
振动测量	振动的位移、速度、加速度	加速度传感器、电荷放大器、测振仪等
机械噪声源的鉴别	噪声频谱、振动频谱	加速度传感器、精密声级计、放大器、记录仪、频谱分析仪、微处理机
新厂环境噪声预评价	设备声功率级、建厂区域各点噪声预估值及本底噪声	标准声源、精密声级计、微型计算机

（二）常用仪器

1. 声级计

在噪声测量中，声级计是使用最广泛的基本声学测量仪器之一，它的声学指标必须符合国际电工委员会（IEC）规定的标准。声级计按其精度可分为精密声级计和普通声级计两种。普通声级计的测量误差为±3 dB（A），精密声级计的测量误差为±1 dB（A）。声级计按用途可分为两类：一类用于测量稳态噪声，如精密声级计和普通声级计；另一类则用于测量不稳态噪声和脉冲噪声，如积分式声级计（噪声剂量计）、脉冲声级计。

声级计主要由电容式传声器、前置放大器、衰减器、放大器、计权网络、方均根检波器（有效值检波器）以及指示表头等组成。声级计的工作原理是，由传声器将声音转换成电信号，由前置放大器变换阻抗，使电容式传声器与衰减器匹配，放大器将输出信号加到计权网络，对信号进行频率计权（或外接倍频程、1/3 倍频程滤波器），然后再经衰减器及放大器将信号放大到一定的幅值，送到有效值检波器（或外接电平记录仪），在指示表头上给出噪声声级的数值。对声级计的电性能要求是在 20～20000 Hz 范围内有平直的频率响应。

目前，测量噪声用的声级计，表头响应按灵敏度可分为四种：

（1）"慢"，表头时间常数为 1000 ms，一般用于测量稳态噪声，测得的数值为有效值。

（2）"快"，表头时间常数为 125 ms，一般用于测量波动较大的不稳态噪声和交通噪声等。快挡接近人耳对声音的反应。

（3）"脉冲或脉冲保持"，表针上升时间为 35 ms，用于测量持续时间较长的脉冲噪声，如冲床、锻锤等，测得的数值为最大有效值。

（4）"峰值保持"，表针上升时间为 20 ms，用于测量持续时间很短的脉冲噪声，如枪、炮和爆炸声，测得的数值是峰值，即最大值。

声级计可以接滤波器和记录仪，对噪声做频谱分析。在进行频谱分析时，一般不能用计权网络，以免使某些频率的噪声衰减，从而影响对噪声源分析的准确性。

声级计在使用前需要校难并需配有以下主要附件。

（1）声校准器。声校准器是声学测量中不可缺少的附件。为使测量结果准确可靠，每次测量前后或测量进行中必须对仪器进行校准。声级计的校准器是一个能够发出已知频率和作为标准声压级声音的装置。校准时必须将声校准器紧密地套在传声器上，并将声级计的滤波器频率拨到校正器指定的相应频率范围内，然后比较声级计上的显示数值。如果两者有差异，须将声级计上的灵敏度调节器做适当调节，使声级计上显示的数值与校准值一致。

（2）防风罩。在室外测量时，为了防止较大风速对传声器干扰而产生附加声级的影响,必须在传声器上,罩上一个防风罩。但防风罩的作用有一定限度,如果风速超过 20 km/h,即使采用防风罩,对不太高声级的测量仍有影响。所测噪声声压级越大,风速的影响越小。

(3) **鼻型锥**。在稳定方向的高速气流中测量噪声(如风管中),应将传声器装上锥体状的鼻型锥,并使锥的尖端朝着气流方向,以降低传声器对气流的阻力,从而降低因气流而产生的噪声的影响。

(4) **屏蔽屯缆**。在一些对测量结果要求较高的情况或特殊情况下,为了避免测量仪器和监测人员对声场的干扰,或出现不可能接近测点等情况,可用一根屏蔽电缆连接传声器(随同前置放大器)与声级计,使传声器远离仪器和人员。屏蔽电缆短的几米,长的几十米,短电缆衰减很小,往往可以忽略不计,但必须注意连接处插头。如果插头与插座接触不良,则会产生较大衰减,所以,接电缆时需要对连接后的整个系统用声校准器校正一次。

2. 传声器

传声器也称话筒,是一种将声压转换成电压的声电换能器。作为测量仪器,它是把声音信号换成电信号的传感器。传声器是声学测量仪器中最重要的部件,因为任何测量精度都不能超出传声器精度。确定传声器性能的标准是,它的频率响应在主要测量频率范围内要平直,无指向性和动态范围大;另外,还要求受温湿度影响小,稳定性好,本底噪声低。

传声器有晶体式、动因式、电容式和驻极体式等几种,它们各有优缺点。

传声器的频率响应有声压型和声场型两种。具有平直的声压响应的传声器称为声压型传声器;具有平直的自由场响应的传声器称为声场型传声器。传声器在声场中会产生反射和绕射现象,干扰原来的声场,使声压有所增加。为了补偿高频声波反射所产生的声压增加对传声器输出的影响,对声场型传声器在膜片结构设计上做了一些处理,使之具有最适中的阻尼,从而在所需要的频率范围内具有平直的响应特性。在要求精度较高的测量中,使用声场型传声器,得到的是一个比较接近于传声器不在场时的声压读数。在噪声测量中,声级计上使用的是声场型传声器。为了不使测量结果产生较大的误差,一般不使用声压型传声器。

3. 滤波器

一般噪声频率范围是较宽的,在噪声控制中往往需要知道噪声的频谱。滤波器是使声音中所需要的频段通过,而对其他不需要的频率成分滤去的仪器。滤波器的种类很多,有狭带滤波器、恒定带宽滤波器和恒定百分率滤波器等。在噪声测量中经常使用的滤波器是倍频程滤波器和 1/3 倍频程滤波器。这两种滤波器是频带为一定倍频程数的滤波器,属于恒定百分率滤波器。

4. 频谱分析仪

频谱分析仪主要由放大器和滤波器组成,是一种分析声音频率成分的仪器。

用声级计和倍频程滤波器或 1/3 倍频程滤波器连接,可以组成便携式频谱分析仪。

决定频谱分析仪性能的主要是滤波器。分析噪声时,通常使用具有倍频程滤波器或 1/3 倍频程滤波器的分析仪。此外,还可以使用外差式频率分析仪和实时频率分析仪。

二、测量方法

测量噪声方法随着测量目的和要求而异。环境噪声无论是空间分布还是随时间的变化都很复杂,要求监测和控制的目的也有所不同。因此,应对不同的噪声和要求采取不同的测量方法。噪声的测量结果与测量所采用的方法有关。为了取得比较可靠的数据,要求测量者必须按照统一的测试方法进行测量和仪器标定。

(一)噪声测量的标准和规范

国际标准化组织(ISO)对噪声测量颁布了一些标准,见表 6-4。

表 6-4　ISO 噪声测量标准

标准代码	标准内容
ISO 354	吸声系数的混响室测量
ISO R495	机械噪声测量的一般必要项目
ISO R1996	公众对噪声反应的评价
ISO 3740~3748,5136,6926	噪声源声功率级的测定
ISO 3891,5129	航空器噪声
ISO 2922,2923	船舶噪声测量
ISO 362,5130,5128,7188,3095	车辆噪声测量
ISO 1680	旋转机械空气声测量
ISO 2151,3989	压缩机与原动机空气声测量
ISO 6190	气体装置空气声测量
ISO 5135	空气终端装置等声功率级的确定
ISO 3481	气动工具与机械空气声测量
ISO 6798	往复式内燃机空气声测量
ISO 5132,5133,6393,6394,6395,6396	运土机械噪声测量
ISO 5131,7216,7217	农(林)用拖拉机等噪声测量
ISO 4869,6290	护耳器衰减测量
ISO 7235	管道消声器测量
ISO 11200~11204	声压级测量通用标准
ISO 7779	计算机和通信设备的测量标准
ISO 9295	计算机和通信设备变频噪声测量标准
ISO 9296	计算机和通信设备噪声标称值标准

国际电工委员会(IEC)发布了一些有关测量仪器的标准,如关于声级计的标准(IEC651)、关于滤波器的标准(IEC225)等。

我国的噪声测量标准,已经颁布或试行的,见表 6-5。

表 6-5　我国噪声测量标准

标准代码	标准内容
GB 1496—79	机动车辆噪声测量方法
GB 1859—80	内燃机噪声测量方法
GB 2888—82	风机和罗茨鼓风机噪声测量方法
GB 755	电机噪声测量方法
GB 12349—90	工业企业界噪声测量方法
GB 12524—90	建筑施工场界噪声测量方法
GB 952—67	精密机床用电机噪声试验方法
GB 1370—73	立柜式空气调节机组试验方法
GB 1534—75	组合机床通用技术要求(第 13 条)
GB 2281—78	金属切削机床噪声的测量
GB 2747—80	积式压缩机噪声测量方法
GB 3096—2008	声环境质量标准
GB 12348—2008	工业企业厂界环境噪声排放标准
GB 22337—2008	社会生活噪声排放标准

(二) 噪声测量的位置

传声器与测点的相对位置对设备声级、声压级的测量结果有很大影响。为了便于比较,一般规定测点的选择遵守以下原则:

(1) 对于一般的机械设备,应根据尺寸大小做不同的处理。小型机械如砂轮、风铆枪等,其最大尺寸不超过 30 cm,测点取在距表面 30 cm 处,周围布置 4 个测点。中型机械如马达等,其最大尺寸为 30~50 cm,测点取在距离表面 50 cm 处,周围布置 4 个测点。大型机械如机床、发电机、球磨机等,其尺寸超过 0.5 m,测点取在距表面 1 m 处,周围布置数个测点,测试结果以最大值(或诸值的算术平均值)表示,频谱分析一般在最大声级测点处进行。对于特大型或有危险性以及无法靠近的设备,可取较远的测点,并注明测点的位置。

(2) 对于风机、压缩机等空气动力性机械,要测量进气、排气噪声。排气噪声的测点选在排气口轴线 45°方向 1 m 远处;进气噪声测点选在进气口轴线上 1 m 远处。

(3) 测点高度应以机器的一半高度为准,但距离地面不得低于 0.5 m。为了减少反射声的影响,测点应选在距离墙或其他反射面 1~2 m 以上处。

(4) 对于车间(或室内)噪声测试,测点一般取在人耳位置处。若车间内各点噪声相差较大,则可将车间划分为若干个区域,并且使各区域内声级差异不大于 3 dB(A),相邻区域声级相差不小于 3 dB(A),每个区域内取 1~3 个测点。测点位置一般要离开墙壁或其他主要反射表面 1 m 远,离窗 1.5 m 远以上,距地高度为 1.2~1.5 m。

(5) 对于厂区噪声测试,测点可在厂区等间隔布置,即按 10~100 m 的间隔把厂区划分为正方网格,取网格的交点为测点。为了形象地反映厂区噪声污染状况,可在此基础上绘制等声级曲线图。在声级变化较大[如声级差超过 5 dB(A)]时,应将测点布置得较密些。

(6) 对于厂界噪声的测试,测点一般是沿厂界等间距布置。

(7) 对于厂内外生活区环境噪声测试,测点一般选在室外距墙 1 m 处。应在各层上测窗外 1 m 远处的声级,测量高度为各层地面上 1.2~1.5 m。

(三) 影响噪声测量的环境因素

要使测量结果准确可靠,不仅要有精确的测量仪器,而且必须考虑到外界因素对测量的影响。必须考虑的外界因素主要有如下几种:

1) 大气压力

大气压力主要影响传声器的校准。活塞发生器在 101.325 kPa 时产生的声压级是 124 dB(A)[国外仪器有的是 118 dB(A),有的是 114 dB(A)],而在 90.259 kPa 时则为 123 dB(A)。活塞发生器一般都配有气压修正表。当大气压力改变时,可从表中直接读出相应的修正数值。

2) 温度

在现场测量系统中,典型的热敏元件是电池。温度的降低会使电池的使用寿命也随之降低,特别是 0 ℃以下的温度对电池使用寿命影响很大。

3) 风和气流

当有风和气流通过传声器时,在传声器顺流的一侧会产生湍流,使传声器的膜片压力发生变化而产生风噪声。风噪声的大小与风速成正比。为了检查有无风噪声的影响,可对有无防风罩时的噪声测量数据进行比较,如无差别则说明无噪声影响;反之,则有影响。这时应以加防风罩时的数据为准。环境噪声的测量,一般应在风速小于 5 m/s 的条件下进行。防风罩一般用于室外风向不定的情况。在通风管道里,气流方向是恒定的,这时应在传声器上安装防风鼻锥。

4) 湿度

若潮气进入电容式传声器并且凝结,则电容式传声器的极板与膜片之间就会产生放电现象,从而产生"破裂"与"爆炸"的声响,影响测量结果。

5）传声器的指向性

传声器在高频时具有较强的指向性。膜片越大,产生指向性的频率就越低。一般国产声级计,当在自由场(声波没有反射的空间)条件下测量时,传声器应指向声源。若声波是无规则入射的(声波反射很强的空间),则需要加上无规则入射校正器。测试环境噪声时,可将传声器指向上方。

6）反射

在现场测量环境中,被测机器周围往往可能有许多物体。这些物体对声波的反射会影响测量结果。原则上,测点位置应离开反射面3.5 m以上,这样反射声的影响可以忽略。在无法远离反射面的情况下,也可以在反射噪声的物体表面铺设吸声材料。

7）本底噪声

本底噪声是指待测机械设备停止运行时周围环境的噪声。测量机器噪声时,如果受到周围环境的干扰,就会影响测量结果的准确性。因此,现场测量时,首先要设法测量本底噪声。若本底噪声级与被测噪声级的差值大于10 dB(A),则本底噪声不会影响测量结果;若差值小于3 dB(A),则本底噪声对测量影响很大,不可能进行精确地测量,其测量结果没有意义。这时应设法降低本底噪声或将传声器移近被测声源,以提高被测噪声与本底噪声之间的差值。若差值在3~10 dB(A)之间,则可按表6-6进行修正,即将所测得的值减去相应的修正值就可以得到声源的实际噪声值。

表 6-6　本底噪声修正表

测得声源噪声级与本底噪声级之差/dB	3	4~5	6~9
修正值/dB	3	2	1

8）其他因素

除上述因素外,在测量时还应避免受强电磁场的影响,并选择设备处于正常状态(或合理状态)下进行测试。

第四节　城市环境噪声控制

控制噪声的最根本的办法是从声源上控制它。例如,提高机器的加工精度,注意维修,可以避免或减少由于过大的摩擦和振动激发噪声;改革工艺,用低噪声的焊接代替高噪声的锤打。总之,用无声的或低噪声的工艺和设备代替高噪声的工艺和设备,就从根本上解决了噪声问题。

但是,在许多情况下,由于技术或经济上的原因,直接从声源上治理噪声往往有一定限制。厂房建好了,再改建和搬迁就不太容易。提高机器精度和周围绿化对于噪声降低也有一定限度。这就需要在噪声传播途径上采取吸声、消声、隔声、隔振、阻尼等几种常用的噪声控制技术。

一、吸声

由于室内声源发出的声波将被墙面、顶棚、地面及其他物体表面多次反射,因此室内声源的噪声级比同样声源在露天的噪声级高,房间内的噪声级就会降低。这种控制噪声的方法称为吸声。

吸声材料用的是一些多孔、透气的材料,如玻璃棉、矿渣棉、泡沫塑料、毛毡、吸声砖、木丝板、甘蔗板等。吸声材料之所以能吸声,是由于声波进入多孔材料后,引起材料细孔和狭缝中的空气振动,使一部分声能由于小孔中的摩擦和黏滞阻力转化为热能被吸收掉。

吸声材料对于高频噪声有很好的效果,对于低频噪声,吸声材料不是很有效。为了增加低频噪声的吸收,就得大大增加材料厚度,这在经济上是不适合的。因此,对于低频噪声往往采用共振吸声的方法加以控制。

最常见的共振吸声结构是穿孔板共振吸声结构。在金属板、薄木板上穿一些孔,并在其后面设置空腔,这就是最简单的吸声结构。穿孔板吸声结构既省钱又简单,但有一个缺点,就是它有较强的频率选择性,吸声频带比较窄。为了克服这个缺点,近年来研究出一种微穿孔板吸声结构,它能在较宽的频率范围内有较好的吸声效果。

吸声结构多用在室内墙壁、天花板等光滑硬材料,室内混响较强的场合。一般可以降低噪声 $5\sim10$ dB(A)。

二、消声

消声是消除空气动力性噪声的方法。如果把消声器安装在空气动力设备的气流通道上,就可以降低这种设备的噪声。消声器就是阻止或减弱噪声传播而允许气流通过的一种装置。

好的消声器应是消声量大,空气动力性能好(即阻力损失小),结构性能好(坚固耐用,体积小),这三者是缺一不可的。

消声器结构形式很多,按消声原理可分为阻性消声器、抗性消声器和阻抗复合消声器,以及我国近年研制成功的微穿孔板消声器。

阻性消声器是利用吸声材料消声的。把吸声材料固定在气流流动的管道内壁,或者把它按一定方式在管道内排列组合,就构成阻性消声器。当声波进入阻性消声器,一部分能被吸声材料吸收,就起到消声作用。

图 6-1 是最简单的直管式阻性消声器,其结构简单,阻损小,对小流量的空气动力设备消声特别适用。大流量的空气动力设备,管道截面很大,如果还用直管式

阻性管道消声器,波长很短的高频声波以窄声束传播,很少或根本不与吸声材料接触,消声效果就会大大下降。为了解决这一矛盾,常常把消声器做成蜂窝式、片式、折板式和声波式。图 6-2 和图 6-3 分别为折板式消声器和汽车消声器示意图。

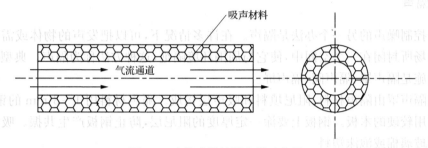

吸声材料

气流通道

图 6-1　直管式阻性消声器示意图

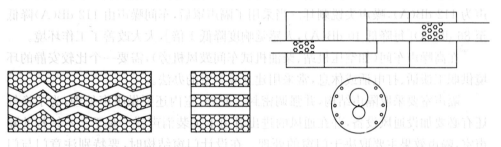

图 6-2　折板式消声器示意图　　　　图 6-3　汽车消声器示意图

　　阻性消声器的优点是能在较宽的中高频范围内消声。特别是对刺耳的高频噪声有显著的消声作用。缺点是在高温、水蒸气,以及对吸声材料有浸蚀作用的气体中,使用寿命短,对低频噪声消声效果较差。

　　对于低频噪声,常采用抗性消声器。抗性消声器是根据声学滤波原理设计出来的。利用消声器内声阻、声顺、声质量的适当组合,可以显著地消除某些频段的噪声。如扩张室式消声器,共振消声器以及弯头、屏障、穿孔片等组合而成的消声器。汽车、摩托车、内燃机的消声器就是抗性消声器。图 6-3 是用于汽车消声的抗性汽车消声器的示意图。

　　抗性消声器的优点是具有良好的低中频噪声消声性能,结构简单,耐高温、耐气体浸蚀。缺点是消声频带窄,对高频消声效果差。在生产实际中,很多噪声具有很宽的频率范围,单靠阻性或抗性消声器都不能解决问题。于是,人们综合上述两种消声器的优点,做成阻抗复合消声器。它是既有吸声材料又有共振腔、扩张室一类滤波元件的消声器。这种消声器消声量大,消声频率范围宽,因此得到广泛应用。

　　阻抗复合消声器也有不耐高温、耐潮湿和防止气体浸蚀的性能,近年来,中国科学院声学研究所与北京市劳动保护科学研究所研制成功了微穿孔板消声器。

微穿孔板消声器可以在一个较宽的频率范围内具有良好的消声效果,同时,它的阻损小,耐高温和气流冲击,不怕油雾和水蒸气,施工、维修都很方便。

三、隔声

控制噪声的另一个办法是隔声。在许多情况下,可以把发声的物体或需要安静的场所封闭在一个空间中,使它与周围环境隔绝,这种方法称为隔声。典型的隔声措施是隔声罩、隔声间、隔声屏。

隔声罩由隔声材料、阻尼填料和吸声层构成。隔声材料用 1～3 mm 的钢板,也可用较硬的木板。钢板上要涂一定厚度的阻尼层,防止钢板产生共振。吸声层可用玻璃棉或泡沫塑料。

北京某耐火材料厂球磨机在工作过程中产生强烈的机械噪声,单机运转时噪声为 112 dB(A),噪声尖锐刺耳。当采用了隔声罩后,车间噪声由 112 dB(A)降低至 86 dB(A)[每降低 10 dB(A),人感觉响度降低 1 倍],大大改善了工作环境。

在高噪声车间(如空压机站、柴油机试车间鼓风机旁),需要一个比较安静的环境供职工谈话、打电话或休息,常采用建立隔声室的办法。

隔声室要采取隔声结构,并强调密封。此外,室内还要做吸声处理,为了换气还有必要加设通风设备,并在通风的进出管道上加装消声器。对于土木结构的隔声室,隔声效果主要取决于门窗的处理。在设计门窗结构时,要特别注意门与门框、窗与窗框的结合要密封。一般隔声窗多采用 3 mm 或 5 mm 厚双层玻璃固定窗,门多采用双层木门。

隔声屏主要用在大车间或露天场合下,隔离声源与人集中的地方。如在居民稠密的公路、铁路两侧设置隔声堤、隔声墙等。在大型车间设置活动隔声屏以有效地降低机器的高中频噪声。

四、隔振与阻尼

为了减少机器振动通过基础传给其他建筑物,通常的办法就是防止机械基础与其他结构的刚性连接,这种方法称为基础隔振。主要措施有以下三种:

(1)在机器基础与其他结构之间铺设具有一定弹性的软材料,如橡胶板、软木、毛毡、纤维板等。当振动由基础传至隔振垫层时,这些柔韧材料中的分子或纤维之间产生摩擦,而将部分振动能量转换成热能耗散掉,因而降低了振动的传递,起到隔振的作用。选用隔振材料时,应注意材料的耐压性能,以免材料过分密实或被压碎而失效。同时也要考虑到使用环境的不同,而选择相适应的隔振垫层,如耐高温、防火、防潮、防腐蚀材料等。

(2)在机器上安装设计合理的减振器。它不仅安装方便、经济,隔振效果也好。减振器主要分三类:橡胶减振器、弹簧减振器和空气减振器。这三种减振器可以组合使用。弹簧减振器必须根据机器的振动性质及所需的减振量具体设计才可使用,否则一旦发生共振,将导致机器损坏。

(3)在机器周围挖一定深度的沟,也能起到隔振作用,这种沟称为隔振沟。隔振沟越深,效果越好。一般以1~2 m为宜。沟的宽度对隔振效果影响不大,可在10 cm以上。中间以不填材料为最好,也可以填松散的锯末、膨胀珍珠岩(可耐火)或浇灌沥青。为了提高隔振效果,可将三种措施综合利用。

金属薄板、船体、飞机外壳等常会因剧烈的振动辐射较强的噪声,可以用涂抹阻尼材料的方法降低噪声。阻尼材料就是内损耗大的材料,如746阻尼浆、沥青、软橡胶以及一些高分子涂料。一般涂层厚度为金属板厚的1~3倍。阻尼材料应具备尽可能高的阻尼系数,并与金属板能紧密黏结。

五、有源减噪技术

利用电子线路和扩声设备产生与噪声的相位相反的声音——反声,来抵消原有的噪声而达到减噪目的的技术。早期,相应的仪器设备称为电子吸声器,其与利用吸声材料将声能转变为热能的减噪技术相比,原理截然不同。

有源减噪的仪器系统主要包括传声器、放大器、反相装置、功率放大器和扬声器。它是一种能够减少传声器邻区声压的电声反馈系统。传声器将所接收到的声压转变为相应电压,通过放大器把电压放大到反相装置所要求的输入电压,经反相装置将这个电压的相位改变180°,送到功率放大器,功率放大后推动扬声器使其产生与原来的声压大小相等而相位相反的声压,这两个声压彼此相互抵消,达到降低噪声的目的。为了有效地实现反声作用,使用的设备应分别满足以下各项要求。

传声器:在使用频率范围内,作用声压和输出电压的相位改变应很小;有恒定的比例关系,即有平直的频响特性;灵敏度要高。

扬声器:放大器的输出变压器和扬声器耦合时,电压常产生相当大的相位变化。为避免这种现象,反声技术所用的扬声器最好采用阻抗较高,而且无变压器的直接耦合式连接。为保证反声系统所用的扬声器为简单辐射器,应将其安装在内壁有高效率吸声处理的扬声匣内。为使扬声器在规定的频率范围内基本上保持平直的频响特性,可在其磁场结构的后部,加一层绸缎类的多孔性声阻。

放大线路:要求频率响应平直,各级的相位变化不大;各级间不出现再生和正反馈。为了避免高频啸叫,可采用输出信号随频率增加而下降的办法。

反声系统在理想的条件下所能达到的减噪效果,如图6-4所示。但环境中的噪声频率成分很复杂且强度随时时间起伏,往往在某些频段和位置上的噪声被抵消,而在另外一些频段和位置上都有所增加,难以达到理想的效果。

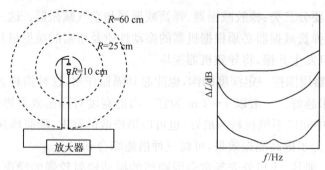

图 6-4   电子吸声器

有源减噪技术自 1947 年 H. F. 奥尔首次提出后,引起了很多人的兴趣。但到目前为止,除在较小范围内用于降低低频噪声(如机床工人耳边、飞机座舱驾驶员头部附近等),或在较大范围内用于降低简单声源(如大变压器站、大加油站等的)噪声以外,并未普遍应用。将反声技术应用到较大范围内的问题尚在探讨。例如,有人利用惠更斯原理,在噪声源的近场区产生惠更斯子波,以期在远场区达到减声的目的。

第五节   噪声标准与立法

一、噪声标准

噪声标准是环境噪声控制的基本依据,人们希望生活在没有噪声干扰的安静环境中,但完全没有噪声是不可能的,也没有必要。在没有任何声音的环境中生活,不但不习惯,还会引起恐惧,甚至疯狂。因此我们要把强大噪声降低到对人无害的程度,把一般环境噪声降低到对脑力活动或休息不致干扰的程度,这就需要有一系列的噪声标准。国家权力机关根据实际需要和可能性,颁布了各种噪声标准,根据噪声标准可以合理使用噪声控制技术和制定环境噪声控制法规。

(一)噪声功能区域划分

按区域的使用功能特点和环境质量要求,声环境功能区分为以下五种类型:

0 类声环境功能区:指康复疗养区等特别需要安静的区域。

1 类声环境功能区:指以居民住宅、医疗卫生、文化教育、科研设计、行政办公为主要功能,需要保持安静的区域。

2 类声环境功能区:指以商业金融、集市贸易为主要功能,或者居住、商业、工业混杂,需要维护住宅安静的区域。

3 类声环境功能区:指以工业生产、仓储物流为主要功能,需要防止工业噪声对周围环境产生严重影响的区域。

4 类声环境功能区:指交通干线两侧一定距离之内,需要防止交通噪声对周围环境产生严重影响的区域,包括 4a 类和 4b 类两种类型。4a 类为高速公路、一级公路、二级公路、城市快速路、城市主干路、城市次干路、城市轨道交通(地面段)、内河航道两侧区域;4b 类为铁路干线两侧区域。

(二)环境噪声限值

各类声环境功能区适用表 6-7 规定的环境噪声等效声级限值。

表 6-7　环境噪声限值　　　　　　　　　单位:dB(A)

声环境功能区类别		时段	
		昼间	夜间
0		50	40
1		55	45
2		60	50
3		65	55
4	4a	70	55
	4b	70	60

(三)工业企业厂界环境噪声排放标准

该标准是我国环境保护部和国家质量监督检验检疫总局于 2008 年颁发的。标准规定:工业企业厂界环境噪声不得超过表 6-8 规定的排放限值。

表 6-8　工业企业厂界环境噪声排放限值　　　　单位:dB(A)

厂界外声环境功能区类别	时段	
	昼间	夜间
0	50	40
1	55	45
2	60	50
3	65	55
4	70	55

(四)社会生活环境噪声排放标准

该标准也是我国环境保护部和国家质量监督检验检疫总局于 2008 年颁发的。标准规定:社会生活环境噪声不得超过表 6-9 规定的排放限值。

表 6-9　社会生活环境噪声排放限值　　　　　　　　单位：dB(A)

边界外声环境功能区类别	时段	
	昼间	夜间
0	50	40
1	55	45
2	60	50
3	65	55
4	70	55

在社会生活噪声排放源边界处无法进行噪声测量或测量的结果不能如实反映其对噪声敏感建筑物的影响程度的情况下，噪声测量应在可能受影响的敏感建筑物窗外 1 m 处进行。

噪声源控制标准多属于设备、各类产品噪声指标，它不仅可以作为防止设备噪声污染环境的依据，也是产品的性能质量指标，它的规定反映了产品的技术先进水平。目前我国正在着手制定各类机电产品噪声标准及相应检验标准的测试规范。

二、噪声立法

噪声立法是一种法律措施，为了保证已制定的环境噪声标准的实施，必须从法律上保证人民群众在适宜的声学环境中生活与工作，消除人为噪声对环境的污染。

国际噪声立法活动从 20 世纪初期就已经开始，早在 1914 年瑞士就有了第一个机动车辆法规，规定机动车必须装配有效的消声设备。美国密歇根州的庞蒂亚克城于 1929 年制定了噪声控制法令。20 世纪 50 年代以后，许多国家的政府都陆续制定和颁布了全国性的、比较完整的噪声控制法，这些法律的制定对噪声污染的控制起了很大作用，不仅使噪声环境有了较大改善，而且促进了噪声控制和环境声学的发展。

我国 1997 年 3 月 1 日起施行的《中华人民共和国环境噪声污染防治法》，基本内容包括了工业噪声、交通运输噪声、建筑施工噪声、社会生活噪声等内容，主要内容简述如下。

1) 工业噪声

工业噪声，是指在工业生产活动中使用固定的设备时产生的干扰周围生活环境的声音。在城市范围内向周围生活环境排放工业噪声的，应当符合国家规定的《工业企业厂界环境噪声排放标准》(GB 12348—2008)。在工业生产中因使用固定的设备造成环境噪声污染的工业企业，必须按照国务院环境保护行政主管部门的规定，向所在地的县级以上地方人民政府环境保护行政主管部门申报拥有的造成环境噪声污染的设备的种类、数量,以及在正常作业条件下所发出的噪声值和防治环境噪声污染的设施情况,并提供防治环境噪声的技术资料。造成环境噪声污染的设备的种类、数量、噪声值和防治设施有重大改变的,必须及时申报,并采取应有的防治措施。产生环境噪声污染的工业企业,应当采取有效措施,减轻噪声对周围生活环境的影响。国务院有关主管部门对可能产生环境噪声污染的工业设备,应当根据声环境保护的要求和国家的经济、技术条件,逐步在依法制定的产品的国家标准、行业标准中规定噪声限值。

2) 建筑施工噪声

建筑施工噪声,是指在建筑施工过程中产生的干扰周围生活环境的声音。在城市市区范围内向周围生活环境排放建筑施工噪声的,应当符合国家规定的《建筑施工场界环境噪声排放标准》(GB 12523—2011)。在城市市区范围内,建筑施工过程中使用机械设备,可能产生环境噪声污染的,施工单位必须在工程开工十五日前向工程所在地县级以上地方人民政府环境保护行政主管部门申报该工程的项目名称、施工场所和期限、可能产生的环境噪声值,以及所采取的环境噪声污染防治措施的情况。在城市市区噪声敏感建筑物集中区域内,禁止夜间进行产生环境噪声污染的建筑施工作业,但抢修、抢险作业和因生产工艺上要求或者特殊需要必须连续作业的除外。因特殊需要必须连续作业的,必须有县级以上人民政府或者其有关主管部门的证明。

3) 交通运输噪声

交通运输噪声,是指机动车辆、铁路机车、机动船舶、航空器等交通运输工具在运行时所产生的干扰周围生活环境的声音。禁止制造、销售或者进口超过规定噪声限值的汽车。在城市市区范围内行驶的机动车辆的消声器和喇叭必须符合国家规定的要求。机动车辆必须加强维修和保养,保持技术性能良好,防治环境噪声污染。机动车辆在城市市区范围内行驶,机动船舶在城市市区的内河航道航行,铁路机车驶经或者进入城市市区、疗养区时,必须按照规定使用声响装置。警车、消防车、工程抢险车、救护车等机动车辆安装、使用警报器,必须符合国务院公安部门的规定;在执行非紧急任务时,禁止使用警报器。城市人民政府公安机关可以根据本地城市市区区域声环境保护的需要,划定禁止机动车辆行驶和禁止其使用声响装置的路段和时间,并向社会公告。建设经过已有的噪声敏感建筑物集中区域的高速公路和城市高架、轻轨道路,有可能造成环境噪声污染的,应当设置声屏障或者采取其他有效的控制环境噪声污染的措施。在已有的城市交通干线的两侧建设噪声敏感建筑物的,建设单位应当按照国家规定间隔一定距离,并采取减轻、避免交通噪声影响的措施。在车站、铁路编组站、港口、码头、航空港等地指挥作业时使用广播喇叭的,应当控制音量,减轻噪声对周围生活环境的影响。穿越城市居民区、文教区的铁路,因铁路机车运行造成环境噪声污染的,当地城市人民政府应当组织铁路部门和其他有关部门,制定减轻环境噪声的规划。铁路部门和其他有关部门应当按照规定的要求,采取有效措施,减轻环境噪声污染。除起飞、降落或者依法规定的情形以外,民用航空器不得飞越城市市区上空。城市人民政府应当在航空器起飞、降落的净空周围划定限制建设噪声敏感建筑物的区域;在该区域内建设噪声敏感建筑物的,建设单位应当采取减轻、避免航空器运行时产生的噪声影响的措施。民航部门应当采取有效措施,减轻环境噪声污染。

4) 社会生活噪声

社会生活噪声,是指人为活动所产生的除工业噪声、建筑施工噪声和交通运输噪声之外的干扰周围生活环境的声音。在城市市区噪声敏感建筑物集中区域内,因商业经营活动中使用固定设备造成环境噪声污染的商业企业,必须按照国务院环境保护行政主管部门的规定,向所在地的县级以上地方人民政府环境保护行政主管部门申报拥有的造成环境噪声污染的设备的状况和防治环境噪声污染的设施的情况。新建营业性文化娱乐场所的边界噪声必须符合国家规定的环境噪声排放标准,不符合国家规定的环境噪声排放标准的,文化行政主管部门不得核发营业执照。经营中的文化娱乐场所,其经营管理者必须采取有效措施,使其边界噪声不超过国家规定的环境噪声排放标准。禁止在商业经营活动中使用高声广播喇叭或者采用其他发出高噪声的方法招揽顾客。在商业经营活动中使用空调器、冷却塔等可能产生环境噪声的设备、设施的,其经营管理者应当采取措施,使其边界噪声不超过国家规定的环境噪声排放标准。禁止任何单位、个人在城市市区噪声敏感建筑物集中区域内使用高音广播喇叭。在城市市区街道、广场、公园等公共场所组织娱乐、集会等活动,使用音响器材可能产生干扰周围生活环境的过大音量的,必须遵守当地公安机关的规定。使用家用电器、乐器或者进行其他家庭内娱乐活动时,应当控制音量或者采取其他有效措施,避免对周围居民造成环境噪声污染。在已竣工交付使用的住宅楼进行室内装修活动,应当限制作业时间,并采取其他有效措施,以减轻、避免对周围居民造成环境噪声污染。

三、环境噪声影响评价

噪声环境影响评价就是解释和评估拟建项目造成的周围声环境预期变化的重大性,据此提出消减其影响的措施。

国内噪声影响评价的基本内容有以下几方面:

(1) 根据拟建项目多个方案的噪声预测结果和环境噪声评价标准,评述拟建项目各个方案在施工、运行阶段噪声的影响程度、影响范围和超标状况(以敏感区域或敏感点为主)。采用环境噪声影响指数对项目建设前和建设后进行比较,可以直接地判断影响的重大性。根据各个方案噪声影响的大小,择优推荐。

（2）分析受噪声影响的人口分布(包括受超标和不超标噪声影响的人口分布)。受噪声影响范围内的人口估计评价有以下两个途径:①城市规划部门提供的某区域;②若无规划人口数,可以用现有人口数和当地人口增长率计算预测年限的人口数。

（3）分析拟建项目的噪声源和引起超标的主要噪声源和主要原因。

（4）分析拟建项目的选址、设备布置和设备选型的合理性;分析建设项目设计中已有的噪声防治对策的适用性和效果。

（5）为了使拟建项目的噪声达标,评价必须提出需要增加的、适用于该项目的噪声防治对策,并分析其经济、技术可行性。

（6）提出针对该拟建项目的有关噪声污染管理、噪声监测和城市规划方面的建议。

第六节　道路交通噪声控制

一、概述

交通噪声来自行驶在道路上的各种车辆,轨道上奔驰的火车,飞机的起飞、降落,轮船的汽笛声等。本节主要研究在道路上行驶的各种车辆所产生的噪声,简称道路交通噪声。

道路交通噪声主要来源于行驶车辆发动机产生的声音、排气管产生的声音、车辆各零部件产生的声音以及车胎与路面的摩擦产生的声音等。道路交通噪声是一种典型的随机非稳噪声,交通噪声与车辆自身的性能、负荷、车型、车速、交通量的大小、道路的纵坡、路面的类型以及路面的平整度等均有密切的关系,并在传播过程中衰减。一般大城市较小城市噪声大,市中心较边缘为大,交叉口由于车辆的加速、减速、按喇叭,其噪声要比一般路段为大,甚至相差达 10 dB(A)以上。

二、道路交通噪声的特点

道路交通噪声是一种随机变化的噪声,除了与车辆本身声功率级有关外,还与道路结构和交通状态有很大关系。公路上车流连续,速度快而且重车比较多,因此噪声也比较大,相应的计算方法也比较简单。城市道路车流不连续,受到交叉口等影响,速度相对较慢,周围建筑物较多,计算比较复杂。高架道路车流连续,重车较少,速度快,声源点位置较高,影响范围比较大。高架道路使得通行能力大大提高,避免了平面交叉,减少了车辆鸣号、刹车、启动的频率,在同样交通量的情况下,交通噪声应该是降低的。

三、交通噪声的传播

声在大气中传播将产生反射、衍射、折射等现象,并在传播过程中引起衰减。这一衰减通常包括声能随距离的扩散(衰减)和传播过程中产生的附加衰减两个方面。总的衰减值应是两者之总和。

(一)声能随距离的衰减

最简单的情况是假设以声源为中心的球面对称地向各方向辐射声能[即无指向性,见图 6-5(a)],它的声强 I 与声功率 W 间的关系,即

$$I = \frac{W}{4\pi r^2} \tag{6-16}$$

当声源放置在刚性地面上时,声音只能向半空间辐射,见图 6-5(b)。设接收点与声源距离为 r,则半径为 r 的半球面的面积为 $2\pi r^2$,由此得半空间接收点声强

$$I = \frac{W}{2\pi r^2} \tag{6-17}$$

可见,声强随着离开声源中心距离的增加,按平方反比的规律减小。

若用声压级来表示,可得在 r 处的声压

$$L_P = L_W - 20 \lg r - 11 \quad (全空间) \tag{6-18}$$

$$L_P = L_W - 20 \lg r - 8 \quad (半空间) \tag{6-19}$$

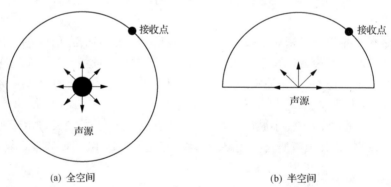

(a) 全空间　　　　　　　　　　　(b) 半空间

图 6-5　球面对称辐射声源

(二)声传播过程中的附加衰减

产生附加衰减的因素一般指:①大气的声吸收;②树林引起的声音散射和吸收,屏障和建筑物产生的声反射;③风和大气的温度引起的声折射;④雾、雨、雪的声吸收;⑤不同地面覆盖物(如草地等)的吸收等。

实际计算声波在大气中的衰减时,可参照表 6-10 中所列出的数值。

表 6-10　声在空气中的衰减值　　　　　　单位：10^{-2}dB/m

频率/Hz	温度/℃	相对湿度/%			
		30	50	70	90
500	−10	0.56	0.32	0.22	0.18
	0	0.28	0.19	0.17	0.16
	10	0.22	0.18	0.16	0.15
	20	0.21	0.18	0.16	0.14
1000	−10	1.53	1.07	0.75	0.57
	0	0.96	0.55	0.42	0.38
	10	0.59	0.45	0.40	0.36
	20	0.51	0.42	0.38	0.34
2000	−10	2.61	3.07	2.55	1.95
	0	3.23	1.89	1.32	1.03
	10	1.96	1.17	0.97	0.89
	20	1.29	1.04	0.82	0.84
4000	−10	3.36	5.53	6.28	6.05
	0	7.70	6.34	4.45	3.43
	10	6.58	3.85	2.76	2.28
	20	4.12	2.65	2.31	2.14
5940	−10	4.11	6.60	8.82	9.48
	0	10.54	11.34	8.90	6.84
	10	12.71	7.73	4.47	4.30
	20	8.27	4.67	3.97	3.63

注：此表是国际标准化组织(ISOR507)推荐的空气中不同温度和湿度的声波衰减值。

（三）声波的衍射现象

声波在传播过程中遇到障碍物时，能够绕过障碍物边缘前进，并引起声波传播方向的改变，称为声波的衍射或绕射。在声屏障降噪特性中就要考虑声波的绕射问题，声波的绕射与障碍物或空洞的大小有关，当声波波长远大于障碍物尺寸时，只有在离障碍物很近时才有声影区，甚至没有声影区，大部分声绕过了障碍物。当声波波长远小于障碍物尺寸时，大部分声波被反射回来，在障碍物后面有较大而明显的声影区。

四、道路交通噪声控制

为减少道路交通噪声的污染，可采取下列措施。

1. 制定切实可行的环境噪声法令条例

制定切实可行的环境噪声法令条例,并使之得到实施,是保护环境免遭声公害影响的重要措施。国外已有较成熟的经验,我国目前基本上已经建立了这套管理法规管理体系,如《中华人民共和国环境保护法》、《中华人民共和国环境噪声污染防治法》、《声环境质量标准》、《工业企业厂界环境噪声排放标准》、《社会生活环境噪声排放标准》等。

2. 道路两侧建筑合理布局

道路两侧建筑合理的布局对减少交通噪声具有很好的效果。目前一些国家在高速公路进入市区的地段,采用路旁屏障来降低交通噪声干扰。日本高架公路新干线穿过市区时,采用屏障来减少噪声。有些国家还特别设计路面呈凹型的道路,使马路两侧形成屏障,使用屏障最理想的效果一般不超过 24 dB(A)。

在通过居住区地段,利用临街商亭、手工艺工厂作为屏障,也是一种可行的办法。在沿道路快车线外沿建筑商亭,使商亭背面作为广告墙面朝向道路一侧,而商亭营业门面朝向居住建筑物一侧,这样的设施不仅是理想的声障板,对美化市容、保证交通安全也有好处。

道路两侧建筑物布局方法,应考虑使噪声的影响降至最小,如利用地形或隔声屏障,使噪声不断降低。图 6-6 是建筑物布局对噪声影响的几个实例。

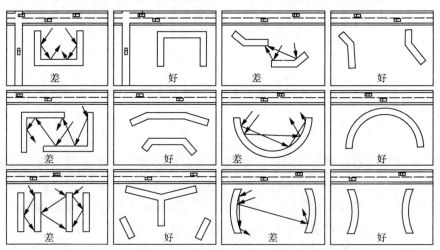

图 6-6　建筑物位置布局的选择示意图

我国许多城市居民小区,建在道路在交通干线两侧,多采用图 6-7 中的三种布局方式。图的数值是交通噪声级分贝数。三种布局方式比较起来,靠近路边一排楼房与道路平行式和混合式的布局,小区内比较安静,是值得推荐的。这种布局,对邻道一侧的房间尽量不设计卧室。如果不可避免,卧室房间的门窗可做隔声处理。

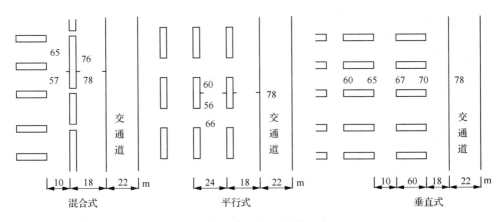

图 6-7　住宅小区的三种布置方式

3. 临街建筑的隔声

临街建筑的隔声处理,一般采用双层窗,窗缝用橡胶密闭,这样能使室内噪声降低 20 dB(A)。清华大学建筑学院设计的简易消声通风管道(图 6-8),比较经济实用。经实验证明,使用它的封闭房间的热舒适指标(通风量、温度、湿度的主观感觉指标等)一般优于相邻的开窗房间。

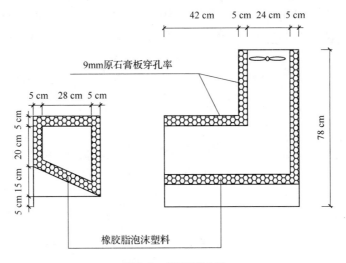

图 6-8　消声通风管

建筑物临街一侧,用玻璃闭阳台、走廊,是目前居民通常所能接受的办法。这种办法的降噪效果,见表 6-11。与未做处理的居室比较,打开窗时,有处理的室内,比未处理的室内噪声低 3~5 dB(A);关上窗有处理的室内,比未处理的室内低 13~14 dB(A)。

表 6-11　封闭走廊、阳台引起的噪声变化

条　件	噪声	户外	走廊内	室内
门窗全开	L_{10}	74.5	70.0	61.0
	L_{10}	69.5	65.0	56.5
	L_{10}	66.0	61.0	53.0
	L_{10}	71.0	66.5	58.0
门窗全闭	L_{10}	74.0	61.0	43.0
	L_{10}	69.5	57.0	40.5
	L_{10}	66.0	53.0	39.0
	L_{10}	70.5	58.0	44.0

4. 声屏障及绿化隔离降噪

1) 声屏障

合理设计声屏障位置、高度、长度,可使噪声增加衰减 7～24 dB(A),声屏障的使用在日本、法国等国家较多。在我国,广深铁路、贵黄高速公路通过居文教区也使用了声屏障。目前城市高架路和穿过城市的铁路也在考虑应用。

声屏障应用的原理如光照射一样,如图 6-9 所示,当声波遇到一个阻拦的障板时,会发生反射,并从屏障上端绕射,在障板另一面形成一定范围的声影区,声影区的噪声相对小些,可以达到利用声屏障降噪的目的。

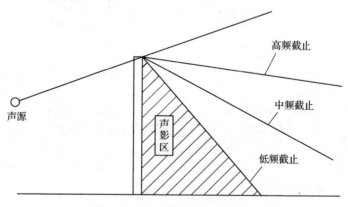

图 6-9　声屏障隔声原理示意图

声屏障的隔声效果与声源和接收点,以及屏障的远近和高度有关。我们根据它们之间的距离、声音的频率(一般公路屏障使用频率是 500Hz),算出菲涅耳数(N),然后从图 6-10 中曲线查出相对应的衰减值[声屏障衰减不超过 24 dB(A)]。菲涅耳数(N)的计算如下:

$$N = \frac{2(A+B-d)}{\lambda} \qquad (6\text{-}20)$$

式中，A——声源与障板顶端的距离；

　　　B——接收点与障板顶端的距离；

　　　d——声源与接收点间的距离；

　　　λ——波长。

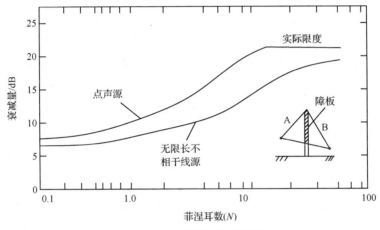

图 6-10　障板的声衰减曲线

2) 绿化隔离降噪

城市绿化，利用树林的散射、吸声作用以及地面吸声，也是达到降低噪声目的的一种办法。一般来说，城市街道经常遇到的是观赏遮阴绿林，并不形成密实的绿林实体，降噪效果不大，只有采用种植灌木丛或者多层林带才能构成绿林实体。大多数绿化实体平均每米衰减 0.15～0.17 dB(A)。如松林(树冠)全频带噪声级降低量平均值为 0.15 dB(A)/m，冷杉(树冠)为 0.18 dB(A)/m，茂密的阔叶林为 0.12～0.17 dB(A)/m，浓密的绿篱为 0.25～0.35 dB(A)/m，草地为 0.07～0.10 dB(A)/m。在林带设计中，除考虑树木种类外，还需考虑它的结构，如不同高度和密度树冠的组合、地面高度的变化、整片树林还是分段等因素。目前许多国家对绿化降噪都比较重视，因为在市区到处立屏障，使人难以接受，而绿化却不然。

从现实考虑，利用浓密的绿篱将快、慢车道和人行道分离，将有一定的效果。国内的研究资料表明，常见的松柏、侧柏绿篱、配以乔灌木和草皮的混合结构，也有一定的减噪效果。在高层建筑群的街道两旁种树，由于吸声作用可以减少混响声，也能使噪声有所改善。

第七节　铁路运输噪声控制

一、概述

　　城市铁路一经建成,由于城市社会经济的发展需要,"城市包围铁路、铁路分割城市"的局面逐渐形成,随之产生了以噪声影响为主的城市环境问题。而且随着列车运行速度的提高,铁路噪声问题愈发突出。在我国首次 200 km/h 以上高速铁路论证会上,专家们提到与提高行车速度有关的环境因素,包括大气污染及噪声污染,并认为噪声干扰对社会影响最大。有关实验表明,随列车速度的提高,其辐射噪声级呈对数规律增加。传达到车外的噪声会对铁路沿线两侧对噪声有控制要求的区域(如医院、学校、住宅区等)产生有害影响。

二、铁路噪声污染分析

　　铁路编组站是铁路枢纽的核心,是车流集散和列车解编的基地,常有"列车工厂"之称。目前我国铁路运输的主要调车方式是驼峰调车,由于编组站接发列车及解编车辆作业频繁,驼峰调车噪声就成为铁路编组站的主要噪声源之一。一般大中型编组站区周围距铁路外侧 30 m 处的等效 A 声级可达 71~78 dB(A),对编组站工作人员和铁路两侧的居民影响都较大。顾建军关于铁路某编组站接触噪声工人的健康调查表明,车辆减速顶噪声的强度为 92~107 dB(A),超过《城市区域环境噪声标准》(GB 3096—93)规定夜间突发噪声标准超过 85 dB(A),长期接触此声源的工人,神经衰弱症候群发生率为 40.86%,听力损失一般为 40~60 dB(A)。因此,降低铁路噪声已成为急待解决的重大环境问题。

三、我国铁路噪声标准

　　根据我国最新的铁路边界噪声限值规定,既有铁路以及改、扩建既有铁路,其两侧边界处应满足的噪声限值如表 6-12 所示。

表 6-12　既有铁路边界噪声限值(等效声级 L_{eq})　　　　　单位:dB(A)

时段	噪声限值
昼间	70
夜间	70

　　新建铁路(含新开廊道的增建铁路)两侧边界处应满足的噪声限值如表 6-13 所示。

表 6-13　既有铁路边界噪声限值(等效声级 L_{eq})　　　　单位:dB(A)

时段	噪声限值
昼间	70
夜间	60

四、铁路噪声控制技术的探讨

1. 研制低噪声轨道

铁路运输主要噪声源源于列车运行时轮轨之间接触产生的滚动噪声。滚动噪声是车轮和轨道振动产生的,这种振动主要是由轮轨接触处轮轨表面的粗糙度所引起的。降低轮与轨的粗糙度,目前比较行之有效的办法是各国铁路公务部门广泛采用的轨道打磨。由于这种办法可以有效改善钢轨的平滑程度,因此对于减少噪声亦有非常重要的实际意义。国际铁路联盟(UIC)在欧洲的货车上推广使用复合材料闸瓦,研磨去除钢轨表面的皱纹,这种闸瓦不磨损车轮,降低轮与轨的粗糙度,从而起到降低噪声的作用。例如,德国在编组站及其附近路段就是使用研磨手段去除钢轨的皱纹,从而降低编组站的碰撞噪声,取得了较好的隔振效果。

同样对车轮的踏面整修也有利于减少粗糙度。车轮在运行一定时间后,踏面都会出现一定程度的磨损。测试表明,当出现磨损点后,如果进行及时的打磨整修,就能使轮与轨的啸叫声降低 6 dB(A)以上,轰鸣声降低 15~20 dB(A)以上。同时,还可以使路基结构振动噪声大大降低,综合指标降低噪声 20 dB(A)以上。

2. 改进轨道的结构

轨道的构造可以大体上分为道砟轨道和无道砟轨道两种。要降低传播噪声,必须提高轨道的整体隔振能力。标准的道砟轨道包含有两层弹性材料:垫片和道砟。要提高道砟轨道的隔振能力,可增加道砟的弹性,即使用道砟垫层。将 20~40 mm 厚的弹性垫子铺在底部或桥面,再将道砟铺在上面,这样产生的弹性相当于较厚的道砟所产生的弹性。但是,这样结构的弹力在实际应用中有一极限值,因为当列车加速运行时,轨道的垂直挠曲太大,道砟将变得不稳定。

对无道砟轨道而言,可用含有柔软弹性层的垫板,将钢轨与水泥基础连接起来。钢轨的垂直挠度经常作为设计基准,但是也必须限制水平挠度。因此,通常设计很宽的垫板。另一个可供选择的方案是潘卓新近开发的系统,该系统已成功地在伦敦地铁做了实验。在这个系统中,不是在钢轨的底部支撑钢轨,而是使用钢轨的头部下的固定件支撑固定钢轨,这就使得可使用较为柔软的支撑而不会产生较大的水平位移。

为了降低共振频率,城市铁路经常使用浮动式混凝土板轨道,即将装有轨道的混凝土板安装在柔软的弹簧上,混凝土板的作用是降低共振频率。另一个方法是使用"胎垫式枕木",即将枕木放置于混凝土基础槽中,在枕木和基础之间是弹性层。英吉利海峡的隧道铁路就是使用的这种方式隔振减振。

3. 声屏障降噪新技术

铁路噪声与铁路运输时轮与轨运行系统的状况密切相关。近声屏障降噪技术作为一种先进、经济、有效的降噪措施,已被国内交通业逐渐认识、引进、研发和推广,并取得了良好的经济和社会效益。

铁路近声屏障是一种吸、隔声式屏障,选用奥地利生产的高档吸声材料 CJM-WSR50/75 单体吸声材料,经过矿化处理的木屑、特种外加剂及优质水泥制成的吸声板和国产纤维增强硅酸钙隔音板组合而成的噪声衰减装置,其衰减量可达10 dB(A)。如在内江—宜宾段铁路,宜宾、安边地区沿线两侧分布着各类噪声敏感建筑物,部分距线路较近,其使用功能受到铁路运行噪声影响。在区间正常运行时,轮轨噪声是主要的铁路噪声源。通过采用多孔矿化木屑混凝土框架结构的新型材料作为声屏障后,被保护区域噪声达到国家标准,铁路噪声污染明显降低。

治理铁路噪声的措施还包括规划部门合理规划选址编组站位置,尽可能远离城区,或编组站选址位于山地之间,借助山体作为自然隔声屏障。合肥新站总体规划建设沿铁路编组站两侧各 200 m,建设多层密林区作隔声屏障,以减轻铁路噪声对城市的干扰。

随着国民生活质量的不断提高,对噪声环境治理力度的加大,近声屏障降噪技术广泛用于铁路、公路噪声污染治理,其社会环境和经济效益显著。

4. 其他方法

首先,城市规划部门应当根据《城市区域环境噪声标准》(GB 3096—93),做好城市区域内铁路沿线的声环境规划,避免临近铁路修建学校、医院、机关、科研单位等噪声敏感建筑物;应当按照城市规划由环保、铁路、城建等有关部门共同制定铁路运行噪声污染防治的规划,并纳入城市国民经济和社会发展计划之中。

其次,完善铁路设施以减少或限制鸣笛。铁路机车穿越规划区及以外的城区时,应严格按照《铁路技术管理规程》的有关要求鸣笛,出入市内车站的机车技术联络,应逐步实现采用无线通信信号代替鸣笛信号;在封闭隔离路段运行的机车,除出现危及人身安全及行车安全的特殊情况外,禁止鸣笛。如铁道部批准规定:凡是进入北京的火车,驶入京山线黄土坡站进站信号机内、京广线丰台站进站信号机内、西长线吕村站进站信号机内、京九线李营站进站信号机内、京秦线通州站进站信号机内、丰沙(京原)线石景山南站进站信号机内、京包线清河站进站信号机内、京承线通州西站进站信号机内地区以及北京市东北环线望京站、星火站与相关支线、专用线,均要限制鸣笛。从北京市内各火车站驶出的列车,在上述线路的区域内,也同样限鸣。铁路车站包括编组站、调车场在指挥作业时应适当控制高音喇叭音量,并逐渐将高音喇叭改为低音广播系统,或无线通话联系作业。如上海铁路局也出台了《上海市区限制机车鸣笛办法》，从 2003 年 1 月 1 日起，凡驶入上海市区范围的火车，一律限制鸣笛，司机与车站、站场等进行的调车作业联系，一律改用无线电台通信。上海地区火车限制鸣笛后，噪声明显下降。对用喇叭式扬声器（高音喇叭）指挥作业的扩音点，还应考虑扬声器指向性的影响，不得将声音最强的方向指向噪声敏感区，减少对编组站工作人员和附近居民的影响；加强编组站工作人员的个人防护，对编组站室内工作场所，安装双层玻璃以降低噪声干扰等。

最后，有关环保、铁路主管部门要加强对铁路噪声的监督管理，对违反《中华人民共和国环境噪声污染防治法》和《铁路系统管理规章制度》的，应及时对责任者实施行政处罚与处分。环境保护行政主管部门应做好协调、指挥与监督工作。政府有关部门与铁路部门应尽快采取措施，及时解决群众反映的铁路噪声污染投诉热点问题。

随着噪声对人体健康和生活质量的不良影响越来越被人们认识，公众对控制噪声的要求进一步提高。铁路编组站噪声治理只有以积极的姿态寻求解决噪声污染问题的强制性管理方法和现代化治理技术，才能达到"治本"的目的。

参 考 文 献

贺启环. 2011. 环境噪声控制工程[M]. 北京：清华大学出版社.

刘惠玲. 2002. 环境噪声控制[M]. 哈尔滨：哈尔滨工业大学出版社.

毛东兴，洪宗辉. 2010. 环境噪声控制工程[M]. 2 版. 北京：高等教育出版社.

潘琼. 2006. 交通运输与噪声控制技术[D]. 长沙：湖南大学硕士学位论文.

王炜，过秀成. 2000. 交通工程学[M]. 南京：东南大学出版社.

郑长聚，洪宗辉. 2000. 环境工程手册——环境噪声控制卷[M]. 北京：高等教育出版社.

第七章 城市生态规划

城市的出现打破了人类社会与自然环境的平衡。城市化的集聚效应所造成的城市人口的持续增长和高度集中，迫使人类强烈干预自然环境而使其发生剧烈的变化，形成特殊的人工环境。在这种环境中，维持城市的生产和生活所需要的各种物资和能量必须从外界输入，而城市产生的废气、污水、垃圾往往超过了城市环境的承载能力，需要向外界输出，这就更使得资源耗竭、环境污染和生态破坏成为城市发展的"必然"附属物。同时，城市化损伤了文明的可持续性。无数事实已经证明，正当世界各国的城市化进程看似以不可阻挡之势迅猛推进之时，城市发展的内在可持续性却在面临着严峻的挑战。众多学者认为，21世纪世界各国城市经济活动的总体增长趋势将面临四个方面的刚性约束，包括：地球上的有限空间，资源稀缺的日益加剧，生态服务能力与环境自净能力的限制，人类科技水平与调控能力的限制。

我国目前而且预计近50年中都将处于快速的城市化进程中。城市规模和人口数量都在不断膨胀，加之城市在生态环境建设方面历史欠账过多，导致城市生态环境恶化，城市生态系统安全受到威胁。为了遏制这种城市发展的不利形势，指明未来城市科学的发展方向，生态城市建设与规划正逐渐成为国内城市建设与发展研究的热点。广州、宁波、杭州、青岛等城市都以建设生态市作为城市发展目标并制定了相关建设规划，并取得了初步的成果和成效。

环境规划一直是我国环境保护中的一项重要制度和城市环境管理的重要手段，其理论和方法仍处于发展和完善之中。特别是自可持续发展思想提出以来，针对环境规划的研究和应用取得了较大的发展。随着城市生态问题得到广泛的认同和重视，环境规划中更多地涉及生态问题，规划方法更多地引进生态学的方法，规划开展更多地从生态系统的角度入手，规划内容更多地强调生态保护和建设，并且在此基础上环境规划更多地应用于区域（特别是城市）的规划布局和建设调整之中，对促进区域可持续发展发挥着积极的作用。

城市环境规划的目的是调控城市人工生态系统的动态平衡。城市环境规划应以城市生态学的理论为指导，以实现环境目标为宗旨，主要由两部分组成：城市生态规划和污染控制规划。城市污染控制规划强调城市中大气、水、噪声、固体废弃物等环境质量的监测、评价、控制、整治、管理等，城市生态规划则强调城市内部各种生态关系的质量提高和协调共存，以及城市居民与城市环境之间关系的和谐发展。城市生态规划不仅关注城市自然环境的利用和消耗对城市居民生存状态的影响,而且关注城市功能、结构、调度等城市内在机理的变化和发展对城市生态变化的影响。由于城市生态系统的社会性,相对于城市污染控制规划而言,城市生态规划不仅要考虑各种自然环境因子,而且还要考虑社会经济因子在城市发展中的作用。

第一节　城市生态系统概述

一、城市生态系统的概念

1935 年,生态学家坦斯列(A. G. Tansley)将生态系统定义为:一定范围内的生物有机体(包括动物、植物和微生物等)及其生活的周围无生命环境(包括空气、水、土壤等)所组成的统一体。即生态系统就是一定地域范围内生物群落与其无机环境介质的集合体。地球生物圈中存在着自然生态系统(如原始森林、远洋海岛)、半自然生态系统(如农业生态系统)、人工生态系统(如人工气候室、载人宇宙飞船)。由于城市生态系统中人工构筑物所占的比重很大,系统的运转过程对人为干预的依赖性很强,所以目前大部分人将城市生态系统划归到人工生态系统的范畴。

城市是一个经济实体、社会政治实体、科学文化实体和自然环境实体的综合体,是一个地区的政治、经济和文化中心;同时又是一定空间内组织生产力,实现社会分工和协作,推动社会生产力发展的空间存在形式。它集中了一个地区生产力最先进、最重要的部分,代表着一个国家或一个地区国民经济发展水平与方向。可见,城市不仅是一个系统,而且具有生态系统的一般特征。它既有动物、植物、微生物和人类等生物有机体以及围绕着它们的空气、水、土壤等自然环境和社会经济等人工环境,而且也执行着物质循环、能量流动、价值转化和信息传递等功能。由于城市系统具有生态系统的一般特征,所以从科学的角度讲,将城市系统改称为城市生态系统更确切。当然,如果说自然生态系统以动物、植物为中心,那么城市生态系统就是以人为中心。也就是说,城市生态系统是人为改变了结构、改造了物质循环和部分改变了能量转化的、长期受人类活动影响的、以人为中心的生态系统。

由于城市生态系统既是自然生态系统发展到一定阶段的结果,也是人类生态系统发展到一定阶段的体现,因此,关于城市生态系统确切而又被广泛认同的定义一直在讨论与发展中,至今仍有各式各样的提法。例如,我国学者宋永昌等认为:城市生态系统可以简单地表示为以人群(居民)为核心,包括其他生物(动物、植物、微生物等)和周围自然环境以及人工环境相互作用的系统。同时,他们还注明了这里所指的"人群"泛指人群结构、生活条件和身心状态等;"生物"即通常所称的生物群落,包括动物、植物、微生物等;"自然环境"是指原先已经存在的或在原来基础上由于人类活动而改变了的物理、化学因素,如城市的地质、地貌、大气、水文、土壤等;"人工环境"则包括建筑、道路、管线和其他生产、生活设施等。由于城市生态系统的人为特征以及生活和生产多方面联系的复杂特点,我国学者马世骏和王如松等则认为:城市生态系统是由人类社会、经济和自然三个子系统构成的复合生态系统,并强调城市生态系统是在原来自然生态系统的基础上,增加了社会和经济两个系统所构成的复合生态系统。进入 21 世纪后,我国学者杨小波等在总结、比较、分析的基础上,结合自己的工作体会,认为:城市生态系统指的是城市空间范围内的居民与自然环境系统和人工建造的社会环境系统相互作用而形成的统一体。同时指出,其中城市居民由居住在城市中的人的数量、结构和空间分布(含社会性分工)三个要素构成;自然环境系统包括大气、水体、土壤、岩石、矿产资源、太阳能等非生物系统和动物、植物、微生物等生物系统;社会环境系统包括人工建造的物质环境系统(涉及各类房屋建筑、路桥及运输工具、供电、供能、通风和市政管理设施及娱乐休憩设施等)和非物质环境系统(涉及城市经济、文化与群众组织系统,社会服务系统,科学文化教育系统等)。杨小波等提出的城市生态学概念,在前人提出的城市生态系统概念的基础上,进一步明确指出了城市生态系统的空间边界,明晰了城市生态系统三大组成部分的构成要素,并强调"三位一体"的理念。但未能反映出城市生态系统的动态变化特征和功能状态。基于以上论述,我们认为城市生态系统是人们在一定的时间和空间范围内,利用以人为主体的城市生物与非生物环境之间,城市生物种群之间,以及城市自然环境与社会经济环境之间的相互作用建立起来的,并在人为和自然共同支配下进行生物生产和非生物生产的综合体。这一定义一方面指明了城市生态系统是在人类生产活动和经济活动影响下形成的,是人类利用社会资源对自然资源进行利用与加工形成的生态系统;另一方面阐明了城市生态系统的各组成部分是如何共同构成一个系统整体而实现其转化、循环和协调发展功能的。

二、城市生态系统的特点

城市生态系统是以人为中心的社会、经济、自然复合人工生态系统,它与自然生态系统具有一定的相似性,它也有自然生态系统的一般特性,如动态变化性、区域性、自我维持性与自我调节性。然而,城市生态系统作为人类生态系统的一种类型,在许多方面具有独特鲜明的特征。

1. 城市生态系统是以人为主的人工生态系统

城市及城市生态系统是通过人的劳动和智慧创造出来的,人工控制和人工作用对它的存在和发展起着决定性的作用。大量的人工设施叠加在自然环境之上,形成了显著的人工化特点,甚至还造就了人工化气候(城市热岛)。城市生态系统不仅使原有的自然生态系统的组成和结构发生了改变,而且城市生态系统中大量的人工技术产物如道路、建筑物等改变了原有的自然生态系统的形态和结构。在城市生态系统中,人口高度密集,其他生物种类和数量都很少,人口比重极大。从城市单位土地面积上人口生存量看,人类远远超过了其他生物。

在城市生态系统中,主要生产者实际上已从绿色植物转化为从事经济生产的人类。而消费者也是人类,人类已成为兼具生产者与消费者两种角色的特殊生物物种了。

人类社会的政治、经济、法律、文化和科学技术对城市生态系统的发展有重大的影响。城市发展几乎是全取决于人类的意志,有计划、有步骤地按制定的规划实施城市建设已是普遍的原则。人类社会因素既是城市生态系统的一个组成部分,又是城市生态系统的一个重要的变化函数,直接影响城市生态系统的发展和变化。

2. 城市生态系统的不完整性

在城市中,自然生态系统为人工生态系统所代替,动物、植物、微生物失去了在原有自然生态系统中的生境,致使生物群落不仅数量少,而且其结构变得简单。城市生态系统的绿色植物不仅数量少,而且其作用也发生了改变,城市中植物的主要任务已不再是像自然生态系统那样为居住者提供食物,而是变为美化景观、消除污染和净化空气。城市生态系统必须靠外部所提供植物产量来满足城市生态系统消费者的需求。同时,城市生态系统缺乏分解者或者分解者功能微乎其微,城市生态系统中的废物(工业与生活废物)不可能由分解者就地分解,几乎全部都由人工设施进行处理。

3. 城市生态系统对外部系统的依赖性和开放性

城市生态系统不能提供本身所需要的大量能源和物质,必须由外部输入。经过加工,将外来的能源和物质转变为另一种产品,以提供城市使用。城市规模越大,与外界的联系越密切,要求输入的物质种类和数量就越多,城市对外部所提供的能源和物质的接受、消化、转变的能力也越强。

城市生态系统的开放性体现在三个方面。第一,城市生态系统内部各子系统之间的交流和互相依赖、互相作用。如城市经济活动中,在生产、流通、分配、消费各个环节之间就有很密切的交流和开放,否则,经济活动就不能维持和进行。第二,城市社会经济系统与城市自然环境系统之间的开放。这主要指城市社会经济系统要利用自然环境资源,同时在利用过程中也对自然环境施加各种影响。第三,城市生态系统作为一个整体向外部系统的全方位开放。既从外部系统输入能量、物质、人才、资金、信息等,也向外部系统输出产品、改造后的能量和物质,以及人才、资金、信息等。

4. 物质、能量、人口等的高度集中性

城市在自然界只占有很小的一部分空间,却集中了大量的能源、物质和人口。大量的能源、物质在城市中高度聚集,高速转化。此外,城市中大量的人口、交通和信息流以及建立的大量的人类技术物质(建筑物、构筑物、道路、桥梁和其他设施等)也使得城市相对于自然生态系统与外部系统具有鲜明的高度密集与拥挤的特征,其单位面积上所含有的物质、能量、人口、信息等物质性要素是任何自然生态系统与外部系统无法比拟的。

5. 城市生态系统的脆弱性

在自然生态系统中能量与物质能够满足系统内生物生存的需要,是一个"自给自足"的系统。这个系统的基本功能能够自动建造、自我修补和自我调节,维持其本身的动态平衡。而在城市生态系统中,能量与物质要依靠其他生态系统的输入,同时城市生产、生活所排放的大量废物,远超过城市的自然净化能力,也要依靠人工输送系统输入到其他系统,所以城市生态系统需要有一个人工管理完善的物质输送系统,以维持其正常机能。如果这个系统中任何一个环节发生问题,将会影响整个城市的正常功能和居民的生活,从这个意义上说,城市生态系统是个十分脆弱的系统。另外,城市生态系统的高集中性、高强度性以及人为的因素,产生了城市污染,同时城市物理环境也发生了迅速的变化,如城市热岛与逆温层的产生,人工地面改变了自然土壤的结构和性能,增加了不透水的地面、地面下沉等,从而破坏了自然的调节机能,加剧了城市生态系统的脆弱性。在城市生态系统中,以人为主体的食物链常常只有二级或三级,而且作为生产者的植物,绝大多数都是来自周围其他系统。系统内初级生产者绿色植物的地位和作用已完全不同于自然生态系统。与自然生态系统相比,城市生态系统由于物种多样性的减少,能量流动和物质循环的方式、途径都发生改变,使系统自我调节能力减小,其稳定性主要取决于社会经济系统的调控能力和水平,以及人类的认识和道德责任。

城市生态系统与自然生态系统的营养关系形成的金字塔完全不同。前者出现倒置的情况,远不如后者稳定。在绝对数量和相对比例上,城市生态系统的生产者(绿色植物)远远少于消费者(城市人类),而一个稳定的生态系统最基本的一点即是要求生产者与消费者在数量和比例上后者要小于前者。这表明城市生态系统是一个不稳定的系统。

6. 城市生态系统是一个人类自我驯化的系统

在城市生态系统中,人类活动不断影响着人类自身,它改变了人类的活动形态,创造了高度的物质文明。这种自身驯化过程,使人类产生了明显的生态变异。同时,城市生态系统运转进程所造成的环境变化,影响了人类的健康,引起了城市公害和所谓的"城市病",如肥胖症、心血管疾病、神经衰弱等。

三、城市生态系统的组成

城市生态系统的组成要素包括城市人群、生态环境、物理环境和人文环境四大类,它们之间相互影响、相互作用,共同构成城市生态系统的特定结构和功能。具体见表7-1。

表 7-1　城市生态系统的组成要素

组分类别	组分种类	主要特征或类群
城市人群	城市人群	人口规模、人口构成、人口容量
生态环境	城市植物	森林、草坪、灌丛等单生或混交绿地系统
	城市动物	野生动物、户养动物、伴生动物
	城市微生物	空气微生物、水体微生物、土壤微生物
地理环境	城市大气环境	辐射与热量、风雨降水、大气污染
	城市水环境	城市水文、水资源、水体污染
	城市土壤环境	土壤环境、土地资源、土壤污染
人文环境	人工构筑物和改造物	建筑物、交通设施、通信设施、管道系统等
	社会环境	政治、文化、教育、艺术、宗教和城市服务体系
	经济环境	金融、保险、市场、信息等和城市经济服务体系

四、基于城市特色的生态规划

　　针对城市特色中生态要素所处的地位和作用,生态规划于此的应用首先强调辨析与城市特点紧密相关的自然生态要素及其生态格局,以明晰从众多要素中选取、保护与开发的界线;其次,生态规划强调在维育保护与城市特色紧密相关的生态格局的基础上遵循相关生态准则,进行相应的空间布局;最后,生态规划强调规划过程中信息反馈,注重最后的规划方案界定的未来生态格局与现状进行比较,确保规划编制符合体现城市特色的自然生态格局。

　　诚然,以景观生态为主体的规划会有其局限性,特别是基于欧美国家的人地关系发展起来的景观规划如何与人多地少的我国国情衔接;以自然生态格局的分析占绝对主体的原有规划模式如何与自然生态处于绝对被动的人类高强度、高密度的聚居形式相适应等都是有待于解决的问题。同时,也正是生态规划这种独特的视角和规划方式符合了自然生态要素在城市中的地位越来越重要的趋势,而这种工作方法正是传统城市规划所没有的。

　　从城市作为人类聚居环境的角度看,城市建设不仅关注建筑"实体"建设(传统规划设计的重点),而且需要满足市民对城市户外、外部、开敞空间"虚体"建设的要求。只有满足上述两者才可能谈得上安居乐业、生活气息宜人。只有这种城市生活环境才是"城市特色和城市形象的灵魂"。而生态规划正是以其关注虚体的特有视角、关注组构"虚体"系统完整性的方法论应用到城市规划建设中去的。其中,关注城市特色侧重于自然要素与城市特色空间状态的关系。

　　同时,我们也应清醒地认识到,生态规划在城市特色发掘塑造中所起到特有的作用,也同时意味着这种规划方式存在着一定的局限性。毕竟城市特色是人与自然的复合体现,自然要素的特征在许多城市已逐步湮灭,体现城市特色大部分依靠现存的人工建筑环境。而生态规划能发挥良好作用的场合往往是自然与人工要素复合,甚至是自然要素占主体的空间范围。但是我们也应看到,自然要素缺乏的城市特色往往是缺乏生态理念导致的结果,并不是一种值得赞扬的建设模式。在可持续发展理念和生态建设的大环境下,只有体现了生态特征的城市建设才是符合城市美学规律的。

第二节　城市生态规划的研究背景

一、城市生态问题的日益突出

在人类的干扰和影响下,生态环境变化并不是线性增加的,而是逐步以加速度发展,呈现放大效应。随着近年来全世界范围内城市化进程的加快,尤其目前我国城市化进入了快速发展阶段,城市化在促进城市快速增长的同时,也给地方以及全球城市的生态环境造成强大的压力,如人口剧增、交通拥挤、资源匮乏、环境污染、生态恶化等。在有限的城市容量内承载了过多的人口压力和活动强度,城市生态问题日益突出,城市生态环境的加剧恶化已是世界公认的事实。"生态危机"成为限制城市发展的瓶颈,并成为生态学领域急需进行研究的重要课题。

目前,城市面临以下主要生态问题。

1. 自然环境遭受破坏

城市生态系统的发展变化是随着城市化的进程而发展变化的一方面,城市化为人类创造了方便舒适的生活条件,满足了人类生存享受和发展的需要;另一方面,城市化对自然环境也造成很大影响,城市区域内自然生态环境面积不断减少,并呈破碎化,人工基质取代了自然基质,从而引发了一系列生态环境效应,如城市热岛效应等。同时,人类的活动也对植物、动物及其他生物的生存发展造成影响,改变了它们之间长期形成的相互关系。

2. 空气污染

空气污染是城市的一个主要问题,城市每天都要消耗大量的燃料,所产生的废气排放到空气中,使空气受到污染。特别是城市的地形和气象条件不利时,空气中的污染物不易扩散稀释,污染危害性更大。

3. 水资源短缺和水污染

城市供水问题现已成为制约城市发展的尖锐问题,它不仅与城市供水水源发展跟不上城市的快速发展有关,而且与日益严重的水环境污染密切相关。城市污水也是困扰人的问题,城市中的工业废水和生活污水未经处理或处理不够,直接排入江河湖海,形成各种各样的水污染,尤其是流经城市的河流污染更是严重。水污染不仅给城市造成影响,而且给下游地区及广大农村的生产和生活带来不良影响。

4. 固体废物与土壤污染

随着城市工业生产和居民消费水平的提高,城市固体废物大量出现,这些废物来不及完全处理,堆放在城市及其周围,占用大量土地,破坏景观环境,污染空气和水体,影响人类的健康。中国城市垃圾的无害化处理率不到 12%,而城市垃圾却以每年平均 10% 的速度增长。垃圾不能及时清运和消纳,只能在露天长期堆放。据统计,中国历年来累计的垃圾堆放量高达 $64.6 \times 10^8 t$,占地面积 $5.6 \times 10^4 hm^2$,有 200 座城市陷入垃圾的包围之中。垃圾长期堆放,成为蚊蝇、鼠类滋生繁殖的场所,不仅威胁人类的健康,也影响市容市貌。

中国城市发展在 20 世纪 80 年代以后取得突飞猛进。在经历了快速发展后,目前正处于向可持续发展转化的关键时期,城市发展过程中许多问题正在暴露出来并急待解决。王如松将中国城市目前所面临的问题归纳为 10 个方面:

(1) 污染严重、技术粗放、工艺落后的乡镇企业生存发展及向内地的转移。

(2) 大型国有企业体制问题及产品产业落后与更新。

(3) 高能耗、高消费的西方工业化、城市化、现代化模式导向及由此引起的城市规划建设和管理中的生态失误。

(4) 汽车大发展及人口密集区小汽车大量涌现后的交通困境。

(5) 城市废物高能耗集中处理给各级市政管理造成的沉重负担。

(6) 城市居民对环境问题的狭隘认识及短期行为。

(7) 部门条块分割及体制不完善造成一些重要生态管理无人问津。

(8) 工程建设中生态影响评价缺乏和执法力度疲软。

(9) 政绩考核中反映经济效益和短期效益,无法反映中长期生态指标。

(10) "先污染,后治理"、"先速度后效益,先乱后治" 的发展模式在决策部门中还很有市场。

综合上述城市问题,从生态学角度分析,城市问题的生态学实质可归纳为三方面:

(1) 资源开发利用的生态问题,又称"流的问题"。

城市是通过连续的物流、能流、信息流、人口流等来维持其新陈代谢过程的。输入多而输出少会造成过多的物质、能量等滞留或释放到系统环境中,从而引起严重的污染,相反输出大于输入,则造成资源的严重耗竭。造成这两方面问题的根本原因就是资源的低效利用和不可持续的资源开发模式。

(2) 结构布局问题,又称"网的问题"。

城市是一个多维空间,是在不断的历史发展中形成的。有些结构从微观、局部、历史的眼光看是合理的,但从宏观、整体、发展的眼光看却不合理,从而导致一系列诸如产业、产品结构、工业布局、土地利用、管理体制、城市建设等骨肉比例失调的问题。其根源是对系统的关系按链式而不是网式的调控。

（3）系统功能问题，又称"序的问题"。

和谐的城市复合系统必须具备良好的生产、生活、还原缓冲功能，具备自我组织、自催化的竞争机制来主导城市的发展，以及自调节、自抑制的共生序来保证城市的持续与稳定，而这关键取决于人的管理、控制行为。当今城市人口失控、经济失稳、自然失调的原因就是管理中以机械控制论代替生态控制论，用主观意志代替客观规律的结果。

二、城市生态规划是我国城市建设发展的需要

从国家建设方针来看，1999 年 1 月国务院讨论通过了《全国生态环境建设规划》，指出生态环境是人类生存和发展的基本条件，是经济、社会发展的基础，保护和建设好生态环境，是我国现代化建设中必须始终坚持的一项基本方针。要求各地结合本地区具体情况，因地制宜地制定本地区生态环境建设规划。我国住房和城乡建设部在指导城市总体规划实施工作中指出，应特别注意的第一问题是区域问题。第二问题即是生态环境的保护和建设问题，包括大范围的生态环境和以城市为主体的人居环境。因此，研究城市生态规划是我国城市进行现代化建设的必然要求。从我国城市建设实际情况来看，目前城市化水平较高的城市，由于人口的大量集聚引发了一系列严重的生态问题，其中人与环境的矛盾给城市发展带来了严峻的挑战。而我国目前实行的"西部大开发"战略，由于西部建设开发的初始性、未知性，大开发对于生态环境的相互影响也需要做出预警性的研究。因此，生态方法在城市建设和管理中的运用，值得进一步研究探讨，为我国城市建设的合理有序提供依据。

三、城市生态规划是实现可持续发展的途径

可持续发展是世界范围内共同遵循的行动纲领，也成为我国 21 世纪发展的基本国策。其思想基础即为生态文明与人的和谐，其关键行动在于人口、环境、资源、设施在时间与空间上的筹划，其战略实质在于取得"需要"与"限制"的平衡，发展与代价的平衡，经济、社会与环境的平衡。城市作为人类聚居地，可持续发展不仅是城市建设的根本目标，而且也是实现城市良性发展的有效途径。可持续发展所指的"持续性"表现在生态的持续性、经济的持续性、社会的持续性三个方面。而生态的持续性是维持经济、社会持续性的基础，因此，城市的可持续发展要求重视城市生态问题，要求对城市生态规划进行理论和实践意义上的研究。从生态学角度，可持续发展也可以解释为"寻求一种最佳生态系统和土地利用空间形态，以支持生态的完整性和人类愿望的实现，使环境持续性达到最大"。人口、资源、环境、发展与管理决策的高度综合，是可持续发展战略实施的基本核心，是人与自然、人与人之

间关系的关键所在,也正是城市生态规划所要研究的核心内容。

第三节　城市生态规划的研究进展

一、城市生态规划的理论体系雏形

20 世纪初,生态学已完成其自身的独立过程,并发展成为一门独立的学科。20 世纪 20 年代,盛极一时的芝加哥人类生态学派创始人 Park 提出了城市生态学,其后使城市生态规划在城市生态学理论框架下得到发展。同时,20 世纪初期,城市规划实践的要求和城市规划方法的发展,也促进了城市生态规划的进一步发展。

20 世纪出现了一大批对城市生态规划理论发展做出重要贡献的专家、学者。Geddes 的生态规划思想影响其远,他在 *Cities in Evolution* 一书中将生态学原理应用于城市的环境、市政、卫生等综合规划研究中,他的目标是将自然引入城市,强调在规划过程中,通过充分认识和了解自然环境条件,根据自然的潜力与制约机制,制定与自然和谐、协调的规划方案。此外,Sarrinen 的“有机疏散理论”和芝加哥人类生态学派关于城市景观、功能、绿地系统等方面的生态规划理论,都为后来城市生态规划的发展奠定了基础。

20 世纪初,美国芝加哥学派所开创的人类生态学研究,促进了生态学思想在城市规划领域的应用和发展。其代表人物 Park 于 1916 年发表了《城市:关于城市环境中人类行为研究的几点意见》的著名论文,将生物群落的原理和观点应用于研究城市社会并取得了可喜的成果,并在后来的社会实践中得到了进一步的发展。

1923 年美国区域规划协会成立,作为其主要成员的 Mackaye 和 Mumford 是以生态学为基础的区域与城市规划的强烈支持者。此外,在 Howard 的“田园城市”理论的基础上,恩维(R. Unwin)于 1922 年出版了《卫星城市的建设》,正式提出了“卫星城镇”的概念。赖持(F. Wright)在 1945 年提出了“广亩城市”的理论。

20 世纪初是城市生态规划发展的第一个高潮,这个时期的城市规划虽然有生态规划思想的应用,却很少使用生态学的学科语言。此外,这一时期的城市生态规划理论也带有明显的“自然决定论”色彩。

20 世纪初将生态学思想融于城市规划的方法与实践也取得了很大的进展。英国田园城市运动、美国区域规划协会的工作等,都对城市生态规划的方法与操作进行了有益的探索。始于 1893 年的芝加哥“城市美化运动”(City-Beautiful Movement)可以视为城市生态规划的早期代表作。美国区域规划协会的规划工作则主要集中在城市最优单元、相互作用及自然保护上。

在规划方法上,这一时期的显著贡献是地图叠和技术的运用,W. Manning 提出的生态栖息环境叠置分析法,为后来的 McHarg 生态规划法和地理信息系统空间分析法的发展奠定了基础。

二、城市生态规划的繁荣

自 20 世纪 60 年代开始,全球范围内开始了对工业革命所带来的工业文明的反思,从而掀起了生态热、环保热,城市生态规划在这一大环境下走向第二个发展高潮。

在 20 世纪 60 年代城市生态规划的复苏与发展中,美国景观设计师 McHarg 和他的同事为现代城市生态规划的发展奠定了基础。在 1969 年出版的 *Design with Nature* 一书中,McHarg 提出了城市与区域土地利用生态规划方法的基本思路,并通过案例研究,对生态规划的工作流程及应用方法做了较全面的探讨。McHarg 的生态规划框架对后来的城市生态规划影响很大,20 世纪 70 年代以后的许多规划工作大多是遵循这一思路而展开的,并将这个框架称为“McHarg 方法”。

1971 年联合国教科文组织开展了一项国际性的研究计划——“人与生物圈计划”(MAB),提出了从生态学角度来研究城市计划和项目,明确指出应该将城市作为一个生态系统来进行研究,并开始了国际性协作,许多大城市,如华盛顿、堪培拉、莫斯科、柏林、法兰克福、布达佩斯、东京、香港、北京、天津、长沙、广州、上海等都进行了生态规划的研究。

20 世纪 70 年代,Mazur 和 Ruzicka 等景观生态学家的研究工作逐步发展并形成了比较完整的景观生态规划的理论与方法,使之成为国土规划的一项基础性研究工作,70 年代以来的城市与区域生态规划更多地将生态系统学说与景观生态学的新成果应用于规划之中,景观生态规划在此过程中也有了新的发展。目前,景观生态规划的理论与方法已经渗透到城市生态规划的各个方面。

随着计算机技术和现代通信技术的迅速发展,特别是地理信息系统(GIS)的广泛应用,城市生态规划逐渐从定性向定量分析和计算机模拟方向发展,从单项规划向综合规划方向发展,更加侧重基于城市生态对策的规划研究。城市生态对策规划是基于城市生态系统理论,试图用系统分析的方法与控制论的原理,在分析系统各要素的变换及其对整个系统的影响的基础上,做出决策规划。城市生态对策规划在理论研究与实践的过程中出现了各种规划模型,如灵敏度模型、多目标规划模型、泛目标规划模型、系统动力学方法等,对于处理复杂系统内部要素之间的变动关系,以及在决策中预测系统的发展趋势有较好的辅助作用。目前,许多科学家都致力于城市生态规划模型的定量化研究,作为其基础工作,对于城市化所产生的生态影响的定量研究也是目前的研究热点。

2001 年,Whitford 等提出了一个城市生态影响的量化的简单模型,主要考虑地面温度、水文、碳存储和生物多样性的变化等,并成功地应用于英国 Merseyside

地区的城市规划中。在城市规划理论研究上更多地应用了现代生态学的新成果，从强调人对环境适应，偏重分析生态适宜度转向对生态系统，尤其是人类生态系统的结构与功能的研究，以及它们与人类活动的关系的整体探讨。城市生态规划从建立在生态学基础的城市规划到城市发展的"生态化"和"可持续性"，进而走向建设可持续发展的生态城市，正体现着城市生态规划的发展方向。

三、城市生态规划发展的新阶段——生态城市

生态城市的概念是人们在寻求城市可持续发展的过程中诞生的，它代表着全球城市的发展方向。生态城市规划可以看作是复合生态系统观念在各层次的城市及其区域规划中的体现。

20 世纪 80 年代，苏联生态学家 Yanitsky 第一次提出了生态城（ecopolis）的思想，他认为生态城是一种理想城市模式，其中技术与自然充分融合、人的创造力和生产力得到最大限度的发挥，居民的身心健康和环境质量得了最大限度的保护，物质、能量、信息高效利用，是一种能实现生态良性循环的理想栖境。

联合国教科文组织的 MAB 报告（1984 年）提出生态城规划的五项原则是：①生态保护策略（包括自然保护，动、植物区系及资源保护和污染防治）；②生态基础设施（自然景观和腹地对城市的持久支持能力）；③居民的生活标准；④文化历史的保护；⑤将自然融入城市。

1975 年，美国生态学家 Register 和他的朋友们在 Berkley 成立了"城市生态"（Urban Ecology）组织，这是一个以"重建城市和自然的平衡"（rebuild cities in balance with nature）为目标的非营利性组织。从那时起，该组织在 Berkley 参与了一系列的生态建设活动。为了进一步促进生态城市规划与建设的理论研究和实践活动，该组织从 1990 年开始组织召开了五次生态城市国际会议。第五届通过《关于生态城市建设的深圳宣言》。这五届生态城市国际会议和有关人居环境的各种生态建设会议，使得城市生态规划、建设的理念得到进一步的发展和普及。Register 认为生态城市即生态健康的城市，是紧凑、充满活力、节能且与自然和谐共存的聚居地，并于 1990 年提出了"生态结构革命"的 10 项计划。此后，生态城市的研究与示范建设逐步成为全球城市研究的热点。目前全球有许多城市正在按生态城市目标进行规划与建设，如印度的班加罗尔、巴西的库里蒂巴和桑托斯市、澳大利亚的怀阿拉、新西兰的怀塔克雷、丹麦的哥本哈根、美国的克利夫兰和波特兰市区等，我国的许多城市也开展了生态城市规划和建设工作。

第二届和第三届生态城市国际会议提出了指导各国建设生态城市的具体行动计划，即国际生态重建计划。该计划得到了各国生态城市建设者的一致赞同，其主要内容包括：①重构城市，停止城市的无序蔓延；②改造传统的村庄、小城镇和农村地区；③修复自然环境和具生产能力的生产系统；④根据能源保护和回收垃圾的要

求来设计城市;⑤建立步行、自行车和公共交通为导向的交通体系;⑥停止对小汽车交通的各种补贴政策;⑦为生态重建努力提供强大的经济鼓励措施;⑧为生态开发建立各种层次的政府管理机构。

四、我国城市生态规划的研究进展

我国关于城市生态规划的研究正在逐步展开,已经取得一定成果,但仍然处于探索性阶段。在城市生态规划理论研究方面,马世骏、王如松(1984)发表了城市生态规划初步探讨的论文。刘天齐等(1990)认为,生态规划的概念是指生态学的土地利用规划。冯向东(1988)探讨了城市规划中的生态学观点和城市生态规划问题,认为城市生态规划是在国土整治、区域规划指导下,按城市总体规划要求,对生态要素的综合整治目标、程序、内容、方法、成果、实施对策全过程进行的人工生态综合体的规划。王如松(1988)在其论著《高效、和谐——城市生态调控原则与方法》中,提出创造和谐高效的生态城的生态调控原理,以及生产工艺设计与改造、生态关系的规划与协调、生态意识的普及与提高的生态调控方法,并强调生态规划应是城乡生态评价、生态规划和生态建设三大组成部分之一。于志熙(1992)认为生态规划是实现生态系统的动态平衡,调控人与环境关系的一种规划方法。重庆建筑大学黄光宇、陈勇通过广州等地的实证研究提出若干建立生态城市以及进行城市生态规划的理论和实践方法。同济大学沈清基的《城市生态与城市环境》(1998)对城市生态、城市生态规划和建设方面有较为全面、系统的论述。北京大学俞孔坚对城乡与区域规划的景观生态模式有较为深入翔实的研究。王祥荣(2000)的论著《生态与环境》从生态与环境调控方面探讨了促进城市可持续发展的途径与对策,认为生态规划是以生态学原理和城乡规划原理为指导,应用系统科学、环境科学等多学科的手段辨识、模拟和设计人工复合生态系统内的各种生态关系,确定资源开发利用与保护的生态适宜度,探讨改善系统结构与功能的生态建设对策,促进人与环境关系持续协调发展的一种规划方法。部分环境学者从环境专业角度对改善城市生态环境质量提出了若干有价值的论点。

在城市生态规划实际操作方面,我国专家和学者也做了大量工作,自1990年分别就沈阳、承德、上海等城市进行生态建设规划研究和实践工作,从生态环境规划的目标、内容、步骤、具体操作方法等方面提出了一些有价值的思想观点。在联合国人与生物圈计划的倡导下,香港、天津、宜春、马鞍山、深圳、上海浦东等开展了城市生态规划的研究与探讨,致力于建立城市人类与自然的协调有序。北京市环保所于1983~1985年进行了"应用可能-满意度模型评价东城分区的城市生态现状和规划研究"。王如松进行了江苏大丰县的生态县建设和安徽马鞍山市的生态城市规划。王祥荣等于1994—1999年分别对深圳、上海、上海浦东、山东潍坊、新疆克拉玛依等城市的生态评价、生态规划与设计、生态建设等问题开展了研究。海南省凉山市(1999)编制了《生态市建设纲要》,从框架、指标体系、生态产业、环境与景观、城乡发展及基础设施、生态文化、典型工程及优先发展项目、效益及能力十方面进行了探讨。湖北省襄樊市(2000)编制了《襄樊市城市生态规划》,提出生态规划目标体系和规划框架,并从社会、经济、文化、环境多方位进行了生态规划。1998年中国城市规划学会专家咨询组与温州市规划局进行了《温州市城市生态环境规划研究与对策》的研究。

五、我国城市生态规划存在的问题及其发展趋势

就当前城市生态规划开展的状况而言,我国可以说是进入了空前发展时期。但是,无论从规划的理论认识、成果的科学性,还是实施的有效性,城市生态规划在我国都还是差强人意。本节在研究大量的生态城市建设的基础上,对这些问题进行了归纳总结,主要有如下几点。

(1)对生态城市的概念研究不够,缺乏可操作性和可比性的标准体系。

生态城市的标准体系是生态城市内涵的核心,受生态城市的内涵、城市生态化的阶段、人的技术水平和需求观念等因素的影响。但是我国尚未对生态城市的建设出台具体的标准体系,所以将系统的方法引入生态学,利用系统分析的方法对生态系统进行分析评价。从我国的国情出发,紧密联系实际,制定一套合理而广泛的指标体系,可查、可比、可定量又可完全独立,能反映生态城市各方面的效益,已迫在眉睫。

(2)缺乏对城市生态化实施方法的研究,重理论轻实践。

自1995年起,国家环境保护部先后批准了150多个省、地、县为国家生态示范建设试点,建设成绩显著。但缺乏案例研究,未及时对建设经验进行总结,提出建设生态城市的实施办法,以指导城市生态化建设。如此重大的城市发展战略,需经过周密、翔实、科学的调查研究和论证才可以提出,而实际上往往是凭直觉或是出于形式发展的需要提出的,确定的目标既不合理也不具体。

(3)战略目标提出后,与之相配套的实施方案没有跟上,规划工作相对滞后于城市发展。

城市是自然-经济-社会的复合生态系统,其生态系统结构和功能具有极强的整体性,在进行相关的改造和建设时,必须根据自身运行规律,制定合理的生态规划,从而保证城市建设活动在满足经济目的的同时,不伤害系统的正常运转。国内几个典型的生态城市规划大都只有明确的经济目标,至于城市化过程中需要采取什么样的生态补偿措施,以减少或避免经济建设对城市生态系统的影响,保障其正常的运行秩序,则没有很好地体现在规划中。而且,大都没有一个专业化的班子或队伍去运作,而是简单地分解到各行政部门,由行政管理人员组织实施,并缺乏必要的监督、检查和管理机制。在实际工作中也没有将生态城市建设工作贯穿到每一个有关的主体或个体中。同时,生态城市法制建设薄弱,许多工作还没有摆脱人治。

(4)建设中的生态城市离严格意义上的可持续发展还有很大的差距。

目前建设中的生态城市,尽管出现不少令人鼓舞的现象,但仍然面临巨大的挑战。例如,急功近利滥伐森林,导致森林的生态功能下降,水土流失严重;人口无节制的增长,加大了对自然资源的需求和对生态环境的压力;水污染严重,地表水不断减少,地下水位下降,江河湖泊干涸断流;淡水野生鱼类成规模地商业性捕捞,使淡水野生鱼类资源的数量和种类急剧减少;等等。所有这些都严重制约了城市的可持续发展。因此只有充分理解可持续发展的内涵,使资源、环境对经济发展的支撑能力不受到削弱,才能在生态城市建设方面取得实质性的进展,否则可持续发展就是一句空话,生态城市也只是空中楼阁。

(5)工业布局不尽合理,传统工业小而分散,清洁生产化程度低,新的生态产业还要接受市场的考验。

由于受国内城市规模地限制,多数城市的辐射力、集聚功能较小,对经济的发展有制约作用。另外,早期形成的城市工业布局,虽经多年努力和改造,但至今仍不尽合理。传统工业的生态转型困难重重,主要是由于许多传统工业企业,特别是大量的乡镇企业规模小,现代化的大型企业不多,科技含量低,其技术路线、工艺及设备还是传统的先污染,后治理,仅求"三废"处理达标,高投入、消耗型,处理单位经济上负回报。因此这些企业的生产工艺和产品走向清洁、低耗、科技含量高的总体方向道路漫长。而代表高新技术的生态产业,还要接受市场严峻的考验。各地要遵循社会主义市场经济体制规律,以市场需求为导向,顺应政府引导、政策支持、动作方式,按照生态经济学原则,同时根据市场需求和当地的资源、技术优势不断地研制或储备一些新的生态产业技术,逐步把现有产业调整、改造、发展为生态产业,努力提高生态经济(绿色 GDP)在国民经济中的份额。

(6)城市生态环境脆弱、污染严重,许多环境问题的死角和落后面还普遍存在,城市环保基础设施建设严重滞后。

许多城市的污水处理厂等环保基础设施仍在建设之中;地表水还没有按功能区达标;农村城镇的化肥、秸秆露天焚烧的污染问题没有得到很好的解决;缺乏科学的生态景观设计,没有体现当地的自然特色。因此我们应加强这一方面的工作,开展地区和国际间的交流与合作,争取更多地吸收、引进外地及国外的先进技术、人才与管理经验,共同维护区域、流域的生态环境,为自身生态示范市的建设创造良好外部条件。

目前,城市生态规划有如下发展趋势。

(1)增强城市及区域的可持续发展能力。

自世界环境与发展委员会的报告《我们共同的未来》发表以来,可持续发展的概念与内涵不断拓展。总的来说,可持续发展的内涵可以包括三个方面:第一,可持续发展应能与自然和谐共存,维护生态功能的完整性,而不是以掠夺自然和损害自然来满足人类发展的需要;第二,可持续发展应能协调当前发展的要求与未来世代发展要求的关系,这就要求在发展过程中合理利用自然资源,维护资源的再生能力,并使人类的生存环境得到最大的保护;第三,可持续发展还能不断满足人类的生存、生活及发展的需求,使整个人类公平地得到发展,逐渐达到健康、富有的生活目标。

可持续发展的内涵规定了生态规划的目标。今后生态规划的重要特征就是通过广泛运用生态学、经济学以及地学等相关学科的知识,改善城市与区域发展及其与自然环境和自然资源的关系,增强可持续发展的能力,使城市及区域既具有较高社会经济发展水平,使人们的生活得到保障,同时也具有较大的发展潜力和生态完整性。

(2) 更强调规划的生态学基础。

20 世纪 60 年代以来的生态规划,虽然在理论和方法上得到了较大的发展,但基本上仍沿袭着 20 世纪初的传统,偏重于生态学思想的应用,强调人的活动对自然环境的适应,正如 McHarg 指出的"适应依赖于人类的选择,规划就是实现这种适应的途径"。在方法论上,环境与资源的适宜性分析关心的是发展中所面临的自然环境与资源的潜力与限制。对自然生态系统自身的结构与功能以及它们与人类活动的关系则显得有些漠不关心,也很少将现代生态学,尤其是生态系统生态学与景观生态学的新成果应用于规划之中。因此,今后生态规划将更多地运用生态学知识,使规划建立在生态学合理的基础上(Selman,1991)。

在规划中,通过深入分析城市与区域生态系统景观生态的结构、过程与服务功能、物流能流特征、空间结构、生态敏感性以及发展与资源开发所带来的生态风险等,维护与改善城市与区域的生态完整性(Selman,1991)。生态系统结构与功能完整,将成为生态规划的重要组成部分。

(3) 摆脱"生态决定论"的束缚,走上新的综合。

20 世纪 60 年代环境运动之初,生态规划在理论与实践上主要是生态决定论,要求人类活动服从于自然的特征与过程,而对人类本身的价值观及文化经济特征注意不够。显然,这与当时环境运动的主流相适应,以至于后来人们将生态规划视为"生态保护"的同义词。20 世纪 80 年代以来,人们开始注意到生态规划不只是"生态学概念在城市、区域规划与资源开发中的应用,它应该真正能从协调人与自然的关系的高度来认识,必须综合自然、经济、文化的特征及其相互作用关系来指出规划实践"。McHarg 后来也指出,"我们必须将区域(规划对象)描述成为一个自然-生物(包括人)-文化相互作用的系统,并用资源及其社会价值重新构筑",并称生态规划为人类生态规划(McHarg ,1981)。Rose、Young、Steiner 等认为:规划关心的是有机体与生物的相互关系,在这个意义上,规划是生态学的,但规划主体是人的活动。因此,它又是人类生态学,若重新定义生态规划,那么它是应用生态学概念、生态学方法对人类环境的安排,因此,生态规划的最终表达方式,该是应用人类生态学。由于可持续发展的要求,生态规划必然从"生态决定论"的束缚中摆脱出来,走上自然环境、社会与经济的新的综合。

(4) 从定性分析向定量模拟方向发展,计算机技术在生态规划中得到广泛的应用。

生态规划的定量分析还很薄弱,目前应用的大多为统计分析及聚类分析等统计学方法。随着生态学自身的发展,人们对自然过程及其与人类活动关系认识的加深以及计算机技术的广泛使用,多属性、大范围的空间模拟分析成为可能,从而推动定量分析与模拟在生态规划中的发展与应用。

生态规划通常涉及的是空间结构多样、属性多、组分关系复杂的城市或区域,只有通过广泛使用计算机技术及空间资源分析技术(如地理信息系统),才有可能使生态规划得到广泛的应用。

城市生态规划从产生、发展到逐步成熟,其发展过程正好反映了这些年人类对自然认识的转变。虽然生态规划关心的是发展过程中及资源开发中如何协调人与自然环境的关系,但它却是人的自然观的直接体现。生态规划的进一步发展将依赖于人类对自然、自然过程以及对人类自身认识的深化,在这个意义上,生态规划的发展不仅仅是对生态学家提出的新课题。

第四节　城市生态规划基础理论探讨

一、城市生态规划的学科基础

目前,城市生态规划学科体系的构建尚处在起步阶段,从目前理论与实践的情况来看,城市生态规划是一门由多学科参与的应用性学科。与城市生态规划相关的学科很多,主要包括城市生态学、可持续发展理论和生态工程学等理论。

(一) 城市生态学

城市生态学是生态学的一个分支,它是研究城市居民与城市环境之间关系的科学。通过运用普遍生态学的原理和方法,以系统论、控制论和信息论为基础,以人类生态学为中心,来研究城市系统的结构、功能、运行机制与调控原理。城市生态学理论中,将城市作为一个生态系统来研究,用生态学和系统学的思想、方法来分析和研究城市问题,指导城市规划、建设和发展。城市生态系统理论认为,城市是一种生态系统。首先,城市的物质基础是自然生态系统;其次,城市的整体是一种自然-人文复合生态系统;再次,城市与周围腹地、城市之间存在着一种生态系统关系。城市生态系统的内涵具有以下特征:①城市生态系统是以人为核心的生态系统。与其他生态系统一样，城市生态系统也是生物与环境相互作用而形成的统一体，这里的环境包括自然环境和人工环境。②城市生态系统是一个自然-社会-经济复合生态系统。其既遵守社会经济规律，也遵循自然演化规律。③城市生态系统具有高度的开放性。每一个城市都在不断地与周边地区和其他城市进行着大量的物质、能量和信息交换。④城市生态系统的脆弱性。与自然生态系统不同的是，城市生态系统更复杂更脆弱。

（二）可持续发展的理论

可持续发展是人类在总结自身发展历程之后，提出的新的发展模式。1987 年《我们共同的未来》(Our Common Future)提出了"既满足当代人的需求，又不对后代人满足其需要的能力构成危害的发展"的概念，5 年之后的联合国环境与发展大会（又称地球首脑会议）上，通过了全球《21 世纪议程》，使得可持续发展思想被广泛接受并成为总体战略。时至今日，实现可持续发展已经成为世界各国的理想。

可持续发展战略旨在促进人类之间以及人类与自然之间的和谐，其核心思想是：健康的经济发展应建立在生态可持续、社会公正和人们积极参与自身发展决策的基础上。具体体现为三个原则：一是公平性(fairness)原则，包括本代人的公平、代际间的公平以及资源分配与利用的公平。二是持续性(sustainability)原则，即要求人类的经济与社会发展不能超越资源与环境的承载能力。三是共同性(common)原则，即可持续发展要求全球的联合行动。

可持续发展包含了发展与可持续性两个概念。其中"发展"不同于传统意义上的物质财富的增加。经济增长只是发展的必要条件而不是充分条件。发展的目的在于改善人们的生活质量，应当以福利和生活质量的提高为代表。与此同时，发展又会受到经济因素、社会因素和生态因素等各方面因素的制约，尤其是生态因素的限制最为基本，因此发展必须以保护地球生命保障系统为基础。由此可见，可持续包括生态持续、经济持续和社会持续，它们之间互相关联、不可分割。生态持续是基础，经济持续是条件，社会持续是目的。

可持续发展的内涵具有以下特征：①可持续发展鼓励经济增长，但不仅仅重视增长数量，更追求改善质量；②可持续发展以自然资源为基础，同环境承载力相协调；③可持续发展以改善和提高生活质量为目的，与社会进步相适应；④可持续发展承认自然环境的价值。这种价值不仅体现在环境对经济系统的支撑和服务价值上，也体现在环境对生命保障系统的不可缺少的存在价值上。

（三）生态工程学

从经典物理学发展起来的自然科学及其工程技术在推动产业革命、促进现代化进程方面立下了不朽功勋。但正是其还原论的学科分类将学科之间、部门之间、企业之间以及人与自然之间的联系割裂开来,使现代产业形成链状而非网状结构、开环而非闭环代谢,造成了当代严峻的环境污染和生态破坏形式。传统环境工程也是脱离生态系统的整体代谢过程,通过高投入、高能耗方式对废弃物进行末端治理。20世纪80年代兴起的清洁生产技术,从改革内部工艺着手,使废弃物减量化和环境影响最小化,但对于部门外的资源、环境及与其部门的共生关系却涉及甚少。

生态工程是着眼于生态系统持续发展能力的整合工程技术。它根据整体、协调、循环、再生的生态控制论原理去系统设计、规划和调控人工生态系统的结构要素、工艺流程、信息反馈关系及控制机构,在系统范围内获取高的经济和生态效益。不同于传统末端治理的环境工程技术和单一部门内污染物最小化的清洁生产技术,生态工程强调资源的综合利用、技术的系统组合、学科的边缘交叉和产业的横向结合,是中国传统文化与西方现代技术有机结合的产物。

生态工程技术的最终目的是实现财富、健康与文明的辩证统一。其财富包括经济资产、自然资产(矿产、水文、森林、土壤、空气和生物多样性)、人力资产(劳力、智力)和社会资产(体制、文化……)等的结构状态;健康包括个人的身心健康、生态系统功能与过程的健康以及人与生命保障系统间的风险与机会(危机);文明包括物质文明(生活方式、消费习惯、循环传统及生态伦理)及精神文明(价值取向、观念、信仰及对局部与整体、人与自然关系的认识)。生态工程的基本特点包括以下内容。

(1)硬件、软件、心件的结合。硬件(技术、装备、资金等)、软件(体制、法规、规划、政策等)、心件(行为、观念、能力等)三方面相辅相成的涡合,可以协调道理(自然规律)、事理(人力活动的合理规范与管理)、情理(人与社会行为的准则)三方面的关系,达到三维复合生态系统的繁荣。

(2)在生产废弃物中达到五化。减量化(能耗、物耗及废弃物减量)、无害化(生产及废弃物处理的过程与结果对人体及所在生态系统的健康无害)、资源化(废弃物的回收、再生、回用、再循环、化害为利、变废为宝、生态资产的保护与合理开发)、产业化(形成生态产业、规模化生产与处理利用废弃物)、系统化(社会化)。

(3)生态工程技术手段的五类途径为加环(生产环、增益环、减耗环、加工环、复合环);连接本来是平行的相互不联系的环、亚系统、系统;分层多级利用产品、副产品及废弃物;促进良性的生态循环,遭破坏的生态系统的生态恢复。

(4)因地因类制宜、多产业横向结合。根据当地自然、经济、社会条件,因地因类制宜,将农、工、商、交通、环境保护、建筑信息等第一、二、三产业横向结合,协调相互关系,以达到所期望的目标和目的。

二、城市生态规划的概念及内涵

生态规划(ecological planning)至今尚无确切的定义,因此对其理解和认识不尽相同。麦克哈格在《设计结合自然》一书中认为,利用生态学原理而制定的符合生态学要求的土地利用规划称为生态规划。随着生态学的迅速发展,生态规划已不仅仅局限于空间结构布局、土地利用等方面的内容,而已渗入到经济、人口、资源、环境等诸方面。联合国人与生物圈计划第 57 集报告中指出:"生态规划就是要从自然生态和社会心理两方面去创造一种能充分融合技术和自然的人类活动的最优环境,诱发人的创造精神和生产力,提供高的物质和文化水平。"因此生态规划的"生态",已不是狭义的生物学概念了,而是包含社会、经济、自然复合协调、持续发展的含义。

刘贵利认为,城市生态规划在以城市生态学和城市社会学理论为主指导下的实践,是传统城市规划内容的深化和方法上的改进。城市生态规划主要是以生态经济学原理为指导,以城市生态环境、社会、经济发展现状为研究对象,以合理利用资源、维护生态平衡、防范生态风险、实现生态补偿、促进生态-社会-经济复合系统协调高效发展为目标而进行的宏观控制性规划。

傅博认为,城市生态规划是生态学有关理论和方法在城市地域和城市规划学科范围内的综合应用,并从城市生态规划的基本概念出发,通过对城市生态规划与城市规划、城市环境规划的比较分析,提出并界定城市生态规划在地域和学科两方面的研究范围。

在分析综合以上观点的基础上,本节认为城市生态规划可理解为:以自然-经济-社会复合生态系统为规划对象,以可持续发展思想为指导,以人与自然和谐共生为价值取向,应用社会学、经济学、生态学、环境科学、系统科学、生态工程等现代科学技术与手段,分析利用城市的各种自然环境信息、人口与社会文化经济信息,从整体和综合的角度对城市系统的生态开发与建设做出动态规划,调节系统内各种生态关系,改善系统的生态结构和功能,确保自然平衡和资源保护,提出人与自然和谐发展的调控对策。

从城市生态规划的概念来看,我们不难揭示其内涵。城市生态规划是以建设生态城市为目标,以自然-经济-社会复合的城市生态系统为规划研究对象,结合生态学的原理、方法,应用规划科学、系统科学的手段,去辨识、设计和模拟人工生态系统内的各种关系,确定最佳生态位,并提出人与城市复合生态系统相谐调的优化方案的规划。城市生态规划是在城市规划、环境规划、生态规划的基础上,根据国家城市建设的总体方针、政策、计划等,基于城市的自然条件和建设条件,以生态学、环境学、经济学、城市学、社会学原理为指导,以协调城市社会、经济发展和环境保护为主要目标,合理地确定生态城市建设目标、发展方向,布置生态区城市建设体系,重点强调规划区域内社会、经济、环境协调发展、规划布局的合理设计等,城市生态规划要解决的是城市发展面临的人口、经济、资源、环境问题,以实现城市可持续发展。

三、城市生态规划的基本原则

由于城市是一个复杂的人工生态系统,它是以人为主体、自然系统为依托、资源系统为命脉、社会体制为经络的"自然-经济-社会"复合生态系统,因此,在进行生态城市建设时必须遵循如下基本原则。

(一)城市生态位最优化原则

生态位是指物种在群落中,在空间和营养关系方面所占的地位。城市生态位是一个城市提供给人们的或可被人们利用的各种生态因子和生态关系的集合。它不仅反映了一个城市的现状对于人类各种经济活动和生活活动的适宜程度,而且也反映了一个城市的性质、功能、地位、作用及其人口资源、环境的优劣势,从而决定它在人们心目中的吸引力和离心力。城市生态位是决定城市竞争力的根本因素。城市生态位大致可分为两大类:一类是资源利用、生产条件生态位,简称生产生态位,包括城市的经济水平;一类是环境质量、生活水平生态位,简称生活生态位,包括社会环境和自然环境。城市生态位的最优化可以从宏观和微观两方面来解读,从宏观层面而言,城市生态位反映整个城市的现状对于人类生产活动和生活活动的适宜程度与吸引力,应以生活活动为主,同时生产活动不能与生活活动相冲突;从微观层面而言,城市生态位在提供优良的生态位方面对每个城市居民都应是公平的。虽然城市提供给居民的居住空间从空间角度来看存在差异,但生态位大体是相当的。

(二)生物多样性原则

大量事实证明,生物群落与环境之间保持动态平衡稳定状态的能力,同生态系统物种、结构的多样性、复杂性呈正相关关系。也就是说,生态系统结构越多样、复杂,其抗干扰的能力则越强,因而也越容易保持其动态平衡的稳定状态。城市生物多样性,是指城市范围内除人以外的各种活的生物体,在有规律地结合在一起的前提下,所体现出来的基因、物种和生态系统的分异程度。城市生物多样性与城市自然生态环境系统的结构、功能直接联系与大气环境、水环境、岩土环境共同构成了城市居民赖以生存的生态环境基础,是生物与生物间、生态环境与人类间的复杂关系的体现。城市生态环境是指特定区域内的人口、资源、环境,通过复杂的相生相克关系建立起来的人类聚居地。由于与自然界生物生存的环境有较大的差异,城市生物多样性也表现出自身的特点。在经济价值、丰富度、地球物质循环与能量代谢等方面,城市生物多样性虽然与自然界生物多样性无法相比,但由于城市生物多样性是在一个相对狭小的面积上,近距离地为城市人口服务,因而它是非常重要的生态指标。

（三）城市的成长性原则

城市的发展是一个动态的过程,而城市规划也是随着城市的发展而变化的,城市规划要为城市的未来留下足够的发展空间。成长性是生态系统的基本特征,一切自然群落和人工群落都遵循群落生长或演替的规律运行。人们在利用自然资源时,也必须遵循这一规律,否则就会导致"生态逆退"。将成长性(演替性)原则运用于城市规划,就是将一个城市的文脉、历史、文化、建筑、邻里和社区的物质形式当作一种生命形式、生命体系来对待。我们要根据它的"生命"历史和生存状态来维护它、保持它、发展它和更新它。

（四）生态承载力原则

城市生态承载力原则是指从生态学角度来看,城市发展以及城市人群赖以生存的生态系统所能承受的人类活动强度是有极限的,即城市发展存在着生态极限。城市发展有一定的规模,自然生态环境是限定城市发展规模的最主要因素。在城市规划中坚持城市生态承载力原则,应做到以下几方面:①在城市规划过程中,我们要科学地估算城市生态系统的承载能力,并运用技术、经济、社会、生活等手段来保护、提高这种能力。②要调整控制城市人口的总数、密度与构成。这是一个城市生态经济发展的重要指标。③要考虑城市的产业种类、数量结构与布局。这些指标对生态环境资源的开发与利用、污染的产生与净化,都具有十分重要的影响。④要考虑环境的自净能力和人工净化能力,它们直接关系着城市的生存质量与发展规模。⑤要考虑城市生态系统中资源的再利用问题。通过对系统中人文要素的合理布局,达到资源循环利用的目的;通过规划建设生态型建筑,增加人文要素与自然要素的融合性、相互增益性,从而提高城市生态的承载力。

四、城市生态规划的主要内容及步骤

目前,城市生态规划还没有统一的编织方法和工作规范,不少专家学者从各自研究角度进行了城市生态规划的探讨。编制城市生态规划是为了塑造一个结构合理、功能高效和关系和谐的城市复合生态系统,提高城市居民的生活质量和城市的生态环境质量。因此,城市生态规划大致包括以下几方面内容。

（一）生态功能区划

这是进行城市生态规划的基础,是根据城市生态系统的结构及功能特点,划分不同类型的单元,研究其结构、特点、环境污染、环境负荷及承载力等问题。

在功能分区规划中,应综合考虑地区生态要素的现状、问题、发展趋势及其生态适宜度,提出工业、生活居住区、交通、仓储、公共建筑、园林绿化、游乐等功能区的划分，以及大型生态工程布局的方案，充分发挥各地区生态要素的有利条件，利用各要素对生态功能分区的反馈作用，促进功能区内生态要素朝着良性的方向发展。

具体操作时，可将土地利用评价图、工业和居住用地适宜度等图纸进行叠加，并结合城市建设总体规划综合分析，来进行城市功能分区。功能分区中应遵循的原则包括：①必须有利于城市居民生活；②必须有利于社会经济的发展；③必须有利于生态环境建设，使城市区域内的环境容量得以充分利用而又不超过其环境容量的阈值。在满足上述原则的基础上，功能分区力求与城市现状布局和城市总体规划协调一致，实现两大效益的统一。

在城市功能分区中应特别注意城市的产业布局。调整改善老城市的产业布局，搞好新城市的产业合理布局，是改善城市生态环境和防止污染的重要措施。城市产业布局应遵循以下原则：①产业布局应符合生态要求，根据风向、风频、河流流向及水流量等自然因素和环境条件的要求，在对发展工业适宜度大的地区设置工业区；②综合考虑经济效益、社会效益和生态效益的协调统一，以城市总体规划与城市环境保护规划为指导；③既要有利于改善生态环境，促进良性循环，又要有利于经济的发展。

（二）土地利用规划

城市土地利用的空间配置直接影响到城市生态环境质量，无论是新建城市还是改建城市的生态规划，都必须因地制宜地进行土地利用布局的研究。除应考虑城市的性质、规模和城市的产业结构外，还应综合考虑用地大小、地形、山脉、河流、气候、水文及工程地质等自然因素的制约。

城市用地构成一般可分为工业用地、生活居住用地、市政建设用地、道路交通用地、绿化用地等，它们各自对环境质量都有着不同的要求，本身又给环境带来不同特征、不同程度的影响。因此，在城市生态规划中，应综合研究用地状况与环境条件的相互关系，按照城市的规模、性质、产业结构和城市总体规划及环境保护规划的要求，提出调整用地结构的建议和科学依据，促使土地利用布局趋于合理。

各类用地的选择应根据生态适宜度分析的结果，确定选择的标准，同时还应考虑国家有关政策、法规以及技术、经济的可行性。在恰当的标准指导下，结合生态适宜度、土地条件等评价结果，划定城市各类用地的范围、位置和大小。在充分考虑土地条件的前提下，按照生态适宜度的等级以及经济技术水平，确定用地开发次序的标准，再根据拟定的标准确定土地开发次序。

（三）人口容量规划

人口是城市生态系统的主体，在城市生态规划中必须确定所在区域近、中、远期的人口规模，提出人口密度调整意见，提高人口素质和实施人口规划的对策。研究内容包括人口分布、密度、规模、年龄结构、文化素质、性别比、自然增长率、机械增长率以及流动人口等基本情况。

在人口容量规划中,确定合理的人口密度是一项关键性的工作,因为人口密度指标反映了不同类别城市人口集中的程度,也间接反映了城市环境质量。在规划中要查明城市土地开发利用上的差异,均衡人口分布。

人口密度偏大是我国城市问题的一大难点,如北京市 1995 年全市平均人口密度为 745 人/km²,其中城区人口密度超过 1500 人/km²;上海市 1996 年全市平均人口密度为 2057 人/km²,市区为 4672 人/km²。国外城市人均用地一般为 200 m²,部分国家的特大城市用地为英国大于每人 100 m²、美国大于每人 150 m²、俄罗斯大于每人 200 m²。我国 1985 年全国城市用地人均 73 m²,上海市人均仅 26 m²。可以说,城市越大,人口用地越紧张,城市居民的生理和心理压力也越大,居民的生活水平难以提高,环境质量容易下降,也容易滋生犯罪现象。因此,适宜的人口容量的规划是城市生态规划的重要内容,有助于降低人口平均的资源消耗和环境影响,节约能源;有利于充分发挥城市的综合功能,提高系统的综合效益。

(四)环境污染综合治理规划

环境污染综合治理规划是城市生态规划中的重要组成部分,应从整体出发制定好污染综合治理规划,实行主要污染物排放总量控制,并建立数学模型模拟城市环境要素的发展趋势,分析不同时期环境污染对城市生态的影响,根据各功能区的不同环境目标实行分区生态质量管理,逐步达到生态规划目标的要求。城市环境综合治理规划的主要内容包括:大气污染控制、水污染控制、声污染控制、固体废弃物污染控制等规划。在此基础上,根据主要污染物的最大允许排放量,计算各主要污染物的削减量,实行污染物排放总量控制,按系统分配削减量指标,对各功能区、各行业的综合治理方案进行综合、比较,应用最优化方法求出环境投资-效益的最佳分配,提出城市生态规划中总的污染综合治理方案。

制定城市环境污染综合治理规划,主要应考虑两个前提:一是根据污染源、环境质量评价及其预测结果,准确掌握当前环境质量现状、发展趋势以及未来发展阶段的主要环境问题;二是针对主要环境问题,确定污染控制目标和生态建设目标,在此基础上进行功能合理分区,研究污染总量控制方案,并通过一系列控制污染的工程技术措施和非工程对策,进行必要的可行性论证,形成一个城市的环境质量保护规划。环境质量保护规划的具体内容应包括:①城市大气污染综合整治规划;②城市水环境综合整治规划;③城市固体废弃物综合整治规划;④城市声环境综合整治规划。

（五）园林绿地系统规划

园林绿地系统是城市生态系统中具有自净能力和重要生态功能的组成部分，对于改善生态环境质量、丰富和美化城市景观起着十分重要的作用。因此，城市生态规划应制定城市各类绿地的用地指标，选定各项绿地的用地范围，合理安排整个城市园林绿地系统的结构和布局形式，研究维持城市生态平衡的绿地覆盖率和人均绿地面积等，合理设计群落结构、选配植物种类，并进行绿化效益的估算。

制定一个城市或地区的绿地系统规划，首先必须了解该城市或地区的绿化现状，对绿地系统的结构、布局和绿化指标等做出定性和定量的评价，在此基础上再根据以下步骤进行绿地系统的规划：①确定绿地系统规划原则；②合理布局各项绿地，确定其位置、性质、范围和面积；③根据该地区生产、生活水平及发展规模，研究绿地建设的发展速度和水平，拟定绿地的各项定量指标；④对过去的绿地系统规划进行调整、充实、改造和功能提升，提出绿地分期建设及重要修建项目的实施计划，划出需要控制和保留的绿化用地；⑤编制绿地系统规划的图纸及文件；⑥提出重点绿地规划的示意图和规划方案，根据实际工作的需要，还需提出重点绿地的设计任务书，内容包括绿地的性质、位置、周围环境、服务对象、估计游人量、布局形式、艺术风格、主要设施等的项目与规模、建设年限等，作为绿地详细规划的依据。

（六）资源利用与保护规划

在城市建设与经济发展过程中，普遍存在对自然资源的不合理使用和浪费现象，掠夺式开发导致人类面对资源枯竭的危害。因此，城市生态规划应根据国土规划和城市总体规划的要求，根据城市社会经济发展趋势和环境保护目标，制定对水资源和土地资源、大气环境、生物资源、矿产资源等的合理开发利用与保护的规划。

在水土流失的治理规划方面，可以采取以下方法：制定上游水源涵养林和水土流失防护林建设规划，禁止乱垦滥伐，保护鱼类和其他水生生物的生存环境，积极研究和推广保护水源地、水生生态系统和防止水污染的新技术；兴建一批跨流域调水工程和调蓄能力较大的水利工程，恢复水生生态平衡；健全水土资源保护和管理体制机制，制定相应的政策、法规和条例。

制定生物多样性保护与自然保护区建设规划需要开展以下几个方面的工作：①加强生物多样性的保护和管理工作。包括建立和完善生物多样性保护的法律体系，制定生物多样性保护的计划，制定生物多样性保护的规范和标准，积极推行和完善管理体制，强化监督管理，逐步使生物多样性的管理制度化、规范化和科学化，加强执法监督检查、加强监督管理和服务。②开展生物多样性保护的监测和信息系统建设。包括建立和完善生物多样性保护的监督网络，参与建立生物多样性保护的国家信息系统，积极开展生物多样性的国际与区域合作。③开展多种形式的生物多样性保护与利用方面的示范工程建设。④通过教育和培训,建立一支训练有素、精通业务、善于管理的队伍。⑤建立生物多样性保护机构,明确职责,并在各机构之间建立有效的协作,这是生物多样性保护的强有力的组织保证。

(七)城市综合生态规划

城市生态系统是一个受多种因素影响,并不断变化的动态系统。它包括若干亚系统及其子系统,各个亚系统和子系统之间的协调十分重要。因此,城市生态规划应该是一个动态的综合规划,它需要在各个单项的基础上,运用系统分析的方法进行综合分析,弄清它们之间的相互关系和反馈调节机制,以及各分项规划主要措施的相对重要性,以便调整系统内各子系统的比例和格局,作为政策、资源安排以及制定分期计划的基础,确保每一个方面都能获得适度发展而不超越其所允许的限度,从而保持整个城市的可持续发展。

在进行城市的综合生态规划时,基础资料是不可缺少的,其中包括各类文字资料和有关图件,使城市规划具有较强的直观性和可操作性,并能够及时跟踪基础资料的动态变化,这就需要建立资料库,其中包括数据资料库、图形库和模型库,地理信息系统(geographic information system,GIS)技术为这方面提供了良好的技术支持和服务。

图 7-1 是综合了已有的一些研究成果后提出的城市生态规划的一般程序,主要包括以下几个步骤。

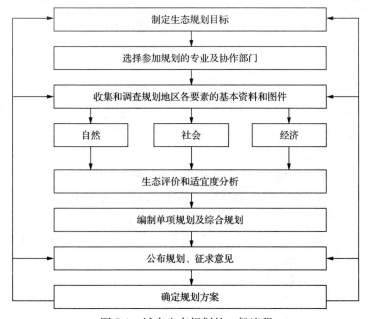

图 7-1　城市生态规划的一般流程

根据城市性质、规模和发展目标不同,各个城市生态规划的重点也有可能有所差异,但城市涉及的因素众多,涉及的专业和部门非常广泛,实际制定城市生态规划时,不可能面面俱到,必须根据规划要求选择关系较密切的专业和部门来参与城市生态规划的编制。

生态要素资料的收集与调查的目的是搜集规划区域内包括地质地貌、气候、水文、土壤、植被、动物、土地利用类型、环境质量、人口、产业结构及布局等因素在内的,包括自然、社会、经济与环境等方面的资料与数据,为充分了解规划区域的生态特征、生态过程、生态潜力与限制因素提供基础。资料搜集不仅应包括现状资料,也应该包括历史资料。在城市生态规划中,应十分重视人类活动与自然环境的长期相互影响和相互作用,如资源的衰退性变化、土壤退化、大气污染、水体污染、自然生境与景观破坏等,均与过去的人类活动有关。因此,历史资料的研究十分重要。资料收集包括文字资料,也包括图件。尤其是图件,不仅直观,而且能提供较准确的位置。

五、城市生态规划的规划理念和规划目标

在进行城市生态规划的过程中,还要遵循"健康、安全、活力、发展"的基本理念,达到"生态系统健康,生态格局安全,生态系统活力,城市可持续发展,最终建成生态城市"的规划目标。

(一)生态系统健康

生态城市是健康的城市。健康的城市生态系统不仅意味着提供人类服务的自然环境和人工环境组成的生态系统的健康和完整,也包括城市人群的健康和社会健康。

生态系统健康研究是 20 世纪 90 年代出现的一个崭新的研究领域。它将人类活动、社会组织、自然系统及人类健康等社会、生态和经济问题进行整合研究,系统地探讨生态系统在胁迫条件下产生不健康症状的机理,为利用、保护与管理生态系统提供了新的理论与方法。

对生态系统健康的概念,目前学术界普遍认同"健康"是生态系统最佳状态的一种评价方式。归纳众多学者的看法,可概括为:生态系统健康是生态系统的综合特性,即生态系统的内部秩序和组织的整体状况,系统正常的能量流动和物质循环没有受到损伤,关键生态成分保留下来,系统对于自然和人为干扰的长期效应具有抵抗力和恢复力,系统能够维持自身的组织结构长期稳定,具有自我调控能力,并且能够提供合乎自然和人类需求的生态服务。

生态系统健康的概念可扩展到城市生态系统。健康的城市生态系统不仅意味着提供人类服务的自然环境和人工环境组成的生态系统的健康和完整,也包括城市人群的健康和社会健康。这与健康城市的内涵很相似,但前者更强调生态系统的健康,后者更强调人群健康。

城市生态系统的健康是可持续发展的必要条件和重要的衡量标准。因此,了解城市生态系统的健康状况、找出其胁迫因子、提出维护与保持城市生态系统健康状态的管理措施和途径,是实现城市可持续发展必须要解决的问题。这也为城市生态规划提供了规划依据。

(二) 生态安全格局

生态安全是近年来新提出的概念,广义生态安全是指在人的生活、健康、安乐、基本权利、生活保障来源、必要资源、社会秩序和人类适应环境变化的能力等方面不受威胁的状态,包括自然生态安全、经济生态安全和社会生态安全,组成一个复合人工生态安全系统。狭义的生态安全是指自然和半自然生态系统的安全,即生态系统完整性和健康的整体水平反映。因此,生态安全与生态系统健康是相联系的。通常认为,功能正常的生态系统可称为健康系统,它是稳定的和可持续的,在时间上能够维持它的组织结构和自治,以及保持对胁迫的恢复力。反之功能不完全或不正常的生态系统,即不健康的生态系统,其安全状况则处于受威胁之中。

肖笃宁等(2002)把生态安全定义为人类在生产、生活与健康等方面不受生态破坏与环境污染等影响的保障程度,包括饮用水与食品安全、空气质量与绿色环境等基本要素。其研究的主要内容包括生态系统健康诊断、区域生态风险分析、景观安全格局、生态安全监测与预警以及生态安全管理、保障等方面。对区域生态安全的分析主要包括:关键生态系统的完整性和稳定性、生态系统健康与服务功能的可持续性、主要生态过程的连续性等。

另外,城市生态过程存在着一系列阈限或安全层次,虽然这些阈限对整体生态过程来说都不是顶级的或绝对的,但它们是维护与控制生态过程的关键性的量或时空格局。如城市生态可持续性受到不同因素,如水资源、水环境承载力阈值,土地资源阈值,森林、绿地的面积及分布等的限制。与这些生态阈值相对应,城市生态系统中存在着一些关键性的因素、局部点或位置关系,构成某种潜在的安全的空间格局,称之为生态安全格局,它对维护和控制生态过程有着关键性的作用。

基于城市生态安全格局概念,通过分析、识别威胁城市生态安全的关键因子等过程进行城市生态规划的方法被称为生态安全格局途径(俞孔坚和李迪华,1997;俞孔坚,1999)。

安全格局途径认为生态过程对城市经济发展所带来的环境改变的忍受能力是有限的,但不承认最终边界的存在。同样,经济发展过程对环境与资源的依赖也是不均匀的,或是阶梯状的。安全格局是各方利益代表为维护各种过程进行辩护和交易的有效战略,它在尽量避免牺牲他人利益的同时,努力使自身利益得到有效的维护。不论最终的发展与环境规划决策和共识在哪一种安全水平上达成,安全格局途径都使经济发展和环境保护在相应的安全水平上达到高效。同时,安全格局把对应于不同安全水平的阈值转变为具体的空间维量,成为可操作的生态规划设计语言,因此具有可操作性。

(三)生态系统活力

健康、安全的生态城市充满着活力。生态系统活力体现在社会、经济和生态各个方面。通过生态支持系统能力建设,城市发展与生态支持系统的互动调控及生态系统管育,提高城市生态系统活力水平,这也是城市生态可持续发展规划的任务和目标。

(四)城市可持续发展

可持续发展已经成为 21 世纪城市发展的方向与战略。可持续发展的核心思想是:健康的经济发展应建立在生态可持续发展、社会公正和人民积极参与自身发展决策的基础上,包括生态可持续、经济可持续和社会可持续,其间相互关联不可分割,生态持续是基础条件,经济与社会持续是目的。

可持续发展是当前世界各国共同倡导的协调人口、资源、环境与经济相互关系的发展战略。不同国家和地区出于不同的社会经济基础、意识形态和环境消费观,不同学科和部门则由于面临的问题不同,所强调的可持续发展的概念模式不尽相同。从本质上说,可持续发展就是要实现人与自然、人与人之间协调与和谐,要求在资源永续利用和环境得以保护的前提下实现经济与社会的发展。

城市生态规划与管理是实施可持续发展战略的重要手段和工具。可持续发展理论是城市生态规划的理论基础之一,在规划工作的多方面、多层次中起作用。规划工作就是要探索优化的城市生态系统和土地利用的空间构形,实现经济、社会、资源、环境的协调持续发展,达到社会、经济、生态三个效益的统一。城市是人类活动高度集中的场所,人类的生存以对资源和环境产品的消费为基础。提高资源利用的效率,尽可能地减少经济行为的外部性,保持资源与环境利用的持续性,也就是保持人类活动的可持续性。所以,生态可持续发展是可持续发展的物质基础和内在保障。

规划工作应以可持续发展原理为指导,贯穿:

(1)可持续发展的系统观。

将城市作为一个社会-经济-自然复合生态系统,进行整体规划,从全局着眼,对系统中的生态过程进行综合分析和宏观规划。

(2)可持续发展的整体效益观。

规划中追求综合发挥经济效益、生态效益、社会效益,把系统整体效益的提高放在首位。

（3）可持续发展的人口观。

人口规划建立在资源、环境需求与供给分析的基础之上，并注重提高人口素质和生活质量。

（4）可持续发展的资源、环境观。

资源、环境是人类赖以生存的基础，是社会经济发展的基本条件。不同类型自然资源的可持续利用有不同的含义。不可再生资源的可持续利用问题是最优耗竭问题，而可再生资源的可持续利用问题则集中表现在资源可再生性的维持和加强方面。

（5）生态城市—实现城市可持续发展的范式。

生态城市是人们对进入工业文明以来所走过的路程进行深刻反思，对人与自然关系的认识不断升华后，所提出来的未来城市发展范式。它反映了人类谋求自身可持续发展的美好意愿，体现了人类对人与自然关系的更深层次的认识。

对生态城市概念有不同的诠释，迄今仍无明确的概念界定。雷吉斯特曾提出十分概括的定义：生态城市追求人类和自然的健康和活力，并认为这就是生态城市的全部内容，足以指导人们的正确活动。国内学者对生态城市的普遍认识是：生态城市是一个经济发达、社会公平、繁荣、自然和谐，技术与自然达到充分融合，城乡环境清洁、优美、舒适，从而能最大限度地发挥人的创造性，并促使城市文明程度不断提高、稳定、协调可持续发展的复合生态系统。黄肇义等提出了具有实践意义的定义，即生态城市是全球或区域生态系统中分享其公平承载能力份额的可持续子系统，它是基于生态学原理建立的自然和谐、社会公平和经济高效的复合系统，更是具有自身人文特色的自然与人工协调、人与人之间和谐的理想人居环境。《广州市生态城市规划纲要》指出，生态城市是运用生态学原理和方法，指导城乡发展而建立起来的空间布局合理，基础设施完善，环境整洁优美，生活安全舒适，物质、能量、信息高效利用，经济发展、社会进步、生态保护三者保持高度和谐，人与自然互惠共生的复合生态系统。

第五节　城市生态规划的主要技术及方法

生态系统评价方法、系统工程、生态控制、定量分析和模糊评价、地理信息系统、遥感技术等方法共同构成了本规划工作的方法体系。

1. 生态系统评价方法

采用生态系统健康分析、生态足迹、生态系统承载力、生态位分析和生态经济学等多种方法，对城市生态可持续发展状况进行分析。

2. 系统工程方法

生态规划是一项复杂的系统工程。城市复合生态系统中诸要素和诸生态单元之间的关系是复杂多样的。但决定系统主要行为的关键组分和关系是有限的。实际规划工作中,自始至终贯彻系统思维,对生态网络的局部控制关系进行分析,模拟部分动力学机制,分析关键利导因子和限制因子,最后进行整合与总体规划。

3. 面向城市可持续发展的互动调控

生态可持续发展规划的任务就是要调和各种局部与整体、当前与长远、保育与发展、人与自然的矛盾冲突关系,实现城市可持续发展。然而人类要按自己的意愿去理想地控制人类-自然交互作用几乎是不可能的。本规划工作中,不是立足于寻求理想的控制模式,而是跟踪其过程,探索、找出合理的城市生态安全格局。

4. 生态信息叠置

生态可持续发展规划需根据城市社会、经济、自然等方面的信息,从宏观综合的角度,研究城市的生态建设和生态环境保护策略。本规划工作中,通过脆弱性分析、服务功能价值评估、生态活度位分析等,获得了大量调查信息。规划中,以生态信息叠置法为基础进行城市生态分区,并提出相应的调控对策。

5. 遥感、GIS 技术及软件工程

首先利用遥感解译分析技术,使用中高分辨率卫星影像数据,结合万分之一电子地图,分析市域生态结构特征,包括土地利用、植被绿地覆盖、城市建筑容积率、水环境、大气环境、城市热场的空间分布等,进而得出规划依据;其次利用 GIS 技术进行多种市域生态结构的空间分析,并在 GIS 平台支持下开展生态分区和规划工作;最后利用软件工程技术进行遥感、GIS 与其他信息的集成,形成生态可持续发展规划信息系统,为城市生态规划管理的数字化奠定基础。

第六节 城市生态规划实例研究

在联合国人与生物圈计划(1972)的倡导下,世界上许多城市如法兰克福、罗马、华盛顿、东京、莫斯科以及我国的北京、天津、长沙、宜春、深圳、珠海等都开展了相应的研究,"生态城市"已成为国际第四代城市的发展目标。在建设生态城市的实践过程中,对城市生态规划的规划理念和思路、内容、研究方法与技术应用等方面进行了探索。这里以惠州市惠城区生态规划为例,对生态规划编制工作做一简单介绍。

一、惠城区概况

(一)自然状况

惠州市位于广东省东南部,珠江三角洲东北端,南临南海大亚湾,与深圳、香港毗邻,是中国大陆除深圳外距离香港最近的城市。惠州市属珠三角经济区,现辖惠城、惠阳两区和博罗、惠东、龙门三县,设有大亚湾经济技术开发区和仲恺高新技术产业开发区两个国家级开发区。惠州是广东省的历史文化名城,在古代即有"岭南名郡"、"粤东门户"之称。惠城区作为惠州市政府所在地,无疑是全市乃至整个东江流域政治、经济、文化和交通的中心(图7-2)。全区总面积1192 km,辖桥东、桥西、江南、江北、河南岸、小金口、水口、龙丰8个街道办事处和汝湖镇、三栋镇、马安镇、横沥镇、芦洲镇5个镇,全区常住人口116万(其中户籍人口80万)。

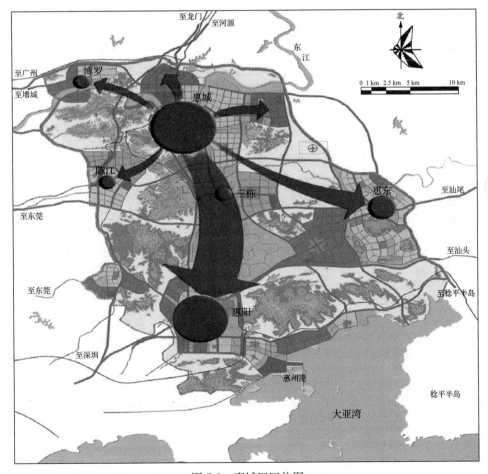

图 7-2 惠城区区位图

惠城区地貌类型多样,西南部和东北部多山地丘陵,中部多台地、平原,平均海拔 100～200 m。山地面积占总面积的 42.6%,丘陵、台地占 32.1%;中南部为谷地平原,占 19.8%;水域占 5.5%。

惠城区地处东江中下游平原区,属南亚热带海洋性季风气候,平均气温为 19.5～22.5℃,年均降雨量 1731 mm,雨量充沛,四季宜人。风景秀丽的惠州西湖镶嵌在惠城,形成"城中有湖,湖中有城,半城山色半城湖,湖光山色共生辉"的特有风貌;古人有云:"中国西湖三十六,唯惠州足并杭州",让人充分体验到城市与自然山水相融的舒适与惬意。自然资源主要有石英砂、铁、钨、高岭土等矿产。

(二)经济和社会发展

惠城区借改革开放之风和毗邻香港、深圳之利及全区上下的共同努力,城市面貌日新月异,经济发展迅速,人民生活水平不断提高。

(1)产业结构不断优化,经济实力大为增强。

自"九五"以来,惠城区国民经济快速发展,产业结构不断优化,经济实力得到很大提高(表 7-2 和表 7-3)。惠城区坚持"工业立区"发展战略,形成了以电子信息产品、机械技术、新材料技术为主的高新技术工业体系,培育了以 TCL 集团、德赛集团、富绅集团等为代表的一批知名企业,以工业带动产业的全面发展;农业的基础地位得到进一步巩固,初步形成了以产业化、专业化、规模化为特征的现代农业生产体系;作为市政府所在地,惠城区第三产业的发展速度逐渐加快,占经济总量的份额不断增加。

表 7-2　惠州市与相邻城市的经济比较

指　标	深圳	珠海	东莞	汕尾	河源	惠州	排位
GDP	2895.4	473.27	947.97	187.43	136.56	590.98	3
第一产业	16.47	18.01	28.05	52.26	41.5	73.04	1
第二产业	1723.65	266.79	512.26	54.4	44.1	347.91	3
第三产业	1152.28	188.47	407.65	62.0	50.9	170.02	4
社会固定资产投资	949.1	141.05	319.39	56.95	55.32	228.47	3
社会销售品零售额	801.77	159.18	338.0	116.59	51.86	181.67	3
地方财政预算收入	290.84	34.82	67.45	5.05	4.36	24.12	4

注:本表 GDP 按 2000 年不变价,数据单位为亿元;资料来源为《广东省统计年鉴》(2003)和各市统计年鉴。

表 7-3　惠州市各县(区)GDP 及三次产业生产总值(2003)

地区 GDP	惠城区	惠阳区	大亚湾区	惠东县	博罗县	龙门县	全市
GDP(亿元)	262.37	68.16	34.25	114.05	108.92	22.21	590.98
人均 GDP(万元)	3.37	1.99	2.70	1.49	1.31	0.63	1.86
一产 GDP(亿元)	11.54	3.9	2.1	23.94	22.93	8.63	73.04
二产 GDP(亿元)	183.04	42.86	21.96	59.65	60.5	6.53	347.91
三产 GDP(亿元)	67.79	21.41	10.19	30.46	25.49	7.06	170.02

(2) 城市基础设施日趋完善。

随着经济的发展,惠城区基础设施建设速度不断加快。惠深高速、惠河高速、惠澳大道、广汕公路、金龙大道等交通线跨越全境,还有京九铁路、广梅汕铁路两大干线贯穿其中,与惠州其他城市组团之间联系通道便捷,区内交通路网发达,基本实现村村通公路。惠城区现已建成电压等级齐全、布局合理、自动化程度高的高压电网和优质、高效运行的中低压配电网,可确保未来经济社会发展对用电的要求。中心城区和镇中心的自来水供应符合国家标准,当然农村用水尚有一定差距。信息化得到快速发展,邮电通信网络日趋完善。根据 2003 年年底有关统计数据,惠城区信息网络普及率达 32.19%,电话普率率 82.5%,广播和电视人口覆盖率100%。

(3) 社会事业健康发展,人民生活水平不断提高。

"十五"期间,惠城区科研机构和科技人才队伍不断成长壮大、科技投入稳步增长;"科教兴区"成绩明显,实施各种科技开发项目 47 项,荣获省市科技进步奖 16个,两次获"全国科技进步先进区"称号;科技发展环境进一步优化。教育投入持续增加,教育基础设施大为改善;"普九"成果得到巩固和提高,教师素质不断提高,素质教育向纵深发展。区委区政府积极响应广东省委省政府建设文化大省的号召,大力发展本区文化事业、拓展文化产业;全区现有文化广场 16 个,面积达 47568 m^2,公共图书馆 14 个,藏书 81570 册,文化站 20 个,拥有西湖艺术团、惠州书画院等业余文艺团队 36 个。医疗卫生设施建设得到加强,服务水平有所提高;农民参加合作医疗覆盖面不断扩大。区政府积极实施《全民健身计划纲要》,投入社区体育经费近 6000 万元;体育场地面积达到 94.44 万 m^2,为群众开展健身活动提供了必要的场所。人口增长得到有效控制,人口结构进一步优化,人口素质不断提高;逐步建立和完善了养老、医疗、失业等保险体系,社会保障能力增强;2003 年,全区城市居民人均可支配收入为 12674 元,农民人均收入 4282 元,人民生活水平显著提高。

（三）生态环境建设

近年来，惠城区城乡经济建设发展迅速。同时，在防治环境污染、改善环境质量、强化生态保护与建设等方面也成效显著。自 1999 年以来，惠州市陆续取得了"中国优秀旅游城市""国家卫生城市"和"国家园林城市"等荣誉称号，并获得"国家人住环境范例奖"，城市综合素质和整体形象明显提高，经济繁荣与环境优美趋于和谐统一。

（1）自然资源保护。

2003 年，全区森林总面积达到 88.05 万亩，森林覆盖率为 40.4%；生态公益林 36.04 万亩，占林业用地面积的 35.4%；有 1 个市级（墩子林场）和 3 个区级自然保护区及 249 个自然保护小区，占全区总面积的 5.4%。全区积极开展绿化造林、发展高效林业、制定并落实相应的经济政策，做到以林养林，实现林业的可持续发展；东江、西枝江"两江四岸"景观规划也已启动；惠州西湖是惠城区绿色的"心脏"，在维持城市生态平衡中起着举足轻重的作用，2000 年实施首期截污、引清工程后，西湖水质得到了根本改善；基本农田保护随着城市化进程的加快，形势比较严峻，耕地呈逐年减少的态势。

（2）生态环境污染防治。

通过产业结构的优化和生产方式的提升，减少能源消耗、改善能源构成，从源头上减少和消除大气污染，2003 年全区城镇空气质量达到国家空气质量二级标准，空气质量属优的天数有 101 天，属良的有 264 天。2003 年城区环境噪声平均等效声级均在 60 dB(A) 以下，为轻度污染，比 2002 年有所下降；道路交通噪声全部小于 70 dB(A)，综合评价为好。降水酸雨污染仍较突出，降水 pH 小于 5.6（酸雨限值）；生活污水占废水排放的 75%，污水实际处理能力为 5.8 万 t/d，处理率仅为 23.6%；东江干流惠城区段水质和饮用水源水质达到国家地表水环境质量 I、II 类标准；水库周边开展了生态农业和退耕还林建设，以减少污染源；惠州西湖的治理也初见成效。固体废弃物综合利用率有所提高，其中工业固体废弃物综合利用率为 88%，生活垃圾部分进行了无害化处理；农村生活垃圾推行集中处理、日产日清；采取了有力措施控制和消除土壤污染。

二、生态功能区划方案

惠城区的生态功能区划体系需要参考 2004 年完成的《珠江三角洲环境保护规划》和《广东省环境保护规划》以及《惠州市城市总体规划》中的生态功能分区。同时，结合惠城区生态系统结构及其功能的特点以及生态足迹计算和评价结论；划分不同类型的单元，综合考虑单元生态要素的现状、问题、发展趋势及生态适宜度，再划分出工业、农业、生活居住、对外交通、绿化等功能分区；发挥各分区生态要素的有利条件及其对功能分区的反馈作用,将整个城区构成协调有序的有机统一体,促使功能区生态要素朝良性方向发展。

依据惠城区生态系统的结构和功能,可将城镇及其周围乡村分为建设开发区、生态保护区、农业生产区、风景游览区四大生态功能区(图7-3)。

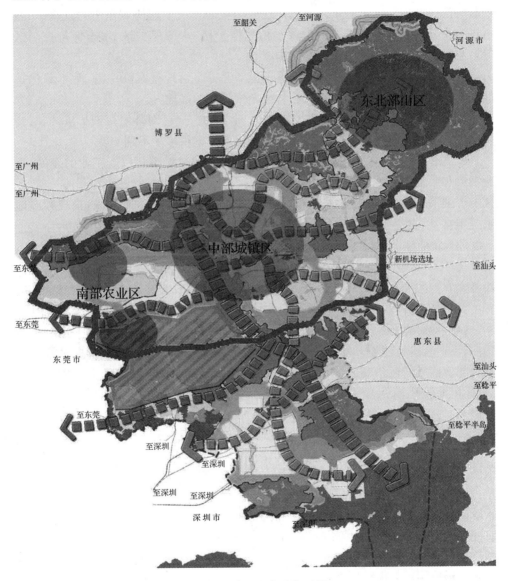

图7-3　城区生态功能区划

(1)建设开发区,包括商贸业、居住、工业等在内的所有城镇建设用地区域。商贸区是商业、金融活动集中的地区,拥有大量标志城市特征的建筑,如博物馆、大剧院以及有纪念意义的建筑物;工业区或工业园区是工业集中的地方,也是工业污染源的主要来源;居住区比较复杂,有高密度区(如连片的高层夹杂着多层建筑物的居住区)和低密度区(如拥有较大花园绿地的别墅群体)。

(2)生态保护区,提供生态服务功能的重要基地,以保护为主、不直接提供生产服务的区域单元。这些单元一般是在区域生态系统中起协调作用的景观单元,可进一步分为:天然林保护区、珍稀动植物保护区、水源保护区、水土保持控制区等。惠城区具体可划分为四个类型区域。

a. 东北部山区,该区森林覆盖率高达 90% 以上,地处东江中游,为水源保护区,生态功能较好,是发展生态农业和观光旅游业的好地方。

b. 中部城镇区,工业相对比较集中,工业上的“三废”对环境污染严重,同时开发建设占用了大量土地,绿化面积减少,绿化覆盖率很多镇不到 40%。

c. 东南部区域,以农业为主,但近年来,由于农村城市化以及工业的发展,工业污染和生活污染逐渐增加。

d. 西南部区域,该区地势较低,以平原为主,多湖泊和水库,自然景观和湿地系统丰富,以农业为主。

(3)农业生产区,主要为农业生产集中的区域,人为干扰与自然过程相伴生,属半自然景观类型。农业生产区还可细分为农业耕作区和经济林区,前者主要包括各类农业生产用地,如粮、油、蔬菜等作物用地,花卉、瓜果等经济作物种植区;后者主要包括各种以林业生产为主要目的,且保持较好植被覆盖的地区。

(4)风景游览区,指城镇建成区附近及自然保护区周边区域,具有一定生态敏感性、不适宜进行建设开发和农业生产,人为干扰强度相对较低,且可提供旅游服务功能价值的特色景观区域。根据开发类型可以分为特色风景区、文物古迹保留区、休闲度假区等。

三、生物多样性保护规划

(一)结构性生态控制区的保护与建设

(1)惠城区北部外围的结构性生态控制区。以南昆山、罗浮山为中心的山地区域,森林覆盖率高,原生的常绿阔叶林保护完好,生物多样性丰富,生活有各种野生动物上百种,珍稀植物数十种。目前建设有南昆山省级自然保护区、罗浮山省级自然保护区、寨头水库水源涵养林自然保护区、屏风石自然保护区、黄山洞自然保护区和杨坑洞自然保护区等;另外,该区域分布有天堂山水库、显岗水库、七星墩水库和寨头水库等重要水库,是惠州市重要水源地,生态地位非常重要。

主要开发建设要求:限制人类大规模砍伐、开垦和大兴土木的开发活动,林业生产强调合理调配,注意保护保存良好的自然生态系统、野生物种生境和野生动物栖息地;促进区域内植被恢复,优先选用乡土物种,在一定范围内尽量维护控制区内生态系统的自然演替;控制人口流量和精心设计旅游路线,开展生态旅游和多种经营。

(2)惠城区南部城市群绿核区。分布在惠城区、惠阳区以及深圳、东莞市之间,以白云嶂为中心的南部山地丘陵地区,是城市群重要生态隔离带,不仅为城市提供各种生态服务功能,对区域生态交流而言也是重要的中转基地。

主要开发建设要求:强化城市绿核的分割屏障和绿岛作用,避免破碎和蚕食,保护其完整性;作为城区人们重要的游憩休闲空间,可以进行不影响绿核整体景观与生态功能的人类开发和景观建设活动;优先采用本地物种,增加生态系统的层次和种类以形成复杂的系统结构;增强绿核和城市群外围区域绿地、自然斑块之间的连通性;在白云嶂、黄巢嶂、大坑等生物多样性丰富,生态功能重要的地区建立自然保护区。

(二)重要生态通道的保护与建设

惠城区生态体系中重要的生态通道有河流通道、道路通道和外围连绵山脉通道等。

(1)河流通道。惠城区重要的河流有东江及其主要支流西枝江,在维护区域水资源传输和平衡、水源供给、生物的洄游和内河航运等方面具有重要意义。

主要建设要求:加强沿岸的植树造林、减少水土流失;维护河流的自然岸线,维持水生动植物良好的栖息生态环境。

(2)连绵山脉通道。惠城区外围重要的山脉生态通道包括惠州东部的莲花山脉沿线、北部山地沿线、博罗的罗浮山脉沿线以及龙门西部的九连山脉沿线,整体构成三纵一横的山地通道格局。

主要建设要求:强调连绵山脉走势上的绿色通道通畅,优先保护连绵山脉通道走向上的绿色斑块;沿线绿色斑块的建设,注重长轴方向和山脉走向保持一致;注重山脉连绵带上脆弱地段的保护,控制山口地区城镇建设,以减小对山脉的分割作用;在道路两侧建立完整的道路防护林带,并建设供野生动物穿越的通道。

(3)对外交通和经济辐射通道。重点建设和控制的交通通道包括深惠、深汕、广惠等高速公路沿线,京九铁路沿线,205、324国道沿线以及其他公路沿线。

主要建设要求:在敏感和脆弱地带要沿交通线路建立完善的防护林带,将机动车通行的影响控制在道路区域内;在一般的乡村郊野地带,形成灌丛、草地、疏树组成的自然错落景观;控制城镇居民点沿路带状蔓延,引导沿线城镇呈组团式发展;在动物迁徙、觅食活动区建立涵洞等生物通道,便于动物穿越这些人类干扰地带;在路旁设立交通标志,提醒司机注意以保障动物穿行安全。

(三) 关键节点的保护与建设

关键节点是对区域自然生态系统的稳定性和连通性具有重要意义的关键点, 节点状况的改变将显著影响到区域生态体系的结构或生态过程, 按照"集聚间有离析"的原理, 选择生态体系的关键节点; 关键生态节点包括踏脚石、生态通道交叉点和脆弱点等。

(1) 踏脚石的保护与建设。惠城区重要的踏脚石区域有红花岭与西河潭, 当然其他分布在平原地带的孤立山林与小块自然绿地也具有踏脚石的功能。对于动物迁徙和物种传播, 这些节点都具有不容忽视的作用; 从人类活动和享受自然的角度出发, 这些小规模的绿色斑块给人们提供了观赏、科普、走进自然和享受绿色视野的重要场所。

建设要求: 在该范围内, 尽量减少人类干扰, 维护其生态传输功能; 进行绿化或林业经营时, 优先采用本地物种, 建立多物种、多层次绿地系统, 丰富其系统结构。

(2) 廊道交叉点或脆弱点。重要的廊道交叉点和脆弱点有西枝江与东江交汇处。

建设要求: 这些地段对生态体系的健康和稳定起到至关重要的作用, 需要优先保护。

四、区域绿地系统规划

(一) 规划的目的和任务

绿地系统的目的是降低城市对外围自然生态系统的影响, 有效地建立城镇绿地与外围自然生态系统的联系, 促进城镇融合于生态体系当中; 其主要任务就是防范城市自由蔓延, 系统地保留区域绿色基质和开敞空间。

区域生态体系的保护基本覆盖了区域主要自然斑块、河流和自然山体, 在此基础上, 增加基本农田、连片的基塘区域、林业基地和河口海域等自然或绿色区域, 构成区域绿地系统的基本框架; 在区域绿地系统的支持下, 通过构建环城绿带, 就可以在区域尺度上, 形成比较完整的绿色系统。

(二) 惠城区区域绿地的划定

区域绿地可分为生态保护区、河川绿地、风景绿地、缓冲绿地和河川绿地五大类。

(1) 生态保护区分为水源保护区和基本农田保护区。惠城区范围内水源保护区共 5 处; 基本农田保护区主要分布于惠城区中部和南部西枝江中下游河谷、丘陵地带。

　（2）河川绿地指主干河流及堤围、大型湖泊及沼泽、水库及其水源林、基塘系统等。

　（3）风景绿地主要包括惠城区西南部由丰门坳森林公园、梅湖森林公园、都田森林公园、南山森林公园、红旗森林公园等组成的自然山林景区和西湖国家级风景名胜区。

　（4）缓冲绿地包括环惠城中心区、陈江-仲恺组团的环城绿地，主要道路隔离绿带。

　（5）河川绿地包括汤泉、九龙潭等两个地质地貌景观区，以及东坡亭、桥西金带街、桥东水东街等文物保护单位和风貌地区。

　（三）区域绿地管制策略

　为强化对各类区域绿地的管制，根据区域绿地的生态敏感性、重要程度和功能兼容程度，将区域绿地划分为三级管制区域，并提出相应的开发管制要求。

　（1）一级管制。适用于生态极其敏感的自然保护区、重要水域和湿地、基本农田保护区等区域绿地类型。

　属一级管制的区域绿地，必须绝对保持区内自然状态和原始状况，除维护原生系统的必需设施外，禁止一切开发建设行为，原有不符合其功能要求的各类人工设施，应逐步迁出，并加强对原生环境的恢复、维护和保育；在该区域内，允许存在的设施的建筑密度应低于 0.5%，容积率低于 0.01，建筑层数不得超过 1 层。

　（2）二级管制。适用于水源保护区、森林公园、自然灾害防护绿地、自然灾害敏感区，以及具有重要意义的文物保护单位的建设控制地带等区域绿地类型。

　属二级管制的区域绿地，必须严格限制开发建设行为，只容许进行适度的维护、保育和经营活动；在该区域内，允许存在的设施的建筑密度应低于 2%，容积率低于 0.04，建筑层数不得超过 2 层。

　（3）三级管制。一般适用于土壤侵蚀防护区、缓冲绿地、基塘系统和传统风貌地区等区域绿地类型。

　属三级管制的区域绿地，允许在一定的限定条件下进行与其功能不相冲突的低强度开发建设；在该区域内，允许存在的设施的建筑密度以低于 5% 为宜，最高不得超过 10%，容积率应低于 0.20，建筑层数以不超过 3 层为宜，最高不得超过 5 层。

五、惠城中心区绿地系统规划

　（一）规划思路

　完善山水林田湖城市生态格局；因地制宜，均衡布局，改善功能，提高质量；调整绿地空间结构,创建完美的空间形态,提升城市的综合水平。

(二)规划结构与布局

充分利用惠城区特有的二江一湖优势、丰富的山体等自然资源,以及各类历史人文资源,构筑融山、水、人、城于一体的绿地系统。规划采用"二心二江二片,三环七通廊七组团"的结构布局(图7-4)。

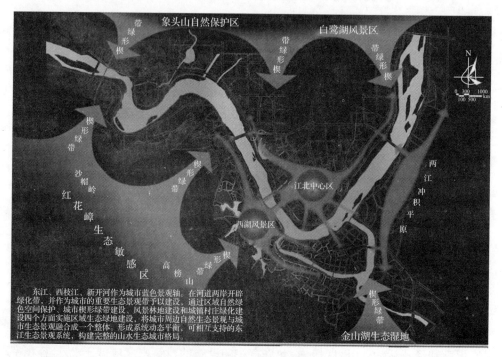

图 7-4　惠城中心区基本生态框架结构

(1)二心:西湖文化景观游憩中心,由西湖景区、红花湖景区组成;江北现代生态休闲中心(市民乐园和体育公园)。

(2)二江:东江、西枝江滨江景观轴。通过东江和西枝江滨水绿地的合理布置,建设游憩功能完善、景观优美、生态合理的开放绿地,发挥综合功能,形成城市绿色生态文化景观轴、城市景观组织和城市风貌展示的关键地段。

(3)二片:北部景观生态涵养区,包括汤泉景区和白鹭湖景区,构成了城市北部的休闲旅游区,同时又是重要的生物多样性中心和生态涵养区;西南部自然生态涵养区,由面积约 26 km² 的山林景区组成,通过规划生态涵养区深入城市用地范围内部,使自然山林、水域与城市用地相互交错,引导清新空气入城、降低城市热岛效应。

(4)三环:由二环路、三环路、四环路组成的环状绿带。在道路红线内及两侧一定用地范围加强绿化建设,形成贯穿城市的环状绿色空间;同时,以景观道路衔接不同类型的绿地和重要节点,构筑城市绿化景观网络。

(5)七通廊:由城市内部道路向外部延伸出去的七条主要放射线状道路沿线绿化工程,这些道路分别沟通周边主要城市和惠州市域内重要城镇。

(6)七组团:

a. 江南老城区历史文化风貌组团。通过老城改造和新建各类绿地,以"重点保护与恢复开发兼顾"为原则,保持传统的古城特色,并适当增添新的现代设计元素。

b. 江北生产生活绿化组团。围绕火车站布置生产、生活服务及其他服务设施,根据总体规划定位,合理选址布置各类绿地。

c. 下角-梅湖工业防护绿化组团。位于江南,东江下游段,旧工业区。在绿地规划和布局上要满足该区域内工业、道路、东江水系等的生态保护、工业防护要求。

d. 龙丰-古塘坳电子工业绿化组团。沿惠深高速公路两侧布置,是主要的工业生产带,营造一个洁净、绿色的生产环境,完善的工业防护绿化体系。

e. 下埔-河南岸-麦地生态居住及科教绿化组团。组团西接南湖和部分山体,东临西枝江,可结合山体和西湖绿地、滨江绿地统一安排;同时,应体现高层次的科研、教育文化特征,提升城市整体文化水平。

f. 斜下工业防护绿化组团。主要是对外加工和装配性工业。绿地规划和布局上要满足该区域内工业、道路、水系等的生态保护、工业防护要求。

g. 大湖溪生态防护绿化组团。大湖溪作为城市重要的水源保护区,临近东江和新开河,规划以水源涵养防护绿地、水系防护绿地为主。

六、水系保护及其景观规划

水是生命之源,也是城市发展的命脉。如何合理开发利用和保护水资源,以有限的水资源保障城市的可持续发展是摆在我们面前一个亟待解决的课题。首先,要科学规划,在水资源承载能力基础上合理确定城市发展规模;其次,以流域为基础系统加强水资源管理;再次,积极调整产业结构,提高水的重复利用率,提高公众节水意识和制定有关法规来促进节约用水,建设节水型城市;最后,依靠科技创新,不断提高城市水资源管理现代化水平。

(一)水系保护规划

(1)主要河流通道保护规划。重要的河流有东江及其主要支流西枝江。

在主干河道上,尽量减少水坝、水闸之类的截流设施建设,确有需要时必须进行严格的水文水情调查和对生物多样性影响的评估,保证生物洄游通道的畅通;加强沿岸防护林和水源涵养林建设,保持河流河岸的自然形态、控制水泥等平滑护坡的建设,为水生生物保留栖息、觅食的环境;进行河流断面的设计和建设,在河流曲折或河流交汇的地方,开辟湿地,以保护多样性的生境。

(2)水源保护区规划。惠城区有惠州东江饮用水源保护区、惠城区角洞水库饮用水源保护区、惠阳西枝江饮用水源保护区、深圳东部供水工程东江饮用水源保护区、沥林镇石鼓水库饮用水源一级保护区五处。主要保护措施如下。

a. 生态隔离带建设。①清理、拆除水体两岸或周边的违章建筑、露天垃圾堆放场和垃圾倾倒点,并进行植被恢复;对沿岸的砖厂、沙石厂进行整治;对污水处理不达标的规模化畜禽养殖场实行停产整顿或关闭;流域内明确划定禁止设立餐饮服务业的河段、库区;根据水利部门的河涌规划,对现有主要河道进行疏通、整治。②建立一定宽度木-灌-草搭配合理的植被缓冲区,修复浅滩和池塘。在水岸带种植根系发达的植物,构成缓冲带,依靠植物吸收营养盐起过滤效果和依靠减缓波浪的作用进行沉淀、脱氮等;将各种类型的缓冲带进行合理配置,形成不同层次结构的植被缓冲系统。

b. 水生态空间的调整完善。①区域水环境的恶化、河流景观质量的退化都与河流水系的形态变化、水生态系统空间功能变化有关。惠城区域内、外河道应保持有效沟通;保护与营造自然的河岸林地,一般保持在 50～100 m 宽度范围。②在城市水生态管理中应结合实际采取灵活措施。对涉及人为改变河流自然状态的项目,应当持慎重态度;对生态功能重要的河流、河段,可划为生态功能保护区,尽量尊重河流自然走线,体现河流减缓洪涝、改善水质、养育动植物及提供生态系统服务的价值。

(二)"两江四岸"景观规划

1. 基本情况

东江是惠州的母亲河,由东向西呈"U"字形横贯城区,与西枝江相汇在城中,是具有鲜明城市特色和兼具都市文明与乡村田园风光的蓝色景观轴。

2. 现状分析综述

(1)自然景观资源丰富但历史遗存保护不够。"两江四岸"水域风光及生物景观资源丰富,但开发利用不足;具有历史文化意义的遗址遗迹由于年代的久远及城市的改造、更新,现状遗存分布稀薄,缺少足够的表现力和有效的影响力。

(2)空间形态复杂多样。沿江建筑景观界面僵硬,公共开敞空间缺乏;沿江节点空间分布零散,整体上呈现出一幅"杂乱无章"的状态,彼此间缺少必要的关联和组织。

(3)公共品质缺乏,城市活力需全力提升。旧城沿江部分目前主要为非公共领域占据,开放性较差;公共设施缺乏,无法与居民的日常生活方便结合。

3. 岸线划分与景观结构规划

根据规划范围内河道的基本特征、景观特色,规划将岸线分为自然生态岸线、城市新区沿江岸线、旧城区沿江岸线三类,并最终形成"一环、二轴、三带、多点"的景观结构体系(图 7-5)。

一环:由东江、西枝江、新开河所环绕的桥东和东平半岛

二轴:东江景观主轴线与西枝江景观副轴线

三带:旧城沿江历史风貌景观带、沿江城市新貌景观带、自然生态景观带

图 例
核心景观环　　沿江城市新貌旅游景观带
江景轴线　　　生然生态旅游景观带
古城历史风貌旅游景观带

图 7-5　岸线与景观结构规划

(1) 一环:由东江、西枝江、新开河所环绕的桥东和东平半岛。沿线包括了桥东、桥西旧城,下埔、东平城市沿江成长区,江北新区沿江经济带;涵盖了历史文化、近代文明和现代文化景观。

(2) 二轴:东江景观主轴线与西枝江景观副轴线。着重挖掘自然与人文历史景观,把东江及沿岸地区建成"水清、岸绿、景美、游畅"的生活休闲水景轴;有选择地改造利用沿江旧有航运设施;合理营造亲水空间,规划沿江亲水公园、观景平台等。

(3) 三带:自然生态景观带、沿江城市新貌景观带、旧城沿江历史风貌景观带。

a. 自然生态景观带(自然生态岸线),范围为东江铁路桥下游区间和西枝江新开河口上游区间。利用梅湖周边山体、湿地等自然景观资源,并与城市公园、绿地等结合成完整的网络体系,形成以自然生态为主题的都市休闲旅游景观带和生态景观走廊。

b. 沿江城市新貌景观带(城市新区沿江岸线),范围为江北南区沿江经济带、

新开河两岸和惠沙堤沿线。开辟活跃的公共活动岸线,塑造具有强烈时代特征的
都市滨水景观;适当增加城市公共开敞空间,构建丰富的以两江为主轴的绿地生态
景观系统,以提升城市生态形象。

　　c. 旧城沿江历史风貌景观带(旧城区沿江岸线),范围为拱北桥至水门桥和东
新桥至东坡故居区间。深入挖掘和利用历史文化名人资源,重点修复东坡祠等珍
贵遗迹,改造、提升老城区商业旅游功能,使其逐步成为历史文化特色鲜明、功能完
善的旅游特色风貌区;同时,在旧城区公园、广场的建设中充分考虑市民的日常户
外休憩需要。

(三) 生态建设规划

1. 生态湿地建设规划

　　生态湿地以自然恢复为主,进行适量的人为干预,提高湿地的生态效益和观赏
性,规划有生态湿地两处:①上东平滨江生态湿地——东江蓄水后,滩地将部分被
水浅淹,规划保留原有湿地植被,合理栽植野生芦苇等观赏效果好的植物;严禁开
发建设活动,恢复生物多样性。②梅湖滨江湿地公园——在河滩地内因地形的起
伏变化将形成自然的水网交织地貌。规划近期建设成反映湿地野生植物群落特色
的湿地公园;远期结合南面的沙帽岭森林公园,利用该地的低洼地形及湿地景观,
再现岭南独具特色的桑基鱼塘的田园风光(图7-6)。

2. 公园绿地建设规划

　　公园绿地是人性化的城市空间,规划建设公园五处:

　　①大中堂公园——位于第三东江铁路大桥桥头,宜充分利用地形和桥头良好
的山林景观组织富有层次感的植物造景,营造从自然生态环境到现代城市环境的
过渡景观,建成绿色休闲公园。②惠博滨江公园——紧临江北西区,利用原有树林
和纵横交错的河网鱼塘,提供市民纳凉休闲、健身娱乐的场所。③东湖公园——位
于长湖苑小区南面,设计将江水引入公园,打造滨水的大面积绿色开敞空间。④新
开河公园——与江北市政府轴线广场隔江相望,位置绝佳,公园包括水上和陆地两
部分,共同构成新开河自然生态景观。⑤望江滨江公园——是利用防洪堤外河滩
地建设,以休闲、绿化为主兼有防护功能的滨江绿色空间;同时建成与水上体育项
目相结合的体育休闲公园(图7-6)。

　　东江与西枝江是连接惠城东西、跨越南北的城市骨架和动脉,是回应历史、展
现时代、昭示未来的具有强烈象征意义的城市重要景观带;同时,能构建整体连续、
局部成环的动态自然生态景观系统和延续"四东文化"脉络的历史追忆空间体系;
形成自然和谐、空间开敞的沿江空间体系,实现市民的亲水愿望。

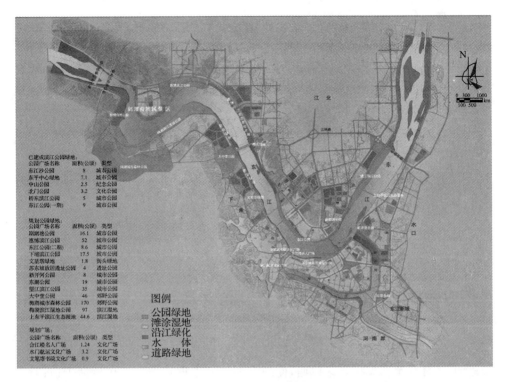

图 7-6　湿地与公园建设规划

（四）西湖风景名胜区规划

1. 西湖概况

西湖风景区北依东江，西南和南面群山环绕，总面积 23 km²；西湖由平、丰、南、菱、鳄湖等五个湖区组成；西湖形态参差曲折、意境幽深秀邃、与城市关联度高；2002 年，西湖风景名胜区被国务院批准为国家重点风景名胜区。

2. 主要现状问题

（1）湖城关系日趋紧张。西湖湖山秀美，又紧邻城市，成为人们居住、工作、休闲的首选地；但西湖及其以西地域主要为水面和山体，这与城市活动希望更多依托于西湖的愿望有较大矛盾；周边地区建筑量大、密度高，风景区面临被"圈景"的危机。

（2）文化底蕴有待发掘。在西湖景区的建设中，存在对西湖乃至惠州文化研究不深、品位不够的问题，由此导致景点、景区缺乏持续的内在魅力。

（3）水体污染加剧。由于城市排水系统不完善，有部分生活污水排入西湖，加之水系自身净化能力下降，水体污染加剧。

3. 规划重点

整理用地,明确界域,对西湖风景区实行严格的保护分区及其管制要求;挖掘历史,重整旧迹,以文物保护、史迹恢复和历史性自然景观恢复为重点;养山理水,恢复生态,营造生态风景林,充分发挥山体的景观效益和生态效益。

4. 规划策略

(1)湖、城资源的融合和共享。

①风景区与商业、文化旧城——将旧城文化资源和西湖资源捆绑;以环城西路作为旅游公交走廊,增强二者的联系和可达性,使西湖风景区和桥西金带街、商业步行街、桥东水东街等相互串联,形成多处商业文化区和休闲服务区;在桥西建议恢复原有西湖和西枝江相互勾连的水系,可以将西湖与西枝江以水上游的方式联系起来;②风景区与城市主要生活区——为了方便广大市民到西湖风景区休闲娱乐,规划以西湖风景区的各郊野游览区为核心,环绕惠城、江北、东平、南坛的城市大公园系统;未来可形成联系各城市公园、郊野公园和主要居住生活区的公交专门环线。

(2)外围交通的疏解。

西湖风景区位于城市的核心位置,主要交通线穿越西湖,破坏风景区景观和氛围的问题比较严重。规划对环城西路实施交通管制,并拓宽滨江路替代其交通功能;将西三环移至西湖风景区以西,使现有的交通干道转换为城市生活干道;对于鹅岭北路,提出管制和引导的方式,促使交通沿鹅岭东路过西枝江大桥经东平半岛到达江北;远期在惠州大桥以西增设过江通道,进一步缓解交通对于西湖风景区的影响(图7-7)。

5. 文物古迹保护与利用规划

规划依据典籍记载,结合现存文物古迹所处的区位和特征,重点加强文物保护以及周边历史氛围的烘托。形成元妙观景群、北门景群和花岛景群等核心景点;保证文物古迹的保存质量,充分挖掘文化内涵,为文物古迹创造良好的保护、展示和管理环境(图7-8)。

6. 历史性植物景观恢复规划

西湖古有"荔浦风清""红棉春醉"等以植物景观为主题的经典传说,由于有历史和传说的烘托,愈发显得耐人寻味,称之为历史性植物景观。规划在植物配置方面,充分尊重史料的记载,恢复上述大部分景点,以及西子湖荷花、红花湖的红影丹霞等,重塑历史性植物景观带给游人的悠远意境。

7. 水环境和水生态改善规划

为使西湖水体更加洁净清澈、健康安全,规划采取以下措施加强对水环境的保护:引水——针对西湖引水口不均、湖体冲刷不及时的问题,在菱湖新设送水口,并结合横溪古槎的典故,形成景点;排水——除山区外,景区内全部实行管网收集,山

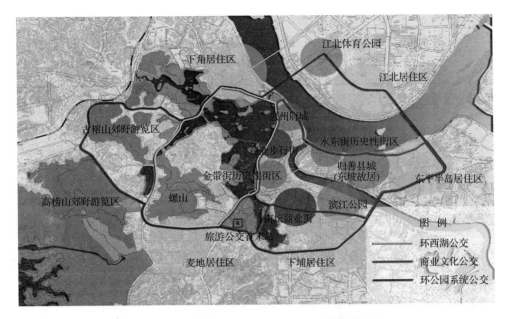

图 7-7　西湖风景区与城市资源的联系和共享

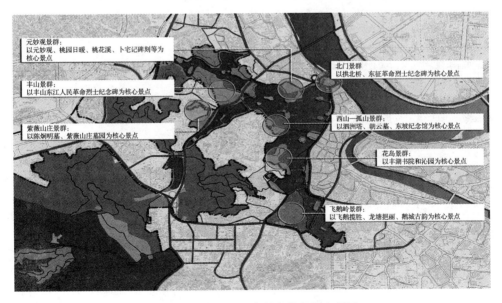

图 7-8　西湖风景区内的文物保护和利用

区有景点的,必须配有小型污水处理设施,处理达标后方可排放;疏浚——定期疏浚西湖,去除沉积的富营养物质,避免对水体产生的污染;减压与控制——缩减外围控制区内人口;加强滨湖地区的地表绿化和湖岸水土保持,并进一步改善西湖周边道路的绿化,控制外围保护地带的建筑密度,提高绿地率,提升整体环境卫生水平。

当前,风景名胜区作为国家重要的自然资源和历史文化遗产,其地位和对于区域及城市生态格局的重大意义越来越受到重视。随着迈向"山水惠城、生态惠城"步伐的不断加大,西湖与城市的关系将会更加和谐融洽,散发出古老而隽永的魅力。

参 考 文 献

戴永光. 2006. 生态视野的城市规划研究-以惠州市惠城区为例[D]. 兰州:兰州交通大学.

段昌群,杨雪清. 2006. 生态约束与生态支撑——生态环境与经济社会关系互动的案例分析[M]. 北京:科学出版社.

冯向东. 1988. 略论城市生态规划[J]. 生态学报:7(1):33-36.

刘康,李团胜. 2004. 生态规划——理论、方法与应用[M]. 北京:化学工业出版社.

刘天齐. 1990. 环境管理[M]. 北京:中国环境科学出版社.

马世俊,王如松. 1984. 社会-经济-自然复合生态系统[J]. 生态学报,4(1):1-9.

欧阳志云,王如松. 2005. 区域生态规划理论与方法[M]. 北京:化学工业出版社.

沈清基,沈恬. 2000. 城市生态与城市环境[M]. 上海:同济大学出版社.

王如松. 1988. 高效-和谐-城市生态调控原理与方法[M]. 长沙:湖南教育出版社.

王祥荣. 2000. 生态与环境[M]. 南京:东南大学出版社.

杨培峰. 2005. 城乡空间生态规划理论与方法研究[M]. 北京:科学出版社.

杨志峰,何孟尝,毛显强. 2004. 城市生态可持续发展规划[M]. 北京:科学出版社.

杨志峰,李巍,徐琳瑜. 2004. 生态城市环境规划理论与实践[M]. 北京:化学工业出版社.

于志熙. 1992. 城市生态学[M]. 北京:中国林业出版社.

俞孔坚,李迪华. 1997. 城乡与区域规划的景观生态模式[J]. 国外城市规划,3:27-31.

俞孔坚. 1999. 生态保护的景观生态安全格局[J]. 生态学报,19(9):8-15.

张宝杰. 2002. 城市生态与环境保护[M]. 哈尔滨:哈尔滨工业大学出版社.

赵运林,邹冬生. 2005. 城市生态学[M]. 北京:科学出版社.

McHarg I. 1981. Human ecological planning at Pennsylvania[J]. Landscape planning, 8:109-120.

Selman P. H. and Dear N. R. 1991. A landscape ecological approach to countryside planning[J]. Planning outlook, 34(2):83-88.

第八章 城市环境质量评价

城市环境质量的好坏,直接影响到城市居民生活环境与工作环境的质量。当前城市环境工作的关键是保护城市环境,使城市居民有一个舒适的生活环境和良好的工作环境。城市环境质量评价工作是根据对城市及城市发展地区的环境进行广泛的、全面的、深入的调查和监测的结果,对城市环境质量进行单项和综合性的评价,以确定城市环境中存在的问题,从而有针对性地提出对策意见,制定改善和提高城市环境质量的规划和措施。客观地认识和了解城市生态环境质量的变化,对调控、建设城市生态环境具有无比重要的意义。从城市生态的角度看,城市环境质量评价是为了促进城市生态系统的良性循环,以保证城市居民有优美、清洁、舒适、安全的生活环境与工作环境。从社会经济角度看,城市环境质量评价是为了用尽可能小的代价获取尽可能好的社会经济环境,并取得最大的经济效益、社会效益与环境生态效益。

第一节 城市环境质量及其评价

一、城市环境质量

城市环境质量是城市环境系统中客观存在的一种本质属性,并能通过定量、定性、定位和定形相结合的方法进行描述,反映出城市环境系统的总体或环境的某些要素所处的状态。它可以用城市的资源质量、人群健康和生态状况等尺度来衡量,但最基本、最重要的方面是可通过环境污染程度来衡量。20 世纪 60 年代,由于环境污染日趋严重,环境质量日益引起人们的关注,并逐渐形成了用环境质量的好坏来表征环境遭受污染和被破坏的程度。环境质量好坏与环境污染程度成反比,环境污染程度越大,表明环境质量越差。

根据城市环境组成要素的不同,城市环境质量可以分为空气质量、水环境质量、土壤环境质量等;广义的城市环境质量是城市的自然环境质量和社会环境质量的总和。其中,自然环境质量包括物理的、化学的及生物的三个方面;社会环境质量包括经济的、文化的和美学的内容。各地区发展程度不同,其社会环境质量有明显的差异。

二、环境质量标准

环境质量标准是各国政府为保护人群健康和生存环境，对环境要素中各种污染物在一定时间和空间范围内的允许含量所做的强制性规定。它体现了国家的环境保护政策和要求，以及经济和技术发展的水平。既是进行环境保护工作的技术规则，又是进行环境监督、环境监测、评价环境质量、实施环境管理的重要依据。离开了环境质量标准，环境监督管理将无所适从和寸步难行。

（一）环境质量标准的种类

环境质量标准的种类划分方法有多种。既可以按功能划分，也可以按要素类型划分。

（1）按功能分类。可以划分为室内空气质量标准、景观娱乐用水水质标准和工业企业厂界噪声标准等。实际情况中，不同类型的提法常常是混合使用的，如在水环境质量标准中，又可分为《生活饮用水卫生标准》、《渔业水质标准》和《农田灌溉水质标准》等。这些名称都是既体现要素的特点，又体现功能的特点。由此可见，如何对环境质量标准进行分类，是一个认识角度的问题。

（2）按环境要素的类型来划分。可以划分为空气质量标准、水环境质量标准、土壤环境质量标准和环境噪声标准等。

（二）环境质量标准的分级

环境质量标准的级别也有不同的分法。由于环境质量标准主要是为环境管理服务的，因此，根据管理的层次或行政隶属关系，可以分为国家级和地方级两个层次，或称为国家环境质量标准和地方环境质量标准。这里所说的地方环境质量标准也包括流域或水系的环境质量标准。

国家环境质量标准是由国家规定的，是指各种环境要素中的各类有害物质，在一定时间和空间范围的容许含量。它是统一衡量全国各地环境质量所达到水平的准绳，是各地进行环境管理的依据。

国家环境质量标准除包括各环境要素的质量标准之外，还包括一些特定的地区，为特定目的和要求所制定的行业环境质量标准，如《生活饮用水卫生标准》、《作业场所微波辐射卫生标准》和《旅店业卫生标准》等。

地方环境质量标准是根据国家环境质量标准的要求，结合地方的环境特点制定的。地方环境质量标准可以允许结合本地区的需要，增补某些项目，或做出更严格的规定。通常是以当地的自然地理环境特点，如气象、水文、土壤、地质、地貌、生物以及经济技术水平、工农业生产布局、人口密度、政治文化要求等要素为依据，由地方环境保护部门会同其他有关部门，对整个地区进行全面分析评估和综合平衡之后,补充国家环境质量标准中不包含的主要污染物的项目及其容许浓度。因此,它是国家环境质量标准在地方的具体体现,是实现环境质量分级管理的具体依据。

三、环境质量综合评价

人类所生活的环境,是由多种环境要素相互作用、相互影响、相互制约而形成的复杂的综合体系。人们的生活、劳动和健康都要受这些因素的影响。在复杂的综合环境体系中,各个单项环境质量对人们的生产生活活动产生复杂的综合性的影响。为了解这种影响的性质及程度所进行的评价就是所谓的环境质量综合评价。简言之,环境质量综合评价就是按照一定的目的在对一个区域的各种单要素评价的基础上,对环境质量进行总体的定性和定量的评定。

环境质量的综合评价与单项环境质量评价的主要不同点在于:综合评价是将某一环境体系,例如,大至一个国家、一个行政区域或一个自然区域(如一个流域),小的如一个城市、一个功能区(如厂矿、风景旅游区等),看成一个整体,即一个环境基本单元,在考虑它的功能的同时,突出其中某一项或某几项主要污染问题,将其与人体健康以及防治对策作为主要的研究目标,进行总体的环境质量评定。

环境质量综合评价包括现状评价和预测评价。一般现状评价包含历史状况的分析评价、现有问题及其主要矛盾所在,并提出可能的防治措施。预测评价可分为战略预测和战术预测。所谓战略预测就是将所研究的环境基本单元的发展规模、资源利用和保护等问题,从环境保护的角度提出科学依据。战术预测是在一个或数个大型工程设施或新建城市、地区等建设之前,所进行的环境影响事前评价。其一般任务是根据当地的自然条件和工程规模、性质、生产工艺水平和预计排污状况等资料,对工程将会带来的可能影响进行研究,做出预测估计,并制定尽可能完善的预防公害和环境破坏的对策。

国内外已不同程度地开展了环境质量综合评价工作。就国内而言,按评价区域的不同性质和条件,可以分为以下类型。

(1)以城市生活环境质量评价及防治对策为主要研究目标。这些研究的特点是:除把污染对人体、生态的影响作为一个主要方面外,还不同程度地开展了城市人口密度、居住、交通、土地利用、文化教育、社会服务设施等方面质量状况的研究工作。

(2)以工矿、河流、湖泊、城市污染防治途径为主要研究评价目标。其实质是研究污染与环境要素和人体健康、生物生存之间的关系。

(3)以风景区、旅游城市环境质量作为主要研究目标。除了把污染及防治作为主要内容外,特别注意到风景、旅游资源的合理保护、开发利用方面的评价。

四、城市环境质量评价的目的

城市环境质量评价的基本目的是为环境决策、环境规划、环境管理及环境综合治理提供科学依据。具体地说,它是确保人类活动,如拟开发的项目在环境方面是否合理、是否适当,并且确保任何环境损害在项目建设的前期得到重视,同时在项目设计中予以落实。环境评价可指明改善环境的方向和途径,以及采取的补救措施和办法,把不利影响减少或减轻到最低程度。主要表现在以下几个方面:

(1) 通过城市环境评价,可以提供有关城市及其发展地区环境状况的历史、现状和发展各个时期变化趋势方面的信息,为控制城市环境污染和治理重点污染源提出要求。

(2) 通过城市环境质量评价,为制定城市规划、城市发展建设规划方案提供环境质量基本信息,为城市环境规划提供科学的依据。

(3) 通过城市环境质量评价,为城市环保部门制定城市环境污染物排放标准、城市环境标准和环境法规提供科学依据。

(4) 城市环境质量评价是现代城市管理的重要手段之一。城市环境质量评价可以为城市管理部门提供两个文明的具体对策,加速城市两个文明建设的步伐。

世界发达国家在 20 世纪 70 年代初开始重视城市环境质量评价的研究,特别重视城市发展中环境影响评价工作。目前已有许多国家都以法律形式规定:城市发展、中大型建设项目都须事先进行环境影响评价工作,在经有关环境管理部门批准认为合格后,方能开工建设。我国在同期也有些城市和工程项目开展了环境质量评价工作。我国于 1979 年颁布了《中华人民共和国环境保护法(试行)》,其中第七条规定:"在老城市改造和新城市建设中,应当根据气象、地理、水文、生态等条件,对工业区、居民区、公用设施、绿化地带等作出环境影响评价。"1989 年 12 月 26 日第七届全国人民代表大会常务委员会第 11 次会议通过的《中华人民共和国环境保护法》第十三条中规定:"建设项目的环境影响报告书,必须对建设项目产生的污染和对环境的影响作出评价,规定防治措施,经项目主管部门预审并依照规定的程序报环境保护行政主管部门批准。环境影响报告书经批准后,计划部门方可批准建设项目设计任务书。"最近我国制定的城市规划法中也明确规定:"城市总图规划,必须包括城市环境质量评价图。"因此,城市环境质量评价工作将发挥它应有的作用。

五、城市环境质量评价的类型

城市环境质量评价是认识和研究城市环境质量变化的一种科学方法,是对城市中的一切可能引起环境发生变化的人类社会行为,包括政策、法令在内的一切活动,按照一定的环境质量标准和评价方法进行说明、评判和预测的一种工作过程。城市环境质量评价是一个统称,从广义上来说,是对城市环境的结构、状态、质量、功能的现状进行分析,对可能发生的变化进行预测,对其与社会经济发展活动的协调性进行定性或定量的评估。目前,城市环境质量评价的类型主要有以下几种。

（一）按时间分类

按时间顺序可以将城市环境质量评价分为回顾评价、现状评价、影响评价、风险评价和规划及战略评价五种类型。目前,国内主要进行的是前四种类型的评价。

（1）城市环境质量回顾评价。

城市环境质量回顾评价是指对城市过去一定历史时期的环境质量,根据历史资料进行回顾性的评价工作。通过回顾评价,可以揭示出城市污染的发展变化过程。但进行这种评价常常要受到历史资料积累情况的限制,一般多在科研监测工作基础比较好的大城市展开。

（2）城市环境质量现状评价。

城市环境质量现状评价一般是根据近两三年的环境监测资料,对某城市或城市的一个区域内人类活动造成的环境质量变化进行的评定。通过现状评价,可以阐明环境污染的现状,为城市进行污染综合防治提供科学依据,这是我国目前正在大力开展的城市环境质量的评价形式。城市环境质量现状评价常常包含回顾性评价。

（3）城市环境质量影响评价。

城市环境质量影响评价是用环境影响评价(environmental impact assessment,EIA)的方法,对由城市发展或城区的开发活动(如土地利用方式的改变)给城市环境质量带来的影响进行的一种评价形式。具体地讲,是在一项工程动工兴建以前,对它的选址、设计,以及在建设施工过程中和建成投产后,可能对城市环境造成的影响进行预测和评估。目的是防止产生新的污染源及人类不恰当的活动。许多国家规定,在新的大中型厂矿企业、机场、港口、铁路干线及高速公路等建设以前,必须进行环境影响评价,并写出环境影响报告书。我国已将其列为一项环境法律制度。城市环境质量影响评价包括风险评价。

（4）城市环境质量风险评价。

风险评价(risk assessment)是对不良结果或不期望事件发生的概率进行描述及定量的系统过程;或者说风险评价是对某一特定期间安全、健康、生态、财政等受到损害的可能性,以及可能的程度做出评估的系统过程。就环境和健康而言,风险评价可定义为对特定的有害因子,造成暴露于该因子的个体或群体不良影响发生的概率,以及对不良影响发生的程度、时间或性质进行定量描述的系统过程。这两种风险评价分别称为环境风险评价(environmental risk assessment)和健康风险评价(health risk assessment)。环境风险评价和健康风险评价技术可用于空气、水、土壤容许值的建立;食品、药品、化妆品、农药评价;有毒化学品的管理;有害废弃物的管理;环境影响评价和自然资源损害评价等。

广义上的城市环境风险评价是指对某建设项目的兴建、运转,或是区域开发行为所引发的或面临的灾害(包括自然灾害)对人体健康、社会经济发展、城市生态系统等所造成的风险,可能带来的损失进行评估,并以此进行管理和决策的过程。其目的是为评估和管理人类活动对城市环境造成的不良后果提供决策依据。因此,广义上的城市环境风险评价与城市环境影响评价有一定的相似性;狭义上的城市环境风险评价是指对有毒化学物质对个体生物的安全评价或危害人体健康的可能程度进行概率估计,并提出减少环境风险的方案和决策。

(5)战略环境评价。

战略环境评价(strategic environmental assessment,SEA)是环境影响评价在政策、计划和规划层次上的应用。它既包括战略所引发的环境因子的改变及其程度等环境效应,也包括受环境效应的作用而造成的经济增长、人类健康、生态系统稳定性和景观等的改变程度及大小。欧美一些国家还将之称为计划环境影响评价(programmatic EIA)或政策、计划和规划环境影响评价(policy,play,program EIA或 PPPs EIA)。由于政策在战略范畴中的核心地位,有人也将它称之为政策环境影响评价(policy EIA)。

由于法律是政策的定型化和具体化,因此,有人也认为 SEA 还应包括法律。即 SEA 是 EIA 在战略层次,包括法律、政策、计划和规划上的应用,是对一项具体战略及其替代方案的环境影响评价进行正式的、系统的和综合的评价过程,并将评价结论应用于决策中。目的是通过 SEA 来消除或降低因战略缺陷造成的环境影响,从源头上控制环境问题的产生。

战略环境评价目前已逐步被世界上越来越多的国家所接受,并正在成为可持续发展战略决策的重要支持工具之一。只有在国家综合决策领域引入战略环境评价,才能真正达到环境与经济的协调发展,使决策更为科学合理。立法更为全面、科学、严密和可行,并能保证法律在较长时间内的稳定性。

(二)按环境质量要素分类

按照构成城市环境的组成要素,城市环境质量评价可分为单要素评价、联合评价和综合评价三种类型。

(1)城市环境质量单要素评价。

单要素评价是对能够反映某城市环境特点的多个要素中的各个要素分别进行评价,如城市环境空气质量评价、城市水环境质量评价或城市土壤环境质量评价等,或针对某种污染物进行的单项评价。

(2)城市环境质量联合评价。

联合评价是对两个以上环境要素联合进行评价。例如,地表水与地下水的联合评价;土壤与作物的联合评价;地表水、地下水、土壤与作物的联合评价等。联合评价可以反映污染物在某城市环境要素间的迁移、转化特征,反映各个环境要素质量间的相互关系。

（3）城市环境质量综合评价。

城市环境是由多种环境要素相互作用、相互影响、相互制约而形成的复杂的综合体系。人们的生产、生活活动和健康都要受这些因素的综合性影响。为了了解这种影响的性质及程度所进行的评价，就是城市环境质量综合评价。简言之，城市环境质量综合评价就是按照一定的目的，对某城市的整体环境质量进行的评价。通常在单要素评价的基础上进行。综合评价可以从整体上全面反映某城市的环境质量状况。城市环境质量综合评价包括现状评价和影响评价。

（三）按城市环境的定义分类

城市环境是典型的人工环境，根据城市环境的定义，可以将城市环境分为自然环境和人工环境（或社会环境）两个部分。相应地，城市环境质量评价可分为自然环境质量评价和社会环境质量评价。

（1）城市自然环境质量评价。

城市的自然环境包括地形、地貌、气候、水文、空气、水资源和土壤等，这种环境称为原生环境。对原生环境质量的评价，可以进行回顾性评价、现状评价和影响性评价。

城市自然环境质量评价包括城市原生环境的质量评价，以及人工环境对城市环境污染后的城市环境质量的评价。一般简称城市环境质量评价。主要研究城市的空气、水体、土壤、噪声和热污染等问题。

（2）城市社会环境质量评价。

城市社会环境质量是指城市居民生活的居住和文化娱乐环境，包括两个部分：一是由实现城市各种功能所必需的物质基础设施单元组成的人工环境状态，包括房屋建筑、管道设施、交通设施、供电供热供气和垃圾清运等服务设施、通信广播电视和文化体育等娱乐设施、园林绿化设施等；二是人为活动对原生环境造成的污染。

这里所说的城市环境质量评价是指对城市自然环境质量进行的评价。主要通过用回顾评价、现状评价和影响评价的形式，对城市的空气质量、水环境质量、土壤环境质量和声环境质量等进行评价。

第二节　城市环境质量评价的原则与程序

一、城市环境质量评价的原则

城市环境是在一定自然环境基础上形成的，城市是人类活动高度集中的集聚地,人类活动对城市环境起决定性作用。研究城市环境质量的形成和发展,并在此基础上进行评价,需坚持以下几条原则。

1. 健康原则

《中华人民共和国环境保护法》第一章总则第一条规定:"为保护和改善生活环境与生态环境,防治污染和其他公害,保障身体健康,促进社会主义现代化建设的发展,制定本法。"

城市是人口密集的地区。城市环境质量的好坏直接与城市居民身体健康相关,因此在所有的原则中,健康原则应为主导原则。

2. 生态原则

城市环境是一个"生态系统",它以人为中心,以居民活动为线索,研究城市物质流和能量流的循环规律。在进行城市环境质量评价中,应坚持生态原则,即坚持保护环境,保护城市大生态系统平衡,同时,促使城市污染生态系统的转化,以达到改善城市生态的质量,进而达到整个生态平衡。

3. 生产力原则

城市是生产力发展的产物,生产力进一步发展的必然趋势是城市发展和城市化。但是生产力的发展结果必定会导致城市环境问题,尤其是城市"三废"污染。这两者的关系是对立统一的,因为只有生产力发展才能为改善环境提供基础,只有生产力大力发展才能提高人民的生活水平,满足人民对环境的要求。因此城市环境质量评价的前提应是促进生产力的发展,以生产力原则来改善城市环境条件。

4. 动态整体原则

组成城市环境的人和自然环境相互作用、相互制约、相互融合而构成一个有机的整体。这个整体是一个动态、复杂的系统,即城市生态系统。该系统与自然生态系统在本质上的不同之处在于后者是以生物群为中心,前者则是人类在其中起主宰作用。城市人民在生活和生产中,促进能源和物质在城市生态系统中迁移和转化。在迁移和转化中,排出废气、废水、废渣和城市垃圾,产生噪声和热,引起城市环境质量恶化。这是城市环境问题产生的主要原因。因此必须整体看待城市环境,研究其动态过程。城市环境评价是一种时空变化的动态评价。

5. 有机联系原则

上一点已描述城市环境是一个有机的整体,不能对它孤立地、静止地进行评价和研究。城市环境评价的形成、变化和发展,除受城市中本身环境影响外,还要受周围自然环境强烈的影响和制约。同时周围区域的政治、文化、交通及经济对城市的环境影响也是相当大的。例如,重庆市位于川东平行峡谷之南,是一座"釜底山城",低层逆温多,静风频率高,对大气扩散不利。周围的这种环境使得重庆市的大气中二氧化硫浓度特别高。又如,新疆乌鲁木齐市大气中二氧化硫浓度也很高,这与受天山下坡风影响而形成的逆温、静风环境有密切的关系。沿海城市大气环境质量受海陆界层和海陆风影响。许多城市之间距离很近,形成城市群,城市间相互也有影响。因此,进行城市环境质量评价时,必须将城市和郊区以及周围环境结合考虑。

二、城市环境质量评价的内容

城市环境质量评价工作,主要包括背景调查、污染源调查、污染监测、综合评价、预测研究、模拟实验、系统分析和治理规划等内容。

1. 城市区域自然环境和社会环境背景调查

城市是在自然环境的基础上建立起来的人工环境。自然环境为城市环境提供了物质基础和一定的地域空间,包括城市的空气环境、水环境、生物环境、土壤环境和地理环境等。因此,自然环境条件又决定了对城市环境中污染物质的输送、稀释扩散和净化能力,即自然环境背景对城市环境质量有显著的制约作用。因此,在进行城市环境质量评价工作时,必须首先对城市的自然环境背景进行调查。

自然环境背景的调查内容包括城市区域的地层组成、地质构造、岩睦、地质条件、地貌形态、水文、气象、土壤、植被和动植物物种等。

城市是人类适应生产力发展的水平,按照自己的意志和愿望,对自然环境进行了强烈改造的人工环境单元。因此,人们的目的和愿望体现的社会环境对城市环境也有强烈的影响。所以,进行城市环境质量评价,必须对城市的社会环境背景进行调查。

社会环境背景的调查内容包括城市区域的土地利用、产业结构、工业布局、居民区分布、人口密度、国民经济总产值及在行业、部门间的分配、城市基础设施配置、环境功能区的划分、近期和远期的环境目标等。

2. 城市环境中的污染源调查与评价

污染源是造成城市环境污染、导致城市环境质量下降的根源。为了找出城市环境质量变化的原因,确定导致城市环境污染的主要污染物,解释环境质量的时空变化,必须对污染源进行调查和评价。通过调查和评价,可以确定主要污染源和主要污染物,为评价因子的确定提供依据。

3. 城市环境质量的监测和评价

城市环境质量监测是城市环境质量评价的基础之一。因为评价的依据是建立在对环境质量监测数据的分析而进行的。评价时先进行单要素的质量评价,然后再进行整体环境的综合质量评价。

为了搞清各单要素污染物浓度的时空分布及其原因,在监测时,除对各要素中污染物的浓度组织实地监测外,最好对主要的影响因子也进行同步监测。如对各空气污染物进行监测时,除对主要空气污染源的源强外,对风向、风速、大气扩散能力等也应进行同步监测。这样做不仅可以正确解释监测的结果,而且可以根据污染源的源强预测未来浓度的变化、验证预测模式、求取预测参数等。

4. 城市环境污染的生态效应调查

城市环境污染生态效应是指污染物进入环境后,对环境中的植被、农作物、动物和人群健康的影响。这种影响可以通过社会调查、现场踏勘或实地采样化验等方法查清环境污染的生态效应,最终为划分各要素和整体环境的环境质量等级提供依据。

调查或监测的内容包括植被、农作物的一般伤害症状、长势、产量、体内污染物质的含量等;对于动物和人群,主要了解多发病、常见病、流行病、特异病症、生育状况、畸形、体内敏感器官或组织中污染物质的含量等。儿童对环境污染较为敏感,所以儿童的生长发育和健康指标也常作为生态效应调查的内容。

5. 城市环境质量研究

城市环境质量研究主要是对城市环境质量的时空变化和影响因素及污染物在城市环境各要素中的迁移转化规律和分配的研究,并建立相应的数学模式。研究环境对污染物的自净能力,确定环境容量,为制定污染物的排放标准和环境质量标准提供依据。

6. 城市环境质量恶化的原因及危害分析

从城市规划布局、土地利用、人口数量、资源消耗、产业结构、生产工艺与设备等宏观决策方面来寻找城市环境质量恶化的原因,以便为彻底根治提供决策依据。

城市环境质量恶化的危害主要指对生态环境的破坏和人群健康的影响,以及由此造成的经济损失。通过对城市环境质量恶化的危害分析,可以教育人们,使人人都来关心环境,爱护环境;同时可以促使决策者对治理早下决心,为环保治理的投资决策提供依据。

7. 城市环境质量综合治理对策研究

针对城市环境质量问题应进行综合治理对策的研究。综合治理对策包括从城市环境规划入手,调整城市的产业结构、工业布局和功能区划分,制定市政建设计划,确定环保投资比例和重点治理项目;从环境管理入手,制定有关环境保护的法令、法规,确定各污染物的环境质量标准和污染物排放标准,以及控制排放、监督排放的各项具体管理办法;从环境工程入手,制定城市重点污染源的治理计划和各污染源的治理方案、经费概算和效益分析;最后提出综合治理对策,并进行城市环境质量预测。将预测的结果和城市环境目标相对照,如果满足目标值的要求,则综合治理对策可以通过执行。否则,就要修改对策。如此往复,直到满足城市环境目标为止。

三、城市环境质量评价的步骤

城市环境质量评价是一项复杂而综合性又很强的工作,并没有一个固定的模式或程序,它因评价区域的特点,所关心的主要问题的不同而有所差异。因此,城市环境质量评价的程序应根据实际情况、评价类型及要求而确定。城市环境质量评价的程序一般按以下步骤进行。

（一）确定城市的评价标准

城市规模、功能和性质不同,要求的环境质量标准也不一样。有些因素直接影响着城市居民的身体健康,如水体和大气应按国家规定的标准。有些因素则需根据当地具体情况由当地政府决定。例如,首都北京和国家级自然风景区（如杭州、桂林等）按国家规定,对其城市环境质量按一级标准要求;省会和自治区首府及省级旅游城市一般按二级标准;工业城市及县城如鞍山、渡口、阜新等,一般按三级标准。另外在同一个城市内不同的功能区也可按不同的标准,如武汉市的武昌区与青山区的环境质量标准应该不同。

（二）确定影响城市环境质量的主要因素

影响城市环境质量的因素很多,但有起主导作用的因素,在通盘考虑的同时,应突出主要因素的作用。进行城市环境质量评价时,应首先弄清楚城市所处的自然环境、城市的规模和结构,尤其要掌握城市人口、总体布局和功能分区。随后就要抓住影响城市环境质量因素的主要因素。城市迅速发展,影响城市环境质量的主要因素往往在变化。目前,煤仍为我国大气污染的主要因素,其次地表水和地下水污染也很严重,而且直接与居民健康有关系。而随着城市规模扩大,工业化进展加快,今后城市固体废弃物的问题也将成为突出的棘手难题。

由于各个城市的环境标准不一,功能性质也有差异,因而影响环境质量的主要因素也是不完全相同的。

（三）确定影响城市环境质量各因素的权重系数

影响城市环境质量的诸因素中,虽分为主导因素和次要因素,但它们在评价中反映出的重要程度不相同,即权重大小不同。用量化值反映出它们在权重上的差异,就是各因素的权重系数。

确定各因素的权重系数的方法颇多。综合起来有两大类:一是由专家确定,由专家分析该城市的环境现状,综合诸方面的情况,确定各个因素的权重系数。二是用数学方法来确定,鉴于专家研究法带有一定的片面性,采用数学方法来研究权重系数会更加准确和客观。数学方法中有统计映射法、超标加权法、层次分析法等,可以直接计算出影响城市环境质量的各因素的权重系数（具体在下面详细讨论）。

(四) 选定评价方法

影响城市环境的因素很多，它们之间又相互影响，其影响大小不易弄清，特别是城市环境中污染对居民健康的影响，很难用城市环境质量的指数评价。应查清城市环境质量基本情况和城区的部分差异以及各种条件限制，力求方法简易。例如，北京西郊和南京市环境评价采用指数法和叠加法，能基本说明城市环境质量状况。

对城区进行环境影响评价，可为环境规划提出科学依据。采用指数法、叠加法以及清单法等显然不能达到顶期的要求。必须用模拟法，用物理和数学模型模拟城市环境质量形式和变化过程。用计算机技术，找出城市环境质量时空变化的规律，提出城市环境背景现状及可能的变化与空间差异，为环境规划提供可靠数据。1985 年开始进行的深圳市和茂名市区域环境影响评价和环境规划的科研任务正是采用的上述方法。

(五) 确定城市环境质量调查和研究的技术路线

根据城市自然环境和社会经济的特点、城市人口、结构以及决定城市环境质量的主要因素和进行城市环境质量评价的目的，确定重点调查区、重点调查项目和必须查明的问题，制定评价技术路线。例如，四川省攀枝花市位于金沙江峡谷两岸，黎明前后形成的浮厚逆温盖于峡谷之上，一直至上午八时。因此，攀枝花市较长时间处在烟雾中，大气污染是该市环境的突出问题。20 世纪 70 年代，攀枝花市进行质量综合评价工作时，抓住这个突出问题，把大气环境作为重点，进行详细调查，并建立了数学模型，基本摸清了污染物在大气中迁移、扩散的特点。同时，对水体和土壤环境等进行了一般性的调查，在这些调查研究的基础上，做了符合实际的环境质量综合评价。

沿海城市环境中的关键问题直接、间接与海洋有关，污染物在海湾中迁移转化受海洋水动力学和水化学因素左右；城市大气中污染物迁移扩散受到海陆边界层控制。辽阔海洋给城市出现的环境问题提供了解决的途径、条件和"场地"。沿海高等植物生态系统如草滩(芦苇、莎草滩)和林滩(红树林滩地)，具有强大的吸收氮和磷的能力，可用来净化污水。海洋动力、化学和生物条件使海洋具有强大稀释自净能力。尤其是海水垂直结构，下重上轻，上暖下凉，为污水排海工程提供了优越条件。海底地形起伏不平，可以利用有些深海沟作为固体废弃物堆放区。因此，沿海城市进行环境调查时，应以海为中心，制定调查计划，应着重研究海湾水平和垂直流场、温度场和浓度场，探索物质扩散-弥散规律，弄清海陆边界结构、海陆风运行的特点，探求污染物在城市大气弥散的规律。在此基础上，说明城市环境质量的形成和变化规律及其对策性的建议。

（六）环境质量的评价

对大量历史资料和实地调查资料整理和分析以后，对照确定的评价标准，对影响城市环境质量的各个因素进行单因素评价，然后对整个城市环境质量进行多因素综合性评价。通过评价分析城市环境质量的过去、现在和未来变化的趋势和存在的主要问题，以及潜在的环境恶化的可能性对存在的环境问题提出对策。

城市环境质量评价是一项复杂且综合性很强的工作。国外这项工作进展很快，研究的方法多种多样。国内在 20 世纪 80 年代虽然已经开展了大量工作，但由于缺乏统一的规范和要求，基本上还处于探索阶段，因而城市环境质量评价究竟包括哪些主要内容，按怎样的工作程序去进行，评价结果的统一性和可比性应达到什么程度等，各个城市的做法都不完全一致，各有其特点。图 8-1 为南京市城区环境质量评价程序示意流程。

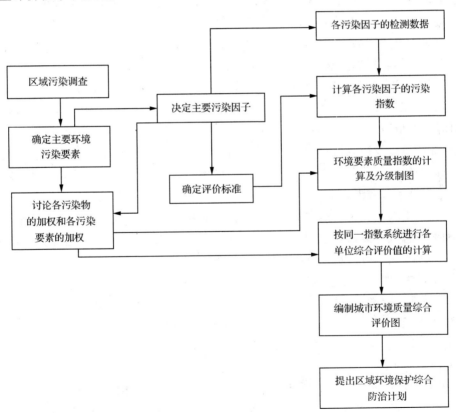

图 8-1　南京市城区环境质量评价程序示意图

（七）提出战略对策

对城市环境质量评价后，可以确定城市环境质量的优劣，发现决定其质量的主要污染源和主要污染要素，同时找到城市环境问题中的关键，提出战略性对策。

对城市环境问题提出战略性对策须注意以下几个观点。

1. 坚持城市生态系统的观点

城市的环境问题是一个复杂问题，不宜孤立地对待和处理，应以城市生态系统的观点探求问题产生的原因和解决问题的途径。我国绝大多数城市以煤为燃料，有些城市大气出现煤烟污染，其形成的原因不完全相同。除共同由于烧煤之外，各城市之间城市规模、结构、建筑物和周围自然环境有很大差异，因而污染程度也就各不相同。解决这种问题，除采用降低煤的含硫量和实现城市煤气化等普遍性措施外，不同城市需要根据自身特点，采取一些特殊措施，防治大气污染才能奏效。例如，广西南宁、重庆和新疆乌鲁木齐均是二氧化硫和粉尘含量比较高的城市。南宁市位于南宁盆地东缘，以东风占优势，盆地四周山地丘陵限制了二氧化硫的弥散，盆地内常出现酸雨。在这种情况下，利用大气稀释作用，采用高烟囱排放，收不到应有效果，相反加重酸雨的危害。因此，在南宁市区内及其附近，不宜发展耗煤多的工业，城市扩建和新建企业宜放在盆地西部。重庆市是工业城市，一般要求大气达到国家三级标准。由于上空为西风急流，适当采用高烟囱排放，高空有较强稀释作用，对低空城市大气会有所改善。根据乌鲁木齐市大气大尺度、中尺度和小尺度环流特点以及逆温情况，高空有很强稀释能力，如能采取高烟囱排放，会大大改善市区空气质量状况。市区四周较远处为荒漠，土壤属盐性，二氧化硫由高空输送郊外，不易形成酸雨。

城市是人口和工业集中地，大量生活污水和工业废水排出常引起流经城域河段和附近海域污染，影响水源和水产资源，这通常是城市较突出又难解决的问题。通常处理方法是将污水经过污水处理厂处理，达到国家排放标准，再行排放。但城市污水量大，如上海污水排放量每日达 5×10^5 t。这样大的污水量要经过污水场处理，需巨大投资，超过社会经济负担能力，而且污水经过二级处理后，将其中有机氮转化为无机氮，有机磷转化为磷酸盐，排入江河湖海，为富营养化作用创造了有利条件。因此，需将城市与郊区及四周水域联系来考虑，充分利用自然和人工生态系统促进污水净化。在内陆城市，污水经过一定处理，除去其中重金属和有毒物质，再利用氧化塘代替生化处理，达到灌溉水标准，引入农田和林地。把这些处理措施有机联系起来，形成净化生态系统。在草原及荒漠地区的城市，同样也可将内陆湖泊、牧场、林地和绿洲联系起来，成为净化生态系统。在沿海城市，应充分利用海洋强大自净能力，建筑排海工程，使污水经过海水下层排放，沿海国家和地区采取这种措施能收到较好效果。例如,美国加利福尼亚州污水用管道输送到海水水面30 m以下排入海底。污水在下层扩散,对上层海水无影响;香港有20处排海工程皆采取这种方法,效果良好。据调查,在维克托里湾排海工程附近,水生物和鱼类有增多的趋势。

固体废物是较难解决的问题。一般处理方法有焚化、填埋、堆肥、再利用和填海,我国城市固体废物组成与工业发达国家城市的固体废物组成不完全相同,多为废弃食物和煤灰,发热值低,20世纪70年代以前,多运回农村,作为堆肥。近年固体废物增多,组成也在变化。据重庆市环境保护局调查,重庆市固体废物每年超过7×10^6 t。其中80%以上为工业废渣,城市垃圾占20%,同时农村以化肥为主要肥源,固体废物已成为城市环境的突出问题,应根据城市具体情况加以解决。我国城市在广大农村包围之中,生活垃圾中可以作肥料部分(加废弃食物、蔬菜和粪便)应转运农村用作堆肥,以免污染环境。同时应减少化肥使用量,以免化肥中残留的重金属在蔬菜等中累积,这样在城市生态系统和农村生态系统之间可以速成良性物质循环。

固体废物的处理,需要从整个城市生态系统中物质和能量的转化来考虑,加强系统的反馈作用,促使固体废物中有用部分转化为原料、燃料和建筑材料等。

沿海城市固体废物的处理,根据国外经验,可采用填沟和深海划定固体废物堆放区的办法。

解决整个城市环境问题,还需要从生态学观点、美学和净化出发,对绿化面积和绿化地带布局提出具体意见。

2. 历史和发展的观点

对老城市和新城市需分别对待,老城市环境问题多而复杂,而且是长期形成的,必须先抓主要的、影响面广、易于见效的问题,其他问题再逐步加以解决。我国自20世纪70年代中期加强环境保护以来,首先注意城市大气污染问题,采取烟除尘和改变能源结构、逐步实现煤气化等措施,使城市大气质量有明显改善,接着抓水污染和噪声,使城市环境质量逐步提高。

新兴城市的环境具有潜在性和新颖性,由于高楼群出现和汽车急剧增多,汽车尾气和光化学产物将成为大气中主要污染物。人口迅速增加,生活污水大量排入河湖、海湾,有可能出现富营养作用,针对这些问题必须采取预防措施。

3. 从当前社会经济条件出发

所采用的保护环境措施,必须从当前社会经济条件出发,考虑城市的经济承受能力。减轻和消除城市大气中煤烟型污染,关键在于改善能源结构。工业发达国家常采用低硫煤和石油代替高硫煤。我国能源政策在相当长时期内以煤炭为主要能源,显然不能采用国外改善大气质量的办法,可采用连片集中供热和煤气化等措施来解决烟型污染。

第三节　城市社会环境质量评价

一般来讲,城市环境质量是针对城市的环境污染而造成的城市环境问题的好坏程度而言。而城市社会环境质量则是指城市居民生活居住和文化娱乐环境,着重是研究城市人文环境。

一、城市社会环境质量评价的原则

(一)舒适原则

随着社会主义经济发展、人民生活水平的提高,要求生活舒适这是很自然的。但首先碰到的一个问题是空间问题,包括生活空间和居住空间。在一个城市中生活和劳动,感到舒适,必须人群不能拥挤,有足够生活或劳动空间,同时居住面积比较宽敞。所谓"民以食为天,以居为地",因此,研究城市社会环境质量,要分析城市人口密度和每人占有的居住建筑面积。前者表明居民活动的空间水平,后者表示居住的空间水平。

居民区周围安静是舒适的一个重要条件。评价社会环境质量时,需考虑评价区距闹市中心和交通中心的远近和噪声的大小。

(二)清洁原则

城市社会环境质量好坏表现之一是环境卫生,这直接关系到人民的身体健康。城市大气环境质量状况、自来水质量状况、废渣和垃圾清除情况以及城市环境卫生状况等均影响城市社会环境质量。

(三)美学原则

随着人民生活水平的提高,居民不单要求生活舒适,还要求环境美化。环境美化除城市布局合理、建筑风格华丽、优美以外,最重要的是城市绿化。现代化城市,要求城市花园化。如武汉市提出在五年内将武汉建设成山水园林城市。工业发达的国家,城市和乡村几乎融合在一起,城市暗藏在优美的大自然中,保存着良好的森林生态系统,这样大大提高了城市社会环境质量。我国许多城市扩建和新兴城市的建设均注意到扩大公园的面积,功能区间建立较大的绿化带,马路两旁留有较宽的绿荫带。

二、城市社会环境质量评价中评价指标及标准

(一)影响城市社会环境质量的评价指标

影响城市社会环境质量的指标很多,但根据舒适、清洁和美学原则,可以选用

以下一些为评价指标：人口密度、白天人口分布密度、居住面积水平、居住建筑密度、交通便利程度、建筑物华丽的程度、功能分区布局合理程度、绿化的覆盖率、自来水的质量、供热、供电、供气及排水设施，以及城市垃圾处理及噪声等。

（二）评价的标准

城市社会环境质量评价是个值得探索的问题。天津市规划局和环境保护局20世纪80年代对此曾做过有益的尝试，将社会环境质量分为6级：优良、合格、稍差、差、很差、恶劣，并确定分级基准，现分别探讨如下。

1. 人口

根据我国许多城市人口统计资料，人口密度是反映城市社会环境质量的重要指标，人口密度越大，社会环境质量就越差。天津市进行评价时，采用白天人口分布密度，并分为5级。

$10 \times 10^4 \ km^2$

Ⅰ（优良）	Ⅱ（合格）	Ⅲ（稍差）	Ⅳ（差）	Ⅴ（很差）
<2.0	2.0～3.2	3.2～4.0	4.0～6.0	>6.0

2. 居住水平

居住水平采用两个参数，居住面积和居住建筑面积。

居住面积根据目前城市一般水平，每人的居住面积大于 8 m^2 的为居住环境质量优等，6～8 m^2 的为一般，4～6 m^2 为较差，小于 4 m^2 的为差。

居住建筑面积可根据居住建筑平均层数、居住建筑密度推算，可按下列公式计算。

$$居住建筑平均层数 = \frac{居住建筑展开面积之和}{居住建筑面积之和} \tag{8-1}$$

$$居住建筑密度 = \frac{居住建筑面积之和}{居住用地面积} \times 100\% \tag{8-2}$$

$$居住建筑面积密度 = \frac{居住建筑展开面积之和}{居住用地面积} \times 100\% \tag{8-3}$$

居住建筑密度和居住建筑面积密度反映土地使用情况，密度越大，表示土地使用越紧张，居民人口越拥挤，社会环境质量状况越差。不过居住建筑面积是居住建筑平均层数和居住建筑密度的乘积。后两者对社会环境质量的影响有着复杂的关系，因此高层建筑对城市环境产生多种影响。

3. 绿化

每人占园林绿地面积和绿化覆盖率是城市社会环境质量评价的重要参数。天津市根据遥感照片进行分析和实地调查，得出全市有树木 186×10^4 株，平均绿化覆盖率为 9.18%,每人平均占有园林绿地面积 1.59 m²。从天津具体情况出发,采用绿化覆盖率为评价参数,定出大于 9% 为合格,小于 3% 为恶劣,在 3%~9% 之间再分稍差、差和很差三级。但这样分级,仅供参考,各地因地而定。例如我国南岭以南以常青树为主,秦岭淮河以北以落叶树为主,同样绿化覆盖率对城市社会环境有较大差异。因此,绿化评价基准应因各地自然环境状况而定。

4. 工业和交通污染

工业和交通污染通常以大气、水环境质量状况及噪声水平作为评价参数。国家已公布这方面标准。

三、评价方法

天津市规划局和环境保护局在进行天津市城市社会环境质量评价研究中,曾采用网格分析方法和"规范化指数"法相结合的方法,简称为网格指数法。该方法首先将天津市按 500 m×500 m 作为单元划分为 600 个网格,分别求出网格中各评价参数的数值,然后按规范化指标确定社会环境质量等级,采用居住质量、工业局部污染、园林绿化覆盖率、环境噪声和交通环境作为评价指数。先确定各种评价指数的质量等级(表 8-1 和表 8-2),然后按指数公式求出综合指数,最后确定质量等级。

表 8-1　居住建筑密度的城市社会环境质量等级

城市社会质量	较好				一般				较差			
	一层	二层	三层	四层	一层	二层	三层	四层	一层	二层	三层	四层
居住建筑平均密度/%	40	35	30	25	40~50	35~45	30~40	25~35	750	745	740	>35

表 8-2　城市社会环境质量评价参数规范化指数分级

| 级别 | 质量 | 规范化指数 | 居住质量 | | | | 工业局部污染 | | 园林绿化覆盖率 | | 环境噪声 | | 交通环境 | |
| | | | 居住面积水平 | | 居住建筑密度 | | | | | | | | | |
			网格数	比例/%	网格数	比例/%	网格数	比例/%	网格数	比例/%	网格数	比例/%	网格数	比例/%
1	优良	>100	39	13.4	104	35.4	31	10.3	33	10.7	1	0.3	6	2.0
2	合格	80~99	124	42.8	77	26.2	88	29.2	61	19.9	16	5.6	13	4.3
3	稍差	60~79	72	24.8	—	—	53	17.6	39	12.7	41	14.2	20	6.6
4	差	30~59	38	13.1	113	38.1	51	16.6	84	27.4	111	38.5	107	35.5
5	很差	10~29	10	3.4	—	—	27	9.1	81	26.4	84	29.2	75	21.9
6	恶劣	<10	7	2.4	—	—	51	16.9	89	2.9	35	12.1	80	26.6

第四节　城市环境质量评价中各因素权重分配问题

城市环境质量评价中涉及因素很多,各个因素在评价中表现重要程度不同,也就是说各个因素在评价过程中的"权重分配"也不相同。权重无论采用什么方法确定,都将在城市环境质量评价中起着很重要的作用,它直接关系到评价的准确性和客观性。本章介绍以下几种确定权重的方法。

一、专家评定法

专家评定法是一种古典求权方法,由于该方法简便、容易操作,因此目前仍有采用的价值。所谓"专家评定",就是当多种专题要素综合分类时,邀请(或通信)有关专题方面的若干专家进行研究(或询问),最后就各要素在综合分类中的权重数量化达成共识(或少数服从多数)。例如,制作城市环境污染综合评价图,涉及许多专题要素,假定参评要素为:大气污染、地表水污染、地下水污染、噪声污染四种专题数据。为了确定各要素的权重大小,邀请环保、城规、医卫等方面若干专家针对城市具体实际进行研究,制定四种专题在综合分类的权重并数量化表示,如表 8-3 表示。

表 8-3　专家评定确定影响城市环境的主要因子权重表

大气污染因子	地表水污染因子	地下水污染因子	噪声污染因子
0.35	0.25	0.18	0.22

该方法的优点是结合具体研究对象(如城市环境),对各专题的重要程度分析有针对性,反映各专题之间权重关系有一定权威性。但该方法也有突出的缺陷,首先是所确定各专题要素权重量化值粗糙,精确度不高,也就是说专家对各专题要素重要程度比较关系是正确的、有根据的,但具体量化成哪个具体数值才能反映出其重要性关系就没有严格的标准。例如,大气污染因子权重为什么是 0.35 就很难具有说服力,特别是参与分类的因子很多(如 10 个或 20 个或更多)时,用具体准确数值来反映各专题的重要性关系是相当困难的,甚至是不可能的。其次,由于评定的专家专业侧重面不同,难以达成共识,因而结论性意见往往带有权威人士的主观成分,或者片面性。因此该方法确定各专题要素权重而进行的综合分类,其结果经常受到有关部门的非议。

二、统计映射法

统计映射法实质上是一种特殊的专家评定求权方法。它在大量调查各方面专家意见的基础上,进行统计归纳,再用映射的方法获取各专题在综合分类中的权重数量值。具体步骤是:首先把参与分类的各因子列成表格邮寄给全国(全系统)有关专家学者进行其重要性顺序调查(表 8-4)。然后根据反馈调查信息进行统计分类归纳,采用百分比形式表示(实质上是同一专题的归一化处理),见表 8-5。

表 8-4　各专题因子在综合分类中重要性情况调查表

顺序	大气污染	地表水污染	地下水污染	噪声污染
权重最大	√			
权重第二				√
权重第三		√		
权重最小			√	

表 8-5　调查统计归纳信息表　　　　　　　单位:%

因子	权重最大	权重第二	权重第三	权重最小
大气污染	0.71	0.22	0.07	0
地表水污染	0.03	0.78	0.19	0
地下水污染	0.13	0.20	0.19	0.48
噪声污染	0.02	0.31	0.45	0.22

表 8-5 是统计归纳矩阵,用 D 表示。再设计权重顺序向量,如用自然数顺序表示(也可用等比数列表示),则 $C=(4,3,2,1)$(实际上是将权重最大、次之、最小的差异用数值来表示)。

用向量 C 与矩阵 D 进行合成(映射),获取各专题因子在综合分类中的权重值,用下式计算。

$$\overline{W}=[D \cdot C^{T}]^{T}=\left[\begin{pmatrix} 0.71 & 0.22 & 0.07 & 0 \\ 0.03 & 0.78 & 0.19 & 0 \\ 0.13 & 0.78 & 0.19 & 0.48 \\ 0.02 & 0.31 & 0.45 & 0.22 \end{pmatrix} \cdot \begin{pmatrix} 4 \\ 3 \\ 2 \\ 1 \end{pmatrix}\right]^{T} \tag{8-4}$$

$$=(3.64,2.84,1.98,2.13)$$

归一化处理后,$\overline{W}=(0.344,0.268,0.187,0.201)$,则各专题因子在综合分类中的权重值见表 8-6。

表 8-6　统计映射计算出各专题因子权重值

专题因子	大气污染	地表水污染	地下水污染	噪声污染
权重值	0.344	0.268	0.187	0.21

　　该方法比专家评定法具有广泛性和科学性。广泛性表现在征求、询问专家数量大,专业面广。科学性表现在各权重值是依据统计归纳和映射计算出来的,并可以适用于大量专题因子的综合分类,且计算值可以十分精确。但在权重顺序向量的确定上仍带有一定主观性,不同的权重向量也会影响到权重值关系。从这个意义上讲,该方法计算出权重值虽有精确数值,有科学依据,但终究没有完全摆脱人为干预。

三、九标度层次分析法

　　九标度层次分析法是多因子数据分类中目前采用较多的一种方法。该方法是把各个因子两两相互比较(包括因子自身比较),按比较重要性大小在一个九标度表(表8-7)中进行仿数量化,各因子数量值构成一个"构造判断矩阵"(表8-8),该矩阵在一致性检验后,其最大特征值向量为对应各专题因子的权重向量。

表8-7　九标度各因子重要性大小比较仿数量化表

标度	两两因子重要性比较结果说明
1	i 因子与 j 因子完全一样重要,或 $i^1 \bigcup i, j$ 与 j 自身比较
3	i 因子比 j 因子稍重要一点
5	i 因子比 j 因子明显重要
7	i 因子比 j 因子重要得多
9	i 因子比 j 因子极为重要
2,4,6,8	两两因子重要性比较介于上述标度两值之间
倒数	上述重要性相反情况,即 j 比 i 重要的情况

表8-8　构造判断矩阵

因子	大气污染	地表水污染	地下水污染	噪声污染
大气污染	1	3	8	4
地表水污染	$\frac{1}{3}$	1	5	2
地下水污染	$\frac{1}{8}$	$\frac{1}{5}$	1	$\frac{1}{4}$
噪声污染	$\frac{1}{4}$	$\frac{1}{2}$	4	1

　　同样也用大气污染、地表水污染、地下水污染和噪声污染四种主要专题因子为例,首先把它们两两相比较,如大气污染(i)与地表水污染(j)相比较。大气污染在城市环境中比地表水污染稍重要些,在表8-7中仿数量化标度应为3。依此类推,可以从表8-7中得构造判断矩阵。

　　表8-8中,构造判断矩阵主对角线上都为1(自身比较),矩阵的上三角与下三

角中对应值为相互倒数(上三角为 i 与 j 比较,下三角则反之)。该矩阵在一致性检验($Ib=0,rI=0,Cr=0$)中,其最大特征值向量(归一化后)为

$$\overline{W} = (0.56, 0.24, 0.05, 0.15)$$

于是,在城市环境质量综合分类(评价)制图中,这四种专题因子的权重值确定,见表8-9。

表 8-9　九标度层次分析法确定四因子权重值表

因子	大气污染	地表水污染	地下水污染	噪声污染
权重值	0.56	0.24	0.05	0.15

该方法可明显看出数学性强,因而得到普遍的应用。但突出的缺点是当专题因子甚多,两两比较时难以掌握九标度表中的具体数值,如大气污染与地表水污染在九标度上到底是 3 还是 2,或是 4,也难以回答,因而构成的构造判断矩阵所求出最大特征值也有人为的因素。

四、三标度两步层次分析法

九标度层次分析法的缺点是难以仿数量化,如果采用两两因子比较仅判断重要、相同重要、不重要三类,那么就容易得多了,于是提出三标度分两步层次分析法。

三标度层次分析法的第一步是用三标度两两因子比较得出一个比较矩阵,第二步用比较矩阵和数学公式再获得构造判断矩阵,最后在一致性检验后,用该矩阵最大特征值表示相应因子的权重值,具体步骤如下。

第一步按下式进行两两因子比较来数量化,由数量化值组成比较矩阵(表8-10)。

$$K_{ij} = \begin{cases} 0 & (i \text{ 因子没有 } j \text{ 因子重要}) \\ 1 & (i \text{ 因子与 } j \text{ 因子完全一样重要,或因子自身比较}) \\ 2 & (i \text{ 因子比 } j \text{ 因子重要}) \end{cases} \quad (8\text{-}5)$$

式中,K_{ij} 为因子与 j 的比较数量化值,也是比较矩阵中的相应元素。如 $i=j$,即 $K_{11},K_{22},K_{33},K_{44}$,则表示因子自身比较,在比较矩阵的主对角线上,其取值都为 1。表 8-10 其他值如果比较矩阵上三角出现 0,1,2,则下三角中对应位置上为 2,1,0。

表 8-10　比较矩阵

因子	K_1	K_2	K_3	K_4	$\sum_{i=1}^{n} K_i$
大气污染 K_1	1	2	2	2	7
地表水污染 K_2	0	1	2	2	5
地下水污染 K_3	0	0	1	0	1
噪声污染 K_4	0	0	2	1	3

第二步用比较矩阵中行累加值（$\sum\limits_{i=1}^{4} K_i$），按下式计算，可获得层次分析法中构造判断矩阵（表 8-11）。

$$
r_{ij} = \begin{cases} 1 \left/ \left[\dfrac{\sum\limits_{i=1}^{n} K_i - \sum\limits_{r=1}^{n} K_i}{\sum\limits_{i=1}^{n} K_{\max} - \sum\limits_{i=1}^{n} K_{\min}} \cdot (1 - b_m) + 1 \right] \right. & \left(\sum\limits_{i=1}^{n} K_i < \sum\limits_{j=1}^{n} K_j \right) \\[4ex] \dfrac{\sum\limits_{i=1}^{n} K_i - \sum\limits_{r=1}^{n} K_i}{\sum\limits_{i=1}^{n} K_{\max} - \sum\limits_{i=1}^{n} K_{\min}} \cdot (b_m - 1) + 1 & \left(\sum\limits_{i=1}^{n} K_i \geqslant \sum\limits_{j=1}^{n} K_j \right) \end{cases} \tag{8-6}
$$

式中，r_{ij} 为表 8-11 构造判断矩阵中元素，K_{ij}，K_j 分别代表表 8-10 中各对应因子行累加值（$\sum\limits_{i=1}^{4} K_i$）。例如大气污染 $K_1=7$，地表水污染 $K_2=5$ 等，$\sum\limits_{i=1}^{n} K_{\max}$ 和 $\sum\limits_{i=1}^{1} K_{\min}$ 为 $\sum\limits_{i=1}^{4} K_i$ 值中最大值和最小值。b_m 一般用（$\sum\limits_{i=1}^{n} K_{\max} + \sum\limits_{i=1}^{n} K_{\min}$）代替，即最重要的因子与最不重要的因子相关数之和，那么这里为 $b_m=8$，于是可得构造判断矩阵（表 8-11）。与九标度层次分析法完全一样，在一致性检验后，该矩阵最大特征值向量为

$$\overline{W} = (0.588, 0.256, 0.048, 0.108)$$

表 8-11　构造判断矩阵

r_i	r_i			
	r_1	r_2	r_3	r_4
大气污染 r_1	1	$\dfrac{10}{3}$	8	$\dfrac{17}{3}$
地表水污染 r_2	$\dfrac{3}{10}$	1	$\dfrac{17}{3}$	$\dfrac{10}{3}$
地下水污染 r_3	$\dfrac{1}{8}$	$\dfrac{3}{17}$	1	$\dfrac{3}{10}$
噪声污染 r_4	$\dfrac{8}{17}$	$\dfrac{3}{10}$	$\dfrac{10}{3}$	1

应强调的是，构造判断矩阵的最大特征值是一个向量形式，其中元素值表示相应因子的权重值，因而不需像表 8-5 的调查统计归纳矩阵那样采取权重顺序向量来映射，因为这两类矩阵表示两种完全不同的信息。

三标度两步层次分析法计算出四种主要专题因子的权重值列于表 8-12 之中。

表 8-12　三标度两步层次分析法确定四种因子权重值

因子	大气污染	地表水污染	地下水污染	噪声污染
权重值	0.588	0.256	0.048	0.108

该方法比九标度层次分析法更容易掌握,在因子众多的情况下容易判断比较,明显地比九标度层次分析法先进了一大步。目前国内外许多文献中都开始采用这种方法。该方法的优点在因子众多(大于 10 个以上)时才表现出来。本节仅采用四个因子,因而其优越性表现得不是很突出。

鉴于上述四种求权方法,在多要素数据综合评价中都呈现为一个固定权重值。评价时也仅从因子本身的重要性来确定其权重值,没有结合国家(或部门)制定的具体标准(或措施),也没有与实测数据值有机结合起来,因而这些求权方法都有一定片面性、绝对性。因为任何参评因子如果它的实测值在国家制定标准以下,那么它在评价中重要程度反映不明显;如果超出规定标准,那么明显地反映出它的重要作用,而且超标越多,对评价的重要程度就越大。从这个意义上讲,多要素在综合评价中有关要素的权重不应是固定值,而是实测数据与其规定标准的函数值。

五、超标加权法

在城市环境质量评价中,多要素数据综合评价有两个基本特征,一是各要素数据在综合评价中必须与有关评价标准结合起来,如每亩××斤谷物产量才属高产田等。以往许多数学方法仅就数据间的贴近度来进行数据评价,而与要素属性和标准脱钩,这实质上走进了纯数学分析的歧途,评价结果往往脱离实际。二是要各要素数据的综合评价不是整个地区、整幅图面的数据评价,而是结合评价单元,也就是对评价单元的综合要素,如省图以县为评价单元,县图以乡为评价单元。

超标加权法是各评价单元内各要素的实测数据,依照因家(国际或地区)对各要素在各评价级上的标准,超出标准者加权数,超标越多,加权数越大的一种求权函数的方法。由于各评价在分类上重要性不是绝对的,而是相对的,是随相对数据与标准而改变的,所以这种以标准来确定权重的方法称之超标加权法。

为了简要说明问题,上述四种主要要素在六个制图单元内的实测数据见表 8-13(由于各因子是综合污染值,如大气污染是 SO_2、NO、TSP 组成,所以采用环保部门统一污染指数形式)。

表 8-13　四种主要要素在六个评价单元中实测污染指数

因子	1	2	3	4	5	6
大气污染	4.31	2.74	1.08	0.97	0.68	5.41
地表水污染	2.05	0.84	11.05	14.94	8.87	12.01
地下水污染	17.30	4.08	8.81	19.20	6.91	18.25
噪声污染	2.94	5.76	10.51	8.17	4.78	7.43

有关环保部门把城市环境污染分成五个级别,各级中标准用统一污染指数形式列在表 8-14 内。超标加权的各要素权重用下式计算。

$$\overline{W_{ik}} = \frac{x_{ik}}{y_i} / \sum_{i=1}^{N} \frac{x_{ik}}{y_i} (N-4) \tag{8-7}$$

式中，$\overline{W_{ik}}$——第 i 要素在第 k 评价单元内的权重值；

$\quad\quad x_{ik}$——第 i 要素在第 k 评价单元内的实测数据（污染指数从表 8-13 中查出）；

$\quad\quad \overline{y_i}$——第 i 要素在五个等级分类中标准的均值（从表 8-14 中查出）。

表 8-14　四种主要要素在各分类等级上的标准值

要素	I	II	III	IV	V	均值
大气污染	≤1.2	2.1	4.3	6.8	≥7.0	4.28
地表水污染	≤3.4	6.3	10.2	15.3	≥16.0	10.24
地下水污染	≤5.4	8.3	12.7	18.6	≥19.0	12.8
噪声污染	≤2.1	4.5	7.6	10.4	≥11.0	7.12

将表 8-13 中对应 x_{ik} 和从表 8-14 中对应查出的 $\overline{y_i}$ 代入式(8-7)，并将同一单元内四种要素的权重值进行归一化处理，就可计算出各个要素在各评价单元内的权重，从而以一个权重矩阵形式表示出来(表 8-15)。

表 8-15　四种主要要素在六个评价单元中权重值

要素	1	2	3	4	5	6
大气污染	0.339	0.316	0.072	0.052	0.071	0.257
地表水污染	0.067	0.044	0.309	0.333	0.387	0.239
地下水污染	0.455	0.172	0.197	0.343	0.241	0.291
噪声污染	0.139	0.488	0.422	0.272	0.301	0.213

表 8-15 中权重矩阵元素值（权重值）表明同一要素在各评价单元内的数值大小不一，其值大小完全取决于该要素在某评价单元内实测数据与评价标准的关系。如果把评价标准看成是固定的常量，那么权重则是以实测数据为自变量的函数变量。

在评价中，对众多要素数据进行综合评价，是经常遇到的问题。在计算机辅助评价中，这种多要素数据评价分析处理尤其重要。各要素对综合分类表现出来的重要性是不同的，有的是主导因子，有的是次要因子，并且都需量化后方能在计算机上处理。目前要素的权重量化有许多方法，这里对主要几种求权方法进行了比较，为城市环境质量综合评价中确定各要素的权重提供了一种很有价值的方法。

第五节　城市环境质量模糊预测方法

城市环境模糊预测（Urban Environmental Fuzzy Forecasting）是根据过去和

现在所掌握的城市环境情况或统计资料,结合经济社会发展情况,运用模糊理论和现代科学方法,进行定性、定量或半定量地推断和预估未来城市环境质量变化和发展趋势与发展规律的过程。通过已知推断未知,对未来的城市环境发展趋势作出科学、合理的判断,以便制订和调整环境政策,避免重大失误。城市环境模糊预测是认识城市环境变化发展规律的最佳途径之一,它能有效地将"预防为主"的环境保护方针真正落到实处。

经典的城市环境预测模型大多数是基于定性或定量的模型,往往具有"非此即彼"的特征,但实际上,常常存在一些中间状态或模糊的概念,如大气质量"良好",水体污染"严重"等都是模糊概念。"良好"、"严重"的标准是多少无法确定,即使有标准,那么,在标准的临界值附近的值应如何确定等级才合理呢? 这些问题都必须采用模糊理论来处理,这样,城市环境模糊预测方法就应运而生了。

一、城市环境模糊预测的内容和程序

(一)城市环境模糊预测的内容

1. 城市污染源模糊预测

城市污染源模糊预测的主要内容包括废水排放量、各种污染物的产生量及其时空分布、污染物治理率、治理能力和累计投资等。模糊预测项目可以根据大气、水、固体废弃物、噪声等要素分别进行选择。

1)大气污染源模糊预测

模糊预测项目包括废气排放总量及其时空分布,SO_2、NO_x、TSP、工业粉尘等污染物的排放量及其时空分布。

2)废水排放总量及各种污染物总量模糊预测

模糊预测项目包括水域中的纳污量模糊预测及其时空分布。

3)污染源废渣产生量模糊预测

模糊预测项目包括废渣产生的总量,各种不同性质、不同类型的废渣数量、占地面积和综合利用状况等。

4)噪声模糊预测

包括交通噪声和环境噪声等。

5)城郊农业污染源模糊预测

模糊预测项目包括土壤中农药和化肥的施用量,农药在土壤中的累积量,粮食、蔬菜等的农药含量。

2. 城市环境污染模糊预测

根据城市环境的具体特点和已经掌握的城市环境变化规律与变化趋势,在模糊预测主要污染物变化的基础上,分别建立具体的城市环境模糊预测模型。这种模型主要包括大气环境、水环境、土壤环境等环境质量的时空变化规律模型。其中大气环境质量模糊预测项目有 SO_2、NO_x、TSP、CO 等,而水环境质量模糊预测项目则一般根据城市的具体特点,可选用 COD、BOD、CN^-、NH_4^+、酚、砷化物、重金属(Hg、Cr、Cd、Pb 等)、悬浮物、石油、大肠杆菌等项目中的若干种。

3. 城市生态环境模糊预测

城市生态环境模糊预测项目包括水资源合理开发利用情况,城市绿地面积及其对环境的影响,土地利用状况及城市发展趋势等。

4. 城市资源破坏和环境污染造成的经济损失模糊预测

城市资源破坏、消耗和环境污染造成的经济损失模糊预测项目包括资源不合理开发和不合理利用造成的资源损失,环境污染造成工业加工成本增加或减产、停产的经济损失,环境问题造成的渔业减产损失,大气中 SO_2 浓度过高引起的金属腐蚀、建筑物腐蚀的损失,环境污染引起的人体健康损失,污染治理和管理不当造成的损失等。

5. 其他城市环境模糊预测

除上述模糊预测内容外,城市环境模糊预测还包括社会发展预测、经济发展预测及科技进步与环境保护效益预测、环境治理与投资预测等。其中,社会发展预测的重点是人口预测,经济发展预测的重点是能源消耗预测、国内生产总值(GDP)预测、工业总产值预测、经济布局与结构预测等。

(二)城市环境模糊预测的原则

城市环境模糊预测是研究城市环境发展变化规律的一种手段,它不同于一般的环境预测,是一种更加接近生产实际的重要预测形式。为了科学地进行有效的预测,一般应遵循如下几方面原则:

1) 系统性原则

任何城市环境模糊预测对象都具有一定的层次结构,而各层次之间又均具有相互关联和相互制约的关系。因而,预测者应将两种或多种城市环境模糊预测对象视为一个完整的系统,综合考虑该系统中各种影响因素之间的相互作用,从而找出其内在的变化规律,确定城市环境发展的趋势。

2) 连续性原则

在城市环境中,没有一个事物的发展过程会与其过去的行为状态无关,过去的行为状态会直接或间接地影响现在和将来,特别是在发展变化的趋势上,都有其相似之处,现在和将来的行为状态是其过去行为状态的延续和发展。所以,在进行城市环境模糊预测时,不容割断历史,要用辩证的、发展的观点来处理城市环境模糊预测对象。在进行发展趋势的预测时,可充分运用它们之间的相似性和时间连续性,将先发展变化的城市环境发展趋势类推到后发展变化的相似的城市环境发展趋势上,同时,还可以利用城市环境的典型局部变化规律,类推出城市环境的整体变化规律。

3) 概率性原则

城市环境的发展变化都有其内在必然性和外在偶然性,偶然性中往往隐藏着必然性。因此,预测者可以通过对城市环境发展变化偶然性的分析和研究,并运用概率论和数理统计方法,找出城市环境发展变化的内在必然性,确定城市环境发展变化的客观规律和必然趋势。

(三) 城市环境模糊预测程序

城市环境模糊预测是一个复杂的过程,各个层次之间的预测任务既有联系又有区别。进行城市环境模糊预测一般要经过三个阶段:①准备阶段:包括明确模糊预测目的和模糊预测项目、确定环境模糊预测对象、选择应模糊预测的特性参数、收集环境模糊预测所需的数据资料并以数字的形式定量地表示;②综合分析阶段:包括筛选和分析数据资料、确定预测因子、选择进行模糊预测的定量或定性方法、建立和修正模糊预测模型、检验所建立的模型等;③实施阶段:包括实施模糊预测、误差分析、对结果进行评价、提交模糊预测报告等(图 8-2)。

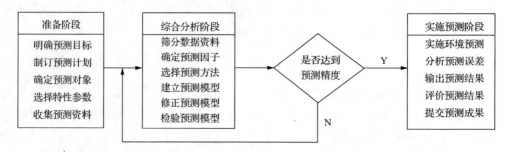

图 8-2　城市环境模糊预测程序图

二、模糊线性回归预测

(一) 传统线性回归预测模型的建立及其缺陷

线性回归分析(Linear Regression Analysis)是以概率论与数理统计为基础迅速发展起来的一种应用性较强的科学方法,是由英国生物学家和遗传学家 Francis Galton 在 1877~1889 年的十多年间,研究子女身高与父母身高之间关系时首先提出的,后来,在 1890 年皮尔逊(Francis Galton 的学生)将线性回归概念引入数学,建立了线性回归分析方法。线性回归分析的内涵主要是分析和研究一个或一组变量(自变量)的变动对另一变量(因变量)的变动之影响程度,其目的在于根据已知的自变量的变异来估计和预测因变量的变异情况。

设预测对象为 y，自变量为 $x_1, x_2, \cdots, x_m$，则线性回归模型可定义为：

$$y_i = a_0 + a_1 x_{i1} + a_2 x_{i2} + \cdots + a_m x_{im} + \Delta_i \tag{8-8}$$

矩阵形式为：

$$\mathop{\boldsymbol{Y}}_{n \times 1} = \mathop{\boldsymbol{A}}_{n \times (m+1)} \mathop{\boldsymbol{X}}_{(m+1) \times 1} + \mathop{\boldsymbol{\Delta}}_{n \times 1} \tag{8-9}$$

$$E(\boldsymbol{\Delta}) = 0 \tag{8-10}$$

$$D(\boldsymbol{Y}) = \sigma_0^2 \boldsymbol{I} \tag{8-11}$$

式中：

$$\mathop{\boldsymbol{A}}_{n \times (m+1)} = \begin{bmatrix} 1 & x_{11} & x_{12} & \cdots & x_{1m} \\ 1 & x_{21} & x_{22} & \cdots & x_{2m} \\ \vdots & \vdots & \vdots & & \vdots \\ 1 & x_{n1} & x_{n2} & \cdots & x_{nm} \end{bmatrix} \quad \mathop{\boldsymbol{X}}_{n \times 1} = \begin{bmatrix} a_0 \\ a_1 \\ a_2 \\ \vdots \\ a_n \end{bmatrix} \tag{8-12}$$

根据数理统计知识，可得误差方程为：

$$\boldsymbol{V} = \boldsymbol{AX} - \boldsymbol{Y} \tag{8-13}$$

根据 $\boldsymbol{V}^{\mathrm{T}}\boldsymbol{V}$ 最小的原则，有

$$\boldsymbol{A} = (\boldsymbol{A}^{\mathrm{T}}\boldsymbol{A})^{-1} \boldsymbol{A}^{\mathrm{T}} \boldsymbol{Y} \tag{8-14}$$

$$\sigma_0^2 = \boldsymbol{V}^{\mathrm{T}} \boldsymbol{V}/(n-m-1) \tag{8-15}$$

模型(8-8)的典型缺陷是参加计算的所有观测值 x_{ij} 的权值均为 1，也就是说每个观测值对参数估计的影响程度都相等。这种方式导致的结果是，如果观测值中存在一个很大或很小的异常值，则该点会使线性回归效果和拟合精度均受到影响，从而导致预测结果产生偏差。如果将该数据剔除，则根据可靠性 $RI(T) = r/n$ 公式(n 为参加预测计算的样本数，r 为多余预测数)可知，其可靠性下降。改变这种状况的最佳途径是对存在异常的观测值通过设置较小的权值来降低对线性回归结果的影响，其他影响因子的权值可根据相关方法来确定。

由粗差探测理论可知，粗差处理一般包括均值漂移模型(将粗差归入函数模型)和方差膨胀模型(将粗差归入随机)，这两种处理方法都是将残差(或标准差)不大于某一阈值的所有预测值都看成是不含粗差的观测值集合。例如，设标准化残差 $W_i = 0.9997$，$W_j = 0.9999$，当阈值为 0.9998 时，则其结果是将观测值 G_i 和 G_j 被划分为两个截然不同的集合，但 W_i 和 W_j 之间的差异非常小，这种划分显然是很不合理的，解决这一问题的理想办法是利用模糊集理论来描述。

(二) 模糊线性回归预测模型的建立

模糊线性回归预测模型建立的基本思想和步骤为：

1) 建立传统的线性回归预测模型

根据式(8-8)～式(8-15)来建立传统的线性回归预测模型。

2）建立权和残差间的隶属关系

设 K 是标准化残差 W 的模糊子集，论域是绝对值 $|W|$，在论域上定义映射：$\mu_k|W| \rightarrow [,1]$，于是，$\mu_k$ 确定了 $|W|$ 上的一个模糊子集 K，称 μ_k 为 K 的隶属函数，$\mu_k(W_i)$ 表示 W_i 属于 K 的程度。万幼川等对 μ_k 的取值进行了实验，确定隶属函数为：

$$\mu_k W_i = \begin{cases} 0 & |W_i| \leqslant 1 \\ \dfrac{(|W_i - 1.0|)^2}{1 + (|W_i - 1.0|)^2} & |W_i| > 1 \end{cases} \tag{8-16}$$

于是，可得模糊权函数为 $S_i = 1 - \mu_k(W_i)$ 根据不同的 W，可得隶属函数值和权值（表 8-16 所示）。

表 8-16　不同 W_i 对应的不同模糊权值 S_i

W_i	1.2	1.4	1.6	1.8	2.0	2.2
$\mu_k(W_i)$	0.0385	0.1379	0.2647	0.3902	0.5000	0.5902
S_i	0.9615	0.8621	0.7353	0.6098	0.5000	0.4098
W_i	2.4	2.6	2.8	3.0	3.2	3.4
$\mu_k(W_i)$	0.6622	0.7191	0.7642	0.8000	0.8288	0.8521
S_i	0.3378	0.2809	0.2358	0.2000	0.1712	0.1479

3）利用权阵重新进行线性回归平差计算

根据传统的线性回归预测模型及权与残差见的隶属关系，可得线性回归方程：

$$V = AX - G \tag{8-17}$$

其法方程为：

$$(A^T SA) X = A^T SG \tag{8-18}$$

解为：

$$X = (A^T SA)^{-1} A^T SG \tag{8-19}$$

$$Q_{xx} = (A^T SA)^{-1} A^T SQ_w ((A^T SA)^{-1} A^T S)^T = (A^T SA)^{-1} \tag{8-20}$$

$$QW = (AQ_{xx} A^T S - E) Q_w (AQ_{xx} A^T S - E)^T = E - AQ_{xx} A^T \tag{8-21}$$

$$\sigma_0^2 = V^T SV / (n - m - 1) \tag{8-22}$$

4）利用带模糊权的残差进行相应的线性回归检验。

在式（8-17）～式（8-22）的基础上，进行线性回归假设检验。

（1）线性回归方程显著性检验。

由数理统计知识可知：

$$Q_{固} / \sigma_0^2 \sim \chi^2 (S) \tag{8-23}$$

$$Q_{剩} / \sigma_0^2 \sim \chi^2 (n - m - 1) \tag{8-24}$$

由 $Q_{固}$ 与 $Q_{剩}$ 相互独立,可得

$$F = \frac{Q_{固} / r}{Q_{剩} / (m-r-1)} \sim F(S, n-r-1) \tag{8-25}$$

其中: $\quad Q_{固} = \sum_i^m (\hat{y} - \bar{y})^2,$ 自由度为 r; $\tag{8-26}$

$$Q_{剩} = \sum_i^m (y - \hat{y}_k)^2 = \boldsymbol{V}^{\mathrm{T}} \boldsymbol{S} \boldsymbol{V},$$ 自由度为 $n-r-1$。 $\tag{8-27}$

于是,对于给定的显著水平 α,若 $F > F_\alpha(r, m-r-1)$,则方程有显著意义,否则没有显著意义。

(2) 线性回归系数的显著性检验。

线性回归方程显著并不意味着每个变量 z_i 对预测对象 Y 的影响都重要。剔除不重要的变量,并重新构建更为稳定的线性回归方程,有利于更好地对 Y 进行预测。

假设　　$H_0 : \alpha_j = 0$ 成立,

则 $\dfrac{\hat{\alpha}_j \alpha_j}{\sqrt{C_{jj} \sigma^2}} \sim N(0, 1)$,且 α_j 与 $Q_{剩}$ 相互独立,

于是,　　$F = \dfrac{(\hat{\alpha}_j - \alpha)^2 / C_{jj}}{Q_{剩} / (m-r-1)} \sim F(1, n-r-1)$ $\tag{8-28}$

又由检验假设,可得

$$F = \frac{\hat{\alpha}_j^2 / C_{jj}}{Q_{剩} / (m-r-1)} \sim F(1, n-r-1) \tag{8-29}$$

其中, C_{jj} 是 $Q_{xx} = (\boldsymbol{A}^{\mathrm{T}} \boldsymbol{S} \boldsymbol{A})^{-1}$ 对角线元素的值。

(3) 相关性检验。

可采用下式进行相关性检验:

$$R = \sqrt{Q_{固} / Q_{总}} = \sqrt{1 - Q_{剩} / Q_{总}} \tag{8-30}$$

由式(8-30)可知, $0 \leqslant R \leqslant 1$。如果给定显著水平 α,则可从 F 分布表中查出相应 $F_\alpha(r, n-r-1)$,并计算其临界值:

$$R_\alpha = \sqrt{\frac{r F_\alpha}{(n-r-1) + r F_\alpha}} \tag{8-31}$$

如果 $|R| > R_\alpha$,则可认为在 $1-\alpha$ 置信度下相关关系显著,否则认为不显著。

三、模糊 Delphi 预测

(一) 传统 Delphi 预测的原理

传统的 Delphi(德尔菲法)又称专家调查法或专家函调法。它是在 20 世纪 40 年代末期,由美国人 O. 赫尔姆和 N. 达尔克首创,又经 T. J. 戈尔登和美国 RAND

公司进一步完善、发展而成。德尔菲是 Delphi 的中文译名,是古希腊的一座坚固的城堡,太阳神阿波罗神殿的所在地,太阳神阿波罗杀死恶龙的地方。相传太阳神阿波罗智慧横溢,有极高的预测未来之能力,因而,德尔菲便成为预测未来的圣地。RAND 公司以德尔菲作为预测方法的名称,意思是德尔菲法能够预测未来。自这种预测方法提出并得到实际应用之后,就迅速被世界各国相继采用。

但传统的 Delphi 预测结果常常带有专家们的主观色彩,其最终结果从某种意义上取决于专家们的经验和能力。所以,如果在采用 Delphi 进行预测时,将普通确定的数变成模糊数,则会更适合于问题的解决。

(二) 模糊 Delphi 预测的基本原理

对于城市环境领域中的某个事件,利用模糊 Delphi 法进行预测时,设有 n 个专家 $E_i(i=1,2,3,\cdots,n)$,需要对 m 项指标 $T_j(j=1,2,3,\cdots,m)$,进行打分,每位专家需对每项指标给出 5 个(或 3 个)分值,即最小分值 $V_{ST}^{(ij)}$,次小分值 $V_{SR}^{(ij)}$,最佳分值 $V_M^{(ij)}$,次大分值 $V_{LR}^{(ij)}$,最大分值 $V_{LT}^{(ij)}$,则模糊 Delphi 预测方法的基本步骤为:

(1) 根据上述得到的结果,可用模糊数表示为:
$$V_1^{(ij)} = (V_{1ST}^{(ij)}, V_{1SR}^{(ij)}, V_{1M}^{(ij)}, V_{1LR}^{(ij)}, V_{1LT}^{(ij)}) \tag{8-32}$$

(2) 由 $V_1^{(ij)}$ 可求得每项指标的平均值,设第 j 项指标的平均值为 $M_1^{(j)}$,则可分别求取所有行位专家关于 $V_1^{(ij)}$,$M_1^{(j)}$,$V_{1ST}^{(ij)}$,$V_{1SR}^{(ij)}$,$V_{1M}^{(ij)}$,$V_{1LR}^{(ij)}$,$V_{1LT}^{(ij)}$ 的平均值:
$$M_1^{(j)} = (M_{1ST}^{(j)}, M_{1SR}^{(j)}, M_{1M}^{(j)}, M_{1LR}^{(j)}, M_{1LT}^{(j)})$$
$$= \left(\frac{1}{n}\sum_{i=1}^n V_{1ST}^{(ij)}, \frac{1}{n}\sum_{i=1}^n V_{1SR}^{(ij)}, \frac{1}{n}\sum_{i=1}^n V_{1M}^{(ij)}, \frac{1}{n}\sum_{i=1}^n V_{1LR}^{(ij)}, \frac{1}{n}\sum_{i=1}^n V_{1LT}^{(ij)}\right) \tag{8-33}$$

(3) 求得平均值与每个专家所给分值的差值 $P_1^{(j)}$:
$$P_1^{(j)} = (M_{1ST}^{(j)} - V_{1ST}^{(j)}, M_{1SR}^{(j)} - V_{1SR}^{(j)}, M_{1M}^{(j)} - V_{1M}^{(j)}, M_{1LR}^{(j)} - V_{1LR}^{(j)}, M_{1LT}^{(j)} - V_{1LT}^{(j)})$$
$$= \left(\frac{1}{n}\sum_{i=1}^n V_{1ST}^{(ij)} - V_{1ST}^{(j)}, \frac{1}{n}\sum_{i=1}^n V_{1SR}^{(ij)} - V_{1SR}^{(j)}, \frac{1}{n}\sum_{i=1}^n V_{1M}^{(ij)} - V_{1M}^{(j)},\right.$$
$$\left.\frac{1}{n}\sum_{i=1}^n V_{1LR}^{(ij)} - V_{1LR}^{(j)}, \frac{1}{n}\sum_{i=1}^n V_{1LT}^{(ij)} - V_{1LT}^{(j)}\right) \tag{8-34}$$

对每项指标分别做上述处理后,将所求得的差值 $P_1^{(j)}$ 分别寄给专家 E_i 请他对每项指标重新进行评估。

(4)在每个专家 E_i 对每项指标 j 重新评估的基础上,得到一个新的模糊数:
$$V_2^{(ij)} = (V_{2ST}^{(ij)}, V_{2SR}^{(ij)}, V_{2M}^{(ij)}, V_{2LR}^{(ij)}, V_{2LT}^{(ij)}) \tag{8-35}$$

(5) 重复上述过程,直到两个连续求得的平均值在可以接受的接近程度时为止。

其实,在利用模糊 Delphi 法进行实际预测时,可以采用三分值法,只需取 $V_{ST}^{(ij)}$、$V_{SR}^{(ij)}$ 的平均值作为最小值,取 $V_{LR}^{(ij)}$、$V_{LT}^{(ij)}$ 的平均值作为最大值,这就得到一个三角模糊数,其余步骤同上。

（三）模糊 Delphi 预测的工作流程

模糊 Delphi 的工作流程如图 8-3 所示。

1）确定课题

选择模糊预测对象和模糊预测目标。

2）选择专家

按照课题的专业范围和深度,选择经验丰富的专家。在选择专家时,既要考虑专家的代表性和广泛性,又要考虑预测对象所需的专家组成结构和区域分布,专家人数的多少可根据课题需要来确定。

3）设计咨询表

从不同侧面以表格形式提出若干条围绕课题,且有针对性的问题,以便向专家函询调查,调查表格要简明扼要,最好采用选择的方式,所提的问题既要反映课题实质性内容,又不能使问题数量过多。

4）信息反馈

通常要进行几轮函调反馈之后,才能得出看法比较一致、意见比较集中的结论。

5）对预测结果进行定量评价和表述

在函询调查后,要用统计分析方法,对

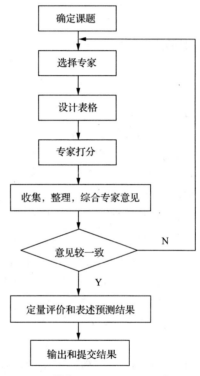

图 8-3　模糊 Delphi 预测的工作流程

大量数据进行处理分析,以便找出能反映模糊预测对象发展规律的数据和结论。

（四）模糊 Delphi 预测的特点

模糊 Delphi 预测的特点是:

1）模糊性

该方法采用的是模糊数,并充分考虑了专家之间的相互影响,这就使得其预测结果更加可靠和更加接近实际。

2）匿名性

在进行函询调查中,各位专家彼此不知其他参加函调的专家。他们可以独立地提出自己的观点,充分发表个人意见。

3）反馈性

各位专家可以从反馈的函询表中，得知其他专家的看法，以便作出更好的判断。

4）统计性

为了定量评价预测结果，德尔菲法采用了统计的方法来处理相关结果。

模糊 Delphi 预测是在资料不全或预测工作者能力有限时进行预测的一种有效方法，特别是在对某些事物进行中长期模糊预测时，更能显示这种方法的优越性。

四、时间序列模糊预测

（一）传统的时间序列预测

1. 指数平滑法

指数平滑法是美国学者 Brown 在 1959 年出版的《库存管理的统计预测》一书中首先提出来的。它通过平滑系数，对不同时期数据赋予不同的权值，以此进行时间序列预测。其具体计算过程和计算公式可参考文献。指数平滑法可适用于短期、近期和中期预测。

运用指数平滑法时，如果时间序列具有水平趋势，则应采用一次指数平滑；如果时间序列具有线性趋势，则应采用二次指数平滑；当时间序列数据点的分布出现较大曲率时，应考虑使用三次指数平滑。此外，平滑系数的取值大小也与预测结果直接相关：平滑系数越小，则表明远期数据对预测结果影响越大；平滑系数越大，则表明近期数据对预测结果影响越大。

2. 移动平均法

移动平均法是 Davis 于 1941 年在《时间序列分析》一文中首先提出来的。它是一种通过对时间序列作不断的移动平均数，得到基数量和增减量后进行推测和估计的预测方法。其具体计算过程和计算公式可参考文献。移动平均法主要适用于短期和近期预测。

在使用移动平均法进行预测时，应注意选取合适的移动项数（一般取 3～5 项）。选取的移动项数不同，会得到不同的预测结果。选取的移动项数较少，则反映波动较灵敏，反之，则波动较平滑；但选取的移动项数过多或过少，都会使预测结果比较粗糙。通常确定移动项数的原则是在考虑数据变动周期的前提下，数据很多时，可适当选取大些的移动项数。

（二）基于神经网络的时间序列模糊预测

基于神经网络的时间序列模糊预测是一种融合传统神经网络、时间序列和模糊系统的综合性预测方法。这种预测方法具有如下典型特征：能够进行高度的非

线性运算,具备自学习、自组织的潜力;含有高度灵活可变的拓扑结构,具有很强的
适应能力;能并行处理和分散存储,具有高速运算能力;有高度冗余的组织方式,具
有很好的容错能力。

五、MARKOV 模糊链状预测

(一) MARKOV 模糊链状预测的原理

全面的预测必须包括概率估计,说明某一预测事件在预测时期发生的可能性,
即预测事件的实现概率。MARKOV 链状预测就是一种基于模糊概率的预测方
法,它是根据变量的目前状况预测其将来如何变动的一种分析方法。它不需要连
续的历史资料,只需最近或现在的动态资料便可预测未来。

当事件由一种状况转换至另外一种状况时就具有转移概率,且这种转移概率
可根据其紧接的前项状况推算出来时,就称为 MARKOV 过程。其特点是:当过
程在时刻 t_0 所处的状态为已知的情况下,其 $t(t > t_0)$ 时刻所处的状态与过程在 t_0
时刻之前的状态无关。由一系列的这种转换过程构成的整体称为 MARKOV 链。
利用模糊概率理论对 MARKOV 链可能产生的变化加以分析,以预测未来变化趋
势的工作称为 MARKOV 模糊链状预测。

(二) MARKOV 模糊链状预测的基本方法和步骤

进行一重模糊链状相关预测的基本方法和步骤是:

1) 对预测对象所处状态进行划分

有的对象本身已具明显的状态界限,如气象预报中的晴、雨之分;有的则需根
据实际情况人为地划分,如环境质量评价中可根据污染程度划分成清洁、轻污染、
中污染、重污染等几个状态。这种划分往往可因人、因时、因地而异。

2) 计算初始概率 P_i

P_i 近似等于状态出现的频率。假定事件共有 n 个状态,在已知历史资料中状
态 E 出现的次数为 M_i,则资料的总个数 $N = \sum_{i=1}^{n} M_i$,E_i 出现的频率 $F_i = M_i / N$。
当样本容量足够大时,可用样本的分布情况近似地描绘状态的理论分布,即用样本
中状态出现的频率近似地估计状态出现的概率:

$$P_i \approx F_i = M_i / N \qquad \forall i$$

显而易见 $\sum_{i=1}^{n} P_i = 1$,即初始概率分布的总和为 1。

3) 确定模糊概率

根据具体的指标和各指标相对于某等级状态的隶属程度 μ,计算出其相应的

模糊概率 P^μ 或模糊频 F^μ。

4）计算状态的一重模糊转移概率 P^μ_{ij}

根据模糊概率 P 或模糊频率 F 来描述状态的转移概率，即：

$$P^\mu_{ij} = P^\mu(E_i \to E_j) = P^\mu(E_j / E_i) \approx F^\mu(E_j / E_i) \qquad i, j = 1, 2, \cdots, n$$

式中，$F^\mu(E_j / E_i)$ 表示样本中由 E_i 状态转向 E_j 状态的模糊频率。

5）根据一重模糊转移概率进行预测

由于一重模糊转移概率全面地描述了状态之间相互转移的模糊概率分布，所以可根据它对未来所处状态作出预测。假定模糊预测对象目前处在状态 E_k，则 $P^\mu_{ij}(j = l, 2, \cdots, n)$ 描绘了目前的 E_k 状态未来将转向其他各个状态的可能性。若有 P^μ_{ij} 突出地大于其他各个 $P^\mu_{ij}(j \neq j')$，则未来处在 E'_j 的可能性最大；如果 P^μ_{ij}（$j = 1, 2, \cdots, n$）诸值相差不大，则要根据初始概率分布提供的信息进一步计算二重模糊转移概率，用二重模糊转移概率进行预测。

6）用二重模糊转移概率进行预测

二重模糊转移概率 P^μ_{ijk}，表示预测对象由状态 $E_i \to E_j \to E_k$ 的模糊转移概率。

根据二重模糊转移概率，假如预测对象目前处于 E_j 状态，在这以前处于 E_i 状态，则将 $P^\mu_{ijk}(k = 1, 2, \cdots, n)$ 进行比较，如 P^μ_{ijk} 突出地大于其他 P^μ_{ijk}，则预测对象往后处在状态 E_k 的可能性最大；如 P^μ_{ijk} 中诸值相差不大，则需借助于初始概率及一重模糊转移概率所提供的信息进行综合，再作预测。

第六节　城市环境质量综合评价方法

一、城市环境系统综合评价特性分析

城市环境是以城市居民的日常和生产活动为基础的人与自然的共同体，它表现出多种社会属性，人在不同的社会组织中起着重要作用，各组织的相互作用促进城市环境的发展。因而，城市环境系统是以人作为该系统行为的直接参与者为特征的复杂系统，所以，城市环境系统的综合评价有别于自然生态、工程技术等系统的评价。

城市环境系统具有以下主要特征：

（1）复杂性。城市环境系统是一个错综复杂的大系统，人类社会为这个大系统的整体，它可以按不同的组织形式划分为许许多多的子系统，每个子系统又分为若干个小系统，各子系统、小系统之间的关系往往错综复杂。

（2）发展性。城市环境系统的发展是连续的、有阶段的且不可逆转，发展过程中存在大量的统计数据。

（3）多样性。城市环境系统本身具有多样性，它包含城市环境系统的多个方面,描述城市环境系统行为、状态的信息也是多样的。

因此,城市环境系统的综合评价具有以下特点:

(1)综合评价方法和评价指标的有效性。城市环境系统综合评价方法很多,每种方法都有其适用的范围,其评价方法的有效性在很大程度上取决于评价模型和指标的选取及指标权重的确定,而指标的选取则极其复杂,且多为具有反馈层次结构的网络结构。它主要包括两类:一类是指城市环境系统不同层次间和不同指标间的定量关系,一类是指层次与指标间的结构关系。通常,一个城市环境系统综合评价的指标体系可分为若干个层次,层次间可能存在循环支配关系,也可能同时具有内部依存性,那么这种结构就具有反馈层次结构的属性。

(2)综合评价指标的关联性和多样性。综合评价指标间的关联性是复杂的,这种关联性主要表现为隐蔽性、非线性、模糊性和不可知性。综合评价指标的表现形式多种多样,主要包括精确的与模糊的、定量的与定性的、数据的与非数据的、空间的与非空间的。

(3)综合评价结果的有效性和局限性。城市环境系统评价的结果具有其特定的主观性、不精确性和时空有效性。主观性说明评价结果会受到城市环境系统中人群认识观、价值观的影响;不精确性说明评价结果会受到评价方法、指标体系的完整有效性及其他偶然因素的影响而离真实结果有一定的偏差;时空有效性说明同一城市环境系统在不同的时期、不同的人文和自然环境下,评价的指标及评价的标准会不尽相同,从而导致其具有不同的时空有效性。

二、常规城市环境评价方法及其评述

(一)算术指数法

最简单的城市环境评价方法就是直接用均权指数或加权指数来进行评价。

均权指数

$$QI = \frac{1}{n} \sum_{i=1}^{n} P_i$$

加权指数

$$QI = \frac{1}{n} \sum_{i=1}^{n} \omega_i P_i$$

式中,P_i 为单一污染物的超标倍数;ω_i 为 P_i 的权重。

这种方法形式简单、计算方便,但存在不少缺点,主要包括:①人为地以超标倍数作为分级依据,不合理;②严重掩盖较重污染物的影响;③结果缺乏明确的物理意义,不便比较。

（二）半集均方差法

$$QI = \sqrt{\sum_{i=1}^{m} (P_i - \bar{P})^2/m + \bar{P}}$$

式中，P_i' 为大于 P_i 中的中位数的分指数；m 为大于中位数半集的分指数个数。

该方法对加权指数法进行了改进，它不但突出了最大分指数的影响，还突出了大于中位数的其他分指数，但突出中位数以上的分指数的影响本身及其突出方式都带有明显的主观性。

（三）NEMEROW 指数法

(1) $QI = \sqrt{\dfrac{P_{max}^2 + \bar{P}^2}{2}}$

(2) $QI = \sqrt{P_{max} \cdot \bar{P}}$

此方法既考虑了期望值 $\bar{P}$，又突出了最大分指数的影响，但当多种污染物浓度均较高时，会掩盖次大分指数的影响，也会过分夸大最大分指数的影响。

（四）双指数法

$$\begin{cases} QI = \sum_{i=1}^{n} \omega_i P_i \\ \sigma^2 = \sum_{i=1}^{n} \omega_i P_i^2 - QI^2 \end{cases}$$

双指数法能够利用其计算出的 QI 和 σ^2 分别进行报警，但将 QI 和 σ^2 同等看待缺乏足够的科学依据。

（五）向量法

$$QI = \sqrt{\sum_{i=1}^{n} P_i^2}$$

向量法对较大分指数具有突出作用，而且，突出方式比半集均方差法简单，但处理方式仍带有很强的主观性。

（六）层次分析法

层次分析法（Analytic Hierarchy Process，AHP）是美国运筹学家、匹兹堡大学教授萨迪（T. L. Saaty）于 20 世纪 70 年代初期提出的，它是一种定量与定性相结合的无结构系统分析方法。人们在城市环境系统研究中经常会遇到因素之间既关联又制约、结构复杂、众多因素构成的系统。这样的系统如若不采取一个简捷快速、可靠实用的手段去处理,将给人们分析这类问题带来极大的困难。层次分析法就是为达到上述目的而将非定量事件作定量分析的一种综合评价与决策的方法。

层次分析法首先使系统层次化,根据系统的总体目标,按照因素之间的关联制约关系划分成不同层次的子系统,使其构成一个多层次的系统分析结构模型;再对每个层次中的不同因素进行两两比较,确定诸因素的相对重要性,也就是构造出判断矩阵。通过求出判断矩阵的特征向量进行层次单排序,在各层次单排序的基础上再进行总排序,这样就为人们在进行评价、预测等方面提供了一个可靠的综合评价与决策的方法。

1. 层次分析法的基本原理与步骤

1)层次结构的建立

按城市环境系统的性质和特点,根据各因素之间的关系,可把一个复杂的系统划分成不同层次。每一层次的因素对下一层次的因素起决定性支配作用,同时它又受上一层次因素支配。通常,将这些层次分为 3 类:

(1)目标层:表示要解决问题达到的最终目标,一般只有一个元素。

(2)准则层:包含了为实现最终目标所涉及的各中间环节,它可以由若干子层次构成。

(3)方案层:表示解决问题的具体措施或者方案。

上述各层次之间的支配关系可以不是完全的,也就是说,可以存在仅支配其中部分元素的层次,同时层次之间还可以建立子层次,子层次受上一层次中的某元素支配,又与下一层次有密切联系。

层次结构中层数的确定与问题的复杂程度有关,一般可以不受限制;但是每一层次中各元素所支配下一层次中的元素一般少于 10 个,因为支配元素过多会增加两两比较的难度。

一个好的层次结构对问题的解决至关重要,如果经过试算不满意,可重新分析该系统,准确地确定各元素之间的关系,科学合理地建立层次结构以便取得满意结果。

2)构造判断矩阵

在层次分析法中,将两两比较得到的每一层次各元素的相对重要性结果表示为矩阵,就是判断矩阵。设目标层为 0,指标层为 T,方案层为 M,并用 t_{ij} 表示 T_i 对 T_j 的重要程度,则判断矩阵为:

$$\begin{array}{c} \begin{array}{cccc} \boldsymbol{T}_1 & \boldsymbol{T}_2 & \cdots & \boldsymbol{T}_n \end{array} \\ \begin{array}{c} \boldsymbol{T}_1 \\ \boldsymbol{T}_2 \\ \vdots \\ \boldsymbol{T}_n \end{array} \begin{bmatrix} t_{11} & t_{12} & \cdots & t_{1n} \\ t_{21} & t_{22} & \cdots & t_{2n} \\ \vdots & \vdots & & \vdots \\ t_{n1} & t_{n2} & \cdots & t_{nn} \end{bmatrix} \end{array}$$

当判断矩阵中所有元素均满足 $t_{ij} \cdot t_{jk} = t_{ik}$ 时,称该判断矩阵为一致性矩阵,用 T' 表示。

3) 层次单排序及一致性检验

所谓层次单排序是指与上一层次某元素有关联的本层次诸元素之间重要次序的排序,层次单排序一般采用计算判断矩阵的特征根和特征向量方法进行。

设 $W_1 = (w_1, w_2, \cdots, w_n)$ 是一致性矩阵 T' 的特征向量,它表示 T 层准则的权重,而 n 为一致性矩阵 T' 的特征值,则求解下式

$$(T' - nI)W = 0$$

即可求出权重 W。

当判断矩阵完全一致时,$\lambda_{\max} W = n$,且其余特征根全为 0。而当判断矩阵具有大体一致时,它的特征根稍大于 n,即 $\lambda_{\max} \geqslant n$,其余特征根接近 0。为保证所求相对权重向量的合理性,非常有必要对判断矩阵进行一致性检验。

计算一致性指标 C, I

$$C, I = \frac{\lambda_{\max} - n}{n - 1}$$

用 C, I 的值作为度量判断矩阵偏离的程度,C, I 值越大,判断矩阵的完全一致性就越差。此外还需要引入判断矩阵的平均随机一致性指标 R, I 来衡量不同阶判断矩阵是否具有满意一致性,对于 $1 \sim 14$ 阶判断矩阵 R, I 值如表 8-17。

表 8-17　　1~14 阶判断矩阵 R, I 值

阶数 n	1	2	3	4	5	6	7
R, I	0.00	0.00	0.52	0.89	1.12	1.26	1.36
阶数 n	8	9	10	11	12	13	14
R, I	1.41	1.46	1.49	1.52	1.54	1.56	1.58

当阶数大于 2 时,C, I 与 R, I 之比

$$C, R = C, I / R, I$$

称为随机一致性比率。一般地,当 $C, I < 0.1$ 时,认为判断矩阵具有满意一致性,否则应该修正判断矩阵。

4) 层次总排序

层次总排序需要逐层按顺序进行。设有目标层 O,准则层 T,方案层 M 构成层次模型。目标层 O 对准则层 T 的相对权重为:

$$W^{(1)} = (w_1^{(1)}, w_2^{(1)}, \cdots, w_k^{(1)})^T$$

准则层的各元素 T_i,对方案层 M 的以个方案相对权重为(其中 $L = 1, 2, \cdots, k$):

$$W_L^2 = (w_{1L}^{(2)}, w_{2L}^{(2)}, \cdots, w_{nL}^{(2)})^T$$

则相对权重由 $\boldsymbol{W}^{(1)}$ 与 $\boldsymbol{W}_L^{(2)}$ 组合得到。

为评价层次总排序计算结果的一致性,需要进行检验,计算公式为:

$$C,I = \sum_{i=1}^n w_i^{(1)} (C,I)_i$$

$$R,I = \sum_{i=1}^n w_i^{(1)} (R,I)_i$$

$$C,R = C,I/R,I$$

式中,$(C,I)_i$ 为与 ω_i^1 对应的 T 层次中判断矩阵的一致性指标,$(R,I)_i$ 为与 ω_i^1 对应的 T 层次判断矩阵的随机一致性指标。如果 $C,R < 0.1$,则说明一致性检验合格,得到的组合权重值有效,可以进行层次总排序。

在构造判断矩阵时,在两两比较中引入 1～9 的标度,标度 1、3、5、7、9 分别对应于因素 i 与因素 j 相比为"同等重要"、"略微重要"、"比较重要"、"非常重要"、"绝对重要",而 2、4、6、8 则分别标度两判断矩阵之间的过渡状态。

2. 特征根与特征向量的计算

层次分析法求解中的关键是确定判断矩阵的最大特征根和其相对应的特征向量,但这种精确算法需要较复杂的计算,特别是判断矩阵阶数比较高时,计算的难度会更大。在实际计算过程中,有些近似计算方法更为方便。这类方法有方根法、和积法、特征根法、最小二乘法等,这里介绍前两种方法。

1) 方根法

方根法的近似计算方法步骤为:

(1) 计算 T 中每一行元素的乘积:

$$K_i = \prod_{j=1}^n t_{ij} \qquad (1,2,\cdots,n)$$

(2) 计算 K_i 的 n 次方根

$$W_i' = \sqrt[n]{K_i}$$

(3) 向量的正规化:

$$w_i = W_i' / \sum_{i=1}^n W_i'$$

(4) 求得特征向量:

$$W = (w_1,w_2,\cdots,w_n)^{\mathrm{T}}$$

(5) 计算 $\lambda_{\max}$:

$$\lambda_{\max} = \sum_{i=1}^n ((T_w)_i / nw_i)$$

式中,$(T_w)_i$ 表示向量 T_w 中的第 i 个元素。

2）和积法

和积法的步骤为：

（1）判断矩阵中每一列进行正规化：

$$t'_{ij} = t_{ij} / \sum_{k=1}^{n} t_{kj} \qquad i,j = 1,2,\cdots,n$$

（2）正规化后的判断矩阵按行相加：

$$W'_i = \sum_{j=1}^{n} t'_{ij}$$

（3）对向量 $\boldsymbol{W}' = (w'_1, w'_2, \cdots, w'_n)^{\mathrm{T}}$ 进行正规化：

$$W = wi' / \sum_{i=1}^{n} w'_i$$

（4）求得特征向量：

$$\boldsymbol{W} = (w_1, w_2, \cdots, w_n)^{\mathrm{T}}$$

（5）计算 $\lambda_{\max}$：

$$\lambda_{\max} = \sum_{i=1}^{n} ((T_w)_i / m w_i)$$

（七）环境标准级别法

这种方法主要用于水质评价，现以水质评价为例介绍其评价过程：

（1）进行单项评价

$$G_i = G_{i,j-1} + \frac{C_i - C_{i,j-1}}{C_{i,j} - C_{i,j-1}}$$

式中，G_i 为单项 i 水质等级；$G_{i,j-1}$ 为已达到标准等级 J 的上一级别，当水质低于 5 类标准时，一律定为 6 级；C_i 为 i 污染物的实测浓度；$C_{i,j-1}$ 为 i 污染物的 J 等级标准浓度。

（2）计算综合水质级别

$$G = \sum G_i w_i / \sum w_i \quad （\omega_i \text{ 为权重）}$$

这种方法会掩盖较重污染物的影响，权重的缺点也带有主观性，评价结果亦缺乏明确的物理意义。

三、多因素模糊变权综合评价方法

（一）多因素模糊变权综合评价的基本原理

多因素模糊变权综合评价方法是应用模糊关系合成原理，并综合运用灰色关联度分析、层次分析、叠加分析、相关分析和 Delphi 分析等数学方法，从多个因素对被评价对象隶属度等级进行综合评价的一种方法。其基本评价原理及步骤如下：

1）确定因素集

设被评价对象具有 n 个评价因素（即污染物种类），它们构成因素集 $\boldsymbol{U} = \{u_1, u_2, \cdots, u_n\}$。

2）确定评价集

设被评价对象具有 m 个评价等级，它们构成评价集 $\boldsymbol{V} = \{v_1, v_2, \cdots, v_m\}$。

3）建立模糊关系矩阵

根据隶属度函数，建立模糊关系矩阵：

$$\boldsymbol{R} = \begin{bmatrix} r_{11} & r_{12} & \cdots & r_{1m} \\ r_{21} & r_{22} & \cdots & r_{2m} \\ \vdots & \vdots & & \vdots \\ r_{n1} & r_{n2} & \cdots & r_{nm} \end{bmatrix}$$

r_{ij} 的实际意义为 $\boldsymbol{U}$ 中的因素 u_j 对应 $\boldsymbol{V}$ 中的等级 v_i 的隶属关系。

例如，在城市大气质量评价中，一般可由下述隶属函数确定 R 值：

$$R_{ij} = \begin{cases} 0 & C_i \leqslant S_{i,j-1}, C_i \geqslant S_{i,j+1} \\ \dfrac{C_i - S_{i,j-1}}{S_{ij} - S_{i,j-1}} & S_{i,j-1} < C_i \leqslant S_{ij} \\ \dfrac{C_i - S_{i,j+1}}{S_{ij} - S_{i,j+1}} & S_{ij} < C_i < S_{i,j+1} \end{cases}$$

但

$$R_{i1} = \begin{cases} 1 & C_i < S_{i,1} \\ \dfrac{C_i - S_{i,2}}{S_{i1} - S_{i,2}} & S_{i,1} < C_i \leqslant S_{i2} \\ 0 & C_i \geqslant S_{i,2} \end{cases}$$

$$R_{im} = \begin{cases} 0 & C_i \leqslant S_{i,m-1} \\ \dfrac{C_i - S_{i,m-1}}{S_{im} - S_{i,m-1}} & S_{i,m-1} < C_i \leqslant S_{im} \\ \dfrac{C_i}{S_{im}} & C_i > S_{i,m} \end{cases}$$

式中，C_i 表示第 i 种污染物的实测值；$S_{i,j-1}$，S_i，$S_{i,j+1}$ 分别表示第 i 种污染物的第 $j-1$ 级、第 j 级和第 $j+1$ 级大气质量评价标准。

4）确定评价因素权向量

$\boldsymbol{W} = (w_1, w_2, \cdots, w_n)$，是 $\boldsymbol{U}$ 中各成分对总体评价对象的隶属关系。

5）选择合成算子 $\odot$，将 $\boldsymbol{W}$ 与 $\boldsymbol{R}$ 合成，得到评价结果，即 $\boldsymbol{Y} = \boldsymbol{W} \odot \boldsymbol{R}$。

6）对模糊变权综合评价结果进行综合分析，得到最终评价结果。

（二）多因素模糊变权综合评价模型的建立

在城市环境多因素模糊变权综合评价中，其综合评价模型主要包括加权平均型和主因素决定型两种。

设因素论域 U 上的因素模糊子集为：

$$A = \frac{a_1}{u_1} + \frac{a_2}{u_2} + \cdots + \frac{a_n}{u_n} \qquad (0 \leqslant a_i \leqslant 1)$$

记作 $A = (a_1, a_2, \cdots, a_n)$。

设评价论域 V 上的评价模糊子集为：

$$B = \frac{b_1}{v_1} + \frac{b_2}{v_2} + \cdots + \frac{b_n}{v_n} \qquad (0 \leqslant b_j \leqslant 1)$$

记作 $B = (b_1, b_2, \cdots, b_n)$。

式中，a_i 为 u_i 对 A 的隶属度，它表示单因素在总评价因素中所起的作用大小；b_j 为等级对 B 的隶属度，也是多因素模糊综合评价的结果。

在进行多因素模糊综合评价时，b_j 的获得可采用多种方法进行，概括起来主要有加权平均型和 3 种主因素决定型。

1）加权平均型

$$b_j = \min(1, \sum_{i=1}^{n} a_i r_{ij}) \qquad (j = 1, 2, \cdots, m)$$

该模型可简记作 $M(\cdot, \oplus)$，它综合考虑了所有的评价因素，其中 a_i 具有权重的意义，并有 $\sum_{i=1}^{n} a_i = 1$，所以 $A = (a_1, a_2, \cdots, a_n)$ 就具有权向量的意义。

实际上，由于 $\sum_{i=1}^{n} a_i \leqslant 1$，运算 $\oplus$ 本质上已变成一般的实数加法，所以，该模型可用模型 $M(\cdot, +)$ 来表示，即

2）主因素决定 I 型

$$b_j = \bigvee_{i=1}^{n} (a_i \wedge r_{ij}) \qquad (j = 1, 2, \cdots, m)$$

在该模型中，隶属度 r_{ij} 被修正为

$$r_{ij}^n = a_i \wedge r_{ij} = \min = \{a_i, r_{ij}\}$$

这种模型可简记作 $M(\wedge, \vee)$，其主要优点是计算十分简便，但它只考虑了主导因素，而舍弃了很多非主要的信息，这种不足主要表现为：

（1）在取小运算 $a_i \wedge r_{ij}$，满足 $r_{ij} > a_i$ 的 r_{ij} 均没有考虑，经归一化处理后，a_i 的值较小，从而使很多相关的评价信息被舍弃。

（2）当因素较少时，a_i 的值可能较大，此时进行取小运算，使得满足 $r_{ij} < a_i$ 的 a_i 均没有考虑，这就可能丢弃某些重要信息。

（3）在进行 $a_i \wedge r_{ij}$ 运算后，又进行取大运算，也会丢失大量有用信息。

3）主因素决定 II 型

$$b_j = \bigvee_{i=1}^{n} (a_i \wedge r_{ij}) = \max\{a_1 r_{ij}, a_2 r_{2j}, \cdots, a_n r_{nj}\} \qquad (j = 1, 2, \cdots, m)$$

该模型可简记作 $M(\cdot, \vee)$，其评价结果比 $M(\wedge, \vee)$ 模型要"周全"，它通过普通实数乘法运算来建立模型，既考虑了主导因素的作用，又兼顾了非主要因素的影响，一般不会丢失太多有用信息。

4）主因素决定 III 型

$$b_j = \bigvee_{i=1}^{n} (a_i \wedge r_{ij}) = \sum_{i=1}^{m} \left[\min\{a_i, r_{ij}\}\right] \qquad (j = 1, 2, \cdots, m)$$

此模型可简记作 $M(\wedge, +)$，它在做取小运算时也会丢失很多信息。

（三）多因素模糊变权综合评价的特征分析

模糊变权综合评价是模糊理论在城市环境系统综合评价中的重要应用领域，它与其他综合评价方法相比较，具有以下特性：

1）评价指标的层次性

在一个复杂的城市环境系统中，可以进行多层次的模糊变权综合评价。例如，城市环境系统综合评价中，城市环境系统可以分成大气、水、噪声、生态、经济等若干个层次（或子系统），每个层次（或子系统）又包含若干项指标。

2）无量纲化处理

模糊变权综合评价在求得模糊关系矩阵 $\boldsymbol{R}$ 的过程中已经进行了无量纲化处理，不需要专门的无量纲化处理过程。

3）隶属度函数

模糊变权综合评价方法在确定隶属度函数时具有一定的难度，特别是确定隶属度函数的过程带有较大的主观性，这就使得最后的评价结果与真实值之间存在一定的差异。

4）权重

权系数向量不能在评价的数据处理中生成，需要用专门的方法得到，但它实际上是评价因素从属被评价对象的隶属关系，因此权系数向量是一个模糊量。由于权系数向量通常通过人为估计来获得，因而在这一点上模糊综合评价并没有克服常规方法的不足。同样，与常规方法相同的是模糊综合评价方法本身不具备消除指标间相关性影响的能力，这将产生评价指标的信息重复和层次混乱等问题。

5）模糊合成

模糊变权综合评价的合成方法是十分特别的，目前在模糊变权综合评价中，常见的合成方法有：①环和、乘积算子($\hat{+}$，·)；②有界算子($\oplus$,$\odot$)；③取大、乘积算子($\vee$，·)；④有界和、取小算子($\oplus$，$\vee$)；⑤有界和、乘积算子($\oplus$，·)等。但合成时会丢失许多有用的信息，在一定范围内某些指标的变化也不会引起评价结果的变化，而在实际应用中，这样的变化足以引起系统的状态发生根本变化。

6）评价结果

模糊变权综合评价能为我们提供一个向量作为结果。这一特点使得模糊变权综合评价具有很强的应用价值。模糊集理论在综合评价中的运用能通过隶属度函数将人类习惯的语言符号变量和适合于机器的量化特征联系起来，还能对模糊性概念用可能性分布来解释。

四、基于多元统计的综合评价方法

（一）基于多元统计的综合评价基本原理

多元统计方法是城市环境综合评价中常用的一种评价方法，它所包含的具体方法比较多，应用范围极其广泛。在多元统计方法中，最为常见的是主成分分析法。下面就以主成分分析法为例，来讨论多元统计方法的实现过程。

简单地说，主成分分析法就是通过恰当的数学变换使新变量（成分）成为原变量的线性组合，并寻求主成分，且只通过数目较少的主成分代替数目众多的原变量来分析事物的一种方法，其基本原理为：

1）原始数据的标准化

将原始数据 $\boldsymbol{X}\ \{x_{ij}\}_{n\times p}$，转化成均值为 0，方差为 1 的标准数据 $Z\ \{z_{ij}\}_{n\times p}$。

2）求相关矩阵 $\boldsymbol{R}=\{r_{ij}\}_{p\times p}$

$$r_{jk}=\frac{1}{n-1}\sum_{i=1}^{n}Z_{ij}\times Z_{jk}(j,k=1,2,3,\cdots,n)$$

并且，$r_{11}=1,r_{jk}=r_{kj}$

3）求取矩阵 $\boldsymbol{R}$ 的特征根、特征向量和方差贡献率

由 $|\lambda\boldsymbol{I}_p-\boldsymbol{R}|=0$，可得 $\lambda_g(g=1,2,3,\cdots,p)$ 为主成分 F 的方差。其大小说明了各个主成分在描述评价对象上所起作用的大小。

由 $(\lambda\boldsymbol{I}_p-\boldsymbol{R})L_g=0$，求得 L_g，其中 L_g 为 Z_i 在新坐标系下 F 的各成分的系数。方差贡献率定义为：

$$S_g=\frac{\lambda_g}{\sum_{g-1}^{p}\lambda_g}$$

4）根据一定的准则确定主成分的个数

一般说来，成分的个数等于原变量的个数，如果原变量的个数较多，进行综合评价时就比较麻烦，所以进行主成分分析时，总是希望取较少的主成分，同时还要使损失的信息量尽可能少。选取主成分的方法通常有以 $a_k\geqslant 85\%$ 准则、$\lambda_g>\bar{\lambda}$

准则、Scree 准则、Bartlett 准则等。

5）合成，也就是求

$$F_i = \sum_{g=1}^{p} S_g F_{ig}$$

$$F_{ig} = \sum_{j=1}^{n} L_{ij} Z_{ij}$$

其中，主成分分析法消除了评价指标间的相关关系的影响，特别是对于指标间相关关系较强的指标集来说，采用这种方法进行评价，其评价结果的可靠性一般要大大高于其他评价方法。但在多元统计综合评价过程中，指标间的相关关系及贡献率等的计算都针对一定的样本集而言，因此，如果样本集不同，评价结果也将不同，评价结果的有效性仅限于固定样本集的范围之内；此外，主分量分析对原始变量与分量的关系都是由线性关系式处理，缺乏处理非线性关系的能力，这将导致它不能完全真实地反映实际情况，影响最终评价结果。

（二）基于多元统计的综合评价特征分析

这里，仍以主成分分析法为例，分析它用于多指标综合评价时的主要特点。

（1）样本差异决定权重

样本差异权重与通常使用的权重意义不同，样本差异权重是一种以指标所能区分样本的能力大小来确定指标重要程度的度量。它不能人为调整，只能伴随数学变换过程而产生，样本差异权重的变化值只与样本集的变化有关。

（2）评价指标间相关性影响小

由于主成分分析法提取的是指标间相关性较小、对结果影响程度最大的综合评价指标，因此，该方法的最大特点是，对于指标间相关性较强的指标集而言，其最终结果的可靠性要远高于其他多元统计方法。

（3）评价结果仅限于固定样本集

在基于主成分分析的多元统计综合评价中，指标间的相关性、贡献率等的计算都是针对某一固定的样本集来进行的，因此，不同的样本集，会得到不同的评价结果。

五、基于模糊神经网络的多指标综合评价方法

从 1943 年 McCulloch 和 Pitts 提出 M-P 模型以来，人类对人工神经网络（Artificial Neural Networks，ANN）的研究已经经历了半个多世纪，尽管其间曾一度陷入低潮，现在却已是科技界最为活跃的研究领域之一，尤其是到了 20 世纪 90 年代，人工神经网络已成为发展各类学科的新途径，开始渗透到各类学科及领域，并在模式识别、信号处理、组合优化、知识工程等方面取得显著成效。将人工神经网络应用于城市环境系统这类人文-自然结合体,是人工神经网络应用的一个新领域。

人工神经网络对非线性复杂系统具有很强的建模能力,传统方法在用于城市环境系统综合评价时存在着固有缺陷,因而结合模糊系统及多指标综合评价的思想,将人工神经网络引入城市环境系统,是城市环境系统综合评价的重要发展方向。

(一)神经元与神经网络

1. 神经元的基本概念

神经元是神经系统的基本元件。早在 1943 年,心理学家 W. McCulloch 和数理逻辑学家 W. Pitts 在分析和总结神经元基本特性的过程中,首先提出了神经元的数学模型。目前已有近百种不同类型的神经元模型,它们分别从不同方面表现了神经元的阈值、适应性和可塑性等特性。

2. 神经网络概述

神经网络是以神经元为顶点,顶点之间连接为边的一种有向或无向图,同时,它是一种巨量并行处理系统,由大量功能简单的神经元彼此高度复杂地连接在一起所构成。1949 年,心理学家 Hebb 提出了神经系统的学习规则,认为学习过程最终发生在神经元之间的突触部位,突触的联系强度随着突触前后神经元的行为活动而动态变化。这个规则就是著名的哈布规则,它为后来的神经网络学习算法奠定了坚实的理论基础。1957 年,F. Rosenblatt 提出了一种用于模式分类的 Perceptron 模型("感知器"模型),认为"感知器"是一种基于多层结构的神经网络,首次将神经网络模型的理论研究应用于实际,形成了人工神经网络研究的第一次高潮。20 世纪 60 年代后,数字计算机的发展达到了前所未有的飞速发展时期,而忽略了对"感知器"的研究,使神经网络的研究陷入低谷。20 世纪 70 年代末期,研究人员发现,计算机无法完成自学习、自适应、自组织等创新知识的行为,于是,人们重新将目标转向神经网络的研究,特别是神经网络相邻学科的研究,如协同论(Synergetics)、混沌(Chaos)理论及奇异吸引子理论的研究,这些大大促进了人工神经网络的深入研究。

1981 年,Kohonen 提出了自组织特征映射图(Self-Organizing Feature Map,SOM)神经网络,该网络具有自学习功能。1982 年,美国物理学家 Hopfield 教授提出了离散型二值的神经网络模型。其输入、输出信号只有 0 和 1 两种状态,能把各种样本模式分布式地存储于各神经元之间的连接权上。这种模型的提出,使得神经网络的研究又进入了一个崭新的时期。1984 年,Hopfield 又提出了连续型的反馈神经网络模型,该模型不但实现了神经网络的电子线路仿真,而且能用于联想记忆和优化计算,还解决了 TSP(Travelling Salesman Problem)旅行商最佳路径问题。1985年,Hinton和Sejnowsky提出了Bohzmann机模型(BM网络),它是一种有教师学习的多层前馈随机神经网络。1986年,Rumelhart和Meclelland提出了著名的BP(Back Propagation)神经网络模型,该模型从后向前修正各层之间的连接权重,通过多次的学习和修正,能使网络的学习误差达到最小。同年,Rumelhart和Meclelland又提出了PDP(Parallel Distributed Processing)模型。1987年,在美国召开了第一届神经网络国际会议,并成立了国际神经网络协会(INNS)。1988年,G. A. Carpenter和S. Grossberg共同提出了ART自适应谐振理论,同年,提出了自组织与联想记忆模型。1992年,Young Im Cho等提出了神经-模糊推理模型,同年在北京召开了一次国际神经网络学术会议。1994年,H. C. Andersen等提出了单网间接学习模型。所有这些研究成果,为神经网络在城市环境系统综合评价中的应用奠定了极其重要的理论基础。

目前至少有60多种人工神经网络,其中最流行的也有十几种。按其拓扑结构大致可分为层次结构和网状结构两种神经网络模型。在层次结构的人工神经网络中,神经元分成若干层顺序连接,只有相邻层中的神经元之间可进行通信,且通信常是单向的,而网状结构中任意两个神经元之间都可进行通信,这实际上是一种全连接的有向图,其通信可以是双向的,也可以是单向的,这就意味着人工神经网络中可以有反馈存在。如果按其功能来分类,可分为双值输入神经网络和连续输入神经网络,每种输入类型中,又可分为有教师和无教师两类(图8-4)。

图8-4　神经网络的功能分类

在神经网络模型中,学习(Learning)是指系统改善自身性能的过程,它根据从应用环境里选出的一些训练数据(也称为例子或样本),不断地调整人工神经网络中的权矩阵,直至比较合适为止。而学习系统则是指能利用与环境相互作用所得的信息,在未来与环境相互作用中改进自身性能的系统。学习规则实际上是可修改处理单元的权系数,并以响应输入信号得到期望输出的一个方程。人工神经网络的训练(Training)过程是一个指导学习的过程,目的是使其通过学习能更好地适应应用环境。

人工神经网络的训练方法可分为监督式(Supervised)和非监督式(Unsupervised)两类。相应地,其改善自身性能的过程也分别称为监督式学习和非监督式学习。

1) 监督式学习

在监督式学习方式中,输入与输出训练数据集 $\{I_i\quad O_i\}$ 成对出现,其含意是当输入为 I_i 时,网络的输出为 O_i,而且 $\{I_i\quad O_i\}$ 能代表城市环境综合评价的输入输出关系。

监督训练的主要过程为:先将 I_i 输入到网络上,于是产生输出 O_i',然后根据 O_i' 与 O_i 之间的正确与错误关系来调整权向量。调整过程是按照奖惩机制进行,当网络回答正确时,就调整权值向"加强"正确答案的方向变化,称为"奖励";当回答错误时,就调整权值向"减弱"错误答案的方向变化,称为"惩罚",监督式学习网络也称为有教师学习网络。

2) 非监督式学习

非监督式学习能使网络具有自组织和自学习的功能。在非监督式学习方式中,训练数据不成对出现,也不明确指出输入一个实例时应产生何种输出,但训练后的网络应能对给定的输入(包括训练实例中的输入)产生确定的输出,也就是说,训练后的网络应当具有时序稳定性。

(二) 神经网络与模糊系统

人工神经网络是一种由大量简单的人工神经元广泛连接而成的、用以模仿人脑神经网络的复杂网络系统。它具有高维性、并行分布处理性、自适应、自组织、自学习等优良特性,为一些传统方法所难以解决的问题提供了一条崭新的途径,引起人们的广泛关注。目前,已经在人工智能、模式识别、自动控制、信息处理等领域取得了很好的应用效果。

目前大约有上百种 ANN 模型,归纳起来可分为前馈型网络、反馈型网络和自组织网络。其中 Rumelhart 和 Mcclelland 等于 1985 年提出的误差反向传播(Error Back Propagation)算法属于前馈型网络,是目前人工神经网络理论中最重要的学习算法之一。

模糊系统及神经网络的研究在近十几年来取得了长足的进步。模糊系统的显著特点是它能直观地、充分地表示逻辑,比较适用于低级或者高级的知识表达;而神经网络则是通过自学习功能来获取蕴含在数据中的知识。由于知识蕴含在数据中,而不能直接表达出来,因而难以对它进行分析。那么可以说模糊系统适用于一个自顶向下的知识处理过程,而神经网络则适用于一个自底向上的知识处理过程。如果将两者结合起来,发挥出各自的优势,即通过逐渐改变这两个领域的相互关系,用一个领域的优势来弥补另一个领域的固有缺陷,将使复杂系统的知识处理的技术达到一个新的水平。

（三）模糊神经网络与多指标综合评价

1. 综合评价与模糊系统

综合评价的实质是将客观现象按一定的标准建立到主观印象中去。人们在描述和记录这种主观反映时通常又具有一定的模糊性。因此，可以说城市环境系统的评价不能脱离模糊数学的基础，也就是说人工神经网络的方法必须与模糊数学相结合才能有效地运用于城市环境系统的评价。

早在 20 世纪 60 年代初，美国自动控制专家 L. A. Zadel 的一篇划时代的学术论文《模糊集合》的发表，奠定了一个崭新的学科——模糊系统。40 多年来，模糊系统在应用中得到了迅猛的发展，至今仍是一个前沿学科和技术发展的热点。综合评价就是模糊系统运用成功的一个领域之一。

模糊系统是研究和处理模糊性现象的数学，Zadel 曾作过这样的论述：当系统的复杂性日趋增长时，我们作出系统特性的精确而有意义的描述的能力将相应降低，直至达到这样一个阈值，一旦超过它，精确性和有意义性将变成两个几乎互相排斥的特性。我们知道评价是客观现象或事物在主观的反映，所以 Zadel 这段论述对城市环境系统的评价来说具有深刻的指导作用。下面从模糊系统在综合评价中的作用和模糊系统建模两个方面来论述模糊系统与综合评价的关系。

1）模糊系统在综合评价中的作用分析

模糊系统具有严格的数学本质，运用于综合评价中主要有两方面的独到作用：

（1）模糊系统沟通了具有语言形式的特征与量化度量之间的关系。

在进行城市环境系统评价时，当考虑的因素是一个具体量化指标时，该指标相应的变量论域一般为实域或其子集，如果同时处理几个这样的变量时，则需要将它们转换到具有可比意义的论域上去。另外在评价问题中，常常还会遇到另一类因素，这类因素为综合性指标，通常无法用量化值来表示，而是用自然语言来描述，因而可以说，这些因素的真正论域为自然语言的集合。这种情况往往难以处理，那么怎样将这些生动的语言形式的指标转化为能进行数学处理的变量呢？模糊系统能提供有力的支持。

通常的做法是先对这些因素用一个有限的有序语言描述集作论域，并通过隶属度函数来表示这些因素与语言描述的相容程度，然后，就可以通过模糊系统的操作对这些隶属度函数值进行处理。这样语言值就变成了可以进行数学运算的数值变量了。因而模糊系统成为沟通具有语言形式的特征与量化度量之间的桥梁。显然这个桥梁的支撑就是隶属度函数，因此隶属度函数的获得，成为模糊系统在综合评价中的上述作用的关键。

隶属度函数的获得没有统一的方法，不同的具体问题定义隶属度的思想和方法是不同的。在获得隶属度函数时，人们普遍希望减少主观意志的影响。但是对评价问题而言,评价标准是建立在主观价值观念基础上的。那么在求得描述系统运行状况特征的隶属度函数时,要以符合客观规律的价值观念作为背景,对城市环境系统发展来说,这个符合客观规律的价值观念应该是该地区环境系统发展的战略规划。

(2) 在那些非模糊的传统评价方法中,评价结果往往都是单点值,或者说评价结果的意义表达是唯一的。当模糊集理论用于评价时,由于评价结果为模糊集合,使得评价结果所包含的内容更加丰富。因此说,模糊系统用于评价的第二个方面的作用是通过可能性分布对结果进行描述,使得评价结果更合乎实际情况。当然,如果不能对得到的关于结果的隶属度函数进行进一步说明的话,那么这种可能性分布并不具有特别的益处。但是如果具备了结果的各种可能分布的实际意义的背景知识以后,我们就能充分地利用这些知识产生有意义的城市环境决策辅助信息。

2) 模糊综合评价

模糊系统就是其输出和状态可以用模糊集合表征,而它们之间的相互作用可用模糊关系描述的系统。因此,从模糊系统的观点出发就可以发现城市环境系统的评价过程实际上是一个模糊系统的建模过程。用框图可表示为:

图 8-5　基于模糊映射的模糊模型

其中,$X(t)$ 表示被评价系统的特征;$C_x(x(t))$ 表示模糊化以后的系统特征;$C_y(y(t))$ 表示模糊评价结果;$Y(t)$ 表示结果的真值。

将图 8-5 中的 $X(t)$,$C_x(x(t))$,$C_y(y(t))$,$Y(t)$ 分别赋予实际意义,则综合评价可以用模糊映射模型来描述。

2. 综合评价与模糊神经网络

人工神经网络与模糊数学的结合,使模糊信息处理走向了一个新阶段。正如模糊数学创始人 Zadel 所说的:模糊数学与人工神经网络的结合,开始了一个自适应模糊系统的全新的领域,将对了解人类的认识,建造模拟人类在不确定或不精确环境下进行决策的机器日益发挥核心作用。综合评价的实质是建立客观事物与主观认识之间的对应关系,这种对应关系实质就是映射。在认识到这一点以后,摆在我们面前的任务就是使用怎样的一种方法去完成所需要的映射,或者说在不多的映射方法中选择哪一种更为合适的问题。

传统的方法在城市环境系统评价时,存在一定的局限性,即在形成这种映射的过程中所假定的条件过多,以至于不能够真实地反映被评价系统的状态。

BP 神经网络与综合评价在数学本质上是等效的,但 BP 神经网络还具有一些独特的性能,这些独特的性能正是城市环境系统评价中所需的,而又是传统方法不能提供的。因此将 BP 神经网络模型运用到城市环境系统的评价中去能够取得很好的效果。

　　将 BP 神经网络模型运用到城市环境系统的综合评价中的主要目的是要利用 BP 神经网络的特殊的建模方式和映射能力,因而可称为基于 BP 神经网络的综合评价方法。图 8-6 是基于模糊神经网络的城市环境系统综合评价模型框架。

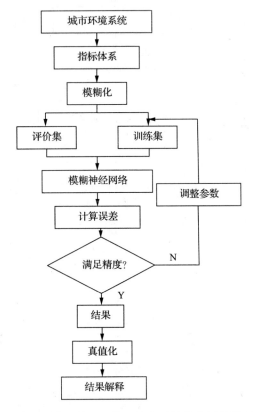

图 8-6　基于模糊神经网络的城市环境综合评价模型框架

（四）经典 BP 神经网络模型及其改进

1. 经典 BP 神经网络算法流程

经典 BP 神经网络算法流程见图 8-7。

2. 经典 BP 神经网络模型的建立

BP 神经网络是目前使用最为广泛的人工神经网络模型之一,它包括输入层、隐含层和输出层,其基本形式如图 8-8 所示。

　　BP 模型把样本的输入、输出问题变为一个非线性优化问题,使用了优化技术中最常用的梯度下降法,用迭代运算求解权作为学习记忆过程。图 8-8 是一个由

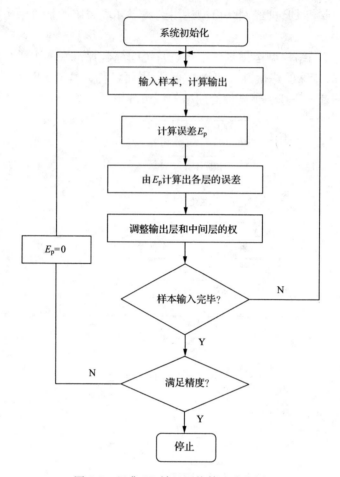

图 8-7　经典 BP 神经网络算法流程图

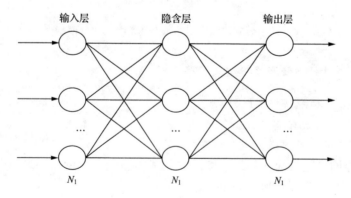

图 8-8　BP 网络示意图

输入层、隐含层和输出层组成的典型的 BP 网络。如果把这种神经网络看成一个从输入 H 到输出 G 的映射,则这个映射是一个高度非线性映射。设输入节点数为 N_1,输出节点数为 N_3,则网络是从 R^{N1} 到 R^{N3} 的映射,即有

$$F:R^{N1} \rightarrow R^{N3} \qquad H = F(G)$$

BP 算法可以通过对简单的非线性函数进行复合来实现这种复杂的映射。

在实际应用过程中,前期预测因子与城市环境系统综合评价之间的关联一般呈高度复杂的非线性关系,而 BP 神经网络本身的非线性、自组织、自学习等特性为实现城市环境系统综合评价的复杂函数关系的最佳逼近提供了可靠的新途径。

BP 算法的学习过程可分为两个阶段:模式正向传播和误差反向传播。在模式正向传播过程中,输入信息要先向前从输入层节点传播到隐含层节点,经过传递函数后,再把隐含层节点的输出信息传播到输出节点,最后给出输出结果。如果在输出层不能得到期望输出,则转向误差反向传播,由输出层开始逐层计算各层神经元的输出误差,再根据误差梯度下降原则调节各层的连接权重和阈值,并将误差信号沿原来的连接通路返回,使得修改后的网络最终输出能接近期望值,通过重复训练,使输出误差达到规定要求。

1) 模式正向传播

设网络有 L 个输入节点、M 个隐含节点、N 个输出节点(如图 8-8 所示),任一节点的输出以 O 表示。设有 x 组样本,对于第 P 组样本,其输入层的输入为 h_{ip} 抽 ($i=1,2,\cdots,L$)。在输入层,输入节点只是将输入直接传播给隐含层,因此对于输入层的任一第 P 组样本,节点输入与输出相等,有 $O_{ip} = h_{ip}$。

对于隐含层第 j 个节点,其隐含层的输入为

$$I_{jp} = \sum_{i=1}^{L} W_{ij}O_{ip} \tag{8-36}$$

节点传递函数通常选取 S 型(Sigmoid)函数,其表达式为

$$f(h) = \frac{1}{1+e^{-h}} \tag{8-37}$$

则隐含层的输出为:

$$O_{jp} = f(I_{jp},\theta) = \frac{1}{1+\exp(-I_{jp}-\theta_j)} \tag{8-38}$$

式中,W_{ij} 为输入层第 i 个节点和隐含层第 j 个节点之间的连接权;θ_j 为隐含层第 j 个节点的阈值。

于是,输出层第 k 个节点输入 I_{kp} 和输出 O_{kp} 分别为:

$$I_{kp} = \sum_{j=1}^{M} W_{kj}O_{jp} \tag{8-39}$$

$$O_{kp} = f(I_{kp},\theta_k) = \frac{1}{1+\exp(-I_{kp}-\theta_k)} \tag{8-40}$$

2）误差反向传播

经过向前传播过程后，期望输出与实际输出会出现不一致。设第 p 组样本的期望输出为 g_{kp} $(k=1,2,\cdots,N)$，其误差可定义为：

$$E_p = \frac{1}{2}\sum_{k=1}^{N}(g_{kp}-O_{kp})^2 \tag{8-41}$$

训练样本集的误差为：

$$E = \frac{1}{X}\sum_{p=1}^{x}E^p \tag{8-42}$$

学习算法要求 E_p 和 E 达到最小，以使网络的实际输出尽可能的接近期望输出，这可通过调节网络中节点的连接权和阈值来实现。由梯度法得连接权的修正量：

$$\Delta_p W_{kj} = -\eta_{kj}\frac{\partial E^p}{\partial W_{kj}} \tag{8-43}$$

$$\Delta_p W_{ji} = -\eta_{ji}\frac{\partial E^p}{\partial W_{ji}} \tag{8-44}$$

式中，η_{kj} 和 η_{ji} 为学习率，一般取 $0\sim1$ 之间的数。

由式(8-43)和式(8-44)可分别推出权系数和阈值的修正公式。

1）权系数修正

由式(8-43)可得输出层和隐含层节点间权系数的修正公式。

$$\Delta_p W_{kj} = -\eta_{kj}\frac{\partial E^p}{\partial W_{kj}} = -\eta_{kj}\frac{\partial E^p}{\partial I_{kp}}\cdot\frac{\partial I_{kp}}{\partial W_{kj}} \tag{8-45}$$

$$\frac{\partial I_{kp}}{\partial W_{kj}} = \frac{\partial}{\partial W_{kj}}(\sum_{k=1}^{N}W_{kj}O_{jp}) = O_{jp} \tag{8-46}$$

设

$$\xi_{kp} = -\frac{\partial E^p}{\partial I_{kp}} \tag{8-47}$$

则

$$\Delta_p W_{kj} = \eta_{kj}\xi_{kp}O_{jp} \tag{8-48}$$

其中，

$$\xi_{kp} = -\frac{\partial E^p}{\partial I_{kp}} = -\frac{\partial E^p}{\partial O_{jp}}\cdot\frac{\partial O_{jp}}{\partial net_{kp}} \tag{8-49}$$

$$= (g_{kp}-O_{kp})\frac{\exp(-I_{kp}-\theta_k)}{(1+\exp(-I_{kp}-\theta_k))^2} \tag{8-50}$$

$$= (g_{kp}-O_{kp})O_{kp}(1-O_{kp}) \tag{8-51}$$

因此，

$$\Delta_p W_{kj} = \eta_{kj}\cdot(g_{kp}-O_{kp})\cdot O_{kp}(1-O_{kp})O_{jp} \tag{8-52}$$

类似的,由式(8-44)可导出隐含层与输入层节点间权系数修正公式:

$$\Delta_p W_{ji} = \eta_{ji} \cdot O_{jp}(1-O_{jp})O_{jp}\sum_{k=1}^{N}\xi_{kp}W_{kj} \tag{8-53}$$

综上所述,连接权系数的修正规律可归纳为:

$$\Delta_p W_{ji} = \eta_{ji} \cdot \xi_{kp} \cdot O_{jp} \tag{8-54}$$

如果节点 j 为输出节点,则

$$\xi_{jp} = O_{jp}(1-O_{jp}) \cdot (g_{jp}-O_{jp}) \tag{8-55}$$

如果节点 j 为隐含层节点,则有

$$\xi_{jp} = O_{jp}(1-O_{jp}) \cdot \sum_{k=1}^{M}\xi_{kp}W_{kj} \tag{8-56}$$

其中,节点 k 是比节点 j 高一层的节点。

通常为了改善网络性能,在修正权系数时加入冲量项,则修正(8-52)变为:

$$\Delta_p W_{ji}(t+1) = \eta_{ji} \cdot \xi_{kp} \cdot O_{jp} + \lambda \cdot \Delta_p W_{ji}(t) \tag{8-57}$$

式中, $\lambda \cdot \Delta_p W_{ji}(t)$ 为动量项; λ 为冲量因子,取值为 $0\sim1$; t 为训练次数。则第 $t+1$ 次训练的修正权值为:

$$W_{ji}(t+1) = W_{ji}(t) + \frac{1}{X}\sum_{p=1}^{x}\Delta_p W_{ji}(t+1) \tag{8-58}$$

2) 阈值修正

类似地,可以到处阈值修正规则:

$$\theta_j(t+1) = W_j(t) + \frac{1}{X}\sum_{p=1}^{x}\Delta_p\theta_j \tag{8-59}$$

如果节点 j 为输出节点,则

$$\Delta_p\theta_j = \eta_{kj} \cdot O_{jp}(1-O_{jp})(g_{jp}-O_{jp}) \tag{8-60}$$

如果节点 j 为隐含层节点,则

$$\Delta_p\theta_j = \eta_{kj} \cdot O_{jp}(1-O_{jp}) \cdot \sum_{k=1}^{M}\xi_{kp}W_{kj} \tag{8-61}$$

根据上述权重和阈值修正公式,可再次计算各层单元的新的输出,然后分别计算输出层和隐含层新的调整误差 δ_k''、δ_j'',再分别计算输出层和隐含层新的权重修正量 $\Delta W_k'$、$\Delta W_j'$ 和新的阈值修正量 $\Delta\theta_k'$、$\Delta\theta_j'$,如此反复,直到误差达到指定要求为止。

3. 经典 BP 算法的特征分析

神经网络 BP 算法主要具有以下优点:

1) 自学习能力

自学习是经典 BP 神经网络的重要特点,其参数的确定通过对样本数据的学习来实现,从而自动获取数据中蕴含的知识和规律。在城市环境系统综合评价过程中,会涉及大量的实测数据和统计资料,它们系统地反映了城市环境系统的发展状况。但采用其他方法很难对它们的发展规律进行充分的描述,而采用 BP 神经网络则可以很好地弥补这种不足。

2) 自适应能力

神经网络的自适应能力通过自学习过程中调整其参数来实现,并以此来适应网络环境的变化,使得所建立的模型能真实地反映实际情况。

3) 信息处理方式

人工神经网络不但采用分布式信息存储方式,还采用隐式信息表达方式。前者使人工神经网络所存储的信息分布式地反映在各神经元之间的连接权和其本身的阈值上;后者指明了人工神经网络的信息不需要用专门的语言来描述。这样,人工神经网络不仅能够用来处理难以显式表达的相关关系,还能快速进行问题求解。

虽然经典 BP 神经网络被广泛使用,但它仍然存在一些不足:

1) 收敛速度慢

导致经典 BP 神经网络收敛速度慢的原因是多方面的,如保持学习率不变是造成其收敛速度慢的重要原因。

2) 存在局部极小值问题

这是梯度下降法所带来的固有的局部极小值问题。

3) 隐层单元的不确定性

在经典 BP 神经网络算法中,输入单元(节点)和输出单元(节点)的数目是由问题本身决定的,但隐层单元(节点)数难以确定。隐层节点数过少,学习速度较快,但会导致学习功能减弱,还会导致学习不能收敛;过多,会使学习功能增强,但会导致节点冗余,收敛速度减慢。

4) 结果的不确定性

在经典 BP 神经网络中,所得到的结果与样本本身的数值、个数及学习的次数、学习参数等密切相关。对于一个训练后的 BP 神经网络,任一输入都会对应一个输出,该输出代表问题的一个可能结果;所以,即使是同一个 BP 神经网络,不同的训练过程会产生不同的输出结果。

4. 经典 BP 算法的改进

针对经典 BP 算法的主要不足,段建新等提出以下改进的算法。

1) MBP 算法

这是一种改变作用函数陡度的快速 BP 算法,其基本思想是增加一个增益因子 S,以改变作用函数的陡度。在实际学习过程中,增益因子随权值和阈值的改变而改变。具体的 MBP 修正算法为:

（1）作用函数采用双曲正切函数形式，但将作用函数的值域改为$[-0.5, +0.5]$，这样当输入零值样本进行学习时，能够避免改变权值和阈值而不改变计算的问题。

$$f(h) = 0.5 + \frac{1}{1 + e^{-h}} \qquad (8\text{-}62)$$

（2）在"净输入"中加入增益因子，则输出为：

$$O_j = f(S_j I_j)$$

（3）计算权值和阈值修正：

当 j 为输出节点时，

$$\xi_j = (g_j - O_j) \cdot S_j \cdot f'(S_j I_j)$$
$$\Delta W_{ji} = \eta_1 \xi_j O_j \qquad (8\text{-}63)$$
$$\Delta \theta_{ji} = \eta_2 \cdot \xi_i$$

当 j 为隐节点时，

$$\xi_j = \left(\sum_k \xi_k W_{kj} \right) \cdot I_j \cdot f(S_j I_i)$$
$$\Delta W_{ji} = \eta_1 \xi_i O_i \qquad (8\text{-}64)$$
$$\Delta \theta_{jk} = \eta_2 \cdot \xi_j$$

（4）求取误差对增益因子的导数和增益修正值：

$$\frac{\partial E}{\partial C_j} = \left(\sum_k \xi_k W_{kj} \right) \cdot I_j \cdot f'(S_j I_j)$$
$$\Delta C_j = \eta_3 \xi_j I_j / C_j$$

式中，η_1, η_2, η_3 分别为权值、阈值、增益的学习速率。

（5）改变学习速率

在实际学习过程中，如果本次误差大于上次误差，则本次迭代无效，减小前次学习速率的增加幅度，重新迭代；反之，本次迭代有效，继续增加学习速率。

实践证明，MBP 算法的精度比经典 BP 算法要高 2～3 个数量级，在同等精度下，其收敛速度也会大大加快。

2）MEBP 算法

MEBP 算法是一种调节学习速率的快速 BP 算法。它通过调节误差曲面上不同区域的曲率来自适应地获得最优学习速率，加快收敛速度。其具体算法为：

（1）作用函数采用双曲正切函数形式

$$O = f(h) = \frac{1 - e^{-2h}}{1 + e^{-2h}} \qquad (8\text{-}65)$$

可得其导数　　　　$O' = f'(h) = (1 + O)(1 - O)$

（2）调整误差

当 j 为输出节点时，

$$\xi_j = (g_j - O_j)(1 + O_j)(1 - O_j)$$

当 j 为隐节点时，

$$\xi_j = (\sum_k \xi_k W_{kj})(1 + O_j)(1 - O_j)$$

（3）反向调整各层的权值和阈值

$$W_{ji}(n+1) = W_{ji}(n) + \eta_{ji}(n)\xi_j O \tag{8-66}$$

$$\theta_j(n+1) = \theta_j(n) + \eta_j(n)\xi_j \tag{8-67}$$

式中，θ_j 为该层节点的输入。如果需要进行多次模式学习，就必须将各次模式学习的结果加以累加。如：当学习到第 K 个模式时，其相应的迭代公式为：

$$W_{ji}(n+1) = W_{ji}(n) + \eta_j(n)\xi_{kj}(n)O_{ki} \tag{8-68}$$

$$\theta_j(n+1) = \theta_j(n) + \eta_j(n)\sum_k \xi_{kj}(n) \tag{8-69}$$

（4）调整学习速率

学习 $\eta_{ji}(n)$ 的大小由误差函数对网络参数的偏导数是否改变符号来决定。当符号不变时，$\eta_{ji}(n)$ 可以加大，使收敛速度加快；反之，$\eta_{ji}(n)$ 应减小。

$$\eta_{ji}(n+1) = \begin{cases} \eta_{ji}(n)\alpha, & \sum_k \xi_{kj}(n)O_{ki}(n)\Delta_1(n-1) > 0 \\ \eta_{ji}(n)\beta, & \sum_k \xi_{kj}(n)O_{ki}(n)\Delta_1(n-1) < 0 \\ \eta_{ji}(n), & \sum_k \xi_{kj}(n)O_{ki}(n)\Delta_1(n-1) = 0 \end{cases}$$

$$\eta_j(n+1) = \begin{cases} \eta_j(n)\alpha, & \sum_k \xi_{kj}(n)\Delta_2(n-1) > 0 \\ \eta_j(n)\beta, & \sum_k \xi_{kj}(n)\Delta_2(n-1) < 0 \\ \eta_j(n), & \sum_k \xi_{kj}(n)\Delta_2(n-1) = 0 \end{cases}$$

$$\Delta_1(n) = \chi\Delta_1(n-1) + (1-\chi)(\sum_k \xi_{kj}(n)O_{ki}(n));$$

$$\Delta_2(n) = \chi\Delta_1(n-1) + (1-\chi)(\sum_k \xi_{kj}(n)O_{ki}(n));$$

$$\Delta_1(0) = \sum_k \xi_{kj}(0)O_{ki}(0);$$

$$\Delta_2(0) = \sum_k \xi_{kj}(0)$$

式中，$\alpha > 1, 0 < \beta < 1, 0 < \gamma < 1$，均为选定的常数因子，$W_{ji}(0)$ 和 $\theta_j(0)$ 为区间 $[-1,1]$ 内任意选取的初始化的值，$\eta_{ji}(0)$ 为预先指定的较小的正数。仿真试验证明，MEBP 算法的迭代次数仅为经典 BP 算法迭代次数的 1/8 左右。

3) 隐节点自构式算法

这种算法是针对隐节点数目难以确定而提出的,其基本思路是先根据问题的复杂程度,设定一个隐节点较多的流向网络结构,再根据网络学习情况合并没用的冗余节点,删除不起作用的节点,最后得到一个较合适的自适应网络。

设 O_{ik},O_{jk} 是隐节点 i,j 在学习第 k 个样本时的输出;$\overline{O}_i$,$\overline{O}_j$ 是隐节点 i,j 在学习完样本后的平均输出;n 为训练样本总数;r_{ij} 为隐节点 i,j 的相关系数;r_{ij} 过大就表明隐节点 i,j 的功能重复,需要压缩合并;S_i 为样本的分散度,S_i 过小,就表明隐节点 i 的输出值变化很小,对网络的训练没起作用,该节点需要删除。

$$S_i = \frac{1}{n} \sum_{k=1}^{n} O_{ik}^2 - \overline{O}_1^2$$

如果 $|r_{ij}| \geqslant T_1$ 且 S_i,$S_j \geqslant T_2$,(T_1 取 $0.8 \sim 0.9$,T_1 取 $0.001 \sim 0.1$),则同层隐节点 i,j 可以合并。合并后权值的修改可按下述方法进行。

当 r_{ij} 很大时,取 $r_{ij} \approx 1$,令 $O_j \approx aO_j + b$,根据数理统计知识可求得 a,b 的值。于是,输出节点 d 的净输入为:

$$I_d = W_{id}O_i + W_{jd}O_j + W_{bd} \cdot 1 + \sum_{d \neq i,j} W_{bd}O_i$$
$$= (W_{id} + aW_{jd})O_i + (W_{bd} + bW_{jd}) \cdot 1 + \sum_{d \neq i,j} W_{bd}O_i$$

式中,W_{bj} 为阈值 θ_{if} 对应的权值。

由此可得合并算法:

$$W_{id} \to W_{id} + aW_{jd}$$
$$W_{bd} \to W_{bd} + bW_{jd}$$

如果 $S_1 \leqslant T_2$,则节点 i 可以删除。同理可得删除算法:

$$W_{bd} \to W_{bd} + \overline{Q}_i W_{id}$$

(五) 模糊 Hopfield 神经网络

从结构上看,模糊 Hopfield 神经网络类似于离散型 Hopfield 网络,但二者又有着显著的差别,主要表现在以下方面:

(1) 模糊 Hopfield 神经网络中神经元的"净输入"运算采用模糊并运算,而离散型 Hopfield 网络中神经元的"净输入"运算采用求和累加运算。

(2) 模糊 Hopfield 神经网络中各神经元之间的连接用模糊相似关系矩阵来表示,而离散型 Hopfield 网络的连接权则由样本的学习来决定。

(3) 模糊 Hopfield 神经网络中能量函数的定义由模糊相似关系矩阵决定,但离散型 Hopfield 网络中能量函数的定义由连接权决定。

(4) 模糊 Hopfield 神经网络具有自反馈的全互联关系,但离散型 Hopfield 网络则不具备这种特点。

六、模糊聚类法

(一) 硬 C 均值聚类

硬 C 均值聚类,又叫 C 均值聚类或 K 均值聚类,已经广泛应用于城市环境的综合评价和信息聚类。

1. 硬 C 均值聚类的基本原理

将以个向量 $x_j(j=0,1,2,\cdots,n)$ 分为 C 个组 $G_i(i=0,1,2,\cdots,c)$,并求取每组的聚类中心,使距离指标(非相似性指标)的目标函数(价值函数)达到最小。

一般的,设通用距离函数为 $d(x_k,c_i)$,则总目标函数 D 可表示为:

$$D=\sum_{i=1}^{c}D_i=\sum_{i=1}^{c}\left(\sum_{k,x_k\in G_i}d(x_k,c_i)\right) \tag{8-70}$$

如果以欧几里得距离作为组 i 中向量 x_k 与相应聚类中心 c_i 之间的距离指标时,其相应的目标函数 D 可表示为:

$$D=\sum_{i=1}^{c}D_i=\sum_{i=1}^{c}\left(\sum_{k,x_k\in G_i}\|x_k-c_i\|^2\right) \tag{8-71}$$

式中,$D_i=\sum_{k,x_k\in G_i}\|x_k-c_i\|^2$ 是组 i 内的目标函数,D_i 取决于 c_i 的位置和 G_i 的几何特性。

划分过得组通常用一个二维隶属矩阵 $U_{4\times n}$(简单记作 U)来表示,如果第 j 个数据点 x_j 属于组 i,则相应的 U 中元素 $a_{ij}=1$,否则令 $a_{ij}=0$。

确定聚类中心 c_i 后,可得到使式(8-71)最小的 a_{ij}:

$$a_{ij}=\begin{cases}1 & \text{对每个 }k\neq j\text{,且 }\|x_j-c_i\|^2\leqslant\|x_j-c_k\|^2\\0 & \text{其他}\end{cases} \tag{8-72}$$

由于每一个给定的数据点只能属于一个组,所以 U 具有以下特征:

$$\sum_{i=1}^{r}a_{ij}=1 \tag{8-73}$$

并且,

$$\sum_{i=1}^{c}\sum_{j=1}^{n}a_{ij}=n \tag{8-74}$$

当固定 a_{ij} 时,使式(8-71)最小的最佳聚类中心就是组 I 中所有向量的平均值:

$$c_i=\frac{1}{|G_i|}\sum_{k,x_k\in G_i}x_k \tag{8-75}$$

其中,$|G_i|=\sum_{j=1}^{m}a_{ij}$。

2. 硬 C 均值聚类算法

硬 C 均值聚类算法的性能取决于聚类中心的初始位置。该算法的具体步骤为：

（1）初始化聚类中心 $c_i(i=1,2,3,\cdots,c)$（较常用的做法是从所有数据点中任意取 c 个点）。

（2）用式(8-72)确定隶属矩阵 U。

（3）用式(8-71)计算目标函数。当它小于指定的阈值，或它相对于上次目标函数值的改变量小于给定阈值时，则算法停止。

（4）根据式(8-75)调整聚类中心，转(2)。

（二）模糊 C 均值聚类

模糊 C 均值聚类(Fuzzy C-Means，FCM)法，又叫模糊 ISODATA 法(Interactive Self-Organizing Data)，是以隶属度来确定每个数据点属于某个聚类的程度的一种聚类算法，也是硬 C 均值聚类(Hard C-Means，HCM)方法的一种改进算法。

1. 模糊 C 均值聚类的基本原理

模糊 C 均值聚类将 n 个向量 $x_i(i=0,1,2,\cdots,n)$ 分为 C 个模糊组，并求取每组的聚类中心，使距离指标（非相似性指标）的目标函数（价值函数）达到最小。模糊 C 均值聚类不同于硬 C 均值聚类，前者采用的是模糊划分，它使得每个给定数据点采用区间 $[0,1]$ 的隶属度来确定其属于各个组的程度，同时，隶属度矩阵 U 允许有取值于 $[0,1]$ 间的元素，但经过归一化处理后，一个数据集的隶属度的总和应等于 1，即：

$$\sum_{i=1}^{c} a_{ij} = 1 \qquad \forall j = 1,2,3,\cdots,n \tag{8-76}$$

则，模糊 C 均值聚类的目标函数（价值函数）可表示为：

$$\bar{J}(U,c_1,c_2,\cdots,c_c) = \sum_{i=1}^{c} J_i = \sum_{i=1}^{c}\sum_{j=1}^{m} a_{ij}^m d_{ij}^2 \tag{8-77}$$

式中，a_{ij} 是介于 0 和 1 之间的数；c_i 为模糊组 i 的聚类中心，$d_{ij} = \| c_i - x_j \|$ 为第 i 个聚类中心与第 j 个数据点之间的欧几里得距离；m 是加权指数，$m \in [1,\infty]$。

为了使式(8-77)达到最小，现构造如下新的目标函数：

$$\bar{J}(U,c_1,\cdots,c_c,\lambda_1,\cdots,\lambda_n) = \bar{J}(U,c_1,\cdots,c_c) + \sum_{j=1}^{m}\lambda_j \left(\sum_{i=1}^{c} a_{ij} - 1\right)$$

$$= \sum_{i=1}^{c}\sum_{j=1}^{m} a_{ij}^m d_{ij}^2 + \sum_{j=1}^{m}\lambda_j \left(\sum_{i=1}^{c} a_{ij} - 1\right) \tag{8-78}$$

式中，$\lambda_j(j=0,1,2,\cdots,n)$ 是式(8-76)的 n 个约束式的拉格朗日因子。

对所有的输入参数量求导,就可得到使式(8-77)达到最小的两个必要条件:

$$c_i = \frac{\sum_{j=1}^{m} a_{ij}^m x_j}{\sum_{j=1}^{m} a_{ij}^m} \qquad (8\text{-}79)$$

和

$$a_{ij} = \left[\sum_{k=i}^{c} \left(\frac{d_{ij}}{d_{kj}} \right)^{2/(m-1)} \right]^{-1} \qquad (8\text{-}80)$$

2. 模糊 C 均值聚类算法

模糊 C 均值聚类算法的具体步骤为:

(1) 用区间$[0,1]$中的随机数初始化隶属矩阵 U,使它满足式(8-76)。

(2) 用式(8-75)计算 c 个聚类中心 $c_i, i = 1,2,3,\cdots,c$。

(3) 用式(8-77)计算目标函数。当它小于指定的阈值,或它相对于上次目标函数值的改变量小于给定阈值时,则算法停止。

(4) 根据式(8-80)计算新的 U 矩阵,转(2)。

(三) 基于模糊关系的模糊聚类

基于模糊关系的模糊聚类分析是一种对所研究的对象按某种标准进行模糊分类的数学方法,它是进行城市环境信息综合评价的基础之一。基于模糊关系的模糊聚类分析的一般步骤为:

1. 数据标准化

1) 建立原始数据矩阵

设论域 $U = \{x_1, x_1, \cdots, x_n\}$ 是被分类的对象,每个对象由 m 个指标表示其性状:

$$x_i = \{x_{i1}, x_{i2}, \cdots, x_{im}\} \qquad (i = 1, 2, \cdots, m)$$

则原始数据矩阵为

$$\begin{bmatrix} x_{11} & x_{12} & \cdots & x_{1m} \\ x_{21} & x_{22} & \cdots & x_{2m} \\ \vdots & \vdots & & \vdots \\ x_{m1} & x_{m2} & \cdots & x_{mn} \end{bmatrix}$$

2) 数据标准化

所谓数据标准化,实际上就是根据模糊矩阵的要求,将数据压缩到区间$[0,1]$上的过程。而在处理实际问题时,不同的数据往往有不同的量纲,这就对不同量纲数据之间的比较构成障碍,因此,通常还需要对这些数据作适当的变换。

常用的数据变换有:

(1) 平移-标准差变换

$$x'_{ik} = (x_{ik} - \bar{x}_k)/S_k \qquad (i = 1, 2, \cdots, n; k = 1, 2, \cdots, m)$$

其中，

$$\bar{x}_k = \frac{1}{n} \sum_{i=1}^{m} x_{设}, \quad S_k = \sqrt{\frac{1}{n} \sum_{i=1}^{m} (x_{ik} - \bar{x}_k)^2}$$

经过平移-标准差变换后，消除了量纲影响，每个变量的均值为 0，标准差为 1，但这样得到的 $x'_{设}$ 不一定在区间 $[0,1]$ 里。如果 $x'_{设}$ 不在区间 $[0,1]$ 上，则需要经过平移-极差变换。

(2) 平移-极差变换

$$x'_{设} = \frac{(x'_{ik} - \min_{1 \leqslant i \leqslant n} \{x'_{ik}\})}{\max_{1 \leqslant i \leqslant n} \{x'_{ik}\} - \min_{1 \leqslant i \leqslant n} \{x'_{ik}\}} \qquad (k = 1, 2, \cdots, m)$$

由上式可知 $0 < x'_{ik} < 1$，并同样消除了量纲的影响。

2. 建立模糊相似矩阵

设论域 $\boldsymbol{U} = \{x_1, x_2, \cdots, x_n\}$，$x_i = \{x_{i1}, x_{i2}, \cdots, x_{in}\}$，$(i = 1, 2, \cdots, m)$，按传统类聚法确定其相似系数，建立模糊相似矩阵，$x_i$ 与 x_j 的相似度 $r_{ij} = R(x_i, x_j)$，而确定 r_{ij} 的方法则根据问题的性质来选取。常用的确定方法包括相似系数法、距离法等。

1) 相似系数法

(1) 相关系数法

$$r_{ij} = \frac{\sum_{k=1}^{m} |x_{ik} - \bar{x}_i| |x_{jk} - \bar{x}_j|}{\sqrt{\sum_{k=1}^{m} (x_{ik} - \bar{x}_i)^2} \cdot \sqrt{\sum_{k=1}^{m} (x_{jk} - \bar{x}_j)^2}}$$

其中，$x_i = \frac{1}{m} \sum_{k=1}^{m} x_{设}$，$x_j = \frac{1}{m} \sum_{k=1}^{m} x_{jk}$。

(2) 夹角余弦法

$$r_{ij} = \frac{\sum_{k=1}^{m} (x_{ik} \cdot x_{jk})}{\sqrt{\sum_{k=1}^{m} x^2_{ik}} \cdot \sqrt{\sum_{k=1}^{m} x^2_{jk}}}$$

当出现负值时，也可以采用平移-极差变换等方法进行调整。

(3) 数量积法

$$r_{ij} = \begin{cases} 1, & i = j \\ \dfrac{1}{M} \sum_{k=1}^{m} (x_{ik} \cdot x_{jk}), & i \neq j \end{cases}$$

其中，$M = \max\limits_{i \neq j} \sum (x_设 \cdot x_{jk})$

由上式可知，$|r_{ij}| \in [0,1]$，当 r_{ij} 出现负值时，可令 $r'_{ij} = \dfrac{r_{ij}+1}{2}$，于是，$r'_{ij} \in [0,1]$；也可以采用平移-极差变换等其他方法使 $r'_{ij} \in [0,1]$。

（4）最大最小法

$$r_{ij} = \frac{\sum\limits_{k=1}^{m}(x_{ik} \wedge x_{jk})}{\sum\limits_{k=1}^{m}(x_{ik} \vee x_{jk})}$$

（5）算术平均法

$$r_{ij} = \frac{2\sum\limits_{k=1}^{m}(x_{ik} \wedge x)_{jk}}{\sum\limits_{k=1}^{m}(x_{ik}+x_{jk})}$$

（6）几何平均最小法

$$r_{ij} = \frac{\sum\limits_{k=1}^{m}(x_{ik} \wedge x_{jk})}{\sum\limits_{k=1}^{m}\sqrt{x_设 \cdot x_{jk}}}$$

注意：最大最小法、算数平均最小法、几何平均最小法都要求 $x_{ij} > 0$，否则，需作适当的变换使 $x_{ij} > 0$。

（7）指数相似系数法

$$r_{ij} = \frac{1}{m}\sum\limits_{k=1}^{m}\exp\left\{-\frac{3}{4} \cdot \frac{(x_设 - x_{jk})}{S_k^2}\right\}$$

其中，$S_k = \dfrac{1}{n}\sum\limits_{k=1}^{m}(x_设 - \bar{x}_k)^2, x_k = \dfrac{1}{n}\sum\limits_{k=1}^{m}x_{ik}, (k=1,2,\cdots,m)$

指数相似系数法与相关系数法是不同的。在指数相似系数法中 $x_1,x_2,\cdots,x_n$ 取自同一 m 维母体 $\boldsymbol{X}=(\boldsymbol{X}_1,\boldsymbol{X}_2,\cdots,\boldsymbol{X}_m)$ 的 n 个 m 维样本，r_{ij} 表示两个样本间的相似程度，也就是说，当原始数据矩阵的不同列来自不同母体时，应采用指数相似系数法。而在相关系数法中，$\boldsymbol{x}_i=(x_{i1},x_{i2},\cdots,x_{im})$ 里的 m 个坐标取自同一母体 $\boldsymbol{X}_i$ 的 m 个样本 r_{ij} 表示母体 $\boldsymbol{X}_i$ 与母体 $\boldsymbol{X}_j$ 的相关程度，也就是说，当原始数据矩阵的不同行来自不同母体时，应采用相关系数法。

（8）贴近度法

$$r_{ij} = \begin{cases} 1, & i=j \\ R(x_i,x_j), & i \neq j \end{cases}$$

其中，$R(x_i,x_j) = \bigvee\limits_{k=1}^{m}(x_设 \wedge x_{jk}) \wedge [1-\wedge(x_设 \bigvee\limits_{k=1}^{m} x_{jk})]$，它是 $x_i=\{x_{i1},x_{i2},$

$\cdots, x_{in}\}$ 的贴近度。

2）绝对值（距离）

（1）欧氏距离法

$$d_{(x_i,x_j)} = \sqrt{\sum_{k=1}^{m}(x_{ik}-x_{jk})^2}$$

（2）海明距离法

$$d_{(x_i,x_j)} = \sum_{k=1}^{m} \mid x_{ik}-x_{jk} \mid$$

（3）切比雪夫距离法

$$d_{(x_i,x_j)} = \bigvee_{k=1}^{m} \mid x_{ik}-x_{jk} \mid$$

在欧氏距离法、海明距离法和切比雪夫距离法中，$r_{ij} = 1-cd(x_i,x_j)$，其中 c 可选取适当的参数，使得 $0 \leqslant r_{ij} \leqslant 1$。

（4）绝对值倒数法

$$r_{ij} = \begin{cases} 1, & i=j \\ \dfrac{M}{\displaystyle\sum_{k=1}^{m} \mid x_{ik}-x_{jk} \mid}, & i \neq j \end{cases}$$

其中，M 需根据实际情况来选取，使得 $0 \leqslant r_{ij} \leqslant 1$。

（5）绝对值指数法

$$r_{ij} = \exp\{-\sum_{k=1}^{m} \mid x_{ik}-x_{jk} \mid\}$$

3）其他方法

专家评分法

设有 N 个专家组成专家组 $\{e_1,e_2,\cdots e^N\}$，每位专家 $e_k(k=1,2,\cdots,N)$ 考虑对象 x_i 与 x_j 的相似程度 $r_{ij}(k)$，并设 $s_{ij}(k)$ 为专家 e_k 对自己所给相似程度的自信度，则相似系数 r_{ij} 可定义为：

$$r_{ij} = \frac{\displaystyle\sum_{k=1}^{m}(S_{ij}(k) \cdot r_{ij}(k))}{\displaystyle\sum_{k=1}^{m} S_{ij}(k)}$$

非参数法

$$r_{ij} = \frac{n^+-n^-}{n^++n^-}$$

或者，$r_{ij} = \left(1+\dfrac{n^+-n^-}{n^++n^-}\right)/2$

其中，n^+ 为 $\{x_{i1}x_{j1}, x_{i2}x_{j2}, \cdots, x_{im}x_{jm}\}$ 中大于 0 的个数，n^- 为 $\{x_{i1}x_{j1}, x_{i2}x_{j2}, \cdots, x_{im}x_{jm}\}$ 中小于 0 的个数。

3. 进行聚类

1) 直接聚类法

直接聚类法是直接从模糊相似矩阵出发，求得聚类图的方法。主要步骤为：

STEP1 取 $\lambda_1 = 1$（最大值），对每个 x_i 作相似类 $[x_i]_R$：

$$[x_i]_k = \{x_j \mid r_{ij} = 1\}$$

即，将所有满足 $r_{ij} = 1$ 的 x_i 和 x_j 放在一类，构成相似类。但相似类不同于等价类，前者可能有公共元素，将有公共元素的相似类合并，就可得到 $\lambda_1 = 1$ 水平上的等价类。

STEP2 取 λ_2 为次大值，从 R 中直接找出相似程度为 λ_2 的元素对 (x_i, x_j)，并将对应于 λ_1 的等价分类中 x_i 所在的类与 x_j 所在的类合并，得到对应于 λ_2 的等价分类。

STEP3 取 λ_3 为第三大值，从 R 中直接找出相似程度为 λ_3 的元素对 (x_i, x_j)，并将对应于 λ_3 的等价分类中 x_i 所在的类与 x_j 所在的类合并，得到对应于 λ_3 的等价分类。

STEP4 类似地，直到合并到 U 成为一个类为止。

2) 编网法

编网法的基本思路是：取定 λ 水平，对模糊相似矩阵 R 作 λ 一截矩阵 R_1，在心的主对角线上加入元素的符号，在主对角线的下方，以星号"＊"代替 1，以空格代替 0，再由"＊"所在位置分别向上、向右画线，凡能相互联系的点都属于同一类。

3) 最大树法

最大树法的基本思想为：画出以被分类元素为顶点，以相似矩阵 R 的元素 r_{ij} 为权重的一棵最大树，选定 $\lambda \in [0, 1]$，砍断权重小于 λ 的枝，得到一个不连通的图，各个连通的分枝就构成了在 λ 水平上的分类。

（四）模糊聚类分析中最佳阈值 A 的确定

模糊聚类分析中，不同的 $\lambda \in [, 1]$，会得到不同的分类结果。如何确定最佳 λ 值是直接影响模糊聚类分析结果的关键之一。确定最佳 λ 值通常采用经验法和 F 统计量法。

1) 经验法

由具有丰富经验的专家结合相关专业知识来确定最佳入值，这种方法简单易行，但主观性较强。

2) F 统计量法

设论域 $U = \{x_1, x_2, \cdots, x_n\}$ 为样本空间，每个样本 x_i 有 m 个特征，即 $x_i =$

$(x_{i1},x_{i2},\cdots,x_{im})$，则得到原始数据矩阵(表 8-18)。

表 8-18　F 统计量法原始数据矩阵

样本	指标					
	1	2	…	k	…	m
x_1	x_{11}	x_{12}	…	x_{1k}	…	x_{1m}
x_2	x_{21}	x_{22}	…	x_{2k}	…	x_{2m}
⋮	⋮	⋮	⋮	⋮	⋮	⋮
x_i	x_{i1}	x_{i2}	…	x_{ik}	…	x_{im}
⋮	⋮	⋮	⋮	⋮	⋮	⋮
x_n	x_{n1}	x_{n2}	…	x_{nk}	…	x_{nm}
$\bar{x}$	$\bar{x_1}$	$\bar{x_2}$	…	$\bar{x_k}$	…	$\bar{x_m}$

其中 $\bar{x}_k = \dfrac{1}{n}\sum\limits_{i=1}^{n} x_{ik}(k=1,2,\cdots,m)$，$\bar{x}$ 为总体样本的中心向量。

设对应于 λ 的分类数为 r，n_j 为第 j 类的样本数，$x_1(j),x_2(j),\cdots,x_n(j)$ 为第 j 类的样本，即：

$$\bar{x}^{(j)} = \frac{1}{n_j}\sum_{i=1}^{n^j} x^{(j)}_{\ ik} \qquad (k=1,2,\cdots,m)$$

$$F = \frac{\sum\limits_{j=1}^{r} n_j \parallel \bar{x}^{(j)} - \bar{x} \parallel^2 /(r-1)}{\sum\limits_{j=1}^{r}\sum\limits_{i=1}^{n_j} \parallel \bar{x}_i^{(j)} - \bar{x}^{(j)} \parallel^2 /(n-r)}$$

其中，$\parallel x^{(j)} - \bar{x} \parallel = \sqrt{\sum\limits_{k=1}^{m}(\bar{x}_k^{(j)} - \bar{x}_k)^2}$

该 F 统计量服从自由度为 $r=1,n=r$ 的 F 分布，F 统计量的分子表征类与类之间的距离，分母表征类内样本之间的距离。所以，F 值越大，则类与类之间的差异越大，分类就越好。

七、多因素模糊识别法

多因素模糊识别是指根据研究对象的多个特征对它进行识别和分类。多因素模糊识别在城市环境预测与综合评价中是普遍存在的。例如，按照一定的方法求出大气质量综合评价指数后，要自动识别它归属于评价标准的哪一类，这是一类常见的大气质量评价模式；又如，设大气质量分为好、一般、差，并且设有多种待选对象，问哪种待选对象最佳，这是另一类常见的大气质量评价模式。这里，主要介绍多因素模糊识别的两种基本方法：最大隶属原则和择近原则。

（一）最大隶属原则

1. 最大隶属原则的内涵

1）问题的模型建立

针对上述第一个问题，可得到第一类数学模型：在论阈 X 上，设有模糊集 A_1，$A_2,\cdots,A_n\in\Omega(X)$，将这些模糊集看作 n 个标准模式，$x_o\in X$ 是待识别的对象，问 x_o 应属于哪个标准模式？

针对上述第二个问题，也可得到第二类数学模型：设 $A\in\Omega(X)$ 为标准模式，$A_2,\cdots,A_n\in\Omega(X)$ 是 n 个待选择的对象，问最佳选用的对象是哪一个 $x_i(i=1,2,\cdots,n)$？

2）针对第一类问题的最大隶属原则

设 $A_2,\cdots,A_n\in\Omega(X)$ 是待识别的对象，如果 x_i 满足：

$$A_i(x_0)=\max\{A_1(x_0),A_2(x_0),\cdots,A_n(x_0)\}$$

则认为 x_0 相对隶属于 A_i。

3）针对第二类问题的最大隶属原则

设 $A\in\Omega(X)$ 为标准模式，$x_1,x_2,\cdots,x_n\in X$ 是 n 个待选择的对象，如果 x_i 满足：

$$A(x_i)=\max\{A(x_1),A(x_2),\cdots,A(x_n)\}$$

则 x_i 为最佳选用对象。

2. 多因素模糊识别的过程

城市环境综合评价中多因素模糊识别的过程包括计算机学习和识别两个部分。前者主要是将各种可能的情况以数码形式作为识别样本存储到计算机中的过程；后者主要是将待识别的样本经预处理、编码后，利用最大隶属原则与计算机中存储样本进行比较，从而对待识别样本进行识别。

（二）择近原则

1）择近原则Ⅰ

设 $A_2,\cdots,A_n\in\Omega(X)$ 为 n 个标准模型（模糊集），待识别对象是 X 上的模糊集 $B\in\Omega(X)$，σ 为 $\Omega(X)$ 上的贴近度，如果

$$\sigma(A_i,B)=\max\{\sigma(A_i,B),k=1,2,\cdots,n\}$$

则认为 B 与 A_i 最贴近，判定 B 属于 A_i 类。

2）择近原则Ⅱ

设 $A\in\Omega(X)$ 为标准模式，模糊集 $B_1,B_2,\cdots,B_n\in\Omega(X)$ 是起个待选择的对象，如果 B_i 满足：

$$\sigma(A,B_i)=\max\{\sigma(A,B_k),k=1,2,\cdots,n\}$$

则认为 B_i 与 A 最贴近，应优先选择 B_i。

第七节　城市中、大型建设项目环境影响评价

《中华人民共和国环境保护法》第一章总则第十三条指出："建设项目的环境影响报告书,必须对建设项目生产的污染和对环境的影响作出评价,规定防治措施,经项目主管部门预审并依照规定的程序报环境保护行政主管部门批准。环境影响报告书经批准后,计划部门方可批准建设项目设计任务书。"

一、城市建设项目环境影响评价的作用

所谓城市建设项目环境影响评价,是指城市中某建设项目在动工兴建以前,对该项目在施工建设过程中和竣工投产后可能对城市环境造成的影响进行预测和估计,其中也包括对环境的风险评价,环境影响评价的成果就是环境影响报告书。

(一)为生产合理布局提供依据

生产的合理布局,不仅是经济持续发展的基础,而且是保护环境的前提条件。我国是一个发展中国家,随着现代化建设的加快进行,新的工业、新的工业区、经济技术开发区、经济特区以及新的工业城镇将不断出现,在这种形势下,建设项目的环境影响评价是对传统的经济发展方式的重大改革。在传统的经济发展中,往往考虑的是眼前的直接经济效益,没有考虑到环境效益,从而导致经济发展与环境保护的尖锐对立。

过去,国内外一些大中型基本建设项目在建设之前,缺少环境影响评价工作,建成投产后带来严重的环境后果。某些钢厂、火力发电厂、石油化工厂、农药厂、造纸厂及有色金属冶炼厂等,由于布局不当,对所在地区的环境影响很大。例如,有的乡镇企业中的化肥厂,直接经济效益可能使该乡每年人均收入提高数百元,但化肥厂造成的环境污染对当地居民的危害,可能需要几倍甚至几十倍的代价来治理和防治才能达到以前的水平,其实是得不偿失,是把灾难留传给子孙的一件事情。实行建设项目环境影响评价制度就可以改变这种状况,它可以把经济效益和环境效益统一起来,实现经济与环境的协调发展。进行建设项目环境影响评价的过程,也就是认识生态环境与人类经济活动的相互依赖和相互制约关系过程,在认识并掌握经济规律和自然规律的基础上,为合理布置工业、农业、林业、牧业、渔业、水利及人口分布结构提供可能。

(二)为确定城市经济发展方向和城市发展规模提供依据

如何确定一个地区的经济发展方向和规模,从环境生态学角度讲,是一件十分慎重的事情,除了进行经济效益论证外,必须要有环境效益的论证,如果没有环境

的综合分析评价,盲目确定某一地区的经济发展方向和规模,是一定会出现环境问题的。

我国河北省沧州地处渤海之滨,现有人口 16 万,交通方便,周围是一个大油田,又是一个广阔的农业生产区,在这里建设大型化肥厂,不仅可以充分利用附近的油气资源和劳动力,使工业接近原料产地,同时又可以大量满足广大农村的化肥需要,使生产接近销售地区,大大减少了长途运输。同时,沧州周围是一片广阔的田野,有纵横的河流和茂密的森林,对工厂排出的污染物也易于稀释和净化。

通过建设项目环境影响评价,掌握一个地区、一座城市的环境特征和自净能力,根据环境特征和自净能力确定某一地区的经济发展方向和规模,将会收到巨大的环境效益,这样做的结果是制止环境污染和破坏,或把环境污染和破坏控制在尽可能小的限度之内。

(三)为城市环境科学管理提供依据

在保证环境质量的前提下来提高经济效益,就必须对环境问题进行全面的合理的规划,并对规划方案的环境影响进行经济效益分析。一般地说,环境管理必须讲求经济效益,要把经济效益和环境效益二者统一起来,选择它们之间最佳的"结合点"。这个结合点是以最小的环境代价取得最大的经济效益为原则。

在建设项目环境影响评价中,经常使用费用-收益分析方法。在环境质量及自然资源管理过程中,费用-收益分析是一种把所有影响都转化成货币单位的评价方法。一个建设项目的环境影响评价,在经济上的评价分析就是用费用-收益分析来表示。

费用-收益分析方法的基本思路是:首先作出建设项目的影响分析图,用以表示建设项目方案对自然环境、社会环境、生态、技术等的全部影响,并将影响分析图中各类影响的量纲变成价格(元),然后计算出建设项目所提方案总净收益,总净收益最高的方案就是最优方案,但当资金有限时,用收益与费用的比值是否大于 1 的办法来确定可行方案。

通过建设项目环境影响评价,可以得知应对一个建设项目的污染或破坏限制在一个什么程度范围内才符合环境标准的要求。在此基础上制定环境质量标准要考虑区域环境功能、企业类型、污染物危害程度和环境容量,以及采取的技术措施难易和效益大小等不同情况,从实际出发,力求获得最佳的环境效益和社会效益。

二、城市建设项目环境评价的原则

建设项目环境影响评价与其具体的开发建设项目紧密联系在一起,因此,其工作内容直接由开发建设项目所决定,它只涉及与建设项目发生直接和间接影响的那些环境要素和过程,而基本上不涉及其他的要素和过程。

（一）环境影响识别

在环境影响评价工作中，环境影响识别是第一位的，它决定环境影响评价内容和范围。环境影响识别的正确与否，将直接关系到环境影响评价工作的质量以及工作的成败。

在环境影响识别中，要确定和识别出所有直接和潜在的环境影响，从直观的环境要素中分辨出哪些是属第一级的影响，哪些是由第一级影响派生出的第二级影响，哪些又是由第二级影响派生出的第三级影响等。在时间要素中，分辨出哪些是短期影响，哪些是长期影响。从生态学角度，应分辨出哪些是可恢复的影响，哪些是不可恢复的影响等。

重要的环境影响可能是由建设项目本身引起的，也可能是由其他活动或配合建设项目的开发活动引起的。某一项工业建设可能刺激地方其他工业的发展，其他工业的发展也可能产生很多环境影响。因此，要能够识别出同目前的建设项目有关联的各种工业或以后设备扩建工程可能发生的环境影响。同样至关重要的是。由于新的工业项目将会在同一地区不断增加，环境影响评价除着眼现有工业项目外，还要考虑后来可能要发展的工业项目的环境影响。

（二）环境影响评价范围

环境影响评价的范围，首先取决于建设项目的排污强度，排污强度大，影响的空间范围就大，反之亦然。其次，环境影响评价范围取决于建设项目所在地区的自然环境和社会环境。自然环境决定了环境对外界干扰的稳定度、敏感性和承受能力。社会环境指一个地区在人工生态系统中的功能和发展水平，它反映了人们对这个地区在人工生态系统中的功能和发展水平，它反映了人们对这个地区环境质量的主观要求。因此，在确定环境影响评价范围时，一定要根据自然环境和社会环境的特点，尽可能把那些敏感区、对环境质量要求高的特殊社会功能区包括在内。

（三）环境影响评价的精度

环境影响评价的目的，是指出建设项目对周围环境的可能影响，对影响因素出现后的环境状态作出事先的估计，以便建设单位采取必要的环境保护措施，使工程给环境造成的影响尽可能小；同时坚决制止那些将会给环境造成不可逆的毁灭性影响的工程。对于牵涉环境地域广，引起环境变异因素又是多种多样的建设项目，往往对环境的影响不能够具体、定量地表达出来，只能从宏观角度、从总能量、总物质的输入输出以及环境过程的方向的速率上，粗线条地勾画环境可能的变异。对于较小的项目，其工程的性质、规模都比较明确，所在地区的环境特点也可以通过调查搞清楚，则有可能从微观角度进行定量化的评估。

目前,建设项目的环境影响评价,除了大气和水体之外,其他因素的定量化评价还十分困难,即使对大气和水体的一些环境参数估值以及未来的时空变化的预见,也是很困难的。对于环境影响预测估算,也只能理解是一种方向或趋势,因为环境影响评价的目的,是指出建设项目的可能环境影响,从环境管理角度为规划决策提供依据。决策所关心的往往是定性的结论(该建设项目建成后对环境影响是大还是小、是可恢复的影响还是不可恢复的影响、污染物排放浓度是超过环境标准还是未超过标准),而不是精确到百分位或是千分位的污染物的排放浓度。

三、城市建设项目环境影响评价的内容

城市建设项目环境影响评价可分四个部分的内容。

(一)建设项目污染因素

A. 化学污染因素:废水,废气,废渣,恶臭。
B. 物理影响因素:噪声,振动,热,电磁波辐射,放射性辐射。
C. 其他影响因素:自然灾害(地震、地陷……),事故。

(二)受影响的环境要素的预测和评价

A. 自然环境、大气(质量)、水系(质量、数量、季节性、人工湖面积),土壤(质量、深度、构造、肥沃程度、盐碱化或酸化程度等)、稳定性、可耕地面积,生态(物种或遗传资源的丰缺、作物、生态系统、植被和森林的范围、物种的多样性)。
B. 社会环境:人口(人口移动、就业)、经济(生产布局、产值)、文化(美术馆、博物馆、音乐厅、服装、风尚、传统、新的价值)、教育(学校、科研机构)、医疗(医院、保健站、人群健康)、景观(生态环境、风景的优美、安静)、历史文物、古迹。

(三)建设项目方案的优选、优化及环保对策、措施和建议

A. 多方案选优;
B. 单方案优化;
C. 补救措施和代替方案。

以上内容的评价是靠一系列的指示因子,影响指示因子是提供影响大小尺度的要素或参数。有些指示因子,如发病率和死亡率统计数字,农作物的产量等,都有数量标度;而有些指示因子则只能按简单的而又带有"模糊"性的语义描述,如好、较好、最好,或可行的、不可行的等。应用最广泛的影响指示因子是国家规定的大气、水质、噪声等标准。在没有国家标准的情况下,可以参考国外标准。

四、城市建设项目环境影响评价工作的程序

国务院环境保护委员会、国家计划委员会、国家经济委员会于 1986 年 3 月 26

日颁发的《建设项目环境保护管理办法》规定:"对未经批准环境影响报告书或环境影响报告表的建设项目,计划部门不办理设计任务书的审批手续,土地管理部门不办理征地手续,银行不予贷款。""建设项目环境影响报告书或环境影响报表,初步设计环境保护篇章未经环境保护部门审批、审查擅自施工的,除责令其停止施工、补办审批手续外,对建设单位及其单位负责人处以罚款。"这些规定使得环境影响评价制度的实施有了可靠的保证措施。"凡从事对环境有影响的建设项目都必须执行环境影响报告书的市批制度",建设单位负责提出环境影响报告书或环境影响报告表,并要求在可行性研究阶段完成。在建设项目可行性研究阶段完成环境影响报告书(表),则可以根据环境影响评价结果来指导建设项目的选址,进行工业合理布局,并且能够针对建设项目可能给环境带来的影响提出相应的环境保护措施,避免那种先选址、后评价,使工作流于形式的现象发生。

目前,我国的环境影响评价管理程序如图 8-9。

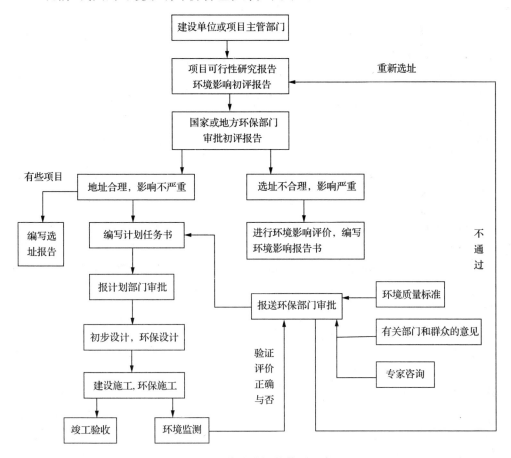

图 8-9 环境影响评价管理程序图

五、城市建设项目环境影响报告书的要求

任何一个建设项目的环境影响报告书的编写都是一件费力的工作。报告书的内容提要、表格形式已有同一的表格形式,这里不介绍,因为环境影响评价往往是多专业、多学科的综合协作项目,所以环境影响报告书是需要精心组织和认真筹划的。一份较好的建设项目环境影响报告书,都应符合以下四点要求。

(一)报告书的统一性

因为任何一个建设项目的环境影响评价往往都是由多个专业人员和几个单位共同协作完成的,报告书也必须由内多人执笔撰写,所以必须先提出要求,统一编写方法,以求得报告书能从形式到内容保持统一,并能使报告书各部分之间形成一个完整的整体。从内容上要求浑然一体,不得凌乱无序。

(二)报告书的系统性

为了保持报告书的系统性,在动手编写之前应有一个总体设计和安排,一般可根据工作程序、性质和内容组织成章节。如果资料数量很大,也可以用一本总报告和若干分册的形式。无论哪种形式它们的各部分应该相互关联,前后呼应,构成一个整体。

(三)报告书的通俗性

环境影响报告书水是一个纯技术性文件,它要为决策服务,供管理和决策部门参考。因此,应尽量使环境影响评价以易于理解的形式和语言来表达。从而使决策人和公众对一项建设项的未来影响容易理解,要使技术性较强的内容能深入浅出地表达出来并为人们所理解。在评价过程中,针对所碰到的一些问题进行研究工作,有时可能会取得一些有一定意义的科研成果。对于这一部分技术性较强的内容,可以技术报告和论文的形式单独编印,作为报告书的附件,使报告书保持通俗易懂的特点。

(四)报告书的客观性和公证性

经环保部门审批的环境影响报告书可作为审批项目可行性研究报告或设计任务书的主要依据之一。《建设项目环境保护管理办法》中规定:"对未经批准环境影响报告书(表)的建设项目,计划部门不办理设计任务书审批手续,土地管理部门不办理征地手续,银行不予贷款。"因此受建设单位委托的报告书编写人员一定要具有严谨的科学态度,客观编写环境影响报告书,在编写过程中不要因建设项目能否批准的问题而受干扰。

从某种意义上说,环境影响报台书具有法律公证作用。在发生某种纠纷时,报告书的结论和数据应能被用作裁决的依据,特别是项目建成投产后对其实施、积累资料,对影响评价结论进行考核,这就要求环境影响评价的结论要客观和准确,报告书的措词要严密,数据资料的来源要有出处,报告的审查要严格,环境影响报告书也是一本系统完整的技术档案资料,备随时查考。

第八节　城市环境质量评价的方法与实例

一、城市环境质量的综合评价

城市环境质量的综合评价是按照一定的目的,依据一定的方法和标准,在各种要素评价的基础上对一个区域的环境质量进行总体的定性和定量的评定。环境质量综合评价是以环境单元中某些环境要素评价为基础,在评价过程中选取能表征各种环境要素质量的评价参数(评价环境污染的参数、表征生活环境质量的参数、反映自然环境和自然资源演变及保护状况的参数等)。例如北京西郊环境质量的评价是在大气、地表水、地下水和土壤环境质量评价的基础上,用下式迭加进行综合评价的:

$$\sum P = P_{地面水} + P_{地下水} + P_{土壤} + P_{大气} \qquad (8\text{-}81)$$

计算地面水与地下水选用酚、氰、砷、汞、铬 5 个参数;计算大气选用 SO_2、飘尘 2 个参数;计算土壤选用酚、氰、镉 3 个参数。

按 $\sum P$ 值的大小,可将环境质量的评语分为 6 个级,其评价如下:

Ⅰ级	Ⅱ级	Ⅲ级	Ⅳ级	Ⅴ级	Ⅵ级
0	0.1～1.0	1.0～5.0	5.0～10.0	10.0～50.0	50.0～100.0
清洁	尚清洁	轻污染	中污染	重污染	极重污染

将上述计算环境质量的综合指标按 $0.25 \text{ km} \times 0.25 \text{ km}$(即每平方公里 16 格)的方格,标绘于地图上,即为环境质量评价图。

正因为城市是一个自然-社会-经济综合体,是一个复合人工生态系统,所以居民在城市中的环境,不能只考虑环境污染方面的因素,还要考虑其他方面的因素。如城市自然环境因素,它包括城市气象因素、城市灾害、城市绿色空间等。在气象因素中,大陆度与人类生活的舒适情况有关。海洋性气候,气温的年温差与日温差都较小,年降水分配较均匀,气候宜人;大陆性气候则相反。显而易见,年温差的大小是区别二者的主要标志。

求大陆度的公式如下:

$$大陆度 = 气温年温差(℃)/\sin\Phi \qquad (8\text{-}82)$$

式中，Φ 为地理纬度。

一般以大陆度超过 50 时定为大陆性气候。

二、城市环境质量评价实例

1. 城市生态环境质量评价实例

这里根据李英等的研究，以济南市为例，说明城市环境质量评价方法。

1) 评价指标体系的构建

生态环境系统作为一个庞大复杂的多因素系统，它综合了社会、经济、自然环境等多方面特征，因此在进行某一区域生态环境质量评价工作时，评价指标的选取一方面要尽可能准确地反映生态环境质量状况，另一方面指标体系应尽可能地简单明了，使调查工作经济可行。围绕以上两方面原则，根据济南市区域生态环境特点建立了济南市生态环境质量评价指标体系。整个指标体系基本上按照层次分析模型的构造要求设置而成，共包括 5 个子体系。

指标体系模型的第一层为目标层，反映生态质量总指数。第二层为系统层，包括自然资源禀赋、生态脆弱度、生态抗逆水平、生态影响度、人文发展度等 5 个子体系。第三层为状态层，主要用于体现系统层的具体评价指标及它们之间的相互关系。第四层为要素层，这一层是评价的初始工作对象，对该层各要素指数值的确立及无量纲化是整个评价工作的基础。

该指标体系具体到要素层共包括 31 个要素，将这个庞大的体系作用于济南市包括市区在内的四县一市两区的 111 个乡镇进行逐层评价，最终获得各乡镇的生态质量总评价值和各要素评价值。

2) 基础数据的组织与处理

(1) 基础数据来源

各乡镇 31 个指标要素数据的确立方法主要有以下 3 种：①直接查询。通过直接查询以获得直接的绝对值，主要来源于统计年鉴、国土资源数据集、各地区相应部门统计资料等。由此种方法所得的数据指标有人均耕地、气温、降水、林木覆盖率、未利用土地率，地形起伏度、水土流失率、人口密度、农民人均纯收入，农村现代化实现程度等。②取各县、区平均水平。对没有以乡、镇为单位统计的数据则取各县、区的平均值。由此法所得数据的指标有人均水资源，水资源密度、旱涝保收面积率、受灾率、地下水超采率、人文发展指数等。③分级评分。对没有数据值统计的指标，则通过与相关部门的工作人员座谈或相关材料进行分级评分，并将各乡镇相应指标得分值作为评价基础信息。它主要有土地等级、"三化"土地面积率、水土流失强度、地下水污染指数、地表水污染指数、空气污染指数、固废污染指数、地表水影响指数、地下水影响指数、环境空气影响指数、受保护土地面积率等。

（2）评价指标值的标准化

由于前述指标体系所涉及的影响区域生态环境质量的因素较多,各因素的数据资料来源不够统一,故应首先对全部基础数据进行以下的标准化处理。

①数据无量纲化:为了使全部数据具有统一的可比性,应首先对全部要素层各指标原始数据进行标准化计算,从而使所有数据全部转化为 0～1 之间的数值,且不具有量纲。具体计算公式为:

$$P_{ij} = \frac{A_{ij} - A_{ij\min}}{A_{ij\max} - A_{ij\min}} \tag{8-83}$$

式中,P_{ij} 为 i 乡镇 j 指标指数;A_{ij} 为 i 乡镇 j 指标数据值。

众指标中,由于地形起伏度和人口密度对总评价值影响的特殊性,故在标准化之前应首先要设定一个对比标准值,然后再将各乡镇该项指标的绝对值与标准值相减之后取绝对值就得出各乡镇相对值。最后对这种同一标准下的相对值按上述公式进行无量纲化。

②属性同一化:根据不同属性指标对总体生态环境质量的影响方向不同,对全部指标属性进行正向化处理。在 31 项指标中,多数为正项指标,因此将少数负向指标进行正向化处理,可以节省工作量。负向指标主要包括未利用土地率、受灾率、"三化"土地面积率、水土流失率、水土流失强度、地下水超采率、采石采矿破坏率、水源及空气影响指数、环境污染指数。

属性同一化后全部数据的大小变化趋势就反映出生态环境现状的优劣变化趋势。

（3）各指标因素权重系数的确定

由于不同的因素对生态环境的影响程度是不一样的,需对参评因素进行权重系数的确定。首先对各层要素两两进行比较以确定其相对重要性、分级构造判断矩阵,计算各判断矩阵的特征向量,得到各要素对生态环境质量指数的相对权值。各评价因子权值见表 8-19。

表 8-19　济南市生态环境质量评价指标体系及其权值

目标层	系统层	状态层	要素层	指标权值
生态质量总指标	自然资源禀赋	土地资源指数	人均耕地	0.013004
			土地等级	0.019506
		水资源指数	人均水资源	0.020743
			水资源密度	0.020743
		气候资源指数	气温	0.003090
			降水	0.005739

续表

目标层	系统层	状态层	要素层	指标权值
生态质量总指标	生态脆弱度	地理脆弱度	地形起伏度	0.055398
			"三化"土地面积率	0.037562
			未利用土地面积率	0.046733
			受灾率	0.019243
		水土流失指数	土地流失率	0.097452
			水土流失强度	0.072461
	生态抗逆水平	水土破坏指数	地下水超采率	0.049983
			采矿采石破坏率	0.033322
		地表保护指数	城镇公共绿地	0.010727
			林木覆盖率	0.069623
			受保护面积率	0.025030
		区域治理指数	水土流失治理率	0.044172
			旱涝保收面积率	0.053988
	生态影响度	水源影响指数	地表水影响指数	0.034
			地下水影响指数	0.050
			环境空气影响指数	0.08528
		环境空气污染指数	环境空气污染指数	0.013596
		环境污染指数	地表水污染指数	0.0312783
			地下水污染指数	0.0080516
			固废污染指数	0.0069482
	人口发展度	人口影响指数	人口密度	0.0169038
			人口发展指数	0.016038
		经济发展指数	农民人均收入	0.00918
			农业现代化实现程度	0.017058

3）济南市生态环境综合评价

按前述指标体系所指出的影响济南市生态环境质量的 5 个主因素,其中自然资源禀赋是影响区域生态质量的基础,生态脆弱度、生态抗逆水平、生态影响度及人文发展度都是在自然资源条件的基础上发生和发展的。它们之间相互影响,相互制约。在此,运用多因素综合指数评价法进行总指数值计算。

由于济南市建成区的主要生态问题是以环境污染为显著特征,所以进行评价时将该区独立为环境污染区（5 级区）。

计算公式如下：

$$P_i = \sum_{j=1}^{32} K_j P_{ij} \tag{8-84}$$

式中，P_i 为 i 乡镇综合指数值；K_j 为要素层指标权重系数；P_{ij} 为 i 乡镇要素层 j 指标指数值。

P_i 越大，表明生态环境质量越好。上述公式的应用是着眼于生态质量总指数的计算。对各不同子体系指数进行评价，则分别进行逐层计算。

将前述基础数据信息输入 EXCEL 软件，进行统一处理之后进行各类指数计算。本文仅就生态质量总指数值进行分析（由于数据量太大，各乡镇总指数值在此不一一列出）。

全市所有乡镇生态质量总指数计算结算值的范围落在 0.3314～0.7316 之间，根据各乡镇不同指数值分布密度，将其划分为 5 个数据区间，即生态环境质量的 5 个等级，见表 8-20。

表 8-20　济南市生态质量总指数分布区间

生态质量等级	一级区	二级区	三级区	四级区	五级区
生态质量总指数分布区间	0.7000～0.7316	0.6401～0.6974	0.5500～0.6379	0.5000～0.5460	0.3314～0.4938

4）济南市生态环境质量评价结果

根据表 8-20 中的生态质量总指数分布区间，将全市生态环境质量分为 5 个等级，其中 1、2、3、4 级以生态质量为主，第 5 级以环境污染为主。

一级区为生态环境质量良好区。主要分布在：包括济阳县除崔寨、江店以外的全部乡镇构成的从东北向西南方向延伸的大片区域，以及章丘市中部的白云湖、宁家埠、枣园镇一带。该区存在的主要生态问题是盐碱地较多、中低产田多、排水不畅、易内涝、林木覆盖率低、农田林网不规范、缺行断垄多，进而致使自然灾害频繁。

二级区为生态环境质量较好区。主要分布在：从商河县东北部的龙桑寺镇沿孙集镇向南包括郑路镇、展家乡、岳柄乡、栽铺乡、杨庄铺乡、贾庄镇、玉皇庙镇、江店乡等乡镇在内的区域；商河西北部怀仁乡、殷巷镇、张坊乡一带；从章丘市辛寨乡、水寨镇开始向西南方向的唐王镇、党家庄、董家镇、王舍人镇、龙山镇、圣井镇、彩石乡延伸地带；平阴县东南部的孔村镇、店子乡一带。该区北部地区的主要生态问题为：存在较大面积盐碱地，农业产业化、现代化水平低，而且植被覆盖率相对较低，故带来较大的风沙危害。南部地区主要问题是水土流失较为严重，同时由于土地等级较差，未利用土地面积率较高。

三级区为生态环境质量中等区。主要分布在：从济阳北端韩庙乡、赵魁元乡，沙河乡向西南沿燕家乡、牛堡乡、济阳镇、胡集乡的延伸地带；黄河沿岸从黄河乡、高官寨向西南至历城区遥墙镇、华山镇、大王乡、靳家乡、桑梓店镇的黄河沿岸带，包括黄河以北的崔寨镇;历城区中部郭店镇、孙村镇、港沟镇等乡镇构成的小片区域;章丘市东部刁镇镇、绣惠镇、明水镇等乡镇构成的小片区域;长情县从平安店镇、岗山镇、长清镇开始向西南沿归德镇、孝里镇至平阴县的滦湾乡、平阴镇、刁山坡镇、玫瑰镇延伸的狭长地带。由于该区涵盖区域面积较大,而且不同区域的生态环境特征各不一样,因而生态问题较为复杂。黄河以北地区的主要生态问题表现为风沙土分布广、气候条件差、土壤盐碱化现象严重;另外农田设施建设落后,第二、第三产业发展水平低,区域内整体抗灾能力弱。中部地区存在地下水超采,泉群断流。地表水污染严重;黄河"悬河"的威胁和黄河断流的影响较大;耕地资源日趋减少等生态问题;全区绿化体系不健全。南部地区由于地形起伏度大,区内水土流失严重,主要为水蚀区采石、采矿场地复垦率低;部分地区水资源严重缺乏并有部分地表水水源受到不同程度的污染。

　　四级区为生态环境质量较差区。主要分布在:从章丘市相公庄镇、普集镇、官庄乡开始向西南沿阎家峪乡、旭升乡、文祖镇、埠村镇、曹范镇、垛庄镇延伸至历城区十六里河镇以南的广大地区,最后进入长清县东南部包括张夏镇、五峰山镇、武家庄乡、万德镇、双泉乡及平阴县的安城乡在内的大片区域,平阳县境内西南部的东阿镇、洪范池镇、李沟乡等乡镇构成的小片区域。该区主要的生态问题有章丘境内岩溶地下水超采,水土流失严重,矿区生态破坏严重,绿化覆盖率低等方面;长清、平阴等南部山区境内则主要是水土流失十分严重,裸岩地面积较多而难以利用,林木覆盖率较低且林地质量较差;水资源缺乏和水环境污染问题较为突出等方面。

　　五级区为环境污染区。主要包括济南市建成区及周围乡镇,该区自然生态空间少,土地产出率低;环境污染严重,水资源匮乏,地下水超采,泉群断流;绿化体系不完备,不能满足城市生态需求等。

　　上述实例说明,从全局整体角度出发,在建立评价指标体系的基础上对济南市生态环境质量进行考核和评估,采用定性和定量计算相结合的判断方法,以全市各县区 111 个乡镇为评价单元,对总体生态水平组成要素进行综合指数的优劣排序。进而将全市划分为不同生态水平等级的若干区域,为各区域不同生态问题的识别,生态保护目标及对策的制定提供了科学的依据。

第九节　3S 技术在城市环境质量评价中的应用

　　进入 21 世纪以来,随着人口剧增、资源短缺、生态破坏与环境污染加剧,资源、环境与人口之间的矛盾日益深化。全球变暖、臭氧层破坏、酸雨、物种灭绝、土地沙漠化、森林锐减、环境污染等大范围和全球性环境危机,严重威胁着人类的生存和发展。为此,应对气候变化,减缓环境恶化速度,保护人类赖以生存的环境,已成为世界各国共同关注的重大课题。近 10 年来,环境科学、地球科学、信息科学、计算机技术以及 3S 技术、空间信息技术的快速发展,为广泛深入研究复杂的环境问题提供了基础。特别是数字地球理论的核心——3S 技术的应用,极大地促进了环境科学的发展,提高了环境管理的水平。

一、3S 技术简介

3S 技术是遥感(RS)、全球定位系统(GPS)和地理信息系统(GIS)三个信息技术的总称。三者相互独立而在应用上又密切相关。遥感(remote sensing,RS)是 20 世纪 60 年代发展起来的一门新兴的对地观测综合性技术,它以航空摄影技术为基础,根据不同物体对电磁辐射产生不同响应的原理,利用飞机、飞船、卫星等遥感平台上的传感器实施远距离探测,以获取目标地物及其周围环境的信息。全球定位系统(global positioning systems,GPS)是一个由覆盖全球的若干卫星组成的全球性、全天候和实时性的卫星导航及精密定位系统。GPS 能够快速、高效、准确地提供目标地物点、线、面要素的精确三维坐标以及其他相关信息。地理信息系统(geographic information systems,GIS)是在计算机硬件和软件系统支持下,对整个或部分地理空间中的地理分布数据进行采集、储存、管理、运算、分析、显示和描述的技术系统。GIS 被誉为地学的第三代语言,其技术优势在于对空间数据具有强大的数据挖掘能力和综合、模拟与分析评价能力,可实现地理空间过程演化的模拟和预测,是一种重要的空间信息系统。

RS、GPS 和 GIS 在空间信息采集、动态分析与管理等方面各具特色,且具有较强的互补性。这一特点使得 3S 技术在应用中紧密结合,并逐步朝着一体化集成的方向发展。3S 技术及其集成应用已经成为空间信息技术和环境科学的一个重要发展方向。其中,GPS 主要用于目标物的空间实时定位和不同地表覆盖边界的确定;RS 主要用于快速获取目标及其环境的信息,发现地表的各种变化,及时对 GIS 进行数据更新;GIS 是 3S 技术的核心部分,通过空间信息平台,对 RS 和 GPS 及其他来源的时空数据进行综合处理、集成管理及动态存取等操作,并借助数据挖掘技术和空间分析功能提取有用信息,使之成为决策的科学依据。在环境科学领域,3S 技术的结合能实现海量环境数据的提取、处理、存储、更新和应用,能准确掌握环境的动态变化过程和规律,借助环境模拟技术,能够实现对环境和资源的监测、评价、预测、预警、决策及管理,因此,3S 技术的集成应用,已经成为环境信息获取、全球环境演变研究、环境污染防治与生态修复研究的重要技术与方法。随着 3S 技术的不断发展,尤其是 GIS 和 RS 技术的发展及相互渗透,3S 技术将会在环境保护、资源合理开发与利用、环境污染治理、自然灾害预报和监测、环境规划和管理等领域发挥越来越重要的作用。

城市是人类活动最集中的场所,随着城市人口激增,城市规模不断扩大,空气污染、水污染、土地资源紧缺、交通拥挤、生态环境恶化等问题日益突出,制约着城市的发展。从更多方面和更广范围收集城市环境信息,对城市环境进行监测、评价与预测,建立城市环境信息系统十分重要。3S技术是对空间信息获取、管理、分析和应用的支撑技术,在城市开发和环境保护中将发挥重要作用。

　　自1858年法国人用装在气球上的照相机拍摄的巴黎全市相片出现后,3S技术逐渐应用于城市环境研究并不断发展。3S技术可以应用于城市环境信息、数据的采集,环境状况的分析与评价,环境质量的动态监测,环境信息的输出和提供决策支持等方面,可以动态地、系统地研究城市环境在不同时段的状况、变化和演变,为城市可持续发展提供动态基础数据和科学决策依据。将3S技术应用于城市环境保护,可以实现数据的快速获取、运算及处理、高精度目标定位、空间与瞬时模拟和区域发展规划决策,从而为城市环境保护、管理和污染治理提供科学依据,为城市可持续发展提供宏观、高效、智能化、集成化的现代高技术支撑。

二、城市环境质量评价

　　掌握城市环境质量的基本情况,进行城市环境质量评价,对城市发展十分必要。通过环境监测获得关于城市环境的多维、多尺度、多时相的资料后,可利用GIS的功能模块和专门的环境评价模型进行城市环境评价,对城市环境演变的趋势进行分析,建立预测模型,揭示城市环境演变的主导要素,为城市环境治理提供技术支持。应用3S技术可以更准确地表述城市环境质量的变化和发展趋势,为城市发展规划提供科学依据。

　　环境变化与地理空间信息密切相关。污染源的位置与被污染空间、物体间的相互距离和相关位置有着直接的联系,通过RS和GPS获取环境信息后,制作相应的环境及生态专题图,是城市环境及生态状况的最佳表达形式。

　　GIS具有强大的制图功能,它可自动根据指定的各种专题属性和指定范围,产生出所需要的专题图,各项功能对城市环境质量评价有着极重要的意义。例如,制定城市交通路线图、城市森林覆盖和分布图、城市水资源分布图、城市水污染专题图以及城市大气污染专题图等。GIS的空间分析功能对城市环境质量的客观评价、城市环境保护方案设计及生态建设规划编写起着重要作用。

　　运用3S技术开展区域城市环境质量评价,主要通过建立区域空间图形库、属性数据与模型库等基础数据库,以各类数据分析与运算为手段,对城市环境质量的状况进行系统评价,确定各类城市环境质量的好坏,然后根据评价结果进行聚类分级,从而为城市环境规划和城市环境综合整治提供科学的决策依据。评价过程主要包括以下几个步骤:

　　(1)建立评价区域图形数据库和城市环境属性数据库。利用GIS的混合数据结构和独特的地理空间分析功能,把现有资料按照统一的参考坐标系统、统一的编码、统一的标准和结构组织,转换为计算机可处理的形式,输入到数据库中,实现空间信息与属性信息严密的空间关联,使数据输入、输出、更新、分析与图形处理功能得以实现。

(2)构建环境质量评价模型库。在属性库选择有代表性的评价因子,确定其权重后,运用计算机语言编写评价模型程序或调用相关数学模型,根据因子的影响函数计算得到各因子的影响值和综合评价值,实现城市环境质量的单因子评价和多因子综合评价。

(3)专题图生成和聚类分析。根据环境属性数据库中的单因子指数生成评价专题图,同时利用GIS的空间分析功能,将各单个环境要素评价图层的属性信息读入新表,利用结构化查询语言,查询所生成的新字段存入评价单元的环境质量综合值,根据数值进行统计计算与聚类分析,划分出评价等级,并得到环境质量综合评价图。

(4)评价结果输出。根据评价需要,将分析结果以数据、表格、统计图或专题图件等可视化形式显示,还可按照用户需要,设置制图符号和颜色,根据编辑好的空间数据分层选择,逐层叠加形成各种专题图,通过打印机、绘图仪等仪器输出。

3S技术的集成化、一体化、智能化和网络化趋势以及数据技术的发展,不但为城市环境质量评价研究带来广阔的应用和研究前景,而且使城市环境质量评价研究更具科学性、针对性和公正性。

三、城市环境演变预测

城市环境演变的动态过程可采用数值模拟方法进行研究,进而根据资料对未来一段时间内的城市环境演变状况进行预测。GIS是进行城市环境演变预测的有力工具。最简单的预测方法是回归分析、因素叠置分析。首先,对环境因子中重要的要素进行单要素回归分析,建立每一要素的回归方程,利用回归方程对未来时段内该要素的演变趋势做出预测。然后,将所有要素预测状况利用GIS的空间叠置分析功能进行综合分析,从而得出预测结果。如果将回归方程用于重新拟合以往的演变状况,并以数值形式或图件形式进行重现,同时进行必要的编程二次开发,则可实现环境演变的模拟,从中找出规律,提供决策支持。

3S技术及其集成技术应用于城市环境演变预测,最终建成新型的几何信息与环境属性信息实时动态采集,高精度、高准确性的预测模拟系统,为环境管理提供系统、全面、宏观的支持,对城市可持续发展战略的实施具有深远的意义。

四、城市环境质量评价研究实例

将3S技术应用于城市环境质量评价,可使评价结果直观、形象、动态,把各区域不同的环境质量状况以图形的方式显示表达,可实现空间几何分析,特别是在评价单元上处理更加灵活和合理。

下面以长春市中心城区为研究对象，包括朝阳区、宽城区、南关区、二道区和绿园区，应用 3S 技术进行城市环境质量综合评价。

（一）研究方法

1. 评价单元的确定

首先对研究区域进行网格化，形成以 1 km×1 km 为网格的评价单元，共计 1949 个。

2. 评价指标的选取

遵循科学性、实用性和可行性的原则，选取衡量人类生存适宜性的环境直接感应因子——环境质量、城市化影响和自然环境条件 3 大类共 10 个指标为评价指标（图 8-10）。

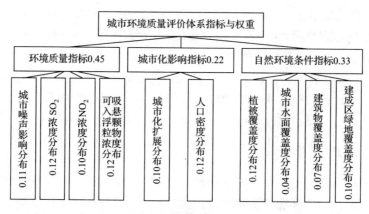

图 8-10　城市环境质量评价体系指标与权重

（1）环境质量指标。利用可吸入悬浮颗粒物浓度、NO_2 浓度、SO_2 浓度等值线分布图的矢量化，反映环境空气污染程度和影响范围。根据交通噪声衰减监测，采用主要街道、公路交通流量（线状属性）的噪声衰减与距离的关系，再利用空间分析功能，正演生成噪声对环境的影响区域（面状属性），确定噪声污染的影响范围。

（2）城市化影响指标。根据各街道常住人口统计和行政面积，获取人口密度，并赋值给 GIS 数据库中的街道几何对象，用 GIS 空间计算函数 AreOvermap 计算各网格人口密度值，以同化到与其他网格相同的尺度（1 km）。

（3）自然环境条件指标。植被覆盖度分布、城市水面覆盖度分布、建筑物覆盖度分布及建成区绿地覆盖度分布等利用资源卫星 Landsat 5 遥感数据进行反演获取。

（4）评价单元指标值。每个评价单元在 GIS 中作为一个对象，在数据库管理系统中作为一条记录进行处理分析。评价单元指标值计算的具体步骤如图 8-11 所示，评价单元数值化的计算量大小取决于图形的复杂程度和网格数。

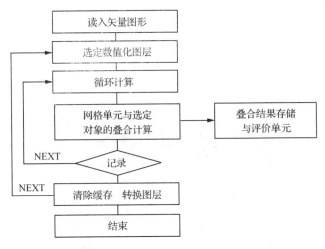

图 8-11　评价单元指标值计算流程

（5）指标权重系数确定。环境状况受多要素综合影响,应用层次分析法（AHP）与专家咨询法相结合获得各指标权重。用专家给出的各指标分值的算术平均值作为各指标的权重系数,并进行归一化处理。

（二）长春市环境质量评价结果

根据长春市实际情况和评价需要,将城市环境质量综合评价指数分为 4 个等级,即最佳适宜区、良好适宜区、基本适宜区、欠适宜区(图 8-12)。

Ⅰ级:城市环境质量最佳适宜区,该区域是城市生活最佳适宜区;Ⅱ级:城市环境质量良好适宜区,该区域是城市生活良好适宜区;Ⅲ级:城市环境质量基本适宜区,该区域是城市生活基本适宜区;Ⅳ级:城市环境质量欠适宜区,该区域是城市生活欠适宜区。

（三）结论

（1）以遥感影像作为主要数据源,在地理信息系统技术的支持下,针对区域主要生态问题,选取自然环境条件、环境质量和城市化影响为评价因子,建立了环境质量综合评价模型,并对评价结果的空间特征进行分析,可以更准确地发现城市在发展中存在的主要问题,有利于把握城市经济发展和环境保护的关系,促进城市的可持续发展。

（2）遥感与地理信息系统相结合的评价技术是中小尺度区域环境质量调查和评价的有效手段,具有数据获取相对容易,信息丰富、客观,分析快速的优点,同时可实现全空间区域的定量表达。

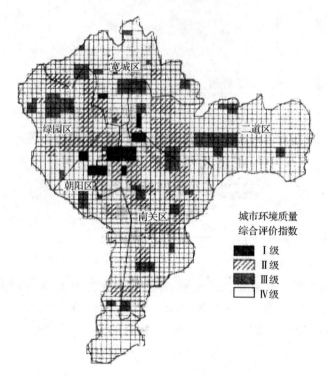

图 8-12　长春市环境质量评价结果

五、城市环境信息系统

实施城市环境保护管理工作需要大量环境信息的支持。环境信息是一个涉及许多领域的综合信息,其中包括城市自然地理、社会经济、环境质量监测数据、污染源信息、环境管理信息(包括项目规划、环保产业、污染控制、生态保护、环境监测等方面)、法规标准、环境宣教、环保系统基本情况等。

城市环境信息系统建设是将信息技术应用到环境保护领域,利用先进的信息和计算机技术,结合城市环境保护工作的具体特点,规划、设计、实施一套先进、实用的网络体系和应用软件系统,为保证环境信息资源的充分共享及顺畅传输、提高工作效率和实施决策水平,提供强有力的保障措施。城市环境信息系统应具有数据集中统一管理、数据的深层分析、灵活的数据表达、现代化办公等基本功能。

（一）城市环境信息系统的构建

城市环境信息系统以数字地球的理论、方法为依托,并参考数字地球构建的科学工程技术,设计、构建而成。该系统主要包括数据库系统模块、图形库系统模块、模型库系统模块和信息共享系统模块。城市环境信息系统的基本结构见图 8-13。

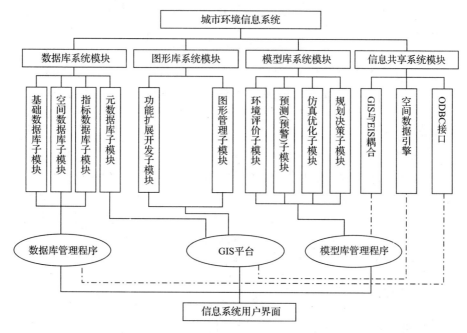

图 8-13　城市环境信息系统的基本结构

1. 数据库系统模块

数据库是按照一定结构组织的相关数据的集合体,是在计算机存储设备上合理存放的相互联系的数据集。根据数据库的结构和功能,可分为基础数据库、空间数据库、指标数据库和元数据库。该数据库系统模块以空间数据库为核心,其他的数据库都是为其服务的。

(1)基础数据库:用于存储、管理城市气象气候数据、异常大气资料、地表和地下水质量数据、水资源状况资料、地质和地貌资料、行政区划、人口、面积、位置、经济构成与经济水平、交通运输量、空气质量数据、排污收费资料、排污许可证发放和年检资料,以及各类环境标准资料等,通过 Visual Basic 编程来实现对数据库的管理。其功能包括数据统计、数据编辑、数据查询和数据更新等。可通过数据库接口对象,进行系统内部查询和匹配,以达到数据传输和共享的目的。

(2)空间数据库:是存储、管理空间数据的重要工具。空间数据主要包括图像数据、图形数据和专项图件数据。其主要包括行政区划图、遥感资料水系分布图、城市交通图、植被分布图、地形图、城市土地利用图、环境质量监测站分布图、大气功能区划图、地表水功能区划图、噪声功能区划图、人口分布图、污染源分布图。

(3)指标数据库:在各种不同目的的环境模拟研究中,需要从空间数据库提取所需的信息指标,参与模拟模型的运算。为了某一目的的环境模拟,需要建立相应的指标体系,存储指标体系的数据库就是指标数据库。按照数字信息系统自动化、集成化的要求,在空间数据库的基础上,应用 ArcMap 软件提取和重组各种指标,建立指标体系。

(4) 元数据库:借助于 GIS 可对空间信息进行存储、管理、分析和应用。然而,对于海量空间数据,则无法快速、有效地进行管理和检索。但是,通过元数据库便可解决这一问题。以元数据的标准为依据,考虑到空间元数据的管理方式,在 ArcCatalog 软件的支持下,构建元数据库,它的主要功能是实现空间数据的检索、转换、维护和共享。

2. 图形库系统模块

图形库是存储、管理、输出各类图形的数据库。应用 MapObjects 组件对 GIS 进行二次开发,实现地理文件生成、文件转换、空间叠加、3D 可视及遥感图像处理等的 GIS 扩展功能,建立可视化的图形操作界面,可进行矢量图形浏览、图形分类编码、空间查询、空间叠加、分类统计、空间坐标转换和空间图形输出等操作。通过图形库管理菜单和图形库管理界面来实现对图形库的管理。

3. 模型库系统模块

在前期工作的基础上,集环境评价、预测、预警、仿真优化和规划决策 4 大类模型为一体,通过建立模型字典库、模型文件库,实现对模型库系统的管理。进行模型库的数据流程分析和模型库接口的编程开发,建成面向用户的模型库系统模块。借助于模型库管理菜单可进行指标和指标体系的调用、模拟模型的选择,进而进行城市环境评价、预测、预警、仿真、决策等的研究及模拟结果的可视化。

通过编程,建立模型库管理的用户界面(图 8-14)。应用该界面可以实现对模型字典、模型文件、模型参数等方面的系统管理。

4. 信息共享系统模块

通过 GIS 与 EIS 的耦合,实现模型库与空间数据库之间的数据传输和信息图 8-15模型库管理的用户界面共享,建立以数据编码为识别特征,以空间数据库为系统载体,以数据接口为信息传输保障的数据共享机制,为基础数据库、空间数据库、指标数据库与模型库之间的数据传输、信息共享提供了保证。

(二) 城市环境信息系统的功能

在上述各类信息模块建立就绪后,需要对数据库系统模块、图形库系统模块、模型库系统模块和信息共享系统模块进行集成。应用 ADO 数据连接和空间数据引擎,分别建立属性数据库接口和空间数据库的信息共享接口,以实现在统一用户界面下对城市环境信息系统各数据信息模块进行综合管理,从而构建成集数据输入、传输、转换、分析、输出和应用为一体的城市环境信息管理系统。该系统可为城市环境研究和管理提供多方面的功能服务。

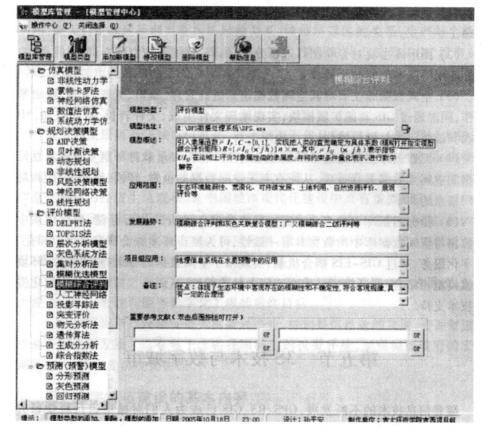

图 8-14　模型库管理的用户界面

具体功能如下：

（1）基础数据库基本功能是对统计数据进行信息分类、数据编码、存储和管理。

（2）图形库主要对专项图件进行分类、编码，并能完成空间查询、空间叠加、坐标匹配等基本空间分析操作。

（3）空间数据库主要对其空间数据信息进行管理、编辑、更新、查询、输出等操作，同时通过 GIS 功能扩展模块，实现地理文件生成、文件转换、空间叠加、3D 可视和遥感图像处理等操作。

（4）元数据库主要通过 Access 数据库和 ArcCatalog 软件分别实现对属性元数据和空间元数据进行管理，从而有利于空间数据的检索、转换、维护、应用和对空间信息的共享。

（5）指标数据库中的多项专题指标以数据库的方式进行存储，指标体系中的数据与空间数据库中的数据具有一致性，可为城市环境综合研究提供空间化、数字化服务,通过 GIS-EIS 耦合机制,实现基于空间数据的专题指标体系与环境模拟模型相结合,保证模拟结果在空间上的连续性,从而为模拟结果的可视化提供技术支持。

六、3S 技术与数字城市

随着信息技术的不断发展,GPS、RS、GIS 已成为人们对城市进行科学研究的重要技术手段,将 3S 技术融为一体并综合地应用,可实现对城市地理事物的定位、定性和定量描述与分析,为"数字城市"的产生奠定了重要的技术基础。

(一)数字城市的含义

"数字城市"的概念来源于"数字地球",它是"数字地球"理念在城市中的引用、延伸和拓展。

从广义上讲,"数字城市"是指在城市的生产、生活等活动中,利用数字技术、信息技术和网络技术,将城市的人口、资源、环境、经济、社会等要素数字化、网络化、智能化和可视化的全部过程。"数字城市"的本质是要将数字技术、信息技术和网络技术渗透到城市生产、生活的各个方面,通过运用这些技术手段,把城市的各类信息资源整合起来,再根据对这些信息处理、分析和预测的结果来管理城市,以促进城市的人流、物流、资金流和信息流的通畅和高效运转。

从城市经济和社会可持续发展的角度来看,"数字城市"是指运用以信息技术为主的各种现代高科技手段,充分地挖掘、采集和整合城市中自然与人文、经济与社会以及环境等方面的信息资源,构筑面向政府、企业、社区和公众的信息服务平台,开发涵盖城市生产、生活等领域活动的应用系统,通过信息的服务与利用,使人们正确地处理当前与长远的关系,城市与郊区的关系,生产与生活的关系,经济建设与自然资源和生态环境的关系,并从整体上统筹解决"城市病"问题,促进城市经济和社会的可持续发展。

(二)建设数字城市的意义

城市的发展离不开城市信息化,数字城市不仅是信息社会的重要组成部分,而且也是数字地球技术系统的集中表现。数字城市具有数字化、网络化、地学仿真、优化决策支持和三维可视化表现等强大功能。数字城市符合中国工业化和信息化并行的经济生活现状,在中国城市现代化建设中具有重要意义。

(1)数字城市建设涉及城市资源配置、环境保护、城市规划等问题,加快数字城市建设,有利于确保城市的可持续发展,有利于开拓政府视野、加快城市建设、提高城市整体综合实力。

(2)数字城市为调控城市、预测城市、监管城市提供了革命性的手段,是城市规划、建设、管理与服务数字化工程的最终目标。

（3）数字城市建设将促进大批新兴产业,特别是信息业的发展,进而促进城市经济的全面发展。这有利于改善我国城市的投资环境,加强城市政府的宏观调控能力,减少经济决策失误。

（三）数字城市建设的基本内容

数字城市建设的主要内容有:数据获取、数据整理、基础数据库的建立、信息传输网建立。其系统结构层次如图 8-15 所示。

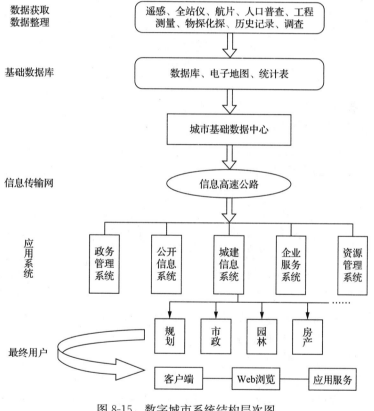

图 8-15　数字城市系统结构层次图

（四）数字城市建设的关键技术

数字城市的复杂性是目前任何一项工程无法比拟的,其技术体系的构成也是庞大、繁杂的。涉及海量数据存储与处理技术、科学计算技术、信息网络技术、空间信息技术、可视化技术、人工智能与空间决策技术等多种技术。数字城市的核心是空间信息技术,而空间信息技术体系中最基础和基本的技术核心是 RS 技术、GPS

技术、城市地理信息系统(UGIS)技术、虚拟现实(VR)技术与可视化技术。其中,RS技术、GPS技术侧重于信息获取,UGIS技术、VR技术侧重于信息处理与应用。

1. 遥感技术

根据RS技术提供的直观、现实性好、更新速度快的遥感信息,可以制作数字正射影像,建立地面数字高程模型,自动识别地面目标及其性质。它们将是数字城市的几何空间信息和部分属性信息获取与更新的主要手段。

目前,航天遥感影像的长线阵CCD成像扫描仪可达到$1\sim2$ m的空间分辨率,使我们可以看到城市中的建筑、道路上的车辆等。成像光谱仪的光谱细分可达到$5\sim6$ nm水平,能自动程度较高地区分和识别地面目标的性质和组成成分。

近景摄影测量能够近距离拍摄城市建筑景观、提取纹理。航空遥感和近景摄影测量的影像信息是城市三维模型的主要信息来源。

2. 地理信息系统技术

数字城市所描述的许多地表自然形态、人工要素(如城市地籍)等,要求具有0.1 m甚至更高的空间分辨率。GPS具有自动化程度高、定位精确、快速的特点。GPS的绝对定位精度可达米级,相对定位精度可达$10^{-6}\sim10^{-7}$甚至更高。随着动态GPS定位精度的提高,数字城市中的大地控制、城市地籍、地下管线等的空间形态与位置信息将主要依靠GPS技术。

3. 城市地理信息系统技术

城市中的人工建筑物、构筑物密集,空间几何结构复杂,社会政治、经济信息量大,特别是现代城市的建设与发展,随时间变化的速度加快。针对城市问题的城市地理信息系统(UGIS),具有信息输入、处理、传输、查询、分析和输出等能力。目前,UGIS可细分为城市基础信息系统和城市规划、城市管网等专题信息系统。UGIS是数字城市的雏形,数字城市是UGIS发展的更高阶段,数字城市以数字方式描述三维真实城市及其时空变化。

4. 虚拟现实技术与可视化技术

虚拟现实,又称虚拟环境,这是采用计算机技术生成一个逼真的视觉、听觉、触觉和味觉等的感观世界,用户可以直接用人的技能和智慧对这个生成的虚拟实体进行观察和操作。"数字城市"模型的虚拟现实建模环境是"数字城市"的用户界面,它是"数字城市"在用户面前表现的直接手段。虚拟现实技术能使人们从不同位置、不同角度、不同时间观察城市,给人提供身临其境的感觉。它不仅支持数据和过程的三维表示,而且能够使用户走进视听效果逼真的虚拟世界,从而实现数字城市的表示,以及通过数字城市实现对各种城市现象的研究和日常应用。

在应用现有的三维数据场可视化技术(如规则数据场的可视化、不规则或零散数据场的可视化、矢量场的可视化等)的同时,应能进行多维动态时空信息的可视化研究,即三维的空间可视化结合动态的时间维可视化和具有任意维的属性可视化功能的研究。这将提高空间数据复杂过程分析的洞察能力,及多维多时相数据的显示能力。三维可视化技术在地理信息系统中的应用和实现,可大大加快"数字城市"应用层的完善和建立。

3S技术作为数字地球的技术基础和核心将得到迅速发展,一方面,数字城市的研究和建设为3S技术的发展创造了条件;另一方面,3S技术的发展为数字城市的建设提供了强大的技术支持。

参 考 文 献

胡辉. 2004. 现代城市环境保护[M]. 北京:科学出版社.

姜云. 2005. 城市生态与城市环境[M]. 哈尔滨:东北林业大学出版社.

李相然. 2004. 城市化环境效应与环境保护[M]. 北京:中国建材工业出版社.

刘加平. 2011. 城市环境物理[M]. 北京:中国建筑工业出版社.

徐肇忠. 1999. 城市环境规划[M]. 武汉:武汉大学出版社.

杨洁. 2009. 3S技术在环境科学中的应用[M]. 北京:高等教育出版社.